Der schnellaufende Verbrennungsmotor

Von

Sir Harry R. Ricardo
LL. D., F. R. S.

Dritte Auflage
übersetzt nach der vierten, völlig neubearbeiteten
englischen Auflage

Von

Dipl.-Ing. H. Niermeyer
Berlin

Mit 225 Abbildungen im Text
und auf 13 Tafeln

Springer-Verlag Berlin Heidelberg GmbH

1954

ISBN 978-3-662-11455-1   ISBN 978-3-662-11454-4 (eBook)
DOI 10.1007/978-3-662-11454-4

Titel der Originalausgabe:

The High-speed Internal-combustion Engine

By

Sir Harry R. Ricardo, LL.D., F.R.S.

Fourth Printing · London and Glasgow: Blackie & Son Ltd., 1953

Softcover reprint of the hardcover 3rd edition 1953

Additional material to this book can be downloaded from http://extras.springer.com

Alle Rechte vorbehalten.
Ohne ausdrückliche Genehmigung des Verlages ist es auch nicht gestattet,
dieses Buch oder Teile daraus auf photomechanischem Wege (Photokopie, Mikrokopie)
zu vervielfältigen.

Geleitwort

Der Verfasser der „High-Speed Internal-Combustion Engine" ist durch seine Arbeiten auf dem Gebiet der schnellaufenden Verbrennungskraftmaschine weit über die Grenzen seines Landes hinaus bekannt geworden, gilt doch Sir HARRY RICARDO heute in der internationalen Fachwelt als eine der ersten Autoritäten auf diesem Sondergebiet. Seine Arbeiten reichen bis in die Zeit vor dem ersten Weltkrieg zurück, als er in einer eigenen kleinen Werkstatt an einem selbstgebauten Motor die Vorgänge im Brennraum zu studieren begann, behindert durch die Unvollkommenheit der Versuchseinrichtungen und durch den Mangel am Wichtigsten, was zu solchen Versuchen gehört, am Geld. Aber er ließ sich nicht entmutigen und hatte das Glück, frühzeitig die finanzielle Hilfe weitsichtiger Förderer seiner Arbeiten zu finden, von denen er den Namen des Sir ROBERT WALEY COHEN von der Asiatic Petroleum Co. und die SHELL-Gruppe erwähnt, die es ihm in großzügiger Weise ermöglichten, jenes Laboratorium in Shoreham-on-Sea einzurichten, das noch heute unter seiner Leitung steht. Das hier investierte Kapital hat reiche Zinsen getragen, nicht nur für die englische Motoren-Industrie, sondern auch für die aller anderen Länder, soweit sie Verbrennungskraftmaschinen bauen, denn RICARDOS großes Verdienst ist, daß er in zahlreichen Veröffentlichungen die Fachwelt an den Ergebnissen seiner Forschungen hat teilnehmen lassen.

RICARDOS Buch, von dem heute die vierte Auflage vorliegt, erschien erstmalig im Jahre 1923 und wurde damals sogleich ins Deutsche übersetzt. Bei dem Interesse, das RICARDOS Arbeiten in der deutschen Fachwelt von jeher gefunden haben, war es geradezu selbstverständlich, daß der Springer-Verlag auch die neueste Auflage dem deutschen Leser zugänglich zu machen suchte. Die Übersetzung des Herrn Dipl.-Ing. H. NIERMEYER hat sich bemüht, nicht nur die technischen Einzelheiten sachlich richtig wiederzugeben, sondern auch RICARDOS Schreibweise unverändert zu lassen, soweit dies bei der Übersetzung in eine fremde Sprache möglich ist.

Reizvoll für den Fachmann ist es, aus dem Buch zu erfahren, wie RICARDO bei seinen Forschungsarbeiten, die sich nunmehr über mehr als vierzig Jahre erstrecken, verfahren ist. Er hatte die Klugheit, sich von Anbeginn an auf den raschlaufenden leichten Motor zu konzentrieren, denn mit Recht sagt er einleitend, daß es heute niemandem mehr möglich ist, das ganze Gebiet des Verbrennungskraftmaschinenbaues in allen Einzelheiten zu überblicken. Aber auf seinem Sondergebiet ist sein Arbeitsverfahren vorbildlich. Er macht auf das genaueste seine Beobachtungen, auch scheinbar nebensächliche, zieht seine Folgerungen, bringt Verbesserungen an, sieht dabei hier und da auch, daß er sich geirrt hat, beseitigt den Irrtum und gelangt schließlich zum Ziel. Die heranwachsende Generation von Fachleuten mag aus dem Buch lernen, wie zähe Arbeit und fester Wille, der sich durch keine Mißerfolge abschrecken läßt, gepaart mit Wissen und Können schließlich den Erfolg erzwingen.

Das Buch liest sich wie die Schilderung einer abgeschlossenen Lebensarbeit. Die Fachwelt hofft indessen, daß es noch nicht ein Abschluß sein möge.

Berlin, im Juni 1954

F. Sass

Vorwort zur vierten englischen Auflage

Im Jahre 1923 erschien mein Buch über schnellaufende Verbrennungsmaschinen. Das Buch wurde mehrmals neu bearbeitet, das letzte Mal von einem meiner Assistenten, Herrn H. S. GLYDE, dessen früher Tod 1947 ein schwerer Schlag für mich war.

Eine weitere Neubearbeitung eines 27 Jahre alten Buches würde nach meinem Empfinden kaum befriedigen. Es ist leichter für mich und, wie ich hoffe, meinen Lesern willkommener, wenn ich ganz von neuem anfange.

Die meisten Kritiken an dem Buch in seiner ursprünglichen Form und in den Neubearbeitungen galten weniger dem gebotenen Stoff als den vielen Auslassungen. Ich fürchte, diese Kritik wird bei dem vorliegenden Buch erst recht angebracht sein.

Heute ist der Stoff so umfangreich geworden, daß ein Dutzend Bände ihn nicht von allen Seiten erfassen könnte. Auch glaube ich nicht, daß es jemanden gibt, der diese große Aufgabe lösen könnte. Ich werde weder dies versuchen, noch die schwierige Neuentwicklung der Gasturbine besprechen, denn über diese ist schon viel veröffentlicht worden.

Seit dem Erscheinen meines ersten Buches habe ich viele Vorträge vor Ingenieurvereinen und Studenten gehalten. Fast immer zogen meine Hörer es vor, wenn ich über eigene Erfahrungen und Ansichten sprach und weniger auf Einzelheiten einging.

Bei dem vorliegenden Buch gehe ich daher diesen Weg und versuche nicht, ein sehr weites Stoffgebiet zu behandeln oder die Ergebnisse und die Arbeiten anderer zu beschreiben. Ich beschränke mich auf die Forschungs-, Konstruktions- und Entwicklungsarbeiten, die in dem Laboratorium meiner Firma in den letzten 35 Jahren ausgeführt wurden, und auf die Erfahrungen und Lehren, die ich daraus gezogen habe. Damit wähle ich natürlich den für mich leichtesten Weg. Ich kann Fehler und Mißerfolge behandeln, ohne jemandem zu nahe zu treten oder ihn zu verletzen. Weiter habe ich den Vorteil, daß fast alle angeführten Versuchsergebnisse im Laboratorium meiner Firma unter meiner Beobachtung entstanden, so daß ich die Umstände und Bedingungen kenne, unter denen sie gewonnen wurden. Ich kann ziemlich sicher sein, daß ich nur wirklich Gleichartiges miteinander vergleiche. Ich habe nicht versucht, ein weites Gebiet zu erfassen, sondern es vorgezogen, mich auf jene Gesichtspunkte zu beschränken, die man, soweit mir bekannt, im heutigen Schrifttum nicht besonders behandelt hat. So versuche ich, die Kluft zwischen Naturwissenschaftler und praktischem Ingenieur zu überbrücken.

Der Naturwissenschaftler ist wohl bewandert in den Naturgesetzen und kann uns sagen, wie wir uns nach ihnen zu richten haben, aber er neigt dazu, ein wenig im unklaren und unsicher zu sein über die Möglichkeiten, die er hat, seine Gedanken in Eisen und Stahl umzusetzen. Der praktische Ingenieur kennt sehr wohl die Möglichkeiten und die Grenzen seiner Werkstoffe, aber er ist der Naturgesetze nicht so sicher und ist manchmal geneigt, sich von ihnen einschüchtern zu lassen.

Ich bin die meiste Zeit meines Lebens ein Vermittler zwischen diesen beiden Extremen gewesen. Der Hauptzweck dieses Buches ist, zu zeigen, wie weit sie sich ausgleichen lassen.

In meinem ersten Buch habe ich viel Raum der Erörterung des Klopfens und seines Zusammenhanges mit dem Kraftstoff und der Bauart des Brennraumes gewidmet. Damals gab es hierüber verhältnismäßig wenig Veröffentlichungen, und ich fühlte, daß es für den Motorenkonstrukteur und den Chemiker viel zu tun gab. Seither wurden umfangreiche Forschungen dieser Aufgabe gewidmet und das Schrifttum darüber ist fast ins Unübersehbare angewachsen. Während aber vom Standpunkt des Chemikers das Gebiet immer verwickelter wird, je tiefer er eindringt, ist vom Standpunkt des Ingenieurs das Ergebnis heute ziemlich klar und verständlich. Da dieses Buch mehr für den Ingenieur als für den Erdölfachmann geschrieben wurde, habe ich diesem Gebiet nur wenig Raum gewidmet. Ebenso räumte ich in meinem ersten Buch viel Platz der Besprechung der Tellerventile und ihrer Steuerungen ein, berührte aber nur kurz die Schieber; in diesem Buch habe ich mit Rücksicht auf die verbreitete Anwendung in Flugmotoren mich mehr mit dem Schieber befaßt.

Besonderen Nachdruck habe ich auf den mechanischen Wirkungsgrad gelegt, der nach meiner Meinung stark vernachlässigt worden ist. Es ist in der Tat ein ernüchternder Gedanke, daß trotz 30 Jahre langer angespannter Forschung und Entwicklung, trotz der Verwendung viel besserer Kraftstoffe, viel höherer Verdichtungsverhältnisse, viel besserer Vergaser usw. der Kraftstoffverbrauch eines Luxuswagens heute, ausgedrückt in Tonnenkilometer je Liter, wenig, wenn überhaupt besser ist als vor 30 Jahren. Das liegt weitgehend an dem steigenden Anteil der mechanischen Verluste im Motor selbst.

Ferner habe ich mich in dem Kapitel über Kolben-Flugmotoren auf eine Besprechung der Entwicklungsrichtungen beschränkt und nicht so sehr ausgeführte Motoren eingehend beschrieben, denn diese Einzelheiten sind schon von berufener Seite in vielen vortrefflichen Werken ausführlich behandelt worden.

Das vorliegende Buch kann allgemein in drei Abschnitte geteilt werden. Die ersten Kapitel behandeln die Grundgedanken; hier suchte ich mehr die Entwicklungsrichtungen zu zeigen als sehr in Einzelheiten zu gehen, die in vielen ausgezeichneten Büchern und Aufsätzen von Fachleuten zu finden sind, die sich eingehend mit jeder Sonderfrage beschäftigt haben. Die nächsten Kapitel behandeln die Ausführung in Eisen und Stahl, und hier bin ich mehr auf Einzelheiten eingegangen, denn von Einzelheiten hängt der Erfolg oder Mißerfolg des Motors ab. In den letzten Kapiteln werden Forschungen und Entwicklungen besprochen, die im Versuchsfeld meiner Firma durchgeführt wurden. Wenn ich diesen Versuchen vielleicht etwas zuviel Raum gewidmet habe und bisweilen sehr weit ins Geschichtliche zurückgegangen bin, so entschuldige ich mich mit der Hoffnung, daß die Geschichte manchen Wink, manche Anregung dem geben wird, der ähnliche Arbeiten unternommen hat oder unternehmen will.

Ich muß um Nachsicht bitten wegen des Mangels an Hinweisen auf die Arbeiten anderer; das liegt nicht an Selbstüberhebung, denn selbstverständlich bin ich wie jeder andere gründlich beeinflußt und angeregt worden durch die Arbeiten anderer; aber deren Zahl ist ungeheuer. Wollte ich mich nur auf wenige beziehen, so wäre dies ungerecht; auf alle hinzuweisen ist unmöglich.

Schließlich schulde ich Dank den Mitarbeitern des Laboratoriums meiner Firma, die mir durch Sammeln von Angaben und viele nützliche Vorschläge geholfen haben. Besonders möchte ich erwähnen Herrn C. N. GOLDSMITH, der viele Zeichnungen vorbereitete, Herrn D. DOWNS für seine Hilfe und Ratschläge, Herrn L. R. C. LILLY, Herrn V. H. ROBINSON, Herrn P. MEAD und Herrn MARTIN HOWARTH, die mir alle in verschiedener Weise geholfen haben, und schließlich, aber nicht zum wenigsten, Herrn E. J. F. SUMNER für seine unermüdliche Arbeit beim Abschreiben meiner recht unleserlichen Handschrift.

Shoreham-on-Sea 1952.

H. R. R.

Inhaltsverzeichnis

	Seite
Einleitung	1
1. Verbrennung	6
2. Klopfen und Glühzündung	25
3. Wirkungsgrad	43
4. Verdampfungswärme	56
5. Aufteilung der Wärme	65
6. Konstruktion des Brennraumes beim Zündermotor	75
7. Konstruktion des Brennraumes beim Dieselmotor	85
8. Anlassen von Dieselmotoren	112
9. Mechanischer Wirkungsgrad	122
10. Aufladen	141
11. Der Zweitaktmotor	164
12. Konstruktive Einzelheiten. Erster Teil	182
13. Konstruktive Einzelheiten. Zweiter Teil	203
14. Kolben und Kolbenkühlung	230
15. Zylinderabnutzung	256
16. Kolben-Flugmotoren	269
17. Schiebermotoren	288
18. Zweitakt-Schiebermotoren	322
19. Motoren für Forschungszwecke	353
Sachverzeichnis	385

In der Tasche am Schluß des Buches befinden sich 13 Tafeln.

Einleitung

Wenn wir den Fortschritt des Maschinenbaus in der Vergangenheit überblicken, so finden wir, daß jede neue Entwicklungslinie mit einer Zeit des Versuchens und Tastens anfängt, während der viele Bauarten entwickelt werden. Sehr bald werden so viele ausgemerzt, daß nur eine oder zwei übrigbleiben; bei der Auswahl dieser Überlebenden spielt der Zufall oft eine ebenso wichtige Rolle wie der Wert der Bauart. Wir sind allzusehr geneigt, einigen wenigen Menschen ein Monopol des Erfindergeistes zuzuschreiben. Aber reife Samen der Erfindungsgabe sind überall reichlich vorhanden, und nur von einem Zusammentreffen von Bedarf und Begleitumständen sowie wohl vor allem vom Zufall hängt die Entscheidung ab, welcher Same keimen soll.

Auf die eine oder die wenigen überlebenden Bauarten, die nicht immer die besten zu sein brauchen, richtet sich die Aufmerksamkeit der ganzen technischen Welt mit dem Ergebnis, daß sie Schritt für Schritt verbessert werden, bis man sie nicht mehr wiedererkennt, und sie herrschen unumschränkt, bis sie fast die äußerste Grenze ihrer Entwicklung erreicht haben; dann werden sie schließlich durch neue und wesentlich bessere Bauarten ersetzt. So gestaltete sich die Geschichte der Dampfmaschine, die vor 100 Jahren sich fast zu einer Normbauart der ungekapselten, doppeltwirkenden, langsam laufenden Maschine entwickelt hatte. Viele Jahre herrschte diese Bauart unumstritten, bis sie durch die schnellaufende stehende Kapseldampfmaschine verdrängt wurde. Diese wurde abermals vervollkommnet, bis sie fast vollendet schien, und wurde dann ihrerseits von der Turbine verdrängt. Daß dieser Vorgang so lange dauert und daß das Veraltete so lange seine Zeit überlebt, liegt daran, daß jedesmal der Neuling in seinem rohen und unentwickelten Zustand regelmäßig gegen den Meister der älteren Schule kämpfen muß; der Neuling fordert seinen Vorgänger heraus und soll ihn sogleich in der ersten Runde schlagen. Selten berücksichtigt man, daß die herrschende Bauart sich generationenlanger Erfahrung unter allen denkbaren Umständen und der vereinten Fertigkeit der Fähigsten im Lande erfreut hat, während der Neuling diese Vorteile natürlich nicht hat. Besonders gilt das für die Betriebssicherheit, denn diese kann man nur durch lange Erfahrung in der Herstellung und im Betrieb erreichen.

Heute mag es scheinen, daß die Zeit fast reif ist für eine neue und wesentlich bessere Form der Verbrennungskraftmaschine. In dem kurzen Zeitraum von 10 Jahren ist die Gasturbine nicht nur entstanden, sondern sie ist so schnell gewachsen, daß sie fast vollständig alle Formen des Kolbenmotors für Hochleistungsflugzeuge verdrängt hat, während am fernen Horizont die Atomenergie sichtbar wird, die wahrscheinlich auf dem Umweg über die Gasturbine nutzbar gemacht werden wird.

Obgleich die Gasturbine schon die Luft erobert hat, dürfte ihr Fortschritt auf andern Gebieten weniger sichtbar werden, denn die Gasturbine ist unzweifelhaft in der Luft zu Hause, wo jeder Vorteil zu ihren Gunsten liegt und ihr weniger glücklicher Rivale, der Kolbenmotor, in der dünnen Luft schon fast an der Grenze seiner Möglichkeit angelangt ist.

Obwohl schon einige vielversprechende Versuche gemacht worden sind, werden wahrscheinlich noch viele Jahre vergehen, bevor die Gasturbine hoffen kann, auf dem weiten Gebiet des Straßenverkehrs in Wettbewerb zu treten. Denn auf diesem Gebiet scheinen bei der meist geringen Leistungsausnutzung und der Betonung der Wirtschaftlichkeit des Brennstoffverbrauches die meisten Vorteile noch bei dem Kolbenmotor zu liegen.

Prophezeien ist immer riskant, aber wahrscheinlich wird für wenigstens ein Jahrzehnt der leichte schnellaufende Verbrennungsmotor im gesamten Straßenverkehr vorherrschen wie auch auf kleineren Schiffen, kurz, auf allen Anwendungsgebieten, wo eine kleine, leichte, gedrängte, bewegliche Kraftanlage mit hohem Wirkungsgrad verlangt wird.

Neben der Gasturbine ist wahrscheinlich die wichtigste Entwicklung auf dem Gebiet der Verbrennungskraftmaschine während der letzten 30 Jahre die Einführung und erfolgreiche praktische Vervollkommnung des leichten schnellaufenden Dieselmotors. Im gleichen Zeitraum hat sich der Benzinmotor dem äußeren Anschein nach nur wenig geändert. Aber in dieser verhältnismäßig kurzen Zeit hat sich die durchschnittliche Leistung, die bei einer gegebenen Maschinengröße erreichbar ist, erheblich mehr als verdoppelt und bei Flugmotoren mehr als vervierfacht. Diese große Leistungssteigerung wurde ohne wesentliche Konstruktionsänderungen erreicht. Mindestens 70% verdanken wir der wesentlich verbesserten, aber immer noch recht unvollkommenen Kenntnis des Verbrennungsvorganges. Sie zeigt sich in der besseren Beherrschung der Formgebung und Kühlung der Brennkammer und besonders in bezug auf die Zusammensetzung des Brennstoffs, denn erst während der letzten 35 Jahre begann man die Bedeutung des Mischens und der Behandlung der Brennstoffe zu erkennen.

Bis zum ersten Weltkrieg wurde jedes Erdöldestillat, das unterhalb einer bestimmten Temperatur siedete und ein spezifisches Gewicht hatte, das unter einer ganz willkürlich festgesetzten Grenze lag, als Benzin verkauft, ohne Rücksicht auf die molekulare Struktur seiner Bestandteile. Heute hat sich das alles vollständig geändert; heute weiß man, daß Kohlenwasserstoffmoleküle von bestimmtem Aufbau leicht zerfallen und Klopfen veranlassen, wodurch die erreichbare Leistung unausweichlich begrenzt wird. Man weiß ferner, daß man durch bestimmte Verfahren bei der Benzinherstellung den Aufbau dieser Moleküle ändern kann, um sie beständiger zu machen. Ihre Klopffestigkeit kann weiter gesteigert werden durch Zusätze von Antiklopfmitteln, z. B. von Bleitetraäthyl.

Vor fast 50 Jahren wies Professor BERTRAM HOPKINSON auf das Klopfen im Benzinmotor hin, das er dem Auftreten einer Druckwelle zuschrieb. Er deutete an, daß es wahrscheinlich eine Eigentümlichkeit des Brennstoffes sei. Aber seine Stimme war damals eine Stimme in der Wüste, und seine Warnungen wurden nur von einzelnen seiner Schüler beachtet; erst während des ersten Weltkrieges drängte ihre Bedeutung sich den Fachleuten auf. Dann folgte allmählich die Erkenntnis, daß nur das Klopfen, und zwar recht früh, die Leistung und Wirtschaftlichkeit des Benzinmotors begrenzt. Der Beginn des Klopfens bestimmt in der Tat sowohl das Luftgewicht, das verarbeitet werden kann, als auch den Wirkungsgrad, mit dem die frei gewordene Wärme in Arbeit umgewandelt werden kann.

Auf dem Gebiet der schnellaufenden Kolbenmotoren war die rasche Entwicklung des Dieselmotors in den Jahren zwischen den beiden Weltkriegen das hervorragendste Merkmal. In wenigen Jahren gelang es dem Dieselmotor, den Benzinmotor aus fast allen schweren Straßenfahrzeugen und restlos aus allen industriellen Anwendungsgebieten zu verdrängen, abgesehen von sehr kleinen Leistungen, wo die niedrigeren Anschaffungskosten des Benzinmotors ihm noch ein Weiterleben ermöglichen. Mit der fast vollständigen Eroberung der Luft durch die Gasturbine mag es scheinen, daß die Rolle des Benzin- oder Zündermotors sich beschränkt auf den Personenwagen, den leichten Lieferwagen und das Flugzeug kleiner Leistung, ein begrenztes, aber gleichwohl riesiges Gebiet. Außer für bestimmte militärische Zwecke, bei denen Benzin bevorzugt wird, weil es brauchbarer ist, werden heute in England kaum Benzinmotoren für größere Leistungen entwickelt als die, welche man für große Personenwagen braucht. Ebenso hat der Dieselmotor auf dem Wasser aus allen Fahrzeugen, außer den ganz kleinen, den Benzin- und Petroleummotor verdrängt.

Man hat keine ganz befriedigende Begriffsbestimmung gefunden, um zu unterscheiden zwischen dem, was wir etwas unbestimmt einen Dieselmotor nennen, und dem Benzinmotor, den wir ebenso unscharf bezeichnen. Nach den Lehrbüchern arbeitet der erste nach dem Gleichdruckverfahren, der zweite nach dem Gleichraumverfahren. In Wirklichkeit führen beide einen Wärmekreisprozeß durch, der zwischen Gleichdruck und Gleichraum liegt. Wir können höchstens sagen, daß der Benzinmotor dem Gleichraumverfahren etwas näher liegt. Der wesentliche Unterschied zwischen den beiden besteht darin, daß der Benzinmotor ein außerhalb des Motors vorbereitetes Brenngemisch ansaugt, das im richtigen Augenblick durch Überschlag eines zeitlich gesteuerten Funkens entzündet wird, während im sogenannten Dieselmotor kein Brennstoff in den Zylinder gelangt, bevor der Zeitpunkt für die Entzündung gegeben ist. Dann wird der Brennstoff eingespritzt und durch die Verdichtungswärme entzündet. Der Benzinmotor verlangt, daß das Verdichtungsverhältnis hinreichend niedrig ist, um Selbstzündung und Klopfen zu verhindern; der Dieselmotor fordert, daß das Verdichtungsverhältnis hoch genug ist, um Selbstzündung mit möglichst geringem Zündverzug zu sichern.

Wir können die zwei Motorenarten nicht nach den benutzten Brennstoffen unterscheiden, denn während der Zündermotor beschränkt ist auf die Benutzung von Gasen oder flüchtigen flüssigen Brennstoffen, wie Benzin, Alkohol oder gar Petroleum, kann der Dieselmotor gleich gut arbeiten mit flüchtigen und nichtflüchtigen Brennstoffen. Nach Meinung des Verfassers scheint die beste Begriffsbestimmung die zu sein, die nach der Zündung unterscheidet, z. B. Funkenzündung oder Zündung durch Verdichtungswärme, und diese Unterscheidung hat der Verfasser durchweg angewandt, obwohl auch sie nicht ganz befriedigt. Vor den Zeiten der elektrischen Zündung brauchten z. B. ältere Bauarten der Gas-, Benzin- und Petroleummotoren zur Zündung die in ein Glührohr hineingeleitete Verdichtung und konnten so mit Recht Motoren mit Verdichtungszündung genannt werden. Da indessen die elektrische Zündung heute bei allen derartigen Motoren angewandt wird, besteht diese Regelwidrigkeit nicht mehr. Gleichwohl trifft man noch einige Abweichungen von der Regel, z. B. den HESSELMAN-Motor mit Funkenzündung. Er wird häufig als Dieselmotor bezeichnet, weil er leichter brennbare Dieselkraftstoffe benutzen kann, obwohl er in Wirklichkeit ein gewöhnlicher Niederdruckmotor mit Funkenzündung ist, außer daß der Brennstoff nicht während des Saughubes zusammen mit der Luft eingeführt wird, sondern erst während der Verdichtung und nur kurz vor der Entzündung durch den zeitlich gesteuerten Funken.

In jüngster Zeit ist ein Kleinmotor für Modellflugzeuge als sogenannter Dieselmotor aufgetaucht, der in Wirklichkeit eine Kreuzung darstellt, denn er saugt ein außerhalb des Zylinders durch einen Vergaser gebildetes Gemisch aus verdampftem Brennstoff und Luft an, zündet aber durch Verdichtungswärme. Diese Verbindung wird durch die besonderen Eigenschaften des Äthers ermöglicht, der einen großen Teil des verwendeten Brennstoffs ausmacht. Trotz dieser etwas ausgefallenen Beispiele und vielleicht noch einiger anderer scheint die Begriffsbestimmung „Funkenzündung (Fremdzündung)" bzw. „Zündung durch Verdichtungswärme (Selbstzündung)" die beste und allgemein anwendbare Trennungslinie zwischen den beiden Motorengattungen zu ergeben.

Dies Buch behandelt einige Fragen des schnellaufenden Motors. Der Ausdruck „schnellaufend" bedarf vielleicht einer genaueren Definition. „Schneller" und „langsamer" Lauf sind natürlich relative Begriffe, und es gibt keine deutliche Trennungslinie, die durch bestimmte Zahlen ausgedrückt werden könnte.

Offenbar kann ein schnellaufender Motor langsam laufen, und warum sollte man nicht einen langsamlaufenden Motor schnell laufen lassen?

Die Trennungslinie ist nicht in Drehzahlen oder Kolbengeschwindigkeiten zu suchen, sondern in einer ganz verschiedenen Auffassung von der Konstruktion und in einer ganz unterschiedlichen Herstellungsweise. Beim langsamlaufenden Motor sind die Massenkräfte des Kolbens und der anderen bewegten Teile verhältnismäßig klein, daher können diese Teile sehr kräftig gemacht werden, ohne daß das Gehäuse und die Lager zu stark beansprucht werden. Aber die Massenkräfte wachsen mit dem Quadrat der Drehzahl und werden im schnellaufenden Motor der entscheidende Faktor. Wesentlich bei der Konstruktion schnellaufender Motoren ist ein möglichst steifer und gedrängter Bau mit möglichst leichten beweglichen Teilen, wobei Steifigkeit noch wichtiger als Festigkeit ist. Aber, wie es immer bei allgemeinen Aussagen ist, so erfordert auch dies eine Einschränkung, denn in jeder Maschine gibt es Teile, bei denen örtliche Spannungsspitzen oder Überlastungen Nachgiebigkeit verlangen.

Der Zwang, leichte bewegliche Teile mit sehr kleinem Wärmeaufnahmevermögen oder kleinen wärmeleitenden Querschnitten zu verwenden, erfordert besondere Maßnahmen für Leitung und Übergang der Wärme, die beim langsamlaufenden Motor einfach durch größere Wandstärken berücksichtigt werden können.

Für die Herstellung ist beim schnellaufenden Motor wesentlich, daß alle arbeitenden und dem Verschleiß unterliegenden Teile so kleine Abmessungen erhalten, daß sie schnell auf Automaten oder Sondermaschinen bearbeitet, leicht wärmebehandelt und aus Werkstoffen hergestellt werden können, die nicht in großen Abmessungen verfügbar sind.

Erstes Kapitel

Verbrennung

Motoren mit Funkenzündung

Der Verbrennungsvorgang im Zylinder eines Zündermotors scheint dem Wesen nach wie folgt zu verlaufen. Ein einziger sehr heißer Funke springt zwischen den Elektroden über und zieht einen dünnen Flammenfaden hinter sich. Von diesem Faden breitet sich die Verbrennung auf die unmittelbar umgebende Gemischhülle aus mit einer Geschwindigkeit, die hauptsächlich von der Temperatur der Flammenfront selbst und in zweiter Linie von der Temperatur und Dichte der umgebenden Hülle abhängt.

So wächst, zuerst allmählich, ein kleiner, hohler Flammenkern ähnlich wie eine Seifenblase. Wäre der Zylinderinhalt in Ruhe wie im Fall einer Bombe, so würde die Flammenblase sich mit stetig zunehmender Geschwindigkeit ausbreiten, bis sie sich durch die ganze Masse ausgedehnt hat. Wir können uns dann einen dünnen Flammenfaden oder eine Hülle vorstellen, welche die hocherhitzten Verbrennungsprodukte umschließt, während davor die noch unverbrannte brennbare Mischung liegt. Wäre der Zylinderinhalt in Ruhe, so würde dieser Faden sich mit einer glatten, ununterbrochenen Oberfläche ausdehnen.

Im Motorzylinder ist indessen die Mischung nicht in Ruhe. Sie befindet sich in Wirklichkeit in einem sehr turbulenten Zustand, d. h., sie besteht aus einer Menge von Wirbeln und Strudeln ohne gemeinsame Bewegungsrichtung, so daß der Flammenfaden in eine zackige Oberfläche zerrissen wird und so eine viel größere Oberfläche darbietet, von welcher Wärme ausgestrahlt wird; daher wird sein Fortschreiten enorm beschleunigt. Stroboskopische Beobachtungen durch durchsichtige Fenster im Zylinderkopf und Beobachtungen mit Ionisationsindikatoren in der Brennkammer zeigen übereinstimmend, daß zwar die Geschwindigkeit, mit der die Flammenfront fortschreitet, in erster Linie von dem Grad der Turbulenz abhängt, daß aber die allgemeine Bewegungsrichtung, die von der Zündstelle ausstrahlt, nur wenig beeinflußt wird, wenn nicht der allgemeinen Turbulenz eine gerichtete Strömung oder ein Drall überlagert ist.

Als Sinnbild betrachtet der Verfasser den Vorgang gern so, als wenn er sich in zwei ganz verschiedenen Stufen abspielte, einerseits im Wachsen und der Entwicklung eines sich ausbreitenden Flammenkerns und andererseits in der Ausbreitung der Flamme durch die ganze Brennkammer. Das erste ist ein chemischer Vorgang, der von der Beschaffenheit des Brennstoffs, von Temperatur und Druck sowie vom Temperaturkoeffizienten des Brennstoffes, der Beziehung zwischen Temperatur und Verbrennungsbeschleunigung, abhängt. Der zweite Vorgang ist rein mechanisch. Es soll damit nicht gesagt werden, daß diese beiden Vorgänge ganz verschieden sind, denn es gibt keine feste Trennungslinie, und sie müssen sich natürlich gegenseitig beeinflussen. Je höher die Flammentemperatur und je schneller die Verbrennung in der ersten Stufe, desto rascher wird sich die Verbrennung bei einem gegebenen Turbulenzgrad ausbreiten.

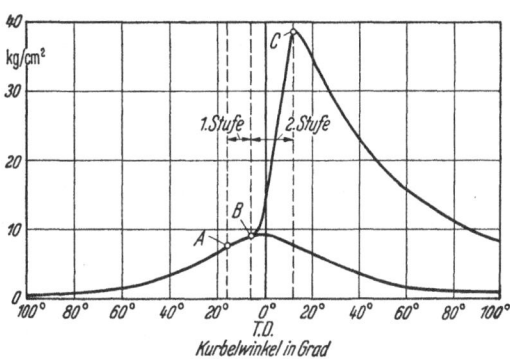

Bild 1.1. Indikatordiagramm mit den beiden Stufen der Verbrennung in einem Zündermotor

Wir können indessen als Beginn der zweiten Stufe den Augenblick bezeichnen, in welchem der erste meßbare Druckanstieg im Indikatordiagramm (Bild 1.1) wahrnehmbar ist. Im Bild bezeichnet A den Punkt des Funkenüberschlags, B den Punkt, bei dem der erste Druckanstieg zu beobachten ist, und C den höchsten Druck. So ist $A-B$ die erste und $B-C$ die zweite Stufe. Obwohl Punkt C das Ende der Flammenausbreitung bezeichnet, folgt daraus nicht, daß an diesem Punkt die ganze Verbrennungswärme frei geworden ist. Denn sogar nach dem Vergehen der Flamme werden sich einige weitere Ausgleiche durch Wiederverbindungen usw., die man im allgemeinen als Nachbrennen bezeichnet, während des ganzen Expansionshubes mehr oder weniger fortsetzen.

Zündbereich. Die Kurve (Bild 1.2) zeigt die allgemeine Beziehung zwischen Flammentemperatur und Brenngeschwindigkeit für ein gleichmäßiges Gemisch irgendeines Kohlenwasserstoffdampfes mit Luft. Die Ordinaten stellen die Zeit vom Funkenüberschlag bis zur Bildung eines sich selbst fortpflanzenden Flammenkernes dar, d. h. die Zeit der ersten Stufe der Verbrennung. Es versteht sich von selbst, daß man sie nicht als feste Werte zu betrachten hat, sondern nur als Andeutung des allgemeinen Verhaltens. Die Kurve (Bild 1.3) zeigt angenähert die Flammentemperatur bei verschiedenen Mischungsverhältnissen für ein Verdichtungsverhältnis 5 : 1 unter Berücksichtigung der Vermengung

8   1. Verbrennung

mit Restgasen, Wärmeabgabe an die eintretende Ladung, Dissoziation usw. Die Kurve (Bild 1.4) zeigt aus den beiden vorigen Diagrammen die Verbrennungsgeschwindigkeit in Abhängigkeit vom Mischungs-

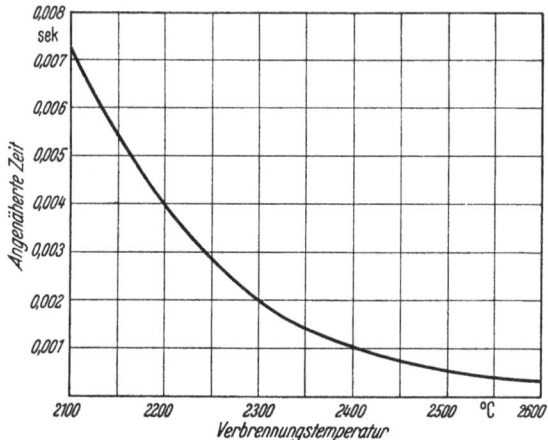

Bild 1.2. Angenäherte Beziehung zwischen Verbrennungstemperatur und Brenngeschwindigkeit

verhältnis während der ersten Stufe der Verbrennung. In Bild 1.5 ist die Kurve von Bild 1.4 dargestellt mit den Kurbelwinkeln als Ordinaten bei 2000 U/min; durchweg wurden 12° Kurbelwinkel für

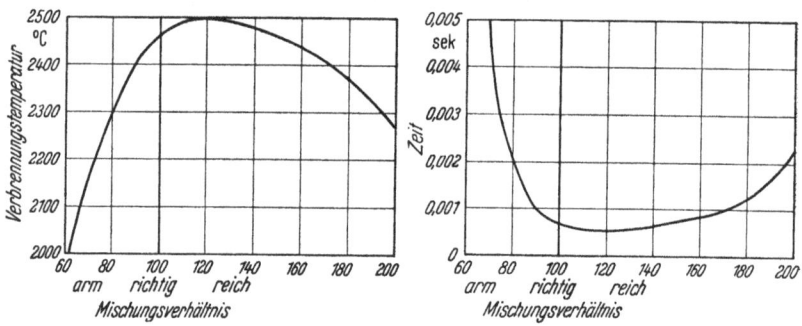

Bild 1.3
Angenäherte Beziehung zwischen Verbrennungstemperatur und Mischungsverhältnis

Bild 1.4
Angenäherte Beziehung zwischen Mischungsverhältnis und Brenngeschwindigkeit

die zweite Stufe hinzugefügt, d. h. für die Ausbreitung der Flamme durch Turbulenz. Denn alle Beobachtungen scheinen übereinstimmend zu zeigen, daß der Grad der Turbulenz und damit die Ausbreitgeschwindigkeit der Flammenfront direkt mit der Drehzahl steigen. Diese Kurve stellt daher in Kurbelwinkeln die Zeit, wahrscheinlich etwa die Mindestzeit, vom Funkenüberschlag bis zum Erreichen des höchsten Druckes dar. Die Zeit ist praktisch auf etwa 50° begrenzt, denn wenn man die

Zündung weiter vorverlegen wollte, würde sie dann eintreten, wenn die Gase einen viel niedrigeren Druck und eine geringere Temperatur haben. Daher würde sich die Flamme entsprechend langsamer ausbreiten, so daß nichts gewonnen wäre. Nähert man sich den Grenzen des Mischungsverhältnisses, so wird der Zustand unstabil, und es kommt leicht vor, daß eine schwache und unstabile Flamme sich an einer heißen, abgeschlossenen Stelle (etwa im Zündkerzengehäuse) während des ganzen Arbeits- und folgenden Ausschubhubes hält, so die nächste eintretende Ladung entzündet und ein Zurückschlagen der Flamme in den Vergaser verursacht. Dies ist besonders bei den armen Mischungen zu bemerken, deren Kurve viel steiler verläuft, wie man im letzten Bild sieht.

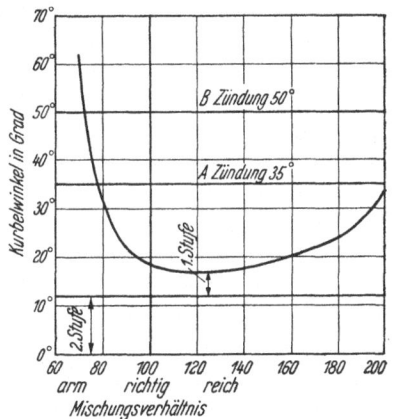

Bild 1.5. Angenäherte Beziehung zwischen Mischungsverhältnis und Brenngeschwindigkeit, ausgedrückt in Kurbelwinkeln bei 2000 U/min

Bei einer reichen Mischung mit Benzin als Kraftstoff entsprechen etwa 8° Kurbelwinkel der angenommenen Zeitdauer für die Bildung einer Flamme, die sich selbst ausbreitet. Nehmen wir nun an, die Motordrehzahl werde von 2000 auf 4000 U/min gesteigert, dann wird die Intensität der Wirbelung und damit auch die Ausbreitungsgeschwindigkeit der Flamme verdoppelt, und die 12° Kurbelwinkel werden dafür noch ausreichen. Aber die Zeitdauer, um den Flammenkern zu bilden, wird ungefähr gleich bleiben; es werden aus 8° nun 16°, und die ganze Zünddauer steigt von 20° auf 28° Kurbelwinkel.

Bei allen flüchtigen Kohlenwasserstoffen sind Temperaturkoeffizient und Brennbereich nicht merklich verschieden, und wir müssen mit einer Flammentemperatur von mehr als etwa 2200° C arbeiten. Wenn wir andererseits 2500° C überschreiten, wird bei vielen Kraftstoffen die Brenngeschwindigkeit so groß, daß der Motor klopft. Daher können wir praktisch nur in einem sehr begrenzten Bereich der Verbrennungstemperatur und damit des Mischungsverhältnisses, wenigstens auf der armen Seite, arbeiten. Beim Wasserstoff ist die Brenngeschwindigkeit etwa zwölfmal so groß wie beim Benzin. Wenn wir nun obige Kurve ändern, indem wir die Geschwindigkeit der ersten Stufe verzwölffachen, kommen wir zu dem in Bild 1.6 gezeigten Ergebnis. Daraus sieht man, daß wir bei der gleichen äußersten Frühzündung das Mischungsverhältnis auf unter 20% des Verhältnisses bei vollkommener

1. Verbrennung

Verbrennung senken können, tatsächlich bis auf Leerlauf, ohne die Gemischzufuhr zu drosseln.

Wenn wir die Verbrennungstemperatur durch Zufuhr von Sauerstoff steigern, so haben Versuche gezeigt, daß:

a) wir natürlich mehr Kraftstoff verbrennen und mehr Leistung erhalten können,

b) wir den Zündbereich vergrößern und bei armer Mischung noch die gleiche geringste Kraftstoffmenge je Arbeitsspiel verbrauchen können, d. h., wir können auf dieselbe niedrigste Verbrennungstemperatur heruntergehen, und zwar bei der gleichen Vorzündung,

c) wir bei einem reichen Gemisch und daher hoher Verbrennungstemperatur wesentlich weniger Vorzündung brauchen,

d) die Klopfneigung sehr zunimmt und wir tatsächlich nicht mit einer Verbrennungstemperatur erheblich über der normalen arbeiten können, ohne das Verdichtungsverhältnis zum Ausgleich sehr beträchtlich zu senken.

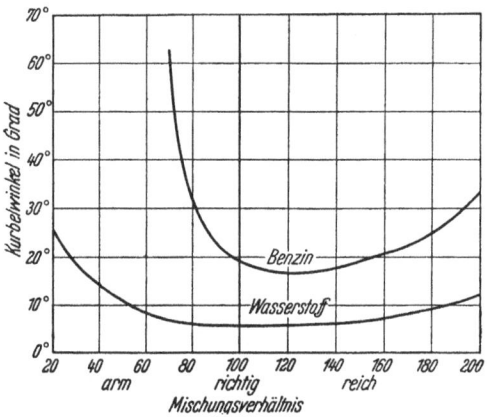

Bild 1.6. Angenäherte Beziehung zwischen Mischungsverhältnis und Brenngeschwindigkeit, Vergleich von Benzin und Wasserstoff

Wenn wir anderseits die Verbrennungstemperatur durch Mischen mit trägen Gasen, wie z. B. Dampf, Stickstoff oder Kohlensäure, senken, so:

1. engen wir das Mischungsverhältnis ein, können aber noch auf denselben geringsten Kraftstoffverbrauch je Arbeitsspiel bei der gleichen Vorzündung heruntergehen,

2. brauchen wir eine frühere Zündung bei reichen Gemischen,

3. vermindern wir die Klopfneigung.

Wenn wir das Verdichtungsverhältnis vergrößern, beschleunigen wir den ganzen Vorgang, weniger Vorzündung ist nötig, der mögliche Mischungsbereich wird ganz wenig erweitert, und die Klopfneigung nimmt zu. In diesem Fall kommen zwei Faktoren hinzu, nämlich Druck und Temperatur. Der Druck steigt erheblich, die Temperatur nur wenig, und wahrscheinlich macht der Anstieg des Druckes mehr aus als der der Temperatur.

Die Steigerung der Verbrennungsgeschwindigkeit mit zunehmendem Verdichtungsverhältnis wird sehr klar gezeigt durch die drei Indika-

Motoren mit Funkenzündung

tordiagramme in Bild 1.7, die mit dem Motor des Verfassers für veränderliche Kompression bei Verdichtungsverhältnissen von vier, fünf und sechs zu eins aufgenommen wurden bei dem gleichen Mischungsverhältnis und der gleichen Zündzeit in allen drei Fällen.

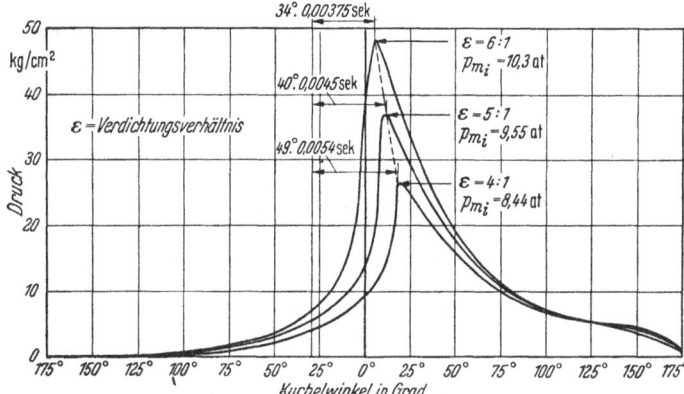

Bild 1.7. Wirkliche Indikatordiagramme bei drei verschiedenen Verdichtungsverhältnissen

Für den besten Wirkungsgrad sollten wir eine solche Wirbelung anstreben, daß sie einen Druckanstieg von 2,1 bis 2,5 at je Grad Kurbelwinkel während der zweiten Stufe der Verbrennung ergibt. Wenn wir über diesen Wert hinausgehen, verlieren wir leicht durch unmittelbaren Wärmeverlust an die Zylinderwände infolge der starken Konvektion mehr, als wir durch die schnellere Verbrennung gewinnen (vgl. Bild 1.8). Um dieses Optimum bei niedrigen Verdichtungsverhältnissen zu erreichen, ist eine sehr starke Wirbelung nötig. Aber infolge der allgemeinen Beschleunigung beider Stufen der Verbrennung bei hohen Verdichtungsverhältnissen genügt

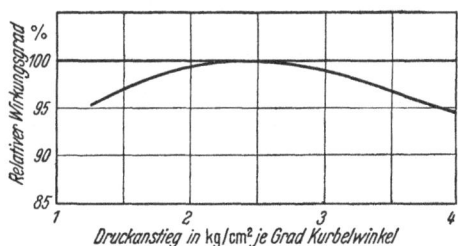

Bild 1.8. Einfluß der Steilheit des Druckanstieges auf den Wirkungsgrad

eine nur mäßige Wirbelung, wie sie der normale Eintritt durch das Einlaßventil hervorruft, um den erwünschten Druckanstieg zu ergeben.

Diese Überlegungen würden darauf hindeuten, daß mit einer begrenzten Zündzeitverstellung der Bereich des Mischungsverhältnisses um so größer würde, je größer die Turbulenz ist, obwohl dies offenbar nur in engen Grenzen gelten kann.

Die Erfahrungstatsachen bestätigen dies weitgehend, aber einige Versuche des Verfassers an einem besonderen Versuchsmotor zeigten, daß bei sehr großer Turbulenz (weit größer als bei irgendeiner normalen Motorbauart) der Mischungsbereich tatsächlich eingeengt wurde. und zwar in solchem Maße, daß der Motor nur bei einem Gemisch mit 5 bis 30% Kraftstoffüberschuß laufen wollte. Jeder Versuch, aus diesem engen Bereich herauszukommen, ergab Fehlzündungen. Bei diesem Beispiel betrug der Druckanstieg über 7 kg/cm^2 je Grad Kurbelwinkel, und der allgemeine Lauf des Motors war unerträglich laut und unregelmäßig. In diesem Fall wurde die Wirbelung künstlich bis zu einem ganz übertriebenen Ausmaß gesteigert, wahrscheinlich so sehr, daß sie jede Flammenkernbildung an der Zündkerze wegspülte und verhinderte, wenn nicht das Gemisch so beschaffen war, daß es die höchste Verbrennungstemperatur ergab; mit anderen Worten, der Luftzug im Zylinder war so stark, daß er die Kerze ausblies.

Abweichungen in den Arbeitsprozessen. In allen Zündermotoren, besonders wenn sie leichtflüchtige flüssige Kraftstoffe benutzen, findet man, daß die Indikatordiagramme sich sehr erheblich von einem zum anderen Arbeitsspiel unterscheiden, und diese Abweichungen werden viel größer, wenn das Mischungsverhältnis sich der armen oder reichen Grenze nähert. Die beobachteten Abweichungen treten meist während des ersten Teiles des Zündverzuges auf und werden zweifellos verursacht durch Schwankungen in der Zusammensetzung jenes sehr kleinen Teils der Mischung, der den ersten Kern der Flamme bildet. Das kann bei Vergasermischungen an kleinen Unterschieden des Mischungsverhältnisses zwischen einem und dem nächsten Arbeitsspiel liegen, aber es liegt wahrscheinlich in viel größerem Maß an Unterschieden im Anteil träger Restgase, die als Verdünnungsmittel die Verbrennungstemperatur zu Beginn beeinflussen und damit ihre Aufbaugeschwindigkeit, denn offenbar wird eine sehr kleine Schwankung im Restgasanteil am Entstehungsort des ursprünglichen Kernes genügen, um die Verbrennungstemperatur zu Beginn zu heben oder zu senken und so die Dauer des Zündverzuges nachhaltig zu beeinflussen.

Bestätigt wird diese Theorie durch die Beobachtung, daß die Abweichungen im Arbeitsprozeß meist größer sind bei niedrigen Verdichtungsverhältnissen oder Teillasten, d. h. wenn der Gesamtanteil an Restgas größer ist. Die Abweichungen sind auch größer, wenn die Zündkerze entweder in einer Nische liegt oder so angeordnet ist, daß sie nicht gut von dem Gemisch bespült wird, das durch das Einlaßventil eintritt. Außerdem kann der Restgasanteil von einem Arbeitsspiel zum anderen schwanken infolge von Druckwellen in der Auspuffsammelleitung. In der Regel schaden diese Abweichungen im Indikatordiagramm während der Verbrennung sehr wenig dem Verhalten und dem Wirkungsgrad des Motors, denn obwohl sie groß zu sein scheinen und obwohl der Zünddruck sich nach Größe und Phase ändert, schwankt der mittlere Druck sehr wenig von einem Arbeitsspiel zum nächsten, wenn man nicht an einer Grenze des Mischungsverhältnisses arbeitet und die Schwankungen so groß werden, daß sie einen unruhigen Lauf verursachen. Wenn man außer diesen Abweichungen zwischen den Arbeitsspielen während der Dauer des Zündverzuges die Abweichungen im mittleren Mischungsverhältnis zwischen mehreren Zylindern einer Vielzylindermaschine berücksichtigt, findet man, daß ein Vielzylindermotor mit einem einzigen Vergaser für eine Zylindergruppe nicht zufriedenstellend arbeiten kann bei einem Mischungsverhältnis, das merklich ärmer ist als 90 % des Verhältnisses bei vollkommener Verbrennung. Es hängt natürlich auch noch von der gleichmäßigen Verteilung des Gemisches, dem Verdichtungsverhältnis, der Lage der Zündkerze usw. ab. Bei gasförmigen Brennstoffen, wie Methan oder Propan, können wir, dank der gleichmäßigeren Mischung und den höheren anwendbaren Verdichtungsverhältnissen, den Bereich der Mischungsverhältnisse merklich weiter wählen, besonders wenn Wasserstoff vorhanden ist, wie es bei Leuchtgas der Fall ist.

Gemischanreicherung um die Zündkerze. Bei allen bisherigen Betrachtungen über die möglichen Mischungsverhältnisse nahmen wir an, daß der Zylinder mit einem außerhalb des Motors gebildeten und daher gleichmäßigen Gemisch versorgt wird. Wenn wir es erreichen könnten, durch Brennstoffeinspritzung oder andere Mittel ein reicheres Gemisch in die unmittelbare Nachbarschaft der Zündkerze zu bringen, dann könnten wir das Mischungsverhältnis im größten Teil der Brennkammer sehr erheblich herabsetzen, denn nur das Mischungsverhältnis in dem sehr kleinen Teil der Ladung im ursprünglichen Kern und seiner unmittelbaren Umgebung ist wirklich entscheidend. Wenn die Flamme erst einmal vorhanden ist, wird sie sich durch den Rest der Kammer ausbreiten, auch wenn das mittlere Gemisch viel ärmer ist als das, was für die Bildung des Ursprungskernes nötig war. Mit andern Worten, wenn wir durch Schichtung einen kleinen Teil verhältnismäßig reichen Gemisches in der Umgebung der Zündkerze absondern können, dann darf der Rest weit ärmer sein, als es sonst zulässig wäre. Dadurch ließ sich ein Zweitaktmotor mit Benzineinspritzung und mit Funkenzündung befriedigend betreiben bei einem mittleren Mischungsverhältnis von nur 60 % des Verhältnisses bei vollkommener Verbrennung. So ließ sich ein sehr hoher thermischer Wirkungsgrad erreichen.

Zündzeiteinstellung. Offenbar muß die Verbrennung so bald wie möglich beendet sein, denn jede während der Expansion frei gewordene Wärme kann nur mit einem Wirkungsgrad genutzt werden, der dem der restlichen Expansion entspricht. Wärme, die im Grenzfall ganz am Ende des Expansionshubes frei wird, kann keine nützliche Arbeit leisten und heizt nur das Auslaßventil und die Auspuffleitung.

14   1. Verbrennung

Andererseits wollen wir die höchste Verbrennungstemperatur wegen des Wärmeverlustes an die Zylinderwände nicht länger behalten als nötig. Daher ist nicht erwünscht, daß die vollständige Verbrennung

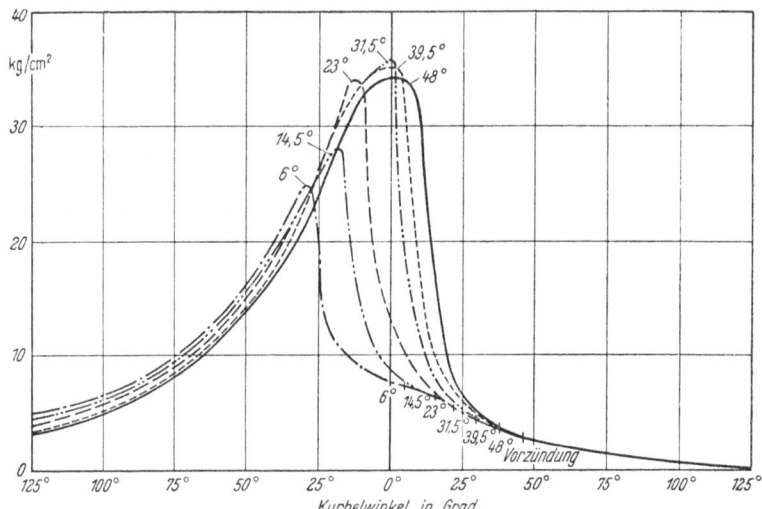

Bild 1.9. Indikatordiagramme mit verschiedenem Zündzeitpunkt

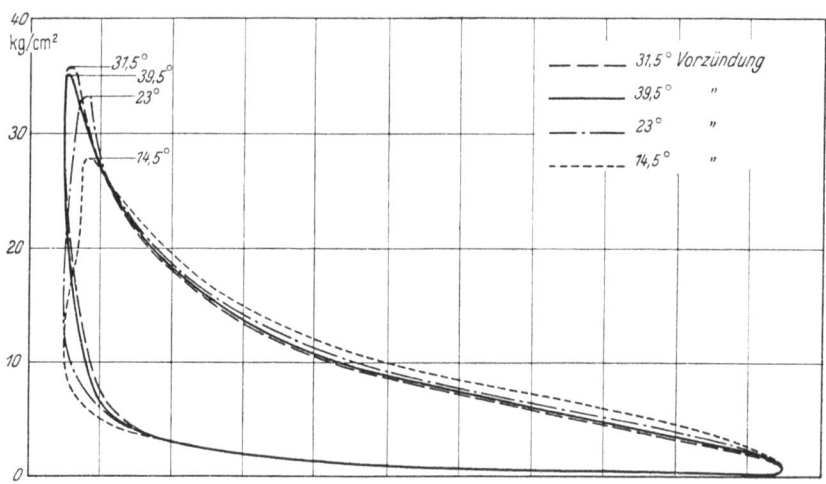

Bild 1.10. Indikatordiagramme mit verschiedenem Zündzeitpunkt, über der Kolbenstellung aufgetragen

oder vielmehr der höchste Druck früher als 10 bis 15° nach dem Totpunkt erreicht wird. Dadurch, daß wir den Eintritt der Spitzentemperatur um 10 bis 15° verzögern, erleiden wir keinen merklichen

Verlust an Expansion, aber wir sparen beträchtlich an der Zeit, während welcher der Wärmeverlust recht lebhaft sein wird.

Die Bilder 1.9 und 1.10 sowie Tab. 1 geben eine Reihe von Indikatordiagrammen wieder, die bei einem schiebergesteuerten Motor niedrigen Verdichtungsverhältnisses mit konstanter Drehzahl und konstantem Mischungsverhältnis, aber veränderlicher Zündzeiteinstellung aufgenommen wurden. Man erkennt, daß Leistung und Wirkungsgrad am größten werden, wenn die Druckspitze nach dem Totpunkt erreicht wird. Die beste Zündzeiteinstellung unter diesen Verhältnissen ist 17° vor dem Totpunkt. Bild 1.10 zeigt vier der Kurven von Bild 1.9 in Abhängigkeit von der Kolbenstellung aufgetragen.

Die Ergebnisse dieser Versuche sind in Tab. 1 wiedergegeben. Spalte (1) gibt den Zündzeitpunkt in Grad vor dem oberen Totpunkt an, Spalte (2) den indizierten mittleren Druck, Spalte (3) die Zeitdauer zwischen dem Funkenüberschlag und dem Erreichen des höchsten Druckes, Spalte (4) die Austrittstemperatur des Kühlwassers, dessen Menge und Eintrittstemperatur durchweg konstant gehalten wurden; Spalte (4) gibt daher den relativen Wärmeverlust. In Spalte (5) ist die höchste Druckspitze angegeben.

Tabelle 1

(1) Zündzeitpunkt in Grad vor oberem Totpunkt	(2) Indizierter mittlerer Druck kg/cm²	(3) Grad Kurbelwinkel vom Funkenüberschlag bis zum Höchstdruck	(4) Kühlwasseraustrittstemperatur bei konst. Menge °C	(5) Maximaler Druck im Zylinder kg/cm²
6,0	8,367	35,0	53,7	24,61
10,5	8,683	33,0	54,0	27,07
14,5	8,788	32,0	54,5	28,83
19,0	8,788	31,5	55,5	31,29
23,0	8,718	31,5	56,0	33,04
27,0	8,613	31,5	56,8	34,45
31,5	8,472	32,0	57,5	35,86
35,5	8,345	33,0	58,0	35,86
39,5	8,212	34,0	58,5	35,15
44,0	8,015	36,0	59,0	34,45
48,0	7,769	39,5	59,7	33,40

Der durch die frühere Zündung vergrößerte Wärmeverlust tritt deutlich in die Erscheinung, während der indizierte mittlere Druck unmittelbar ein Maß für den Wirkungsgrad gibt, da der Verbrauch an Brennstoff und Luft bei der ganzen Reihe konstant war. Die Versuche wurden sämtlich bei einem ziemlich niedrigen Verdichtungsverhältnis und etwas verminderter Last gefahren, um zu verhindern, daß Klopfen oder Glühzündung selbst bei übertrieben frühem Funkenüberschlag eintrat. Das erklärt die ziemlich lange Zeit von 31,5° für die Stufen 1 und 2.

Entzündung an Oberflächen. In jedem Verbrennungsmotor gibt es Oberflächen, wie Auslaßventilteller, Zündkerzenelektroden und Koksablagerungen, deren Temperatur beträchtlich über der Entzündungstemperatur des Brennstoff-Luft-Gemisches liegt und welche die ganze Ladung entzünden würden, wenn die Mischung in Ruhe wäre und hinreichend Zeit zur Verfügung stände. Daß dies im normalen Betrieb nicht eintritt, liegt daran, daß die Mischung nicht in Ruhe ist und nicht genügend Zeit für das Wachsen einer Flamme zur Verfügung steht. Immerhin findet etwas Oberflächenverbrennung oder Voroxydation in dem Gemischfilm statt, der jene heißen Flächen berührt, und es bilden sich Produkte einer Teilverbrennung, wie Aldehyde, während der Saug- und Verdichtungshübe. Wenn jedoch die Oberflächentemperatur eine bestimmte, glücklicherweise ziemlich hohe Grenze übersteigt, dann tritt Entzündung der ganzen Ladung vor dem zeitlich gesteuerten Funken ein. Die dafür nötige Oberflächentemperatur hängt ab von der chemischen Natur des Brennstoffs und seinem Temperaturkoeffizienten. Sie hängt auch von anderen Einflüssen ab, wie z. B. von der Wirbelung an der heißen Oberfläche. Obwohl der Auslaßventilteller oder eine starke Koksablagerung durch ihre verhältnismäßig große Oberfläche wahrscheinlich den Hauptteil der Oberflächenverbrennung verursachen, werden nur die Zündkerzenelektroden oder einige vorspringende Koksspitzen eine genügend hohe Temperatur erreichen, um Glühzündung unter normalen Laufverhältnissen zu erzeugen.

Wenn ein Motor abgestellt ist, nachdem er hochbelastet lief, und die Drosselklappe fast geschlossen ist, beobachtet man oft, daß er weiterzündet, wenn auch etwas unregelmäßig und bei sehr niedriger Drehzahl. Die Ursache ist wahrscheinlich Selbstentzündung an der Oberfläche des heißen Auslaßventils oder an einer großen, hocherhitzten Koksfläche bei einem stark verrußten Motor. Die Oberflächenverbrennung kann sich zur regelrechten Zündung entwickeln, weil bei der sehr niedrigen Drehzahl Zeit vorhanden ist und bei einer sehr kleinen Drosselöffnung zu geringe Wirbelung besteht, um die über der heißen Oberfläche ruhende Schicht zu entfernen. Unter diesen Bedingungen findet man allgemein, daß weites Öffnen der Drosselklappe sofort den Motor anhält, wahrscheinlich weil genügend Wirbelung eingeleitet wird.

Motoren mit Verdichtungszündung

Der Verbrennungsvorgang im Dieselmotor unterscheidet sich natürlich sehr von dem des Zündermotors. Im Dieselmotor wird der Brennstoff im flüssigen Zustand in hochverdichtete und hocherhitzte Luft in der Brennkammer eingespritzt. Jedes winzige Tröpfchen umgibt sich bei seinem Eintritt in die hocherhitzte Luft schnell mit einer Hülle seines eigenen Dampfes, und dieser Dampf wird nach einer merklichen Zeit an der Hüllenoberfläche entzündet.

Ein Querschnitt durch irgendein Tröpfchen würde einen inneren flüssigen Kern, eine dünne umgebende Dampfhülle und ein äußeres Flammengewand zeigen. Dies Gebilde wird fortbestehen, bis der ganze flüssige Kern verdampft ist.

Überließe man diesen Vorgang sich selbst, so würde er lange dauern, aber wie bei dem Zündermotor kann er durch mechanische Bewegung sehr beschleunigt werden; in diesem Fall dadurch, daß man die Bewegung des Tröpfchens durch die Luft oder die der Luft am Tröpfchen vorbei beschleunigt.

Das Verbrennen eines Kohlenwasserstoff-Brennstoffes in Luft ist ein einfacher, reiner Oxydationsvorgang; er kann sehr heftig oder sehr langsam verlaufen. Im letzten Fall nennen wir es meist Oxydation und nicht Verbrennung. Wenn wir Öl bei Raumtemperatur der Luft aussetzen, so wird es oxydieren, aber nur sehr langsam; steigt die Lufttemperatur, so wird der Vorgang beschleunigt. Einzelne Bestandteile werden schneller oxydieren als andere. Infolge der verwickelten Zusammensetzung dieser schweren Kohlenwasserstoffmoleküle ist der Oxydationsvorgang außerordentlich verwickelt. Bei Raumtemperatur kann es Jahre dauern, nur einen Teil des Brennstoffs zu oxydieren; bei 200° C wird es eine Sache von Tagen sein; bei 250° C vielleicht von Minuten. Aber in allen diesen Fällen ist die Größe des Temperaturanstiegs durch Oxydation geringer als der Wert, mit dem Wärme durch Konvektion und Leitung abgeführt wird. Wenn wir die Temperatur weiter steigern, erreichen wir schließlich eine kritische Stufe, bei welcher Wärme durch Oxydation schneller erzeugt als abgeführt wird. Dann steigt die Temperatur von selbst weiter; dies beschleunigt wiederum die Oxydation und damit die Wärmeentwicklung. Dann entwickelt sich alles schnell weiter; es tritt ein, was wir Zündung nennen, und es bildet sich eine Flamme. Die Temperatur, bei der diese kritische Veränderung auftritt, wird gewöhnlich als Selbstzündungstemperatur des Brennstoffs bezeichnet, aber offenbar kann das kein fester Wert für einen gegebenen Brennstoff sein, denn viele Faktoren sind dabei mitbestimmend. Sie hängt z. B. sehr vom Druck ab, denn dieser ist für den Grad der Berührung zwischen Brennstoff und Sauerstoff maßgebend, der für die Verbrennung erforderlich ist. Die Selbstzündungstemperatur hängt ferner von der Zeit ab sowie von der Möglichkeit, jene Wärme abzuführen, die durch Oxydation vor der Verbrennung frei wurde. Natürlich hängt sie auch von der chemischen Stabilität und dem Temperaturkoeffizienten des Brennstoffs ab. Wenn man sich auf die Selbstzündungstemperatur eines Brennstoffs bezieht, sollte man sich die obengenannten Einflüsse vor Augen halten.

Wenn wir nun, statt Luft und Brennstoff gemeinsam zu erhitzen, kaltes Öl in Luft tropfen, die über seine Selbstzündungstemperatur erhitzt ist, was wird geschehen? Beim Eintritt in die heiße Luft wird die äußerste Oberfläche des Tröpfchens sofort anfangen zu verdampfen und so den Kern mit einem dünnen Dampffilm umgeben. Um das zu erreichen, muß aber der Luft, die sich in unmittelbarer Berührung mit dem Tröpfchen befindet, Wärme entzogen werden, welche der Verdampfungswärme der Flüssigkeit entspricht. So ist die unmittelbare Folge die Erniedrigung der Temperatur einer dünnen Luftschicht um das Tröpfchen, und einige Zeit muß vergehen, bevor diese Temperatur wieder durch Wärmeentnahme aus der Hauptluftmenge in der Nachbarschaft steigen kann. Sobald der Dampf und die ihn unmittelbar berührende Luft eine bestimmte Temperatur erreicht haben, tritt die Zündung ein, obgleich der Kern noch flüssig und verhältnismäßig kalt ist. Sobald die Zündung begonnen hat und eine Flamme vorhanden ist, wird der Wärmebedarf der weiteren Verdampfung durch die Verbrennung geliefert. Wir haben dann einen flüssigen Kern, umgeben von einer Dampfschicht, die so schnell brennt, wie sie frischen Sauerstoff finden kann, um den Vorgang zu unterhalten. Dieser Zustand geht wohl unverändert weiter, bis alles verbrannt ist. Unter diesen Bedingungen, die wir in einem Dieselmotorzylinder haben, tritt die Zündung mit einer gewissen Verzögerung auf. Die Länge dieser Periode hängt offenbar davon ab, wie weit die Lufttemperatur über dem Siedepunkt und der Selbstzündungstemperatur des Brennstoffs liegt. Je höher die Lufttemperatur und je niedriger der Siedepunkt oder die Entzündungstemperatur ist, um so kürzer wird der Zündverzug sein, aber irgendeinen Verzug muß es immer geben. Außer der Temperatur hat auch der Druck einen sehr wichtigen Einfluß auf die Verzugsdauer, denn je höher der Druck, um so größer ist die Wärmeübertragung und um so enger die Berührung zwischen der heißen Luft und dem kalten Brennstoff. In Bild 1.11 ist schematisch die Änderung der Lufttemperatur und der Entzündungstemperatur des Brennstoffs während des Verdichtungshubes gezeigt. Die Zahlenwerte sind natürlich nur als ungefähre Richtwerte aufzufassen. Sobald der Zündverzug beendet ist und die Zündung eingesetzt hat, hängt die Brenngeschwindigkeit vornehmlich davon ab, wie schnell jedes brennende Tröpfchen frischen Sauerstoff zur Ergänzung finden kann; d. h., sie hängt von der Geschwindigkeit ab, mit der sich das Tröpfchen durch die Luft oder die Luft an dem Tröpfchen vorbei bewegt.

Im Dieselmotor wird der gesamte Brennstoff nicht plötzlich eingespritzt, sondern seine Einführung in den Brennraum dauert eine

Motoren mit Verdichtungszündung

gewisse Zeit. Die ersten Tröpfchen treffen auf Luft, deren Temperatur nur wenig über ihrer Selbstzündungstemperatur liegt, und der Zündverzug ist mehr oder weniger lang. Die später ankommenden Tropfen finden die Luft durch die Verbrennung ihrer Vorgänger schon weit

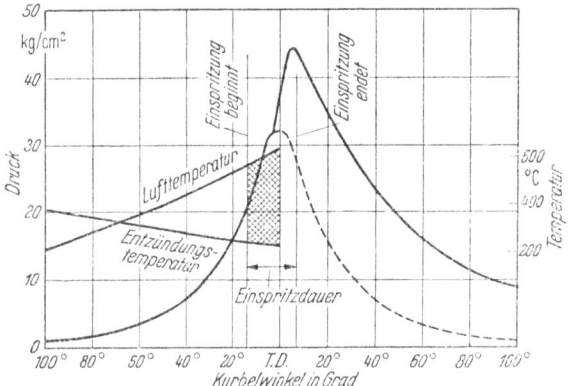

Bild 1.11. Änderung der Luft- und Selbstzündungstemperatur bis zur Zündung

höher erhitzt; sie entzünden sich viel schneller, fast schon bei ihrem Austritt aus der Einspritzdüse, und nehmen praktisch sofort am Prozeß teil, aber dessen weitere Entwicklung wird behindert, denn es ist weniger Sauerstoff vorhanden — die zuerst angekommenen Tröpfchen haben die Milch abgerahmt.

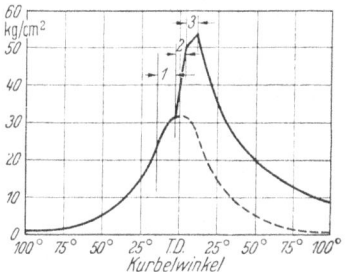

Bild 1.12. Drei Phasen der Verbrennung im Dieselmotor

Wenn die Luft im Zylinder in Ruhe wäre, so würde nur ein kleiner Teil des Brennstoffs genügend Sauerstoff finden, denn es ist unmöglich, die Tröpfchen gleichmäßig über den Brennraum zu verteilen. Deshalb ist eine lebhafte Bewegung der Luft und des Brennstoffes genau so wichtig wie beim Zündermotor, jedoch mit dem wichtigen Unterschied, daß wir beim Zündermotor eine ganz regellose Wirbelung brauchen, um die Oberfläche der Flammenfront aufzureißen und die zerfetzte Flamme durch ein vorher bereitetes brennbares Gemisch zu verteilen. Im Dieselmotor dagegen brauchen wir eine geordnete Luftbewegung, welche ständig frische Luft an jedes brennende Tröpfchen heranbringt und die Verbrennungsprodukte wegfegt, die andernfalls die Flamme ersticken würden.

Wir müssen daher sorgfältig zwischen diesen beiden ganz verschiedenen Verfahren unterscheiden.

1. Verbrennung

Wenn wir von Wirbelung sprechen, meinen wir ein Durcheinander von Wirbeln ohne gemeinsame Strömungsrichtung. Wenn wir von Luftströmung oder Drehbewegung der Luft sprechen, denken wir an eine geordnete Bewegung der ganzen Luftmasse mit oder ohne eine beschränkte Wirbelung.

Beim Dieselmotor kann man annehmen, daß die Verbrennung in drei verschiedenen Stufen vor sich geht. In der ersten Stufe tritt ein Zündverzug ein, während dessen etwas Brennstoff zugeführt wird, aber noch nicht zündet. Dem folgt nach der Zündung eine Periode steilen Druckanstieges. Der Druck steigt schnell an, weil während des Zündverzuges die Brennstofftröpfchen Zeit gehabt haben, sich weit auszubreiten, und weil sie von frischer Luft umgeben sind. Am Ende der zweiten Stufe sind Temperatur und Druck so hoch geworden, daß die späteren Ankömmlinge fast sofort bei ihrem Eintritt brennen und jeder weitere Druckanstieg mit rein mechanischen Mitteln geregelt werden kann. Bild 1.12 zeigt ein schematisches Indikatordiagramm, das die drei Stufen ganz deutlich erkennen läßt, während Bild 1.13 ein wirkliches Indikatordiagramm eines schnellaufenden Motors darstellt, bei dem die drei Stufen zwar ineinander übergehen, aber doch zu unterscheiden sind.

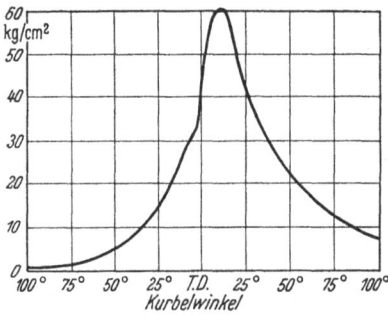

Bild 1.13. Aufgenommenes Indikatordiagramm eines schnellaufenden Dieselmotors 139,7 mm Bohrung, 177,8 mm Hub, $n = 1500$

Zündverzug. Offenbar wird für jede Art des Einspritzens der während der zweiten Stufe erreichte Druck von der Länge des Zündverzuges abhängen; je länger der Verzug, um so schneller und höher der Druckanstieg, da mehr Brennstoff im Zylinder sein wird, bevor die Verbrennungsgeschwindigkeit direkt geregelt wird. Etwas kann man sie indessen dadurch beherrschen, daß man den Brennstoff zuerst langsam zuführt, oder durch eine Voreinspritzung. So stellt man sicher, daß nur wenig eingespritzt ist, bevor die Zündung beginnt. Auf jeden Fall müssen wir den Zündverzug möglichst kurz halten, damit wir einen ruhigen Lauf erhalten und die Druckänderungen beherrschen.

Obwohl wir den Zündverzug kurz halten wollen, gibt es indessen eine untere Grenze, die wir nicht unterschreiten dürfen.

Überlegen wir uns, was geschehen würde, wenn es überhaupt keinen Zündverzug gäbe und die Tröpfchen sich entzündeten, unmittelbar nachdem sie die Einspritzdüse verlassen haben. Wir hätten dann eine Anhäufung brennender Tröpfchen, die so dicht zusammengedrängt wären, daß die zur vollkommenen Verbrennung nötige Luft unmöglich auf sie zu verteilen wäre. Daher brauchen wir einen gewissen Zündverzug, um den Tröpfchen Zeit zu geben, sich wenigstens etwas zu zerstreuen, bevor die Zündung eintritt.

Wenn, wie es bei den älteren Dieselmotoren der Fall war, Druckluft benutzt wird, um den Brennstoff einzuführen, können wir fast ganz den Zündverzug entbehren, denn die Einblaseluft verteilt die Tröpfchen über den Brennraum. Aber ohne Luftzug in der einen oder anderen Form ist das nicht zu erreichen, und wir brauchen zumindest einen kurzen Zündverzug.

Im allgemeinen ist indessen der sich einstellende Zündverzug größer als nötig und erwünscht, und wir müssen unsere Anstrengungen, abgesehen von einigen Sonderfällen, darauf richten, den Zündverzug möglichst zu verkürzen.

Aus diesen Betrachtungen könnte man schließen, daß die Verzugdauer eine konstante Zeit wäre, und das wäre sicher der Fall, wenn alle Bedingungen in der Umgebung des Tröpfchens ungeändert blieben. Steigt die Motordrehzahl, so sinkt der Wärmeverlust während der Verdichtung, so daß Temperatur und Druck der verdichteten Luft steigen und so den Zündverzug verkürzen. Diese Wirkung kann dadurch beliebig gesteigert werden, daß man im Brennraum einen wärmeisolierten Teil anordnet, dessen Temperatur automatisch bei erhöhter Drehzahl oder Belastung ansteigt. Dadurch wird es möglich, den Zündverzug konstant zu halten, zwar nicht der Zeit nach, wohl aber als konstanten Kurbelwinkel.

Um eine vollständige Verbrennung in der sehr kurzen Zeit, die im schnellaufenden Motor zur Verfügung steht, zu erhalten, sollte, so nimmt man allgemein an, der flüssige Brennstoff in möglichst kleine Teilchen zerlegt werden, damit das Verhältnis Oberfläche : Volumen möglichst groß wird. Auf den ersten Blick mag das als vernünftig erscheinen, denn sicherlich, je kleiner das Tröpfchen, um so rascher wird es verbrannt sein.

Indessen spielen andere Einflüsse mit hinein und widersprechen dieser Annahme.

1. Die Brenngeschwindigkeit hängt vor allem davon ab, wie schnell die Verbrennungsprodukte von der Oberfläche entfernt und durch frischen Sauerstoff ersetzt werden können. Mit anderen Worten, sie hängt von der Geschwindigkeit ab, mit der sich das brennende Tröpfchen relativ zur umgebenden Luft bewegt. Jedes einzelne Tröpfchen tritt aus der Einspritzdüse mit einer sehr hohen Anfangsgeschwindigkeit aus, und in den meisten Fällen befindet sich auch die Luft schon in Bewegung, so daß zuerst die Relativbewegung zwischen beiden sehr beträchtlich ist. Aber je kleiner das Tröpfchen wird, um so kleiner wird sein Impuls; hat es erst einmal seine Anfangsgeschwindigkeit ver-

loren, so wandert es nur noch mit der Luft, und die Relativbewegung hört auf. Es wird dann zum Teil erstickt durch seine eigenen Verbrennungsprodukte, und die Verhältnisse liegen ähnlich wie bei einem Ofen, dessen Luftklappe geschlossen ist. Daher sollen die Tröpfchen groß genug sein, um ihren Impuls zu behalten, bis die Verbrennung wenigstens nahezu beendet ist.

2. Betrachten wir jetzt den Einfluß der Tröpfchengröße auf den Zündverzug und auf die Schnelligkeit des ihm folgenden Druckanstieges. Bei gegebenen Verhältnissen von Temperatur und Druck hängt der Zeitbedarf, um die Dampfhülle zu bilden und zu entzünden, nicht von der Tröpfchengröße ab. Aber die Schnelligkeit und das Ausmaß des der Zündung folgenden Druckanstieges hängt von der brennenden Oberfläche ab. Je kleiner die Abmessungen und je größer die Zahl der Tröpfchen, um so größer wird offenbar die gesamte brennende Oberfläche und damit die Schnelligkeit und das Ausmaß des Druckanstieges während dieser ungeregelten Enwicklungsstufe sein.

Lediglich vom Gesichtspunkt einer Verringerung der Geschwindigkeit des Druckanstieges während der zweiten Phase und damit der Erzielung eines ruhigen Laufs sowie der Beherrschung des Höchstdruckes könnte es vorteilhaft scheinen, den Brennstoff in Form einer einzigen größeren Masse einzuführen, aber die nachfolgende Verbrennungsgeschwindigkeit wäre natürlich viel zu klein.

Wie immer müssen wir einen Kompromiß suchen und danach streben, den Brennstoff so aufzuteilen, daß die sich bildenden Tröpfchen groß genug sind, um ihren Impuls fast bis zum Ende zu behalten, und doch klein genug, um in der verfügbaren Zeit verbrannt zu werden. Wir können natürlich nicht durchweg Tröpfchen gleicher Größe herstellen, aber wir sollten anstreben, daß die meisten eine günstigste Größe haben, welche das auch sein mag, aber sicher nicht die kleinstmögliche Größe.

Bis zu einem gewissen Grad können wir die Tröpfchengröße beherrschen, indem wir die Belastung der Düsennadel ändern; je weniger die Belastungsfeder gespannt ist, um so größer werden die Tropfen. Daher sollten wir erwarten und finden es auch tatsächlich bestätigt, daß, je niedriger der Einspritzdruck ist, um so kleiner die Geschwindigkeit des Druckanstieges während der ungeregelten Phase und um so ruhiger der Lauf wird.

Außer von der Größe der einzelnen Tröpfchen hängt der Zündverzug auch ab von

1. der Flüchtigkeit und Verdampfungswärme des Brennstoffs,
2. der Selbstzündungstemperatur (Cetanzahl) des Brennstoffs.

Die Flüchtigkeit beeinflußt die Zeit, die gebraucht wird, um eine Dampfhülle zu bilden, die Cetanzahl den Unterschied zwischen der

Temperatur der hochverdichteten Luft und der Selbstzündungstemperatur des Brennstoffs. Je größer diese Differenz, um so besser ist es offenbar von beiden Gesichtspunkten aus.

Wir können die Lufttemperatur erhöhen:

1. durch Vorwärmen der Luft vor oder bei ihrem Eintritt in den Zylinder,
2. durch Anwendung eines sehr hohen Verdichtungsverhältnisses,
3. dadurch, daß wir in der Brennkammer einen wärmeisolierten Teil vorsehen, dessen Temperatur beträchtlich über der der verdichteten Luft liegen wird.

Auf den ersten Blick scheint die Vorwärmung der Luft die einfachste Lösung zu sein, tatsächlich ist sie aber höchst unerwünscht, weil sie

a) die Dichte der Luftladung verringert, und die Dichte ist mindestens ebenso wichtig wie die Temperatur. So verlieren wir, was wir auf umständlichem Weg gewonnen haben. Versuche im Prüffeld des Verfassers zeigten, daß ein Vorwärmen der Luft um 100° C den Zündverzug um kaum 2 Kurbelgrade verkleinert,

b) die Hubraumausnutzung und daher die abgegebene Leistung verringert.

Vorwärmen der Luft hat also wenig oder keinen Einfluß auf den Zündverzug; es vermindert die Leistung und steigert die Wärmeverluste beträchtlich; daher ist es völlig unerwünscht. Unser Ziel sollte im Gegenteil sein, möglichst kalte Luft in den Zylinder einzuführen.

Wir können natürlich Temperatur und Dichte der Luft steigern durch ein höheres Verdichtungsverhältnis, aber dagegen sprechen praktische Einwände, in erster Linie der, daß in einem Dieselmotor das Volumen des Kompressionsraumes schon ohnehin sehr klein ist. Die Notwendigkeit, genügendes Spiel zwischen Kolben und Zylinderkopf und für die Ventile vorzusehen, zwingt uns, dünne, scheibenförmige Räume und Nischen zu lassen, die der Brennstoff nicht erreichen kann; auch kann die in Nebenräumen befindliche Luft nicht an der allgemeinen Strömung teilnehmen. Je höher das Verdichtungsverhältnis ist, um so kleiner wird offenbar der Verdichtungsraum und um so größer der Anteil aller Nebenräume. Die Größe solcher außenliegenden Räume wird natürlich in erster Linie durch die Herstellungsgenauigkeit bestimmt. Da diese nicht beliebig gesteigert werden kann, muß der Anteil der Nebenräume um so größer werden, je kleiner der Zylinder ist.

Je höher das Verdichtungsverhältnis ist, um so kleiner wird daher der Teil der Luft, den wir ausnutzen können, und damit die abgegebene Leistung. Praktisch macht bei einem Zylinder von 100 mm Durchmesser und einem Verdichtungsverhältnis von 16:1 der Anteil der für den Brennstoff nicht erreichbaren Luft etwa 20 bis 25% aus. Diese Luft ist natürlich nicht völlig unwirksam, denn etwas davon wird später zum Expansionshub beitragen, aber sie ist nicht im oberen Totpunkt verfügbar, wo sie am dringendsten gebraucht wird.

Je höher ferner die Verdichtung ist, um so höher liegt der mittlere Druck, sowohl der positive wie auch der negative Druck der Verdichtungsarbeit, im Verhältnis zum mittleren effektiven Druck; damit wird der mechanische Wirkungsgrad niedriger.

Praktisch wird die Höhe des Verbrennungsdruckes nur wenig vom Verdichtungsverhältnis beeinflußt, denn je höher das Verhältnis und infolgedessen je kürzer der Zündverzug ist, um so niedriger wird der Druckanstieg nach der Zündung sein.

Demnach scheint es, daß wir das Verdichtungsverhältnis nur auf Kosten des wirksamen volumetrischen und des mechanischen Wirkungsgrades steigern können. In der Praxis werden wir das niedrigste Verdichtungsverhältnis benutzen, das mit den Forderungen des Anfahrens bei kaltem Motor und des Teillastlaufes bei hoher Drehzahl vereinbar ist.

Die dritte Möglichkeit, nämlich die Verwendung eines wärmeisolierten Teils an irgendeiner Stelle im Verbrennungsraum, vermeidet die meisten der oben angeführten Einwände, vorausgesetzt, daß der Teil nicht so liegt, daß er die eintretende Luft erwärmt. Das ist in einem Wirbelkammermotor leicht zu erreichen und ebenfalls möglich bei einem Motor mit Eintrittswirbel entweder der schiebergesteuerten Viertakt- oder der Zweitaktbauart, aber keineswegs leicht bei der offenen Kammer eines Viertaktmotors mit Tellerventilen. Unter der Voraussetzung, daß der wärmeisolierte Körper so gelegt werden kann, daß er außerhalb des Weges der eintretenden Luft liegt, wird sich solch ein Teil wie folgt verhalten:

1. Er wird die Verdichtungstemperatur steigern, ohne die Dichte der Ladung zu vermindern.

2. Seine Temperatur wird mit zunehmender Motordrehzahl steigen, und wenn er zweckmäßig angeordnet und bemessen ist, wird er den Kurbelwinkel des Zündverzuges konstant halten und somit bewirken, daß der Einspritzzeitpunkt über den ganzen Drehzahlbereich gleichbleibt.

3. Unter allen Betriebsverhältnissen wird seine Oberflächentemperatur hoch genug sein, um Ablagerungen von Koks oder Asche zu verhindern. Ist er so angeordnet, daß der Brennstoffstrahl ihn trifft, so wird er alle Ablagerungen in diesem Bereich vollständig beseitigen. Dies ist besonders bei Brennstoffen mit hohem Aschengehalt wichtig.

Der wärmeisolierte Körper nützt aber nichts beim Anlassen des kalten Motors, wenn man nicht ein Mittel findet, ihn vor dem Anfahren zu heizen, was kaum ausführbar erscheint.

Zweites Kapitel

Klopfen und Glühzündung

Es ist nicht der Zweck dieses Buches, in aller Ausführlichkeit das höchst verwickelte Thema des Klopfens zu besprechen, denn das ist allmählich gar zu umfangreich geworden. Wir wollen auch nicht erörtern, ob das Klopfen im Zündermotor eine echte Detonation im strengen Sinn des Wortes ist, denn das ist ein Gegenstand für Auseinandersetzungen zwischen dem Physiker und dem Chemiker.

Man hat seit langem klar erkannt, daß der Beginn des Klopfens, und zwar nur des Klopfens, Leistung und Wirkungsgrad des Zündermotors begrenzte, wenn er mit leichtflüchtigen Erdölprodukten lief.

Heute (1952) gilt das Klopfen zwar noch als eine Grenze, doch hat es nicht mehr ganz den überragenden Einfluß, den es vor 20 oder 30 Jahren hatte. Das ist eine Folge der bedeutenden Verbesserungen bei der Herstellung der Brennstoffe aus Erdöl und in geringerem Maß auch der Anwendung von Antiklopfmitteln, wie Bleitetraäthyl.

Das Wesen des Klopfens ist die Entstehung einer Druckwelle, die sich mit einer so hohen Geschwindigkeit fortbewegt, daß sie beim Auftreffen auf die Zylinderwand diese in Schwingungen versetzt und so das „Klingeln" verursacht.

Der mechanische Vorgang des Klopfens, im Gegensatz zu den verwickelten chemischen Vorgängen, kann seit langem als offenkundig vorausgesetzt und ganz einfach erklärt werden.

Wenn ein brennbares Brennstoffluftgemisch durch den Funkenüberschlag entzündet wird, dann baut sich erst langsam, aber mit großer Beschleunigung ein kleiner Flammenkern auf; dieser breitet sich mit steigender Geschwindigkeit aus, und die Flammenschicht würde so in einer geschlossenen Front durch die Brennkammer wandern, wenn die Mischung in Ruhe wäre. Tatsächlich wird aber die Flammenfront durch die Wirbelung zerrissen, doch bedeutet dies nur, daß sie um so schneller fortschreitet, und zwar in zerfetzter, nicht in glatter Front.

Während die Flammenfront vorrückt, verdichtet sie vor sich das restliche unverbrannte Gemisch, dessen Temperatur durch die Verdichtung und durch Strahlung von der vorrückenden Flamme zunimmt, bis eine Temperatur erreicht wird, bei der die restliche unverbrannte Ladung sich selbst entzündet und so eine Druckwelle aussendet, die mit sehr hoher Geschwindigkeit durch das brennende Gemisch läuft, so daß ihr Stoß gegen die Zylinderwand ein klingendes Klopfen hervorruft, als ob die Wände von einem leichten Hammer getroffen würden.

2. Klopfen und Glühzündung

Eine nähere Betrachtung zeigt, daß das Klopfen in erster Linie davon abhängt, welche Erwärmung und Verdichtung das noch unverbrannte Gemisch verträgt, d. h. von dem chemischen Aufbau des Brennstoffs und seinem Temperaturkoeffizienten. Zweitens hängt das Klopfen von der Möglichkeit ab, die das unverbrannte Gemisch hat, die Wärme abzugeben, die ihm von der schnell vorschreitenden Flammenfront aufgeladen wurde. Drittens hängt es von dem Weg ab, den die Flamme vom Ort der Zündung zurückzulegen hat. Viertens hängt es von der Zeit ab, denn die Reaktionen in dem Restgas brauchen Zeit zur Entwicklung. Es hängt aber auch von der Wirbelung ab, indessen dies in zwei verschiedenen Richtungen: einerseits hilft die Wirbelung der unverbrannten Ladung, ihre Wärme abzugeben, und beschleunigt sehr das Fortschreiten der Flammenfront, andererseits vergrößert sie die Oberfläche, von welcher Wärme ausgestrahlt wird. Der erste Einfluß übertrifft den zweiten, und zunehmende Wirbelung vermindert die Klopfneigung, aber viel hängt von der Brennkammerform ab. Nach der Erfahrung des Verfassers hat in keinem Fall zunehmende Wirbelung die Klopfneigung vergrößert, in den meisten Fällen hat sie sie stark verkleinert.

Es ist natürlich schwer festzustellen, welcher Prozentsatz der Gesamtladung sich am Klopfen beteiligt, aber stroboskopische Beobachtungen durch Quarzfester in der Brennkammer und viele andere weniger direkte Beweisstücke zeigen, daß die Detonation von weniger als 5% der Gesamtladung genügt, um ein sehr heftiges Klopfen hervorzurufen. Abgesehen von dem störenden Geräusch ist das Klopfen gefährlich, wenn man es andauern läßt. Es kann und wird wahrscheinlich zur vorzeitigen Zündung der ganzen Ladung führen. Es wird auch Erosion des Kolbenbodens verursachen, ähnlich den Beschädigungen einer Schiffsschraube durch Kavitation.

Bei kleinen oder gering belasteten Motoren, z. B. bei leichten Kraftwagenmotoren, ist das Klopfen meist nicht gefährlich, denn sein durchdringendes und beunruhigendes Geräusch ist stets eine hinreichende Warnung; aber bei Motoren großer Leistung und besonders bei hochaufgeladenen Motoren, z. B. bei Flugmotoren, die schon an sich starke Geräusche verursachen, kann es äußerst gefährlich sein und zur Zerstörung eines Motors durch vorzeitige Zündung und zum Versagen der Kolben führen, bevor es mit dem Gehör wahrgenommen wird.

Man beobachtet stets, daß selbst ganz leichtes Klopfen von einem beträchtlichen Ansteigen des Wärmeflusses zu den Kolben und Zylinderwänden begleitet ist. Das liegt natürlich nicht an einer Steigerung der frei gewordenen Wärmemenge, sondern die Druckwelle spült die schützende Grenzschicht ruhenden Gases von den Zylinderwänden ab. Diese Steigerung des Wärmeüberganges an die umgebenden Wände verursacht zweifellos die Frühzündung.

Vor allem hängt das Klopfen von der chemischen Zusammensetzung und dem molekularen Aufbau des Brennstoffes ab. Obwohl Forscher in der ganzen Welt seit mehr als einer Generation sich abgemüht haben, die physikalischen und chemischen Veränderungen aufzuklären, welche die Klopfneigung eines Brennstoffes bestimmen, scheint das Problem noch weit von der Lösung entfernt zu sein.

Wir wissen aus Versuchen mit Probeentnahmen und anderen Beobachtungen, daß der Verbrennungsvorgang von mehreren höchst verwickelten chemischen Reaktionen begleitet ist und daß alle möglichen Erzeugnisse einer Teilverbrennung in und unmittelbar vor der fortschreitenden Flammenfront gebildet werden. Die meisten davon verschwinden rasch wieder, d. h., sie bestehen nur in bestimmten Temperaturbereichen und sind somit sehr schwer festzustellen und genau zu bestimmen. Wahrscheinlich wirkt das eine oder andere dieser Zwischenprodukte als Zündstoff, der die Reaktion auslöst, aber noch konnte niemand mit Sicherheit den Schuldigen feststellen.

Wir wissen, daß bestimmte Verbindungen, z. B. Äthylnitrit, die Klopfneigung sehr steigern, und das erscheint dadurch verständlich, daß ihr Vorhandensein die Selbstzündungstemperatur senkt. Wir wissen auch, daß Schwefelkohlenstoff als Zusatz zum Benzin die Klopfneigung vermindert, obwohl auch er eine sehr niedrige Selbstzündungstemperatur hat, eine so niedrige, daß er rein nicht ohne Frühzündungen angewendet werden kann selbst bei den niedrigsten Verdichtungsverhältnissen, aber in diesem Fall erklären wir die Erscheinung damit, daß Schwefelkohlenstoff einen sehr niedrigen Temperaturkoeffizienten hat. Viel schwieriger ist die Wirkung von Stickoxydul, einem höchst endothermischen Sauerstoffträger, zu erklären, der nach allen Regeln die Klopfneigung sehr steigern sollte, der aber tatsächlich genau die entgegengesetzte Wirkung hat. Keine ganz befriedigende Theorie wurde bisher für das Verhalten von Blei und Thallium aufgestellt. Wenn beide Elemente entweder als fein verteilte Metalle mit der Luft zugeführt werden oder als organische, in Benzin lösliche Salze, sind sie bemerkenswert wirksam zur Verhinderung des Klopfens, wenn auch bei einigen Kohlenwasserstoffkraftstoffen viel stärker als bei anderen. Vermutlich verhindern sie die Bildung einzelner oder mehrerer Produkte unvollkommener Verbrennung, die sonst als Zündstoff dienen würden, oder sie reagieren sofort mit diesen Produkten, wahrscheinlich unstabilen Superoxyden. Aber das ist noch unbewiesen.

Zumindest wissen wir aus Versuchen an einem Motorzylinder dicht vor, bei und nach dem Durchgang der Flammenfront, daß die Anwesenheit von Blei den Gehalt an Superoxyden und Aldehyden vermindert. Bild 2.1 ist ein kennzeichnendes Beispiel für einen von vielen Hunderten solcher Versuche im Prüffeld des Verfassers an einem „E 6"-Versuchsmotor mit veränderlicher Kompression. In diesem Fall wurden Proben entnommen mit Hilfe eines zeitlich gesteuerten Entnahmeventiles, das bei 1500 U/min nur 3° Kurbelwinkel geöffnet wurde. Proben wurden im Bereich von 5° vor dem oberen Totpunkt bis 10° nach O.T. entnommen. Zugleich wurde der Durchgang der Flammenfront nach dem Ionisationsverfahren gemessen. In diesem Fall erreichte die Flammenfront das Probenentnahmeventil etwa 10° nach dem oberen Totpunkt.

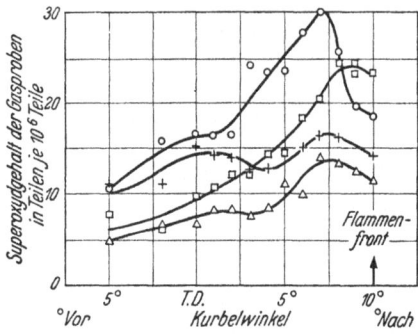

Bild 2.1. Superoxydgehalt vor der Flamme

Verdichtungsverhältnis	Brennstoff
△——△ 7,0	Oktan
▫——▫ 8,0	Oktan
○——○ 9,9	Oktan „Klopfen"
+——+ 9,9	Oktan + 0,66 cm³ Bleitetraäthyl je Liter

In diesem Sonderfall wurde ein Benzin hoher Oktanzahl benutzt, das normal bei einem Verdichtungsverhältnis von etwa 9,5:1 klopfte, und eine Reihe von Proben wurde entnommen bei Verdichtungsverhältnissen von 7,0:1 und 8,0:1, wenn kein Klopfen bemerkt wurde, bei 9,9:1, wenn das Klopfen sehr heftig war, und wiederum bei 9,9:1, wenn jedes Klopfen durch hinreichenden Zusatz von Bleitetraäthyl zum Brennstoff unterdrückt war.

Aus diesen Versuchsergebnissen sieht man, daß der Gehalt an Superoxyden, in Teilen je Million, in den Gasproben in allen Fällen einen Höchstwert erreicht etwa 7° nach dem oberen Totpunkt, also sehr kurz vor der Flammenfront. Der Gehalt steigt, wenn das Verdichtungsverhältnis von 7:1 auf 8:1 vergrößert wird, und noch stärker bei 9,9:1, wenn heftiges Klopfen auftritt. Der Zusatz von Blei, noch bei einem Verhältnis von 9,9:1, jedoch ohne Klopfen, senkt den Gehalt von einem Höchstwert von 30 Teilen je Million auf nur etwa 17 Teile je Million.

Bild 2.2 zeigt den Aldehydgehalt, hauptsächlich Formaldehyd, während der gleichen Versuche. Man sieht, daß der Aldehydgehalt seine Spitze etwas später erreicht und eher nach als vor dem Durchgang der Flammenfront. Der Bleizusatz hat im wesentlichen die gleiche Wirkung auf den Aldehyd- wie auf den Superoxydgehalt.

Wenn man sie sammelt und dem Zylinder zusammen mit Luft und der gleichen Benzinmenge zuführt, so zeigten sich die stabileren Superoxyde, die allein vor dem Zerfall geschützt werden konnten, als Klopfförderer und die Formaldehyde als Klopfgegner.

Diese Beweise stützen sicherlich die Theorie, daß Blei ein Klopfgegner ist infolge seiner Fähigkeit, die Superoxydbildung zu unterdrücken, aber eine so einfache Erklärung genügt allein nicht.

Die Aufgabe wird dadurch noch verwickelter, daß es mindestens zwei chemische Vorgänge zu geben scheint, durch welche Klopfen auftreten kann. Eine Gruppe, die die meisten Brennstoffe der höheren Paraffine, Naphthene und Olefine umfaßt, klopft in einem zweistufigen Oxydationsvorgang „niedriger" Temperatur, bei dem erst eine kühle Flamme gebildet wird, der dann die normale heiße Zündflamme folgt. Bestimmte Brennstoffe, wie Methan und Benzol, die nicht ein getrenntes oberes und unteres Zündgebiet haben, werden wohl mit hoher Temperatur ohne Bildung kalter Flammen klopfen.

Damit stimmt überein, daß Formaldehyd (Bild 2.3),

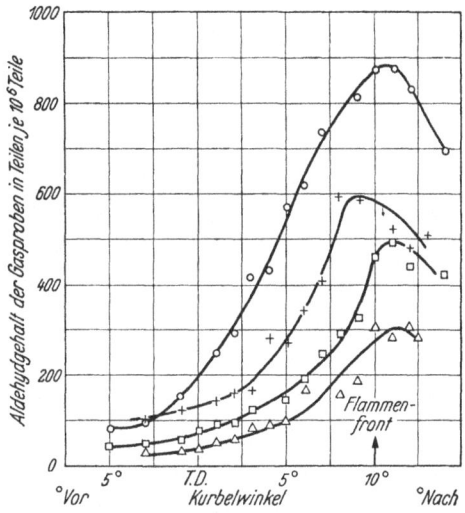

Bild 2.2. Aldehydgehalt vor der Flamme

Verdichtungsverhältnis	Brennstoff
△——△ 7,0	Oktan
□——□ 8,0	Oktan
○——○ 9,9	Oktan „Klopfen"
+——+ 9,9	Oktan + 0,66 cm³ Bleitetraäthyl je Liter

welches Oxydation im Hochtemperaturgebiet fördert, bei Methan und Benzol im Motor ein Klopfförderer ist. Umgekehrt wirkt es im unteren Zündgebiet der Oxydation entgegen und ist ein Klopfgegner bei höheren Paraffin-Kraftstoffen.

Noch auffallender ist wohl die Wirkung von N-Methylanilin als Zusatz zu einem normalen Benzin und Benzol, vgl. Bild 2.4. Hier erweist sich wieder das N-Methylanilin als ein Klopfgegner bei einem gewöhnlichen Benzin, das meist aus Paraffinen besteht, und als ein sehr heftiger Klopfförderer bei Aromaten (Benzol), aber in diesem Fall kann die Erklärung rein auf thermischem Gebiet liegen.

Bild 2.5 zeigt die Wirkung von Bleitetraäthyl bei einem Gehalt bis zu 4,4 cm³ je Liter auf eine Reihe von Kraftstoffen, nämlich Cyclohexan (einen typischen Naphthenbestandteil des Benzins), Isooktan (einen reinen Paraffinbestandteil) und vier Aromaten von Benzol

2. Klopfen und Glühzündung

bis „Benzex bottoms" (Benzolextraktionsbodenprodukt, meist Xylol). Man sieht, daß Blei am wirksamsten ist bei der Paraffinreihe (Isooktan), etwas weniger bei den Naphthenen (Cyclohexan), während seine Wirkung auf die vier Aromaten schwankt von fast Null bei Benzol bis „sehr deutlich" bei den anderen drei Kohlenwasserstoffen.

Dies sind nur einige ausgewählte Beispiele von vielen Hunderten ähnlicher Versuche im Prüffeld des Verfassers; sie wurden hier aufgenommen, um zu zeigen, vor wie verwickelten Fragen der Chemiker und der Erdölfachmann stehen.

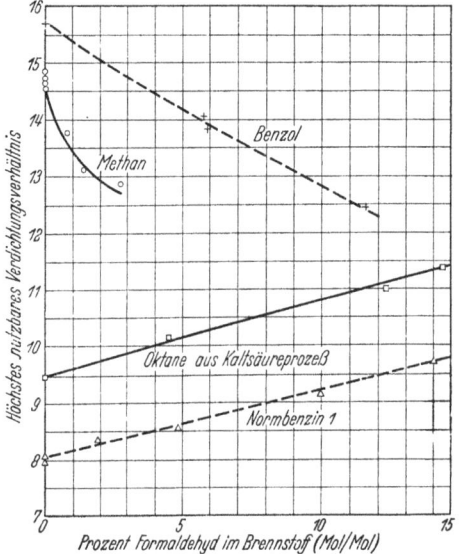

Bild 2.3. Wirkung von Formaldehyd auf das höchste nutzbare Verdichtungsverhältnis verschiedener Kraftstoffe

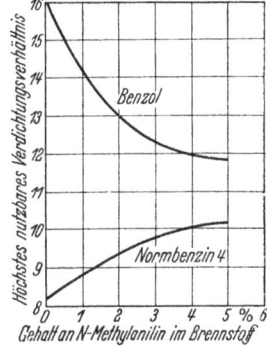

Bild 2.4. Wirkung von N-Metylanilin als Zusatz zum Brennstoff auf das höchste nutzbare Verdichtungsverhältnis

Brennstoffe: Benzol und Normbenzin Nr. 4

Versuchsverhältnisse: Motordrehzahl 1500/min. Lufteintrittstemperatur 120° C. Kühlwassertemperatur 90° C. Solexvergaser

Von den reinen Erdöldestillaten wissen wir selbstverständlich aus langer Erfahrung, daß die Aromaten viel weniger zum Klopfen neigen als die Paraffine, während die Naphthene dazwischenliegen. Selbst heute müssen wir uns noch ganz auf Versuche an Motoren verlassen, möglichst an Motoren mit veränderlicher Verdichtung, um das Klopfverhalten eines Brennstoffes zu bestimmen, indem wir das höchste Verdichtungsverhältnis beobachten, bei dem der Prüfmotor ohne Klopfen laufen kann. Das drücken wir jetzt durch die Oktanzahl aus, d. h. durch den Gehalt an Isooktan (in Volumenprozenten) einer n-Heptan-Isooktan-Mischung, die bei gleichem Verdichtungsverhältnis wie der untersuchte Kraftstoff Klopfen verursacht. Aber der einfache Motorversuch genügt nicht mehr, denn obwohl die meisten Treibstoffe bei armer Mischung, aber nicht bei überreicher Mischung klopfen werden, sprechen sie sehr verschieden auf das Mischungsverhältnis an, und

Klopfen und Glühzündung 31

zumindest einige werden klopfen, wenn die Mischung überreich ist. Andere sind betont empfindlich gegen die Temperatur usw., so daß die Untersuchung von Kraftstoffen Motorprüfungen unter sehr verschiedenen Bedingungen verlangt und die Oktanzahl ein unsicheres Maß wird. Besonders gilt das für synthetische Treibstoffe hoher Klopffestigkeit.

Bild 2.6 zeigt die Wirkung des Mischungsverhältnisses auf das höchste nutzbare Verdichtungsverhältnis bei einigen typischen Treibstoffproben. Man sieht daraus, daß die Klopfneigung ihren Höchstwert für Methan (Paraffin) und Benzol (Aromaten) bei der chemisch richtigen Mischung erreicht. Bei beiden Kraftstoffen ist der Höchstwert sehr scharf ausgeprägt. Für Cyclohexan (Naphthen) liegt die höchste Klopfneigung bei um 12% zu armer Mischung, für Isooktan mit oder ohne Blei bei um 10 bis 20% zu reicher Mischung; aber diese Höchstwerte sind viel weniger deutlich ausgeprägt.

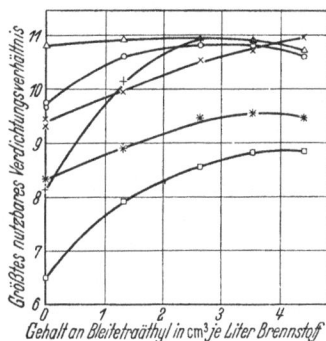

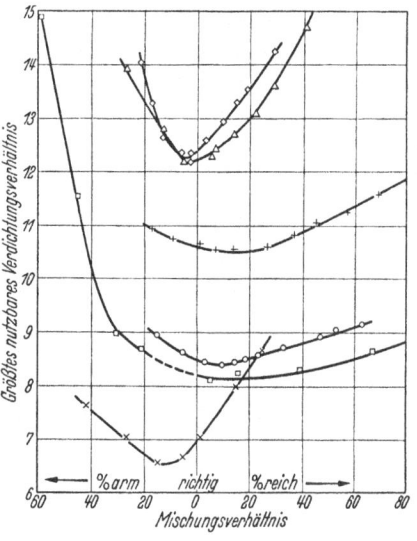

Bild 2.5. Wirkung von Bleitetraäthyl auf das höchste nutzbare Verdichtungsverhältnis bei verschiedenen Brennstoffen

Bild 2.6. Wirkung des Mischungsverhältnisses auf das höchste nutzbare Verdichtungsverhältnis bei verschiedenen Brennstoffen

Brennstoffe:

▫——▫ Cyclohexan

+——+ Isooktan

—— Benzex bottoms (Xylol)

×——× Cumol (Isopropylbenzol)

◦——◦ Toluol

△——△ Benzol

Brennstoffe:

×——× Cyclohexan

◦——◦ Isooktan

+——+ Isooktan + 0,88 cm³ Bleitetraäthyl/Liter

△——△ Benzol

◇——◇ Methan

▫——▫ Wasserstoff

Versuchsverhältnisse: Motordrehzahl 1500/min Lufteintrittstemperatur 120° C

Versuchsverhältnisse: Motordrehzahl 1500/min, Lufteintrittstemperatur 120° C

2. Klopfen und Glühzündung

Wir wissen seit langem genug vom Klopfen, so daß wir es durch zweckmäßige Konstruktion verringern können: a) durch Verkürzen der Flammenwege, indem man die Brennkammer möglichst klein macht und die Zündkerze nahezu in die Mitte setzt oder, wenn das nicht möglich ist, durch Verwendung von zwei Zündkerzen auf gegenüberliegenden Seiten der Kammer; b) indem man dafür sorgt, daß der Gasrest, der am weitesten von den Zündkerzen entfernt ist, jede Möglichkeit hat, seine Wärme abzuführen; c) indem wir das Auslaßventil möglichst kühl halten und es so weit wie angängig von dem Gasrest entfernt halten; d) durch Verwendung von Schiebern, welche ungekühlte Flächen im Zylinderkopf vermeiden und eine fast ideale Form mit der Zündkerze in der Mitte ergeben; e) durch eine so hohe Wirbelung, wie die Ruhe des Laufes und niedriger Wärmeverlust es erlauben; f) indem man die Zündkerze so anordnet, daß sie bei jedem Arbeitsspiel von trägen Restgasen der Verbrennung freigespült wird und dadurch, soweit möglich, einen gleichmäßigen Zündverzug während der ersten Stufe des Verbrennungsvorganges erreicht, und g) aus dem gleichen Grund sicherstellt, daß der Zündfunke in derselben Phase bei jedem Arbeitsspiel überschlägt.

Alles dies hat man schon vor mehr als 30 Jahren erkannt, und wir haben wahrscheinlich fast die Grenze erreicht, die wir durch konstruktive Maßnahmen erreichen können.

Da das Klopfen nur von dem unverbrannten Gasrest ausgeht, ist offenbar ein Gegenmittel, dafür zu sorgen, daß der Gasrest entweder nur aus Luft besteht oder zumindest aus einem Kraftstoff-Luft-Gemisch, das zu arm ist, um zu klopfen. Das erfordert eine sehr erhebliche Schichtung, wie sie wohl nur durch Kraftstoffeinspritzung direkt in den Zylinder erreicht werden kann. Das bekannteste und wahrscheinlich erfolgreichste Beispiel für diese Überlegung ist der HESSELMAN-Motor. In diesem Motor wird wie beim Dieselmotor nur Luft in den Zylinder gesaugt und in Drehbewegung gesetzt entweder durch einen geeigneten Schirm am Einlaßventil oder nur durch die Richtung des Einlaßkanales. In den rotierenden Luftkörper wird Brennstoff als fein zerstäubter Strahl gegen Ende des Verdichtungshubes eingespritzt und durch eine Kerze entzündet, die etwas in Strömungsrichtung hinter der Einspritzdüse liegt und zeitlich so gesteuert wird, daß der Funke in dem Augenblick überschlägt, in dem der erste Kraftstoff an die Kerze gelangt. So liegt hinter der Zündkerze nur reine Luft, während vor ihr ein brennbares Gemisch gebildet wird, wenn der fein zerstäubte flüssige Brennstoff in die vorbeiströmende Luft gespritzt wird. In jedem Augenblick während des Verbrennungsvorganges ist zündfähige, aber unverbrannte Mischung nur in dem Bereich zwischen Brennstoffdüse und Zündkerze vorhanden. Dahinter treiben die Verbrennungsprodukte die Luft in der Brennkammer umher, während von vorne frische Luft zutritt, um die Verbrennung zu vollenden; so ist nirgends ein brennbarer Gasrest vorhanden. Dadurch gelang es HESSELMAN, einen Zündermotor mit hohem Verdichtungsverhältnis und Brennstoffen sehr niedriger Oktanzahl wie Petroleum und sogar leichtem Gasöl zu betreiben, vorausgesetzt, daß dieses hinreichend leichtflüchtig war. Weil der HESSELMAN-Motor wie der Dieselmotor ein verhältnismäßig schweres Öl vertragen kann, wird er oft als Dieselmotor bezeichnet, aber ganz zu Unrecht. Obwohl es durch dies Verfahren möglich ist, Klopfen zu verhüten oder es zumindest bis zu viel höherer Verdichtung zu verzögern und so Brennstoffe niedriger Oktanzahl gut zu verwenden, ist dies Ergebnis doch nur erreicht worden mit einem recht verwickelten und empfindlichen Motor. Eine solche Maschine braucht Einspritzpumpe, Düse, elektrische Zündung und selbsttätige Regelung der Luftzufuhr, denn sie kann nicht wie der Dieselmotor im ganzen Lastbereich nur durch die Brennstoffzufuhr geregelt werden, weil selbst bei geschichteter Ladung nur innerhalb eines begrenzten Bereiches des Luft-Brennstoff-Verhältnisses durch Funken gezündet werden kann. Daher verbindet der HESSELMAN-Motor alle komplizierten Teile eines Diesels mit denen eines Zündermotors. Verglichen mit dem Dieselmotor hat er aber den Vorteil, daß er während des ganzen Arbeitsspieles mit niedrigeren Drücken betrieben werden kann.

Was weiter die Empfindlichkeit betrifft, so hängt das richtige Arbeiten des Motors vom Zeitpunkt der Brennstoffeinspritzung und des Funkenüberschlags sowie von dem Zeitabstand zwischen Beginn der Einspritzung und dem Funkenüberschlag ab. Bei gleichmäßiger Drehzahl oder Belastung können diese Zeitpunkte bestimmt und festgelegt werden, aber bei stark veränderlichen Belastungen und Drehzahlen müssen sie verändert werden, und zwar nicht immer in der gleichen Phasenbeziehung zueinander. Wenn der Motor mit konstanter Drehzahl fahren soll, wie es bei einer stationären Maschine der Fall ist, oder bei einer bestimmten Beziehung zwischen Drehmoment und Drehzahl wie bei einer Schiffsmaschine, läßt sich eine Regelung entwerfen, die ein gutes Kompromiß darstellt. Aber bei der Anwendung für einen Kraftwagen wird das Problem sehr schwierig. In der Praxis ist diese Motorenbauart mit Erfolg benutzt worden, aber hauptsächlich für Schiffs- und stationäre Anlagen.

Einfluß verschiedener Faktoren auf das Klopfen. Außer durch Anwendung von Gegenklopfmitteln im Brennstoff, wie Bleitetraäthyl oder Thalliumoleat usw., kann Klopfen bis zu einem gewissen Grad verhindert werden durch:

1. *Die Verwendung von gekühlten Auspuffgasen.* Gekühlte und wieder angesaugte Auspuffgase verdünnen den Sauerstoffgehalt der

Luft und senken so die Verbrennungstemperatur; aber dies Verfahren engt auch den Bereich der Mischungsverhältnisse besonders auf der armen Seite ein; es erhöht die untere Zündgrenze. Durch den Zwang, eine reichere Mischung verwenden zu müssen, verlieren wir daher das, was wir an Wirkungsgrad durch ein höheres Verdichtungsverhältnis gewinnen. Wenn nur bei oder nahe der Vollast die gekühlten Abgase angesaugt werden und gleichzeitig die Mischung angereichert wird, so werden wir gleichwohl den vollen Vorteil des höheren Verdichtungsverhältnisses bei Teillasten gewinnen. Wenn wir aber, statt gekühlte Abgase wiederanzusaugen, nur einen größeren Teil der heißen Abgase in dem Verdichtungsraum zurückhalten, dann wird die zusätzliche Wärme, die sie liefern, ihre verdünnende Wirkung mehr als ausgleichen. Verbrennungstemperatur und Klopfneigung sowie die Neigung zu vorzeitiger Zündung werden steigen.

2. *Die Verwendung von Wasser.* Zu Anfang dieses Jahrhunderts war es allgemein üblich, Wassertropfen in den Verdampfer von Petroleummotoren einzuführen; der so gebildete Dampf diente als sehr wirksames Verdünnungsmittel, um Klopfen oder, wie man damals glaubte, Frühzündung zu verhindern. Das Verfahren der Zuführung war indessen sehr roh; es beruhte nur auf der Reglung von Hand. Daher wurde bei Teillasten der Wasseranteil übermäßig groß und führte oft zu schweren Korrosionsschäden.

In den ersten Jahren unmittelbar nach dem Krieg 1914 bis 1918 hatte das in Großbritannien verfügbare Benzin eine Oktanzahl zwischen 45 und 50 oder noch weniger und neigte sehr zum Klopfen. In jener Zeit hatten die meisten Kraftwagen Motoren mit seitlich stehenden Ventilen und flachem Brennraum, der sich über den ganzen Zylinder und die Ventiltasche erstreckte. Die Kombination eines Brennstoffs sehr niedriger Oktanzahl mit einer Brennraumform, die sehr zum Klopfen neigte, verurteilte solche Motoren zu einem Verdichtungsverhältnis unter 4 : 1 und damit zu einem sehr hohen Kraftstoffverbrauch.

Versuche an dem Motor des Verfassers mit veränderlicher Verdichtung hatten zu jener Zeit den Wert von Wasser allein und von Mischungen von Wasser mit Methyl- und Äthylalkohol als Gegenklopfmitteln gezeigt.

Diese Versuche ergaben:

1. Daß trockener Dampf allein ein wirksames Gegenklopfmittel war, daß aber, wie bei den gekühlten Auspuffgasen, die bei einem gegebenen Verdichtungsverhältnis erreichbare Höchstleistung und der Abstand der Zündgrenzen voneinander durch Verdrängen von Sauerstoff und Verdünnung verringert wurden.

2. Daß Wasser wirksamer als Dampf war, weil seine Verdampfungswärme die Verdichtungstemperatur verminderte und den Liefergrad

in einem Maß steigerte, das die Verdrängung von Sauerstoff durch Dampf übertraf; aber viel hing davon ab, wann, wo und in welchem Ausmaß das Wasser verdampft wurde. Bei vollständiger Verdampfung im Ansaugrohr oder im Zylinder vor dem Schließen des Einlaßventils konnte seine ganze Verdampfungswärme verwertet werden, um den Liefergrad und damit die Leistung zu steigern und das Klopfen zu unterdrücken. Soweit die Verdampfung während des Verdichtungshubes stattfand, diente sie noch als wirksames Gegenklopfmittel aber nicht mehr zur Leistungssteigerung. Wenn Flüssigkeit übrigblieb, nachdem die Zündung eingetreten war, so absorbierte sie nur Verbrennungswärme und verminderte Leistung und Wirkungsgrad ohne irgendeinen ausgleichenden Vorteil. Tatsächlich trat etwas Verdampfung in allen diesen Stufen auf, und das Bestreben war, sie möglichst früh zu beenden durch vollkommenes Zerstäuben und nötigenfalls durch etwas zusätzliches Vorwärmen an einer heißen Stelle in der Saugleitung, gegen die der Wasserstrahl traf.

3. Zu jener Zeit fand man, daß der Zusatz von Äthyl- oder Methylalkohol (Methanol) wirksam war, weil:

a) er den Siedepunkt senkte und damit sicherstellte, daß die Verdampfung früher im Arbeitsspiel stattfand;

b) Methanol brennbar ist. Sein Zusatz zum Wasser gab von selbst die Steigerung des Gesamtmischungsverhältnisses, die nötig war zur Beschleunigung und gegen die Einengung der Zündgrenzen infolge der Verdünnung durch Dampf;

c) Methanoldampf ein sehr hohes nutzbares Verdichtungsverhältnis hat und daher selbst ein Gegenklopfmittel ist. Aber leider neigt er in zu starker Konzentration sehr zur Vorzündung;

d) Äthylalkohol war Methyl vorzuziehen, weil er weniger zur Vorzündung neigte, aber er war wegen seines höheren Siedepunktes nicht so günstig vom Standpunkt der Leistungssteigerung;

e) Methyl- und Äthylalkohol schützten gegen Einfrieren.

Auf Grund dieser Beobachtungen wurde eine Vergaserbauart entwickelt mit zwei Schwimmerkammern, eine mit Benzin gespeist, die andere nur mit Wasser oder einem Gemisch von Wasser und Äthyl- oder Methylalkohol. Die Benzinseite des Vergasers war in jeder Hinsicht normal, während die Wasserseite einen einzigen Strahl hatte, der in das Drosselrohr eingeführt, aber durch eine Membran geregelt wurde, die dem Saugleitungsdruck ausgesetzt war. Solange der Druck in der Saugleitung unter einer festgelegten Grenze lag, blieb der Wasserstrahl abgesperrt, und der Motor arbeitete nur mit Benzin. Aber bei Vollgas oder wenn der Saugleitungsunterdruck einen festgelegten Mindestwert unterschritt, wurde der Wasserstrahl durch die Membranbewegung zugeschaltet. So wurde das Wasser völlig selbsttätig geregelt und kam nur zur Wirkung, wenn der Motor hochbelastet war.

Nach einigen Straßenvorversuchen in den Jahren 1920/21, bei denen man fand, daß das Verdichtungsverhältnis mit Sicherheit von 4 : 1 auf 5 : 1 gesteigert werden konnte, wurde eine Anzahl Motorbusse in Mittel- und Südengland mit diesen Doppelvergasern ausgerüstet und in regulären Betrieb genommen. Bei Wasser allein war der Gewinn im Gesamtbrennstoffverbrauch beim regulären Betrieb etwa 10%. Bei einer Alkoholmischung stieg die Benzinersparnis auf etwa 15%, d. h. etwas mehr als ausreichend, um die Alkoholkosten auszugleichen. So lag der wirtschaftliche Vorteil gegenüber Wasser allein in einer kleinen Leistungssteigerung und im Schutz gegen Einfrieren. Nachdem eine Anzahl Busse etwa 18 Monate in Betrieb gewesen war, wurde die Anwendung der Doppelvergaser aufgegeben, weil:

1. die Einführung des sogenannten Wirbelkopfes für Motoren mit seitlich stehenden Ventilen und eine leichte Verbesserung der Oktanzahl des verfügbaren Brennstoffes ein Verdichtungsverhältnis von 5,0 : 1 ohne Wassereinspritzung erlaubten. Der kleinere Gewinn, der durch die Verwendung von Wasser bei einem höheren Verdichtungsverhältnis zu erwarten war, hätte nicht genügt, um selbst bei einem gut organisierten Omnibusbetrieb die Unannehmlichkeit auszugleichen, daß man zwei Brennstoffe verwenden mußte;

2. eine Anzahl von Störungen beim Betrieb auftrat; die wichtigsten waren:

a) Der Verbrauch an Wasser oder Wasser mit Alkohol während einer bestimmten Fahrtstrecke schwankte sehr. Obwohl die Regelung ganz selbsttätig erfolgte, hing doch viel von der Art des Fahrens ab. Man fand, daß ein Fahrer auf derselben Strecke doppelt soviel verbrauchte wie ein anderer. Daher mußte soviel Tankraum vorgesehen werden, daß er im ungünstigsten Fall reichte.

b) Erhebliche Störungen durch Korrosion wurden besonders bei Alkoholzugabe festgestellt.

Die Folgerung aus diesem in verhältnismäßig großem Maßstab über viele Monate durchgeführten Versuch war, daß die Anwendung von Wasser oder einem Nebenbrennstoff, um Klopfen in einem nichtaufgeladenen Motor zu vermeiden, sich nicht lohnte, wenn die Oktanzahl des verfügbaren Benzins nicht weit unter 50 betrug. Die Gesamtersparnis an Brennstoff genügte nicht, um die zusätzlichen Betriebsschwierigkeiten und die Unannehmlichkeit auszugleichen, mit zwei Brennstoffen arbeiten zu müssen, selbst in einem gut organisierten Omnibusbetrieb.

Bei einem Motor mit Aufladung liegt der Fall indessen ganz anders. Die Anwendung von Wasser oder Wasser-Methanol-Gemischen ist für Flugmotoren und Rennwagen fast allgemein üblich geworden. Aber bei diesen Motoren, wo weder Brennstoffkosten noch Brennstoffgewicht eine Rolle spielen, kann man noch bessere Ergebnisse erreichen durch Verwendung eines Treibstoffs, in welchem das Wasser gelöst ist, d. h. eines in der Hauptsache aus Alkohol bestehenden Brennstoffs, oder durch die Benutzung eines gemeinsamen Lösungsmittels, wie etwa Acetons. Denn wenn das Wasser im Brennstoff gelöst ist, kann seine Verdampfungswärme viel besser ausgenutzt werden.

Frühzündung. In der Frühzeit des Benzinmotors wurde das, was wir heute als Klopfen bezeichnen, regelmäßig der Frühzündung zur Last gelegt, d. h. der Zündung an einer heißen Stelle vor dem Funkenüberschlag. Diese Meinung herrschte fast bis zu ersten Weltkrieg vor, obwohl sich mehr und mehr Beweise für das Gegenteil ansammelten. Soweit dem Verfasser bekannt, war Professor BERTRAM HOPKINSON 1906 der erste, der darauf hinwies, daß dies seiner Meinung nach zwei ganz verschiedene Erscheinungen seien, die nicht in direkter Verbindung miteinander stehen. Aber seine Meinung blieb mehrere Jahre lang unbeachtet. HOPKINSON wies vor allem darauf hin, daß Glühzündung kein helltönendes Klopfen verursacht, sondern nur ein dumpfes Dröhnen, wenn man überhaupt etwas davon hören kann. Weil Glühzündung oft durch lang andauerndes Klopfen verursacht wird, wurde das helltönende Klopfen ganz irrtümlich mit der Glühzündung in Verbindung gebracht.

Wird der Verbrennungsvorgang durch eine heiße Stelle oder Oberfläche eingeleitet, so scheint er, wenigstens soweit es die zweite Verbrennungsstufe betrifft, genau so abzulaufen, als wenn er durch einen Hochspannungsfunken eingeleitet würde. Wenn beide in der gleichen Phase im Arbeitsspiel auftreten, dann kann man sie weder im Indikatordiagramm noch durch Ionisationsindikatoren unterscheiden, d. h. bei einem gegebenen Grad der Wirbelung scheinen die Steilheit des Druckanstieges und die Bewegung der Flammenfront genau gleich zu sein. Ob die Zeitdauer für die Entwicklung des ersten Flammenkernes ebenfalls gleich ist, bleibt natürlich unsicher, denn ohne zeitlich bestimmten Funkenüberschlag gibt es kein Mittel, genau den Zeitpunkt zu messen, wann die Zündung einsetzt. Es ist keineswegs ungewöhnlich, daß die Glühzündung — oder, wie wir sie in diesem Fall besser nennen, die Selbstzündung — in derselben Phase eintritt wie der Funkenüberschlag. In diesem Fall kann die Zündung abgeschaltet werden, und der Motor läuft vollkommen gleichmäßig weiter ohne die geringste Änderung in Leistung, Geräusch oder irgendeinem anderen Merkmal. Unter diesen Umständen ist die Glühzündung natürlich ganz unschädlich. Die Gefahr liegt darin, daß jede zeitliche Regelung unmöglich ist und die Zündung allmählich immer früher im Arbeitsspiel eintreten kann.

Die Gefahr bei Glühzündung liegt nicht sosehr in der Entwicklung hoher Drücke, sondern eher in der sehr großen Steigerung des Wärmeflusses zum Kolben und zu den Zylinderwänden, wenn die Zündung zu früh im Arbeitsspiel eintritt. Die Steigerung des Wärmeflusses wiederum erhöht weiter die Temperatur der heißen Stelle oder Oberfläche, welche die Glühzündung einleitete, bis eine so hohe Temperatur erreicht ist, daß die eintretende Ladung wirksam entzündet wird und in den Vergaser zurückbrennt. Die noch weitverbreitete Meinung, daß Glühzündung gefährlich hohe Verbrennungsdrücke verursachen kann, ist ganz unbegründet. Auf keinen Fall ist der durch Glühzündung verursachte Höchstdruck beträchtlich höher als bei Funkenzündung, und in beiden Fällen wird das Maximum erreicht, wenn der Höchstdruck bei oder nur wenig nach dem oberen Totpunkt auftritt, also etwa 10° früher als das normale Optimum. Wird der Zündzeitpunkt weiter vorverlegt entweder durch frühere Funkenzündung oder durch frühere Glühzündung, so fällt der Höchstdruck wieder ab infolge übermäßigen Wärmeverlustes, denn der Kolben verdichtet dann Gas bei oder nahe seiner höchsten Temperatur, und der Wärmefluß wird vervielfacht. Die Gefahr liegt nicht in dem Entstehen übermäßig hoher Drücke, sondern zu großen Wärmeflusses. Bei einem Einzylindermotor ist Glühzündung meist harmlos; greift man nicht ein, so wird die Leistung allmählich abnehmen und der Motor, vorausgesetzt, daß kein Klopfen auftritt, allmählich und ohne Unruhe zu zeigen stehenbleiben. Größer ist die Gefahr, wenn Glühzündung nur in einem oder mehreren Zylindern eines Vielzylindermotors auftritt. Dann arbeiten die andern Zylinder mit voller Drehzahl und Leistung weiter und schleppen den Zylinder, in welchem Glühzündung auftritt, mit. Der starke Wärmefluß in dem betreffenden Zylinder verursacht dann wahrscheinlich Fressen oder Bruch des Kolbens mit verheerenden Folgen für den ganzen Motor.

Bei gewöhnlichem Benzin als Brennstoff wird Glühzündung oft, aber nicht immer durch lang andauerndes Klopfen verursacht. Wie erwähnt, steigert Klopfen den Wärmefluß allgemein und erhöht so die Temperatur einer schon heißen Stelle, z. B. der Zündkerzenelektroden. Aber z. B. bei Benzol oder Methylalkohol tritt Glühzündung meist ohne das geringste Klopfen und damit ohne jede hörbare Warnung auf.

In neun von zehn Fällen beginnt die Glühzündung durch Überhitzung der Zündkerzenelektroden. Während der ersten Zeit der Forschungen im Versuchsfeld des Verfassers neigten die besten verfügbaren Zündkerzen zur Glühzündung bei hohen Verdichtungsverhältnissen. Wegen des frühen Auftretens der Glühzündung war es damals unmöglich, die Klopfneigung vieler Kraftstoffe, wie z. B. der Naphthene oder Aromaten oder der Alkoholgruppe, zu erforschen. Seit jener Zeit sind Konstruktion und Herstellung der Zündkerzen wesentlich verbessert worden, aber trotzdem besteht die Gefahr der Glühzündung noch immer.

Mit dem raschen Ansteigen der Leistung von Motoren für Militärflugzeuge vor und im zweiten Weltkrieg und mit der Einführung von Benzinen hoher Oktanzahl wurde die Gefahr der Glühzündung wieder sehr akut. Es besteht kaum ein Zweifel, daß der Zusammenbruch vieler Flugmotoren auf das Versagen der Kolben infolge von Glühzündung zurückzuführen war. Die Störungen wurden so erheblich, daß 1942 neue Forschungen im Versuchsfeld des Verfassers betreffend den Einfluß verschiedener Brennstoffe auf die Neigung zu Glühzündungen begonnen wurden, während gleichzeitig die Untersuchung der Betriebstemperaturen und der Kühlung der Zündkerzenelektroden weitergeführt wurde.

Für diese Forschungen wurde eine Sonderausführung des „E 6"-Motors mit veränderlicher Kompression entworfen und gebaut, wobei große Mühe darauf verwendet wurde, die wirksamste Kühlung des Kolbens, Zylinderkopfes, Auslaßventils und Zündkerzengehäuses zu sichern. Ein besonderer Glühzünder, dessen Temperatur geregelt werden konnte, wurde am Zylinderkopf auf der der Zündkerze gegenüberliegenden Seite angebracht. Es wurden zwei verschiedene Formen von „Glühzündern" entwickelt, von denen die eine (Bild 2.7) aus einer Spule aus „Nimonic"-Draht bestand, dessen Temperatur elektrisch beliebig erhöht werden konnte. Die zweite Form für Versuche mit Aufladung bestand aus einer wärmeisolierten Hülse aus hitzebeständigem Werkstoff, die in die Brennkammer ragte und von einem durch das hohle Gehäuse geführten Luftstrom gekühlt wurde (Bild 2.8). Beide Formen erfüllten ihren Zweck gut und zeigten Übereinstimmung in ihrer Einschätzung der verschiedenen Brennstoffe usw. Der wesentliche Unterschied zwischen ihnen war, daß die eine einen kleinen heißen Fleck darstellte, ähnlich den Elektroden einer Zündkerze, während die andere eine ausgedehntere heiße Oberfläche hatte und mehr einem Auslaßventilteller glich.

Die erste Schwierigkeit war, zu bestimmen, wann Glühzündung auftrat, denn der Motor verhielt sich, wie oben erklärt, in jeder Hinsicht genau gleich, ob nun die Zündung vom Funkenüberschlag oder vom Glühzünder ausging, solange die Zündung zum gleichen Zeitpunkt im Arbeitsspiel auftrat. Aber es war wichtig, genau zu wissen, wann und unter welchen Bedingungen Selbstzündung auftrat. Natürlich trat nach einiger Zeit die Selbstzündung früher auf und machte sich damit bemerkbar, aber dann war die Temperatur des Glühzünders schon weit über die kritische gestiegen. Nach vielen Versuchen wurde das folgende Verfahren angenommen, das vom N. A. C. A. angegeben und entwickelt worden ist. Der Glühzünder lag auf der gegenüberliegenden Seite des Brennraumes und daher so weit wie möglich von der Zündkerze entfernt. So erreichte die Flammenfront, die von der Zündkerze ausging, den Glühzünder erst am Ende ihres Weges. Eine Ionisationsstrecke wurde dicht neben dem Glühzünder eingebaut, so daß man durch ein Zeichen auf einem Kathodenstrahlschirm Ankunft und Durchgang der Flammenfront erkennen konnte. Beim Lauf unter normalen Vollastverhältnissen mit günstigster Zündzeiteinstellung erreichte die Flammenfront die Ionisationsstrecke erst etwa 10° nach dem oberen Totpunkt; wenn aber die Zündung von dem Glühzünder ausging, zeigte der Schirm den Flammendurchgang durch die Ionisationsstrecke 10° bis 15° früher an.

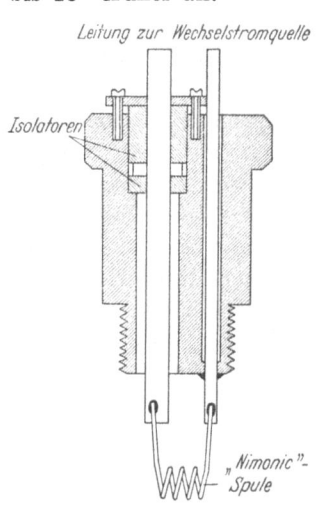

Bild 2.7
Glühzündkerze (Heizdrahtbauart)

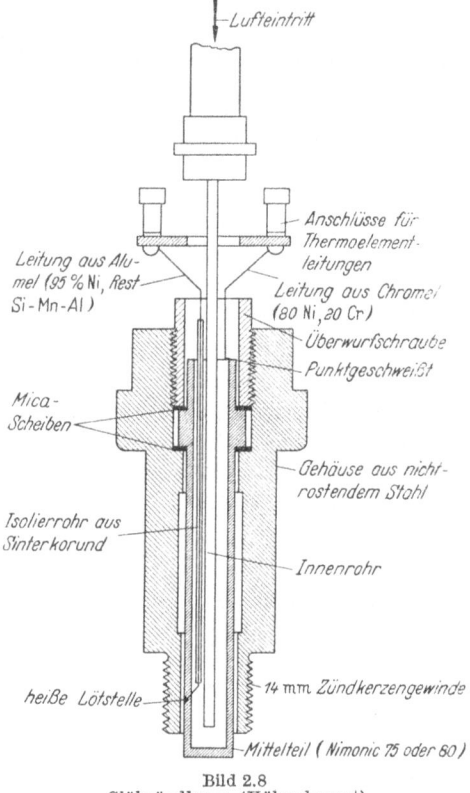

Bild 2.8
Glühzündkerze (Hülsenbauart)

Bei den Versuchen ging man so vor, daß der Motor mit Funkenzündung bis zur Vollast hochgefahren und das Zeichen der Ionisationsstrecke vermerkt wurde; dann wurde die Temperatur des Glühzünders allmählich gesteigert, bis die Ionisationsstrecke einen wesentlich früheren Flammendurchgang anzeigte, zuerst einen unregelmäßigen, sehr bald aber einen gleichmäßigen, obwohl das Verhalten des Motors unverändert blieb. Sobald sich das Ionisationszeichen vorverlegt hatte, wurde zwecks gelegentlicher Kontrolle die Kerzenzündung abgeschaltet; dann lief der Motor ganz normal weiter, wodurch bewiesen war, daß der

Frühzündung

Glühzünder die Aufgabe der Zündung übernommen hatte. Dies Verfahren erwies sich, nachdem es vollständig entwickelt worden war, als sehr befriedigend und wurde bei allen folgenden Versuchen angewendet. Bei späteren Versuchen wurde die Glühzünderspule aus zwei Teilen hergestellt, der eine aus Alumel, einer Legierung aus 95% Ni und Rest Si-Mn-Al als negativem Thermoelementdraht, der andere aus Chromel, einer Legierung aus etwa 80% Ni und 20% Cr, die in der Mitte der Spule die heiße Lötstelle eines Thermoelementes bildeten. Der Hülsenglühzünder wurde ähnlich auch als Thermometer verwendet. Die resultierende thermische elektromotorische Kraft ergab ein Maß der wirklichen Temperatur. Bild 2.9 zeigt den Aufbau des Zylinderkopfes mit Glühzünder, Ionisationsstrecke und Zündkerze.

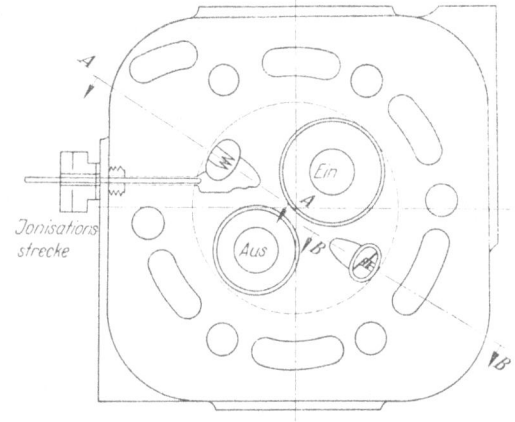

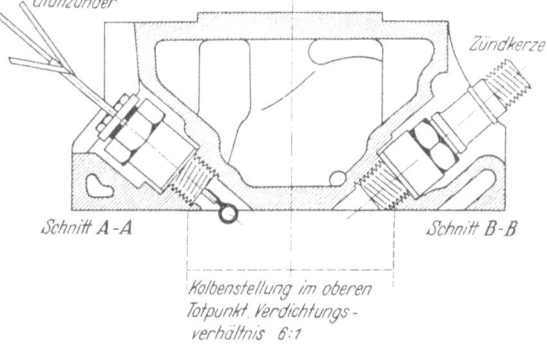

Eine sehr große Anzahl von Versuchen wurde mit verschiedenen Brennstoffen, Verdichtungsverhältnissen, Mischungsverhältnissen usw. durchgeführt.

Wie zu erwarten, fand man, daß bei allen untersuchten Brennstoffen die Neigung zum Glühzünden am größten war bei dem Mischungsverhältnis, das die höchste Verbrennungstemperatur gab, d. h. wenn es um 10 bis 15% zu reich war.

Man fand keine deutliche Beziehung zwischen der Neigung zum Klopfen und der zur Glühzündung; so gibt Tab. 1 nur die beobachteten Versuchsergebnisse für einen großen Kreis von Brennstoffen wieder. In Spalte 1 ist der relative Widerstand gegen Glühzündung bezogen auf Isooktan gleich 100 und Cumol gleich Null gegeben. In der zweiten

Spalte ist das entsprechende höchste nutzbare Verdichtungsverhältnis im gleichen Motor, aber ohne Glühzünder angegeben. Man sieht, daß zwischen beiden kaum eine Beziehung besteht. Die ersten sieben Brennstoffe und der letzte in der Tabelle sind sämtlich Muster für Benzine verhältnismäßig hoher Oktanzahl; sie bestehen überwiegend aus Paraffinen. Innerhalb dieser Gruppe kann man einige Verwandtschaft zwischen der Neigung zum Klopfen und der zum Glühzünden feststellen. Die nächste Probe, Cyclohexan, ein typisches Glied der Naphthengruppe, hat ein mäßig hohes nutzbares Verdichtungsverhältnis von 8,2 : 1, aber sein Glühzündwert ist auf der Oktan-Cumol-Skala weniger als Null. Die nächste Gruppe der Tabelle enthält nur Aromaten. Bei ihnen ist keine Gesetzmäßigkeit festzustellen. Benzol mit 14,6 : 1 und Toluol mit 15,0 : 1 haben das höchste nutzbare Verdichtungsverhältnis, dann kommen Cumol mit 12,55 : 1 und Xylol mit 11,25 : 1 nach ihrer Gegenklopfwirkung. Was aber die Neigung zum Glühzünden betrifft, so ist Xylol am wenigsten empfänglich von allen und sogar besser als Isooktan. Toluol folgt mit 91, Benzol mit nur 30 und Cumol mit Null.

In der nächsten Gruppe folgen die Alkohole und Ketone; sie haben sämtlich sehr hohe nutzbare Verdichtungsverhältnisse vom Aceton

Tabelle 1. *Glühzündungs- und Klopfwerte einer Auswahl von Brennstoffen*

Brennstoff	Glühzündung E 6	Klopfwert E 6 max. nutzbares Kompr.-Verhältnis
Isooktan (2,2,4-Trimethylpentan)	100	10,96
Oktane aus dem Heißsäureprozeß	72	10,85
Neohexan	80	9,85
Isododecan	66	9,30
Alkylate	77	10,05
Hydrierbenzin	56	7,95
Hydrierbenzin + 1,32 cm³ Bleitetraäthyl je Liter	75	11,80
Cyclohexan	<0	8,20
Benzol	30	14,60
Toluol	91	15,00
Xylol (gemischt)	>100	11,25
Cumol (Isopropylbenzol)	0	12,55
Victane (Iso- und n-Butyl-Benzol)	10	10,30
Pseudocumol (1,2,4-Trimethylbenzol)	98	9,65
Mesithylen (1,3,5-Trimethylbenzol)	100	—
Diisobutylen	50	10,00
Methylalkohol	<0	~15,00
Isopropylalkohol	~60	~14,00
Aceton	~75	~18,00
Methyläthylketon	< 0	15,00
Vergleichsbrennstoff des Britischen Luftfahrtministeriums (15,2% Aromaten, 1,2 cm³ Bleitetraäthyl je Liter)	77	12,4

mit 18,0 : 1 bis zum Isopropylalkohol mit 14,0 : 1. Sie neigen alle sehr zur Glühzündung, besonders Methylalkohol und Methyläthylketon, die beide erheblich unter dem Nullpunkt der angenommenen Skala liegen. Daß Glühzündung sich in der Praxis bei den Alkoholtreibstoffen nicht lästiger erwiesen hat, liegt wohl daran, daß sie in ihrer handelsüblichen Form alle wenigstens etwas Wasser enthalten, und Wasser ist ein sehr wirksames Mittel gegen Glühzündungen.

Von den Gegenklopfmitteln hat Blei eine geringe verhütende Wirkung gegen Glühzündung, besonders bei Benzinen der Paraffinreihe. In dieser Hinsicht ist sein Verhalten gegen Glühzündung ähnlich seinem Verhalten gegenüber dem Klopfen.

Anilin und Monomethylanilin, die wirksamen Gegenklopfmittel bei einigen Brennstoffen, haben offenbar überhaupt keine Wirkung auf die Glühzündung.

Der Verfasser hat vielleicht diese Frage der Glühzündung etwas sehr ausführlich behandelt, weil ihr sonst nur wenig Aufmerksamkeit geschenkt wurde. Wir sind heute gewohnt, unsere Aufmerksamkeit ganz auf das Klopfen zu richten, denn dies begrenzt die Leistung eines Zündermotors. Wir sind geneigt, zu vergessen, daß die wirkliche Gefahr darin besteht, daß das Klopfen zur Glühzündung führt. Klopfen an sich ist nicht gefährlich; die vom Klopfen verursachte Glühzündung kann aber sehr leicht einen Motor zerstören.

Drittes Kapitel

Wirkungsgrad

Obwohl es viele mögliche Arbeitsprozesse gibt, sind nur zwei allgemein im Gebrauch; beide sind praktisch und leistungsfähig:

Bei dem ersten wird die Luft von der zur Verbrennung benötigten Brennstoffmenge völlig durchdrungen, sodann verdichtet, und nach der Verdichtung wird das Gemisch entzündet und bei konstantem Volumen verbrannt. Darauf läßt man die hocherhitzte Luft sich ausdehnen, wobei sie an den Kolben Arbeit abgibt, bis sie ihr ursprüngliches Volumen erreicht hat; darauf läßt man sie in die Atmosphäre austreten.

Bei dem zweiten Prozeß wird Luft allein verdichtet, und nach der Verdichtung wird in den Zylinder Brennstoff gespritzt, der nach Maßgabe seiner Zuführung brennt. Die Brennstoffzuführung ist derart, daß der Druck sich während des Verbrennungsvorganges nicht wesentlich ändert, trotz der Abwärtsbewegung des Kolbens und der damit verbundenen Volumenzunahme. Dann hört die Brennstoffzufuhr auf,

3. Wirkungsgrad

und die hocherhitzte Luft kann sich ausdehnen, bis ihr usprüngliches Volumen erreicht ist.

Diese beiden Arbeitsverfahren werden allgemein als Gleichraum- und Gleichdruckverfahren bezeichnet. Zwischen ihnen gibt es viele Mittelwege; tatsächlich liegen alle praktischen Arbeitsverfahren zwischen diesen beiden Grenzen. Es gibt dabei viele Möglichkeiten; die Luft kann sich z. B. auf ein Volumen ausdehnen, das beträchtlich größer ist als das vor der Verdichtung. In diesem Fall wird der Wirkungsgrad höher sein, denn beim Gleichraum- und Gleichdruckverfahren hängt der Wirkungsgrad in erster Linie vom Expansionsverhältnis ab.

Bevor der erreichbare Wirkungsgrad dieser Arbeitsverfahren untersucht wird, sei darauf hingewiesen, weil dies praktisch von großem Einfluß ist, daß hohe Maximaldrücke schwere bewegte Teile, hohe Kolbenringbelastungen und damit große Reibungsverluste verursachen, so daß bei gleichen mittleren Drücken jenes Arbeitsverfahren, das einen günstigen Wirkungsgrad bei niedrigstem Maximaldruck ergibt, praktisch immer vorteilhaft sein wird.

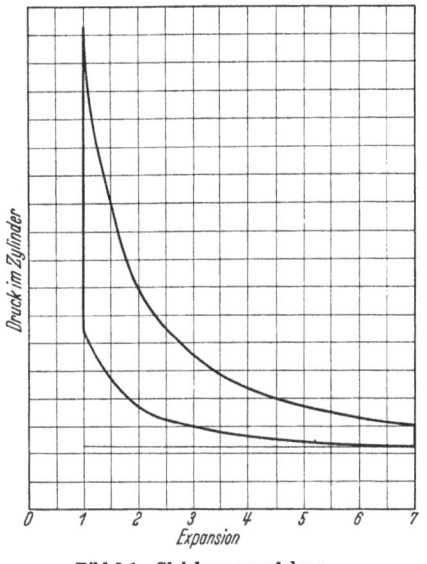
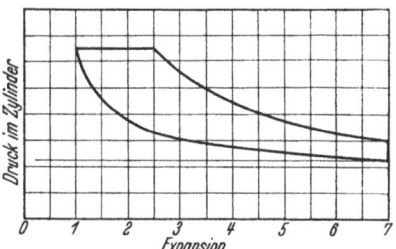

Bild 3.1. Gleichraumverfahren   Bild 3.2. Gleichdruckverfahren

Von den beiden oben angeführten Arbeitsverfahren muß bei gleichem Verdichtungsverhältnis das Gleichraumverfahren den höheren Wirkungsgrad ergeben, weil die Ausdehnung sofort beginnt, während bei dem reinen Gleichdruckverfahren die Ausdehnung erst anfängt, wenn die Brennstoffzufuhr beendet ist, wie Bild 3.1 und 3.2 zeigen. In Bild 3.3 sind die beiden Verfahren übereinandergezeichnet, so daß bei gleichem Brennstoffaufwand die größere Arbeitsleistung des zuerst genannten Verfahrens augenscheinlich ist.

1. In obenstehenden Bildern sind beide Arbeitsverfahren bei dem gleichen niedrigen Verdichtungsverhältnis von 7:1 miteinander ver-

glichen, um ihren Unterschied hervorzuheben, und zwar nur für Vergleichszwecke. Das ist kein einwandfreier Vergleich, weil bei dem Gleichdruckverfahren, bei welchem sich während des Verdichtungshubes nur Luft im Zylinder befindet, ein sehr viel höheres Verdichtungsverhältnis zulässig ist und in der Tat angewendet werden muß. Obwohl die Ausdehnung in einem späteren Punkt des Hubes beginnt, ist trotzdem das Gesamtexpansionsverhältnis beim Gleichdruck- größer als beim Gleichraumverfahren, selbst bei Zufuhr der größten Brennstoffmenge. Bei verminderten Brennstofflieferungen ist das Expansionsverhältnis noch größer.

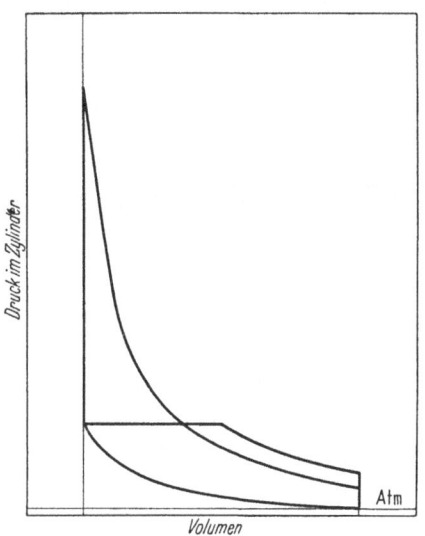

Bild 3.3. Gleichraum- und Gleichdruckverfahren übereinandergezeichnet

2. Es könnte ferner nach den Vergleichsdiagrammen scheinen, daß das Verhältnis des mittleren effektiven Druckes zum Höchstdruck beim Gleichdruckverfahren günstiger ist. Das ist indessen nicht der Fall, wenn die beiden Verfahren so verglichen werden, daß jedes bei einem Verdichtungsverhältnis arbeitet, das sich am besten für die verwendeten Brennstoffe eignet, und noch weniger, wenn die Abweichungen von den Idealprozessen, die sich aus den Verbrennungsverhältnissen ergeben, berücksichtigt werden.

Wirkungsgrad des Kreisprozesses bei Luft. Betrachten wir zunächst das Gleichraumverfahren, das dem Verfahren der meisten normalen Zündermotoren nahekommt. Bestände das Arbeitsmittel nur aus reiner, trockner Luft und gäbe es keinen Wärmeaustausch mit den Zylinderwänden, dann wäre der Wirkungsgrad η gegeben durch die Gleichung

$$\eta = 1 - \frac{1}{\varepsilon^{\varkappa-1}}.$$

Dabei ist ε das Expansionsverhältnis oder, wie es gewöhnlich bezeichnet wird, das Verdichtungsverhältnis, und $\varkappa$ ist das Verhältnis der spezifischen Wärmen der Luft bei konstantem Druck und bei konstantem Volumen. Dann ist

$$\varkappa = \frac{0{,}2405}{0{,}1715} = 1{,}402 \approx 1{,}4.$$

Dieser letzte Wert wird von den Ingenieuren allgemein benutzt.

3. Wirkungsgrad

Nach dieser Formel für den Luft-Kreisprozeß hängt der Wirkungsgrad nur ab von dem Expansionsverhältnis und damit dem Verdichtungsverhältnis und nicht von der Temperatur. Wenn auch die Formel nicht einen wahren Wert für den möglichen Wirkungsgrad des Arbeitsverfahrens geben kann, so dient sie doch als recht bequeme Vergleichsgrundlage. Nach dieser Formel ist der Wirkungsgrad des Luft-Kreisprozesses für Expansionsverhältnisse von 4,0 : 1 bis 20,0 : 1 in Tab. 1 und Diagramm Bild 3.4 angegeben.

Tabelle 1

Expansionsverhältnis	Wirkungsgrad des Luft-Kreisprozesses	Expansionsverhältnis	Wirkungsgrad des Luft-Kreisprozesses	Expansionsverhältnis	Wirkungsgrad des Luft-Kreisprozesses
4,0 : 1	42,6	10,0 : 1	60,2	16,0 : 1	67,0
5,0 : 1	47,5	11,0 : 1	61,7	17,0 : 1	67,8
6,0 : 1	51,2	12,0 : 1	63,0	18,0 : 1	68,5
7,0 : 1	54,0	13,0 : 1	64,2	19,0 : 1	69,2
8,0 : 1	56,5	14,0 : 1	65,2	20,0 : 1	69,8
9,0 : 1	58,5	15,0 : 1	66,1		

Der Luft-Kreisprozeß ist zwar eine nützliche Vergleichsgrundlage, aber er ist aus verschiedenen Gründen nicht exakt ausführbar. Die wichtigsten Gründe hierfür sind:

1. Das Arbeitsmittel besteht nicht ausschließlich aus reiner, trockener Luft, sondern aus einer Mischung von Stickstoff und den Verbrennungsprodukten.

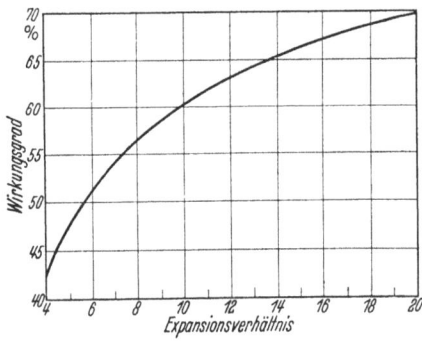

Bild 3.4
Wirkungsgrad des Luft-Kreisprozesses

2. Die spezifische Wärme der Verbrennungsabgase nimmt mit steigender Temperatur zu, so daß die bei höherer Temperatur zugeführte Wärme nicht die gleiche Temperatur- und Drucksteigerung hervorruft wie bei niedrigerer Temperatur.

3. Bei sehr hohen Temperaturen dissoziieren die Verbrennungsprodukte; CO_2 zerfällt in CO und O_2 und Wasserdampf in H_2 und O_2. Diese Dissoziation verbraucht eine beträchtliche Wärmemenge, die nicht vollständig zurückgewonnen wird.

4. Etwas Wärme geht durch die Wände des Verbrennungsraumes verloren.

5. Die Endprodukte der Verbrennung nehmen bei gleicher Temperatur und Druck nicht den gleichen Raum ein wie das ur-

sprüngliche Brennstoff-Luft-Gemisch. Das Volumen kann größer oder kleiner sein, je nach der chemischen Zusammensetzung des Brennstoffes.

Die Abweichungen von dem Normkreisprozeß infolge der Änderung der spezifischen Wärme, der Dissoziation und der unmittelbaren Wärmeverluste an die Zylinderwände hängen von der Verbrennungstemperatur ab und steigen sämtlich sehr rasch mit zunehmender Temperatur. In Kapitel I wurde indessen gezeigt, daß beim Zündermotor der Verbrennungstemperaturbereich, in welchem der Motor arbeiten kann, eng begrenzt ist, außer bei gewissen gasförmigen Brennstoffen wie Wasserstoff. Denn wenn die Luft nicht vollständig oder fast vollständig mit Brennstoff gesättigt ist, wird der Treibstoff nicht schnell genug verbrennen, während, wenn Brennstoffüberschuß vorhanden ist, die Temperatur nur wenig beeinflußt wird. Ist einmal der ganze Sauerstoff im Zylinder verbraucht, dann kann kein Brennstoff mehr verbrannt werden; jeder Überschuß geht verloren und hat lediglich einen untergeordneten Einfluß auf Temperatur oder Druck im Arbeitsspiel. Eine untergeordnete Wirkung, die indessen in ihrem Einfluß auf die Klopfneigung sehr wichtig sein kann.

Solange keine weiteren trägen oder teilweise trägen Gase vorhanden sind als der kleine Anteil der Abgase, die vom vorigen Arbeitsspiel zurückgeblieben sind, wird die Verbrennungstemperatur etwa 2500° C betragen, wenn man die oben erwähnten Einflüsse berücksichtigt und annimmt, daß der direkte Wärmeverlust an die Zylinderwände möglichst klein ist. Dieser Wert setzt ein Verdichtungsverhältnis von 5,0 : 1 voraus; bei höheren Verdichtungsverhältnissen wird die Verbrennungstemperatur infolge des kleineren Anteiles der Restgase und der höheren Temperatur der verdichteten Mischung vor der Zündung steigen. Der kleinere Restgasanteil vermindert die Verdünnung durch träges Gas, und die höhere Verdichtungstemperatur steigert die Temperatur beim Beginn der Verbrennung und vergrößert so die Verbrennungstemperatur um einen entsprechenden Betrag. Beide Wirkungen sind indessen nur klein, was ihren Einfluß auf den thermischen Wirkungsgrad im Vergleich zum Luft-Kreisprozeß oder auf die Zündgrenzen betrifft. Aber sie haben einen sehr wichtigen und in der Tat entscheidenden Einfluß auf die Klopfneigung.

Wäre es wie beim Gleichdruckverfahren möglich, eine ärmere Mischung unterhalb der unteren Zündgrenze zu verbrennen, dann läge die mittlere Verbrennungstemperatur niedriger, die Verluste würden verringert, und der Wirkungsgrad bei irgendeinem Verdichtungsverhältnis würde steigen, wenn Brennstoff- oder Wärmezufuhr vermindert würde, bis bei der Wärmezufuhr Null der Wirkungsgrad mit dem des wahren Luft-Kreisprozesses übereinstimmen würde. Dies zeigt Bild 3.5,

48   3. Wirkungsgrad

das den theoretischen Wirkungsgrad eines Benzin-Luft-Gemisches bei einem Verdichtungsverhältnis von 5:1 angibt.

Die Bezeichnung „Wirkungsgrad" bedeutet hier den Anteil der gesamten durch die Verbindung des Brennstoffes mit dem Luftsauerstoff freigewordenen Wärme, der als nutzbare Kolbenarbeit erscheint. Es ist üblich, den Wirkungsgrad irgendeiner Wärmekraftmaschine aus dem Heizwert des zugeführten Kraftstoffes zu berechnen, und da nur der Brennstoff und nicht die Luft Geld kostet, ist das natürlich ein praktischer Gesichtspunkt. Im Fall des Gleichraum- oder Zündermotors

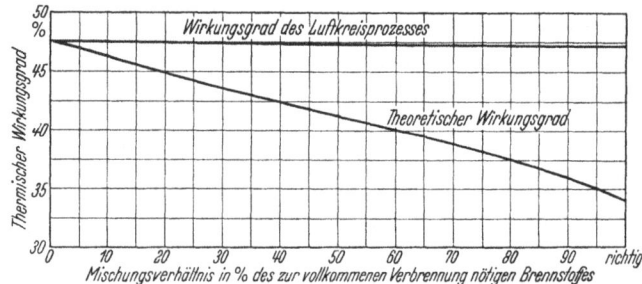

Bild 3.5. Theoretischer Anstieg des thermischen Wirkungsgrades bei armen Gemischen

besonders bei flüssigem Brennstoff kann man im allgemeinen eine genauere Bestimmung des wahren Wirkungsgrades aus dem Luftverbrauch erhalten, da jedes Kilogramm Luft durch die Verbindung seines Sauerstoffs mit dem Brennstoff eine bestimmte Wärmemenge freimacht, mag die Luft nun mit Brennstoff gesättigt oder übersättigt sein. Dieser Unterschied wird merklicher, wenn mehrere Zylinder ihren Brennstoff aus nur einem Vergaser ansaugen, der wahrscheinlich einen Brennstoffüberschuß an einen oder einige Zylinder liefert. Oder es kann auch eine beträchtliche Menge Schmieröl als Kraftstoff verbrannt werden.

Wird der Wirkungsgrad aus dem von einem solchen Motor verbrauchten Brennstoffgewicht abgeleitet, so können wir zu einem zu hohen oder zu niedrigen Wert kommen, denn einerseits ist beim Arbeitsprozeß wahrscheinlich etwas Brennstoff vergeudet worden, und andererseits wird etwas Schmieröl als Kraftstoff verbrannt. Wird der Wirkungsgrad aber aus dem verbrauchten Luftgewicht ermittelt, so erhalten wir einen richtigen Wert, solange die Luft gesättigt oder übersättigt ist.

Bei allen gewöhnlich verfügbaren flüssigen Brennstoffen oder Schmierölen wird durch ihre Verbindung mit 1 kg Luft, unabhängig vom Heizwert des Brennstoffes, eine Wärmemenge von etwa 720 kcal frei. Tatsächlich schwankt sie ein wenig, aber bei allen erhältlichen flüssigen Brennstoffen liegt sie zwischen 710 und 740 kcal/kg mit einer größten Schwankung von weniger als 5%, während sie für alle

Erdölbrennstoffe mit 717 kcal/kg mit einer Abweichung von 1% angenommen werden kann; für handelsübliches Benzol beträgt sie 733 kcal/kg und für handelsüblichen Alkohol 739 kcal/kg. Tab. 2 gibt die Verbrennungswärme bei der Verbindung von 1 kg Luft mit sechs typischen Benzinproben und mit Benzol, Äther und Alkohol ausführlicher an.

Auf den ersten Blick könnte es scheinen, daß Alkohol eine etwas höhere Temperatur und daher eine höhere Leistung ergibt, aber das ist nicht unbedingt der Fall, denn obwohl 1 kg Luft bei der Verbindung mit Äthylalkohol mehr Kalorien frei macht als bei der Verbindung mit Benzin, wird dies dadurch ausgeglichen, daß das Alkoholdampfvolumen für die vollkommene Verbrennung etwa dreimal so groß ist wie das entsprechende Benzindampfvolumen. Daher muß entsprechend mehr Luft verdrängt werden, um Platz zu schaffen.

In der letzten Spalte ist die frei werdende Wärmemenge je Normkubikmeter Gemisch (Kraftstoffdampf und Luft) angegeben; daraus erkennt man, daß die Verhältnisse sich umkehren und daß tatsächlich durch die Verbrennung eines Alkohol-Luft-Gemisches weniger Wärme frei wird.

Tabelle 2

Brennstoff	Unterer Heizwert kcal/kg	Verhältnis Luft/ Brennstoff	Frei werdende Wärme je kg Luft kcal	Frei werdende Wärme je Normkubikmeter Gemisch, das vollk. Verbrennung gibt[1] kcal
Benzinprobe 1 .	10580	14,7	720	958,3
Benzinprobe 2 .	10640	14,8	719	958,9
Benzinprobe 3 .	10510	14,6	720	955,3
Benzinprobe 4 .	10610	14,9	714	960,1
Benzinprobe 5 .	10700	15,0	715	959,1
Benzinprobe 6 .	10530	14,7	716	954,6
Benzol	9730	13,2	733	942,5
Äther	9360	13,0	720	974,1
Äthylalkohol (95%)	6190	8,4	739	926,7

Es ist richtig, daß man von Äthylalkohol eine größere Leistung als von Benzin oder Benzol erhält. Aber das liegt daran, daß durch die höhere Verdampfungswärme die Gemischtemperatur am Ende des Saughubes niedriger und die Ladungsdichte entsprechend größer ist.

Spezifische Wärme. Wir haben gezeigt, daß der Wirkungsgrad des Luft-Kreisprozesses nicht ein erreichbares Ideal ist, weil unser Arbeitsmittel nicht reine trockne Luft ist und weil etwas Wärmeverlust an die Zylinderwände unvermeidbar ist. Wir wollen diese Einflüsse etwas eingehender untersuchen.

---

[1] Berücksichtigt auch die Vergrößerung des spezifischen Volumens nach der Verbrennung.

3. Wirkungsgrad

Das Betriebsmittel in einem Benzinmotor besteht zu Beginn aus Stickstoff, Sauerstoff, Benzindampf und einem kleinen Anteil von Abgasen, die vom vorangegangenen Arbeitsspiel im Verdichtungsraum des Zylinders zurückgeblieben sind. Nach der Verbrennung besteht das Arbeitsmittel, neben geringen Mengen an Produkten unvollkommener Verbrennung, aus Stickstoff, Kohlendioxyd und Wasserdampf. Abgesehen von der chemischen Veränderung des Arbeitsmittels haben sich auch seine physikalischen Eigenschaften merklich geändert.

Die spezifische Wärme der meisten Gase steigt mit zunehmender Temperatur, aber die Steilheit des Anstieges ist bei Stickstoff, Kohlendioxyd und Dampf sehr verschieden. Die Änderung der spezifischen Wärme mit der Temperatur für die drei Hauptbestandteile des Arbeitsmittels entspricht annähernd den Angaben der Tab. 3.

Tabelle 3. *Mittlerer Anstieg der spezifischen Wärme von 100° C bis 3000° C*

	100 bis 500° C	1000° C	1500° C	2000° C	2500° C	3000° C
Stickstoff . . .	1,00	1,02	1,065	1,11	1,16	1,22
Wasserdampf .	1,00	1,11	1,22	1,35	1,55	1,79
Kohlendioxyd .	1,00	1,155	1,22	1,27	1,32	1,33

Der Anstieg der spezifischen Wärme des Arbeitsmittels bedeutet natürlich, daß die durch Verbrennung erzeugte Wärme bei den höheren Temperaturen nicht von einem entsprechenden Druckanstieg begleitet ist. Man sieht, daß Stickstoff, der den Hauptteil des Arbeitsmittels ausmacht, seine spezifische Wärme bei den höheren Temperaturen am wenigsten ändert, während die spezifische Wärme des Wasserdampfes sehr schnell ansteigt.

Da wir am meisten an dem Temperaturbereich zwischen 2000° C und 3000° C interessiert sind, ist somit von den beiden neben dem Stickstoff vorhandenen Bestandteilen das Kohlendioxyd dem Wasserdampf vorzuziehen. In dieser Hinsicht ist daher ein Brennstoff, der einen hohen Prozentsatz Kohlenstoff enthält und zu Kohlendioxyd verbrennt, einem Brennstoff vorzuziehen, der einen großen Anteil Wasserstoff enthält. Andere Rücksichten indessen geben dem Wasserstoffgehalt den Vorzug.

Vor allem ist es die Zunahme der spezifischen Wärme bei hohen Temperaturen, die den erreichbaren Wirkungsgrad begrenzt, und ein Blick auf obenstehende Tabelle zeigt hinreichend, wie weit wir unvermeidlich unterhalb des Wirkungsgrades des Luft-Kreisprozesses bleiben müssen und wie wünschenswert es ist, mit möglichst niedrigen Maximaltemperaturen zu arbeiten.

Dissoziation. Bei sehr hohen Temperaturen zerfallen Wasserdampf und Kohlendioxyd zum Teil, und eine beträchtliche Wärmemenge wird dadurch gebunden. Der Dissoziationsgrad hängt bei beiden Gasen von Druck und Temperatur ab, so daß er etwas vom Verdichtungsverhältnis des Motors beeinflußt wird. Diese Wärmebindung ist keineswegs ein vollständiger Verlust, denn ein großer Teil wird zurückgewonnen, wenn Temperatur und Druck im Laufe des Expansionshubes sinken; ein Teil der Wärme wird zu Beginn des Hubes zurückgewonnen und kann auf dem restlichen Teil des Expansionshubes ausgenutzt werden, aber ein Teil wird erst in der Nähe des Hubendes zurückgewonnen, wo er von nur geringem Wert ist. Aber die Wiederverbindung ist selten ganz vollständig, auch dann noch nicht, wenn man das Auslaßventil öffnet. Je größer die Ausdehnung ist, um so niedriger wird die Endtemperatur sein; auch daher hängt der Dissoziationsverlust etwas von dem Expansions- bzw. Verdichtungsverhältnis ab. Denn die Dissoziation wird nicht nur unter dem höheren Druck geringer sein, sondern die längere Expansion wird auch eine vermehrte Wiederverbindung erlauben. Im ganzen ist die Wirkung der Dissoziation, soweit sie Leistung und Wirkungsgrad eines Motors beeinflußt, verhältnismäßig klein; aber ihr Einfluß darf nicht unbeachtet bleiben, da ihre Größe sehr von der Zusammensetzung der Verbrennungsprodukte und dem Verdichtungsverhältnis abhängt.

Tab. 4 und 5 zeigen den Dissoziationsgrad in Prozent bei verschiedenen Drücken und Temperaturen.

Tabelle 4. *Dissoziation von Wasser bei verschiedenen Drücken und Temperaturen in Prozent*

Temperatur ° abs.	Druck (at)			
	0,1	1,0	10	100
1500	0,403	0,02	0,009	0,004
2000	1,25	0,58	0,27	0,125
2500	8,84	4,21	1,98	0,927
3000	28,4	14,4	7,04	3,33

Tabelle 5. *Dissoziation von Kohlendioxyd bei verschiedenen Drücken und Temperaturen in Prozent*

Temperatur ° abs.	Druck (at)			
	0,1	1,0	10	100
1500	0,104	0,048	0,0224	0,01
2000	4,35	2,05	0,96	0,445
2500	33,5	17,6	8,63	4,09
3000	77,1	54,8	32,2	16,9

Hier interessieren wir uns wieder besonders für den Temperaturbereich von 2000° bis 3000° abs. und für die Drücke von 10 bis 100 at. Man sieht, daß in diesem Bereich der Dissoziationsgrad bei CO_2

größer ist als bei H_2O, so daß CO_2 in dieser Hinsicht viel empfindlicher ist als Wasserdampf und dieser Einfluß den Vorteil erheblich verkleinert, den CO_2 in Hinsicht auf die Zunahme der spezifischen Wärme hatte. Aber die gesamte Dissoziation ist verhältnismäßig klein. Wir finden nun, daß ein Brennstoff, der einen großen Prozentsatz Wasserstoff enthält, im Nachteil ist wegen der größeren Steigerung der spezifischen Wärme bei hohen Temperaturen, während ein anderer, der einen großen Anteil Kohlenstoff enthält, im Nachteil ist wegen der sehr viel größeren Dissoziation. Diese beiden Einflüsse gleichen sich gegenseitig ungefähr aus, so daß man nicht sagen kann, ob Kohlenstoff oder Wasserstoff vom Standpunkt der Dissoziation und der Änderung der spezifischen Wärme aus vorzuziehen ist. Wir können nur mit Recht folgern, daß Natur und chemische Zusammensetzung des Brennstoffs, solange er nur aus Kohlenstoff und Wasserstoff besteht, keinen merklichen Einfluß auf den Motorwirkungsgrad oder die Leistung haben, wenn der Brennstoff als Dampf zugeführt wird. Das bestätigt die Praxis: man findet, daß alle reinen Kohlenwasserstoff-Brennstoffe, ohne Rücksicht auf ihre Zusammensetzung oder ihren Heizwert, bei dem gleichen Verdichtungsverhältnis gleiche Leistung und gleichen thermischen Wirkungsgrad mit Abweichungen von 1% ergeben, vorausgesetzt, daß sie verdampft sind und dem Zylinder bei der gleichen Temperatur zugeführt werden.

Direkter Wärmeverlust. Da es offenbar unmöglich ist, die Temperatur der Zylinderwand gleich oder nahezu gleich der Temperatur der eingeschlossenen Gase zu halten, so folgt, daß ein Wärmeaustausch zwischen den Gasen und den umgebenden Wänden vorhanden sein muß, besonders während der Periode der höheren Temperatur der Arbeitsgase. Die Wärme, welche die Zylinderwände während der kälteren Periode abgeben, spielt eine untergeordnete, aber gleichwohl sehr wichtige Rolle. Das wirkliche Maß des Verlustes durch Wärmeaustausch zwischen Gas und Zylinderwand kann nicht ein für allemal abgeschätzt werden, weil es von der Größe und Drehzahl des Motors, von der Gestalt und der Oberfläche des Brennraumes und vielen anderen Einflüssen, wie Wirbelung und Luftdrall, abhängt. Daher ist dieser Verlust, im Gegensatz zu den früher genannten, individuell und veränderlich. Wir werden ihn später eingehender behandeln; hier genügt die Feststellung, daß er nicht so groß ist, wie meist angenommen wird. In einem gut konstruierten Motor beträgt dieser Verlust bei normalem Vollastbetrieb nur etwa 3 bis 4% der gesamten Brennstoffwärme, und selbst im äußersten Fall übersteigt er selten 6%, denn man muß beachten, daß nur ein kleiner Teil der vom Kühlwasser abgeführten Wärme überhaupt ausgenützt werden kann. Ein großer Teil der abgeführten Wärme wird während des Ausschubhubes an die Zylinderwand und an die Auspuffleitung abgegeben, während von der restlichen Wärme ein großer Teil so spät abgegeben wird, daß nur wenig davon in nützliche Arbeit hätte umgewandelt werden können.

Diese Verlustquelle hängt offenbar von der Temperatur ab und würde sich verringern, wenn die Verbrennungstemperatur herabgesetzt werden könnte.

Am Ende nehmen die Verbrennungsprodukte, wenn sie auf ihre ursprüngliche Temperatur heruntergekühlt worden sind, nicht den gleichen Raum ein wie der Brennstoffdampf und die Luft, aus denen sie gebildet wurden. Bei allen flüssigen Kohlenwasserstoff-Brennstoffen und besonders bei der Alkoholgruppe ist das Volumen nach der Verbrennung etwas größer, und das bringt einen kleinen Vorteil, welcher zunimmt, wenn das Mischungsverhältnis reicher wird.

Neben den obengenannten Einflüssen müssen wir berücksichtigen, daß kein Zündermotor genau nach dem Gleichraumverfahren arbeitet, denn die Verbrennung erfolgt nicht in einem Augenblick, und die Expansion dauert nicht bis ganz zum Ende des Hubes, weil das Auslaßventil vor dem Hubende öffnen muß, um den Zylinder in der verfügbaren Zeit zu entleeren. Die Wirkung dieser Abweichungen von dem theoretischen Vorgang besteht in einem Abrunden der scharfen Ecken des Indikatordiagramms und somit in einer Verkleinerung seiner Fläche um 3 bis 4%.

Wenn der direkte Wärmeverlust an die Zylinderwand und die Verkleinerung der Diagrammfläche ihre Kleinstwerte haben, so ergibt sich der erreichbare Wirkungsgrad eines Zündermotors mit einem Zylinderinhalt von nicht weniger als einem Liter zu etwa 74% des Wirkungsgrades des Luft-Kreisprozesses, wenn der Motor bei Benzin mit einem wirtschaftlichen Gemisch arbeitet, d. h. mit einem Verhältnis Brennstoff zu Luft von 85% des chemisch richtigen Verhältnisses. Bei den besten modernen Flugmotoren wird tatsächlich ein indizierter thermischer Wirkungsgrad von über 70% des Wirkungsgrades des Luft-Kreisprozesses verwirklicht, ein beachtlicher Erfolg, welcher zeigt, daß der indizierte thermische Wirkungsgrad nicht mehr wesentlich verbessert werden kann, wenn man nicht höhere Verdichtungsverhältnisse oder ein noch ärmeres Gemisch verwendet. Bei kleineren Motoren machen die direkten Wärmeverluste mehr aus, weil das Verhältnis Oberfläche zu Volumen größer ist, aber kleinere Zylinder können ein höheres Verdichtungsverhältnis anwenden und so durch längere Expansion viel von dem zurückgewinnen, was sie sonst verlieren. So ist der indizierte thermische Wirkungsgrad in einem sehr weiten Bereich unabhängig von der Zylindergröße. Das gilt aber nicht notwendig auch für den Nutzwirkungsgrad, denn bei einer durchweg ähnlichen Konstruktion ist die mechanische Reibung relativ um so größer, je kleiner der Motor ist.

Das Dieselverfahren. Betrachten wir nunmehr den Fall des Dieselmotors. Dieser arbeitet nach einem Verfahren, das sich mit der Belastung ändert. Es nähert sich dem Gleichdruckverfahren bei Vollast und noch wesentlich mehr dem Gleichraumverfahren bei sehr kleinen Belastungen.

Beim theoretischen Gleichdruckverfahren wird Wärme durch die Verbrennung des Kraftstoffes mit einer Geschwindigkeit zugeführt, die gerade genügt, um im ersten Teil des Arbeitshubes einen konstanten Druck aufrechtzuerhalten; dann findet adiabatische Ausdehnung statt bis zum Hubende, wo die Restwärme bei konstantem Volumen abgeführt wird. Bei diesem Wärmekreisprozeß ändert sich der Wirkungsgrad des Luft-Kreisprozesses je nach der Dauer, während welcher der konstante Druck aufrechterhalten wird, d. h. je nach der zugeführten Brennstoffmenge.

Kurz ausgedrückt ist der Wirkungsgrad des Gleichdruckverfahrens mit reiner Luft wesentlich der gleiche wie der des Gleichraumverfahrens, wenn wir als Ausgangspunkt der Expansion nicht den oberen Totpunkt annehmen, sondern den Punkt, an dem die Wärmezufuhr aufhört und die adiabatische Expansion beginnt.

Da praktisch der Dieselmotor nach Belieben fast im ganzen Bereich zwischen den beiden Wärmekreisprozessen arbeitet, lohnt es nicht, viel Zeit der Betrachtung zu widmen, wie hoch der indizierte thermische Wirkungsgrad sein würde, wenn der Motor mit irgendeinem mittleren Kreisprozeß arbeitete. Man kann auch in einem gegebenen Fall nicht genau den Punkt bestimmen, an dem die Expansion beginnt; denn obgleich es einen scharf bestimmten Punkt geben mag, bei dem die Kraftstoffzufuhr aufhört, läßt sich der andere Punkt nicht genau festlegen, wo die Verbrennung endet und die Expansion beginnt; die beiden Phasen überdecken sich weitgehend.

Vergleich der Arbeitsverfahren von Zünder- und Dieselmotoren. Die wirklich wichtigen Unterschiede zwischen den Arbeitsverfahren sind:

1. Bei dem Arbeitsverfahren des Zündermotors befindet sich während des ganzen oder mindestens des letzten Teils des Verdichtungshubes Brennstoff im Zylinder. Dies begrenzt das Verdichtungs- und damit das Expansionsverhältnis auf den Wert, den der betreffende Kraftstoff ohne Klopfen oder Glühzündung aushalten kann. Da im Dieselverfahren während der Verdichtung nur Luft im Zylinder ist, gibt es hier keine solche Grenze, und man kann ein viel höheres Verdichtungsverhältnis anwenden, das auch mit Rücksicht auf die Einflüsse, welche die Verbrennung beherrschen, erforderlich ist.

2. Beim Zündermotor können wir das Verhältnis Brennstoff zu Luft auf höchstens etwa 85% des chemisch richtigen Wertes senken und somit nicht die Vorteile einer niedrigeren Temperatur des Arbeitsprozesses

ausnutzen. Andererseits können wir, wenn wir wollen, mit überreichen Mischungen arbeiten, was in manchen Fällen, z. B. bei Flugmotoren, ein sehr wertvoller Aktivposten ist.

3. Beim Dieselmotor können wir das mittlere Mischungsverhältnis bis praktisch zu 0% Brennstoff senken und damit den ganzen Vorteil einer niedrigeren Temperatur des Arbeitsprozesses gewinnen, aber wir können das Mischungsverhältnis nicht über etwa 85% des chemisch richtigen Wertes anreichern. So beginnt der Zündermotor mit dem Mischungsverhältnis, bei welchem der Dieselmotor aufhört.

4. Beim Zündermotor regeln wir die Leistung durch Verändern der Brennstoff- und der Luftmenge, die wir dem Zylinder zuführen, während wir das Luft-Brennstoff-Verhältnis konstant halten, d. h. wir regeln durch Drosseln. Beim Dieselmotor wird die Leistung nur durch Verändern der Brennstoffmenge geregelt, während die Luftzufuhr konstant bleibt.

Mechanischer Wirkungsgrad. Bisher betrachteten wir als Wirkungsgrad den Anteil der Verbrennungswärme, der als nützliche Arbeit an den Kolben abgegeben wird. Aber das genügt noch nicht; was uns wirklich interessiert, ist der Anteil, der als nützliche Arbeit am Kupplungsende der Kurbelwelle verfügbar ist. Es hilft uns nichts, wenn wir durch mechanische Reibung oder durch Luftpumparbeit verbrauchen, was wir durch eine Verbesserung des indizierten thermischen Wirkungsgrades gewonnen haben.

Die mechanische Reibung eines Motors hängt vom Höchstdruck ab, denn dieser bestimmt weitgehend die Größe des reibenden Flächen und das Gewicht der bewegten Teile; er bestimmt auch die Reibung der Kolbenringe oder zumindest des obersten Kolbenringes an der Zylinderwand, denn dieser Ring muß vom vollen Gasdruck angepreßt werden, wenn er dichten soll.

So wird unter sonst gleichen Verhältnissen der mechanische Wirkungsgrad des Motors um so höher sein, je niedriger das Verhältnis vom Höchstdruck zum mittleren indizierten Druck ist. Da indessen ein großer Teil der Verluste von der Zähigkeit des Ölfilms und ein anderer wesentlicher Teil von der Arbeit herrührt, die der Gaswechsel erfordert, die beide vom Arbeitsdruck unabhängig sind, so folgt, daß der mechanische Wirkungsgrad um so höher wird, je höher der mittlere wirksame Druck ist.

Vom Standpunkt des mechanischen Wirkungsgrades brauchen wir demnach einen möglichst hohen mittleren Druck und ein möglichst kleines Verhältnis des Höchstdruckes zum mittleren Druck. Die Mittel, mit denen wir den indizierten thermischen Wirkungsgrad verbessern könnten, wie ein sehr hohes Verdichtungsverhältnis oder eine Verlängerung des Expansionshubes, steigern leider sehr das Verhältnis vom Höchstdruck zum mittleren Druck, und ein wesentlicher Teil unseres Gewinns würde durch Reibung zwischen Kolbenboden und Kurbelwelle verloren gehen.

Wenn wir andererseits die Drehzahl steigern, so gewinnen wir an indiziertem Wirkungsgrad durch die Verringerung der Wärmeverluste, aber, da wir die Drehzahl erhöhen, vergrößern wir die Reibung, die sich aus den Massenkräften durch die Trägheit des Kolbens usw. ergibt. Massenkräfte und Flüssigkeitsreibung des Schmiermittels steigen mit dem Quadrat der Drehzahl, und wir kommen bald an einen Punkt, wo diese Verluste jeden durch die höhere Drehzahl erzielten Gewinn an indiziertem Wirkungsgrad übersteigen, und dann nimmt der Verlust rasch zu.

Man behauptet oft, daß mit Zündermotoren bemerkenswert hohe Wirkungsgrade durch sehr hohe Verdichtungsverhältnisse erreicht wurden, die durch Benutzung besonders vorbereiteter Kraftstoffe ermöglicht wurden. Das kann natürlich der Fall sein, wenn wir bereit sind, etwas von der Betriebssicherheit zu opfern, welche die Erfahrung uns als wünschenswert gelehrt hat. Wären aber die bewegten Teile und Lagerflächen vergrößert worden, um den höheren Gasdrücken zu entsprechen und die gleiche Betriebssicherheit sowie die gleiche Lebensdauer zu erreichen, so wären die Ergebnisse ganz anders gewesen. Bei Rennwagenmotoren und in geringerem Maß bei Flugmotoren ist man berechtigt, den Sicherheitsgrad herabzusetzen und so einen höheren mechanischen Wirkungsgrad zu erreichen; aber für normale Verwendungszwecke, wo eine lange Lebensdauer erwartet wird, macht es sich selten bezahlt, bei Zündermotoren ein höheres Verdichtungsverhältnis als etwa 8,0 : 1 anzuwenden, selbst wenn es der Treibstoff erlaubt, weil die zunehmenden mechanischen Verluste fast den ganzen möglichen Gewinn verschlingen.

Bei schnellaufenden Dieselmotoren darf man sagen, daß das Verdichtungsverhältnis, das wir mit Rücksicht auf die Verbrennung anwenden müssen, stets eher über als unter dem Bestwert liegt.

Dies sind natürlich alles Verallgemeinerungen, und wie alle Verallgemeinerungen sind sie zahlreichen Einschränkungen unterworfen, von denen einige in späteren Kapiteln behandelt werden sollen.

Viertes Kapitel

Verdampfungswärme

Die Verdampfungswärme des Brennstoffs ist wichtig bei Zünder- und Dieselmotoren. Beim Zündermotor bestimmen Verdampfungswärme und mittlere Siedetemperatur die Dichte der in den Zylinder eingeführten Ladung. Es ist natürlich klar, daß das in den Zylinder aufgenommene Ladungsgewicht umgekehrt proportional ist seiner absoluten Temperatur in dem Augenblick, wo das Einlaßventil schließt. Versuchsergebnisse zeigen, daß unter gleichbleibenden Betriebsbedingungen Kohlenwasserstoff-Brennstoffe, die unter etwa 180° C sieden, vor Beginn des Verdichtungshubes vollständig verdampft sind, wenn nicht schon vor Eintritt in den Zylinder, dann auf jeden Fall durch Berührung mit den heißen Wänden und durch die Mischung mit den hocherhitzten Restgasen. Abweichungen hiervon gibt es nur in vorübergehenden Ausnahmefällen, wenn Brennstoffteile in Form von groben Tropfen oder als Flüssigkeitsschwall in den Zylinder gelangen und so nicht nur der Verdampfung, sondern zum großen Teil auch der Verbrennung entgehen.

Die absolute Temperatur beim Beginn des Verdichtungshubes hängt ab a) von der äußeren Wärmezufuhr und b) von der Verdampfungswärme des flüssigen Brennstoffs. Sie hängt natürlich auch von der Menge und Temperatur des Restgases und von der Wärmemenge ab, die beim Eintritt in den Zylinder durch die Berührung mit dem Einlaßventil usw. aufgenommen wird.

Abgesehen von den Alkoholen sind die Schwankungen in der Größe der Verdampfungswärme bei den verfügbaren flüchtigen, flüssigen Brennstoffen nicht sehr groß. Interessant ist aber, daß in den Fällen, wo der Heizwert niedriger ist, die Verdampfungswärme im allgemeinen etwas höher liegt; infolgedessen gelangt ein etwas größeres Ladungsgewicht in den Zylinder, das meist genügt, um den geringeren Heizwert auszugleichen und so die wirkliche Leistungsabgabe in allen Fällen praktisch auf den gleichen Wert zu bringen.

Die Verbrennungsenergie je Normkubikmeter eines Benzol-Luft-Gemisches ist merklich geringer als die von den Kohlenwasserstoffen, die den Hauptteil des Benzins ausmachen. Andererseits ist die Verdampfungswärme des Benzols größer, und infolgedessen ist die erreichbare Leistung bei Benzol unter ähnlichen Bedingungen bis auf weniger als $1/_2\%$ die gleiche wie bei Benzin.

Tab. 1 gibt die Verdampfungswärme einer Reihe von Kohlenwasserstoffen und anderen Treibstoffen. Das Gewichtsverhältnis Luft zu Brennstoff und der Temperaturabfall des Gemisches infolge der Verdampfung sind für jeden Kraftstoff angegeben. Die Berechnung ist überall für ein Mischungsverhältnis durchgeführt, das vollkommene Verbrennung ergibt.

Beim Alkohol, bei dem die Verdampfungswärme und das Verhältnis von Brennstoff zu Luft viel größer sind, spielt die Verdampfungswärme eine sehr wichtige Rolle, sie liefert eine wirklich merkbare Leistungssteigerung im Vergleich zu anderen Kraftstoffen, obwohl die Verbren-

4. Verdampfungswärme

Tabelle 1

Brennstoff	Verdampfungs-wärme kcal/kg	Gewichtsverhältnis Luft/Brennstoff für vollkommene Verbrennung	Abkühlung des Gemisches infolge der Verdampfungs-wärme in °C
Paraffine			
Hexan	86,66	15,2	21,0
Heptan	73,90	15,1	18,0
Oktan	71,12	15,05	16,1
Nonan	—	15,0	—
Decan	60,00	15,0	11,2
Aromaten			
Benzol	95,56	13,2	26,0
Toluol	83,90	13,4	22,5
Xylol	80,56	13,6	21,5
Naphthene			
Cyclohexan	86,66	14,7	21,5
Hexahydrotoluol	76,67	14,7	19,0
Hexahydroxylol	73,90	14,7	18,0
Olefine			
Heptylen	~92,23	14,7	23,0
Decylen	—	14,7	—
Alkohole			
Äthylalkohol	220,53	8,95	82,7
Methylalkohol	284,47	6,44	140,0
Verschiedene			
Äther	87,78	11,14	27,5
Schwefelkohlenstoff	85,01	9,35	31,0
Acetylen	Gas	13,2	—
Kohlenoxyd	Gas	2,45	—
Wasserstoff	Gas	34,3	—

Die letzte Spalte ist unter der Annahme berechnet, daß die spezifische Wärme des Brennstoffs überall konstant 0,5 ist.

nungsenergie je Einheit der Gemischmasse kleiner als bei Benzin oder Benzol ist. Außerdem tritt hier ein Einfluß auf, der bei anderen Brennstoffen nicht so ausgeprägt in Erscheinung tritt, daß nämlich die Leistungsabgabe ohne Aufladung sehr beträchtlich steigt, wenn ein überreiches Gemisch benutzt wird, weil dann mehr Brennstoff verdampft, die Temperatur der Ladung sinkt und der Gewinn an Ladungsgewicht bei weitem den Verlust übertrifft, der sich durch die größere spezifische Wärme der Verbrennungsabgase und die größere Verdrängung von Sauerstoff durch Kraftstoffdampf ergibt.

Diese Bemerkungen beziehen sich auf nichtaufgeladene Motoren. Bei Ladermotoren ermöglicht die Verwendung eines überreichen Gemisches eine große Leistungssteigerung; aber in diesem Fall soll der

Brennstoffüberschuß das Klopfen verhindern und so ermöglichen, daß ein größeres Ladungsgewicht vom Lader an den Zylinder geliefert wird — eine ganz andere Sache.

Bild 4.1 zeigt den durch Versuche bestimmten Liefergrad beim Normzustand, wenn Benzin und Äthylalkohol unter genau gleichen Verhältnissen von Temperatur, Wärmezufuhr usw. bei einem Verdichtungsverhältnis von 5:1 benutzt werden. In beiden Fällen wurden sorgfältige Messungen bei Mischungsverhältnissen von 20% Luftüberschuß bis zu 25% Brennstoffüberschuß durchgeführt. Ähnlich zeigen die Bilder 4.2 und 4.3 den indizierten mittleren Druck und den thermischen Wirkungsgrad bei Betrieb mit Benzin und Alkohol.

Wir können natürlich die Verdampfungswärme eines Brennstoffs durch Zugabe von Wasser, das entweder im Brennstoff gelöst ist oder getrennt eingespritzt wird, vergrößern. Beim Alkohol ist gewöhnlich ein Wasseranteil von 3 bis 10% im Kraftstoff gelöst, aber bei Benzin oder Benzol muß ein entsprechendes Lösungsmittel wie Aceton verwendet werden.

Bei Kraftstoffen, deren Flüchtigkeit sehr niedrig ist, wie Petroleum, Butylalkohol usw., kann man nicht den gleichen Vorteil aus der Verdampfungswärme ziehen, weil es dann nötig wird, eine übermäßige Wärmemenge vor dem Eintritt in den Zylinder zuzuführen, um Kondensation in der Saugleitung und

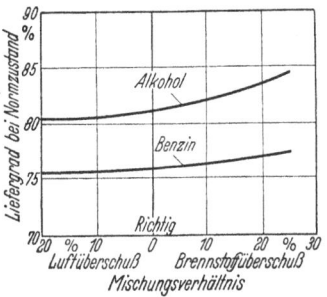

Bild 4.1. Gemessener Liefergrad für Benzin und Alkohol bei verschiedenen Mischungsverhältnissen

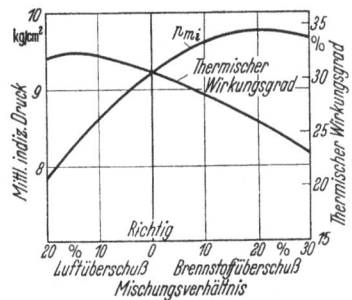

Bild 4.2. Mittlerer indizierter Druck und thermischer (innerer) Wirkungsgrad bei verschiedenen Mischungsverhältnissen, wenn die Zündzeit je nach Mischungsverhältnis verstellt wird. Brennstoff: Benzin

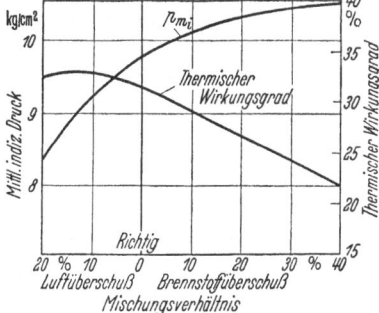

Bild 4.3. Mittlerer indizierter Druck und thermischer (innerer) Wirkungsgrad bei verschiedenen Mischungsverhältnissen, wenn die Zündzeit je nach Mischungsverhältnis verstellt wird. Brennstoff: Alkohol

an der Zylinderwand zu verhüten. Nur aus diesem Grund ist die mit Petroleum erreichbare Leistung tatsächlich etwa 15% niedriger als mit Benzin oder anderen flüchtigen Kohlenwasserstoffen bei gleichem Verdichtungsverhältnis.

Flüchtigkeit. Die Flüchtigkeit eines Treibstoffs ist wichtig für Zündermotoren mit Rücksicht auf leichtes Anfahren und weil sie die Vorwärmung bestimmt, die erforderlich ist, um eine einigermaßen gleichmäßige Verteilung zu sichern. Die Vorwärmung bestimmt ihrerseits den Nutzen, den man aus der Verdampfungswärme des flüssigen Brennstoffs ziehen kann.

Alle diese Betrachtungen beziehen sich nur auf Zündermotoren. Bei Dieselmotoren, die nur Luft in den Zylinder saugen, hat die Verdampfungswärme des Brennstoffs natürlich keinen Einfluß auf den Liefergrad.

Flüchtigkeit spielt indessen eine wichtige, wenn auch ganz andere Rolle, denn je größer die Flüchtigkeit ist, um so schneller wird jedes einzelne Brennstofftröpfchen von einer Dampfhülle umgeben sein, und um so kürzer wird der Zündverzug sein.

Heizwert. Die Wärme, die durch die Verbindung von Brennstoff und Luft frei wird, bestimmt man gewöhnlich durch Verbrennen des Kraftstoffs in einem Bomben-Kalorimeter. Der so gefundene Heizwert schließt die Verdampfungswärme des gebildeten Wassers ein, weil bei dieser Kalorimeterbauart die Temperatur unter den Siedepunkt des Wassers sinkt. Da es indessen in keinem Verbrennungsmotor möglich ist, die Verdampfungswärme des bei der Verbrennung gebildeten Wassers auszunutzen, ist es üblich, von der gesamten frei gewordenen Wärme die Kondensationswärme des Wassers abzuziehen. Der Heizwert, den man nach dem Abzug erhält, wird als unterer Heizwert des Brennstoffs bezeichnet und allgemein als Grundlage genommen, von der aus man den thermischen Wirkungsgrad eines Motors errechnet. Bei der Anwendung auf Zündermotoren, welche flüchtigen flüssigen Brennstoff benutzen, gibt ein solcher Wert die verfügbare Wärme nicht ganz richtig an, weil beim Verbrennen eines Kraftstoffs in einer Bombe oder einem anderen Kalorimeter ein Teil der Verbrennungswärme dem Verdampfen des flüssigen Brennstoffs geopfert und daher nicht aufgezeichnet wird. Beim Zündermotor ist die ganze Flüssigkeit verdampft, bevor die Verbrennung stattfindet, und die Verdampfungswärme wird von der Abwärme der vorhergehenden Arbeitsspiele oder von der verfügbaren Luftwärme geliefert. Auf jeden Fall wird sie nicht von der nutzbaren Verbrennungswärme des Kraftstoffs geliefert. Wenn man es für richtig hält, daß die Verdampfungswärme des gebildeten Wassers von der durch Kalorimetermessung bestimmten gesamten Verbrennungswärme abgezogen werden soll, weil diese Verdampfungswärme nicht genutzt werden kann, dann ist es ebenso richtig und angemessen, daß die Verdampfungswärme des flüssigen Brennstoffs selbst zu dem kalorimetrisch bestimmten Wert hinzugefügt werden sollte, weil ihr Gegenwert bei der Verbrennungswärme in jedem Verbrennungsmotor ausgenutzt wird, bei dem der Brennstoff vollständig verdampft ist, bevor die Verbrennung beginnt (s. Tab. 2).

Beim Dieselmotor gilt das nicht, denn bei weitem der überwiegende Teil der Verdampfungswärme des Brennstoffs wird von der Verbrennungswärme geliefert. Daher muß man beim Vergleich der thermischen Wirkungsgrade beider Motorenarten beachten, daß der wirksame Brennstoffheizwert beim Dieselmotor geringer ist als beim Zündermotor, und zwar um einen Betrag, der fast gleich der Verdampfungswärme der Flüssigkeit ist. Bei den Kohlenwasserstoff-Brennstoffen ist der Unterschied nicht groß, er beträgt nur 0,6 bis 1,0%, aber bei den Alkoholen kann er 5% oder noch mehr ausmachen, wenn, wie es gewöhnlich der Fall ist, der Brennstoff etwas Wasser gelöst enthält.

Zusammenfassend ist festzustellen, daß beim Zündermotor eine hohe Verdampfungswärme des flüssigen Brennstoffs sehr vorteilhaft ist, weil sie die Ansaugtemperatur senkt und den Liefergrad und damit die Leistung des Motors steigert, ohne etwas von der verfügbaren Verbrennungswärme zu verbrauchen. Beim Dieselmotor indessen ist eine hohe Verdampfungswärme in jeder Hinsicht schädlich, denn sie kann keinen Einfluß auf den Liefergrad haben, und die Leistung und der Wirkungsgrad des Motors werden vermindert, weil fast diese ganze Wärme von der Verbrennungswärme geliefert werden muß und daher von ihr abzuziehen ist. Aus diesen und anderen Gründen wäre es abwegig, zu versuchen, einen Brennstoff wie Alkohol in einem Dieselmotor zu benutzen.

Es kann nicht nachdrücklich genug betont werden, daß der Heizwert eines flüssigen Brennstoffs wenig oder gar keine Beziehung zu der mit dem Brennstoff zu erzielenden Leistung hat. Er ist nur ein Maß der erforderlichen Brennstoffmenge; je niedriger der Heizwert des Brennstoffs, um so größer ist die Menge, die für die gleiche Arbeit benötigt wird.

Die Leistung eines Motors wird durch die Sauerstoffmenge, die er binden kann, bestimmt und wird von dem Heizwert des Brennstoffs nur so weit beeinflußt, wie Brennstoffe geringen Heizwertes durch ihre größere Masse einen etwas größeren Luft- und damit Sauerstoffanteil verdrängen. Bei den flüchtigen flüssigen Kohlenwasserstoff-Brennstoffen ist das Volumen des Brennstoffdampfes auf jeden Fall so klein, daß es sehr wenig Einfluß hat.

Nur bei gasförmigen Brennstoffen, besonders solchen, die mit trägen Gasen wie Stickstoff oder Kohlendioxyd verdünnt sind, wird die Leistung eines Motors merklich von dem Heizwert des Brennstoffs durch

4. Verdampfungswärme

Tabelle 2

Brennstoff	Unterer Heizwert (abzüglich Verdampfungswärme)		Unterer Heizwert (einschl. Verdampfungswärme des Brennstoffs bei konst. Volumen)		Verdampfungswärme des Brennstoffs (bei konst. atmosph. Druck)
	kcal/kg	kcal/lit	kcal/kg	kcal/lit	kcal/kg
Typische Benzine „A" . .	10600	7594	10668	7550	73,9
„B" . .	10251	7999	10323	8049	78,9
„C" . .	10495	7572	10568	7622	77,8
„D" . .	10556	7655	10623	7705	75,0
„E" . .	10429	7905	10495	7955	73,3
„F" . .	10540	7561	10606	7600	73,3
„G" . .	10629	7467	10695	7511	74,5
„H" . .	10440	7988	10512	8038	80,6
Schwere Brennstoffe					
Schwere Aromaten . . .	~9945	~8786	10017	8847	75,6
Petroleum	~10556	~8559	10612	8603	60,0
Paraffine					
Pentan (normal)	10890	6779	10968	6824	85,6
Hexan (80% rein)	10695	7312	10773	7367	86,7
Heptan (97% rein) . . .	10723	7361	10790	7434	73,9
Aromaten					
Benzol (rein)	9613	8478	9701	8548	95,6
Toluol (99% rein)	9735	8454	9812	8515	83,9
Xylol (91% rein)	9890	8509	9962	8564	80,6
Naphthene					
Cyclohexan (93% rein) .	10445	8193	10523	8260	86,7
Hexahydrotoluol (80% rein)	10423	8104	10495	8160	76,7
Hexahydroxylol (60% rein)	~10429	~7744	10495	7794	73,9
Olefine					
Gekracktes Benzin (53% ungesättigt) . . .	~10223	~7727	10301	7772	~83,3
Alkohole usw.					
Äthylalkohol (98%) . . .	6378	5078	6578	5238	225,6
Äthylalkohol (95 Vol.-%) .	5995	4878	6184	5100	245,6
Methylalkohol (Holznaphtha)	5350	4429	5573	4618	~277,8
Methylalkohol-Benzin-Gemisch	5667	4640	5878	4817	~250,0
Äther (50% mit Benzin gemischt)	~9279	~6724	9351	6791	~81,1
Schwefelkohlenstoff (50%)	5889	5843	5962	5909	81,1

die Verdrängung eines wesentlichen Teils des Sauerstoffs beeinflußt, wenn das Gasvolumen groß ist.

Bei Dieselmotoren tritt der Brennstoff erst dann in den Zylinder, wenn die ganze Luftmenge eingeschlossen ist; daher kann die Verdampfungswärme des Brennstoffs keinen Einfluß auf den Liefergrad haben, und Luft kann nicht durch das größere Volumen eines Brennstoffs oder Gases mit niedrigerem Heizwert verdrängt werden. Mit anderen Worten: der Heizwert des Brennstoffs hat nur einen untergeordneten Einfluß auf die Leistung eines Zündermotors und gar keinen auf die eines Dieselmotors.

Gemischheizwert. Von dem Heizwert des Gemisches von Brennstoff und Luft in dem Verhältnis, das vollkommene Verbrennung ergibt, hängt die Leistungsabgabe eines Motors ab, und in dieser Hinsicht finden wir, daß alle Kohlenwasserstoff-Brennstoffe in sehr engen Grenzen den gleichen Heizwert je Normkubikmeter des chemisch richtigen Gemisches geben. Wenn man die Zu- oder Abnahme des spezifischen Volumens nach der Verbrennung berücksichtigt, wird die Schwankung noch geringer. Tab. 3 zeigt:

in Spalte 1: den Heizwert verschiedener Benzine und anderer Brennstoffe einschließlich der Verdampfungswärme,
 in Spalte 2: das Gewichtsverhältnis von Luft zu Brennstoff für vollkommene Verbrennung,
 in Spalte 3: die Zu- oder Abnahme des spezifischen Volumens nach der Verbrennung,
 in Spalte 4: die Energie in mkg, die durch die Verbrennung eines Normkubikmeters Gemisch frei wird, das vollkommene Verbrennung ergibt.

Thermischer Wirkungsgrad bei verschiedenen Brennstoffen. Unter der Voraussetzung, daß der Brennstoff hinreichend flüchtig ist, ergibt sich für ein bestimmtes Verdichtungsverhältnis der gleiche thermische Wirkungsgrad bei allen Kohlenwasserstoff-Brennstoffen ohne Rücksicht auf ihre chemische Zusammensetzung oder irgendeinen anderen Einfluß. Bei den Alkoholen erreicht man indessen einen etwas höheren thermischen Wirkungsgrad, weil wegen ihrer höheren Verdampfungswärme und wegen ihres niedrigeren Heizwertes und ihrer niedrigeren Verbrennungstemperatur die mittleren und höchsten Temperaturen des Arbeitsspieles und damit die Verluste etwas niedriger sind. Die untere Zündgrenze, welche die Verbrennungstemperatur und den Wirkungsgrad bestimmt, ist fast genau gleich bei allen bis jetzt untersuchten flüssigen Brennstoffen mit Ausnahme von Äther, und in allen Fällen wird der höchste thermische Wirkungsgrad erreicht, wenn das Gemisch etwa 15% Luftüberschuß hat.

4. Verdampfungswärme

Tabelle 3

Brennstoff	1 Unterer Heizwert (einschl. Verdampfungswärme des Brennstoffs bei konstantem Volumen)		2 Stöchiometrisches Gewichtsverhältnis Luft/Brennstoff	3 Spez. Vol. nach der Verbrennung/spez. Vol. vor der Verbrennung	4 Gesamte Verbrennungsenergie im Normzustand des Gemisches mkg/Nm³
	kcal/kg	kcal/lit			
Typische Benzine „A" ..	10668	7550	15,05	1,053	409200
„B" ..	10323	8049	14,3	1,038	406200
„C" ..	10568	7622	14,7	1,049	408800
„D" ..	10623	7705	14,8	1,052	409400
„E" ..	10495	7955	14,6	1,047	407900
„F" ..	10606	7600	14,9	1,051	409300
„G" ..	10695	7511	15,0	1,053	409500
„H" ..	10512	8038	14,7	1,048	407600
Schwere Brennstoffe					
Schwere Aromaten ...	10017	8847	13,8	1,04	409400
Petroleum........	10612	8603	15,0	1,06	412600
Paraffine					
Pentan (normal)	10968	6824	15,25	1,051	410900
Hexan (80% rein)....	10773	7367	15,2	1,051	407900
Heptan (97% rein) ...	10790	7434	15,1	1,056	410400
Aromaten					
Benzol (rein)	9701	8548	13,2	1,013	400800
Toluol (99% rein)....	9812	8515	13,4	1,023	404800
Xylol (91% rein)	9962	8564	13,6	1,03	405800
Naphthene					
Cyclohexan (93% rein) .	10523	8260	14,7	1,044	414300
Hexahydrotoluol (80% rein)	10495	8160	14,7	1,047	406700
Hexahydroxylol (60% rein)	10495	7794	14,8	1,054	409900
Olefine					
Gekracktes Benzin (53% ungesättigt).......	10301	7772	~14,8	1,054	418000
Alkohole usw.					
Äthylalkohol (98,5%) ..	6578	5238	8,9	1,065	399800
Äthylalkohol (95 Vol.-%) .	6184	5100	8,4	1,065	395400
Methylalkohol (Holznaphtha)	5573	4618	6,5	~1,06	~406700
Methylalkohol-Benzin-Gemisch	5878	4817	~8,0	1,064	411900
Äther (50% mit Benzin gemischt)	9351	6791	13,0	1.06	415100
Schwefelkohlenstoff (50%)	5962	5909	10,8	0,98	332400

Fünftes Kapitel
Die Aufteilung der Wärme

Es ist üblich, die Wärmemenge in einem Verbrennungsmotor aufzuteilen in einen Anteil, der in indizierte Leistung umgewandelt wird, in einen weiteren Anteil, der an die Zylinderwand übergeht, und schließlich in den, der mit dem Auspuff abgeführt wird. Der zuletzt genannte Anteil bleibt übrig, nachdem man von der gesamten Brennstoffwärme die beiden ersten Anteile abgezogen hat; er schließt im allgemeinen auch die Strahlungsverluste mit ein. Diese Art der Unterteilung ist vollkommen berechtigt, solange man sich darüber klar ist, daß es sich nur um eine bequeme Form handelt, in der man die Wärmeaufteilung mißt und ausdrückt.

Der Anteil der gesamten Brennstoffwärme, der in indizierte Leistung verwandelt wird, kann rasch und ziemlich genau bestimmt werden aus der bekannten zugeführten Wärme, der bekannten abgegebenen Bremsleistung und den wenigstens ungefähr bekannten Verlusten durch mechanische Reibung und anderen Verlusten.

Die Wärme, die an die Zylinderwand abgegeben und von dem Kühlwasser abgeführt wird, kann ebenfalls einigermaßen genau bestimmt werden; man muß indessen beachten, daß sie umfaßt:

1. die durch Strahlung, Leitung, Konvektion usw. während der Verbrennung abgegebene Wärme,
2. die während der Expansion abgegebene Wärme,
3. die während des Ausschubhubes abgegebene Wärme,
4. die durch die Reibung der Kolben und Kolbenringe erzeugte Wärme.

Andererseits schließt sie gewöhnlich weder die vom Schmieröl abgeführte Wärme ein noch die Wärme, die durch Strahlung und Konvektion von den Zylinderaußenwänden, Rohrleitungen usw. verlorengeht. Ebenso schließt sie natürlich nicht die kleine Wärmemenge ein, die von der Luft bei ihrem Eintritt in den Zylinder aufgenommen wird.

Es ist fast unmöglich, den Wärmeanteil, der vom Schmieröl abgeführt wird und andernfalls in den Zylindermantel gegangen wäre, von dem Anteil zu unterscheiden, der durch Lagerreibung usw. erzeugt wird.

Man kann indessen ziemlich genau den Wärmeverlust durch Strahlung und Konvektion von den Außenwänden abschätzen; und er kann einen ganz bedenklich hohen Anteil erreichen, wenn die Versuche in heftigem Luftzug oder bei sehr hohen Temperaturen des Kühlmittels ausgeführt werden.

Jede dieser vier Verlustquellen hat man einzeln zu untersuchen, und zwar für Zünder- wie für Dieselmotoren.

5. Die Aufteilung der Wärme

Wärmeverluste beim Zündermotor. Betrachten wir zuerst den Fall des Zündermotors.

1. *Wärmeverlust während der Verbrennung.* Die Dauer der Verbrennung ist im Vergleich zur Expansion kurz; aber während dieser Zeit herrschen im Brennraum sehr hohe Temperatur und Dichte, nämlich zwischen 2300° und 2500°C bei den meisten flüchtigen flüssigen Brennstoffen, wie Benzin, Benzol usw. Auch sind während dieser Zeit die Gase in der Brennkammer in sehr heftiger Bewegung, so daß Wärme sehr schnell durch Konvektion übertragen wird.

Könnte man durch irgendwelche Mittel während dieser Zeit den Wärmeverlust an die Zylinderwand unterdrücken, so würde diese Wärme in indizierte Leistung umgewandelt werden mit einem Wirkungsgrad, der dem Wirkungsgrad der Expansion allein entspräche (d. h. ohne die negative Arbeit während der Verdichtung) und der in einem Motor mit einem Verdichtungsverhältnis von 5:1 etwa 40% beträgt. Die restlichen 60% der so gewonnenen Wärme würden auf jeden Fall nach der Expansion im Auspuff verlorengehen.

2. *Wärmeverlust während der Expansion.* Wärmeverlust während des Ausdehnungshubes kann oder kann nicht wichtig sein, je nachdem, zu welchem Zeitpunkt des Ausdehnungshubes die Wärme verlorengeht. Der Wärmeverlust beim Beginn des Ausdehnungshubes ist fast ebenso schlimm wie der Verlust während der Verbrennung, weil die Wärme mit einem Wirkungsgrad hätte genutzt werden können, der fast dem vollen Expansionsverhältnis entspräche, wenn der Verlust verhindert worden wäre. Dagegen ist Wärme, die beim letzten Teil des Ausdehnungshubes verlorengeht, von sehr geringer Bedeutung, denn selbst wenn der Verlust verhindert worden wäre, so könnte die Wärme während des Resthubes nur wenig Nutzarbeit geleistet haben, und fast die ganze Wärme wäre auf jeden Fall mit dem Auspuff abgeführt worden.

Auf den ersten Blick mag es scheinen, daß infolge der höheren Temperaturen und Drücke beim Beginn des Ausdehnungshubes der Wärmeverlust zu Beginn viel größer sein wird; man muß aber bedenken, daß mit fortschreitender Expansion und abwärtsgehendem Kolben zunehmend eine verhältnismäßig kalte Zylinderlauffläche freigegeben wird. Auch ist infolge der Dissoziation und der folgenden Wiederverbindung der Temperaturabfall während des Ausdehnungshubes keineswegs so groß, wie es scheinen mag; die Endtemperatur bei einem Verdichtungsverhältnis von 5:1 liegt noch über 1700°C.

Aus diesen Betrachtungen erkennt man, daß das Zusammenfassen der Wärmeverluste während der Verbrennung und Expansion, als ob ihr Einfluß gleich wäre, zwar üblich, aber sicherlich unrichtig und irreführend ist. Von dem durchschnittlichen Wärmeverlust während der Expansion hätten wahrscheinlich nur etwa 20% in nutzbare Arbeit verwandelt werden können, und die restlichen 80% wären im Auspuff verlorengegangen.

3. *Wärmeverlust während des Ausschubhubes*. Obwohl während des Ausschubhubes die Gastemperatur viel niedriger ist, wird doch in dieser Zeit rascher Wärme an das Kühlwasser abgegeben; denn abgesehen von dem normalen Wärmeübergang an die Zylinderwand, strömen die heißen Gase mit sehr hoher Geschwindigkeit am Auslaßventil vorbei und durch ein kurzes Stück Auspuffleitung meist in einen rechtwinkligen Krümmer, der stets im Zylindermantel liegt und vom Wasser gekühlt wird. Infolgedessen wird von der gesamten vom Kühlwasser abgeführten Wärme mindestens die Hälfte und oft mehr während des Ausschubes abgegeben.

Demnach konnte die ganze während des Ausschubhubes aufgenommene Wärme, der überwiegende Teil der während der Expansion aufgenommenen und etwa 60% der während der Verbrennung aufgenommenen Wärme unmöglich in nutzbare Arbeit umgewandelt werden, sie sollte vielmehr dem Auspuffverlust zur Last gelegt werden.

4. *Wärme durch Kolbenreibung*. Obgleich dieser Posten wesentlich ist, kann man ihn schlecht abschätzen wegen der Schwierigkeit, die durch Reibung erzeugte Wärme von der Wärme zu trennen, die von den Verbrennungsgasen in den Kolben und so an die Zylinderwände abgegeben wurde. Sie schwankt auch sehr weitgehend je nach der Kolbenkonstruktion, der Zahl der Kolbenringe, der Zähigkeit des Schmiermittels und infolge anderer Einflüsse. Auch findet nicht die ganze Wärme, die durch Reibung oder aus den Gasen in den Kolben gelangt, ihren Weg in die Zylinderwand, denn ein wesentlicher Teil wird durch den Umlauf des Öles und der Luft im Kurbelkasten des Motors abgeführt.

Besondere Versuche an fremdangetriebenen Motoren unter Bedingungen, die den Betriebsbedingungen möglichst nahe kamen, zeigten, daß die durch Kolbenreibung erzeugte Wärme zwischen 1 und 1,5% der gesamten Brennstoffwärme liegt. Der größte Teil dieser Reibungswärme nimmt seinen Weg durch die Zylinderwände.

Es ist interessant, bei einem bestimmten Beispiel möglichst genau den wirklichen Gewinn an Wirkungsgrad festzustellen, der erreicht würde, wenn alle Wärmeverluste an die Zylinderwand vollständig vermieden werden könnten. Nehmen wir als durchschnittliches Beispiel einen gut konstruierten und wirtschaftlich arbeitenden Zündermotor mit einem Verdichtungsverhältnis von 5:1 an, so finden wir, daß:

32% der gesamten Brennstoffenergie in nutzbare Arbeit am Kolben umgewandelt werden,

28% der gesamten Brennstoffenergie durch das Kühlwasser abgeführt werden,

40% der gesamten Brennstoffenergie übrigbleiben und als Verlust durch Abgas, Strahlung usw. zu buchen sind.

Von den 28%, die das Kühlwasser abführt, gehen etwa 6% an die Zylinderwand während der Verbrennung verloren, etwa 7% während der Expansion und der Rest von 15% während des Ausschubhubes. Von den 6%, die während der Verbrennung verlorengehen, könnten etwa 40% oder 2,4% der gesamten Brennstoffenergie in Nutzarbeit umgewandelt werden. Von den 7% Verlust während der Expansion wären etwa 20% oder 1,4% der gesamten Brennstoffenergie nutzbar. Von den 15%, die während des Ausschubhubes verlorengehen, könnte nichts genutzt werden. Daraus schließen wir, daß, obwohl 28% der gesamten Brennstoffenergie vom Kühlwasser abgeführt werden, nur 3,8% in nutzbare Kolbenarbeit verwandelt werden könnten, und der Motorwirkungsgrad würde nur von 32 auf 35,8% zunehmen, ein Gewinn von nur 12%. Das ist noch nicht alles, denn wäre der ganze Wärmeverlust an die Zylinderwand vermieden worden, so würde die Temperatur des Arbeitsmittels zwangsläufig entsprechend steigen, so daß die Verluste durch den Anstieg der spezifischen Wärme und durch Dissoziation bei den höheren Temperaturen wesentlich zunehmen würden und der Reingewinn sehr klein wäre; der Wirkungsgrad stiege wahrscheinlich nur von 32 auf etwa 34,5%. Dies wäre ein Reingewinn von nur etwa 7,5%.

Diese Zahlen zeigen klar, wie verhältnismäßig klein der Anteil ist, den der Wärmeverlust an die Zylinderwand beim Betrieb eines Verbrennungsmotors ausmacht, und wie irreführend es sein kann, wenn man den Wärmeverlust abschätzt, indem man die gesamte vom Kühlwasser abgeführte Wärmemenge berechnet. In erster Annäherung ist es ziemlich richtig, wenn man annimmt, daß von der vom Kühlwasser abgeführten Wärme nur etwa 10% wirklich unmittelbar in Nutzarbeit umgewandelt werden könnten.

Wärmeverluste im Dieselmotor. Beim Dieselmotor muß die Wärme ganz anders aufgeteilt werden. Obgleich die gesamte vom Kühlmittel abgeführte Wärmemenge beträchtlich kleiner ist als beim Zündermotor, ist der Anteil dieser Wärme, der sonst in Nutzarbeit verwandelt werden könnte, viel größer. Dieser Unterschied hat verschiedene Ursachen. In erster Linie ist infolge des größeren Expansionsverhältnisses und der niedrigeren mittleren Verbrennungstemperatur die Auspufftemperatur viel niedriger, und damit ist der Wärmeübergang während des Ausschubhubes an die Zylinderwand und den Teil der Auspuffleitung, der im Zylinderkopf liegt, sehr viel kleiner.

Beim Zündermotor stellt diese reine Abwärme mindestens 50% der gesamten vom Kühlmittel abgeführten Wärme dar. Beim Dieselmotor beträgt sie wahrscheinlich wenig mehr als 25%, wobei sie in diesem Fall sehr vom Verhältnis Luft zu Brennstoff abhängt.

Andererseits ist der Wärmeverlust während der eigentlichen Verbrennung verhältnismäßig viel größer, weil:
1. die Gasdichte fast dreimal so groß ist, wodurch die Wärmeübergangszahl viel größer wird,
2. die wirkliche örtliche Verbrennungstemperatur im Gegensatz zur mittleren Gastemperatur höher ist infolge des höheren Verdichtungsverhältnisses,
3. die Luft, um vollkommene Verbrennung des Kraftstoffes zu sichern, in noch heftigerer Bewegung sein muß, weshalb die Wärmeübertragung durch Konvektion größer ist.

Infolge der niedrigeren mittleren Temperatur und der längeren Expansion ist der Wärmeverlust während des Expansionshubes etwas kleiner, aber ein größerer Verlustanteil tritt im ersten Teil des Hubes auf, d. h. zu einer Zeit, wo ein noch größerer Teil in nützliche Arbeit umgewandelt werden könnte.

So folgern wir, daß in einem Dieselmotor zwar die gesamte vom Kühlmittel abgeführte Wärmemenge kleiner ist als bei einem entsprechenden Zündermotor, daß jedoch der Wärmeanteil, der sonst in nutzbare Arbeit umgewandelt werden könnte, beträchtlich größer ist.

Nehmen wir zum Vergleich einen gut konstruierten, schnellaufenden Dieselmotor mit einem Verdichtungsverhältnis von 15:1:

45% der Brennstoffwärme werden in nutzbare Kolbenarbeit verwandelt,
25% werden vom Kühlwasser abgeführt und
30% vom Abgas, durch Strahlung usw.

Von den 25%, die das Kühlwasser abführt, stammen etwa 2% aus der Kolbenreibung, denn Kolbenreibung spielt beim Dieselmotor eine größere Rolle. Es bleiben 23%, über die wir uns Rechenschaft ablegen müssen. Etwa 8% davon gehen während der Verbrennung verloren, etwa 6% während der Expansion und etwa 9% während des Ausschubes. Von den 8%, die während der Verbrennung bei Vollast verlorengehen, könnten etwa 55%, das sind 4,4% der gesamten Brennstoffwärme, in nützliche Kolbenarbeit verwandelt werden. Von den 6% Verlust während der Expansion könnten etwa 33% oder 2,0% der gesamten Brennstoffwärme genutzt werden. Von den 9% Verlust während des Ausschubes könnte natürlich nichts genutzt werden. Daher finden wir in diesem Fall, daß von den 25% der Gesamtwärme, die durch das Kühlwasser abgeführt werden, etwa 6,4% in nützliche Kolbenarbeit umgewandelt werden könnten, und der Motorwirkungsgrad würde von 45 auf 51,4% steigen oder etwas weniger, wenn man Einflüsse wie die Änderung der spezifischen Wärme usw. berücksichtigt.

Obige Zahlen beruhen auf der Annahme, daß der Dieselmotor mit etwa 30% Luftüberschuß arbeitet, was bei Vollast normal ist. Wenn bei Teillasten der Luftüberschuß viel größer ist, wird der Wärmefluß zum Kühlmittel geringer sein, aber die Verteilung dieser Wärme auf das Arbeitsspiel wird sich nur wenig ändern, außer daß die Kolbenreibung mehr ausmachen wird, da sie in einem Dieselmotor fast konstant und unabhängig von der Belastung ist.

Dieser Vergleich gilt, wenn beide Motoren bei Vollast arbeiten, der Dieselmotor mit 30% Luftüberschuß und der Zündermotor mit dem theoretisch richtigen Mischungsverhältnis. Natürlich wird ein Brennstoffüberschuß über die chemisch richtige Mischung zwar die Wärmebilanz ändern, aber er wird nur eine untergeordnete Wirkung auf den Gesamtwärmefluß zum Kühlmittel oder auf die Verteilung dieser Wärme haben. In Wirklichkeit wird er den Gesamtwärmefluß verringern wegen der allgemeinen, wenn auch geringen Temperaturverminderung infolge der Verdampfungswärme des überschüssigen Brennstoffs.

Aus diesen Betrachtungen geht hervor, daß zwar der Gesamtwärmefluß zum Kühlmittel im Zündermotor größer ist, daß jedoch der Verlust an sonst nutzbarer Wärme beträchtlich geringer ist als im Dieselmotor.

Teillasten. Bisher haben wir nur die Verhältnisse betrachtet, die für Vollast gelten. Bei Teillasten ändert sich das Bild erheblich. Beim Zündermotor bleibt das Verhältnis Luft zu Brennstoff und daher der Temperaturkreislauf fast konstant bei verschiedenen Belastungen, während beim Dieselmotor das Luftgewicht konstant bleibt, aber das Verhältnis Brennstoff zu Luft und damit der ganze Temperaturkreislauf sich ändert. Im ersten Fall ändert sich der Druckmaßstab, während der Temperaturmaßstab fast ungeändert bleibt; im zweiten Fall ändert sich die Temperatur, während der Druck nur wenig beeinflußt wird.

Nehmen wir an, daß in beiden Fällen die Leistung auf ein Drittel verringert wird, beim Zündermotor durch Vermindern des Ladungsgewichtes (Luft und Brennstoff) auf ein Drittel, beim Dieselmotor durch Vermindern nur des Brennstoffs. Dabei wollen wir alle untergeordneten Gesichtspunkte vernachlässigen. Dann haben wir in dem einen Fall ein Drittel des Ladungsgewichts, aber bei den gleichen Temperaturen wie bei Vollast; im andern Fall das gleiche Ladungsgewicht, aber bei nur einem Drittel der Temperatur. Daher wird offenbar der Wärmefluß zum Kühlmittel im ersten Fall sehr viel größer sein. Das ist natürlich eine zu starke Vereinfachung, denn dabei werden die Wirkung der Dichte auf den Wärmeübergang, der Einfluß der Änderung der spezifischen Wärme und der Dissoziation auf die Temperatur sowie andere untergeordnete Einflüsse, wie die stärkere Verdünnung mit Restgasen, vernachlässigt. Aber selbst wenn sie alle berücksichtigt werden, mildert ihre Gesamtwirkung wohl die Verhältnisse, aber sie ändert sie nicht grundsätzlich. Wir finden, daß bei ein Drittel Belastung der Anteil des Wärmeflusses zum Kühlmittel beim Zündermotor nahezu 60% größer ist als bei Vollast und beim Dieselmotor annähernd gleichgeblieben ist.

Bei allen diesen Betrachtungen ist die Aufteilung der Wärme in Prozenten der gesamten Brennstoffwärme ausgedrückt. Das ist so üblich und aus den angeführten Gründen am bequemsten, aber man muß beachten, daß dies Verfahren nur angewendet werden darf, wenn der Brennstoffanteil nicht größer ist als bei dem für vollständige Verbrennung theoretisch richtigen Mischungsverhältnis.

Für praktische Zwecke ist es im allgemeinen zweckdienlicher und es entspricht in mancher Hinsicht mehr der Wirklichkeit, wenn man die Wärmemengen in Teilen der effektiven Motorleistung ausdrückt, denn das gibt uns den Wert, den wir brauchen, wenn wir die Kühlanordnung eines Motors entwerfen sollen.

Einfluß der Zylindergröße. Alle bisher angegebenen Zahlen beruhten auf Messungen an Motoren, bei denen der Hubraum je Zylinder ein bis drei Liter betrug, d. h. an Flugmotoren sowie an Motoren für schwere Lastwagen und für die meisten militärischen Zwecke. Innerhalb dieses Größenbereiches ändert sich die verhältnismäßige Wärmeaufteilung sehr wenig; wenn wir aber zu kleineren Größen kommen, wird der Größeneinfluß deutlicher wegen des zunehmenden Verhältnisses von Oberfläche zu Volumen und wegen der kleineren Höhe des Brennraumes. So wird nicht nur der gesamte vom Kühlmittel abgeführte Wärmeanteil größer, sondern es nimmt auch der Wärmeanteil verhältnismäßig etwas zu, der während der Verbrennung abgegeben wird. Das gilt natürlich in gleicher Weise für Zünder- und für Dieselmotoren, aber da der Dieselmotor gegen Wärmeverlust empfindlicher ist, hat bei ihm die Größe einen stärkeren Einfluß. Andererseits wird ein Motor im allgemeinen um so schneller laufen, je kleiner sein Zylinder ist; deshalb ist je Arbeitsspiel weniger Zeit für Wärmeverluste vorhanden. Aber der größte Teil der Wärme wird wahrscheinlich durch Konvektion übertragen, und weil der Grad der Luftwirbelung oder die Luftdrehung etwa der Drehzahl proportional sind, ändert sich die verhältnismäßige Wärmeaufteilung vergleichsweise wenig, wenn die Drehzahl sich ändert. Viel hängt natürlich von dem Aufbau des Motors und besonders von der Brennraumform ab; aber Versuche an einer beträchtlichen Anzahl kleiner Benzinmotoren zeigen, daß im Durchschnitt der verhältnismäßige Wärmefluß zum Kühlmittel um weniger als 10% schwankt, gemessen über einen Drehzahlbereich von 1500 bis 3000 U/min. Als Ergebnis bleibt, daß, je kleiner der Zylinder ist, um so größer der an die Wand abgegebene Betrag an arbeitsfähiger Wärme wird.

5. Die Aufteilung der Wärme

Die folgenden Werte sind das Ergebnis mehrerer hundert Wärmebilanzen einer großen Zahl von Viertakt-Zündermotoren ganz verschiedener Bauarten mit Zylindergrößen zwischen ein und drei Litern. Um die Resultate auf einen brauchbaren Nenner zu bringen, ist es am besten, einen gegebenen Zylinder zu nehmen und zu betrachten, wie der gesamte Wärmefluß an die Zylinderwand durch Änderungen des Mischungsverhältnisses, des Drosselquerschnittes, durch Aufladen, Zündzeitverstellung usw. beeinflußt wird. Wenn möglich, sollte man diese Änderungen in Prozenten ausdrücken, wobei man als Einheit den Wärmefluß beim Betrieb mit weit geöffneter Drossel wählt, bei atmosphärischem Anfangsdruck und dem theoretisch richtigen Mischungsverhältnis sowie günstigster Zündzeiteinstellung. Das chemisch richtige Mischungsverhältnis wird aus dem Grund zu Eins angenommen, weil in allen Fällen und bei allen untersuchten Brennstoffen der Gesamtwärmefluß an die Wand für dieses Mischungsverhältnis am größten ist.

Da der mechanische Wirkungsgrad der verschiedenen untersuchten Motoren stark schwankte, wird die indizierte Leistung angegeben, und zwar wird wieder der mittlere indizierte Druck als Eins genommen, den man erhält, wenn der Motor unter den oben geschilderten Verhältnissen arbeitet.

Es muß von vornherein betont werden, daß bei der Ermittlung des Wärmeflusses tatsächlich sehr viel von den Versuchsbedingungen abhängt. Alle im folgenden angegebenen Zahlen wurden unter den gleichen üblichen Bedingungen ermittelt, d. h. die Versuche wurden in ruhender Luft ausgeführt und ohne Berücksichtigung der Wärmeleitung vom Zylinder zum Kurbelgehäuse, obwohl stets dafür gesorgt wurde, daß die mittlere Kühlmitteltemperatur möglichst gleich der Temperatur des Kurbelgehäuses war. Ferner wurde nicht die vom Schmieröl abgeführte Wärme berücksichtigt, obgleich ein Teil des Schmieröls ein wirksames Zylinderkühlmittel ist. Andererseits wurde die durch Kolbenreibung zugeführte Wärme vernachlässigt. Alle diese Faktoren ändern sich je nach der Konstruktion, der Größe und nach anderen Kennzeichen der einzelnen Maschine.

Änderung des Wärmeflusses mit dem Mischungsverhältnis. Die Auswertung vieler Wärmebilanzen in einem weiten Bereich der Mischungsverhältnisse an verschiedenen Einzylinder-Zünder-Versuchsmotoren zeigt eine recht gute Übereinstimmung zwischen Motoren sehr verschiedener Bauarten und Drehzahlen sowie bei sehr unterschiedlichen Brennstoffen, wie Paraffinen, Aromaten und Alkoholen.

In allen Fällen erreicht der Wärmefluß zur Zylinderwand seinen Höchstwert beim theoretischen Mischungsverhältnis, und bei Kohlenwasserstoff-Brennstoffen entspricht in allen Fällen die chemisch richtige Mischung einem Abfall des mittleren indizierten Druckes um 4%

Änderung des Wärmeflusses mit dem Mischungsverhältnis

unter den erreichbaren Höchstwert. Auf beiden Seiten des theoretischen Mischungsverhältnisses nimmt der Wärmefluß ab. Auf der armen Seite nimmt er mit dem Brennstoffverbrauch ab. Auf der reichen Seite wird die Steilheit des Abfalls weitgehend beherrscht von den physikalischen Eigenschaften des Brennstoffs, besonders von seiner Verdampfungswärme (s. Tab. 1).

Tabelle 1

Versuchsbedingungen.	Mischungsverhältnis	Mittlerer indizierter Druck in %	Gesamtwärmefluß zum Zylindermantel in %
1. Konstante Lufteintrittstemperatur.			
2. Konstante Drehzahl.	50% Brennstoffüberschuß	103	82,5
	40% Brennstoffüberschuß	103,5	86
3. Zündzeit so verstellt, daß sie bei jedem Mischungsverhältnis das höchste Drehmoment gibt.	30% Brennstoffüberschuß	104	89,8
	20% Brennstoffüberschuß	104	93,7
	10% Brennstoffüberschuß	102,5	97,5
	Theoretisches Verhältnis	100	100
4. Bei allen Messungen trat kein Klopfen auf.	5% Luftüberschuß	97,5	99
	10% Luftüberschuß	94,5	97,5
	15% Luftüberschuß	91,5	94
	20% Luftüberschuß	87,5	89,5

Etwas unsicher sind die letzten Werte mit 20% Luftüberschuß, weil bei einer normal angereicherten Ladung ein Gemisch mit 20% Luftüberschuß eine übermäßige Vorzündung erfordert und eigentlich für einen ruhigen Lauf zu arm ist. Daher ist es schwierig, hierbei hinreichend stabile Bedingungen für zuverlässige Wärmebilanzen aufrechtzuerhalten.

Änderung des Gesamtwärmeflusses und des Wärmeflusses bezogen auf die indizierte Leistung beim Drosseln und Aufladen. Tab. 2 stellt Mittelwerte aus einer großen Anzahl Versuche mit ventil- und schiebergesteuerten Zylindern dar; aber die vier letzten Werte mit besonders hoher Aufladung beziehen sich nur auf Motoren mit Schiebersteuerung.

Man sollte nicht vergessen, daß alle Werte für den Wärmefluß an den Zylindermantel die

Tabelle 2

Mittlerer indizierter Druck in %	Gesamtwärmefluß zum Zylindermantel in %	Verhältnis von Wärmefluß zu indizierter Leistung
Drosseln		
40	61	152,0
50	66	132,0
60	71,5	118,5
80	84,5	105,5
100	100	100
Aufladen		
100	100	100
150	140	93,5
200	176	88,0
250	212	85,0
300	250	83,5
350	285	81,5
400	322	80,2

Kolbenreibung einschließen, einen Posten, der bei stärkerer Drosselung viel ausmacht.

Einfluß einer Änderung der Ansaugtemperatur. Bei konstantem Eintrittsdruck hat eine Änderung der Temperatur nur eine minimale Wirkung auf den Wärmefluß zum Kühlmittel. Der Anstieg der mittleren Temperatur des Arbeitsspieles wird durch die verminderte Ladungsdichte ausgeglichen, so daß der mittlere indizierte Druck abnimmt, wenn die Ansaugtemperatur steigt, während der Gesamtwärmefluß im wesentlichen konstant bleibt.

Das gilt indessen nicht für den Dieselmotor, bei welchem ein Vorwärmen der Luft eine große Steigerung des Wärmeflusses zu den Zylinderwänden und einen deutlichen Abfall des thermischen Wirkungsgrades ergibt.

Wirkung der Änderung des Verdichtungsverhältnisses. Zuverlässige Vergleichsversuche können nur an einem Motor mit veränderlicher Kompression gemacht werden, bei dem das Verdichtungsverhältnis geändert werden kann, während er unter sonst unveränderten Bedingungen läuft. Der Motor, an dem die folgenden Werte ermittelt wurden, hat vier hängende Ventile und ist in seinen allgemeinen Merkmalen und der Zylindergröße ähnlich dem Rolls-Royce „Merlin". Eine große Zahl Wärmebilanzversuche wurde an diesem Motor bei verschiedenen Drehzahlen und mit vielen verschiedenen Brennstoffen durchgeführt.

Da die folgenden Werte (Tab. 3) sämtlich an demselben Motor ermittelt wurden, sind die tatsächlich gemessenen Werte angegeben:

Tabelle 3

Verdichtungs- verhältnis	Mittlerer indizierter Druck kg/cm²	Gesamtwärmefluß kcal/h	Wärmefluß bezogen auf mittleren indizierten Druck
5,0 : 1	10,55	16530	100
6,0 : 1	11,39	15620	87,5
7,0 : 1	11,99	14290	76,5
7,5 : 1	12,23	13360	70,0

Man sieht, daß der Gesamtwärmefluß beim chemisch richtigen Mischungsverhältnis, d. h. dem Mischungsverhältnis, das den heftigsten Wärmefluß ergibt, schnell fällt, wenn die Verdichtung gesteigert wird. Man muß indessen bedenken, daß es sich um einen Motor mit Ventilsteuerung und zwei Auslaßventilen handelte, der zwei rechtwinklige Auspuffkrümmer im Zylinderkopf hatte; ein solcher Motor ist gegen Änderungen in der Abgastemperatur empfindlicher als ein schiebergesteuerter Motor. Die vorliegenden Versuche über die Änderung des Wärmeflusses mit dem Verdichtungsverhältnis bei Zylindern mit Schiebersteuerung und kurzen geraden Auspuffkanälen zeigen die gleiche Tendenz, aber weniger ausgeprägt, wie auch zu erwarten ist.

Schließlich wurde eine Versuchsreihe mit Wasserstoff gefahren (Tab. 4). Nur mit diesem Brennstoff ist es möglich, in einem Zündermotor die Leistung durch Regeln der Brennstoffzufuhr allein wesentlich zu vermindern, d. h. durch Gemischregelung wie bei einem Dieselmotor.

Tabelle 4

Brennstoff: Wasserstoffgas. Verdichtungsverhältnis: 5,45:1. Drehzahl: 1500 U/min.
Mischungsverhältnis bei Höchstlast: 10% Luftüberschuß.

Prozent des höchsten mittleren Druckes	100	80	60	40
Indizierte Leistung in Prozent der Brennstoffwärme	33,3	35,6	38,2	40,0
Vom Kühlwasser abgeführt in Prozent der Brennstoffwärme	23,6	24,9	25,3	28,6
Durch Auslaß und Strahlung abgeführt in Prozent der Brennstoffwärme	43,1	39,5	36,5	31,4

Bei diesen Versuchen beobachtet man, daß:
1. der thermische Wirkungsgrad infolge der niedrigeren mittleren Verbrennungstemperatur steigt, wenn die Belastung verringert wird,
2. der Anteil der an das Kühlwasser abgeführten Wärme etwas ansteigt, wenn die Belastung vermindert wird, aber keineswegs so erheblich wie in den früher mitgeteilten Zusammenstellungen.

Aus diesen Beobachtungen und Versuchen kann man folgende Schlüsse ziehen:
1. Der unmittelbare Wärmeverlust an die Zylinderwände stellt nur einen verhältnismäßig kleinen Teil der Leistung eines Zündermotors dar, und selbst wenn dieser Verlust vollständig verhindert werden könnte, bestünde der Leistungs- und Wirkungsgradgewinn nur in der Umwandlung von weiteren 2,5 bis 3% der Brennstoffwärme in nutzbare Arbeit.
2. Von der gesamten im Kühlwasser abgeführten Wärme könnte nur ein kleiner Teil in nutzbare Arbeit verwandelt werden; bei weitem der größere Teil würde im Auspuff erscheinen.
3. Beim Dieselmotor tritt der unmittelbare Wärmeverlust zwar weniger in Erscheinung, aber er ist schädlicher.

Sechstes Kapitel

Konstruktion des Brennraumes beim Zündermotor

In den ersten Jahren des Benzinmotors und besonders in den Jahren 1910 bis 1930 war der Motor mit stehenden Ventilen die beliebteste Bauart, und diese hatte auch manche Vorteile vom Standpunkt der

Herstellung und der Instandhaltung aus. Man konnte den Ventilantrieb gut verschalen und schmieren; auch konnte der Zylinderkopf zwecks Reinigung leicht abgenommen werden, ohne daß der Ventilantrieb oder die Hauptrohrleitungen störten. Die allgemeine Anordnung war bequem, klar und kompakt.

In ihrer ursprünglichen Form ergab die Bauart indessen eine mäßige Leistung, denn sie neigte übermäßig zum Klopfen und war äußerst empfindlich gegen eine Änderung des Zündzeitpunktes. So konnte sie in bezug auf Leistung und Wirkungsgrad nicht mit der damals aufkommenden Bauart mit hängenden Ventilen konkurrieren, denn diese konnte ohne Schwierigkeit ein höheres Verdichtungsverhältnis anwenden, bevor das Klopfen eintrat, und war bedeutend weniger empfindlich gegen eine Verstellung des Zündzeitpunktes.

Als Ergebnis eingehender Untersuchungen über das Wesen des Klopfens und den Einfluß der Wirbelung, die kurz vor dem Krieg 1914/18 und während des Krieges durchgeführt wurden, entwickelte man eine verbesserte Form des Brennraumes für Motoren mit stehenden Ventilen, die als Ricardo-Kopf bekannt wurde; sie gab eine Leistung, die der anderer Motoren jener Periode mit hängenden Ventilen zumindest gleich war, und stellte so die abnehmende Beliebtheit der stehenden Ventile wieder her.

Vor der Einführung des Ricardo-Kopfes war die in Bild 6.1 gezeigte Brennraumform für Motoren mit stehenden Ventilen allgemein gebräuchlich; sie ist kennzeichnend für die im Jahr 1914 übliche Bauart. Der Brennraum hat die Form einer mehr oder weniger flachen Scheibe, die über den Kolben und die Ventile reicht und bei der die Zündkerze meist unmittelbar über dem Einlaßventil angeordnet ist.

Diese Brennraumform litt unter zwei Hauptmängeln:

1. Mangelhafte Wirbelung, weil die durch die Einlaßventile einströmende Luft zweimal im rechten Winkel umgelenkt wird, bevor sie in den Zylinder tritt, und dadurch viel von ihrer Geschwindigkeit verliert.

2. Infolge des langen Flammenweges von dem Ort der Zündung über dem Einlaßventil bis zur entfernt liegenden Seite des Kolbens wurde die Klopfneigung sehr begünstigt.

Die Wirbelkopfform wurde entwickelt, um diese Mängel zu beheben. Vor allem wurde der Hauptteil des Brennraumes über den Ventilen zusammengefaßt, wobei ein etwas verengter Durchflußquerschnitt zum Zylinder verblieb. Dadurch entstand eine zusätzliche Wirbelung während des Verdichtungshubes, wenn die Gase durch diesen Querschnitt zurückgedrückt wurden. Durch Ändern des engsten Querschnitts war es möglich, jeden gewünschten Grad der Wirbelung im Hauptteil des Brennraumes zu erreichen. Weil dies die zweite Stufe der Verbrennung beschleunigte, verbesserte es sehr beträchtlich die Leistung und machte gleichzeitig und aus dem gleichen Grund den Motor verhältnismäßig unempfindlich gegen eine Verlegung des Zündzeitpunktes. In der Tat nahm die Wirbelung mit steigender Motordrehzahl so stark zu, daß eine festeingestellte Zündzeit bei Vollast für den ganzen Drehzahlbereich

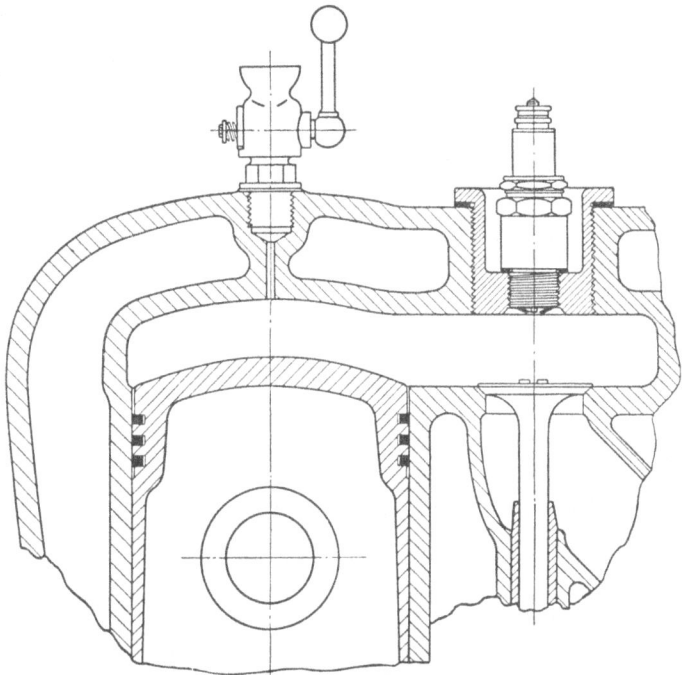

Bild 6.1. Typische Brennkammer mit stehenden Ventilen (1914)

des Motors mit einem nur unbedeutenden Leistungsverlust bei den höchsten Drehzahlen benutzt werden konnte. Bei Teillasten war natürlich eine etwas frühere Zündung nötig, und die konnte hergestellt werden und wurde es auch in einigen Fällen durch eine federbelastete Membrane, die vom Unterdruck im Saugrohr betätigt wurde, wenn dies auch erst viele Jahre später allgemein in Gebrauch kam.

Um die Klopfneigung möglichst klein zu halten, verkürzte man den Flammenweg dadurch, daß man den Teil des Kopfes, der über der entfernteren Seite des Kolbens lag, möglichst nahe an den Kolbenboden legte. So verblieb im oberen Totpunkt nur eine sehr dünne Gasschicht zwischen dem verhältnismäßig kühlen Kolben und dem noch kälteren Kopf. Diese dünne Schicht konnte daher die Wärme, die sie von der vordringenden Flamme erhielt, so schnell wieder abgeben, daß kein Klopfen auftrat.

6. Konstruktion des Brennraumes beim Zündermotor

Versuche während des Krieges 1914/18 hatten gezeigt, daß es eine kritische Schichtstärke von etwa 2,5 mm für Verdichtungsverhältnisse von ungefähr 5,0 : 1 gab, unterhalb deren die Gasreste so abgekühlt wurden, daß sie gegen Klopfen immun waren.

Um den Flammenweg möglichst zu verkürzen, setzte man schließlich die Zündkerze fast in die Mitte des wirksamen Verbrennungsraumes, jedoch etwas zum heißen Auslaßventil hin versetzt. Bild 6.2 zeigt

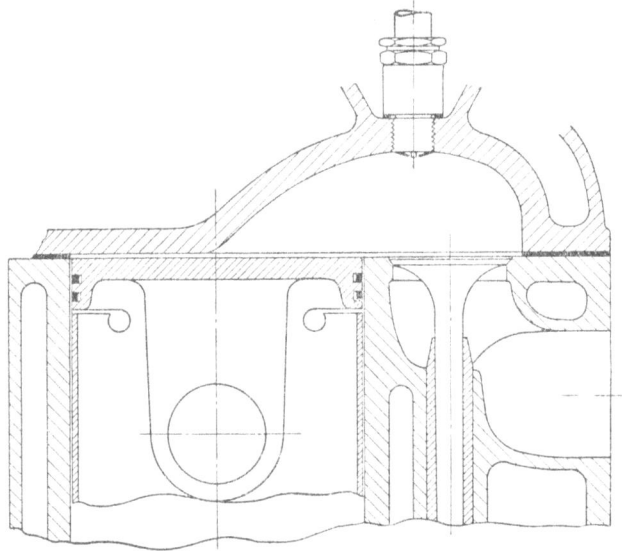

Bild 6.2. Typische Form eines Wirbelkopfes (1919)

einen Querschnitt durch den Brennraum eines Versuchsmotors, der 1918/19 entworfen wurde und für jene Zeit eine überragende Leistung und hohen Wirkungsgrad erbrachte.

Mit dieser Bauart des Kopfes konnte der Motor mit stehenden Ventilen eine Leistung aufweisen, die der Leistung des Motors mit hängenden Ventilen zu jener Zeit in jeder Hinsicht gleichkam; diese Bauart wurde schließlich fast allgemein verwendet.

Zu der Zeit, als der Wirbelkopf entwickelt wurde, betrug die Oktanzahl des damals verfügbaren Benzins etwa 45 bis 50, und das Klopfen begrenzte das Verdichtungsverhältnis selbst ganz kleiner Motoren auf etwa 4,0 : 1. Aber auch damit klopften die Motoren heftig, wenn die Zündzeit nicht fortwährend nachreguliert wurde. Die neue Kopfform gestattete, dies Verhältnis auf etwa 4,8 : 1 zu erhöhen (natürlich je nach der Motorgröße), und erlaubte so eine sehr erhebliche Steigerung von Leistung und Wirkungsgrad. Als sich die mittlere Oktanzahl des Benzins besserte, wurde das Verdichtungsverhältnis gesteigert, bis es etwa 1935 fast 6,0 : 1 erreicht hatte. Bei diesem Verhältnis hat die normale Geschwindigkeit der Flammenausbreitung so zugenommen, daß verhältnismäßig wenig Wirbelung nötig ist, um den günstigsten Wert für den Druckanstieg zu erhalten, nämlich etwa 2,1 bis 2,5 at je Grad Kurbelwinkel. Die Wirbelkopfform führte in der Folge zu übergroßer Turbulenz, zu allzu steilem Druckanstieg und damit zu hartem Lauf sowie hohen Wärmeverlusten. Um dies zu vermeiden, wurde der Überströmquerschnitt allmählich vergrößert; aber bei dem sehr kleinen Verdichtungsraum bei einem Verdichtungsverhältnis von 6,0 : 1 konnte das nur dadurch ausgeführt werden, daß man den Querschnitt an den Ventiltellern einschränkte oder die Ventilgröße bzw. den Hub der Ventile; aber jeder dieser Auswege verminderte die Saugfähigkeit des Motors.

So war eine Grenze erreicht, die man nicht überschreiten konnte, wie es schien, wenn man nicht bereit war, die Drehzahl und damit die Höchstleistung unter einen Betrag herabzusetzen, den der Motor sonst hätte erreichen können.

Bei der verhältnismäßig hohen Oktanzahl des heute verfügbaren Benzins scheint es, daß der Motor mit stehenden Ventilen nicht mehr wettbewerbsfähig ist gegenüber dem Motor mit hängenden Ventilen oder gegen andere Bauformen, die einen gedrängten Verbrennungsraum ermöglichen, ohne die Größe der Ventile oder den freien Querschnitt um die Ventilteller zu beschränken.

Vom Standpunkt der Wirbelung, des Klopfens und des Wärmeverlustes aus scheint die ideale Brennraumform eine Halbkugel zu sein mit der Zündkerze in der Mitte der flachen Decke ähnlich der Form, die bei einigen Dieselmotoren mit direkter Einspritzung verwendet wird. Das gäbe einen in allen Richtungen gleichen und kleinsten Flammenweg von der Zündkerze sowie das kleinste Verhältnis von Oberfläche zu Volumen, aber leider ist das keine sehr praktische Anordnung für Zündermotoren mit ihrer verhältnismäßig niedrigen Verdichtung, weil:

1. der halbkugelförmige Hohlraum im Kolben auch noch bei einem Verhältnis 7 : 1 so groß sein müßte, daß es beinahe unmöglich wäre, den Kolben kühl zu halten und die Kolbenringe vor dem direkten Wärmefluß zu schützen,

2. das Kolbengewicht stark vergrößert werden würde,

3. es mit der Zündkerze in der Mitte und den Ventiltellern innerhalb des Umrisses der Zylinderbohrung nicht möglich wäre, einen genügend großen Ventilquerschnitt und hinreichende Kühlung der Zündkerze vorzusehen.

Bei den heute üblichen hohen Verdichtungsverhältnissen, nämlich 6,0 : 1 und darüber, genügt meist völlig oder fast völlig die normale

Wirbelung, die von dem Gaseintritt durch das Einlaßventil herrührt, um die Verbrennungsgeschwindigkeit und damit den Druckanstieg herzustellen, den wir brauchen. Etwas kann man die Wirbelung immer dadurch steigern, daß man Gas, das zwischen dem Kolben und einer entsprechenden Zylinderkopffläche eingeschlossen ist, rasch herausdrückt.

Bei der Konstruktion eines Brennraumes für hohe Verdichtung, die für die heute und in Zukunft erhältlichen Brennstoffe paßt, sollte unser Ziel sein:

1. Ein möglichst großes Einlaßventil oder Ventile mit reichlichem Querschnitt um die Ventilteller herum vorzusehen, um einen guten Liefergrad zu erhalten.

2. Mit Rücksicht auf das Klopfen den Flammenweg von der Zündkerze bis zum entferntesten Punkt des Brennraumes möglichst kurz zu halten.

3. Das Auslaßventil wegen seiner heißen Oberfläche im Durchmesser klein zu halten, dies aber durch einen verhältnismäßig großen Hub auszugleichen.

4. Sicherzustellen, daß der Sitz des Auslaßventils und die Einschraubstelle der Zündkerze durch Wasser, das sie mit hoher Geschwindigkeit umströmt, gut gekühlt werden.

5. Um die untere Zündgrenze besonders bei Teillast möglichst tief zu legen, soll man die Kerze oder die Kerzen so anordnen, daß sie durch die eintretende Ladung von Restgasen freigespült werden.

6. Ist irgendwelche zusätzliche Wirbelung erforderlich, so kann man eine entsprechende Fläche vorsehen, aus der Gas herausgequetscht wird.

Es ist natürlich nicht leicht, alle diese Forderungen, die sich zum Teil widersprechen, zu erfüllen und zugleich einen mechanisch günstigen Ventilantrieb zu konstruieren. Überdies ist es aus Herstellungsgründen erwünscht, wo möglich einen Kolben mit ebener Oberfläche zu verwenden.

Das einfachste und vielleicht mechanisch bequemste Kompromiß ist eine Brennraumform, die man als wannenförmig bezeichnen kann. Sie besteht aus einer ovalen Kammer mit den beiden senkrecht darüber hängenden Ventilen und der seitlich angeordneten Zündkerze, wie Bild 6.3 zeigt. Die Seitenflächen des Ovals überdecken die Zylinderbohrung und ergeben Spalte, die dazu verwendet werden können, Gas seitlich herauszupressen.

Für Zwecke, die ein gutes, anpassungsfähiges, aber nicht überragendes Verhalten des Motors verlangen, ist diese Form mindestens ein sehr brauchbares Kompromiß, das die obengenannten Forderungen weitgehend erfüllt und dabei noch den Vorteil mechanischer Einfachheit beibehält.

Konstruktion des Brennraumes beim Zündermotor

Wie gegen alle Brennraumformen, bei denen die Ventile in einer Reihe längs des Zylinderblocks angeordnet sind, kann man gegen diese Form einwenden, daß entweder das Ansaugvermögen des Motors etwas vermindert ist oder daß die Gesamtlänge des Motors durch Größe und Abstand der Ventile bestimmt wird und nicht durch die Kühlräume der Zylinder oder die Kurbelwellenlager. Wenn indessen die Kurbelwelle nur nach jedem zweiten Zylinder gelagert ist, wie bei einem dreifach

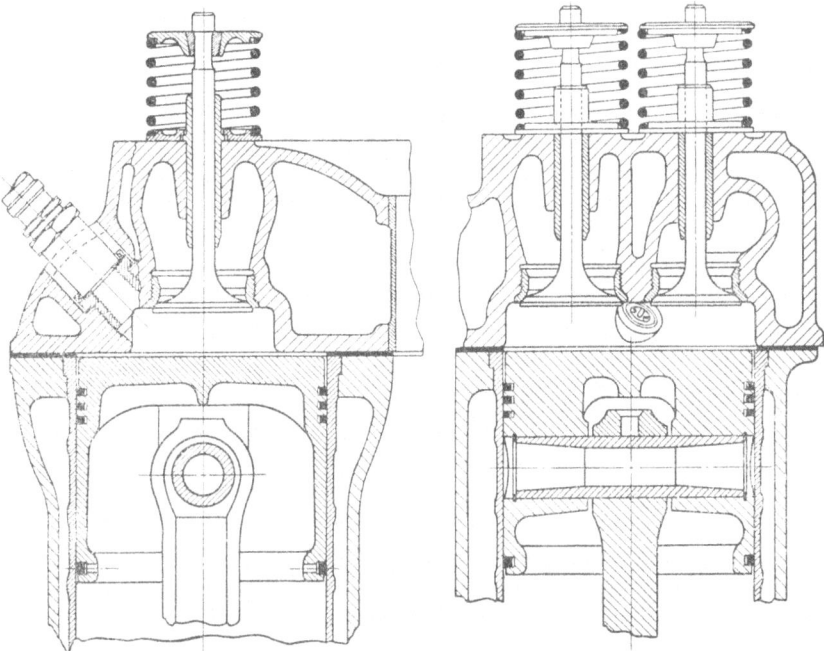

Bild 6.3. Wannenförmiger Zylinderkopf

gelagerten Vierzylindermotor oder einem vierfach gelagerten Sechszylindermotor, so kann man den größeren Abstand hinter jedem zweiten Zylinder ausnutzen und den Brennraum etwas über die Zylinderbohrung hinausragen lassen. So ist es ohne Verlängerung des Motors nur mit Rücksicht auf die Ventile möglich, ein für die Höchstleistung hinreichendes Ansaugvermögen ohne Aufladung bei einer Kolbengeschwindigkeit von ungefähr 15 m/sek vorzusehen, die für die meisten Zwecke genügt. Das ist eine erheblich höhere Kolbengeschwindigkeit, als man bei einem Dieselmotor mit nur zwei Ventilen verwirklichen könnte. Hauptsächlich drei Gründe bedingen diesen Unterschied. Beim Dieselmotor:

1. ist es erwünscht, mit mindestens 20% Luftüberschuß bei normaler Volleistung zu arbeiten; daher ist ein entsprechend größerer Ventilquerschnitt nötig;

2. ist es durchaus unerwünscht, die Ventilteller über die Zylinderbohrung hinausragen zu lassen; daher ist der zulässige Ventildurchmesser kleiner.

3. Um die Zündung unter allen Betriebsbedingungen sicherzustellen, darf der Dieselmotor nicht mit einem unvollkommen gefüllten Zylinder arbeiten.

Aus diesen und anderen weniger wichtigen Gründen liegt die entsprechende Grenze für einen Dieselmotor mit zwei Ventilen bei etwa 10 m/sek.

Was die anderen Forderungen betrifft, so ist der Flammenweg verhältnismäßig kurz; daher ist die Bauform vom Standpunkt des Klopfens aus ziemlich brauchbar.

Der Auslaßventilsitz befindet sich an einer Stelle, wo er wirksam gekühlt werden kann, aber die Warze für die Zündkerze liegt nicht so günstig.

Die Zündkerze selbst steht so, daß sie durch die eintretende Ladung von jedem Restgas gut freigespült wird.

Wenn man die Höchstleistung bei Kolbengeschwindigkeiten wesentlich über 15 m/sek zu erreichen wünscht, muß man von der Anordnung der Ventile in einer Reihe abgehen, obwohl das zwangsläufig eine weitere Komplikation des Ventilantriebs mit sich bringt. Werden die Ventile schräg gestellt, dann müssen eine oder mehrere obenliegende Nockenwellen benutzt werden, oder wir müssen uns mit einer ziemlich verwickelten Anordnung von Stoßstangen und Hebeln abfinden. Wir können aber auch das eine Ventil im Zylinderblock unterbringen und unmittelbar von einer darunterliegenden Nockenwelle antreiben und das andere darüber und es durch Stoßstange und Hebel betätigen. Die in Bild 6.4 gezeigte Konstruktion, die eines modernen ROVER-Motors, hat eine Brennraumform, die von allen bis jetzt entwickelten dem Ideal am nächsten zu kommen scheint. Allerdings nimmt sie dafür einen recht verwickelten Ventilantrieb und einen nicht ebenen Kolbenboden in Kauf. Bei dieser Konstruktion ist der Hauptteil des Brennraumes sehr gedrängt und nähert sich weitgehend der obenerwähnten Form, nämlich einer Halbkugel mit der Zündkerze in der Mitte der flachen Wand.

Man sieht, daß diese Brennraumform allen Regeln zu entsprechen scheint. Der Flammenweg ist so kurz wie möglich. Das zuletzt entzündete Gas ist nur eine dünne Schicht zwischen dem verhältnismäßig kühlen Kolben und dem Einlaßventil und sollte daher gegen Klopfen immun sein. Auslaßventil und Zündkerze liegen so, daß sie gut gekühlt werden können, und die Kerze kann durch das Gemisch, das durch das Einlaßventil eintritt, von jedem Restgas freigeblasen werden.

Konstruktion des Brennraumes beim Zündermotor 83

Beim Schiebermotor ohne Ventile im Zylinderkopf haben wir vollkommene Handlungsfreiheit. Die Zündkerze kann natürlich genau in die Mitte des Brennraumes gesetzt werden, wir haben keine Schwierigkeiten mit heißen Oberflächen, können den flachen Kolbenboden fast den Zylinderkopf berühren lassen und dadurch, wenn wir wollen, den Flammenweg noch kleiner machen als den Radius des Zylinders. Daher ist die Klopfneigung praktisch auf ein Minimum verringert, und wir können tatsächlich beim gleichen Kraftstoff mit einem um Eins größeren Verdichtungsverhältnis arbeiten als bei einem Motor mit hängenden Ventilen und gleichen Zylinderabmessungen. Andererseits haben wir mit gewissen Schwierigkeiten zu rechnen:

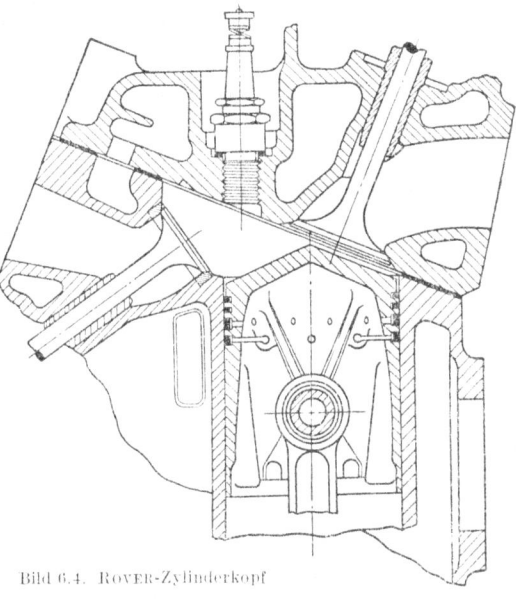

Bild 6.4. Rover-Zylinderkopf

1. Infolge des sehr freien und unbeschränkten Lufteintrittes durch die Schieberöffnungen ist die normale Wirbelung übermäßig groß und daher der Druckanstieg sehr steil, der Lauf unruhig, und die Wärmeverluste werden hoch.

2. Infolge der Bewegung des einen Schiebers tritt die Luft tangential in den Zylinder und erzeugt einen Drall der ganzen Luftmasse, der während des ganzen Arbeitsspieles bestehenbleibt. Ein solcher Wirbel kann in einem Dieselmotor sehr vorteilhaft sein, aber in einem Zündermotor ist er sehr unangenehm, denn er steigert nur die Wärmeverluste.

3. Die Lage der Zündkerze ist zwar von den meisten Gesichtspunkten aus ideal, sie ist aber nicht so, daß die Kerze von der eintretenden Luft sehr wirksam bespült werden kann.

Im Bestreben, diese Widerstände zu überwinden, wurden sehr viele verschiedene Zylinderkopfformen untersucht im Lauf der Forschungs- und Entwicklungsarbeit, die in Kapitel 17 beschrieben ist. Zusammengefaßt lautet das Ergebnis:

1. Obwohl der Grad der Wirbelung nicht vermindert werden konnte, ließ sich die Steilheit des Druckanstieges, die daraus folgte, verringern und beherrschen durch Verkleinern der Fläche der fortschreitenden

6*

Flammenfront, d. h. durch Anwendung eines Brennraumes von konischer Form mit der Zündkerze an der Spitze. So entstand ein sehr ruhig laufender Motor, vgl. Bild 6.5. Die Form hatte indessen die nachteilige Wirkung, daß die Länge des Flammenweges und damit die Klopfneigung vergrößert wurde und daß die Kerze weiter von der eintretenden Luft entfernt war und daher weniger gut bespült wurde. Diese beiden Einflüsse verminderten die Leistung um etwa 3 bis 4% und steigerten den Kraftstoffverbrauch noch etwas mehr, weil die schlechtere Reinigung der Zündkerze die Anwendung sehr armer Gemische verhinderte.

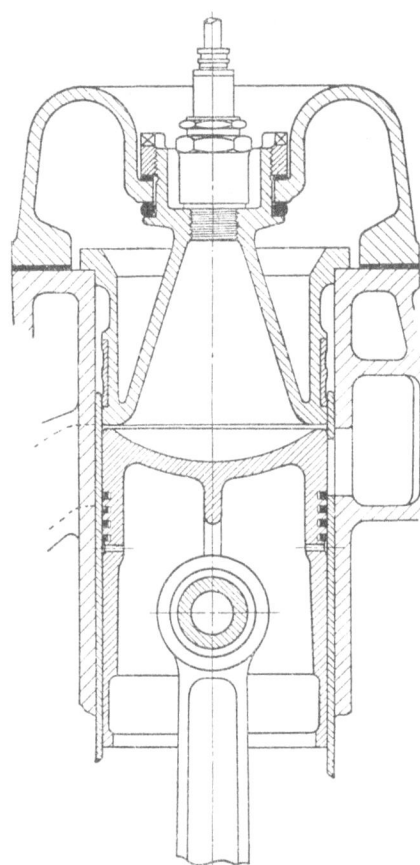

Bild 6.5. Brennraum eines schiebergesteuerten Motors für sehr ruhigen Lauf

2. Man fand, daß der Luftdrall völlig durch sehr kleine Strömungsleitflächen im Einlauf zu den Eintrittsschlitzen beseitigt werden konnte. Wenn dies indessen zu weit getrieben wurde, entstand statt des Luftdralls eine noch stärkere Wirbelung, die an sich schon zu groß war. Man kam indessen schließlich zu einem befriedigenden Kompromiß zwischen Luftdrall und Wirbelung.

Beim Flugmotor, wo höchste Leistung und Wirkungsgrad die Hauptgesichtspunkte sind, erhielt man die besten Ergebnisse mit einem glatten, flachen Brennraum; dabei war die Leistung in fast jeder Hinsicht ebenso gut oder besser als bei irgendeiner Ventilanordnung, aber der Lauf des Motors war etwas unruhig und laut. Andererseits war bei der spitzen Kegelform des Brennraumes der Lauf bemerkenswert ruhig und leise, und diese Form wäre zweifellos für einen Personenwagen trotz einiger Nachteile im Verhalten des Motors vorzuziehen.

Siebentes Kapitel
Konstruktion des Brennraumes beim Dieselmotor

Für die schnelle und vollständige Verbrennung des Kraftstoffes in einem Dieselmotor brauchen wir eine hohe Relativgeschwindigkeit zwischen den Kraftstofftröpfchen und der Luft.

Nehmen wir an, daß wir eine Einlochdüse benutzen — und hierfür gibt es sehr gewichtige praktische Gründe —, dann sollten wir eigentlich bei der maximalen Förderung der Brennstoffpumpe unsere Luftbewegung so einstellen, daß die ganze Luft im Brennraum einmal während des Verbrennungsvorganges am Brennstoffstrahl vorbeistreicht, d.h., sie sollte in dieser kurzen Zeit einen vollständigen Umlauf machen. Das erfordert indessen eine sehr hohe Winkelgeschwindigkeit der Luftdrehung. Haben wir dagegen zwei Brennstoffstrahlen im Winkelabstand von 180°, dann braucht offenbar die Luft während des Verbrennungsvorganges nur eine halbe Umdrehung zu machen, bei vier Strahlen nur einen Viertelumlauf usw.

Wir können die erforderliche Luftdrehung erzeugen:
1. durch die Richtung der Luftströmung beim Eintritt in den Zylinder,
2. indem wir die Luft während des Verdichtungshubes durch eine tangential gerichtete Leitung in eine besondere Wirbelkammer drücken, oder
3. indem wir durch eine Teilverbrennung einen ersten Druckanstieg verursachen und diesen benutzen, um einen Drall oder Wirbelung zu erzeugen.

Drehbewegung der Luft durch geeignete Ausbildung der Eintrittsöffnungen (Lufteintrittsdrall). Beim Viertaktmotor mit Schiebersteuerung oder beim Zweitaktmotor, bei denen die Luft in den Zylinder durch am Umfang angeordnete Kanäle strömt, ist es durch geeignete Gestaltung der Eintrittsöffnungen sogar möglich, den Eintrittsdrall zu erzeugen, den wir bei einer Einlochdüse brauchen, ohne den Liefergrad merklich zu verschlechtern. Wir können dann eine Einlochdüse mit offenem Brennraum verwenden wie in Bild 7.1, das den Brennraum eines schiebergesteuerten Motors zeigt, oder wie in Bild 7.2, das einen Zweitaktmotor mit Einlaßschlitzen und einem Auslaßventil darstellt. Beim Zweitaktmotor dürfen wir indessen keinen zu starken Eintrittsdrall erzeugen, da wir sonst die Spülung ernstlich gefährden würden, denn bei sehr starker Luftdrehung wird die einströmende Luft sich in schraubenförmigen Bahnen dicht an der Zylinderwand bewegen und in der Mitte einen Abgaskern zurücklassen.

7. Konstruktion des Brennraumes beim Dieselmotor

In diesem Zusammenhang sind einige Versuche von Interesse, die im Prüffeld des Verfassers zu Beginn der Forschungen an schnellaufenden Dieselmotoren gemacht wurden. Sie zeigen den Einfluß der Luftdrehung.

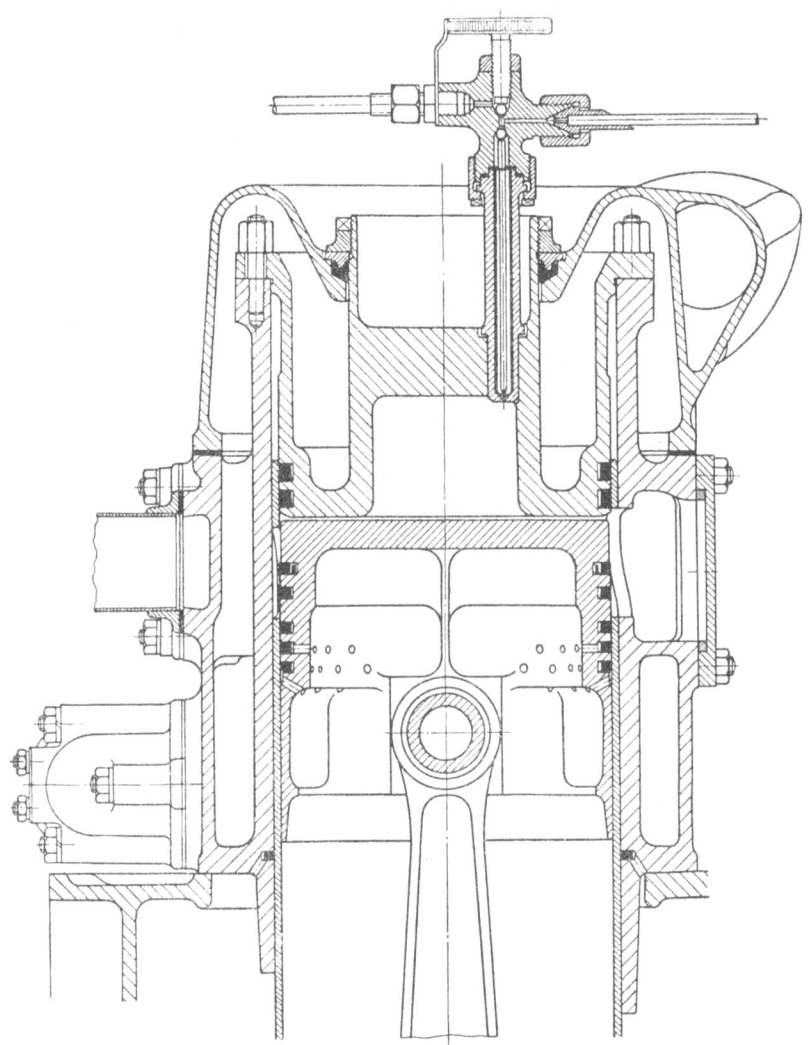

Bild 7.1. Brennraum eines Dieselmotors mit Schiebersteuerung

Für diese Versuche wurde ein Einzylindermotor mit Schiebersteuerung benutzt, der eine Zylinderbohrung von 139,7 mm und einen Hub von 177,8 mm hatte. Die Größe der Eintrittsrotation wurde durch drehbare Leitflächen direkt vor den Lufteinlaßschlitzen geregelt und mit Hilfe eines Anemometers durch einen im Brennraum rotierenden Flügel gemessen. Die Flügelform wurde dem Profil des Brennraumes sorgfältig angepaßt.

Indem man den Motor fremd antrieb und die Drehzahl des Anemometers bestimmte, erhielt man eine Beziehung zwischen der Kurbelwellen- und der Anemometerdrehzahl. Diese Beziehung wurde als „Luft-

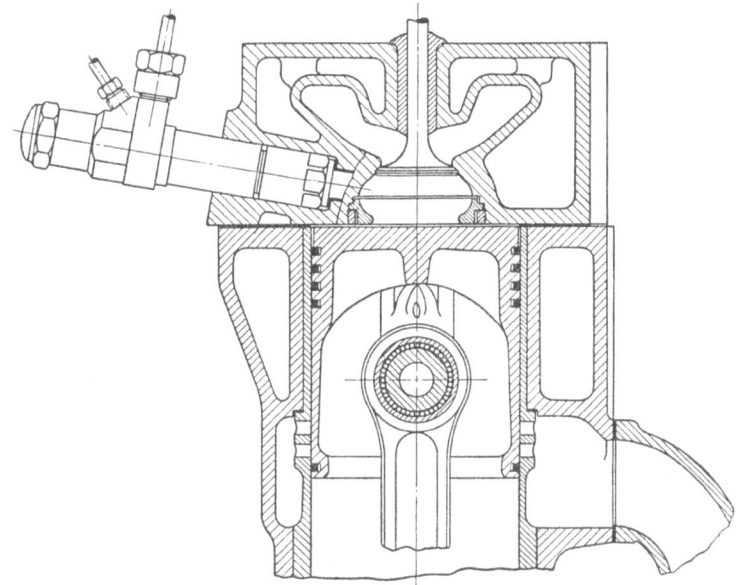

Bild 7.2. Brennraum eines Zweitaktdieselmotors

drehverhältnis" bezeichnet. Wenn z. B. die Kurbelwelle mit 1000 U/min lief und das Anemometer mit 10000, dann war das Drehverhältnis zehn.

Viele solche Ablesungen wurden bei verschiedenen sorgfältig gekennzeichneten Winkelstellungen der Leitflächen aufgenommen, und das Drehverhältnis für jede Leitflächenrichtung wurde über den Bereich von 3,5 bis 12,5 : 1 aufgetragen. Man fand auch, daß für irgendeine Leitflächenrichtung das Luftdrehverhältnis über einen weiten Drehzahlbereich praktisch konstant blieb.

Man kann nicht behaupten, daß das Anemometer den wahren Wert der Luftdrehung während der Brennstoffeinspritzung angab, denn es konnte nur einen Mittelwert für das Arbeitsspiel anzeigen, obwohl das Anemometer natürlich dann am meisten durch die Luftbewegung beeinflußt wurde, wenn die Luftdichte am größten war, also am Ende

7. Konstruktion des Brennraumes beim Dieselmotor

der Kompression. Es ist natürlich auch etwas Verlust durch Reibung und Schlupf vorhanden, aber der scheint klein zu sein. Das Anemometer ermöglichte indessen eine sehr schöne relative Messung des Drehverhältnisses, erwies sich als ganz zuverlässig und ergab übereinstimmende Anzeigen. Aus verschiedenen indirekten Beobachtungen darf man schließen, daß das Anemometer einen um 30 bis 50% zu niedrigen Wert für das Drehverhältnis zur Zeit der Kraftstoffeinspritzung anzeigte.

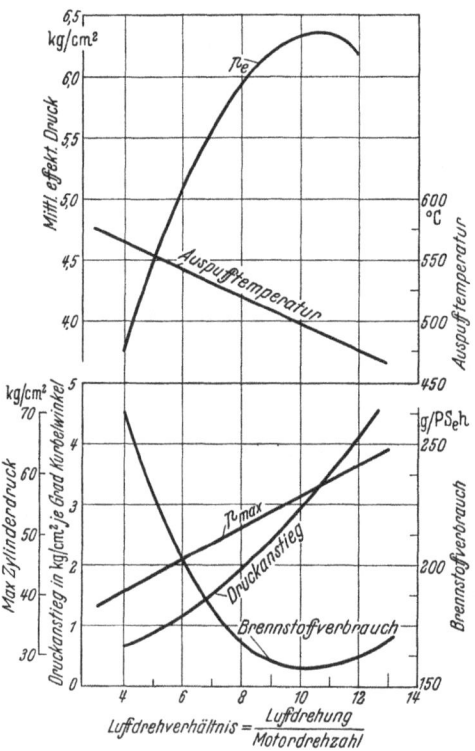

Bild 7.3. Einfluß der Luftrotation bei konstanter Kraftstoffzufuhr von 4,54 l/h

Nachdem man so das Drehverhältnis bei verschiedenen Stellungen der Leitflächen gemessen hatte, wurde das Anemometer entfernt, die Einspritzdüse wieder eingebaut und der mit Brennstoff laufende Motor untersucht.

Bei diesem Motor hatte der Brennraum die Form einer zylindrischen Kammer, deren Durchmesser das 0,475fache und deren Höhe das 0,4fache des Kolbendurchmessers betrug. Eine Einspritzdüse mit einer einzelnen glatten Bohrung spritzte den Brennstoff auf einer Seite des Brennraumes senkrecht auf den Kolbenboden, wie Bild 7.1 zeigt.

Die günstigsten Abmessungen des Brennraumes und die Düsenstellung waren bei früheren Untersuchungen ermittelt worden.

Sodann wurde eine lange Versuchsreihe durchgeführt, um die günstigste Beziehung zwischen Luftrotation und Kraftstoffeinspritzung zu finden.

Bild 7.3 stellt zusammenfassend den Einfluß einer Veränderung des Drehverhältnisses auf den mittleren effektiven Druck, auf den spezifischen Kraftstoffverbrauch, die Auspufftemperatur, den Höchstdruck und die Steilheit des Druckanstieges bei einer konstanten Kraftstoffzufuhr von 4,54 l/h über einen Bereich der Drehverhältnisse von 3,9 bis 12,5 nach Anemometermessungen dar. Bild 7.4 gibt vier typische

Indikatordiagramme wieder, die bei diesen Versuchen aufgenommen wurden.

Man sieht, daß unter diesen besonderen Bedingungen in bezug auf Maß und Zeitpunkt der Kraftstoffeinspritzung usw. das günstigste Drehverhältnis unter dem Gesichtspunkt der höchsten Leistung und des kleinsten spezifischen Brennstoffverbrauchs etwa 10,5 zu sein scheint.

Diese Ergebnisse sind offenbar recht aufschlußreich, da sie entschieden betonen, wie wichtig es ist, jenes Drehverhältnis zu wählen, das zur Kraftstoffeinspritzgeschwindigkeit oder vielmehr zur Brenngeschwindigkeit paßt, denn diese darf nicht sehr weit vom Optimum

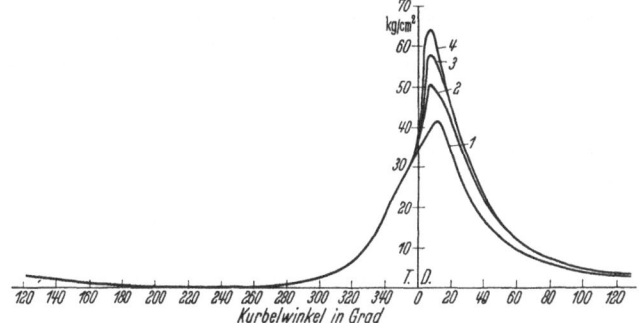

Bild 7.4. Indikatordiagramme bei verschiedener Luftrotation. Drehverhältnis (1) = 3,9, (2) = 7,65, (3) = 10,65, (4) = 12,5. Konstante Brennstoffzufuhr von 4,54 l/h

abweichen. Die Ergebnisse zeigten, daß im günstigsten Bereich eine ausgezeichnete Leistung erreicht werden konnte bei einem spezifischen Brennstoffverbrauch von 156 g/PS$_e$h, einem mittleren effektiven Druck von 6,33 kg/cm² und einer Kolbengeschwindigkeit von 8 m/sek; das war damals eine beachtenswert gute Leistung. Die Ergebnisse zeigten auch, wie schnell und verheerend die Leistung abfiel, wenn man sich von dem günstigsten Zustand entfernte.

Dabei war jedoch der Lauf ausgesprochen unruhig, und Höchstdruck sowie Steilheit des Druckanstieges waren ziemlich groß. Als nächster Schritt wurden die Geschwindigkeit der Kraftstoffeinspritzung verringert und die Versuche wiederholt; damit erhielt man die günstigsten Bedingungen bei einem Drehverhältnis von Neun. Der Höchstdruck sank um 4,9 kg/cm², und die Steilheit des Druckanstieges nahm von 3,16 auf 1,76 kg/cm² je Grad Kurbelwinkel ab. Damit war natürlich eine sehr merkbare Verbesserung der Laufruhe erreicht, aber auf Kosten von etwa 3% der Leistung und des Wirkungsgrades.

Versuche bei verschiedenen Drehzahlen zeigten, daß die günstigste Beziehung zwischen der Luftdrehung und dem Maß der Kraftstoff-

7. Konstruktion des Brennraumes beim Dieselmotor

einspritzung über einen weiten Drehzahlbereich im wesentlichen unverändert blieb.

Versuche bei konstanter Drehzahl, aber verschiedenen Belastungen zeigten, wie zu erwarten war, daß das Verhältnis bei der Höchstlast mit einem mittleren effektiven Druck von 8,5 kg/cm² sehr kritisch wurde. Wenn die Belastung vermindert wurde, dann galt dies weniger.

Untersuchungen des Wärmeflusses an die Zylinderwand zeigten, daß der Wärmefluß mit steigendem Drehverhältnis etwas zunahm, da aber der Bereich des günstigsten Drehverhältnisses klein war, nämlich zwischen 9 und 10,5 lag, war kein großer Unterschied zu erwarten.

Obwohl diese Versuche nun schon der Geschichte angehören, hat der Verfasser sich ihrer wieder erinnert, weil sie so klar zeigen, wie der Zusammenhang zwischen Luftdrehung und Kraftstoffeinspritzung ist.

Beim Motor mit hängenden Ventilen im Zylinderkopf können wir einen gewissen Betrag an Luftdrehung fördern, wenn wir die Lufteintrittskanäle sorgfältig formen oder einen Teil des Umfanges des Einlaßventils abschirmen (Bild 7.5 und 7.6). Aber, wie wir auch die Luftdrehung erzeugen, wir können kaum eine hinreichende Luftrotation

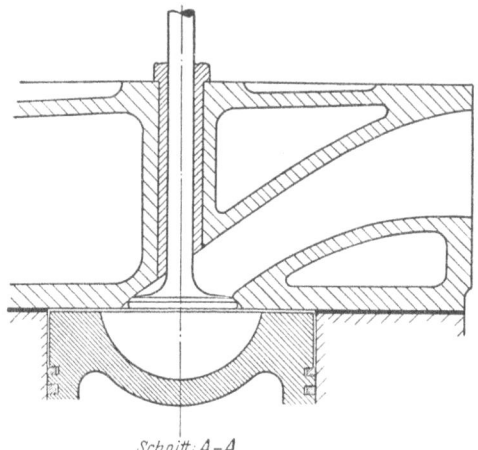

Schnitt A-A

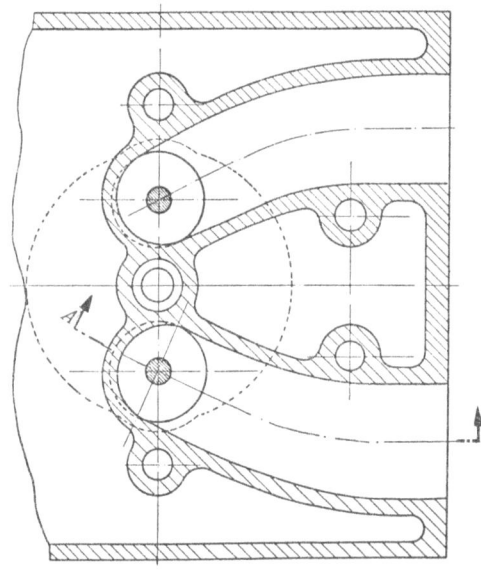

Bild 7.5. Zur Erzeugung der Luftdrehung schräg angeordneter Einlaßkanal

hervorrufen, wie wir sie für eine Einlochdüse brauchen, wenn wir nicht den Liefergrad unzulässig beschneiden wollen. Wenn wir uns dafür entscheiden, in einem ventilgesteuerten Viertaktmotor die angesaugte Luft in Drehung zu versetzen, dann werden wir uns mit der Verwendung einer Mehrlochdüse abzufinden haben, und mit Rücksicht auf die Symmetrie wird die Einspritzdüse in die Mitte des Zylinders oder wenigstens nahe der Mitte und daher zwischen die Ventile gesetzt werden müssen, so daß sie die Ventildurchmesser und damit die Ansaugleistung etwas beschränkt.

Verdichtungswirbel. Ein anderer Weg ist, den Verdichtungswirbel heranzuziehen, aber dazu müssen wir die ganze Luftmenge oder zumindest einen wesentlichen Teil mit hoher Geschwindigkeit durch einen oder mehrere enge Kanäle in eine Wirbelkammer drücken (Bild 7.7). Dagegen ist an sich kaum etwas einzuwenden, aber leider bedeutet das, daß auch die Verbrennungsgase durch die gleichen Kanäle mit noch höherer Geschwindigkeit ausströmen müssen, und zwar zu einer Zeit, wo ihre Temperatur und ihr

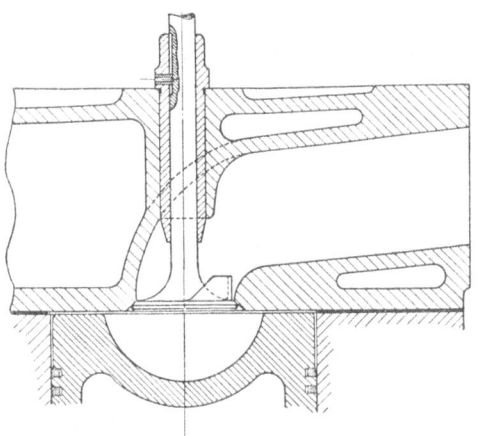
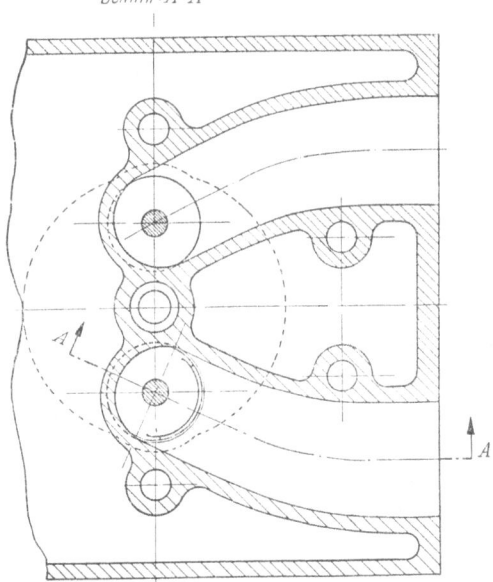

Bild 7.6. Zur Erzeugung der Luftdrehung teilweise abgeschirmtes Einlaßventil

Druck am höchsten sind. Daher sind beträchtliche Wärmeverluste an die Kanalwände damit verbunden, und je größer die Wirbelintensität ist, um so größer wird der Verlust sein. Wir können diesen Wärme-

7. Konstruktion des Brennraumes beim Dieselmotor

verlust verringern, wenn wir einen wärmeisolierten Teil verwenden, der als Regenerator dient und wenigstens zum Teil die Wärme nutzbar macht, indem er sie während eines anderen Teils des Arbeitsspiels wieder abgibt. Aber es scheint, daß wir, wenn wir uns vom Verdichtungswirbel abhängig machen, einen größeren Wärmeverlust an die Oberfläche des Brennraumes hinnehmen müssen, als wenn wir die Luftdrehung beim Eintritt erzeugen und den Brennstoff unmittelbar in den offenen Brennraum einspritzen.

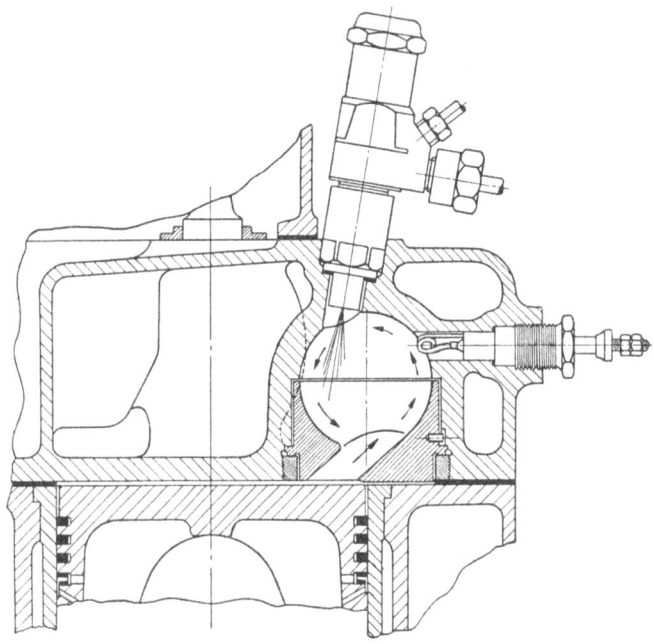

Bild 7.7. Wirbelkammer

Andererseits können wir beim Wirbelkammermotor mit Einlochdüse einen größeren Teil der im Zylinder eingeschlossenen Luft ausnutzen und so einen höheren mittleren effektiven Druck bis zur Rauchgrenze erreichen. Da die Düse auf eine Seite des Zylinders gerückt ist, können wir auch größere Ventile mit reichlicherem Querschnitt benutzen und so den Liefergrad und damit den mittleren Druck bis zu wesentlich höheren Drehzahlen aufrechterhalten. Außerdem können wir bei Wirbelkammermotoren Zapfendüsen mit ihrer wertvollen Selbstreinigung benutzen.

Die Vorkammer. Eine dritte Lösung, bei der die Luftbewegung durch den Druckanstieg infolge einer Teilverbrennung hervorgerufen oder beschleunigt wird, bietet einige verlockende Möglichkeiten. Ein

Beispiel dafür, das in Deutschland sehr beliebt war, ist die sogenannte Vorkammer, eine moderne Entwicklung des alten BRONS-Motors. Dabei steht eine kleine besondere Kammer mit dem Hauptbrennraum durch eine Anzahl verhältnismäßig kleiner Löcher in Verbindung, ähnlich einer Pfefferstreubüchse (Bild 7.8). Der Brennstoff wird in diese Vorkammer eingespritzt; hier beginnt die Verbrennung, und der sich ergebende Druckanstieg treibt die brennenden Tröpfchen zusammen mit Luft und Verbrennungsgasen bei hoher Geschwindigkeit durch die kleinen Bohrungen. So entsteht heftige Wirbelung, und die Tröpfchen werden auf die Luft des Hauptbrennraumes verteilt. In diesem Fall hat die Vorkammer etwa die gleiche Aufgabe wie die Einblaseluft in einem Motor mit Kompressor. Um wirksam zu sein, muß das brennende Gemisch mit großer Geschwindigkeit aus der Vorkammer ausströmen, und infolgedessen ist der Wärmeverlust sehr hoch. Diese Brennraumform hat auch den Vorteil, daß sie mit einer Einlochzapfendüse benutzt werden kann, aber den Nachteil, daß die verhältnismäßig große Vorkammer, um voll wirksam zu sein, in der Mitte des Zylinderkopfes sitzen sollte, eine Anordnung, die bei einem ventilgesteuerten Motor nur möglich ist, wenn man vier Ventile benutzt.

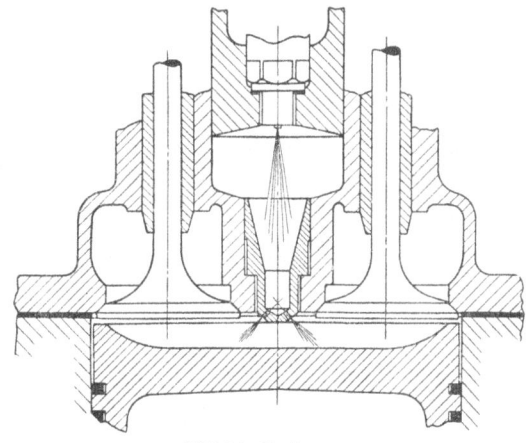

Bild 7.8. Vorkammer

Der Luftspeicher. Eine andere Form des Brennraumes, die besonders in Amerika beliebt ist, ist der Luftspeicher. Ebenso wie bei der Vorkammer ist man nicht auf eine exakte Luftdrehung angewiesen. Es handelt sich um eine besondere Bauart, deren bekannteste Beispiele die Speichermotoren von ACRO und LANOVA sind. Ein abgetrennter Raum, der Luftspeicher, steht mit dem Hauptbrennraum durch einen engen eingeschnürten Hals in Verbindung. Der Brennstoff wird aber nicht in diese abgetrennte Kammer eingespritzt, sondern die Einspritzdüse sitzt im Hauptbrennraum und spritzt durch den Hauptbrennraum hindurch gegen die offene Einschnürung des Luftspeichers (Bild 7.9). Bei diesem Verfahren ist der Verbrennungsvorgang nicht ganz klar zu übersehen. Es scheint, daß die ersten eingespritzten Tröpfchen ein kurzes Stück in den Luftspeicher eindringen, daß die Zündung am Ort

7. Konstruktion des Brennraumes beim Dieselmotor

der stärksten Einschnürung beginnt und daß sie so einen kleinen Druckanstieg im Speicher und das Ausströmen der Luft in den Hauptbrennraum verursacht. Während des übrigen Teiles des Verbrennungsvorganges pendelt die Verbrennung wahrscheinlich rasch um die Öffnung des Luftspeichers hin und her. Daß sie nicht wesentlich innerhalb des Luftspeichers stattfindet, beweist der verhältnismäßig geringe Wärmeübergang an die Wand des Speichers.

Offenbar kann bei einem solchen System der Hauptteil der Luft im Speicher erst auf einem späteren Teil des Hubes zur Wirkung kommen, und die Verbrennung kann erst ziemlich spät beendet werden. Daher wird das wirksame Expansionsverhältnis verkleinert, und der Wirkungsgrad sowie die Leistung sind begrenzt. Auf der anderen Seite wird dies durch die Vorteile leichten Anfahrens und eines ziemlich ruhigen Laufes bei leidlich niedrigen Höchstdrücken ausgeglichen. Das Verfahren eignet sich daher wahrscheinlich am besten für ziemlich kleine Motoren mittlerer Belastung, bei denen ein verhältnismäßig hoher Kraftstoffverbrauch zulässig ist.

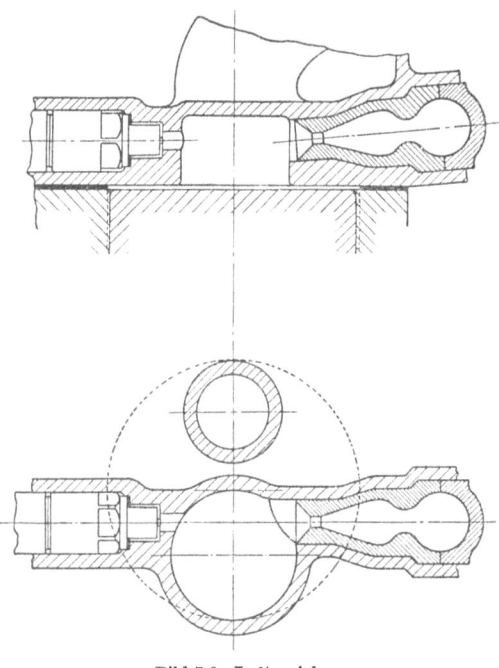

Bild 7.9. Luftspeicher

In England, wo man von ausländischem Kraftstoff abhängt und wo daher wirtschaftlicher Kraftstoffverbrauch wesentlich ist, kommen nur Brennraumformen mit beim Eintritt erzeugter Luftrotation oder Wirbelkammern in Frage.

Jede Bauart hat ihre besonderen Vor- und Nachteile, und die endgültige Wahl muß weitgehend von dem Betrieb abhängen, für den der Motor bestimmt ist.

Der Motor, der direkte Einspritzung mit beim Lufteintritt erzeugter Drehung und eine Mehrlochdüse verwendet, hat den Vorteil, daß er mit einer geringeren Drehgeschwindigkeit der Luft arbeiten kann und daß hierdurch der Wärmeverlust durch Konvektion geringer ist. Er hat weiter den Vorteil, daß das brennende Gemisch nicht während der

Verbrennung oder Expansion durch einen engen Kanal strömen muß, und auch deshalb ist der direkte Wärmeverlust geringer. So hat dies Verfahren wegen der niedrigeren direkten Wärmeverluste den Vorteil eines höheren thermischen Wirkungsgrades. Wegen der geringeren Intensität des Luftwirbels ist auch der Wärmeverlust während des Verdichtungshubes geringer; so genügt ein niedrigeres Verdichtungsverhältnis, um den Temperaturüberschuß zu schaffen, der die Zündung unter ungünstigen Bedingungen, wie Anfahren des kalten Motors oder Betrieb mit hoher Drehzahl und sehr geringer Belastung, sicherstellt.

Das sind sehr wichtige Eigenschaften, die dem Motor mit direkter Einspritzung und beim Eintritt erzeugter Luftdrehung einen Vorsprung im Brennstoffverbrauch von etwa 10% im Vergleich zum reinen Wirbelkammermotor mit besonderem Brennraum sichern.

Zwischen diesen beiden Extremen liegt die Brennraumform des „Comet Mark III" (Bild 7.10), bei der etwa 50% der Luft an der durch die Verdichtung erzeugten Luftdrehung teilnehmen,

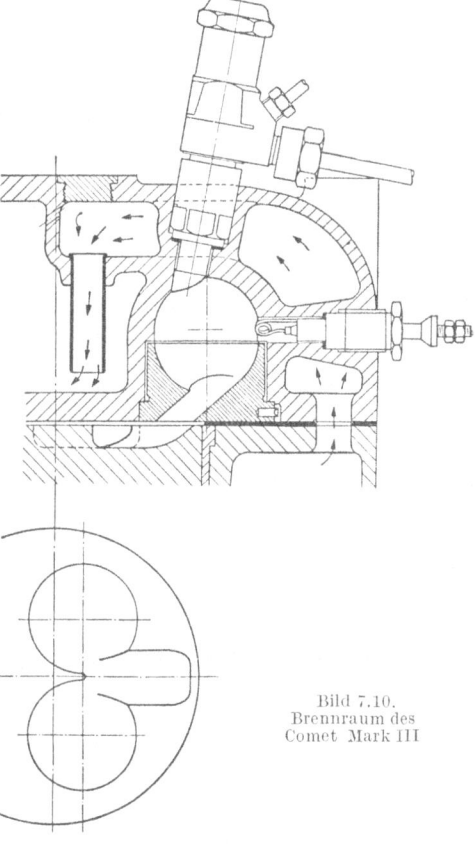

Bild 7.10. Brennraum des Comet Mark III

während die restlichen 50% in Kolbenvertiefungen mehr oder weniger in Ruhe bleiben und erst in Bewegung geraten, nachdem die Verbrennung begonnen hat. Wie zu erwarten, gibt das einen thermischen Wirkungsgrad, der ungefähr in der Mitte zwischen dem des Motors mit direkter Einspritzung und beim Lufteintritt erzeugter Drehung und dem des reinen Wirbelkammermotors liegt. Aber wegen der nicht verkleinerten Saugleistung einerseits und der besseren Ausnutzung der Luft im Zylinder andererseits wird die erreichbare Leistung beträchtlich größer als bei den beiden anderen Bauarten. Da indessen die Verbrennung in der Wirbelkammer und daher in Luft beginnt, die durch den Kompressionswirbel etwas Wärme verloren hat, springt der Motor im allgemeinen nicht ebenso leicht an wie der Motor mit direkter Einspritzung, denn beim Anfahren ist der wärmeisolierte Teil natürlich recht kalt.

Bei dem ventilgesteuerten Viertaktmotor mit direkter Einspritzung muß der Brennraum im Kolben liegen. In der Praxis werden viele verschiedene Formen verwendet, und jede von ihnen nimmt Vorteile für sich in Anspruch. Bild 7.11 zeigt typische Formen, die mit Erfolg benutzt werden. Alle hängen mehr oder weniger von der Luftdrehung ab, die sich bei der Einströmung bildet, und von der Luftverdrängung, welche die Drehung verstärkt und eine schraubenförmige Luftbewegung hervorruft. Unklar ist die Wirkung der zwischen den ebenen Flächen des Kolbenbodens und des Zylinderkopfes herausgedrängten Luft, und wie es bei unklaren Zusammenhängen die Regel ist, hat man zahlreiche Theorien aufgestellt. Sicher ist, daß das Verdrängen eine wichtige Rolle spielt, denn alle Motoren mit direkter Einspritzung sind sehr empfindlich gegenüber dem Spiel zwischen dem ebenen Teil des Kolbens und dem Zylinderkopf, da von diesem Spiel die Stärke der Verdrängerwirkung abhängt.

Der Umstand, daß so viele ganz verschiedene Brennraumformen, wenn sie richtig durchgebildet sind, fast gleich gute Resultate ergeben, zeigt deutlich, daß das Zusammenstimmen von Brennstoff- und Luftbewegung wichtiger ist als der besondere Weg, den sie nehmen. Das Ziel ist offenbar, während des Verbrennungsvorganges einen möglichst großen Teil der Luft in Berührung mit den Brennstoffstrahlen zu bringen, und das hängt von der Zahl und der Richtung der Brennstoffstrahlen und vom Weg und von der Geschwindigkeit der Luft ab. Da die Luftgeschwindigkeit stets etwas unbestimmt ist, sind wir weitgehend auf Versuche angewiesen. Wir können uns für eine bestimmte Düse entscheiden, deren Strahlen eine vorher bestimmte Richtung haben, und dann durch Probieren die Brennraumform finden, die die wirksamste Luftströmung ergibt; oder wir können eine bestimmte Brennraumform wählen und dann durch Versuche die wirksamste Anordnung der Brennstoffstrahlen bestimmen. Die erfolgreichste Lösung wird die sein, bei der es gelingt, den größten Teil der Luft mit möglichst wenigen Brennstoffstrahlen und möglichst schwachem Luftwirbel auszunutzen.

Im ventilgesteuerten Motor mit direkter Einspritzung ist es nicht tunlich, einen wärmeisolierten Körper zu verwenden, um die Verdichtungstemperatur und den Druck zu steigern und dadurch den Zündverzug zu verringern, denn noch hat man keinen befriedigenden Weg gefunden, um solch einen Teil an einem schnellaufenden Kolben zu befestigen, und auch das zusätzliche Gewicht eines derartigen hin und her gehenden Teiles könnte nicht zugelassen werden. Wenn der Teil

Konstruktion des Brennraumes beim Dieselmotor

am Kolben befestigt wird, steht er überdies der Luft im Weg und gibt Wärme an die eintretende Luft ab, was höchst unerwünscht ist. Daher kann man dies Mittel, die Kompressionstemperatur zu heben, nicht anwenden, ohne den Liefergrad zu verringern.

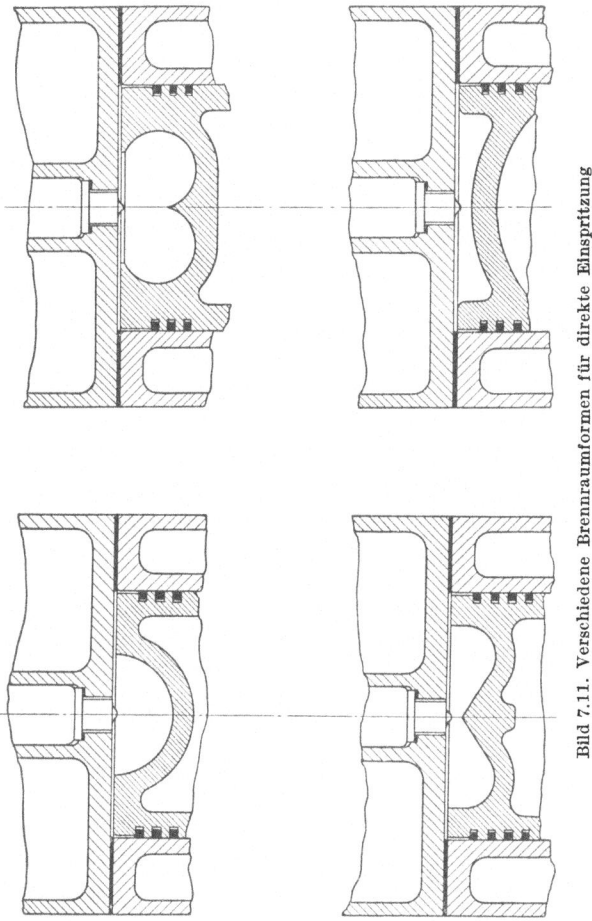

Bild 7.11. Verschiedene Brennraumformen für direkte Einspritzung

Deshalb ist beim Motor mit direkter Einspritzung der Zündverzug etwas größer und der darauf folgende Druckanstieg höher und steiler als bei einem Wirbelkammermotor, so daß, obgleich ein niedrigeres Verdichtungsverhältnis angewendet werden kann, der Höchstdruck mindestens ebenso hoch oder im allgemeinen beträchtlich höher wird. So zeigt Bild 7.12 typische Indikatordiagramme des gleichen Motors bei der gleichen Drehzahl und dem gleichen mittleren Druck (A) beim

7. Konstruktion des Brennraumes beim Dieselmotor

Arbeiten mit Wirbelkammer und (B) mit direkter Einspritzung und beim Eintritt erzeugter Luftdrehung.

Beim schiebergesteuerten Viertakt- oder Zweitaktmotor, bei welchem der Brennraum im Zylinderkopf und ganz außerhalb des Weges der einströmenden Luft liegt, kann man einen wärmeisolierten Körper bei direkter Einspritzung in eine offene Kammer verwenden und so die Vorzüge des Wirbelkammermotors in bezug auf kurzen Zündverzug, kleinen Druckanstieg und ruhigen Lauf mit dem niedrigen Wärmeverlust und dem höheren thermischen Wirkungsgrad eines Motors mit direkter Einspritzung verbinden (Bild 7.2 und 7.13). Aber man hat noch keinen Weg gefunden, um dies in einem ventilgesteuerten Viertaktmotor zu verwirklichen.

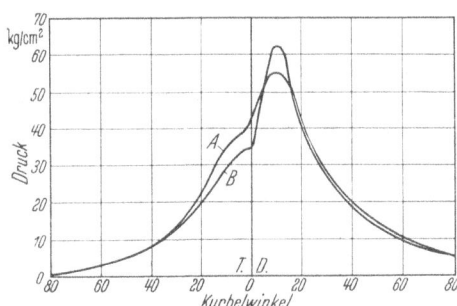

Bild 7.12. Typische Indikatordiagramme: (A) Wirbelkammermotor, (B) Motor mit direkter Einspritzung

Für einen Motor mit direkter Einspritzung und Mehrlochdüse ist es wichtig, daß die Einspritzdüse in der Mitte oder nahe der Mitte des Zylinderkopfes sitzt. Wird die Düse relativ zur Vertiefung im Kolben versetzt, dann müssen die Brennstoffstrahlen unsymmetrisch angeordnet werden und verschiedene Durchmesser und verschiedene Längen erhalten, damit die Brennstoffmengen und die Strahllängen zu den verschiedenen Abmessungen des Brennraumes passen, wobei die richtige Winkelstellung der Brennstoffstrahlen sehr genau eingestellt werden muß.

Wenn die Vertiefung im Kolben stärker versetzt ist, wird die Gestalt des Luftwirbels durch die unsymmetrische Verdrängung der Luft gestört, und die geordnete Luftbewegung erhält eine stärkere Tendenz, in ungeordnete Wirbelung überzugehen. Auf jeden Fall wird die Aufgabe, Brennstoff- und Luftbewegung aufeinander abzustimmen, sehr erschwert und fast unlösbar, wenn die Düse gegen die Vertiefung oder die Vertiefung gegen die Zylinderachse beträchtlich versetzt sind.

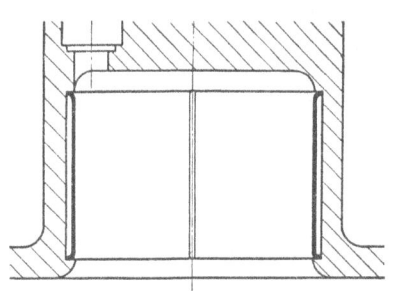

Bild 7.13. Wärmeisolierte Auskleidung des Brennraumes eines Motors mit Schiebersteuerung

Mit zwei Ventilen je Zylinder ist es selbst in einem sehr kleinen Zylinder möglich, ohne daß die Ventilteller über die Zylinderbohrung hinausragen, eine ausreichende Ansaugleistung bei einer Kolbengeschwindigkeit von 10 m/sek zu erreichen und dabei noch einen angemessenen Durchflußquerschnitt für die Kühlung zwischen den Ventilen zu behalten. Wenn aber die Einspritzdüse in die Mitte und damit zwischen die beiden Ventile gesetzt werden soll, dann muß entweder der Ventilquerschnitt beträchtlich vermindert werden, oder die Ventile müssen über die Zylinderbohrung hinausragen. Im ersten Fall wird das Ansaugen stark beeinträchtigt, so daß es selbst bei einem verhältnismäßig großen Zylinder wahrscheinlich nur für eine Kolbengeschwindigkeit von 8 bis 8,5 m/sek ausreicht. Das Ansaugen wird bei abnehmender Zylindergröße sehr schnell ungünstiger, da es offenbar eine untere Grenze für die Düsenabmessungen und die Wandstärken der Ein- und Auslaßkrümmer gibt. Etwas kann man dadurch erreichen, daß man Ventile und Düse nach verschiedenen Richtungen versetzt, aber man hat dabei nur wenig Spielraum.

Wenn die Ventilteller über die Zylinderbohrungen hinausragen, so entstehen Lufttaschen, die der Brennstoff nicht erreichen kann, und auch mechanisch ist dies nicht einwandfrei, vor allem, wenn besondere Laufbuchsen verwendet werden, die dann ausgespart werden müssen.

Es scheint, daß es bei dem kleinen Hochleistungsmotor mit direkter Einspritzung ebenso wie beim Vorkammermotor sehr angebracht ist, vier Ventile je Zylinder zu verwenden, obwohl dies den Motor verteuert und den Antrieb verwickelter macht.

Im ventilgesteuerten Motor mit direkter Einspritzung müssen wir wegen der zu geringen Luftdrehung Mehrlochdüsen verwenden. In einem kleinen Motor werden die einzelnen Bohrungen recht winzig, z. B. weniger als 0,25 mm bei Zylindern von etwa 125 mm Bohrung. So kleine Öffnungen werden leicht durch Metallteilchen verstopft oder durch Schmutz, der im Brennstoff enthalten ist, oder durch Kohleablagerungen.

Durch peinlich sorgfältiges Filtern kann man sich im allgemeinen gegen jene wirksam schützen, obwohl immer noch die Gefahr bleibt, daß Fremdstoffe, Zunder usw. in der Leitung zwischen dem letzten Filter und der Düse nicht beseitigt sind.

Die Kohleabscheidung scheint verursacht zu werden durch:
1. Nachtropfen infolge zu langsamen Schließens des Einspritzventils,
2. Verkoken von Brennstoffresten in der Düsenbohrung.

Beides kann durch eine sehr hohe Belastung der Einspritzventilfeder weitgehend verhindert werden, um sicherzustellen:

a) ein wirklich scharfes Abreißen des Brennstoffstrahles am Ende der Einspritzung und

b) eine sehr hohe Geschwindigkeit in den Düsenbohrungen, um jeden Ansatz von Koksteilen fortzuspülen.

7. Konstruktion des Brennraumes beim Dieselmotor

Deshalb ist es üblich, die Einspritzventile in Motoren mit direkter Einspritzung mindestens mit einem Druck von 175 kg/cm² zu belasten. Dieser hohe Öffnungsdruck und der große Widerstand der Düsenbohrung beanspruchen das Einspritzsystem sehr und machen es sehr empfindlich gegen die Elastizität des Kraftstoffes selbst (der, auch wenn er ganz frei von Luft ist, einen Elastizitätsmodul von nur etwa 35000 kg/cm² hat) und gegen die Elastizität der Rohrleitung. Je kleiner die einzelne Düsenbohrung ist, um so höher ist der notwendige Druck, um die erforderliche Durchschlagskraft zu erreichen, und um so feiner wird die Zerstäubung des Brennstoffes. Wie schon früher erklärt, steigt der Druck nach der Zündung um so steiler an, je kleiner und zahlreicher die Tröpfchen sind. Unter sonst gleichen Bedingungen wird mit zunehmenden Einspritzdrücken der Lauf des Motors unruhiger, aber zugleich auch das Anfahren leichter.

Obwohl beim Motor mit direkter Einspritzung die Luftdrehung benutzt wird, um Brennstoff und Luft in Berührung miteinander zu bringen, kann dies doch nur wirksam sein, wenn die Brennstoffstrahlen genügend Impuls haben, um den Brennraum in der kurzen zur Verfügung stehenden Zeit zu durchdringen. Da die Bahnen der Luft und des Kraftstoffes mehr oder weniger rechtwinklig zueinander liegen, unterstützt die Luftbewegung nicht das Eindringen des Kraftstoffes in den Brennraum, und wir dürfen uns in dieser Hinsicht nur auf den Einspritzdruck verlassen. Bei sehr kleinen Düsenbohrungen ergibt indessen ein Anstieg des Brennstoffdruckes über einen bestimmten Wert eher eine feinere Zerstäubung als eine größere Durchschlagskraft, und schließlich kommt man an die Grenze der erreichbaren Eindringtiefe. Es stimmt, daß die Weglänge, die der Kraftstoffstrahl zurücklegen soll, in Zusammenhang mit der Größe der Düsenbohrung steht, aber allgemein kann man sagen, daß die Schwierigkeit, genügende Durchschlagskraft sicherzustellen, um so größer wird, je kleiner der Zylinder ist.

Alle diese Überlegungen zeigen, daß es wünschenswert ist, möglichst große und daher möglichst wenige Düsenbohrungen zu verwenden.

In einem Wirbelkammermotor gibt es offenbar keine Grenze für die Wirbelintensität, die wir erzeugen können, denn sie wird nur durch die Form und den Querschnitt des Verbindungskanals bestimmt. Daher können wir eine Einlochdüse verwenden, möglichst eine Zapfendüse, die sich selbst reinigt, aber auf jeden Fall eine Düse mit einer verhältnismäßig großen Öffnung. Da wir nur eine leidlich grobe Zerstäubung brauchen, sind keine sehr hohen Brennstoffdrücke oder Belastungen der Düsennadeln erforderlich; daher genügt ein niedrigerer Druck in der Einspritzleitung, und die Genauigkeit des Beginns und der Dauer der Einspritzung ist gegenüber der Länge oder dem Inhalt der Brennstoffleitung oder der Kompressibilität des Brennstoffes weniger empfindlich.

Wenn man die Einspritzdüse seitlich am Zylinderkopf anordnet, begrenzt sie nicht die Größe der Ventile, die wir benutzen können, daher kann das Saugventil eine wesentlich bessere Füllung ergeben.

Das alles sind gewichtige Vorteile, die mit abnehmender Zylindergröße noch erheblich zunehmen.

Dem entgegen steht der beträchtliche Wärmeverlust an die Brennraumwand und besonders an die Wand des Verbindungskanals, während die Verbrennungsgase aus der Wirbelkammer in den Zylinder strömen. Dieser Nachteil haftet leider allen Formen von Wirbelkammermotoren an. Um den erforderlichen Wirbel herzustellen, müssen wir die Luft während der Verdichtung durch einen ziemlich engen Kanal drücken, und die Symmetrie des Vorganges läßt sie während der Verbrennung und Expansion durch die gleiche Einschnürung wieder herausströmen, wenn man nicht ein Mittel ersinnt, die Einschnürung plötzlich zu erweitern, sobald die Verbrennung eingesetzt hat, und sie vor dem nächsten Verdichtungshub wiederherzustellen — schwerlich ein ausführbarer Vorschlag.

Vorteilhaft ist dagegen, daß das mit der Einschnürung verbundene Zusammendrängen der Gase im Kanal wahrscheinlich die innige Berührung von Brennstoff und Luft verbessert und so vollendet, was die Luftdrehung unterlassen haben mag. Etwas kann der Wärmeverlust im Überströmkanal gemildert werden, wenn man diesen Kanal als besonderen Teil ausbildet, der von dem Zylinderkopf durch einen schmalen Luftspalt wärmeisoliert ist. So ist bei der Wirbelkammerbauart des „Comet" die untere Hälfte der Kugel mit dem Überströmkanal als besonderer Teil aus hitzebeständigem Stahl hergestellt, der den Zylinder nur mit seinem Flansch berührt.

Man nimmt gewöhnlich an, daß die Arbeit, um die Luft durch den Überströmkanal zu drücken, eine größere Leistung erfordert, eine Annahme, die durch die höheren Gesamtreibungsverluste bestärkt wird, welche auftreten, wenn der Motor fremd angetrieben wird. Diese Verluste rühren indessen nicht von der Pumparbeit her, sondern vielmehr von dem negativen Wert der Kompressions-Expansions-Schleife infolge des Wärmeverlustes während dieser Zeit, denn beim Fremdantrieb sind die Kanalwände verhältnismäßig kalt. Tatsächlich scheint es, daß man die wirkliche Luftpumparbeit gegenüber dem Wärmeverlust praktisch vernachlässigen darf.

Im Betrieb wird der eingesetzte Teil etwa 450 bis 700° C warm, je nach Drehzahl und Belastung, d. h. seine Temperatur liegt außer beim Anfahren oder nach längerem Leerlauf immer über der normalen Verdichtungstemperatur, aber natürlich weit unter der Verbrennungstemperatur. So dient er als ein Wärmeregenerator, der während der

7. Konstruktion des Brennraumes beim Dieselmotor

Verbrennung und Expansion Wärme aufnimmt und sie während des Verdichtungshubes wieder an die Luft abgibt. Bild 7.14 zeigt die mit Thermoelement gemessene Temperatur des heißen Teiles, wenn der Motor mit konstantem mittlerem Druck und veränderlicher Drehzahl bzw. mit konstanter Drehzahl und veränderlichem mittlerem Druck läuft. In diesem Fall wurden die Beobachtungen an einer Wirbelkammer der „Whirlpool"-Bauart (Bild 7.25) gemacht. Bei dieser Kammerform liegt das Temperaturniveau des wärmeisolierten Teils im ganzen Drehzahl- und Lastbereich höher als bei der „Comet"-Bauart, aber die Tendenz ist genau die gleiche. Da die normale Kompressionstemperatur entsprechend einem Verdichtungsverhältnis von 17 : 1 un-

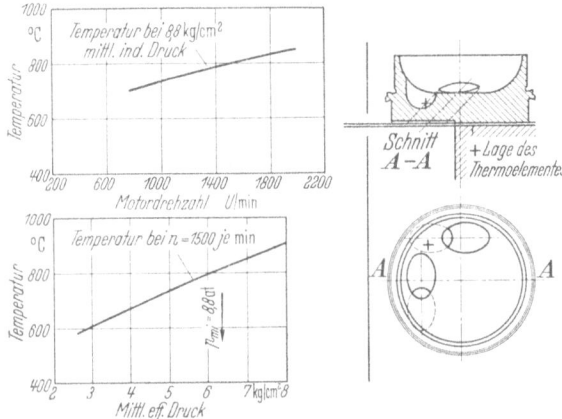

Bild 7.14. Temperatur des wärmeisolierten Teils
Einzylindermotor: Bohrung 120,6 mm, Hub 139,7 mm;
„Whirlpool"-Zylinderkopf, Verdichtungsverhältnis 17 : 1

gefähr 500° C ist, sieht man, daß unter fast allen Betriebsbedingungen die Temperatur des heißen Teils über der höchsten Verdichtungstemperatur liegt und natürlich weit über der Verdichtungstemperatur dann, wenn der Luftstrom durch den Kanal seinen Höchstwert hat, d. h. zwischen 30 und 10° vor dem oberen Totpunkt. Da die Temperatur des wärmeisolierten Teils mit steigender Drehzahl zunimmt, trägt dies außerdem dazu bei, den Verbrennungsvorgang der Drehzahl anzupassen. So zeigt Bild 7.15 die beobachtete Änderung des Zündverzuges in Sekunden und als Kurbelwinkel bei zunehmender Drehzahl im Bereich von 500 bis 2000 U/min. In diesem Fall wurden die Beobachtungen an einem Motor mit der „Whirlpool"-Kammer gemacht, doch gelten sie praktisch auch für die „Comet"-Bauart.

Die Wirkungen des wärmeisolierten Teils sind:

1. Durch seine hohe Oberflächentemperatur gibt er während des Überströmens vom Zylinder zur Wirbelkammer die Verlustwärme ab, außer beim Anfahren des kalten Motors.

2. Er erhöht die Kompressionstemperatur bei irgendeinem gegebenen Verdichtungsverhältnis, ohne den Liefergrad zu verschlechtern.

3. Seine Oberflächentemperatur ist immer hoch genug, um Koksansatz zu verhindern. Diese Eigenschaft wird um so wichtiger, je höher der Aschegehalt des Brennstoffes ist.

4. Wenn die brennenden Tröpfchen auf eine verhältnismäßig kalte Oberfläche treffen, wird die Verbrennung verzögert, und Produkte unvollkommener Verbrennung, wie Aldehyde, werden beständig, so daß der Auspuff einen stechenden Geruch annimmt. Solange die Temperatur der Oberfläche, auf die der Strahl treffen kann, erheblich über dem Zündpunkt des Kraftstoffes liegt, kann das nicht vorkommen, und der Auspuff ist fast geruchlos.

Um voll wirksam zu sein, darf indessen der wärmeisolierte Teil nicht im Weg der einströmenden Luft liegen, damit er keine Wärme an sie abgibt.

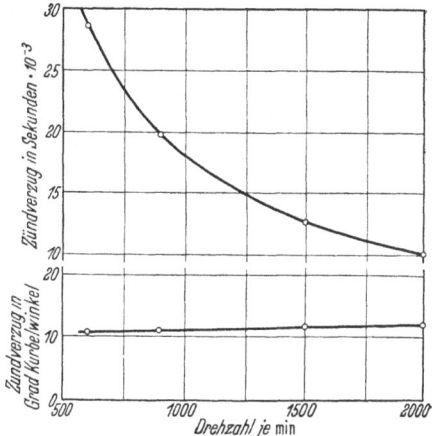

Bild 7.15. Die Kurven zeigen den Zündverzug in Abhängigkeit von der Drehzahl, wenn ein wärmeisolierter Teil die untere Hälfte der „Whirlpool"-Wirbelkammer bildet
Verdichtungsverhältnis 16 : 1
Brennstoff: Cetanzahl 40

Trotz vieler Versuche kam man noch nicht zu einem ganz befriedigenden Verfahren, das Drehverhältnis in einem Wirbelkammermotor zu messen, wie es beim Motor mit Schiebersteuerung gelungen war. Aber mit der Erfahrung, die man bei jenem Motor erlangt hatte, war es leicht, durch Versuche das günstigste Drehverhältnis und den günstigsten Zusammenhang zwischen Drehverhältnis und Tempo der Kraftstoffeinspritzung zu finden, da das Drehverhältnis in einem weiten Bereich durch Ändern des Querschnittes des Überströmkanals beliebig verändert werden kann.

Die günstigste Richtung für den Brennstoffstrahl zu finden erwies sich als schwieriger, doch stellte man eine Anzahl Zylinderköpfe mit verschieden angeordneten Düsen her, wobei die Düse selbst in einem kugeligen Gehäuse montiert wurde, so daß sie nach jeder Richtung spritzen konnte. Diese Versuche hatten die besten Ergebnisse, wenn man in Strömungsrichtung der Luft einspritzte, wobei die Strahlmitte etwa auf Mitte Kugelradius lag und auf einen Punkt eben oberhalb des Kanaleintritts gerichtet war.

7. Konstruktion des Brennraumes beim Dieselmotor

Was die Verbrennung betrifft, so läßt sich zeigen, daß die Zündung an den Tröpfchen beginnt, die nahe dem äußeren Ende des Brennstoffstrahles liegen, wie auch zu erwarten ist, denn die Tröpfchen an dieser Stelle sind zuerst eingespritzt worden und daher am längsten der hohen Lufttemperatur ausgesetzt gewesen. Wenn die Temperatur steigt, breitet sich die Zündung längs des Einspritzweges rückwärts aus, bis die später kommenden Tröpfchen schon kurz hinter der Düse zünden. Da

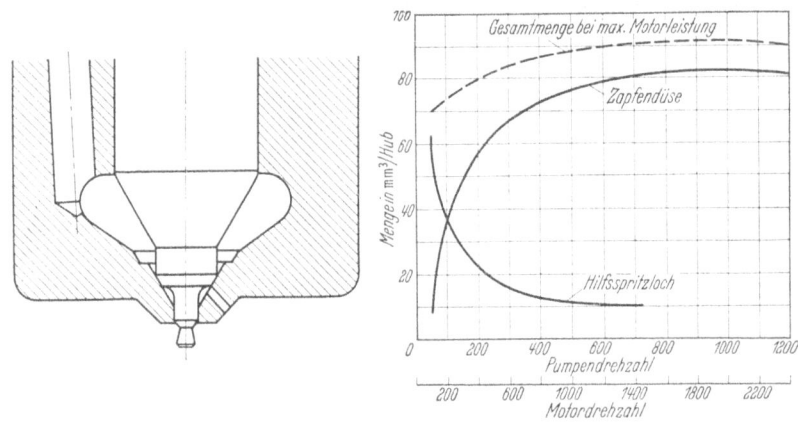

Bild 7.16. Die „Pintaux"-Düse mit graphischer Darstellung ihrer Eigenschaften

der Brennstoff in der Strömungsrichtung der Luftdrehung eingespritzt wird, werden die Verbrennungsprodukte überall von der Einspritzbahn weggespült. Wird entgegen der Strömungsrichtung der Luft eingespritzt, dann beginnt die Zündung wegen der viel höheren Relativgeschwindigkeit und damit größeren Wärmeübergangszahl zwischen Brennstofftröpfchen und Luft viel früher, der Zündverzug wird verkleinert und das Anfahren des kalten Motors erheblich verbessert. Aber da Luft und Kraftstoff sich gegeneinander bewegen, werden die Verbrennungsprodukte auf den Weg des Kraftstoffstrahles zurückgetrieben und ersticken so die später eintretenden Tröpfchen. So ermöglicht das Einspritzen entgegen dem Luftstrom zwar ein sehr gutes Anfahren des kalten Motors und sehr ruhigen Lauf bei Teillasten; aber der Auspuff beginnt zu qualmen, und der Wirkungsgrad fällt rasch ab infolge unvollkommener Verbrennung bei höheren Belastungen. Wird radial durch die Kugelmitte eingespritzt, so gilt etwa das gleiche, d. h., das Anfahren des kalten Motors wird besser, aber Höchstleistung und Wirkungsgrad nehmen ab.

Diese Beobachtungen führten zur Konstruktion der „Pintaux"-Düse, die eine kleine Voreinspritzung entgegen der Luftströmung kurz vor der Haupteinspritzung in Richtung der Luftströmung ergibt.

Es handelt sich um eine abgeänderte Form der Zapfendüse, die mit einem seitlichen Loch versehen ist, das unter einem Winkel zur Düsenachse gebohrt ist und entweder der Luftströmung entgegengerichtet ist oder in Richtung der Kugelmitte liegt, wie Bild 7.16 zeigt. Wenn das Nadelventil zu öffnen beginnt, wird die seitliche Bohrung geöffnet, aber der Hauptstrahl bleibt zunächst noch durch den Zapfen teilweise verschlossen, so daß die Hauptkraftstoffmenge durch die seitliche

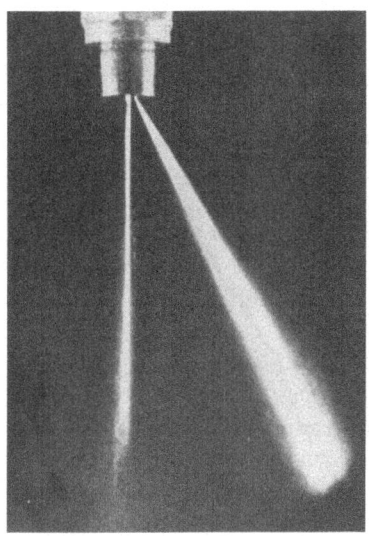
Bild 7.17. Brennstoffstrahlen der „Pintaux"-Düse beim Anfahren

Bild 7.18. Brennstoffstrahlen der „Pintaux"-Düse bei Vollast

Bohrung strömt. Bei Anfahrdrehzahlen unter 120 U/min öffnet die Hauptnadel nicht voll, und der weitaus größere Teil des Kraftstoffes wird durch die Seitenbohrung der Luftströmung entgegengespritzt; bei allen normalen Drehzahlen dagegen hat die Nadel ihren vollen Hub, und nur ein sehr kleiner Teil spritzt durch die Seitenbohrung (Bild 7.17 und 7.18). Diese Düse verbessert das Anfahren aus kaltem Zustand erheblich, denn der Motor kann mit der gleichen Anlaßdrehzahl bei einer Umgebungstemperatur angefahren werden, die um 20 bis 25° C niedriger ist als bei der normalen Zapfendüse. Die „Pintaux"-Düse hat wie alle Mehrlochdüsen den Mangel, daß die kleine Seitenbohrung zum Verstopfen neigt; sie erfordert daher ein ebenso sorgfältiges Filtern wie ein Motor mit direkter Einspritzung, nur mit dem Unterschied, daß durch Verstopfen der Seitenbohrung nur das Anlassen des kalten Motors merklich beeinflußt wird; aber bei einem Vielzylindermotor müssen schon die

7. Konstruktion des Brennraumes beim Dieselmotor

meisten Düsen verstopft sein, ehe das Anlassen merkbar beeinträchtigt wird.

Bei der Entwicklung eines Wirbelkammermotors der Bauart „Comet" war ursprünglich das Ziel gewesen, möglichst nahezu die ganze im Zylinder enthaltene Luft in die Wirbelkammer zu drücken, denn man mußte annehmen, daß nur die Luft in der Wirbelkammer wirksam genutzt werden konnte. Aber da das Spiel zwischen dem Kolben und dem Zylinderkopf und unterhalb der Ventilteller nicht zu klein sein darf, ist es nicht möglich, mehr als 75 bis 80% der Luft in die Kammer einzuführen, und je größer das Verdichtungsverhältnis oder je kleiner der Motor ist, um so größer wird der Teil der Luft, der draußen bleibt und offenbar für den Brennstoff nicht erreichbar ist. Die Untersuchung der Bauart „Comet" zeigte indessen, daß beträchtlich mehr als 80% der Luft bei vollkommen reinem Auspuff ausgenutzt wurden. Also muß wenigstens ein Teil der schmalen Luftschicht oberhalb des Kolbens sich an der Verbrennung wirksam beteiligt haben. Diese Beobachtungen führten zur Entwicklung der Brennraumbauart des „Comet Mark III", bei der etwa 50% der verfügbaren Luft in Vertiefungen des Kolbenbodens enthalten sind und nur der restliche Teil in die Wirbelkammer gedrückt wird. So werden weniger als 50% des gesamten Luftinhaltes gezwungen, in die Wirbelkammer und wieder herauszuströmen, und der Verlust durch Wärmeübergang wird nahezu halbiert.

Um die Luft in den Kolbenaussparungen nach Möglichkeit auszunutzen, hat man diese als zwei tassenförmige Vertiefungen ausgebildet. Von den aneinanderstoßenden Kanten führt ein kurzer Kanal zur Wirbelkammer (Bild 7.19). Der Kraftstoff wird durch eine Einlochzapfendüse in der üblichen Weise in die Wirbelkammer gespritzt, und die Zündung tritt in der Kammer ein. Der Druckanstieg treibt die noch brennenden Tröpfchen zusammen mit Luft und Verbrennungsgasen aus der Wirbelkammer durch den Kanal, bis sie auf den Vorsprung treffen, der die beiden Vertiefungen im Kolben trennt; hier wird der Strom in zwei Teile geteilt und so in jeder der Vertiefungen ein Wirbel erzeugt, aber mit verschiedenen Drehrichtungen, so daß die Luft vor dem brennenden Strom herumgefegt wird und sich mit dem Strom aus dem Kanal mischt. Auf diese Weise konnte man 90% der gesamten Luftmenge ohne rauchenden Auspuff ausnutzen und bei einem nicht aufgeladenen Motor einen mittleren indizierten Druck von über 11,25 kg/cm² erreichen.

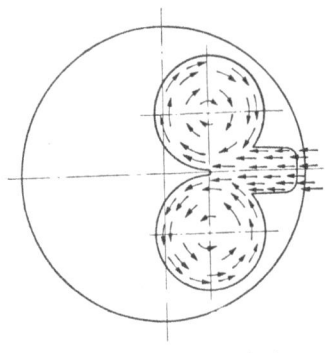

Bild 7.19. Luftbewegung in den Kolbenvertiefungen bei dem Brennraum des „Comet Mark III"

Beim „Comet Mark III" wird die Luftdrehung in der eigentlichen Brennkammer mit mechanischen Mitteln erzeugt, während die Drehung in den Kolbenvertiefungen nur durch das Herausströmen der brennenden Masse aus der ersten Kammer erzeugt wird, ähnlich wie beim Vorkammermotor, aber mit dem Unterschied, daß der Überströmkanal sehr viel größer ist und daß innerhalb und außerhalb der ersten Kammer eine genau bestimmbare Luftdrehung verwendet wird gegenüber der ungeordneten Wirbelung der Vorkammer.

Der „Comet Mark III" liegt in der Mitte zwischen dem reinen Wirbelkammermotor und dem Motor mit direkter Einspritzung

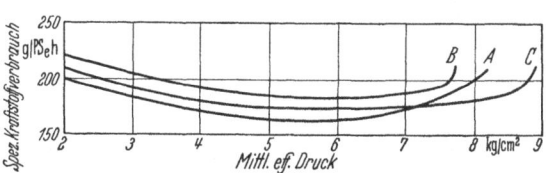

Bild 7.20. Vergleich des Brennstoffverbrauches. Sechszylinder-Viertaktmotor mit Ventilsteuerung, Bohrung 120,6 mm, Hub 139,7 mm. Drehzahl in allen Fällen 1400 U/min.
A. Zylinderkopf und Kolben für direkte Einspritzung mit Lufteintrittsdrehung und einer Mehrlochdüse
B. Normaler „Comet"-Kopf und flacher Kolbenboden mit abgetrennter Wirbelkammer
C. Kopf und Kolben des „Comet Mark III"

und sein thermischer Wirkungsgrad, wie zu erwarten, in der Mitte zwischen beiden, aber dank der besseren Luftausnutzung ist seine Leistung größer als bei den beiden anderen. Bild 7.20 zeigt zum Vergleich die Brennstoffverbrauchskurven des gleichen Motors A mit Zylinderkopf und Kolben für direkte Einspritzung, bei Lufteintrittsdrehung und einer Mehrlochdüse, B mit einem normalen „Comet"-Kopf und flachen Kolbenboden sowie mit getrennter Wirbelkammer und C mit Kopf und Kolben des „Comet Mark III".

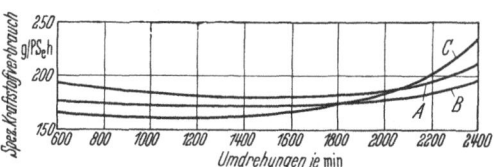

Bild 7.21. Vergleichende Messungen des Brennstoffverbrauchs. Sechszylinder-Viertaktmotor mit Ventilsteuerung, Bohrung 120,6 mm, Hub 139,7 mm. Drehzahlbereich 600 bis 2400 U/min. Mittlerer effektiver Druck in allen Fällen 5,62 kg/cm²
A. Brennkammer des „Comet"
B. 50/50 Brennkammer des „Comet Mark III"
C. Offener Brennraum für direkte Einspritzung

In allen Fällen waren die Ventilöffnungszeit und das Verdichtungsverhältnis von 16 : 1 gleich.

Bild 7.21 zeigt zum Vergleich den Kraftstoffverbrauch über dem Drehzahlbereich bei einem gleichen mittleren Arbeitsdruck bezogen auf die Bremsleistung von 5,62 kg/cm².

Bild 7.22 (in der Tasche am Schluß des Buches) stellt den Querschnitt eines Achtzylindermotors „Comet Mark III" mit 137,2 mm Bohrung und 152,4 mm Hub dar, der im Versuchsfeld des Verfassers während des letzten Krieges entwickelt wurde.

7. Konstruktion des Brennraumes beim Dieselmotor

Bild 7.23 gibt in Kennliniendarstellung die Leistung dieses Motors wieder.

Für die Bauart „Comet" und für die meisten Wirbelkammermotoren mit Einlochdüsen ist es bezeichnend, daß der Auspuff rauchfrei und der spezifische Kraftstoffverbrauch niedrig bleibt bis fast zur oberen Grenze des mittleren Arbeitsdruckes, aber bei Überschreitung dieser Grenze ergibt jede weitere Zunahme der Brennstoffeinspritzung ein

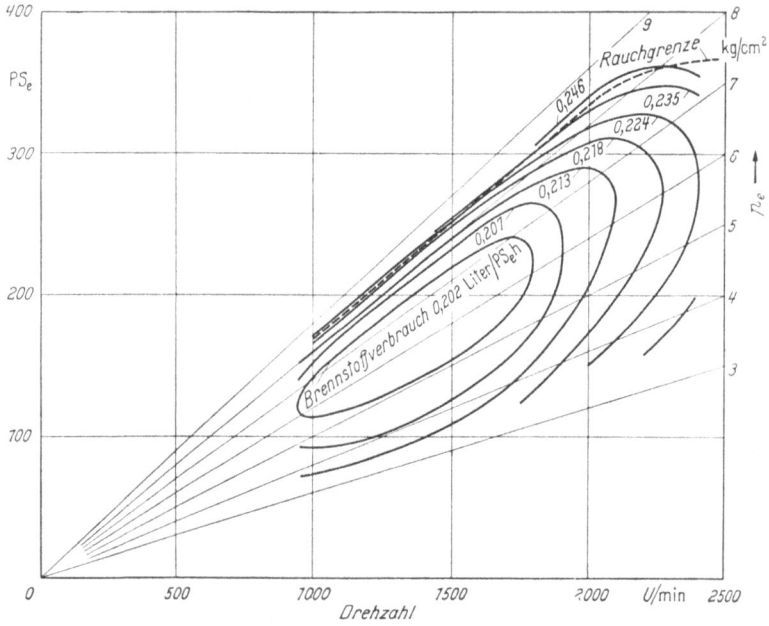

Bild 7.23. Leistungskurven eines Achtzylindermotors von 137,2 mm Bohrung und 152,4 mm Hub

plötzlich beginnendes Rauchen des Auspuffs und wenig oder gar keine Steigerung der Leistung. So zeigt Bild 7.24 die typische Kraftstoffverbrauchskurve eines größeren Versuchsmotors „Comet Mark III", der mit konstanter Drehzahl, aber veränderlicher Belastung lief.

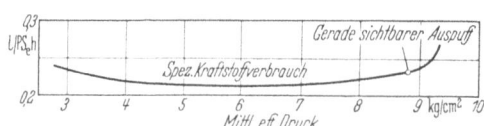

Bild 7.24. Brennstoffverbrauch des Motors EX 239 „Comet Mark III" mit 177,8 mm Bohrung und 196,8 mm Hub bei 1000 U/min

Bis zu einem mittleren effektiven Druck von 8,79 kg/cm² ist der Auspuff gegen einen normalen Hintergrund völlig unsichtbar; darüber hinaus ergibt jede weiter gesteigerte Brennstoffeinspritzung nur einen qualmenden Auspuff und kaum noch eine Zunahme des Arbeitsdruckes.

Die Brennkammerbauart „Comet Mark III" wurde mit der Absicht entwickelt, eine möglichst große Leistung ohne rauchenden Auspuff bei einigermaßen niedrigem Kraftstoffverbrauch und ruhigem Lauf zu erzielen, aber unter Betonung einer guten Leistung.

Um den Bedarf nach einem Motor zu befriedigen, der leicht anspringt und ruhig und leise läuft, wurde im Versuchsfeld des Verfassers eine andere Form des Wirbelkammermotors entwickelt, die als „Whirlpool"-Bauart bekanntgeworden ist (Bild 7.25). Hier hat die Wirbelkammer die Form einer abgeflachten Kugel, und die Luftdrehung wird durch zwei im wärmeisolierten Teil liegende Kanäle hervorgerufen. Der Strahl einer Einlochzapfendüse geht direkt durch die Mitte der Kammer und ist auf den Eintritt des Leitkanals gerichtet. Die Gründe für die Entwicklung dieser Kammerform waren folgende:

Bei der Untersuchung der Bauart „Comet" hatte man, wie erwähnt, gefunden,

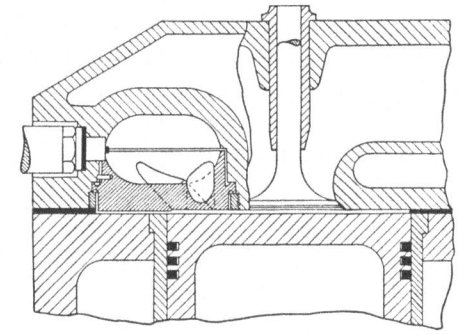
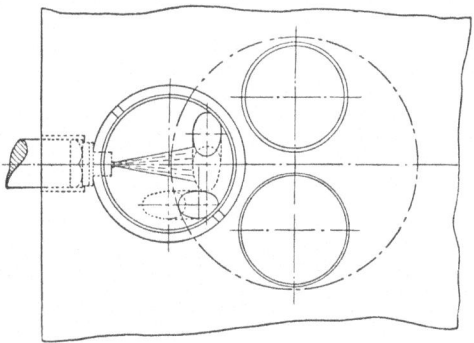

Bild 7.25. „Whirlpool"-Brennkammer

daß ein sehr gutes Anlassen des kalten Motors und ein ruhiger Lauf erzielt werden konnten, wenn der Kraftstoffstrahl durch die Kugelmitte ging und auf die Kanalmündung gerichtet war, so daß die Strahlspitze auf die heißeste Luft, die zuletzt aus dem Kanal strömte, im Gegenstrom auftraf. Man fand indessen, daß unter diesen Verhältnissen der Auspuff selbst bei einer sehr niedrigen Leistung rauchte, weil die Verbrennungsprodukte auf den Brennstoffstrahl zurückgetrieben wurden und ihn zu ersticken drohten. In der „Whirlpool"-Kammer sind zwei Kanäle vorgesehen, und der Strahl ist auf die Mündung des Leitkanals gerichtet, aber das Ersticken wird durch den Strom frischer Luft aus dem zweiten Kanal verhütet, der am Strahl vorbeifegt und dadurch die Verbrennungsprodukte fortspült. So konnte der Vorteil eines ausgezeichneten Anfahrens des kalten Motors und

7. Konstruktion des Brennraumes beim Dieselmotor

eines infolge des sehr kurzen Zündverzuges ruhigen Laufs vereinigt werden mit einer ziemlich hohen Leistung, die allerdings nicht so hoch wie bei dem „Comet" war. Die Verwendung zweier Kanäle steigert natürlich den unmittelbaren Wärmeverlust; daher ist der Wirkungsgrad unvermeidlich etwas kleiner als der des „Comet" und beträchtlich kleiner als bei den Motoren mit direkter Einspritzung oder beim „Comet Mark III". Bei kleineren Motoren sind indessen leichtes Anfahren,

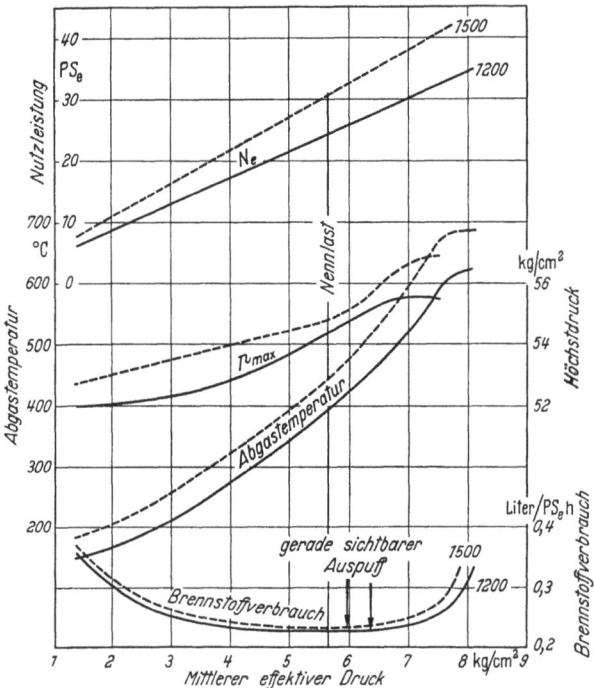

Bild 7.26. Leistungskurven eines kleinen „Whirlpool"-Motors von 95,2 mm Bohrung und 114,3 mm Hub

ruhiger und leiser Lauf und die Möglichkeit, mit sehr verschiedenen Kraftstoffen zu fahren, oft wichtiger als niedriger Kraftstoffverbrauch oder hohe Leistung.

In der „Whirlpool"-Kammer konnte man noch nicht ohne rauchenden Auspuff die Luft ebenso weitgehend ausnutzen wie bei den „Comet"-Kammern, und der Übergang vom sauberen zum rauchenden Auspuff tritt nicht so plötzlich ein. In dieser Hinsicht ähnelt sein Verhalten mehr dem des Motors mit direkter Einspritzung.

Bild 7.26 zeigt die Leistungskurven eines kleinen Vierzylindermotors; sie können als für diese Kammerform typisch betrachtet werden. Bild 7.27 gibt Indikatordiagramme für verschiedene Drehzahlen und

Konstruktion des Brennraumes beim Dieselmotor

Drehmomente, aber bei gleichem Einspritzbeginn wieder; aus ihnen ist ersichtlich, daß der Zündverzug nahezu unmerklich klein und daß die Steilheit des Druckanstieges nach dem Zünden höchstens so groß ist wie bei einem gewöhnlichen Benzinmotor; daher ist der Lauf ruhig, und das Dieselklopfen tritt nicht auf.

Der Verfasser hat hier jene beiden Wirbelkammerformen besprochen, aus deren Entwicklung er unmittelbar seine Erfahrungen gewonnen hat. Es gibt natürlich viele andere Beispiele der gleichen Bauart, die sich in Einzelheiten unterscheiden, während dieselben allgemeinen Schlußfolgerungen und durchweg die gleichen Kennzeichen für alle gelten.

Von den verschiedenen besprochenen Formen scheint der offene Brennraum mit direkter Einspritzung beim schiebergesteuerten Motor die günstigste von allen zu sein, denn:

1. Sie vereint eine offene Kammer mit einer Einlochdüse, die eine sich selbst reinigende Zapfendüse sein kann.
2. Der offene Brennraum kann im Zylinderkopf liegen, wo er leichter mit Wasser gekühlt werden kann

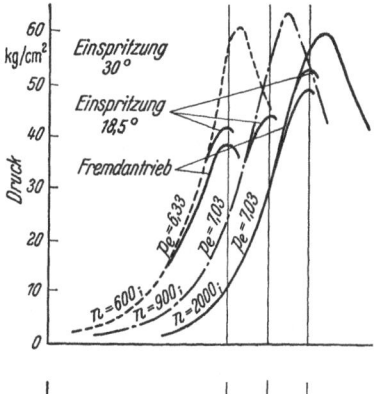
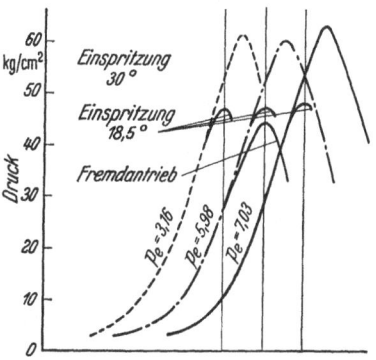

Bild 7.27. Indikatordiagramm eines kleinen „Whirlpool"-Motors

als im Kolben; daher hat der Kolben eine viel kleinere der Verbrennung ausgesetzte Oberfläche und bleibt viel kühler.

3. Da der Brennraum in einem feststehenden Teil liegt, kann man eine wärmeisolierte Auskleidung vorsehen und verwerten.

4. Die Einspritzdüse liegt so, daß sie gut gekühlt werden kann und das Ansaugvermögen des Motors nicht stört.

Das sind alles sehr wichtige Vorteile, und die Ergebnisse vollkommen durchentwickelter Motoren dieser Art haben im Versuchsfeld und in sehr langem und schwerem Betrieb gezeigt, daß jene Vorteile in der Tat bestehen.

Der Dieselmotor mit Schiebersteuerung verhält sich am günstigsten bei ziemlich großen Abmessungen, d. h. bei Zylinderdurchmessern von

125 mm oder darüber; er ist dagegen weniger geeignet für kleinere Zylinderabmessungen, die heute meist verlangt werden, denn:

1. Verglichen mit dem ventilgesteuerten Motor sind die Leckverluste im Schieber größer. Da der Leckweg sich linear ändert, so folgt daraus, daß, wenn die Zylinderabmessungen halbiert werden, der Leckweg ebenfalls halbiert wird, aber das Volumen nimmt auf ein Achtel ab. Bei Zylinderdurchmessern von 150 mm und darüber ist der Leckverlust unbedeutend, aber wenn diese Abmessungen halbiert werden, wird der Verlustanteil besonders in bezug auf das Anfahren des kalten Motors fühlbar.

2. Beim Leerlauf genügt die Auspufftemperatur nicht, um Schmieröl, das auf der Außenseite der Schieber durchgesickert ist, zu verdampfen oder zu verbrennen. Daher sammelt es sich an den Auspufföffnungen, bis der Motor belastet wird; dann erscheint es als plötzlicher Ausbruch eines blauen Rauches. Die Ölmenge, die sich so angesammelt haben mag, kann an sich unbedeutend sein, aber schon eine winzige Menge verursacht einen Stoß blauen Rauches. Dies Bedenken besteht nur bei Straßenfahrzeugmotoren, die häufig Leerlauf machen müssen und bei denen qualmender und stark riechender Auspuff besonders unangenehm ist.

Andererseits haben die Protokolle einer Anzahl von Dieselmotoren mit Schiebersteuerungen, die 15 bis 20 Jahre in Kraftwerken und Pumpanlagen in regelmäßigem Betrieb waren, einen dauernd hohen Wirkungsgrad und bemerkenswert niedrige Unterhaltungskosten gezeigt.

Achtes Kapitel

Anlassen von Dieselmotoren

Das Problem, Dieselmotoren aus kaltem Zustand anzulassen, ist zuweilen recht schwierig, besonders wenn keine elektrischen oder mechanischen Hilfsmittel verfügbar sind und man von Hand anlassen muß. Um ein einigermaßen leichtes Anfahren zu sichern, müssen wir oft ein höheres Verdichtungsverhältnis anwenden, als erwünscht wäre. Aber auch sonst gibt es Fälle, wo bei großer Kälte, bei sehr abgenutzten Laufbuchsen oder undichten Ventilen das Anlassen von Hand unmöglich wird, ohne der Zündung oder der Verdichtung nachzuhelfen.

Betrachten wir zuerst die Verhältnisse, unter denen ein kalter Motor angelassen wird. In einem Dieselmotor brauchen wir zur Zündung Temperatur und Druck der verdichteten Luft im Brennraum, um die Dampfhülle um jedes Kraftstofftröpfchen zuerst zu bilden und dann zu entzünden. Erstens muß die Temperatur hoch genug sein, um den

Zündpunkt des Kraftstoffes weit genug zu übersteigen. Zweitens muß der Druck hoch genug sein, um enge Berührung und damit schnellen Wärmeübergang von der Luft an die Oberfläche der Brennstofftropfen zu sichern. Der Zündverzug wird von dem Temperaturüberschuß abhängen, den wir herstellen können. Ist dieser zu knapp, so kann, auch wenn die Lufttemperatur über dem Zündpunkt des Kraftstoffes liegt, die Zeit zum Zünden so lang sein, daß der Kolben seinen Abwärtshub beginnt und die Temperatur sinkt, bevor das gewünschte Ergebnis erreicht worden ist.

Bei sehr niedrigen Anlaßdrehzahlen wird natürlich der Wärmeübergang an die kalte Zylinderwand während der Verdichtung sehr groß sein, außerdem werden die Verluste durch undichte Kolbenringe oder Ventile eine wichtige Rolle spielen, daher wird es beim Anlassen immer eine Mindestdrehzahl geben, unterhalb deren überhaupt kein Temperaturüberschuß mehr vorhanden ist, und eine etwas höherliegende Mindestdrehzahl, bei welcher der Temperaturüberschuß nicht ausreicht, um in der verfügbaren Zeit zu zünden. Wenn ferner ein kalter Motor zu schnell angedreht wird, dann wird zwar der Temperatur- und Drucküberschuß vergrößert, aber die Zeit kann zu kurz sein, so daß keine Zündung stattfindet. So gibt es für jeden Dieselmotor eine günstigste Anlaßdrehzahl, bei der das Kompromiß zwischen Temperatur- und Drucküberschuß einerseits und der Zeit andererseits für das Anfahren des kalten Motors am vorteilhaftesten ist. Wo die beste Drehzahl liegt, hängt ab von:

1. dem Verhältnis von Oberfläche zu Volumen und damit von der Zylindergröße, denn von ihm hängt der Wärmeverlust während der Verdichtung ab,

2. der Intensität der Luftdrehung, welche die Größe des durch Konvektion verursachten Wärmeverlustes während des Verdichtungshubes bestimmt,

3. der Abdichtung durch die Kolbenringe.

Bei verhältnismäßig kleinen Motoren mit einem Hubvolumen von ein bis zwei Litern je Zylinder und gutem Betriebszustand wird die beste Anlaßdrehzahl im allgemeinen in dem Bereich zwischen 200 und 300 U/min liegen, vorausgesetzt, daß das Trägheitsmoment des Schwungrades genügt, um eine einigermaßen gleichmäßige Winkelgeschwindigkeit während des Arbeitsspieles aufrechtzuerhalten.

Für das Anfahren kommt es nicht auf die mittlere Drehzahl an, sondern vielmehr auf die Winkelgeschwindigkeit während der letzten 60 Kurbelgrade des Verdichtungshubes, denn während dieser Zeit wird der größte Teil der Verdichtungsarbeit geleistet, und auf diesen Abschnitt entfällt der Hauptteil des Temperatur- und Druckanstieges. Ist das Schwungrad verhältnismäßig klein, so kann es vorkommen,

8. Anlassen von Dieselmotoren

daß beim Andrehen von Hand die Winkelgeschwindigkeit in diesem entscheidenden Zeitabschnitt, wenn der Arbeitsverbrauch am größten ist, weniger als die Hälfte der mittleren Winkelgeschwindigkeit beträgt. In diesem Fall wird die beste Anlaßdrehzahl entsprechend höher und deshalb weit außerhalb des Bereiches liegen, in welchem man noch von Hand anlassen kann. Um dies leicht bewerkstelligen zu können, ist in erster Linie ein reichlich bemessenes Schwungrad erforderlich.

In jedem Dieselmotor, der mit Luftdrehung arbeitet, und besonders bei Wirbelkammermotoren gibt es Stellen, an denen die Verdichtungstemperatur höher oder niedriger als die mittlere ist, daher ist es mit Rücksicht auf das Anfahren des kalten Motors erwünscht, den Brennstoffstrahl oder wenigstens einen Teil des Strahls auf die heißeste Stelle zu richten. Bild 8.1 zeigt ein typisches Beispiel für eine von vielen Messungen mit einem in die Kammer eingeführten Thermoelement, während der Motor mit Handanlaßdrehzahl angetrieben wurde. Obwohl die Trägheit des Thermoelementes so klein wie möglich gehalten

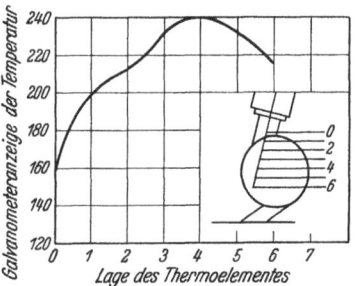

Bild 8.1. Temperaturanstieg in einer „Comet"-Brennkammer, gemessen durch ein eingeführtes Thermoelement

war, kann es natürlich nicht die höchste Verdichtungstemperatur anzeigen; daher darf man die Temperaturmessungen im Diagramm nur als Relativwerte betrachten. Aus den in verschiedenen Querschnitten gemessenen Temperaturen wie aus vielen anderen Messungen erkennt man, daß, wie in jeder Wirbelkammer zu erwarten, die Temperatur in größerer Nähe der Wand abnimmt. Andererseits weisen Querschnitte durch die Kammermitte eine etwas niedrigere Temperatur in der Mitte auf, die höchste Temperatur findet man etwa auf ein Viertel des Radius außerhalb der Mitte. Um einen möglichst raschen Wärmeübergang von der Luft zum Kraftstoff zu erreichen, ist es ferner wünschenswert, den Kraftstoffstrahl der Luftbewegung entgegenzurichten, obwohl er bei normalem Betrieb entweder senkrecht zur Luftströmung gerichtet oder der Strömung gleichgerichtet sein sollte. Um schließlich die Möglichkeit zu vergrößern, daß mehrere Tröpfchen sich entzünden, wenn der Temperaturüberschuß sehr knapp ist, sollte der Kraftstoff möglichst fein zerstäubt und weit verteilt werden. Das widerspricht aber den Bedingungen für den günstigsten Betrieb, und man muß daher, wie meistens, ein Kompromiß suchen.

Aus diesen Betrachtungen geht hervor, daß unter sonst gleichen Verhältnissen der Motor mit offenem Brennraum und direkter Einspritzung am leichtesten aus dem kalten Zustand anzulassen ist, denn er hat das kleinste Verhältnis von Oberfläche zu Volumen und die am wenigsten heftige Luftbewegung. Aber auch bei ihm gibt es Ausnahmen, wenn bei sehr großer Kälte, bei einem Kraftstoff niedriger Cetanzahl oder bei mangelhaftem Zustand des Motors das Anlassen ohne Zündhilfe unmöglich wird.

In allen Fällen und bei allen Brennraumbauarten findet man, daß das Einspritzen einer größeren Kraftstoffmenge über den für Vollast nötigen Betrag beim Anlassen des kalten Motors hilft, und dieser Kraftstoffüberschuß wird als Selbstverständlichkeit fast stets vorgesehen. Andere Anlaßhilfen sind:

1. Das Einspritzen einer kleinen Menge Brennstoff oder Schmieröl durch das Lufteinlaßventil; es bringt oft eine wesentliche Abhilfe und hat eine zweifache Wirkung:

a) Durch ihr Volumen erhöht die eingespritzte Menge vorübergehend das Verdichtungsverhältnis.

b) Sie verbessert kurzzeitig das Dichthalten der Kolbenringe und Ventile.

Abgesehen von dieser Anlaßhilfe nützt das Einspritzen von etwas Schmieröl dadurch, daß es die Zylinderlaufbuchse benetzt und so während der kritischen Zeit vor Korrosion schützt, solange die Wandtemperatur unter dem Taupunkt der korrodierenden Verbrennungsgase liegt und bevor der normale Schmierölkreislauf voll zur Wirkung gekommen ist. So vermindert sie den Laufbuchsenverschleiß.

2. Wenn Strom verfügbar ist, die Anwendung einer Glühkerze im Brennraum, die so angeordnet ist, daß wenigstens die äußersten Kraftstofftropfen auf sie treffen.

3. Wenn kein Strom vorhanden ist, die Anwendung einer Glimmpatrone, die gewöhnlich aus einem mit Natriumnitrat getränkten Löschpapierröllchen besteht, an Stelle der elektrischen Glühkerze. Die Patrone kann außerhalb des Motors angezündet und darauf mit Hilfe eines Halters in den Brennraum eingeführt werden, oder sie kann mit einem Stoff imprägniert werden, der einen sehr tiefliegenden Zündpunkt hat und sich bei einer ganz niedrigen Verdichtung entzündet.

4. Vorwärmen der eintretenden Luft durch eine Fackel oder einen elektrischen Heizkörper im Saugrohr. Wenn dies wirken soll, ist allerdings ein recht starkes Vorheizen nötig.

5. Ein Voreinspritzen von Kraftstoff vor der normalen Einspritzung, um so die Einspritzdauer zu vergrößern.

6. Einspritzen von Kraftstoff auf die heißeste Stelle und entgegen der Richtung der Luftströmung, d.h. durch Anwendung der „PINTAUX"-Düse, die in Kapitel 7 beschrieben wurde, oder durch einen ähnlichen Kunstgriff.

7. Anwendung einer langsam brennenden Korditpatrone, welche die Arbeit zum Andrehen des Motors und die Wärme zur Einleitung der Verbrennung liefert.

8. Einführen von Ätherdampf, der einen sehr niedrigen Zündpunkt und einen sehr weiten Mischungsbereich hat.

9. Verwendung von Benzin und elektrischer Zündung bei verkleinertem Verdichtungsverhältnis.

Die Wirkung der ersten sieben oben aufgezählten Verfahren ist klar, während die beiden letzten einer Erklärung bedürfen. Bei einer Untersuchung leichtflüchtiger flüssiger Brennstoffe, die zu Beginn der zwanziger Jahre im Versuchsfeld des Verfassers durchgeführt wurde, bemerkte man, daß Äther nicht nur einen sehr niedrigen Zündpunkt hat, sondern auch einen sehr weiten Bereich der Mischungsverhältnisse, besonders auf der reichen Seite. Bei der Erprobung im Motor des Verfassers mit veränderlicher Verdichtung wurde festgestellt, daß der Äther sich vor dem Funkenüberschlag schon bei einem niedrigsten Verdichtungsverhältnis von 3,8 :1 von selbst entzündete, wobei der Zündzeitpunkt und die Brenngeschwindigkeit durch Verändern des Mischungsverhältnisses von Äther zu Luft in weitem Bereich geändert werden konnten. Als sich einige Jahre später das Problem ergab, mehrere ziemlich große Versuchsdieselmotoren für Tanks anzulassen, bot sich eine Gelegenheit, diese Eigenschaft des Äthers zu verwerten, denn bei dem hohen Verdichtungsverhältnis konnte man auf die Selbstentzündung sogar bei den niedrigsten Außentemperaturen oder Anlaßdrehzahlen vertrauen.

Offenbar der leichteste und wahrscheinlich der einzige praktische Weg, einen so flüchtigen Brennstoff wie Äther zuzuführen, war der, das Gemisch außerhalb des Motors zu bilden. Dabei ist klar, daß die Druckspitze gefährlich hoch sein und wahrscheinlich zu früh eintreten würde, wenn eine volle Ladung aus Luft und Äther angesaugt und bei konstantem Volumen verbrannt werden würde. Daher erschien es wichtig, die Sauerstoffmenge, die der Motor bei der Anlaßdrehzahl ansaugen konnte, genau zu begrenzen. Dies wurde dadurch erreicht, daß man einen kleinen, etwas primitiven Äthervergaser vorsah, durch den nur ein sehr kleines Luftgewicht strömen konnte. Dieser Vergaser hatte eine kleine, aber tiefe Schale an Stelle des üblichen Schwimmerbehälters und eine eingetauchte Düse. Beim Anfahren wird die Hauptluftsaugleitung zu den Zylindern vollständig geschlossen; der Motor kann dann seine Ladung nur durch den sehr engen Äthervergaser ansaugen. So kann er infolge des starken Drosselns nur eine ganz geringe Ladung eines zu Anfang sehr reichen Gemisches ansaugen, das gerade genügt, um durch seine Verbrennung den Motor mit einer niedrigen Drehzahl anzutreiben. Wenn der Spiegel der kleinen Äthermenge in der Schale fällt, wird das Gemisch fortschreitend ärmer, bis es sich der chemisch richtigen Mischung nähert, so daß die Selbstzündung früher auftritt. Das Anwärmen des Kolbens und anderer Teile sowie das frühere Zünden bewirken zusammen, daß der Motor allmählich schneller läuft; inzwischen wird der normale Kraftstoff eingespritzt, aber bei der geringen Dichte und dem wenigen oder ganz fehlenden Sauerstoff in der Brennkammer kann er nicht brennen. Wenn der Maschinist nach einigen Sekunden die Drehzahl für normalen Dieselbetrieb für genügend hält, so öffnet er das Hauptabsperrorgan weit, beseitigt damit den Unterdruck in der Saugleitung und setzt dadurch den Äthervergaser außer Betrieb; dann sollte der Motor normal weiterlaufen. Wenn der Bedienungsmann zu früh eingegriffen hat und der Motor nicht sofort auf die eingestellte Drehzahl kommt, braucht er nur die Hauptluftdrossel zu schließen. Dann arbeitet der Äthervergaser wieder, und der Motor läuft bis zum nächsten Startversuch weiter mit Äther.

Dieses Anlaßverfahren mag beschwerlich und verwickelt erscheinen, aber es spricht viel dafür. Es wurde angegeben, um verhältnismäßig große Dieselmotoren in der ersten Zeit ihrer Entwicklung anzulassen, als elektrische Anlasser hinreichender Leistung noch nicht verfügbar waren. Das Verfahren ist jahrelang nicht benutzt worden, wurde aber während des Krieges wieder eingeführt und wird heute noch bei Dieselmotoren für militärische Zwecke gern angewendet.

Eine interessante Entwicklung, die sich aus dieser Technik ergeben hat, sind die sogenannten Kleindieselmotoren, die heute für Modellflugzeuge usw. weitverbreitet sind. Diese winzigen Motoren laufen mit einem außerhalb des Zylinders verdampften Äther-Luft-Gemisch oder einem Gemisch von Äther, Schmieröl und einigen Erdöldestillaten. Das Öl soll die sehr kleinen ringlosen Kolben gasdicht machen; die Destillate vergrößern den Heizwert. Ihr Funktionieren hängt ganz von der Selbstentzündung des Ätherdampfes ab, wodurch die elektrische Zündung entbehrlich wird. Obwohl sie als Dieselmotoren bezeichnet werden, arbeiten sie mit äußerer Gemischbildung und nach dem Gleichraumverfahren und sind daher eher den Benzinmotoren verwandt. Sie verdanken ihre Existenz und ihren Erfolg den besonderen Eigenschaften des Äthers, seiner Zündwilligkeit und der Regelbarkeit seines Zündpunktes durch Ändern des Mischungsverhältnisses.

Es ist in der Tat erstaunlich, daß es überhaupt möglich ist, einen kalten Motor von nur ein paar Kubikzentimeter Hubvolumen durch Selbstzündung anzufahren. Daß man dies kann, und zwar recht leicht kann, liegt nur an den besonderen Eigenschaften dieses Kraftstoffes.

Das Anfahren mit Benzin und mit niedriger Verdichtung wird für bestimmte Zwecke, besonders bei Fischereibootsmotoren, angewendet. In diesem Fall benutzt man ebenfalls einen kleinen Vergaser, um ein

Gemisch von Benzindampf und Luft in die Zylinder zu bringen. Das Gemisch wird elektrisch durch Zündkerze und Magnetzünder gezündet. Das Verdichtungsverhältnis wird verringert, indem man das Haupteinlaßventil offen hält und den Einlaßkrümmer, der dichtgesetzt wird, als zusätzlichen Verdichtungsraum benutzt, während die Zündkerze und ein weiteres automatisches Einlaßventil im Einlaßkrümmer vorgesehen sind. So kann beim Anlassen ein recht großer Motor bei einem sehr niedrigen Verdichtungsverhältnis leicht von Hand gedreht werden und läuft bei ganz niedriger Drehzahl mit einem passenden Vergaser und mit Magnetzünder an. Der Motor kann dann mit Benzin laufen, bis Kolben, Auslaßventile usw. gut angewärmt sind; nachher wird er auf Dieselbetrieb umgestellt, wozu man nur den Einlaßkanal öffnet und das Haupteinlaßventil auf normalen Betrieb schaltet.

Alle diese Anlaßhilfen sind nur unter sehr ungünstigen Bedingungen von Bedeutung, aber man steht zuweilen vor außergewöhnlichen Situationen, und dann ist jede Hilfe beim Ankurbeln von Hand willkommen, und auch bei elektrischem Anlassen kann alles von Vorteil sein, was die Entladung der Batterie zu verringern hilft.

Um das Anlaßverhalten des kalten Motors zu untersuchen, pflegt man den Motor in eine gekühlte Kammer zu bringen, ihn auf eine sehr niedrige Temperatur herunterzukühlen und dann die Zeit zu messen, nach der er bei einer bestimmten Anlaßdrehzahl anspringt. Dies Verfahren ist indessen recht langwierig; es dauert viele Stunden, ehe man den Motor auf die gewünschte niedrige Temperatur herunterkühlt, und ein einziges gelungenes oder nicht gelungenes Anfahren nach längerem Andrehen unter stark erhöhter innerer Reibung steigert die Motortemperatur so sehr, daß wieder mehrere Stunden Kühlung nötig werden.

Eine andere Methode, die der Verfasser angewandt hat, ist die, daß man ein verhältnismäßig niedriges Verdichtungsverhältnis benutzt und einen Kraftstoff aus dem normalen Destillationsbereich und von normaler Flüchtigkeit, aber mit einem hohen Zündpunkt (niedriger Cetanzahl), so daß bei normalen Raumtemperaturen keine Zündung eintreten wird. Der Motor, der ein sehr großes Schwungrad haben muß, damit die Winkelgeschwindigkeit auch bei den niedrigsten Anlaßdrehzahlen einigermaßen gleichförmig ist und bei Eintritt der Zündung nicht zu rasch ansteigt, wird dauernd mit einer gewünschten niedrigen Drehzahl angetrieben, wobei der Brennstoffpumpenkolben von seinem Nocken abgehoben wird. Die Temperatur der eintretenden Luft und des Kühlwassers wird allmählich gesteigert, und von Zeit zu Zeit läßt man den Pumpenkolben arbeiten, aber nur für drei oder vier aufeinanderfolgende Arbeitsspiele. Dies Verfahren wird wiederholt, wenn Luft- und Wassertemperatur steigen, bis Zündung eintritt. Unter der Voraussetzung, daß die nötigen Vorsichtsmaßregeln getroffen sind, gibt dies Verfahren ausgezeichnet übereinstimmende und wiederholbare Ergebnisse, so daß unter gleichen Bedingungen eine Änderung der Luft- und Wassertemperatur um nur 2° C genügt, um zu bestimmen, ob die Zündung mit Sicherheit eintritt oder überhaupt nicht. So ist es möglich, sehr schnell die Grenze zwischen Zünden und Nichtzünden zu finden und mit Muße in oft wiederholten Versuchen die Bedingungen an dem kritischen Punkt zu studieren und so in einer Stunde bequem ebensoviel Beobachtungen zu machen, wie man in einer Kühlkammer in einem Monat erhält. Dadurch kann man schnell und genau den Einfluß der Anlaßdrehzahl, der Cetanzahl der Brennstoffe, der verschiedenen Düsen, der Einspritzmengen und -zeiten, des Verdichtungsverhältnisses, des Aufladens und tatsächlich fast aller Faktoren untersuchen, die das Anfahren des kalten Motors beeinflussen.

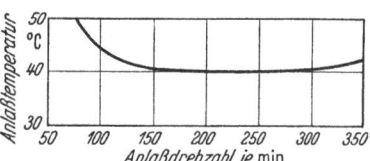

Bild 8.2. Einfluß der Drehzahl auf das Anlassen bei Kraftstoff der Cetanzahl 18

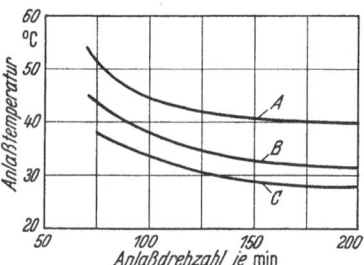

Bild 8.3. Vergleich der Anfahrtemperaturen bei verschiedenen eingespritzten Brennstoffmengen
(A) 85 mm³ je Einspritzung (entsprechend normaler Vollast)
(B) 128 mm³ je Einspritzung
(C) 170 mm³ je Einspritzung

Die Bilder 8.2 bis 8.8 zeigen typische Beobachtungen mit dieser Anlaßeinrichtung bei einer Brennkammer „Comet Mark III". In allen Fällen ist die Ordinate die Temperatur der Luft und des Kühlwassers, und in allen Fällen drückt diese Temperatur die Startfähigkeit aus.

Bild 8.2 zeigt die Wirkung der Anlaßdrehzahl im Bereich von 70 bis 350 U/min auf das Anfahren. Man erkennt, daß die beste Anlaßdrehzahl bei diesem kalten Motor zwischen 200 und 250 U/min liegt.

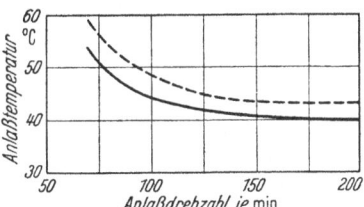

Bild 8.4. Vergleich der Anfahrtemperaturen bei verschiedenen Brennstoffeinspritzgeschwindigkeiten
——— Normal 3,6 mm³ je Grad Kurbelwinkel und Liter. Einspritzzeit 23° vor dem Totpunkt
-------- Gering 2,28 mm³ je Grad Kurbelwinkel und Liter. Einspritzzeit 28° vor dem Totpunkt

Bild 8.3 zeigt den Einfluß einer zu großen Kraftstoffmenge auf das Anlassen. Die normale Einspritzmenge für Vollast beträgt bei diesem Motor 85 mm³ je Arbeitsspiel; mit dieser Menge ergibt sich ein mittlerer effektiver Druck von 7,03 kg/cm² bei 1500 U/min; daher

120　　　　　　　　　　8. Anlassen von Dieselmotoren

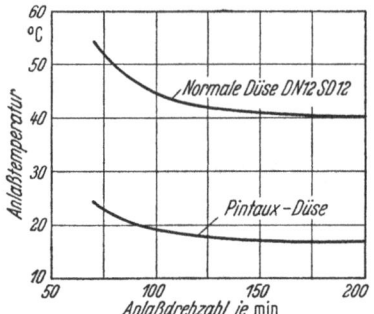

Bild 8.5. Vergleich zwischen normaler Düse und PINTAUX-Düse (Kraftstoff mit Cetanzahl 18)

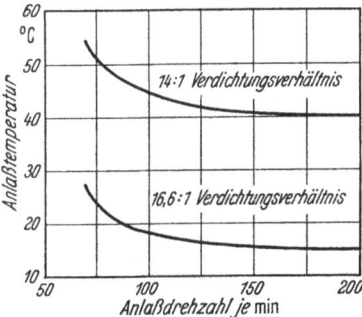

Bild 8.6. Wirkung des Verdichtungsverhältnisses auf das Anfahren bei Kraftstoff mit Cetanzahl 30

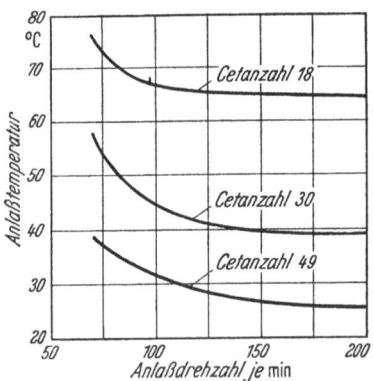

Bild 8.7. Vergleich der Anfahrtemperaturen bei Kraftstoffen verschiedener Cetanzahlen (Verdichtungsverhältnis 14:1)

entsprechen die Übermengen bei B und C 50 bzw. 100% der normalen Einspritzmenge.

Bild 8.4 veranschaulicht die Wirkung zweier verschiedener Kraftstoffeinspritzgeschwindigkeiten (jede zu dem ihr zugehörigen Einspritzzeitpunkt) auf das Anlassen.

Bild 8.5 zeigt die Wirkung der PINTAUX-Düse, die bei Anlaßdrehzahlen einen Brennstoffstrahl in den heißesten Teil des Brennraumes entgegen der Drehrichtung der Luft spritzen soll.

Bild 8.6 zeigt die Wirkung zweier verschiedener Verdichtungsverhältnisse, nämlich 14:1 und 16,6:1. Es ist interessant, festzustellen, daß das höhere Verdichtungsverhältnis fast genau die gleiche Wirkung hat wie die PINTAUX-Düse bei dem kleineren Verdichtungsverhältnis.

Bild 8.7 zeigt den Einfluß ganz verschiedener Cetanzahlen bei Kraftstoffen ähnlicher Flüchtigkeit auf das Anlassen.

Bild 8.8 gibt den Einfluß der Aufladung wieder. In diesem Fall ist zu beachten, daß hier nur eine Wirkung des Druckes vorliegt, denn in allen Fällen wurde die Temperatur der Laderluft genauso geregelt wie die der normal angesaugten Luft. Es ist interessant, daß die Wirkung des Aufladens bei sehr niedrigen Drehzahlen infolge der kleineren relativen Wärmeverluste bei der höheren Dichte am stärksten hervortritt.

Betrachtet man die Faktoren, die das Anfahren des kalten Motors beeinflussen, so müßte man eigentlich erwarten, daß im Grenzfall nur ein kleiner Teil der Tröpfchen, nämlich die, die an die heißeste

Stelle gelangt waren und dort am längsten blieben, sich entzünden würde und daß die Zündung sich so langsam ausbreiten würde, daß sie selbst am Ende des Expansionshubes bei weitem noch nicht beendet wäre. In diesem Fall würde das Indikatordiagramm keinen klar ausgeprägten Druckanstieg, sondern nur eine Ausbeulung in der Expansionslinie zeigen.

Für den Verfasser war es etwas überraschend, daß dies nie vorkam. Bei einigen hundert Anfahrversuchen unter Bedingungen, bei denen es gerade nicht mehr sicher war, ob die Zündung eintreten würde oder nicht, zeigte das Indikatordiagramm stets entweder überhaupt keine Zündung oder aber vollkommene Zündung, die sich durch sehr steilen Druckanstieg auswies. Wenn überhaupt Zündung eintrat, ähnelte das Anfahrdiagramm

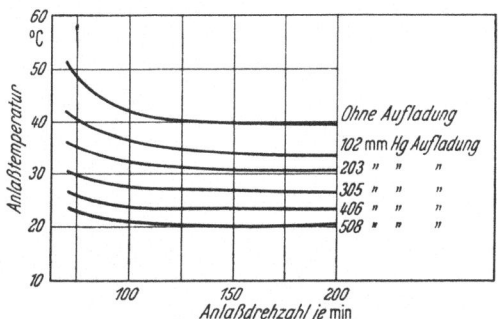

Bild 8.8. Wirkung des Aufladens auf das Anfahren bei einer Cetanzahl des Kraftstoffs von 18 und einem Verdichtungsverhältnis 14 : 1

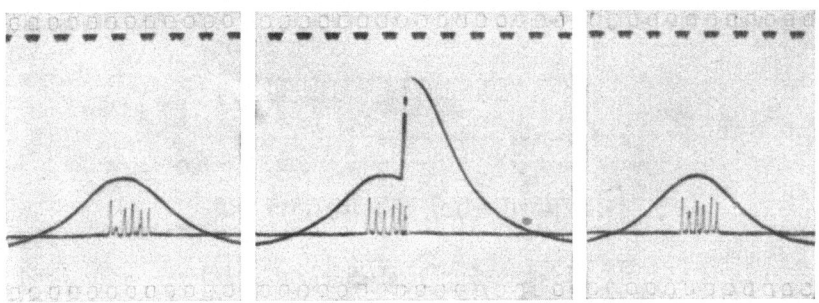

Bild 8.9. Anlaßversuch bei 100 U/min. Wasser- und Lufteintrittstemperatur 45° C

dem normalen Vollastdiagramm. Nur der Zündverzug war etwas größer, und der darauffolgende Druckanstieg war steiler.

In derartigen unstabilen Grenzfällen fand man oft, daß die Zündung beim ersten oder zweiten Arbeitsspiel eintrat, aber nicht beim dritten, vermutlich als Folge einer leichten Verdünnung der Luft durch Abgasreste, die einer geringen Abnahme der Dichte in der Wirkung gleichkam, während die Wärme, die von der Verbrennung bei nur einem Arbeitsspiel übrigblieb, nicht ausreichte, um diese Wirkung auszugleichen.

Wie schmal dies Grenzgebiet ist, zeigt die Beobachtung, daß unter gleichen Bedingungen eine Änderung der Umgebungstemperatur um nur 2° C genügte, um zu entscheiden, ob der Motor mit Sicherheit anlief oder überhaupt kein Anzeichen einer Zündung erkennen ließ.

Bild 8.9 zeigt das Lichtbild eines typischen Anlaßdiagramms bei ganz unsicheren Grenzbedingungen. Man sieht, daß beim ersten und dritten Arbeitsspiel keine Zündung eintrat, daß aber beim zweiten Arbeitsspiel gerade vor dem Ende der Einspritzung gezündet wurde. Aus dem sehr steilen Druckanstieg wird offenbar, daß die Hauptmenge des eingespritzten Kraftstoffs sich fast gleichzeitig entzündet haben muß, während nichts auf ein Nachbrennen hinweist.

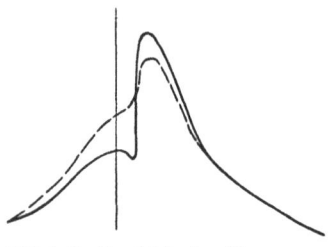

Bild 8.10. Vergleich der Diagramme bei Anlaßdrehzahl und bei Vollast mit 1500 U/min
——— Anlassen mit 100 U/min und 100% Kraftstoffüberschuß
------- Vollast mit 1500 U/min

Bild 8.10 zeigt übereinander gezeichnet ein typisches Anlaßdiagramm bei 100 U/min und ein normales Diagramm bei Vollast mit 1500 U/min mit dem gleichen Kraftstoff und dem gleichen niedrigen Verdichtungsverhältnis. Im letzten Fall ist der Kompressionsdruck viel höher, teils wegen der hohen Temperatur des wärmeisolierten Teils, des Kolbens usw., teils wegen der kleineren relativen Wärmeverluste bei der höheren Drehzahl.

Neuntes Kapitel

Mechanischer Wirkungsgrad

Bei dem Entwurf irgendeiner Wärmekraftmaschine muß unser erstes Ziel sein, einen möglichst großen Teil der Wärmeenergie des Brennstoffs in nutzbare Arbeit umzuwandeln; dies erstreben wir nicht nur aus den augenfälligen Gründen einer wirtschaftlichen Kraftstoffausnutzung und einer hohen Leistung, sondern auch, weil, je größer der Anteil der Wärme ist, der in nutzbare Arbeit umgewandelt wird, um so weniger zu befürchten ist, daß Schwierigkeiten durch überhitzte Auslaßventile, festsitzende Kolbenringe und die vielen bekannten Störungen auftreten, die mit übermäßig großem Wärmefluß zusammenhängen.

Es nützt uns indessen nichts, wenn wir nach dem höchstmöglichen thermischen Wirkungsgrad streben und dabei durch vergrößerte innere Reibung oder durch Luftpumpenarbeit alles das verlieren, was wir durch verbesserte thermodynamische Bedingungen gewonnen haben. Daher ist es von größter Bedeutung, daß wir die verschiedenen Verlustquellen zwischen Kolbenboden und Schwungrad auf den unbedingten Mindestwert bringen. Wir haben auch zu bedenken, daß bei weitem die meisten schnellaufenden Verbrennungsmotoren für den Straßenverkehr bestimmt sind und daß der Betrieb im Straßenverkehr einen sehr weiten Drehzahlbereich verlangt, während das Drehmoment im Durchschnitt meist nur 25 bis 35% des Höchstwertes bei einer ziemlich hohen Motordrehzahl hat. Das sind Bedingungen, bei denen die mechanischen Verluste tatsächlich sehr viel ausmachen.

Besonders auf diesem Gebiet steht der Konstrukteur vor widerstreitenden und weitgehend unvereinbaren Forderungen. Die Lebensdauer verlangt große Lagerflächen; ruhiger Lauf erfordert lange Kolben und enge Spiele; die Betriebssicherheit bedingt große Kurbelwellendurchmesser usw.; all dies steigert die Reibungsverluste in beunruhigendem Maß. Der Konstrukteur sieht sich daher zu vielen Kompromissen gezwungen, vor denen ihn keine Regel und kein Rechnen bewahren kann. Er muß meist auf seine gesammelten Erfahrungen und sein eigenes Urteil vertrauen. Dabei sind nach der Erfahrung des Verfassers Reibungsverluste äußerst schwierig ausfindig zu machen; sie ändern sich von einem Motor zum andern in einer Weise, die sehr schwer zu erklären ist.

Messung des mechanischen Wirkungsgrades. Um den mechanischen Wirkungsgrad abzuschätzen, müssen wir zuvor den mittleren indizierten Druck kennen; aber dies ist nicht immer einfach. Wir können recht genau den mittleren effektiven Druck mit dem Dynamometer unmittelbar messen; aber bis jetzt wurde kein Indikator entwickelt, der auch nur eine einigermaßen genaue Messung des mittleren indizierten Druckes eines schnellaufenden Motors ermöglicht. Bei den besten modernen Indikatoren kann man sich darauf verlassen, daß sie recht genau die Druckänderungen während eines Arbeitsspiels geben, und um die Verbrennung zu studieren, ist dies alles, was wir brauchen; aber bei keinem Indikator kann man sicher sein, daß er so genau in Phase mit dem Motor arbeitet, daß er eine genaue Messung des mittleren indizierten Druckes ermöglicht. Überdies wird das Problem mit steigenden Höchstdrücken zunehmend schwieriger. Wenn man die Drücke über dem Kolbenweg aufträgt, drängen sich die Hauptdruckänderungen, die um den oberen Totpunkt auftreten, derart im Hochdruckbereich des Diagramms zusammen, daß ein Irrtum in der Phase um nur einen Grad die Diagrammfläche um 5% oder mehr ändern kann. Daher müssen wir entweder auf Versuche mit Fremdantrieb oder auf den MORSE-Versuch zurückgreifen, um die gesamten mechanischen Verluste und daraus den mittleren indizierten Druck zu bestimmen. Bei Dieselmotoren können wir die

9. Mechanischer Wirkungsgrad

mechanischen Verluste angenähert messen, wenn wir die Kurve des Kraftstoffverbrauches in Abhängigkeit vom mittleren effektiven Druck bis zum Kraftstoffverbrauch Null verlängern.

Von diesen Verfahren gibt der Versuch mit Fremdantrieb, wenn er möglichst genau unter Betriebsbedingungen durchgeführt wird, die gesamten mechanischen Verluste und die Verluste durch Pumparbeit fast richtig wieder, aber er gibt besonders bei Motoren mit sehr hoher Verdichtung zu große Verluste an.

Der MORSE-Versuch ist nur anwendbar für Vielzylindermotoren. Er besteht darin, daß der Motor mit Belastung durch das Bremsdynamometer läuft, bis Beharrungszustand erreicht ist; dann schaltet man jeweils einen Zylinder ab und mißt den Abfall des Drehmomentes, während die gleiche Drehzahl aufrechterhalten wird. Der beobachtete Drehmomentunterschied ist dem mittleren indizierten Druck des nicht arbeitenden Zylinders proportional. Dies Verfahren gibt den mittleren indizierten Druck recht zuverlässig wieder, solange das Abschalten eines Zylinders nicht die Leistung der anderen beeinflußt. Die meisten Vielzylindermotoren haben indessen gemeinsame Auspuffleitungen, und das Abschalten irgendeines Zylinders muß die Folge der Auspuff-Druckimpulse stören und kann so den Ladegrad der andern Zylinder günstig oder ungünstig beeinflussen. Da die Messung von der Ablesung einer verhältnismäßig kleinen Differenz abhängt, hat eine sehr kleine Änderung des Liefergrades der meisten Zylinder einen großen Einfluß auf den gemessenen Unterschied. Im großen ganzen scheint indessen der MORSE-Versuch recht zuverlässig zu sein, solange der Motor gegen Auspuffschwingungen nicht zu empfindlich ist, d. h., solange die Ventilöffnungen sich nicht übermäßig überdecken und der Auspuff nicht gedrosselt ist.

Das dritte Verfahren, nämlich die WILLANS-Linie des Kraftstoffverbrauches bis zum Kraftstoffverbrauch Null zu verlängern, ist natürlich nur für Dieselmotoren anwendbar. Seine Schwäche liegt darin, daß die WILLANS-Linie nicht ganz gerade ist, sondern sich am gemischarmen Ende ein wenig und am reichen Ende infolge unvollkommener Verbrennung beträchtlich nach oben biegt; indessen ist meist eine hinreichend lange gerade Strecke im mittleren Bereich vorhanden, die eine ziemlich genaue Extrapolation erlaubt. Bild 9.1 zeigt typische Versuchsergebnisse eines Sechszylinder-Dieselmotors bei 1600 U/min. Dieser Motor hat Wirbelkammern und daher eine mehr lineare Beziehung zwischen Kraftstoffverbrauch und Leistung als ein Motor mit direkter Einspritzung.

Da der Versuch mit Fremdantrieb am gebräuchlichsten ist und bei elektrischer Bremsung am schnellsten geht und am einfachsten ist, lohnt es sich, ihn eingehender zu besprechen.

Es ist üblich und sicherlich auch bequem, Reibungsverluste und andere Verluste, die sich aus Versuchen mit Fremdantrieb oder anderen Versuchen ergeben haben, im Maßstab der ihnen entsprechenden mittleren Drücke darzustellen. Man kann natürlich nicht sagen, daß, wenn der Motor fremdangetrieben wird, die reinen Reibungsverluste oder die Luftpumparbeit die gleichen sind wie die beim Lauf aus eigener Kraft. Aber bei einem niedrigen Verdichtungsverhältnis von 6,0:1 oder weniger gleicht die gesteigerte Luftpumparbeit beim Fremdantrieb gerade etwa den verminderten Reibungsverlust aus, so daß der Gesamtverlust, d.h. Reibung plus Pumparbeit, meist mit einer Toleranz von ±5% richtig geschätzt wird. So zeigt Bild 9.2 zwei übereinander gezeichnete Schwachfederdiagramme, wobei die ausgezogene Linie für Fremdantrieb, die gestrichelte Linie für den normalen Betrieb

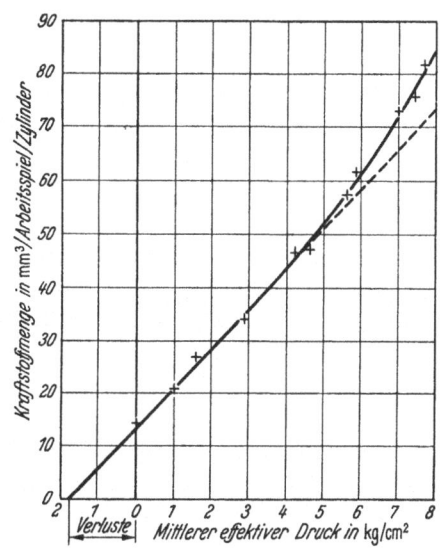

Bild 9.1. Bestimmung des mechanischen Wirkungsgrades durch die WILLANS-Linie. Sechszylinder-Dieselmotor bei 1600 U/min

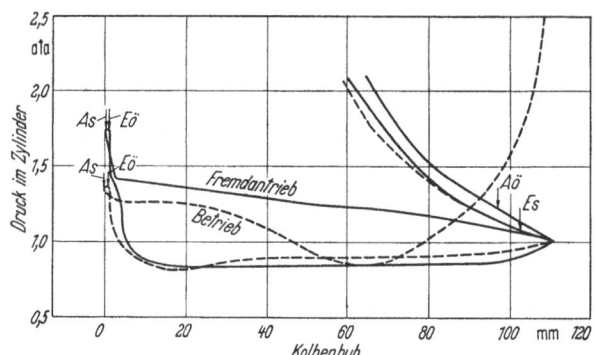

Bild 9.2. Schwachfederdiagramme bei 1600 U/min. Versuchsbedingungen: Verdichtungsverhältnis 6:1. Temperatur des Zylindermantels 100° C. Saug- und Auspuffleitungen angebaut

gilt. Im zweiten Fall ist der Auspuffgegendruck wegen der kinetischen Energie der unter hohem Druck ausströmenden Abgase beträchtlich geringer. In diesem typischen Beispiel entspricht die Luftarbeit beim Ausschieben und Füllen des Zylinders einem mittleren Arbeitsdruck von 0,35 kg/cm² beim Fremdantrieb und 0,30 kg/cm² im normalen Betrieb. Mit einem durchschnittlichen mechanischen Wirkungsgrad von 80% sollte die Schätzung des mittleren indizierten Druckes daher innerhalb von $\pm 1\%$ richtig sein; das ist für alle praktischen Zwecke genau genug, doch gilt es nur für Motoren mit einem verhältnismäßig niedrigen Verdichtungsverhältnis.

Bei Motoren mit sehr hoher Verdichtung gibt das Verfahren mit Fremdantrieb in manchen Fällen die Gesamtverluste um 15 bis 20% zu groß an wegen der besonders großen negativen Arbeit infolge der Wärmeverluste an die Zylinderwand während des Verdichtungs- und Ausdehnungshubes. Denn dieser Verlust ist zum großen Teil nur fiktiv, da er im wesentlichen schon bei der Bremsleistungsmessung erfaßt und in Abzug gebracht wird. Überdies sind die inneren Temperaturen beim Fremdantrieb und beim normalen Betrieb so voneinander verschieden, besonders wenn ein wärmeisolierter Teil in der Brennkammer vorhanden ist, daß die Bedingungen sogar umgekehrt sein können und beim normalen Betrieb während des ganzen Kompressionshubes oder eines Teils Wärme aufgenommen wird. Wir können leider die Fläche der negativen Kompressions-Expansions-Schleife nicht aus Indikatordiagrammen bestimmen, denn dies hängt von der Genauigkeit der Übereinstimmung der Phasen weitgehend ab. Wir können dem nur sehr angenähert durch verschiedene indirekte Beobachtungen oder durch ein Eliminationsverfahren näherkommen. Die Fläche der Kompressions-Expansions-Schleife ändert sich auch mit der Zylindergröße und der Drehzahl, aber da kleinere Motoren meist mit höheren Drehzahlen laufen, haben diese beiden Wirkungen die Tendenz, sich aufzuheben. Bei Benzinmotoren entspricht der Verlust einem mittleren Arbeitsdruck von etwa 0,07 kg/cm² bei einem Verdichtungsverhältnis von 4:1 und steigt auf etwa 0,14 kg/cm² bei 7,0:1. Im ersten Fall gleicht er wahrscheinlich kaum den zusätzlichen Reibungsverlust aus, der im Betrieb auftritt; im letzten Fall macht er wahrscheinlich mehr aus.

Für Dieselmotoren mit Verdichtungsverhältnissen von 15 bis 18:1 kann der Wärmeverlust während der Kompression und Expansion 0,35 bis 0,55 kg/cm² oder noch mehr ausmachen, wenn sehr starke Luftdrehung angewendet wird. Weil dies aber weitgehend ein fiktiver Wert ist, der die größere Reibung im Betrieb weit übertrifft, sollte man einen großen Teil davon von dem bei Fremdantrieb beobachteten Wert abziehen. Wieviel im einzelnen Fall abzuziehen ist, muß geschätzt werden, aber die Erfahrung lehrt, daß man bei Motoren mit offenem Brennraum und schwacher Luftdrehung etwa 0,14 kg/cm² von den bei Fremdantrieb beobachteten Verlusten abziehen sollte und daß bei Wirbelkammermotoren, die meist ein etwas höheres Verdichtungsverhältnis und eine viel stärkere Luftdrehung haben, etwa 0,35 kg/cm² abgezogen werden sollten.

Im großen und ganzen scheinen bei Zündermotoren die Verluste bei Fremdantrieb nahezu richtig die gesamten mechanischen Verluste und Pumpverluste beim Betrieb wiederzugeben. Aber bei Dieselmotoren sollte man je nach Größe und Art des Motors 0,14 bis 0,35 kg/cm² von dem bei Fremdantrieb beobachteten Wert abziehen.

Die einzelnen mechanischen Verluste. Sobald wir glauben, zu einer ziemlich richtigen Schätzung der gesamten mechanischen Verluste und der Pumpverluste gelangt zu sein, müssen wir bemüht sein, sie aufzuteilen, damit wir die Hauptschuldigen fassen können.

Zunächst kann die Luftarbeit beim Entleeren und Laden des unter Last laufenden Zylinders durch Schwachfederdiagramme ermittelt werden. Da die Druckänderungen verhältnismäßig klein und relativ gleichmäßig über den Zeitmaßstab verteilt sind, haben bei der Phasenbestimmung auch größere Fehler nur einen unbedeutenden Einfluß auf die Diagrammfläche.

Wenn wir die Luftpumparbeit berechnet und die negative Arbeit durch Wärmeverlust während des Kompressions- und Expansionshubes bei Fremdantrieb geschätzt haben, bleiben nur die rein mechanische Reibung und die Leistung übrig, die von den Hilfseinrichtungen verbraucht wird, welche für den Betrieb des Motors wesentlich sind. Diese Leistung kann natürlich für sich recht genau durch direkte Dynamometermessung abgeschätzt werden. Es bleibt die Reibung der Kolben, der Kurbelwelle, des Ventilantriebs usw. Fast immer haben die Kolben den größten Anteil daran, einen Anteil, der am schwierigsten abzuschätzen ist, weil Temperatur und Druck eine so große Rolle in bezug auf die Größe der Kolbenreibung spielen. Die Temperatur bestimmt die Zähigkeit des Ölfilms zwischen Kolben und Zylinderwand, und der Druck bestimmt den Normaldruck auf die Zylinderwand und die radiale Belastung der Kolbenringe, denn wenn der Gasdruck nicht hinter einen Kolbenring treten kann, wird dieser nicht dichten, sondern sich radial zusammendrücken. Die Zusammenhänge werden dadurch noch verwickelter, daß der Schmierzustand des Kolbens und seiner Ringe zwischen einer Grenzreibung, wenn der Kolben an den Hubenden umkehrt, und wahrscheinlich reiner Flüssigkeitsreibung in der Hubmitte liegt, so daß der Reibungskoeffizient periodisch sehr weit schwankt.

Der verhältnismäßig kleine Unterschied im Normaldruck auf die Gleitbahn zwischen Normalbetrieb und Fremdantrieb hat wahrscheinlich keinen wesentlichen Einfluß auf die Reibung, weil in einem schnellaufenden Motor die Trägheitskraft bei jedem Hub eine erhebliche Normalkraft ergibt, während der zusätzliche Gasdruck im Betrieb, der nur bei jedem vierten Hub auftritt, die durchschnittliche Normalkraft des ganzen Arbeitsspiels nur wenig vergrößert.

Nicht zweifelhaft ist indessen, daß der Gasdruck hinter den Ringen einen sehr bedeutenden Einfluß hat. Aus Indikatordiagrammen, die von der Rückseite der Kolbenringe (in diesem Fall von Kopfringen eines schiebergesteuerten Motors) genommen wurden, fand man, daß der Gasdruck hinter dem ersten Ring dem Druck im Brennraum sehr nahe lag. Wollte man den Druck daran hindern, dann würde der Ring ständig zurückfedern und blasen. Der Druck hinter dem zweiten und dritten Dichtungsring war natürlich sehr viel niedriger und zeigte geringere periodische Schwankungen, war aber gleichwohl von beträchtlicher Größe im Vergleich zum normalen radialen Anpressungsdruck der Ringe. Einige Versuche, die Kolbenringreibung in einem schnellaufenden Dieselmotor zu messen (120,6 mm Bohrung, 1500 U/min), zeigten, daß unter Vollast bei einem Verdichtungsdruck von 38,7 kg/cm^2 und einem Höchstdruck von 56,2 kg/cm^2 die Reibung des ersten Dichtungsringes einem mittleren Arbeitsdruck von 0,17 bis 0,21 kg/cm^2 entsprach, die des zweiten Ringes 0,07 bis 0,1 kg/cm^2 und die des dritten 0,035 bis 0,07 kg/cm^2, während der Ölabstreifring etwa 0,035 kg/cm^2 entsprach. So machten alle Ringe zusammen bei Vollast einen mittleren Druck von 0,32 bis 0,42 kg/cm^2 aus. Waren die Zylinderköpfe abgenommen und daher kein Gasdruck vorhanden, so entsprach die Reibung der gleichen Ringe bei Fremdantrieb zusammen ungefähr einem mittleren Druck von 0,1 kg/cm^2. Diese Werte dürfen nur als rohe Annäherung betrachtet werden, aber ihre Größenordnung wurde durch andere Versuche mit einer besonderen Einrichtung zum Prüfen der Kolbenringe bestätigt. Sie gelten für einen Dieselmotor, bei dem infolge des sehr hohen Verdichtungsverhältnisses der hohe Gasdruck verhältnismäßig lange aufrechterhalten bleibt. Bei einem Zündermotor ist der mittlere Gasdruck hinter den Ringen viel geringer und die Reibung infolge der Gasbelastung wahrscheinlich wenig mehr als halb so groß wie beim Dieselmotor.

Man wird kaum fehlgehen, wenn man annimmt, daß die Kolbenringreibung vom Fremdantrieb, bei dem die Ringe nur dem Verdichtungsdruck ausgesetzt sind, bis zum Lauf unter Vollast um einen Wert steigt, der einem mittleren Druck von etwa 0,14 bis 0,17 kg/cm^2 bei Dieselmotoren und etwa 0,1 kg/cm^2 bei Zündermotoren entspricht.

Sodann haben wir die Reibung des Kolbens selbst ohne die Ringe zu betrachten. Sie hängt von dem Gewicht des Kolbens mit Kolbenbolzen sowie dem des hin- und hergehenden Teiles der Pleuelstange und von der Größe der an der Zylinderwand anliegenden Fläche ab. Das Kolbengewicht entscheidet die Größe der Kraft, die normal zur Zylinderwand wirkt, da diese Kraft infolge der Trägheitskräfte ausschlaggebend ist. Je leichter der Kolben, um so geringer ist die durch die Normalkraft verursachte Reibung, und zwar ist sie jener nahezu direkt proportional, da der Gasdruck, wie schon erwähnt, bei hohen Drehzahlen die mittlere Normalkraft während eines Arbeitsspiels nur wenig vergrößert. Die Größe der tragenden Fläche bestimmt die Fläche des auf Schub beanspruchten Ölfilms, und der Widerstand dieses Ölfilms macht einen großen, wahrscheinlich den überwiegenden Teil der Kolbenreibung aus. Leider steigt der Scherwiderstand bzw. die Zähigkeitsreibung unter den vorherrschenden Bedingungen mit steigender Drehzahl; er kann bei hohen Drehzahlen einen großen Wert erreichen, der natürlich von der Temperatur und der zugehörigen Viskosität abhängt. In geringem Maß hängt er auch von dem Kolbenspiel ab. Wir können praktisch natürlich nicht die durch die Normalkraft verursachte Reibung von der Zähigkeitsreibung trennen, denn beide beeinflussen sich gegenseitig, aber der Einfluß der Zähigkeit scheint ausschlaggebend zu sein. Wir können die Kolbenreibung sehr beträchtlich verringern, wenn wir einen kurzen, geschlitzten Kolbenmantel mit ziemlich großem Spiel benutzen, aber nur auf Kosten der Laufruhe und des Schmierzustandes. Je höher die Verdichtungs- und Arbeitsdrücke sind, um so heftiger kippt und klappert der Kolben und um so mehr Schmieröl müssen wir durch die Lager und von dort an die Zylinderwand drücken. Je weiter wir in dieser Richtung fortschreiten, desto mehr wird die Kolbenkonstruktion ein Ergebnis von Kompromissen.

Unter den verschiedenen Faktoren, welche die Kolbenreibung beeinflussen, scheint die Zähigkeitsreibung sehr wichtig zu sein; sie steigt sehr schnell mit der Geschwindigkeit, ist aber fast unabhängig vom Gasdruck. Von gleicher Bedeutung ist die Kolbenringreibung, die von der Geschwindigkeit fast unabhängig, dem Gasdruck dagegen fast proportional ist.

Der zweitgrößte Posten ist die Reibung der Kurbelwelle in ihren Lagern. Hier liegt vollkommene Flüssigkeitsreibung mit einem sehr niedrigen Reibungskoeffizienten vor, aber auch hier spielt die Zähigkeit eine wichtige Rolle, so daß die Größe der Kurbelwellenreibung mehr eine Funktion der Gleitgeschwindigkeit als der Belastung ist. Die anderen Posten, wie Ventilantrieb und Hilfsantriebe, machen meist sehr wenig aus, da von den Hilfseinrichtungen, die für den Betrieb des Motors erforderlich sind, abgesehen etwa von dem Dynamo, dem Ventilator oder der Vakuumpumpe, nur die Kühlwasserpumpe eine merkliche Leistung verbraucht, die aber selten mehr als $0{,}07$ kg/cm^2 ausmacht.

Man kann bei den verschiedenen Pump- und Reibungsverlusten den Unterschied zwischen Schätzung bei Fremdantrieb und wirklichem Wert bei Vollastbetrieb etwa wie folgt annehmen:

9. Mechanischer Wirkungsgrad

1. *Luftpumparbeit*. Die Messung beim Fremdantrieb wird leicht einen zu großen Betrag ergeben, weil bei Fremdantrieb die kinetische Energie der Auspuffsäule wegfällt. Die Messung wird im allgemeinen um etwa 0,07 bis 0,1 kg/cm² zu hoch ausfallen.

2. *Kolbenreibung*. Die Messung bei Fremdantrieb wird zuwenig angeben, weil die Kolbenringe nur durch den Verdichtungsdruck belastet sind. Dagegen wird die Zähigkeitsreibung im normalen Betrieb wegen der höheren Kolbentemperatur etwas kleiner sein, was aber von der im Durchschnitt größeren Normalkraft wieder ausgeglichen wird. Ingesamt wird die Messung bei Fremdantrieb etwa 0,1 bis 0,2 kg/cm² je nach der Zahl der Kolbenringe und dem Arbeitsdruck zuwenig ergeben.

3. *Kurbelwelle, Pleuelstange und Kurbelzapfenlager*. Die Messung bei Fremdantrieb wird um etwa 0,07 kg/cm² zuwenig ergeben.

4. *Andere mechanische Werte*. Die Messung bei Fremdantrieb dürfte richtig sein.

5. *Kompression und Expansion*. Das ist, wie schon erläutert, ein nur fiktiver Wert, der 0,07 kg/cm² bei einem Zündermotor mit niedriger Verdichtung bis zu 0,56 kg/cm² bei einem kleinen Dieselmotor mit sehr hoher Verdichtung und starker Luftdrehung ausmachen kann.

Es scheint demnach, daß bei einem Motor mit niedriger Verdichtung die verschiedenen zu niedrigen und zu hohen Schätzungen beim Versuch mit Fremdantrieb sich gerade etwa aufheben. Man hat in der Tat viele indirekte, aber gleichwohl zuverlässige Beweise, daß bei Verdichtungsverhältnissen von 5 bis 6 : 1 der Versuch mit Fremdantrieb die Summe der Pumpverluste und Reibungsverluste ziemlich richtig ergibt, wenn er sorgfältig und möglichst bei den Betriebstemperaturen durchgeführt wird. Aber bei höheren Verdichtungsverhältnissen gibt der Versuch mit Fremdantrieb beträchtlich zu große Werte.

Vergleich der mechanischen Verluste von Benzin- und Dieselmotoren. Betrachten wir zwei typische moderne Achtliter-Sechzylinder-Motoren von grundsätzlich gleicher Konstruktion, die beide eine siebenfach gelagerte Kurbelwelle und gleiche Zylinderabmessungen haben, und zwar:

a) einen Benzinmotor mit einem Verdichtungsverhältnis 6,0 : 1,

b) einen Dieselmotor mit starker Luftdrehung und einem Verdichtungsverhältnis 16,0 : 1.

Bezüglich des mechanischen Wirkungsgrades sind die einzigen größeren Unterschiede zwischen den beiden Motoren:

	Motor (a)	Motor (b)
1. Verhältnis der Kurbelwellendurchmesser	1	1,2
2. Verhältnis der gesamten Lagerlängen	1	1,1
3. Gewicht der hin- und hergehenden Teile	1	1,4
4. Kolbenringe	2 Kompressionsringe 2 Ölabstreifringe	3 Kompressionsringe 2 Ölabstreifringe
5. Hilfseinrichtungen	Öl- und Wasserpumpen, Zündanlage	Öl-, Wasser und Kraftstoffeinspritzpumpen

Bei Bremsversuchen mit einem Pendeldynamo entwickelte Motor (a) bei 1600 U/min einen mittleren effektiven Druck von 9,14 kg/cm², Motor (b) 8,30 kg/cm² bei der gleichen Drehzahl und an der Rauchgrenze. Bei Fremdantrieb mit der gleichen Drehzahl und denselben Öl- und Wassertemperaturen ergab Motor (a) einen Verlust von 1,27 kg/cm² und Motor (b) von 2,04 kg/cm².

Beim MORSE-Versuch zeigte Motor (a) einen Unterschied zwischen effektivem und indiziertem mittlerem Druck von 1,34 kg/cm², Motor (b) einen Unterschied von 1,97 kg/cm². Durch Extrapolieren der WILLANS-Linie zeigte Motor (b) als Summe der mechanischen und anderer Verluste 1,76 kg/cm².

Da beide Motoren je eine gemeinsame Auspuffleitung hatten, erschien der MORSE-Versuch als der weniger zuverlässige, obgleich er recht gut mit dem Versuch bei Fremdantrieb übereinstimmte.

Beim Motor (b) wurde nach früheren Erfahrungen angenommen, daß die fiktive Kompressions-Expansions-Schleife und die anderen soeben betrachteten Einflüsse bei dem Versuch mit Fremdantrieb eine um 0,28 bis 0,35 kg/cm² zu große Schätzung ergeben würden. Da der erste dieser Werte mit dem Ergebnis der WILLANS-Linie von 1,76 kg/cm² übereinstimmte, wurde er als wahrscheinlich richtig angenommen.

Nehmen wir diese Werte als richtig an, so wird der mittlere indizierte Druck von Motor (a) 9,14 + 1,27 = 10,41 kg/cm² und von Motor (b) 8,30 + 1,76 = 10,06 kg/cm² und ihr mechanischer Wirkungsgrad 87,8 bzw. 82,5% bei 1600 U/min betragen. Der Vergleich der Indikatordiagramme bei Vollast ist in Bild 9.3 wiedergegeben. Man sieht, daß zwischen den Höchstdrücken zwar kein sehr großer Unterschied besteht, daß aber der Höchstdruck des Benzinmotors nur sehr kurzzeitig auftritt. Ziehen wir aber in beiden Fällen die Zeit in Betracht, während der das Triebwerk hohem Druck ausgesetzt ist, so ist der Unterschied in der Tat auffallend.

Schwachfederdiagramme zeigten, daß in beiden Fällen die indizierte Luftarbeit des Ausschiebens und Füllens der Zylinder bei Vollast 0,25 kg/cm² ausmachte, so daß 1,02 und 1,51 kg/cm² als rein mechanische Verluste übrigblieben. Von beiden Motoren wurden dann die Zubehörteile nacheinander abgebaut, und die einzelnen Teile wurden für sich möglichst bei ihren normalen Betriebstemperaturen angetrieben. Unter Berücksichtigung des Unterschiedes in der Reibung bei Fremdantrieb und bei normalem Betrieb wurde gefolgert, daß die Reibungsverluste beider Motoren wie folgt aufgeteilt werden konnten:

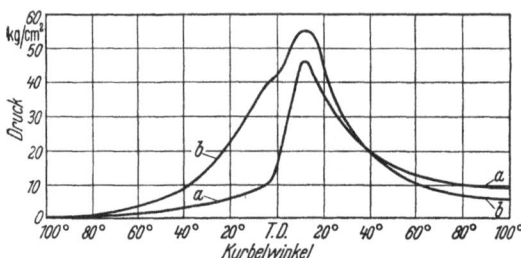

Bild 9.3. Vergleich der Indikatordiagramme bei Vollast
a) Benzinmotor, Verdichtungsverhältnis 6,0 : 1
b) Dieselmotor, Verdichtungsverhältnis 16,0 : 1

	Motor (a)	Motor (b)
Indizierte Luftpumparbeit	0,25	0,25
Öl-, Wasser- und Kraftstoffeinspritz-Pumpen . .	0,07	0,10
Ventil- und Hilfsantriebe	0,11	0,11
Kurbelwellen- und Pleuelstangenlager	0,28	0,42
Kolben und Ringe	0,56	0,88
	1,27	1,76

Betrachten wir nunmehr die Verhältnisse, die sich einstellen, wenn beide Motoren zwar noch mit gleicher Drehzahl, aber mit 30% des Vollast-Drehmomentes laufen. Die mittleren effektiven Drücke sind dann 2,74 bzw. 2,49 kg/cm².

Beim Benzinmotor wird die Luftzufuhr in diesem Fall gedrosselt, und wegen der viel niedrigeren Gasdrücke wird man die einzelnen Verluste wahrscheinlich etwa wie folgt aufteilen können:

	Vollast	30% Last
Indizierte Luftpumparbeit	0,25	0,42
Ventil- und Hilfsantriebe	0,18	0,18
Kurbelwelle	0,28	0,25
Kolben und Ringe	0,56	0,49
	1,27	1,34

Der Wert bei Fremdantrieb mit der Drosselstellung, die einen mittleren effektiven Druck von 2,74 kg/cm² ergibt, ist um 0,07 kg/cm² gestiegen, weil das Drosseln die Luftpumparbeit in einem Maß vergrößert, das die Abnahme der Reibung infolge der geringeren Gasdrücke mehr als ausgleicht. So wird der mittlere indizierte Druck 2,74 + 1,34 = 4,08 kg/cm² und der mechanische Wirkungsgrad 67,2%.

Da beim Dieselmotor der einzige Unterschied zwischen Vollast und Teillast in der Einstellung der Kraftstoffeinspritzpumpe besteht, bleibt die indizierte Luftpumparbeit unverändert, und da der Verdichtungsdruck der gleiche ist, bleibt der Höchstdruck bei Teillast nahezu ebenso hoch wie bei Vollast. So ändert sich wenig an den gesamten mechanischen Verlusten oder ihrer Aufteilung, und die Verluste können wieder mit 1,76 kg/cm² angenommen werden. Dann wird der mittlere indizierte Druck 2,49 + 1,76 = 4,25 kg/cm² und der mechanische Wirkungsgrad 58,6%.

Bisher haben wir nur die Bedingungen bei der einen Drehzahl von 1600 U/min betrachtet. Steigern wir die Drehzahl, so werden einige Verluste sehr schnell steigen, auch wenn man sie auf das Drehmoment oder den mittleren Druck bezieht. Die Zähigkeitsreibung z. B., die einen ganz beträchtlichen Posten ausmacht, wird unter Betriebsbedingungen mit der Drehzahl steigen. Die Massenkräfte infolge der Trägheit der bewegten Teile nehmen ebenfalls

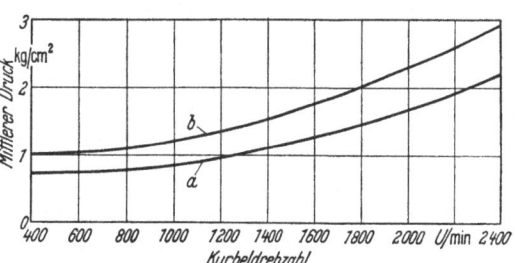

Bild 9.4. Mittlerer Druck, der den mechanischen und anderen Verlusten entspricht, beim Betrieb im Drehzahlbereich von 600 bis 2400 U/min. Sechszylinder-Achtliter-Motor
a) Benzinmotor, Verdichtungsverhältnis 6,0 : 1
b) Dieselmotor, Verdichtungsverhältnis 16,0 : 1

mit dem Quadrat der Drehzahl zu, und ihr Anteil an der Gesamtreibung wird wachsen. Ferner wird die indizierte Luftpumparbeit beim Ausschieben der Ladung und Füllen der Zylinder wegen der zunehmenden Kontraktion in den Ventilen steigen, und dasselbe gilt für den Leistungsbedarf der Kühlwasserpumpe. So steigt der mittlere Druck, der dem gesamten mechanischen Verlust entspricht, mit der Drehzahl. Bild 9.4 zeigt die Kurven der beiden hier verglichenen Motoren im Drehzahlbereich von 600 bis 2400 U/min, Bild 9.5 den entsprechenden mechanischen Wirkungsgrad beim Vollast-Drehmoment und bei 30% dieses Drehmomentes.

Wenn man bedenkt, daß bei weitem die meisten Verbrennungsmotoren für den Antrieb von Straßenfahrzeugen benutzt werden und daß der Betrieb mit hoher Drehzahl und niedrigem Drehmoment überwiegt, wird man die überragende Bedeutung würdigen, die ein Verkleinern der inneren Reibungsverluste auf den Mindestwert hat. Auf andern Gebieten, z. B. dem Schiffsantrieb, ist dies weniger wichtig, denn ein Schiffsmotor arbeitet nicht mit hoher Drehzahl und niedrigem Drehmoment, und dasselbe gilt für Flugmotoren, hier um so mehr, weil man bei allen Drehzahlen ein hohes Drehmoment mit Hilfe des Verstellpropellers aufrechtzuerhalten bestrebt ist.

Einfluß des Gasdruckes auf den mechanischen Wirkungsgrad bei Zündermotoren. Wird bei Zündermotoren das Verdichtungsverhältnis erhöht, so steigen fast im gleichen Verhältnis Verdichtungsdruck und Höchstdruck, und alle Drücke während der Arbeitshübe nehmen zu. Das hat zwei Wirkungen. Erstens rufen die höheren Drücke eine stärkere Belastung und größere Reibung besonders der Kolbenringe hervor. Zweitens, was noch weit wichtiger ist, erfordern die höheren Drücke ein schwereres Triebwerk, größere Kurbelwellendurchmesser und größere Lagerflächen, wenn Betriebssicherheit und Lebensdauer gleichbleiben sollen. So wird die Summe der Reibungsverluste beträchtlich vergrößert.

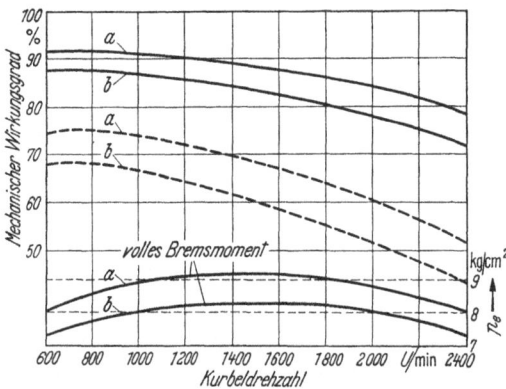

Bild 9.5. Mechanischer Wirkungsgrad beim Vollast-Drehmoment und bei 30% des Vollast-Drehmomentes in Abhängigkeit von der Drehzahl. Sechszylinder-Achtliter-Motor
a) Benzinmotor, Verdichtungsverhältnis 6,0 : 1
b) Dieselmotor, Verdichtungsverhältnis 16,0 : 1
——— Vollast-Drehmoment
-------- 30% des Vollast-Drehmomentes

Nur die Erfahrung über eine lange Zeitdauer kann entscheiden, welche Vergrößerung der Abmessungen oder der Lagerflächen nötig ist, um eine gleiche Betriebssicherheit und Lebensdauer herzustellen. Aber zweifellos ist die Zunahme der inneren Reibung mit steigender Verdichtung äußerst bedenklich. Im allgemeinen steigt der Höchstdruck in einem normal ansaugenden Benzinmotor um 8,4 kg/cm², wenn das Verdichtungsverhältnis um Eins gesteigert wird. Die Erfahrung lehrt, daß die Gewichte und Flächen des Triebwerkes, der Lager usw. so weit vergrößert werden müssen, damit Sicherheit und Lebensdauer aufrechterhalten bleiben, daß die rein mechanischen Verluste um ungefähr 0,14 kg/cm² bei der Zunahme des Höchstdruckes um je 8,4 kg/cm² steigen. Als rohe und natürlich rein empirische Richtschnur können wir daher eine Steigerung der mechanischen Verluste um 0,14 kg/cm² bei einer Vergrößerung des Verdichtungsverhältnisses um Eins in Ansatz bringen.

Zu Beginn der Zwanzigerjahre begrenzten die damals verfügbare minderwertige Brennstoffqualität und die unzureichenden Brennraumkonstruktionen das Verdichtungsverhältnis der Benzinmotoren von

Einfluß des Gasdruckes

der Größe, die wir hier betrachten, auf 4,0 bis 4,5 : 1. Wenn man die Aufteilung der mechanischen Verluste von Motoren aus jener Zeit durchsieht, die im Versuchsfeld des Verfassers untersucht worden sind, so findet man, daß der Durchschnittswert für einen Sechszylindermotor mit etwa 8 Liter Hubvolumen beim Versuch mit Fremdantrieb 0,98 kg/cm² bei 1600 U/min betrug im Vergleich zu einem Durchschnittswert von 1,27 kg/cm² heute. Das mag ein nicht ganz gerechter Vergleich sein, denn man kann einwenden, daß man heute von den Motoren eine größere Lebensdauer erwartet, aber wir haben heute auch bessere Lagerwerkstoffe, bessere Schmierung, eine bessere Art der Bearbeitung und größere Erfahrung.

Die höheren Verdichtungsverhältnisse, eine bessere Kenntnis des Verbrennungsvorganges und zweckmäßigere Brennraumkonstruktionen haben uns ermöglicht, den mittleren indizierten Druck um 25 bis 30 % zu steigern und trotz der gestiegenen Reibungsverluste den gleichen mechanischen Gesamtwirkungsgrad aufrechtzuerhalten, aber eben auch nur aufrechtzuerhalten.

Als typische Vergleichswerte bei Vollast und gleicher Drehzahl für einen Benzinmotor aus dem Jahr 1924 und einen Motor von 1948, beide ähnlicher Konstruktion und Leistung, seien angeführt:

	1924	1948
Verdichtungsverhältnis	4,2 : 1	6,0 : 1
Mittlerer effektiver Druck in kg/cm²	7,38	9,14
Reibung bei Fremdantrieb in kg/cm²	0,98	1,27
Mittlerer indizierter Druck in kg/cm²	8,36	10,41
Mechanischer Wirkungsgrad in %	88,2	87,8

Für 30 % des Vollast-Drehmomentes gelten die Werte:

	1924	1948
Verdichtungsverhältnis	4,2 : 1	6,0 : 1
Mittlerer effektiver Druck in kg/cm²	2,21	2,74
Reibung bei Fremdantrieb in kg/cm²	1,06	1,34
Mittlerer indizierter Druck in kg/cm²	3,27	4,08
Mechanischer Wirkungsgrad in %	67,7	67,2

Man sieht, daß, soweit der mechanische Wirkungsgrad in Frage kommt, ein Vierteljahrhundert praktisch keine Verbesserung gebracht hat.

Versuche an Motoren mit veränderlicher Verdichtung ergeben leicht einen falschen Eindruck, da das gleiche Triebwerk bei den verschiedenen Verdichtungen benutzt wird und natürlich auch benutzt werden muß. Man pflegt das Triebwerk mit Lagerflächen und Querschnitten zu entwerfen, die fast dem höchsten vorkommenden Verdichtungsverhältnis

136   9. Mechanischer Wirkungsgrad

angepaßt sind; daher sind bei niedrigen Verdichtungsverhältnissen die gesamten mechanischen Verluste unverhältnismäßig groß, während sie bei den höchsten Verdichtungen, mit denen selten längere Zeit gefahren wird, unverhältnismäßig niedrig werden. Dieser Punkt wird nicht allgemein beachtet, aber er sollte nachdrücklich betont werden besonders in Hinblick auf die vielen Motoren mit veränderlicher Verdichtung, die in technischen Hoch- und Fachschulen benutzt werden.

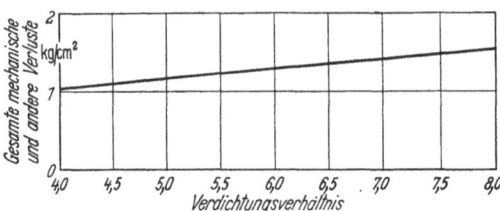

Bild 9.6. Verlauf der Abhängigkeit der gesamten mechanischen und anderen Verluste von der Verdichtung bei ungedrosseltem Betrieb
Sechszylinder-Achtliter-Benzinmotor bei 1600 U/min

Die Kurve 9.6, die nur auf Versuchswerten beruht, zeigt die Art der Abhängigkeit der mechanischen Verluste von dem Verdichtungs-

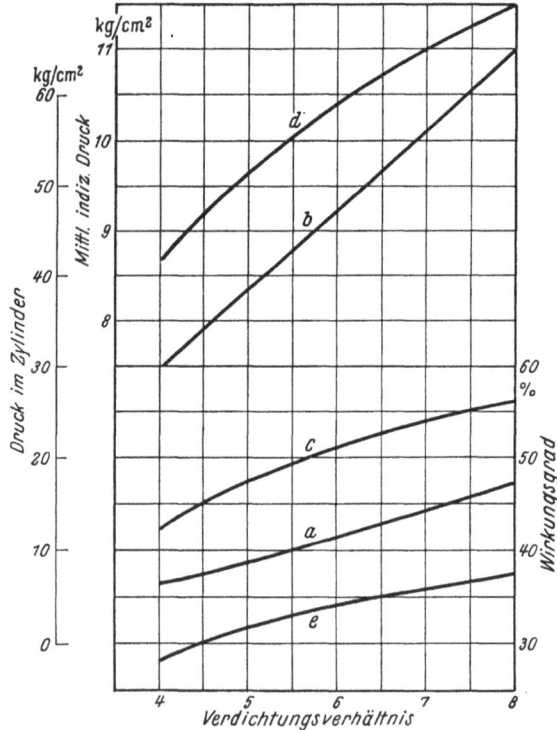

Bild 9.7. Die Kurven zeigen die Änderungen vom (a) Verdichtungsdruck, (b) Höchstdruck, (c) Wirkungsgrad des Luftkreisprozesses, (d) mittleren indizierten Druck und (e) thermischen Wirkungsgrad in Abhängigkeit vom Verdichtungsverhältnis. Sechszylinder-Achtliter-Benzinmotor bei 1600 U/min.

verhältnis; sie ist zusammengetragen aus den Auswertungen vieler Versuche an verschiedenen Motoren, deren Betriebssicherheit und Lebensdauer durch die in langen Zeiträumen gewonnenen Erfahrungen erwiesen sind.

Die Kurven Bild 9.7 zeigen die Abhängigkeit (a) des Verdichtungsdruckes, (b) des Höchstdruckes, (c) des Wirkungsgrades des Luft-Kreisprozesses, (d) des mittleren indizierten Druckes und (e) des thermischen Wirkungsgrades vom Verdichtungsverhältnis. Die beiden zuletzt genannten Werte beruhen auf der Annahme, daß der indizierte Wirkungsgrad für Motoren der Größe und Bauart, die wir hier betrachten, zu 66,6% des theoretischen Wirkungsgrades des Vergleichsprozesses angenommen werden kann. Die Kurven in Bild 9.8 geben den resultierenden mechanischen Wirkungsgrad, den mittleren effektiven Druck und den Nutzwirkungsgrad bei Vollast unter Berücksichtigung der Änderung der mechanischen Verluste nach Bild 9.6 wieder.

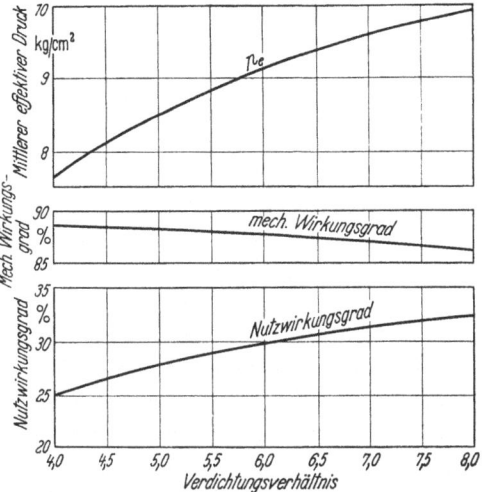

Bild 9.8. Die Kurven, die aus den Bildern 9.4 und 9.6 ermittelt sind, zeigen als Ergebnis (a) den mechanischen Wirkungsgrad, (b) den mittleren effektiven Druck und (c) den Nutzwirkungsgrad bei Vollast-Drehmoment und 1600 U/min für verschiedene Verdichtungsverhältnisse

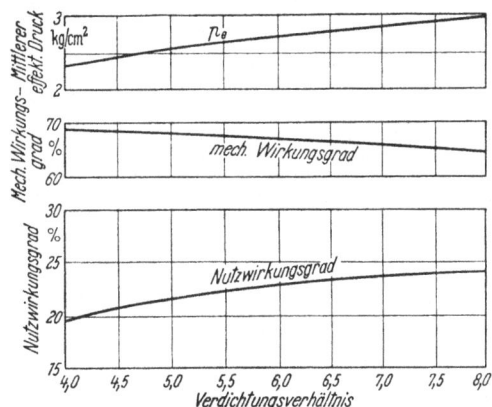

Bild 9.9. Die aus Bild 9.4 und 9.6 ermittelten Kurven zeigen (a) den mechanischen Wirkungsgrad, (b) den mittleren effektiven Druck und (c) den Nutzwirkungsgrad bei 30% des Vollastdrehmomentes. Die Verluste durch Verkleinerung der Drosselöffnung sind mit 0,07 kg/cm² berücksichtigt

Die Kurven in Bild 9.9 zeigen die gleichen Größen beim Betrieb mit 30% des Vollast-Drehmomentes.

Aus diesen Kurven sieht man, daß für einen Straßen-Fahrzeugmotor durch Anwendung eines Verdichtungsverhältnisses $> 8,0 : 1$ wenig an Leistung und fast nichts an Brennstoffwirtschaftlichkeit zu gewinnen ist, wenn wir die angenommenen Sicherheiten oder die Lebensdauer nicht verringern wollen.

Es ist strittig, ob man die mechanischen Verluste bei der gleichen Kolbengeschwindigkeit oder der gleichen Drehzahl vergleichen soll. Offenbar geben beide Größen keine gerechte Vergleichsgrundlage; einige Posten, wie z. B. die indizierte Luftpumparbeit, sind direkt von der Kolbengeschwindigkeit abhängig, andere, wie die dynamischen Belastungen, hängen auch von der Drehzahl ab, und die gerechte Vergleichsgrundlage muß zwischen diesen beiden Extremen liegen. Bei dem vorangegangenen Vergleich hatten beide Motoren denselben Hub, so daß hier keine Unsicherheit besteht.

Arbeit beim Ausschieben und Füllen des Zylinders. Bei Viertaktmotoren ist es üblich, als Gaswechselarbeit den indizierten mittleren Druck während des Ausschub- und des Saughubes anzusetzen, was auch richtig ist, soweit es sich nur um die Gaswechselarbeit handelt. Die Reibung der den Gaswechsel steuernden Teile wird dabei vernachlässigt. Wenn wir aber die Vor- und Nachteile des Viertakts und des Zweitakts vergleichen wollen, kann man sich bei diesem Verfahren sehr irren. Beim Viertaktmotor wird genau die Hälfte der ganzen Betriebszeit nur dazu verwendet, die Abgase auszuschieben und den Zylinder neu zu füllen; daher sollte man auch fast die Hälfte der gesamten mechanischen Reibung diesem Vorgang zur Last legen; nicht ganz die Hälfte deshalb, weil während der unproduktiven Hübe kein nennenswerter Gasdruck vorhanden ist, so daß die Kolbenringe nicht gegen die Zylinderwand gedrückt werden und die Kolbenreibung wesentlich kleiner ist. Es scheint, daß man etwa 40% des Gesamttreibungsverlustes des ganzen Motors für die reine Gaswechselarbeit ansetzen kann.

Bei dem Dieselmotor, dessen Verluste wir analysiert haben, betrug die indizierte Gaswechselarbeit nur $0{,}25$ kg/cm^2, aber der gesamte Reibungsverlust war $1{,}51$ kg/cm^2 bei 1600 U/min. Nehmen wir 40% davon als den Reibungsanteil, der auf das Ausschieben und Füllen entfallen sollte, so entspricht die Gaswechselarbeit einem mittleren Druck von $1{,}51 \cdot 0{,}4 + 0{,}25 = 0{,}85$ kg/cm^2. Betrachtet man nur Viertaktmotoren, so kann das eine rein akademische Frage sein oder auch eine Frage der Bilanzierung der Verluste; vergleicht man aber Zwei- und Viertaktmotoren miteinander, so gewinnt die Frage unmittelbar praktische Bedeutung.

Einfluß der Aufladung auf den mechanischen Wirkungsgrad. Betrachten wir nunmehr den Einfluß der Aufladung auf den mechanischen Wirkungsgrad und nehmen wir zu diesem Zweck an, daß die beiden Motoren, die wir vorher als typische moderne Beispiele gewählt haben, durch fremdangetriebene Gebläse auf einen Druck aufgeladen werden,

Einfluß der Aufladung auf den mechanischen Wirkungsgrad 139

der das je Arbeitsspiel angesaugte Luftgewicht z. B. um 60% erhöht. Wir wollen ferner annehmen, daß die Oktanzahl des im Benzinmotor benutzten Brennstoffes hoch genug ist, um ein Klopfen zu verhindern, so daß das gleiche Verdichtungsverhältnis 6,0:1 beibehalten werden kann, und daß wir beim Dieselmotor ebenfalls das Verdichtungsverhältnis beibehalten.

Beim Benzinmotor wird die Aufladung den ganzen Druckmaßstab um 60% vergrößern; beim Dieselmotor dagegen wird zwar der Verdichtungsdruck im gleichen Verhältnis steigen, die höchste Druckspitze jedoch bei einer Bauart mit starker Luftdrehung nur sehr wenig ansteigen, da bei der höheren Dichte der Wärmeprozeß sich viel mehr dem Gleichdruckverfahren nähern wird. Der günstigste Wirkungsgrad wird erreicht, wenn der Höchstdruck nur etwa 10% über dem Verdichtungsdruck liegt gegenüber etwa 50% beim normalen Betrieb ohne Aufladung.

Um die gleiche Lebensdauer wie früher zu erhalten, werden wir beim Benzinmotor die Kolbengewichte, den Kurbelwellendurchmesser und die Lagerflächen den höheren Drücken entsprechend beträchtlich zu vergrößern haben. Aber beim Dieselmotor wird eine sehr viel geringere Vergrößerung genügen, da eine Aufladung um 60% den Höchstdruck um nur etwa 20% steigert, wenn auch der hohe Druck länger andauern wird. Dagegen wird das viel langsamere Ansteigen des Druckes die Stoßbelastung der Lager usw. verringern, so daß wir im großen ganzen die Maße beim Dieselmotor nur sehr wenig oder gar nicht zu vergrößern brauchen. Bild 9.10 zeigt zum Vergleich Indikatordiagramme von zwei derartigen Motoren, die beide mit 60% Aufladung arbeiten.

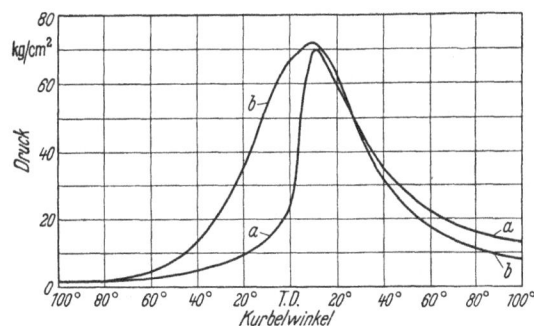

Bild 9.10. Vergleich von Vollast-Indikatordiagrammen (a) Benzinmotor, Verdichtungsverhältnis 6,0:1, mit 60% Aufladung, (b) Dieselmotor, Verdichtungsverhältnis 16,0:1, 60% Aufladung

Soweit es sich nur um Reibungsverluste handelt, bleiben natürlich die Verluste des Ventilantriebes und der Hilfsantriebe unverändert. Kolben- und Kolbenringreibung steigen infolge der höheren Gasdrücke, und das gleiche gilt für die Kurbelwellenlager.

Wenn man das Triebwerk beider Motoren nicht verstärkt, also die höheren Gasdrücke nicht berücksichtigt, dann wird sich die rein mechanische Reibung im wesentlichen wie in Tab. 1 angegeben ändern.

Tabelle 1.

Ursache der Reibung	Motor a		Motor b	
	unaufgeladen	aufgeladen	unaufgeladen	aufgeladen
Hilfsantriebe und Ventilantrieb ..	0,18	0,18	0,21	0,21
Kurbelwelle	0,28	0,32	0,42	0,46
Kolben	0,56	0,63	0,88	0,95
Gesamte Reibung ohne Gaswechselarbeit (kg/cm^2)	1,02	1,13	1,51	1,62

Wenn wir indessen die Lebensdauer gleichhalten wollen, müssen wir die Maße der bewegten Teile des Benzinmotors beträchtlich vergrößern. Diese Verstärkung vergrößert die mechanische Reibung um etwa 0,42 kg/cm^2, denn bei einem Verdichtungsverhältnis von 6:1 steigt der Höchstdruck um etwa 28 kg/cm^2. Beim Dieselmotor wird sich ein zusätzlicher Verlust von etwa 0,21 kg/cm^2 aus der erforderlichen kleineren Verstärkung ergeben. Diese Zahlen sind natürlich nur geschätzt, aber sie können nicht weit von ihrem wahren Wert liegen. So erhält man einen gesamten Reibungsverlust von 1,55 kg/cm^2 beim Benzinmotor und 1,83 kg/cm^2 beim Dieselmotor.

Die Gaswechselarbeit verwandelt sich natürlich aus einem negativen in einen positiven Wert. Um die Luftmenge des Benzinmotors um 60% zu vergrößern, brauchen wir ungefähr einen Luftdruck von 0,63 kg/cm^2 unter Berücksichtigung einmal der Temperatur und sodann der Tatsache, daß der Verdichtungsraum ebenso aufgeladen werden muß wie der Hubraum. Für die gleiche Aufladung brauchen wir beim Dieselmotor mit seinem viel kleineren Verdichtungsraum einen Druck von etwa 0,7 kg/cm^2.

Die indizierte Gaswechselarbeit beim Betrieb ohne Aufladen wurde zu 0,25 kg/cm^2 festgestellt. Bei einer Steigerung der Dichte um 60% nimmt diese Arbeit auf etwa 0,35 kg/cm^2 zu. Auf der anderen Seite haben wir einen Überdruck von 0,63 bzw. 0,7 kg/cm^2, so daß als Ergebnis ein positiver mittlerer Druck von 0,28 kg/cm^2 beim Benzinmotor und 0,35 kg/cm^2 beim Dieselmotor verbleibt. Daher wird die Summe der mechanischen und der Gaswechselverluste 1,27 bzw. 1,48 kg/cm^2. Man findet, daß besonders der zuletzt genannte Wert sehr viel niedriger ist, als der Versuch mit Fremdantrieb ergeben würde. Denn bei diesen hohen Dichten nimmt die fiktive Kompressions-Expansions-Schleife noch größere Werte an, und nach Beobachtungen an andern Motoren ist es wahrscheinlich, daß der Wert bei Fremdantrieb unter diesen Bedingungen 1,90 bis 1,97 kg/cm^2 betragen wird. Wir finden dann, daß mit einem Gebläse, das unabhängig vom Motor angetrieben wird und eine Aufladung von 60% liefert, die gesamten Gaswechsel- und Reibungsverluste 1,27 bzw. 1,48 kg/cm², die indizierten mittleren Drücke 16,66 bzw. 16,10 kg/cm², die mittleren effektiven Drücke 15,40 bzw. 14,62 kg/cm² und die mechanischen Wirkungsgrade 92,4 bzw. 90,8% sein werden.

Obige Zahlen berücksichtigen natürlich nicht den Leistungsbedarf das Gebläses. Dieser ändert sich je nach dem Gebläsewirkungsgrad so stark, daß man kaum allgemeingültige Angaben machen kann. Sie beziehen sich daher nur auf den Fall, daß der Lader von einer unabhängigen Energiequelle angetrieben wird, entweder von einem besonderen Motor oder von einer Abgasturbine, obwohl in diesem Fall der erhöhte Gegendruck zu berücksichtigen wäre.

Schlußfolgerungen. Wir können die Ergebnisse dieses Kapitels wie folgt zusammenfassen:

1. Die mechanischen Verluste im Motor hängen weitgehend von dem höchsten Betriebsdruck ab, denn dieser bestimmt das Gewicht und damit die Trägheitskräfte der bewegten Teile, die Durchmesser und Flächen der Lager und die Belastung der Kolbenringe.

2. Unter sonst gleichen Bedingungen hängt der mechanische Wirkungsgrad von dem Verhältnis des mittleren Druckes zum maximalen Druck ab. Je höher dies Verhältnis ist, um so höher ist der mechanische Wirkungsgrad.

3. Bei Motoren für Straßenfahrzeuge sollte man besonders die Verhältnisse berücksichtigen, die für den Betrieb mit etwa 30% des Vollast-Drehmomentes gelten.

4. Für alle Verwendungszwecke müssen wir nach dem besten Kompromiß zwischen Wirkungsgrad einerseits und Betriebssicherheit, Lebensdauer und Geräuschlosigkeit andererseits streben.

5. Bei allen Verbrennungsmotoren der Tauchkolbenbauart ist der größte Teil, meist 50 bis 60% der gesamten Reibungsverluste, dem Kolben zuzuschreiben.

Zehntes Kapitel
Aufladen

Die Anwendung der Aufladung bei Zündermotoren ist meist auf Flug- und Rennwagenmotoren beschränkt; sie hat sich auf anderen Gebieten nicht durchsetzen können. Bei Dieselmotoren liegen die Verhältnisse aus Gründen, die später besprochen werden sollen, viel günstiger.

Im allgemeinen ist die Dichte der Luft, wie die Natur sie in Höhe des Meeresspiegels vorgesehen hat, für den Zündermotor hervorragend geeignet.

Von dieser Luft dürfen wir nach Belieben unentgeltlich soviel verbrauchen, wie wir wollen, solange wir mit der Dichte zufrieden sind, die sie uns bietet. Wollen wir eine höhere Dichte haben, so müssen wir bereit sein, dafür mit einem erheblichen Aufwand an Energie und zusätzlichem Werkstoff zu bezahlen, und in der Regel finden wir, daß es sich nicht lohnt.

Der Fall des Flugmotors liegt natürlich ganz anders, da er in einer anderen Luft lebt und sich Änderungen der Luftdichte und der Temperatur in einem Ausmaß anzupassen hat, das seinen irdischen Artgenossen ganz unbekannt ist.

Wir können das Aufladen entweder anwenden, um mehr Leistung aus einer gegebenen Motorengröße herauszuholen oder um die Abnahme der Luftdichte mit der Höhe auszugleichen oder aus beiden Gründen. Beim Rennwagen ist jenes unser einziges Ziel; beim Flugmotor haben wir beide Ziele im Auge.

Die Leistung am Kolben eines Verbrennungsmotors ist direkt proportional dem Produkt aus dem Luftgewicht, das der Motor in der Zeiteinheit verarbeiten kann, und dem thermischen Wirkungsgrad, mit dem es ausgenutzt wird. Die nutzbare Leistungsabgabe an der Kurbelwelle ist die gleiche, abzüglich der inneren Reibungsverluste des Motors und eines großen Teiles des Leistungsbedarfs des Laders, denn in jedem Viertaktmotor wird ein Teil (meist weniger und oft erheblich weniger als 50%) der vom Lader verbrauchten Leistung durch Druckluftübertragung zurückgewonnen als nutzbare Leistung am Kolben.

Für jede vorgeschriebene Motorengröße und jeden gegebenen thermischen Wirkungsgrad können wir die indizierte Leistung verdoppeln, indem wir entweder die Drehzahl oder die Dichte der Luft verdoppeln. Das erste ist gewöhnlich nicht ausführbar, denn es ist anzunehmen, daß wir den Motor schon so schnell laufen lassen, wie es die Vorsicht erlaubt, und selbst wenn wir unvorsichtig sind, werden wir doch durch das mangelhaft werdende Saugvermögen und durch die steigenden inneren Reibungsverluste infolge der übermäßig zunehmenden Massenkräfte daran gehindert, den Motor zu schnell laufen zu lassen.

Wir können den thermischen Wirkungsgrad steigern, indem wir das Verdichtungs- oder Expansionsverhältnis vergrößern, aber wir sind in dieser Richtung bei einem Zündermotor durch die Klopfneigung des Brennstoffs und durch die sehr schnell steigenden Höchstdrücke begrenzt. Der Höchstdruck eines Zündermotors steigt um etwa 8,4 kg/cm², wenn das Verdichtungsverhältnis um Eins vergrößert wird. Die Kurve des thermischen Wirkungsgrades wird so viel flacher, daß unter Berücksichtigung der höheren mechanischen Verluste bei hohen Spitzendrücken durch ein Verdichtungsverhältnis über 7,5 : 1 oder

8,0 : 1 wenig zu gewinnen ist, wenn die mittlere Belastung wie bei normalen Motoren von Straßenfahrzeugen sehr niedrig ist. Bei Rennmotoren, wo die Belastung höher ist und wir bis an die äußersten Grenzen gehen können und etwas wagen müssen, um die mechanischen Verluste zu vermindern, kann es sich lohnen, ein Verdichtungsverhältnis 9 : 1 oder 10 : 1 anzuwenden.

Bild 10.1 zeigt die gemessene Beziehung zwischen höchstem Spitzendruck und mittlerem indiziertem Druck mit der günstigsten Zündzeiteinstellung und dem Mischungsverhältnis, das die höchste Leistung ergibt, bei Verdichtungsverhältnissen von 5,0 bis 13,0 : 1. Gemessen wurde an dem kleinen Motor E 6 mit veränderlicher Kompression, der später beschrieben werden wird. Die Ablesungen weichen indessen praktisch sehr wenig von den theoretischen Werten ab. Es zeigt sich, daß das Verhältnis des höchsten zum mittleren Druck von 3,6 : 1 bei einem Verdichtungsverhältnis von 5,0 : 1 bis zu 7,9 : 1 bei einer Verdichtung von 13,0 : 1 reicht.

Dagegen bleibt beim Aufladen das Verhältnis vom

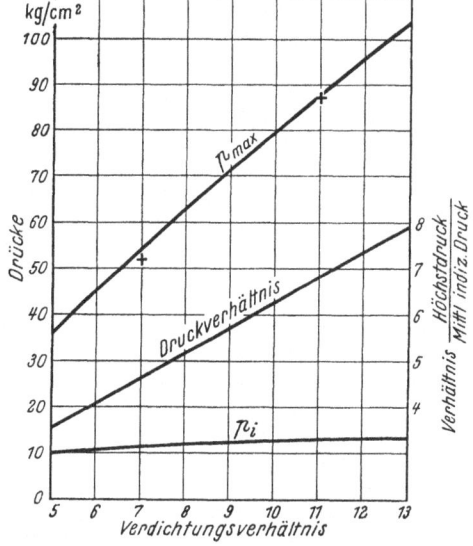

Bild 10.1. Beziehung zwischen Höchstdruck und mittlerem indiziertem Druck, aufgenommen an einem kleinen Motor E 6 mit veränderlicher Verdichtung und klopffestem Brennstoff

höchsten zum mittleren Druck praktisch konstant und unabhängig vom Ladedruck.

Grundsätzliche Erwägungen. Wenn ein Motor Luft von demselben Druck ansaugt wie der Druck, gegen den er ausschiebt, hängt der Liefergrad nur vom Hubraum und fast nicht vom Verdichtungsraum ab. Abgesehen von dem geringfügigen Einfluß des direkten Wärmeverlustes an die Zylinderwand während der kurzen Zeitdauer zwischen dem tatsächlichen Ende des Auspuffs und dem Beginn des Saugens ist der Liefergrad vom Verdichtungsverhältnis unabhängig.

Wenn aber der Motor aus einem Raum saugt, dessen Druck höher ist als der, gegen den der Motor ausschiebt, gilt das nicht mehr, denn der Verdichtungsraum wird dann ebenso wie der Hubraum entsprechend dem Druckunterschied zwischen der eintretenden Luft und den Restgasen aufgeladen.

Nehmen wir z. B. an, der Verdichtungsraum betrage 20% des Hubraumes und der absolute Druck der Aufladung sei gerade doppelt so groß wie der der umgebenden Atmosphäre, dann wird der halbe Verdichtungsraum mit frischer Luft aufgeladen. Unter diesen Bedingungen wird der wirksame Zylinderraum um 10% vergrößert, und bei sonst gleichen Verhältnissen wird die Leistungssteigerung nicht 100, sondern 120% betragen. Wären die thermischen Wirkungsgrade gleich, so würde der Leistungsgewinn durch das Aufladen um so größer sein, je niedriger das Verdichtungsverhältnis und je größer der Verdichtungsraum ist.

Wird ein mechanisch angetriebener Lader verwendet, so wird das Abgas natürlich nur gegen Atmosphärendruck ausgeschoben, und das Aufladen des Verdichtungsraumes kann voll ausgenutzt werden. Wenn aber eine Abgasturbine den Lader treibt, so erhöht dies den Gegendruck um einen Betrag, der gleich oder größer sein kann als die Aufladung. Teilt man das Auspuffsystem auf, so daß sich die Abgasströme in jedem einzelnen Rohr nicht überdecken, d. h. verwendet man bei einem Viertaktmotor eine besondere Auspuffleitung für eine Gruppe von je drei Zylindern, so kann man den Staudruck beträchtlich verringern, denn die kinetische Energie des Auspuffs kann zum Teil benutzt werden, um die Turbine zu Beginn jedes Auspuffstoßes zu unterstützen und um den Auspuffvorgang am Ende jedes Ausschubhubes zu fördern. Aber das Ausmaß, in dem sich dies ausführen läßt, ist im allgemeinen durch die örtlichen Verhältnisse und die schwierige Verlegung der Auspuffleitungen begrenzt.

Unabhängig davon, ob der Lader durch eine Abgasturbine oder mechanisch angetrieben wird, ist es von größter Bedeutung, die Lufttemperatur möglichst niedrig zu halten, nicht nur, weil man dadurch natürlich das größtmögliche Luftgewicht in den Zylinder einführt, sondern auch aus folgenden Gründen:

1. Je höher bei einem Zündermotor die ursprüngliche Lufttemperatur ist, um so größer wird die Neigung zum Klopfen und zur Glühzündung.

2. Bei allen Verbrennungsmotoren hängt der Temperaturverlauf während des ganzen Arbeitsspiels von der Anfangstemperatur ab. Je höher die Anfangstemperatur, um so größer sind die Verluste infolge direkten Wärmeüberganges an die Wand sowie durch Dissoziation usw. So nimmt der thermische Wirkungsgrad ebenso wie der Liefergrad mit jeder Zunahme der Lufttemperatur ab.

Als ein ungefähres, wenn auch etwas übertriebenes Beispiel wollen wir die Wirkung eines Temperaturunterschiedes von 100° C der Ladeluft betrachten.

In einem Zündermotor mit normalem Verdichtungsverhältnis ist die absolute Temperatur am Ende der Verdichtung, d. h. vor dem

Freiwerden der Verbrennungswärme, fast doppelt so hoch wie die Anfangstemperatur. Der Unterschied an diesem wirksamen Anfangspunkt des Arbeitsspiels wird daher 200° C, und die Verbrennungstemperatur wird um fast den gleichen Wert gesteigert, so daß die unmittelbaren Wärmeverluste und die Verluste durch Zunahme der spezifischen Wärme und durch Dissoziation sehr beträchtlich zunehmen und der thermische Wirkungsgrad entsprechend abnimmt.

Beim Dieselmotor mit seinem viel höheren Verdichtungsverhältnis bedeutet ein Unterschied von 100° C in der Anfangstemperatur einen Unterschied von fast 300° C am Ende der Verdichtung und damit denselben Unterschied während des Restes des Arbeitsspiels. Wie in Kapitel 5 gezeigt wurde, ist überdies der Dieselmotor gegen direkten Wärmeverlust empfindlicher. Während aber jede Erhöhung der Verdichtungs- oder Verbrennungstemperatur Klopfen oder Glühzündung im Zündermotor begünstigt, gilt dies nicht für den Dieselmotor.

3. Alle mechanischen Störungen, die eine Folge hoher Temperaturen sind, wie Versagen der Kolben, Festsitzen der Ringe und Störungen an den Auslaßventilen, werden durch die Temperaturerhöhung natürlich stark vermehrt.

Damit die Temperaturen nicht zu hoch werden, ist es wichtig, daß der adiabatische Wirkungsgrad des Laders möglichst hoch ist, und wenn möglich sollte daher eine wirksame Kühlung zwischen Lader und Motor vorgesehen werden. Dies ist um so wichtiger, je höher die Auflagung ist.

Aufgeladene Zündermotoren. Abgesehen von der direkten Leistungssteigerung infolge des größeren Luftgewichtes je Arbeitsspiel hat das Aufladen auf den Zündermotor folgende Wirkungen:

1. Die größere Dichte und die je nach der Zwischenkühlung etwas gesteigerte Temperatur beschleunigen den Verbrennungsvorgang. Sie verkürzen nicht nur den Zündverzug, sondern sie erhöhen auch die Fortpflanzungsgeschwindigkeit der Flamme. In dieser Hinsicht ist die Wirkung ähnlich der einer Steigerung der Wirbelung. Da in den meisten Hochleistungsbenzinmotoren die Wirbelung schon hinreicht, wird das Aufladen oft zum Übermaß führen, so den Motor empfindlicher gegen das Mischungsverhältnis machen und den Zündbereich an der oberen und unteren Zündgrenze einengen. Bei Ladermotoren sollte der normale Grad der Wirbelung lieber etwas unter als über dem Optimum liegen, wenn man die besten Ergebnisse zu erzielen wünscht.

2. Die gesteigerte Dichte und Temperatur erhöhen natürlich die Neigung zum Klopfen und zur Frühzündung und begrenzen so die Aufladung, die in einem Benzinmotor angewendet werden kann. Hier ist es schwierig zu verallgemeinern, denn einige Kraftstoffe sind mehr temperatur- und andere mehr druckempfindlich. So mögen zwei Kraftstoffe, deren Oktanzahlen nach dem üblichen Verfahren als gleich

groß ermittelt waren, auf das Aufladen verschieden reagieren. Bei allen flüchtigen Erdölkraftstoffen kann indessen die Neigung zum Klopfen und zur Frühzündung stark verringert werden, wenn man ein sehr reiches Gemisch verwendet, das etwa 50 bis 60% über dem theoretischen Mischungsverhältnis liegt. Die Wirkung ist dann zweifach:

a) Alle derartigen Kraftstoffe und besonders die mit hoher Oktanzahl zeigen unter den gleichen Temperaturbedingungen eine sehr verringerte Klopfneigung, wenn ein großer Kraftstoffüberschuß vorhanden ist. Dies wird durch Bild 10.2 veranschaulicht, welches die Abhängigkeit des größten nutzbaren Verdichtungsverhältnisses von dem Mischungsverhältnis für Isooktan, Cyclohexan und Benzol zeigt.

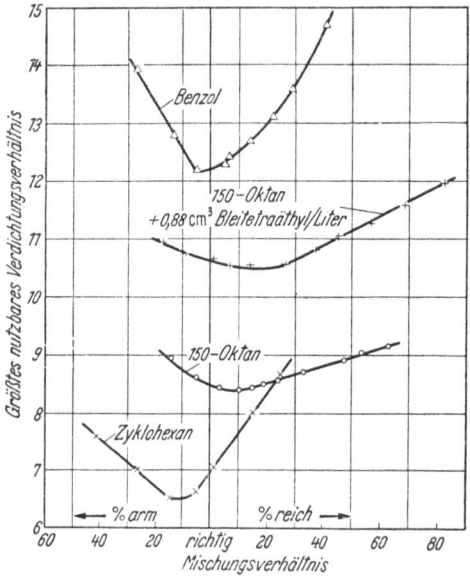

Bild 10.2. Kurven des größten nutzbaren Verdichtungsverhältnisses bei typischen Kraftstoffen
Versuchsbedingungen: Motordrehzahl 1500 U/min. Kühlmitteltemperatur 90° C. Lufteintrittstemperatur 120° C. Solexvergaser. Zündzeit so eingestellt, daß der höchste Druck im Zylinder in allen Fällen 13° nach oberem Totpunkt auftritt

b) Die Verdampfungswärme des überschüssigen Kraftstoffes senkt die Eintrittstemperatur. Bei Kraftstoffen der Alkoholgruppe, wie sie in Rennwagen benutzt werden, spielt dies eine sehr wichtige Rolle, aber bei den Kohlenwasserstoff-Kraftstoffen, deren Verdampfungswärme verhältnismäßig niedrig ist, kann das nicht von Bedeutung sein.

3. Die an die Zylinderwand während der Verbrennung und Expansion übergehende verlorene Wärme nimmt nicht verhältnisgleich mit der Aufladung zu, d. h. bei einer Aufladung auf 2 ata steigt bei der gleichen Lufteintrittstemperatur der gesamte Wärmefluß zum Kühlmittel nur um etwa 70%. Hieraus könnte man schließen, daß der thermische Wirkungsgrad etwas verbessert würde, aber in den meisten Fällen wird jeder auf verringerten Wärmeverlust zurückzuführende Gewinn an thermischem Wirkungsgrad bei weitem durch die Unmöglichkeit ausgeglichen, mit einem so armen Mischungsverhältnis wie bei einem unaufgeladenen Motor zu fahren. Eben deshalb steigt natürlich die Auspufftemperatur, daher nehmen die Schwierigkeiten mit dem Auslaßventil zu.

Aufgeladene Zündermotoren

Das Diagramm Bild 10.3 ist aus sehr vielen Versuchen zusammengestellt, die im Auftrag des Luftfahrtministeriums von 1930 bis 1936 im Versuchsfeld des Verfassers an Motoren mit veränderlicher Verdichtung und anderen Versuchsmotoren durchgeführt wurden. Das Bild zeigt die Beziehung zwischen der Oktanzahl des Kraftstoffs und dem mittleren indizierten Druck, der durch den Beginn des Klopfens begrenzt ist, wenn:

a) das Verdichtungsverhältnis bis zum Beginn des Klopfens gesteigert wird und

b) bei irgendeinem gegebenen Verdichtungsverhältnis der mittlere indizierte Druck durch Aufladen bis zur gleichen Grenze gesteigert wird.

Bei dem Diagramm ist angenommen:

1. daß der Motor ein Hubvolumen je Zylinder von 1,5 bis 2,5 Litern hat; ist es größer, so sind die mittleren Drücke zu verkleinern, ist es kleiner, so sind sie entsprechend zu vergrößern;

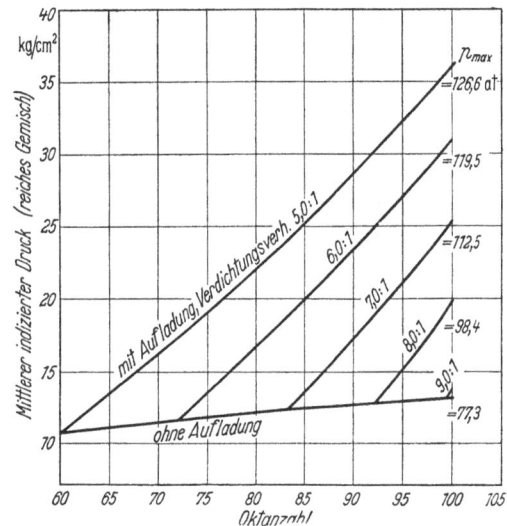

Bild 10.3. Werte des mittleren indizierten Druckes an der Klopfgrenze bei verschiedenen Verdichtungsverhältnissen im Bereich der Oktanzahlen von 60 bis 100 mit und ohne Aufladung

2. daß der Zylinder flüssigkeitsgekühlt ist. Bei einem luftgekühlten Zylinder werden die Wandtemperaturen höher und die Leistung infolge früheren Beginns des Klopfens oder von Glühzündung oder aus beiden Gründen kleiner;

3. daß der Motor ventilgesteuert, nicht schiebergesteuert ist. Beim schiebergesteuerten Motor könnte durchweg ein um Eins höheres Verdichtungsverhältnis oder bei Aufladung ein um rund 25% höherer mittlerer indizierter Druck eingesetzt werden;

4. daß die Temperatur der Ladeluft so ist, wie sie ein Lader mit einem adiabatischen Wirkungsgrad von 70% liefern würde. Bei Zwischenkühlung würde sich der ganze Maßstab heben;

5. daß die Drehzahl zwischen 2000 und 3000 U/min liegt. Bei niedrigerer Drehzahl würde der mittlere indizierte Grenzdruck abnehmen;

6. daß im angeführten Bereich der Oktanzahlen die Kraftstoffe normale durchschnittliche Eigenschaften haben. Das ist vielleicht die unsicherste Annahme, aber bei allen Versuchen war man bestrebt,

148   10. Aufladen

keine Kraftstoffe zu benutzen, deren Reaktion auf Temperatur, Druck oder Mischungsverhältnis stärker von den üblichen Werten abwich;

7. daß alle Versuche mit einem Verhältnis Kraftstoff zu Luft durchgeführt wurden, das 50 bis 60% über dem theoretischen Verhältnis lag. Bemühungen, ähnliche Untersuchungen mit einem Mischungsverhältnis, das den geringsten Kraftstoffverbrauch gab, durchzuführen, lieferten so unterschiedliche Ergebnisse je nach der chemischen Struktur

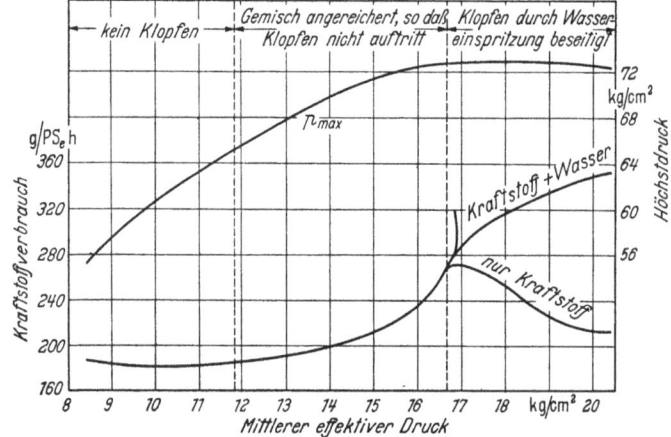

Bild 10.4. Ein typischer Versuch, der den Einfluß des Mischungsverhältnisses und der Wassereinspritzung auf den größtmöglichen mittleren effektiven Druck zeigt
Kraftstoff: Benzin mit der Oktanzahl 87

der Kraftstoffe, daß man keine allgemeinen Folgerungen mit Sicherheit aus ihnen ziehen konnte.

Ein derartiges Diagramm kann als Richtschnur dienen, darf aber natürlich nicht zu genau genommen werden, da zu viele Veränderliche mitbestimmend sind.

Bild 10.4 zeigt die Ergebnisse eines einzelnen Versuchs, eines von vielen aus der Versuchsreihe, mit einem schiebergesteuerten Motor, der einen Kraftstoff mit der Oktanzahl 87 benutzt und durchweg mit 2500 U/min läuft.

Bei diesem Versuch wurde der Motor mit einem Verdichtungsverhältnis von 7,0 : 1 und mit einem wirtschaftlichen Gemisch gefahren, d. h. etwa 10% Luftüberschuß, und aufgeladen, bis das erste Klopfen begann, als der mittlere effektive Druck 11,8 kg/cm² erreicht hatte. Dann wurde das Mischungsverhältnis allmählich angereichert und der Motor höher aufgeladen, bis ein gleich starkes Klopfen festgestellt wurde. Dieses Verfahren wurde fortgesetzt, bis weiteres Anreichern nicht mehr wirkte. Über etwa 60% Kraftstoffüberschuß hinaus hatte in der Tat weiteres Anreichern nicht nur keine Wirkung, sondern es schien sogar die Klopfneigung zu erhöhen. Dann wurde fein zerstäubtes Wasser in das Saugrohr gegeben; es unterdrückte das Klopfen teils infolge der Zwischenkühlung, die es erzeugte, teils dadurch, daß der Dampf als Gegenklopfmittel wirkte. So ermöglichte das Wasser ein höheres Aufladen. Dies wurde fortgesetzt; man führte bei jeder Stufe gerade so viel Wasser zu, daß das Klopfen verhindert wurde, bis bei einem mittleren effektiven Druck von 20,4 kg/cm² der Meßbereich des Dynamometers erreicht wurde. Gleichzeitig bemerkte man, daß bei Zusatz von Wasser der Einfluß des Dampfes als Gegenklopfmittel das Verhältnis Kraftstoff zu Luft sehr zu verringern erlaubte. Aus dem Verlauf der Kurve in Bild 10.4 erkennt man, daß unter diesen Betriebsbedingungen der höchste mittlere effektive Druck, der für Benzin mit der Oktanzahl 87 bei einem wirtschaftlichen Mischungsverhältnis erreicht werden konnte, 11,8 kg/cm² betrug (= 14,06 kg/cm² mittlerem indiziertem Druck). Durch Anreichern des Gemisches bis an die Grenze konnte der mittlere effektive Druck 16,66 kg/cm² (= 18,77 kg/cm² mittlerem indiziertem Druck) erreichen. Durch die Wassereinspritzung konnte der mittlere effektive Druck weiter auf 20,4 kg/cm² bzw. der mittlere indizierte Druck auf 22,4 kg/cm² und wahrscheinlich noch höher gesteigert werden. Gleichzeitig konnte man auch das Verhältnis Kraftstoff zu Luft vermindern. In der Tat war bei Wassereinspritzung kein merklicher Vorteil eines überreichen Kraftstoff-Luft-Gemisches mehr zu bemerken. Man erkennt, daß der gesamte spezifische Flüssigkeitsverbrauch, d. h. Kraftstoff plus Wasser, nicht wesentlich größer war als bei einem sehr reichen Kraftstoffgemisch allein.

Der Verlauf der Kurve des Höchstdruckes ist interessant, denn sie steigt nach der Wassereinspritzung nicht mehr, sondern beginnt sogar, etwas zu fallen. Dasselbe gilt für den Gesamtwärmefluß zum Kühlwasser; er erreicht den Höchstwert beim mittleren effektiven Druck von rund 16,2 kg/cm² und fällt dann, bis er beim mittleren effektiven Druck von 20,4 kg/cm² ebenso hoch ist wie bei 12 kg/cm² ohne Wassereinspritzung.

Bei diesem Versuch und anderen Versuchen wurde die Ladeluft von einer unabhängigen Quelle geliefert, doch wurde ihre Temperatur durch Vorwärmen so eingestellt, als wäre sie ohne Zwischenkühlung von einem Lader geliefert, der einen adiabatischen Wirkungsgrad von 70% hatte.

Bild 10.5 (in der Tasche am Schluß des Buches) ist ein Längsschnitt des für diesen Versuch benutzten Motors. Es ist ein Einzylinderversuchsmotor mit Schiebersteuerung, 127 mm Bohrung und 139,7 mm Hub. Der Motor ist sehr kräftig konstruiert, der Zylinder und Zylinderkopf jedoch sind aus Leichtmetall angefertigt, ungemein leicht und haben Wandstärken wie bei Flugmotoren.

Mit reinem Wasser war indessen die Verdampfung des Wassers keineswegs vollkommen, auch nicht bei den höchsten Aufladungen, und man fand es wirksamer, einen flüchtigen Alkohol, wie Methanol, zu einem wesentlichen Teil hinzuzufügen, um die Flüchtigkeit zu steigern. Da es beim Flugzeug auf jeden Fall erwünscht ist, ein Frostschutzmittel zuzufügen, glaubte man, daß Methanol beiden Zwecken dienen würde, sowohl dem Frostschutz wie auch der Verbesserung der Flüchtigkeit. Methanol neigt indessen sehr zur Frühzündung, und daher wäre es falsch, eine zu große Konzentration zu benutzen. Die sichere Grenze scheint ein Gemisch je zur Hälfte aus Methanol und Wasser zu sein.

Vergleichsversuche, bei denen einmal Wasser getrennt eingespritzt wurde und das andere Mal die gleiche Wassermenge mit Hilfe eines gemeinsamen Lösungsmittels, wie Aceton, im Kraftstoff gelöst war, zeigten das zweite Verfahren als weit wirksamer, vermutlich wegen der Tatsache, daß im Kraftstoff gelöstes Wasser zu einem viel früheren Punkt des Arbeitsspieles vollkommen verdampft war, so daß seine Verdampfungswärme voll ausgenutzt werden konnte. Andererseits zeigten unabhängig hiervon Versuche mit Zuführung trocknen Dampfes die Wirkung des Dampfes als Verdünnungsmittel und Gegenklopfmittel zum Unterschied von der Wirkung des Wassers als Kühlmittel. So erlaubten die Versuche, die beiden Wirkungen getrennt abzuschätzen.

Wo es sich um sehr hohe Aufladedrücke handelte, wie z. B. bei Militärflugmotoren, hatte man die Wahl zwischen der Zwischenkühlung mittels eines Wärmeaustauschers und der Einspritzung von Wasser oder von Wasser und Methanol. Das erste Verfahren konnte man natürlich beliebig lange beibehalten; es ergab aber etwas vermehrten Widerstand sowie umfangreiche und leicht verletzbare Rohrleitungen. Wegen des großen Verbrauchs an Flüssigkeit konnte das zweite Verfahren nur ein Notbehelf sein, es leistete aber hervorragende Dienste zur Leistungssteigerung beim Start und im Notfall. Praktisch wurden beide Verfahren während des Krieges verwendet, wobei die Wahl sehr von der Bauart und dem Zweck des Flugzeuges abhing, in das der Motor eingebaut wurde.

Soweit es sich um Zündermotoren handelt, scheint es, daß bei Flugmotoren das Aufladen nicht nur als Mittel, um in großer Höhe die gleiche Dichte wie am Boden herzustellen, wichtig ist, sondern auch, um die Leistungsabgabe des Motors je Einheit des Gewichtes und des Stirnprofiles sehr zu steigern.

Die Grenze der Aufladung, die mit Sicherheit angewendet werden kann, wird bestimmt durch:

1. die Oktanzahl des Kraftstoffes,
2. die Fähigkeit des Motors, den mechanischen und thermischen Beanspruchungen zu widerstehen, die mit der Aufladung verbunden sind.

Die Klopfneigung und der Wärmefluß können durch Zwischenkühlung mittels eines Wärmeaustauschers oder durch Wassereinspritzung oder durch beides vermindert werden. Durch das letzte Mittel konnte man die Leistungsabgabe um weitere 20% steigern, ohne die Klopfneigung zu erhöhen oder den Wärmefluß zu dem Kolben, der Zylinderwand oder den Auslaßventilen zu vergrößern.

Bei Motoren besonders großer Leistung, von denen das volle Drehmoment nur bei hoher Drehzahl verlangt wird, wie bei Flug- oder Schiffsmotoren, sind Radial- oder Axialgebläse wahrscheinlich am geeignetsten, da beide viel größere Luftvolumina bewältigen können als irgendein Kolbengebläse von gleichen Abmessungen oder gleichem Gewicht. Aber bei Betriebsarten, für welche ein hohes Drehmoment bei niedrigen Drehzahlen verlangt wird, z. B. bei allen Arten des Straßen- und Schienenverkehrs, ist diese Laderbauart ungeeignet, und man muß auf irgendeine Form von Kolbengebläsen zurückgreifen. Es scheint indessen, daß wenig für das Aufladen von Zündermotoren für gewöhnliche Straßenverkehrsmittel spricht, denn:

1. die erste Forderung an solche Motoren ist hohes Drehmoment bei niedrigen Drehzahlen, d. h. unter Bedingungen, bei denen Klopfen höchst lästig und aufdringlich wäre. So würde entweder ein teurer Kraftstoff mit sehr hoher Oktanzahl nötig werden oder anderweitige Komplikationen, wie das Einspritzen von Wasser oder von Wasser-Methanol-Gemisch.

2. Gewicht und Raum sind nicht annähernd so beschränkt wie im Flugzeug, daher scheint ein größerer, nicht aufgeladener Motor vorzuziehen zu sein.

3. Es gibt noch kein Rotationsgebläse, das einen hohen Ladedruck bei niedrigen Drehzahlen liefert.

Aufgeladene Dieselmotoren. Alle diese Betrachtungen gelten für Zündermotoren. Bei Dieselmotoren liegen die Verhältnisse ganz anders, weil:

1. die Übel des Klopfens und der Frühzündung fortfallen;

2. je größer die Dichte ist, um so kürzer der Zündverzug und damit um so ruhiger, leichter beherrschbar und vollkommener die Verbrennung wird;

3. es zwar wichtig ist, die Temperatur der Ladung möglichst niedrig zu halten, jedoch ein Anstieg der Temperatur zwar den Liefergrad und den thermischen Wirkungsgrad vermindert, aber nicht wie beim Benzinmotor Klopfen oder Frühzündung verursacht. Im Gegenteil, der Temperaturanstieg ist für den Verbrennungsvorgang günstig.

4. Je höher der Ladedruck ist, um so unempfindlicher wird der Motor gegen die Cetanzahl oder die Flüchtigkeit des Kraftstoffes. Daher kann

ein weiterer Bereich von Kraftstoffen benutzt werden, doch gilt dies nur soweit, wie der Ladedruck bei allen Drehzahlen und allen Belastungen beibehalten werden kann.

5. Wie in dem Abschnitt „Die Aufteilung der Wärme" erklärt wurde, ist der direkte Verlust an sonst zurückgewinnbarer Wärme beim Dieselmotor beträchtlicher als beim Benzinmotor. Da dieser Verlust nur ungefähr mit der 0,6-ten Potenz der Dichte steigt, ist der Gewinn an thermischem Wirkungsgrad infolge einer Verminderung des relativen Wärmeverlustes größer beim Diesel- als beim Zündermotor.

6. Man kann beweisen, daß in einigen, wenn nicht in den meisten Brennraumformen der Dieselmotoren der Anteil an ausnutzbarem Sauerstoff mit zunehmender Dichte etwas steigt. So ist die abgegebene Leistung etwas größer, als man nach der Zunahme der Dichte und des thermischen Wirkungsgrades erwarten würde. Versuche an einem Motor „Comet Mark III", der für sehr hohe Drücke entworfen war, zeigten, daß an dem Punkt, wo der Auspuff gerade sichtbar zu werden begann, der Anteil der verbrauchten Luft von 82% beim Ansaugen aus der Atmosphäre bis auf 86% bei einem Aufladedruck von 3 ata stieg, wenn die Lufteintrittstemperatur gleichblieb.

7. Im Vergleich zu einem Zündermotor ist der mechanische Wirkungsgrad des Dieselmotors beträchtlich niedriger; daher zieht er mehr Nutzen aus einer Steigerung des mittleren Druckes, besonders wenn diese Steigerung nicht von einem entsprechenden Anstieg des Höchstdruckes begleitet ist. Beim „Comet Mark III" beispielsweise fand man das günstigste Verhältnis des höchsten zum mittleren effektiven Druck mit 7,7 : 1 beim Ansaugen aus der Atmosphäre, aber bei einer Aufladung auf 1,66 ata fiel das Verhältnis auf 6,2 : 1, das ist ein sehr wesentlicher Gewinn. Bei einem Motor mit direkter Einspritzung in den Brennraum fand man sehr angenähert die gleiche Beziehung zwischen den Bedingungen ohne und mit Aufladung, aber das Verhältnis war in beiden Fällen etwas größer.

8. Bei hinreichender Zwischenkühlung wird der Gewinn an mechanischem und thermischem Wirkungsgrad bei höheren Belastungen die vom Lader verbrauchte Leistung mehr als ausgleichen, wenn der Lader mechanisch angetrieben wird; und bei fast allen Belastungen wird er sie ausgleichen, wenn die Auspuffenergie zum Laderantrieb genutzt wird. Aber es hängt natürlich so viel vom Laderwirkungsgrad und von der Höhe der Aufladung sowie der Zwischenkühlung ab, daß man unmöglich allgemein angeben kann, von welcher Belastung an der Gesamtwirkungsgrad durch Aufladen verbessert wird.

Die folgenden Zahlenangaben und Schlüsse wurden vom Verfasser aus einer langen Versuchsreihe gezogen, die in seinem Versuchsfeld an einer großen Zahl schnellaufender Dieselmotoren mit direkter und in-

Aufgeladene Dieselmotoren

direkter Einspritzung und mit Zylinderdurchmessern von 76 bis 178 mm ausgeführt worden sind. Im Verlauf dieser Versuche wurden Ladedrücke bis zu 7 ata untersucht.

Die Untersuchung kann in zwei Gruppen aufgeteilt werden:

1. Die Anwendung einer mäßigen Aufladung bei Motoren normaler Konstruktion mit einem Verdichtungsverhältnis, das sich für den Betrieb ohne Aufladung eignet.

2. Die Anwendung einer sehr hohen Aufladung bei Motoren einer Sonderkonstruktion, in der Mehrzahl von der Zweitaktbauart. Die Motoren sollten als Hochdruckstufe einer Verbundanlage dienen. Um die höchsten Zylinderdrücke in ausführbaren Grenzen zu halten, mußte man in diesem Fall ein verhältnismäßig niedriges Verdichtungsverhältnis und eine Sonderkonstruktion anwenden.

Die zweite Gruppe ist wahrscheinlich nur dann existenzberechtigt, wenn die große potentielle Energie im Auspuff vollständig ausgenutzt werden kann. Sie ist nur im Zusammenhang mit einer Verbundanlage von unmittelbarem praktischem Interesse. Aber die Ergebnisse erwiesen sich insofern als nützlich, als sie an der äußersten Grenze liegende Punkte der Leistungskurven ergaben und damit bestätigten, daß es keine Unstetigkeit und keinen Knick im Kurvenverlauf in Abhängigkeit von der Aufladung gibt.

Die Folgerungen und die Voraussetzungen, aus denen jene gezogen wurden, beziehen sich vor allem auf die erste Gruppe, obwohl sie sich nur in der Größe ändern, wenn sie auf die zweite angewandt werden.

In der ersten Gruppe ist ein normaler Viertaktmotor vorausgesetzt von hinreichend hohem Verdichtungsverhältnis, um den kalten Motor normal anzulassen und ohne Aufladung mit leichtem Gasöl zu fahren. Der Motor wurde nur in unbedeutenden Einzelheiten, die notwendig oder wünschenswert erschienen, abgeändert.

Alle Werte dieser Gruppe wurden an schnellaufenden Motoren, meist Einzylinder-Prüfmotoren, ermittelt. Es sei darauf hingewiesen, daß alle Versuche mit Luft gefahren wurden, die von einer Hauptverdichteranlage geliefert wurde; daher beziehen sich alle Werte auf die Kupplungsleistung ohne Abzug der Antriebsleistung des Verdichters. Andererseits haben die verwendeten Prüfmotoren im Vergleich zu Vielzylindermotoren einen niedrigen mechanischen Wirkungsgrad, daher sind alle auf die Kupplungsleistung bezogenen Brennstoffverbrauchswerte etwas höher als normal.

Die obere Grenze der Ladedrücke ist praktisch erreicht, wenn die höchsten Verbrennungsdrücke so groß sind, daß:

1. Kolbenringe und Laufbuchsen sich stark abnutzen,
2. die Lager überlastet werden,

3. infolge der Dehnung der Schrauben des Zylinderkopfes die Zylinderkopfdichtungen blasen.

Bei einem Motor der gewöhnlichen Konstruktion mit einem Lagerwerkstoff, bei dem in einem feinen Kupferschwamm Blei eingebettet

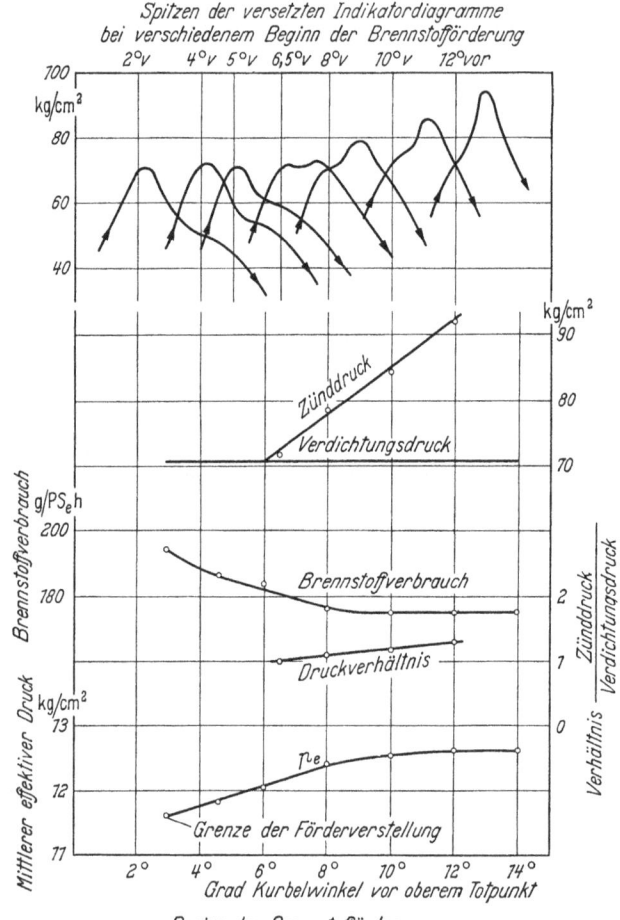

Bild 10.6. Die Kurven zeigen die Wirkung des Beginns der Kraftstofförderung auf die Leistung und die Drücke im Zylinder des Motors E 18/1 „Comet Mark III",
127 mm Bohrung und 127 mm Hub

Versuchsbedingungen: Motordrehzahl 1250 U/min; 0,69 kg/cm² Ladedruck; 60° C Lufteintrittstemperatur bei 12 bis 12,6 kg/cm² mittlerem effektivem Druck

ist, und einer oberflächengehärteten Kurbelwelle sind üblicherweise Verbrennungsdrücke bis zu 84 kg/cm² zulässig. Wie später gezeigt wird, folgt daraus die Begrenzung des Ladedruckes auf 2 ata bei einem Verdichtungsverhältnis von 15,0 : 1.

Allgemeine Schlußfolgerungen. Das Aufladen verringert den Zündverzug stark, und daher:

a) läuft der Motor sehr ruhig,

b) ist das günstigste Verhältnis von Höchstdruck zu Verdichtungsdruck beträchtlich kleiner und besser zu beherrschen.

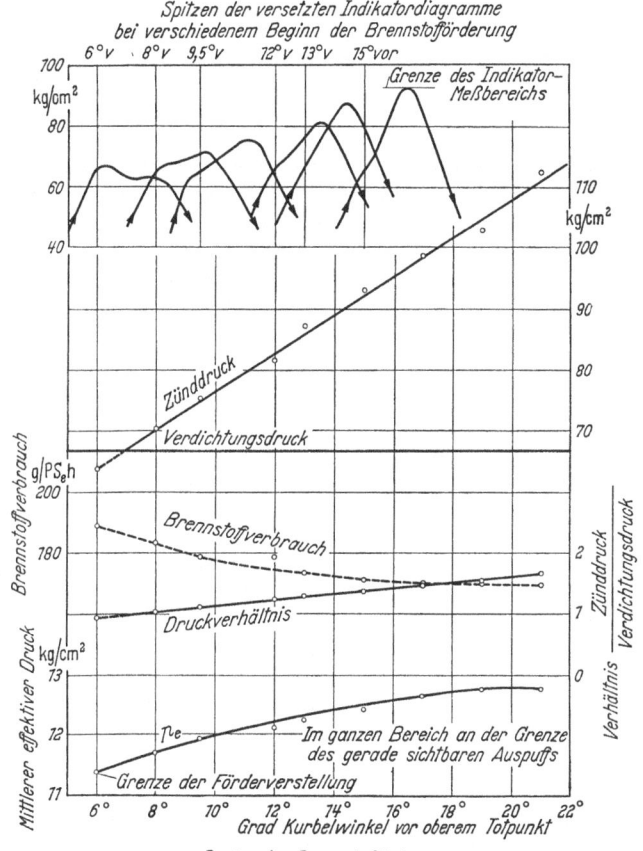

Bild 10.7. Die Kurven zeigen die Wirkung des Beginns der Kraftstofförderung auf die Leistung und die Drücke im Zylinder des Motors E 16/10 mit direkter Einspritzung, 120,6 mm Bohrung, 139,7 mm Hub

Versuchsbedingungen: Motordrehzahl 1250 U/min; 0,69 kg/cm² Ladedruck; 60° C Lufteintrittstemperatur bei 12 bis 12,6 kg/cm² mittlerem effektivem Druck

Bild 10.6 zeigt den Einfluß auf die Leistung eines Motors „Comet Mark III", wenn der Beginn der Kraftstofförderung geändert wird; der tatsächliche Beginn des Einspritzens liegt natürlich einige Kurbelgrade später. Bei dieser Versuchsreihe wurde die je Arbeitsspiel eingespritzte Kraftstoffmenge durchweg konstant gehalten, ebenso wie alle anderen Bedingungen; die einzige Veränderliche war der Beginn der Kraftstofförderung. Man erkennt, daß:

a) bei einem Beginn 6,5° vor oberem Totpunkt das Indikatordiagramm dem Wesen nach die Form des Gleichdruckverfahrens hat, d. h. Verdichtungsdruck und Höchstdruck sind beide fast gleich, nämlich 70 kg/cm²;

b) bei diesem Beginn der mittlere effektive Druck nur 5% unter und der spezifische Kraftstoffverbrauch 4% über dem Bestwert liegt;

c) für alle praktischen Zwecke die Bestleistung erreicht wird mit einem Beginn 9° vor oberem Totpunkt; der Höchstdruck beträgt dann 81,5 kg/cm²;

d) bei früherem Beginn als 9° ein Leistungsgewinn kaum noch vorhanden ist und sicherlich nicht den höheren Spitzendruck rechtfertigt.

Bild 10.7 zeigt eine ähnliche Versuchsreihe, die unter denselben Bedingungen an einem ähnlichen Versuchsmotor, aber mit direkter Einspritzung in den offenen Brennraum durchgeführt wurde. Der Vergleich zeigt, daß:

a) der spezifische Verbrauch am günstigsten Punkt etwa 3% niedriger ist als beim „Comet III", verglichen mit etwa 6% niedriger beim Betrieb ohne Aufladung;

b) man das Gleichdruckdiagramm bei einem Beginn etwa 7° vor oberem Totpunkt erhält; dabei liegt der mittlere effektive Druck etwa 10% unter und der spezifische Verbrauch etwa 8% über dem Bestwert;

c) das Optimum des spezifischen Kraftstoffverbrauchs praktisch erreicht wird bei einem Beginn etwa 13° vor Totpunkt mit einem Höchstdruck von etwa 86 kg/cm². Aber bei dieser Einstellung liegt der mittlere effektive Druck noch etwa 4% unter dem Bestwert.

Bild 10.8 zeigt Verbrauchskurven mit Aufladung bei verschiedenen Schwerölen, Bild 10.9 die Gestalt der (versetzten) Indikatordiagramme für die gleichen Kraftstoffe.

Aus diesen Abbildungen ist zu ersehen:

a) Die Leistung bei Aufladung ist dem Wesen nach gleich für alle untersuchten Kraftstoffe trotz weiter Schwankungen des spezifischen Gewichtes, der Flüchtigkeit und der Cetanzahl. Der Punkt, wo der Auspuff gerade anfängt sichtbar zu werden, streut für die verschiedenen Kraftstoffe nur um 6%.

b) Der spezifische Kraftstoffverbrauch schwankt zwar, wenn man ihn in Kilogramm je $PS_e h$ aufträgt; bezieht man ihn aber auf die unteren Heizwerte der Kraftstoffe, so sind die Verbräuche innerhalb der Beobachtungsgenauigkeit identisch, außer bei dem Admiralitätstreiböl (30% Gasöl und 70% Rückstand), bei dem der Verbrauch besonders bei den höchsten Belastungen etwas größer ist.

Allgemeine Schlußfolgerungen

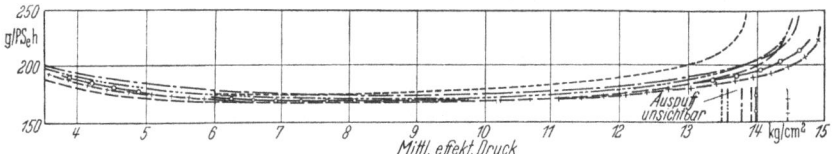

Bild 10.8. Kraftstoffverbrauchsversuche an dem Motor E 18/1 „Comet Mark III", 127 mm Bohrung, 139,7 mm Hub

Kraftstoffe:

		Cetanzahl	Spez. Gewicht bei 15° C
— · —	Schweres Dieselöl	38	0,9145
— — —	Marine-Dieselöl	43	0,8730
— ·· — ·· —	Schweres Dieselöl	34	0,9155
— + — + —	Industrie-Dieselöl	40	0,8930
— o — o —	Pool-Gasöl	49	0,8495
··········	Schweres Heizöl	—	0,9450

Versuchsbedingungen: Motordrehzahl 1250 U/min; Öleintrittstemperatur 60 °C; 0,69 kg/cm² Ladedruck; 30 °C Lufteintrittstemperatur; Kühlmitteleintrittstemperatur 70 °C; Höchstdruck begrenzt zu 77,3 kg/cm² bei 10,5 kg/cm² mittlerem effektivem Druck

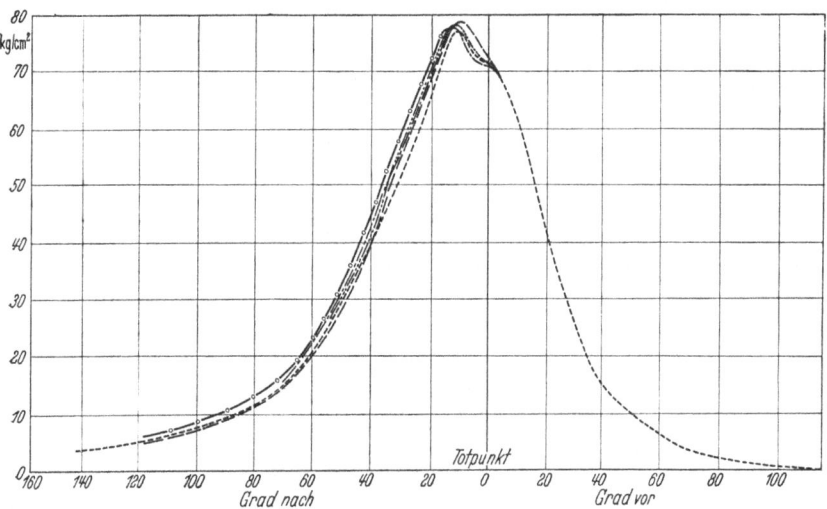

Bild 10.9. Versetzte Indikatordiagramme, aufgenommen am Motor E 18/1 Comet Mark III, 127 mm-Bohrung, 139,7 mm Hub

Kraftstoffe:

		Cetanzahl	Spezifisches Gewicht bei 15° C	Mittl. effekt. Druck kg/cm²
— · —	Schweres Dieselöl	38	0,9145	10,6
— — —	Marine-Dieselöl	43	0,8730	10,5
— ·· — ·· —	Schweres Dieselöl	34	0,9155	10,9
— + — + —	Industrie-Dieselöl	40	0,8930	10,7
— o — o —	Pool-Gasöl	49	0,8495	10,6
··········	Schweres Heizöl	—	0,9450	10,6

Versuchsbedingungen: Motordrehzahl 1250 U/min; Öleintrittstemperatur 60 °C; 0,69 kg/cm² Ladedruck; 30 °C Lufteintrittstemperatur; Kühlmitteleintrittstemperatur 70 °C; Höchstdruck begrenzt zu 77,3 kg/cm² bei 10,5 kg/cm² mittlerem effektivem Druck

Die Bilder 10.10 und 10.11 entsprechen den Kurven in 10.8 und 10.9, sind aber bei einer niedrigeren Drehzahl aufgenommen und können mit den Bildern 10.12 und 10.13 verglichen werden, die bei der gleichen Drehzahl, aber ohne Aufladung des Motors aufgenommen wurden.

158   10. Aufladen

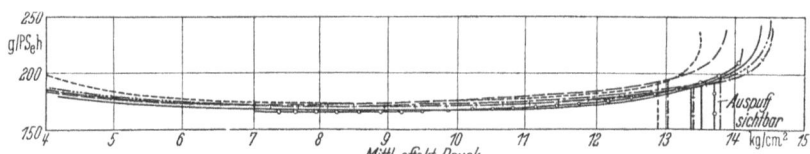

Bild 10.10. Kraftstoffverbrauchsversuche an dem Motor E 18/1 „Comet Mark III",
127 mm Bohrung, 139,7 mm Hub

Kraftstoffe:

		Cetanzahl	Spez. Gewicht bei 15° C
———————	Leichtes Heizöl	41	0,9120
—— - —— - ——	Schweres Dieselöl	38	0,9145
—— ··· —— ··· ——	Schweres Dieselöl	34	0,9155
—— ·· —— ·· ——	Marine-Dieselöl	43	0,8730
—+—+—+—	Industrie-Dieselöl	40	0,8930
— o — o —	Pool-Gasöl	49	0,8495
················	Schweres Heizöl	—	0,9450

Versuchsbedingungen:
Motordrehzahl 500 U/min;
Öleintrittstemperatur 60° C;
0,69 kg/cm² Ladedruck; 30 °C
Lufteintrittstemperatur;
Kühlmitteleintrittstemperatur 70° C

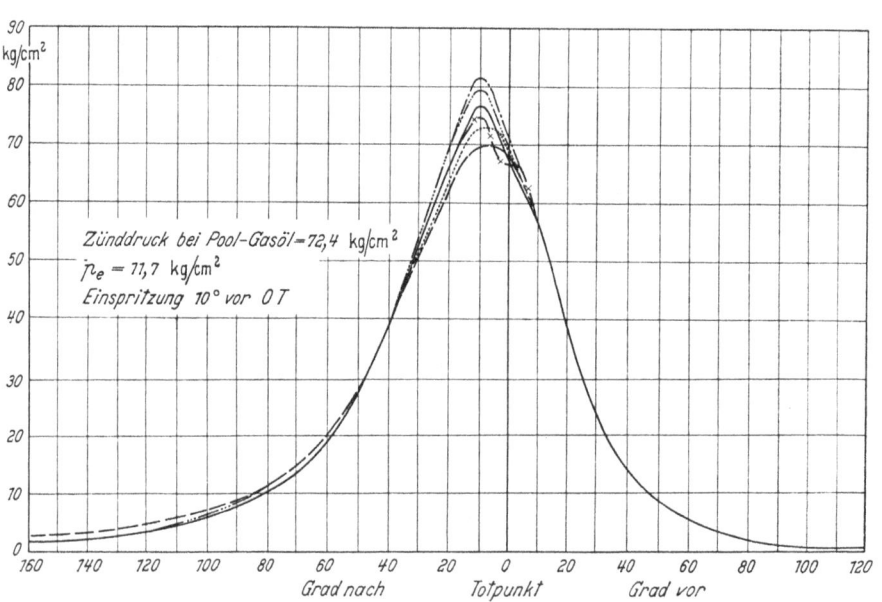

Bild 10.11. Versetzte Indikatordiagramme, aufgenommen am Motor E 18/1 Comet Mark III,
127 mm Bohrung, 139,7 mm Hub

Kraftstoffe:

		Cetanzahl	Spezifisches Gewicht bei 15° C	Mittl. effekt. Druck kg/cm²
———————	Leichtes Heizöl	41	0,9120	11,4
—— - —— - ——	Schweres Dieselöl	38	0,9145	11,2
—— ··· —— ··· ——	Schweres Dieselöl	34	0,9155	11,2
—— ·· —— ·· ——	Marine-Dieselöl	43	0,8730	11,2
—+—+—+—	Industrie-Dieselöl	40	0,8930	11,3
················	Schweres Heizöl	—	0,9450	11,3

Versuchsbedingungen:
Motordrehzahl 500 U/min;
Öleintrittstemperatur 60° C;
0,69 kg/cm² Ladedruck; 30 °C
Lufteintrittstemperatur;
Kühlmitteleintrittstemperatur 70° C

Allgemeine Schlußfolgerungen

Aus den Bildern ist zu ersehen, daß beim Betrieb ohne Auflading die Kraftstoffe der gleichen Gruppe sich sehr verschieden verhielten. In den meisten Fällen war der Lauf sehr unruhig und geräuschvoll, und bei dem Admiralitäts-Treiböl qualmte der Auspuff bei allen Belastungen, Fehlzündungen traten bei geringen Belastungen auf, und der Motor machte keinen Leerlauf.

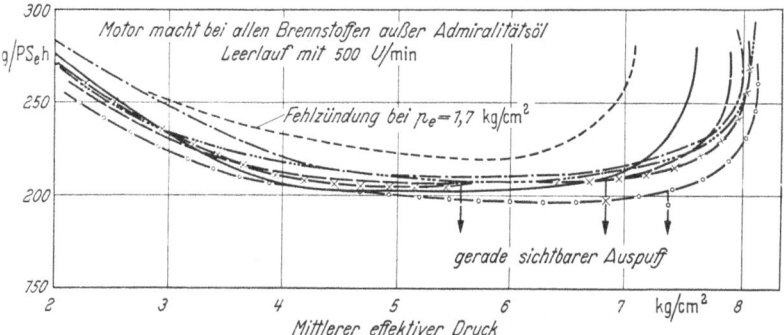

Bild 10.12. Kraftstoffverbrauchsversuche an dem Motor E 18/1 „Comet Mark III", 127 mm Bohrung, 139,7 mm Hub

Kraftstoffe:

		Cetanzahl	Spez. Gewicht bei 15° C
————	Leichtes Heizöl	41	0,9120
—·—·—	Schweres Dieselöl	38	0,9145
—···—	Schweres Dieselöl	34	0,9155
— — —	Marine-Dieselöl	40	0,8930
—o—o—	Pool-Gasöl	49	0,8495
············	Schweres Heizöl	—	0,9450

Versuchsbedingungen: Motordrehzahl 500 U/min; Öleintrittstemperatur 60° C; 30° C Lufteintrittstemperatur; Kühlmitteleintrittstemperatur 70° C; keine Aufladung Auspuff blaugrau im ganzen Lastbereich außer für die drei Kraftstoffe, bei denen die Rauchgrenzen angegeben sind

Dies alles bestätigt, daß der verringerte Zündverzug und die verbesserte Verbrennung mehr vom Druck als von der Temperatur abhängen, obwohl beide von Einfluß sind.

Bild 10.14 zeigt die Steigerung der Wirtschaftlichkeit und die Verminderung der Abgastemperatur durch Zwischenkühlung von 90° C auf 60° C und 30° C.

Bild 10.15 zeigt die Verminderung des Wärmeverlustes an die Wand als Folge der Zwischenkühlung.

Hieraus erkennt man, daß die Verminderung der Ladelufttemperatur um 60° C durch Zwischenkühlung den Wärmefluß zu den Kolben, der Zylinderwand usw. von 92 auf nur 60 kcal je min oder auf weniger als zwei Drittel verringert und damit den spezifischen Kraftstoffverbrauch von 192 auf 174 g/PS$_e$h beim Betrieb mit einem mittleren effektiven Druck von 10,5 kg/cm² und 500 U/min senkt. Das ist natürlich ein Grenzfall, denn bei der sehr niedrigen Drehzahl von 500 werden die Wirkungen des Wärmeverlustes größer.

Bild 10.14 zeigt, daß eine ähnliche Verringerung der Ladelufttemperatur die Auspufftemperatur von 515° C auf 410° C senkt beim Betrieb mit einem mittleren effektiven Druck von 10,5 kg/cm² und 1250 U/min. In diesem Fall ist natürlich wegen der höheren Drehzahl der Einfluß der verminderten Wärmeverluste auf den thermischen Wirkungsgrad weniger deutlich zu erkennen. Aber selbst so wird der

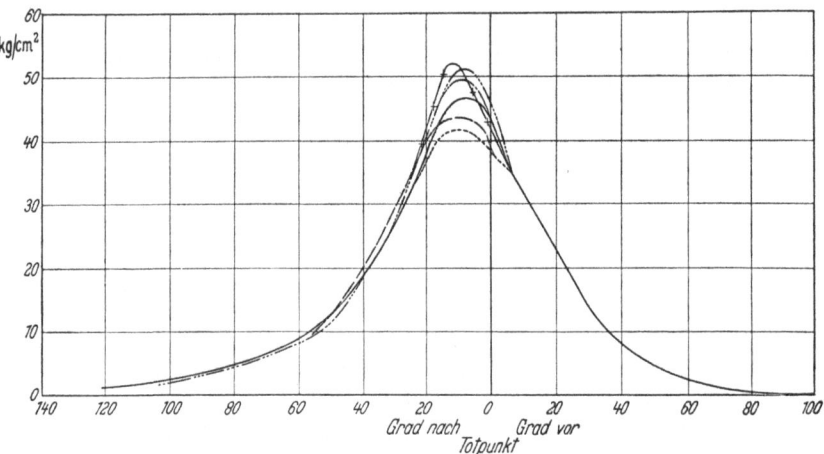

Bild 10.13. Versetzte Indikatordiagramme, aufgenommen am Motor E 18/1 Comet Mark III, 127 mm Bohrung, 139,7 mm Hub

Kraftstoffe:

		Cetanzahl	Spezifisches Gewicht bei 15° C	Mittl. effekt. Druck kg/cm²
———————	Leichtes Heizöl	41	0,9120	5,06
— · ——— · —	Schweres Dieselöl	38	0,9145	5,13
— ··· — ··· —	Schweres Dieselöl	34	0,9155	4,78
— — — —	Marine-Dieselöl	43	0,8730	5,11
—+—+—	Industrie-Dieselöl	40	0,8930	4,95
·················	Schweres Heizöl	—	0,9450	4,99

Versuchsbedingungen: Motordrehzahl 500 U/min; Öleintrittstemperatur 60° C; 30° C Lufteintrittstemperatur; Kühlmitteleintrittstemperatur 70° C; keine Aufladung

spezifische Kraftstoffverbrauch von 172 auf 164 g/PS$_e$h verringert. Der höchste Druck im Zylinder steigt indessen um etwa 5%.

Bei allen Drehzahlen und besonders bei niedrigen Drehzahlen bis hinunter auf 20% des normalen Höchstwertes ist der Lauf bei Aufladung bemerkenswert ruhig.

Bei allen Drehzahlen ist die Steigerung des mittleren indizierten Druckes etwas und die des mittleren effektiven Druckes an der Rauchgrenze beträchtlich größer als die Steigerung der Dichte der Ladeluft. Jene erklärt sich zum Teil dadurch, daß bei Aufladung ein etwas größerer Teil der Luft im Zylinder ausgenutzt werden kann, aber in der Hauptsache durch den höheren thermischen Wirkungsgrad, mit dem sie ausgenutzt wird. Die zweite Erscheinung erklärt sich durch den höheren mechanischen Wirkungsgrad. An der Rauchgrenze ist der mittlere effektive Druck ohne Aufladung bei einer Drehzahl von 1250 U/min und bei 30° C Lufteintrittstemperatur 8,1 kg/cm². Aus Bild 10.14 ist zu ersehen, daß der mittlere effektive Druck bei gleicher Drehzahl und Lufteintrittstemperatur, aber bei einer Aufladung um 0,69 kg/cm² 15,5 kg/cm² beträgt (Verhältnis der Eintrittsdrücke und Dichten 1,66 : 1, Verhältnis der mittleren effektiven Drücke 1,92 : 1).

Bei der gleichen Lufteintrittstemperatur nehmen die relativen Wärmeverluste an das Kühlwasser mit steigender Dichte in ungefähr

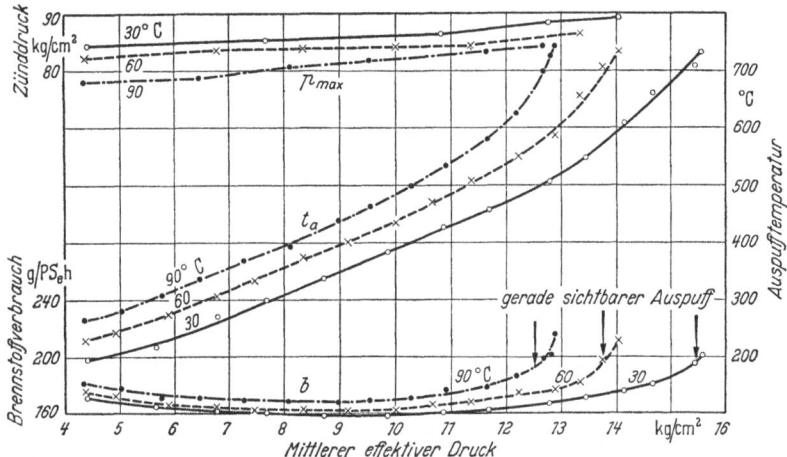

Bild 10.14. Einfluß der Zwischenkühlung auf Verbrauch, Auspufftemperatur und Höchstdruck im Zylinder bei einem Einzylinder-Viertaktmotor E 18/1 „Comet Mark III",
127 mm Bohrung, 139,7 mm Hub

Versuchsbedingungen: Motordrehzahl 1250 U/min; Öleintrittstemperatur 60° C; Lufteintrittstemperaturen 30°, 60°, 90° C; Lufteintrittsdruck 1,71 ata; Kühlwassereintrittstemperatur 70° C
Brennstoff: Schweres Dieselöl, spezifisches Gewicht 0,9145 bei 15° C

dem gleichen Maß ab wie mit zunehmender Drehzahl, wenn nicht aufgeladen wird. Das heißt, der Wärmefluß an die Zylinderwand, den Kolben usw. ist im wesentlichen gleich, ob die Leistung gesteigert wird durch Verdoppeln der Luftdichte oder durch Verdoppeln der Motordrehzahl bei atmosphärischer Dichte, wenn nur die Lufttemperatur gleich gehalten wird.

Bei einem schnellaufenden Motor mit hoher Verdichtung und normaler Konstruktion ist durch Spülen der Zylinder wenig oder nichts zu gewinnen, da Ein- und Auslaßventile so dicht beieinander liegen, daß gleichzeitiges Öffnen nur einen Kurzschluß bedeutet. Wenn man den Verlust an Luft berücksichtigt, die vom Gebläse Energie erhalten hat, und die ungünstige Form des Brennraumes, die nötig ist, um das

10. Aufladen

gleichzeitige Öffnen der Ventile zu ermöglichen, so ist der Erfolg im allgemeinen negativ. Eine meßbare Abnahme der Kolbentemperatur konnte nicht beobachtet werden, selbst wenn die Öffnungszeiten sich sehr weit überdeckten, so daß ein beträchtlicher Luftverlust auftrat. Nur wenn der Lader von einer Abgasturbine getrieben wird, scheint man das Spülen durch gleichzeitiges Öffnen der Ventile rechtfertigen zu können, und dann in erster Linie als ein Mittel, um die Abgastemperatur auf einen für die Turbine annehmbaren Wert zu senken. Aber selbst dann ist wahrscheinlich das Verfahren vorzuziehen, daß

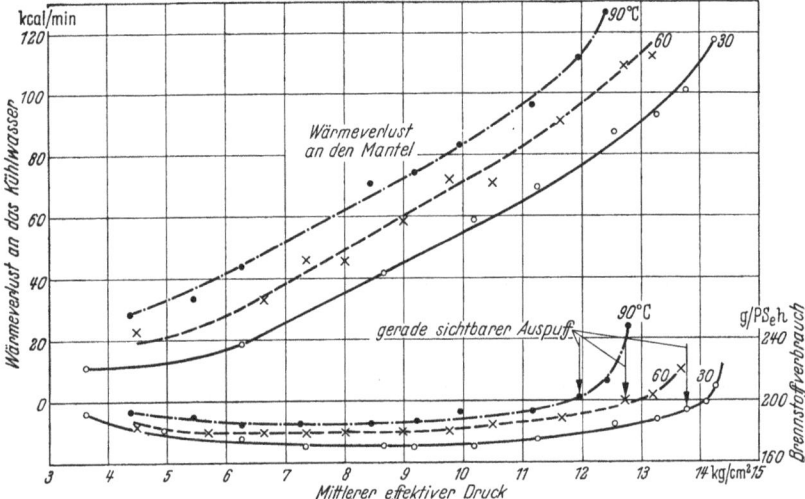

Bild 10.15. Einfluß der Lufteintrittstemperatur auf den Kraftstoffverbrauch und den Wärmeverlust an das Kühlwasser bei einem Einzylinder-Viertaktmotor E 18/1 Comet Mark III, 127 mm Bohrung, 139,7 mm Hub

Versuchsbedingungen: Motordrehzahl 500 U/min; Öleintrittstemperatur 60° C; 0,69 kg/cm² Ladedruck; Lufteintrittstemperatur 30°, 60°, 90° C; Kühlwassereintritt 70° C
Kraftstoff: Schweres Dieselöl, spezifisches Gewicht 0,9145 bei 15° C

man etwas Luft außerhalb des Zylinders direkt in den Auspuff führt und sie durch den Regler oder einen Thermostaten so steuert, daß dies nur eintritt, wenn die Abgastemperatur bedenklich hoch wird. Offenbar wird der Luftverlust durch Spülen oder Kurzschluß zwischen den Ventilen um so kostspieliger, je höher die Aufladung ist.

Bild 10.14 zeigt den bedeutenden Einfluß der Zwischenkühlung der Luft auf die Abgastemperatur. Mit Luft von 90° C, d. h. ohne Zwischenkühlung, wird eine Abgastemperatur von 600° C bei einem mittleren effektiven Druck von 11,9 kg/cm² erreicht; mit Zwischenkühlung bis herab zu 30° C kann ein mittlerer effektiver Druck von über 14 kg/cm² bei der gleichen Abgastemperatur erreicht werden, oder umgekehrt: bei einem mittleren effektiven Druck von 12 kg/cm² senkt die Zwischenkühlung von 90° auf 30°C die Abgastemperatur um 140°C.

Zieht man alle wichtigen Einflüsse in Betracht, so scheint es, daß bei einem Motor normaler Konstruktion und normaler Abmessungen, der ein genügend hohes Verdichtungsverhältnis hat, um ohne Aufladung befriedigend zu laufen, die beste Auflladung zwischen 1,5 und 2,0 ata liegt. Unter 1,5 ata ist es zweifelhaft, ob bei einem kleinen Motor, d. h. unter etwa 100 PS, der Gewinn die zusätzlichen Kosten und die Komplikation voll rechtfertigt. Über 2 ata erfordern die hohen

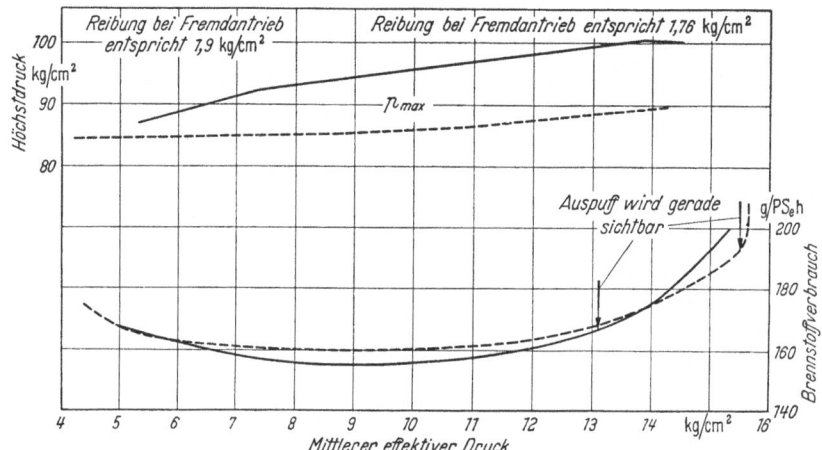

Bild 10.16. Vergleich der spezifischen Kraftstoffverbräuche und Höchstdrücke in den Zylindern beim „Comet Mark III" und bei Motoren mit direkter Einspritzung
Versuchsbedingungen: Motordrehzahl 1250 U/min; Öleintrittstemperatur 60°C; 0,69 kg/cm² Ladedruck; Lufteintrittstemperatur 30°C; Kühlwassereintritt 70°C
——— Motor mit direkter Einspritzung ------- Motor „Comet Mark III"

Spitzendrücke in den Zylindern eine kräftigere Motorkonstruktion. Wenn die Auflladung jederzeit und bei allen Belastungen und Drehzahlen verfügbar ist, dann ist mit Sicherheit ein niedrigeres Verdichtungsverhältnis und eine höhere Auflladung bei dem gleichen Höchstdruck zulässig. Das scheint auf jeden Fall eine wesentliche Bedingung zu sein, wenn schwer zu behandelnde Kraftstoffe benutzt werden sollen.

Vergleich der direkten mit der indirekten Einspritzung bei Auflladung. Ohne Auflladung haben Motoren mit indirekter Einspritzung und Wirbelkammer der Bauart „Comet Mark III" einen 5 bis 10% höheren Kraftstoffverbrauch wegen der relativ höheren Wärmeverluste, aber sie entwickeln wegen der besseren Luftausnutzung 10 bis 15% mehr Leistung, bevor der Auspuff zu rauchen beginnt, als die Bauart mit direkter Einspritzung und Lufteintrittsdrehung.

Mit Aufladung sind die relativen Wärmeverluste beider Bauarten geringer, und der Unterschied im thermischen Wirkungsgrad wird erheblich kleiner, bis bei 2 ata der Abstand fast verschwunden ist.

So zeigt Bild 10.16 zum Vergleich Leistungskurven des „Comet Mark III" und von Bauarten mit direkter Einspritzung bei Aufladung und 1250 U/min.

Elftes Kapitel

Der Zweitaktmotor

Für den Dieselmotor, bei dem der Zylinder nur mit Luft gefüllt wird und bei dem daher ein geringer Ladungsverlust zugelassen werden kann, ist die Anwendung des Zweitaktverfahrens sehr verlockend, besonders bei solchen Anwendungszwecken, bei denen die Drehzahl durch die Verhältnisse begrenzt ist und die vorwiegend mit hoher Belastung fahren, wie Schiffsmaschinen, stationäre Motoren usw.

Zugunsten des Zweitaktmotors kann man anführen:

1. Bei dem gleichen Gesamtgewicht und Aufwand kann eine größere Leistung erreicht werden als bei einem unaufgeladenen Viertaktmotor.

2. Für das gleiche Drehmoment ist nur die halbe Zahl an Zylindern, Kraftstoffpumpen und Einspritzdüsen erforderlich. Diese Beweisführung ist indessen zuweilen nur scheinbar richtig, denn für Zwecke, bei denen ein guter Massenausgleich wichtig ist, bestimmt die Forderung nach Ausgleich der Massen weitgehend die kleinste Zylinderzahl, die man ausführen kann, wenn man nicht auf zusätzliche dynamische Ausgleicher zurückgreifen will, was den Motor weiter kompliziert.

3. Da die Lager stets in der gleichen Richtung belastet sind, läuft der Motor ruhiger, aber es können dadurch auch Schwierigkeiten an den Kolbenbolzenlagern auftreten.

4. In seiner einfachsten Form, nämlich mit Kurbelkastenspülung, hat der Zweitaktmotor in der Tat die geringste Zahl bewegter Teile, aber auch die kleinste Zahl guter Eigenschaften.

Beim Viertaktmotor müssen dieselben bewegten Teile abwechselnd Leistung erzeugen, Gase ausschieben und den Zylinder neu füllen. Jenes bedingt, daß sie stark genug sind, um den sehr hohen Drücken und starken Wärmeströmen, denen sie ausgesetzt sind, zu widerstehen. Es erfordert auch, daß sie mit wirksamen Kolbenringen versehen sind, um Gasdichtheit zu sichern. All diese Bedingungen rufen eine schwere Belastung der Lager mit Reibungsverlusten und Massendrücken hervor. Die eine Aufgabe, das Ausschieben und Füllen des Zylinders, könnte auch durch sehr leichte bewegte Teile befriedigend erfüllt werden, die nicht unbedingt hin und her zu gehen brauchten und wegen der niedrigen Drücke keine Kolbenringe erfordern würden.

So nehmen wir beim Viertaktmotor für das Ausschieben und Füllen des Zylinders eine unverhältnismäßige Reibung in Kauf. Diese Überlegung wird leicht außer acht gelassen, wenn man Zwei- und Viertaktmotoren vergleicht. Bei den Viertaktmotoren ist es üblich, die Verluste zwischen Kolben und Schwungrad des Motors als Reibungsverluste und Gaswechselverluste auszudrücken. Die Gaswechselverluste werden aus Schwachfeder-Indikatordiagrammen ermittelt und stellen daher nur die Luftarbeit dar. Aber zu diesen Verlusten sollte man nahezu die Hälfte der gesamten inneren Reibung hinzurechnen, die auf das Ausschieben und Füllen des Zylinders entfällt. Nicht ganz die Hälfte, weil bei diesen Hüben die Kolbenringe nicht durch den Gasdruck belastet sind und die Lager keiner ganz so hohen Belastung unterliegen. Wahrscheinlich muß man etwa 40% der gesamten mechanischen Reibung eines Viertaktmotors dem Ausschieben und Füllen zur Last legen.

Besonders wenn man eine unabhängige Spülpumpe benutzt, ist es beim Zweitaktmotor üblich, das Leeren und Füllen des Zylinders mit der ganzen Gebläsearbeit zu belasten, also die Luftverdichtung und die innere Reibung zusammenzulegen.

Beim Zweitaktmotor dienen die schweren bewegten Teile nur der Leistungserzeugung, also dem Zweck, für den sie entworfen sind, während das Ausschieben und Füllen des Zylinders von einer unabhängigen Gruppe bewegter Teile geleistet wird, die nur für diesen Zweck paßt und daher viel weniger Reibungsverluste hat.

Andererseits braucht der Zweitaktmotor im allgemeinen etwa 40 bis 50% mehr Luft für die gleiche Leistungsabgabe, und daher wird die Gaswechselarbeit, zum Unterschied von der Reibung, die durch das mechanische Getriebe des Gebläses verursacht wird, entsprechend größer.

Ferner muß beim Zweitaktmotor ein Teil des Kolbenhubes dem Ausschieben und Füllen des Zylinders geopfert werden. Wie groß dieser Teil jeweils ist, hängt von der Bauart des Motors und der Drehzahl ab, aber im besten Fall sind es wenigstens 10% und meistens nahe an 20%. Doch ist beim Zweitakt die verfügbare Zeit zum Ausschieben und Füllen des Zylinders beträchtlich kürzer als beim Viertakt, nämlich etwa 33% gegenüber 50% vom gesamten Arbeitsspiel. Wir haben somit in den oder durch den Zylinder ein größeres Luftgewicht in kürzerer Zeit zu drücken, und dies erfordert natürlich eine größere Arbeit zur Bewegung der Luft. Man muß beachten, daß der Druck, der nötig ist, um bei jedem Arbeitsspiel ein gegebenes Luftgewicht durch einen Schlitz oder ein Ventil gegebener Größe zu drücken, mit dem Quadrat der Geschwindigkeit steigt und daß die hierzu erforderliche Leistung mit der dritten Potenz der Geschwindigkeit zunimmt.

11. Der Zweitaktmotor

Der Vergleich der beiden Verfahren zeigt, daß beim Viertakt die indizierte Arbeit zum Ausschieben und Füllen des Zylinders selbst bei hohen Geschwindigkeiten sehr klein ist, daß aber wegen der unverhältnismäßig großen mechanischen Reibung die gesamte Arbeit recht groß ist; aber die Reibungsverluste steigen mit der Geschwindigkeit nicht annähernd in dem gleichen Maß wie die Verluste durch die Luftbewegung.

Daher können wir folgern, daß die gesamte Arbeit für das Ausschieben und Füllen des Zylinders in einem Zweitaktmotor bei niedrigen Geschwindigkeiten geringer, aber bei hohen Geschwindigkeiten größer sein wird und daß sie einen unzulässig großen Teil der Maschinenleistung ausmacht, wenn beide Motoren mit der höchsten Drehzahl gefahren werden, die man aus Gründen der Betriebssicherheit oder Lebensdauer zulassen kann.

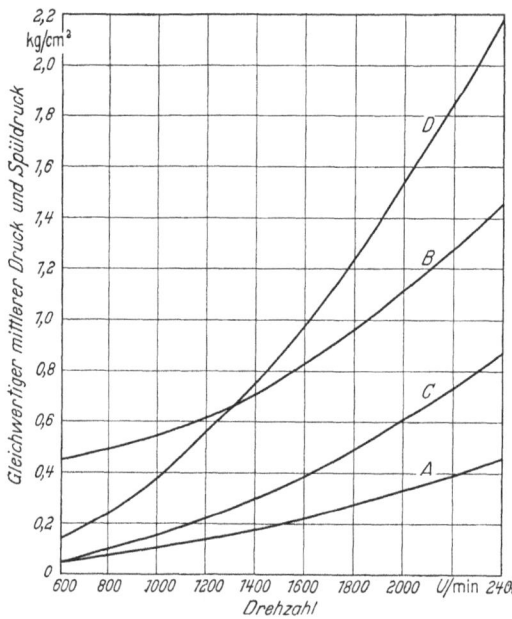

Bild 11.1. Vergleichskurven für die Arbeit beim Ausschub und Füllen der Zylinder typischer Zwei- und Viertaktmotoren gleicher Leistung
A. Viertaktmotor; Luftpumparbeit allein. Liefergrad 80% bei Normzustand von Druck und Temperatur
B. Viertaktmotor; Luftpumparbeit + 40% der mechanischen Reibung
C. Zweitaktmotor; Spülluftdruck in kg/cm²
D. Zweitaktmotor; gesamte Gebläsearbeit bei 50% Luftüberschuß, d.h. 1,2 mal Hubvolumen bei Normzustand, unter der Annahme eines gesamten Gebläsewirkungsgrades von 60%

Die Kurven in Bild 11.1 zeigen sehr angenähert die Größenordnung der Leistung beim Ausschub und Füllen der Zylinder typischer Zwei- und Viertaktmotoren gleicher Leistung, nämlich etwa 30 PS_e je Zylinder, im Drehzahlbereich von 600 bis 2400 U/min.

Man bemerkt, daß die Kurven des Leistungsverbrauchs sich bei etwa 1300 U/min schneiden und daß darüber hinaus die Werte für den Zweitakter sehr schnell ansteigen.

Wären alle anderen Bedingungen gleich, so würde daraus folgen, daß der Kraftstoffverbrauch für Vollast beim Zweitakter niedriger sein müßte als beim Viertakter, wenn die Drehzahlen unterhalb des Schnittpunktes der beiden Kurven liegen. Oberhalb des Schnittpunktes würde er beim Zweitakter höher liegen, und zwar bis zu 15% bei der höchsten Drehzahl. Dies wäre ein schwerer Nachteil, selbst wenn beide Motoren immer mit Vollast liefen, aber bei Teillasten wird der Vergleich noch ungünstiger, denn der Energieverbrauch für den Ausschub und das Füllen bleibt unverändert, während sein verhältnismäßiger Anteil bedenklich steigt.

Die Kurven in Bild 11.1 können als typisch für den allgemeinen Verlauf betrachtet werden, aber die Werte an und für sich und der Schnittpunkt liegen natürlich je nach der Bauart des Zweitaktmotors ganz verschieden. So können z. B. die Pumpverluste beträchtlich verringert werden, wenn ein größerer Teil des Hubes geopfert wird, aber das hat seine Grenzen, denn der Ausdehnungshub muß die stärkere Kürzung erfahren, und dadurch verlieren wir an thermischem Wirkungsgrad und wirksamem Zylinderinhalt.

Viel hängt auch von der Anordnung der Schlitze oder Ventile des Zylinders, von der Art des Gebläses oder der Spülluftpumpe und von dem Spülwirkungsgrad ab; aber obwohl all diese Einflüsse den Schnittpunkt in der einen oder anderen Richtung verschieben, können sie dies nicht in erheblichem Maß tun, und der allgemeine Verlauf bleibt bestehen. Daraus können wir folgern, daß bei gleich guten Verbrennungsbedingungen und dem gleichen Expansionsverhältnis der Gesamtwirkungsgrad für Vollast beim Zweitakt besser als beim Viertakt sein sollte, wenn die Drehzahlen niedrig oder nicht zu hoch sind. Aber bei hohen Drehzahlen und besonders bei hohen Drehzahlen und kleinen Belastungen müßte der Zweitakter immer im Nachteil sein und für einen Betrieb wie den Straßenverkehr, bei dem diese Bedingungen vorherrschen, ungeeignet erscheinen.

Die Grenze der Leistungsabgabe eines jeden Verbrennungsmotors, sei es ein Zweitakter oder ein Viertakter, ist durch das Luftgewicht gegeben, das der Motor aufnehmen kann und das im Zylinder bleibt. Beim Viertaktdieselmotor der üblichen Ventilbauart müssen die Ventile im Zylinderkopf und innerhalb der Zylinderbohrung liegen oder sie dürfen nur sehr wenig über die Bohrung hinausragen, weil der Verdichtungsraum sehr klein ist und Taschen im Brennraum vermieden werden müssen. So wird das Ansaugvolumen des Motors durch diese konstruktiven Forderungen begrenzt.

Wenn nur zwei Ventile verwendet werden, begrenzt die Saugfähigkeit die Kolbengeschwindigkeit praktisch auf etwa 10 m/sek. Oberhalb dieser Geschwindigkeit beginnt der Liefergrad durch Ablösung und Strahleinschnürung steil zu fallen, und die Motorleistung verschlechtert sich sehr schnell. Aber die Grenze wird durch die Kolbengeschwindigkeit bestimmt, nicht durch die Drehzahl.

Wird eine größere Zahl Ventile verwendet, so kann diese Grenze bis auf über 12,5 m/sek verschoben werden, wenn alle Ventile gleichmäßig voll ausgenutzt werden. Aber in der Praxis stören gewöhnlich irgendwelche mechanischen Beschränkungen und setzen der Kolbengeschwindigkeit eine Grenze, die man noch mit Sicherheit einhalten kann. Die Verwendung einer Vielzahl von Ventilen ist nur dann am Platz, wenn die mechanische Konstruktion des ganzen Motors sehr hohe Kolbengeschwindigkeiten zuläßt oder wenn die hohe Kolbengeschwindigkeit nur kurzzeitig vorkommt. So wird die Leistung des nicht aufgeladenen Viertaktmotors durch seine Ansaugfähigkeit bei einer bestimmten Kolbengeschwindigkeit begrenzt, nicht bei einer Drehzahl. Beim Zweitaktmotor, dessen Schlitze vom Kolben gesteuert werden, ist das Umgekehrte der Fall, und die Leistungsgrenze, soweit sie von der Ansaugfähigkeit bestimmt wird, wird von der Drehzahl und nicht von der Kolbengeschwindigkeit beherrscht.

Betrachten wir den Fall zweier sonst ähnlicher Zweitaktmotoren, von denen der eine einen Hub gleich dem Zylinderdurchmesser hat, während der Hub des anderen doppelt so groß wie der Durchmesser ist. In beiden Fällen betrage die Höhe der Schlitze 15% des Hubes; dann ist beim langhubigen Motor die Höhe und damit der Querschnitt der Schlitze doppelt so groß wie beim kurzhubigen, und die Ansaugfähigkeit wird doppelt so groß sein. Soweit die Ansaugfähigkeit in Frage kommt, und beim Zweitakter ist das der entscheidende Einfluß, könnten beide Motoren mit der gleichen Drehzahl laufen, obwohl die Kolbengeschwindigkeit des langhubigen Motors doppelt so groß wie die des kurzhubigen Motors ist. Wenn wir einmal annehmen, daß die Ansaugfähigkeit die Leistungsabgabe bei Zwei- und Viertakt-Dieselmotoren begrenzt, dann folgt daraus, daß bei einer Verdopplung des Hubes der Zweitakter noch mit der gleichen Drehzahl laufen kann und die doppelte Leistung entwickelt, daß aber durch eine Verdopplung des Hubes beim Viertakter der Ventilquerschnitt ungeändert bleibt. Wenn wir in beiden Fällen bis an die Grenze der Ansaugfähigkeit gehen, haben wir die Drehzahl beim Viertakter zu halbieren und erhalten daher keine Zunahme an Leistung. Daher besteht jeder Anreiz, möglichst große Verhältnisse von Hub zu Bohrung anzuwenden, beim Zweitakter, aber wenig oder gar kein Anreiz beim Viertakter. So bestimmt wegen der Ansaugfähigkeit nur der Zylinderdurchmesser die erreichbare Leistung des Viertaktmotors, während die Leistung des Zweitaktmotors durch das Zylindervolumen bestimmt wird. Beim Zweitakter jeglicher Bauart zieht praktisch die Ansaugfähigkeit die Grenze; beim Viertakter wirken meist irgendwelche mechanischen Einschränkungen hemmend, bevor die Grenze der Ansaugfähigkeit erreicht ist.

In der Praxis wird das Verhältnis von Hub zu Bohrung bei Zwei- und Viertaktmotoren weitgehend durch konstruktive Überlegungen bestimmt, die weiter unten eingehender besprochen werden sollen;

aber leider sprechen diese Überlegungen gegen die Anwendung eines langen Hubes bei den meisten Bauarten des Zweitaktmotors. Es ist z. B. wichtig, daß die Schlitze im Zylinder eines Zweitaktmotors nicht von der unteren Kolbenkante freigelegt werden. Dies bedeutet, daß in den meisten Fällen die Kolbenlänge größer sein muß als der Hub. Bei einem langen Hub und einem langen Kolben wird aber die Pleuelstange gegen die Unterkante der Laufbuchse stoßen, wenn sie nicht auch sehr lang gemacht wird usw.

Querspülung und Gleichstromspülung. Die möglichen Formen des Zweitaktmotors kann man allgemein in zwei Gruppen teilen:

1. Solche, bei denen ein einziger Arbeitskolben die Ein- und Auslaßschlitze steuert. Sie werden meist Motoren mit Querspülung genannt.

2. Solche, bei denen Ein- und Auslaß an den entgegengesetzten Enden des Zylinders liegen. Man nennt sie meist Motoren mit Gleichstromspülung.

Diese kann man in weitere Gruppen unterteilen:

a) Solche, bei denen zwei Kolben benutzt werden, von denen einer den Einlaß und der andere den Auslaß steuert.

b) Solche, bei denen ein einziger Kolben benutzt wird, um den Einlaß zu steuern, während ein Ventil im Zylinderkopf oder mehrere Ventile den Auslaß steuern. Zuweilen wird dies auch umgekehrt, dann steuert der Kolben den Auslaß.

c) Solche, bei denen ein einziger Schieber benutzt wird, um Ein- und Auslaß an den entgegengesetzten Enden des Zylinders zu steuern.

Sie sind schematisch in den Bildern 11.2 bis 11.5 dargestellt.

Betrachten wir zuerst den Motor mit Querspülung, Bild 11.2. Da hier ein Kolben beide Schlitzgruppen steuert, müssen beide etwa auf der gleichen Höhe liegen, und die Gesamtbreite aller Schlitze zusammen muß etwas kleiner sein als der Umfang des Zylinders. Wegen der Kolbenringe müssen natürlich Stege zwischen den Schlitzen vor-

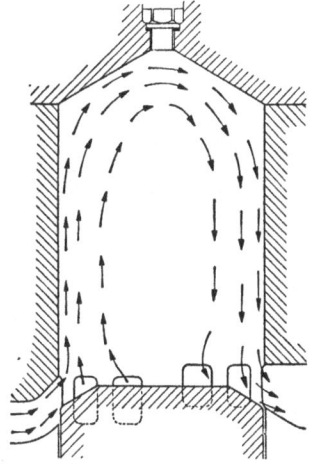

Bild 11.2
Querspülung mit einem Kolben

gesehen werden, und die Breite jedes einzelnen Schlitzes darf nur so groß sein, daß die Ringe über ihn hinweggleiten können, ohne daß die Ringe heraustreten oder brechen. Praktisch muß die Breite der Stege insgesamt mindestens etwa 25% des Zylinderumfangs ausmachen, so daß nur 75% für den Ein- und Auslaß zusammen verfügbar bleiben. Die Höhe der Schlitze wird in allen Fällen durch den Teil des Hubes bestimmt, den wir zugunsten der Ansaugfähigkeit opfern wollen. In allen Fällen müssen wir auch dafür sorgen, daß die Auslaßschlitze zuerst öffnen, und zwar mit einem hinreichenden Vorsprung, damit der Druck im Zylinder ungefähr auf den Spülluftdruck fallen kann, bevor die Einlaßschlitze geöffnet werden. Bei dem Motor mit Querspülung, bei dem ein einziger Kolben beide Schlitzgruppen steuert, müssen alle Steuerpunkte symmetrisch zum unteren Totpunkt liegen, d. h. wenn die Auslaßschlitze höher sind und zuerst öffnen, müssen sie auch zuletzt schließen, wenn wir nicht ein steuerndes Ventil hinter den Ein- oder Auslaßschlitzen anbringen wollen.

Bei Motoren mit Gleichstromspülung haben wir zwei Reihen Schlitze; für jede sind 75% des Zylinderumfangs verfügbar. So kann der Schlitz-

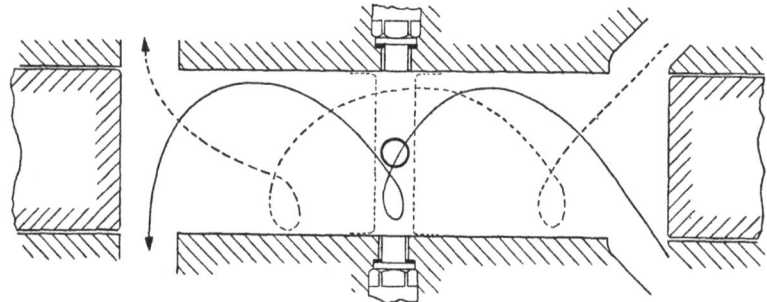

Bild 11.3. Gleichstromspülung beim Gegenkolbenmotor

querschnitt doppelt so groß gemacht werden. Wir haben ferner den Vorteil, daß wir nicht gezwungen sind, symmetrische Steuerpunkte auszuführen, und die Auslaßschlitze vor dem Einlaß öffnen und gleichzeitig mit ihm oder vor ihm schließen lassen können, wenn wir wollen.

Wenn zwei Kolben benutzt werden, von denen einer den Einlaß und der andere den Auslaß steuert (Bild 11.3), so können wir das erforderliche Voreilen des Auslasses erreichen, indem wir die Kurbeln versetzt anordnen und so den Auslaßkolben gegenüber dem anderen voreilen lassen.

Werden nach Bild 11.4 ein einziger Kolben und nockengesteuerte Ventile benutzt, so können wir natürlich die Steuerzeiten beliebig wählen.

Wird nach Bild 11.5 ein Schieber verwendet, um beide Schlitzgruppen zu steuern, so sind wir in der Wahl fast ebenso frei, denn wir können jeden beliebigen Zusammenhang zwischen der Bewegung des Schiebers und der des Kolbens wählen. Auf jeden Fall muß die Öffnungsdauer der Einlaßschlitze kleiner sein als die des Auslasses. Dies ist bei der Anwendung von Ventilen ein Grund, weshalb man die Ventile

für den Auslaß benutzt, denn selbst
bei einer größeren Zahl von Ventilen
ist es nicht möglich, einen Ventilquerschnitt vorzusehen, der dem Schlitzquerschnitt gleich ist, den 75% des
Zylinderumfanges herstellen können.

Beim schiebergesteuerten Zweitaktmotor können wir über den oberen
Rand des Schiebers auspuffen und so
volle 100% des Umfangs ausnutzen.
Dann haben wir einen größeren Auslaßquerschnitt und verringern gleichzeitig und aus demselben Grund das
Voreilen des Auslasses gegenüber dem
Einlaß und vergrößern so entweder
die Einlaßdauer oder das Expansionsverhältnis.

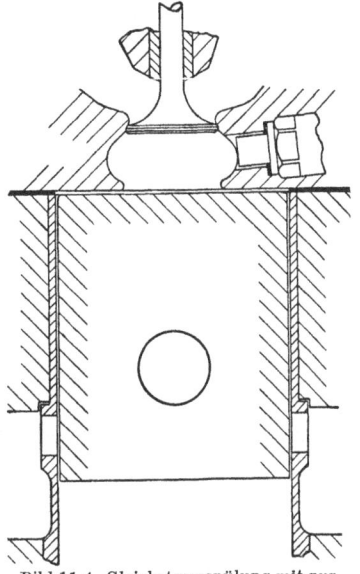

Bild 11.4. Gleichstromspülung mit nur einem Kolben

Von den drei Arten Gleichstrommotoren hat der schiebergesteuerte
Motor das größte Ansaugvermögen;
er kann daher am schnellsten laufen
und hat die höchste Hubraumleistung.
Dann kommt der Gegenkolbenmotor
und als dritter der Motor mit einem
Kolben und mit Ventil.

Von allen möglichen Bauarten des
Zweitaktmotors hat die Querspülung
den Vorteil der Einfachheit, aber wegen
des beschränkten Schlitzquerschnitts
eignet sie sich nur für eine verhältnismäßig niedrige Drehzahl und Hubraumleistung. Der Doppelkolben-Gleichstrommotor hat den Vorteil eines viel
größeren Schlitzquerschnitts; er hat
in der Tat gerade das doppelte Ansaugvermögen und kann mit viel höherer Drehzahl und Hubraumleistung

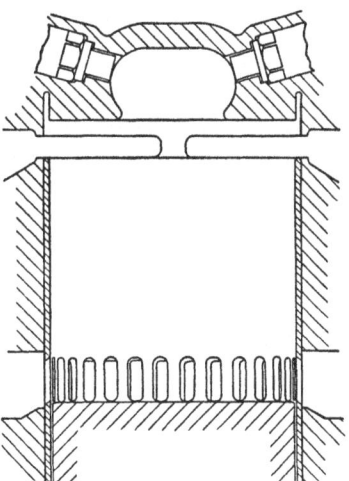

Bild 11.5. Gleichstromspülung eines Motors mit einem Kolben und Schiebersteuerung

laufen. Er hat ferner den Vorteil,
daß die Konstruktion einen langen Hub erlaubt; aber gegen ihn besteht
das Bedenken, daß entweder der zweite Kolben mit der Kurbelwelle
durch lange Zugstangen verbunden werden muß, was drei Kurbeln
je Zylinder erfordert und den Zylinderabstand erheblich vergrößert,
oder daß zwei Kurbelwellen verwendet werden müssen, die durch ein

11. Der Zweitaktmotor

mehrstufiges Getriebe oder andere Hilfsmittel verbunden werden. In diesem Fall ist es schwierig, dem Auslaßkolben hinreichendes Voreilen zu geben, ohne größere Schwierigkeiten in bezug auf Drehbeanspruchungen zu verursachen. Eine weitere Möglichkeit bietet der ∩-förmige Zylinder (Bild 11.6), der eigentlich nur der Zylinder eines Gegenkolbenmotors ist, der in der Mitte um 180° umgebogen ist und dadurch zwei parallele Zylinder mit gemeinsamem Brennraum erhält. Die beiden Kolben können dann entweder einer einzigen Kurbelwelle mit zwei Kurbeln angelenkt werden, die um rund 15° gegeneinander versetzt sind, oder sie können auf zwei getrennte Kurbelwellen arbeiten, die durch Zahnräder verbunden sind.

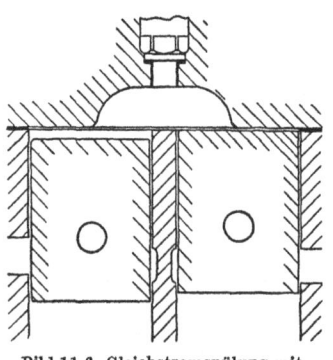

Bild 11.6. Gleichstromspülung mit ∩-förmig angeordneten Doppelkolben

Diese Form ist für einen Dieselmotor kaum brauchbar wegen der Schwierigkeit, einen hinreichenden Querschnitt für die Spülluft mit einem genügend kleinen Verdichtungsraum in Einklang zu bringen.

Der Motor mit einem Kolben und Ventil bietet vom konstruktiven Standpunkt eine befriedigende Lösung, aber wegen des beschränkten Ventilquerschnitts sind Drehzahl und Hubraumleistung kleiner als beim Doppelkolbenmotor.

Der Zweitaktmotor mit Gleichstromspülung und Steuerschieber, der direkt durch einen Exzenter von der Kurbelwelle angetrieben wird, hat den Vorteil konstruktiver Einfachheit, die zwischen der des Motors mit Querspülung und der Gleichstromspülung mit Ventil liegt, und hat sich als geeignet erwiesen, die höchste Hubraumleistung aller Zweitakt-Dieselmotoren zu entwickeln. Aber er befindet sich auch heute noch im Anfangsstadium der Versuche, und eine lange Entwicklungsarbeit ist noch erforderlich, bevor er als wettbewerbsfähig gelten kann.

Spülen. Das Ausschieben und Füllen des Zylinders eines Zweitaktmotors wird allgemein als *Spülen* bezeichnet, obwohl das Spülen an sich nur einen Teil davon darstellt. In Wirklichkeit sind es drei getrennte Vorgänge:

1. *Das Entleeren.* Während dieses Vorganges stehen die Auslaßschlitze oder -ventile offen zur Atmosphäre; der Druck im Zylinder wird entspannt und sinkt schnell auf den Spüldruck oder darunter.

2. *Das Durchspülen.* Dabei sind Ein- und Auslaßschlitze gleichzeitig offen, und die vom Gebläse gelieferte Luft hat freien Durchfluß durch den Zylinder und treibt die restlichen Abgase vor sich her. Dies ist der eigentliche Spülvorgang.

Spülen 173

3. *Das Aufladen.* Während dieser Zeit sind Auslaßschlitze oder -ventile geschlossen, aber der Einlaß noch offen; der Druck im Zylinder steigt auf den Spülluftdruck. Bild 11.7 zeigt ein typisches Schwachfeder-Indikatordiagramm eines sehr schnell laufenden Zweitakt-Gleichstrommotors mit Schiebersteuerung. Dabei sind die Zeiten für das Öffnen und Schließen der Ein- und Auslaßschlitze angegeben.

Betrachten wir diese Vorgänge etwas eingehender.

Während des ersten Vorganges, wenn nur der Auslaß offen ist, fällt der Druck im Zylinder sehr schnell; er sollte im Idealfall auf den

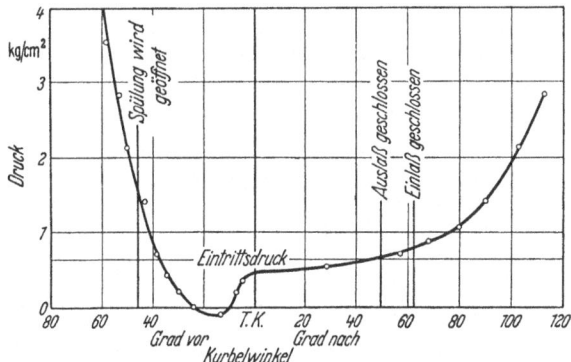

Bild 11.7. Schwachfederdiagramm eines Schiebermotors mit Gleichstromspülung
Versuchsbedingungen: Voreilen des Schiebers 16°; Spülluftdruck 0,62 kg/cm², Temperatur 55° C
Steuerzeiten: Auslaß öffnet 81° vor; Spülluft öffnet 46° vor; Auslaß schließt 49° nach; Spülluft schließt 62° nach. Drehzahl 2 750 U/min
Druck beim Öffnen des Auslasses 9,1 kg/cm². Mittlerer effektiver Druck 12,5 kg/cm². Spülluftmenge 1,6 mal Hubvolumen bei Normzustand von Druck und Temperatur

Spülluftdruck in dem Augenblick gesunken sein, wenn die Einlaßschlitze geöffnet werden. Ist er nicht hinreichend weit gefallen, dann werden auch durch die Einlaßschlitze Abgase austreten, sich mit der eintretenden Luft mischen und sie verunreinigen. Offenbar ändert sich indessen die Geschwindigkeit des Druckabfalls bei irgendeiner Öffnung der Auslaßschlitze mit der Belastung und der Drehzahl des Motors, und es ist Sache des Konstrukteurs, für die Voreilung, die er dem Auslaß gibt, den besten Kompromiß zu finden.

Infolge der sehr plötzlichen Entspannung, besonders wenn vom Kolben oder Schieber gesteuerte Schlitze für den Auslaß benutzt werden, fällt praktisch der Druck im Zylinder stets augenblicklich weit unter den Druck der Spülluft, selbst wenn die Einlaßschlitze sich schon öffnen. Dieser Druckabsenkung, die nur einen Augenblick dauert, folgt ein Wiederanstieg von den Ein- und Auslaßschlitzen her, aber besonders vom Auslaß, der in diesem Augenblick viel weiter offensteht. Mit anderen Worten: ein Teil der Auspuffgase strömt in den Zylinder zurück, und dies tritt mehr oder weniger stets ein, wie auch der Auslaß gegenüber dem Einlaß voreilt. Dieses vorübergehende Zurückströmen der Abgase in den Zylinder ist nicht unbedingt schädlich, denn sie werden während des Durchspülens wieder hinausgetrieben. Aber dies Rückströmen muß den Strömungverlauf im Zylinder stark beeinflussen und ist wahrscheinlich die Ursache für die Widersprüche, die man zwischen Modelluntersuchungen des Spülwirkungsgrades und der Betriebserfahrung so häufig findet.

Während des Durchspülens hat die Luft einen freien Durchflußquerschnitt direkt durch den Zylinder, wird aber durch den Widerstand der beiden hintereinanderliegenden Schlitzgruppen behindert. Der Druck, der nötig ist, um ein gegebenes Luftgewicht in der vorgesehenen Zeit durch den Zylinder zu fördern, wird nur durch den wirksamen Querschnitt der beiden hintereinanderliegenden Schlitze bestimmt; je größer dieser Querschnitt, um so niedriger ist der erforderliche Druck. Zeit und Querschnitt der beiden Schlitzgruppen zusammen, und nicht etwa die eine oder die andere allein, bestimmen den erforderlichen Spüldruck und damit den Leistungsverbrauch für den gesamten Spülvorgang.

Beim Beginn des Spülens stehen die Auslaßschlitze weit offen, aber der Einlaß ist nur teilweise geöffnet; daher liegt der Hauptwiderstand beim Einlaß, und der mittlere Druck im Zylinder wird nur wenig über dem Druck der Atmosphäre oder dem in der Auspuffleitung liegen. Zu einem späteren Zeitpunkt des Spülvorganges ist der verfügbare Einlaßquerschnitt größer als der Auslaß, und dieser ist es, der den meisten Widerstand hervorruft; daher nähert sich der Druck im Zylinder mehr dem Spülluftdruck.

Bild 11.8 zeigt ein typisches Schlitzöffnungsdiagramm und in gestrichelten Linien den wirksamen Spülquerschnitt.

Bei dem eigentlichen Spülvorgang ist es das Ziel, die Abgase mit möglichst geringem Aufwand und möglichst kleinem Luftverlust aus dem Zylinder zu treiben. Man kann folgende Grenzfälle annehmen:

a) *Vollkommene Schichtung*. In diesem Fall gäbe es keine Mischung von Luft und Abgasen. Die eintretende Luft würde wie ein Kolben das Abgas vor sich her treiben, und in diesem Idealfall würde ein Zylindervolumen Luft das Abgas völlig verdrängen und den Zylinder ganz mit reiner Luft füllen.

b) *Vollkommene Mischung*, wenn die Luft sich beim Eintritt ganz mit den restlichen Abgasen vermischt. Wenn dann ein Zylindervolumen Luft in den Zylinder gefördert wird, werden 62% davon im Zylinder verbleiben; wird das 1,5fache des Zylindervolumens gefördert, so sind 79% des Zylinderinhalts Luft usw. (Bild 11.9).

c) *Vollkommener Kurzschluß*, wenn alle Luft, die in den Zylinder gefördert wird, durch die Auslaßschlitze oder -ventile entweicht, ohne

Spülen   175

die Abgase zu verdrängen, und wenn keine Luft im Zylinder zurückbleibt.

Diese Bedingungen sind Grenzfälle, aber man muß noch andere Möglichkeiten berücksichtigen. Nehmen wir z. B. an, daß es überhaupt

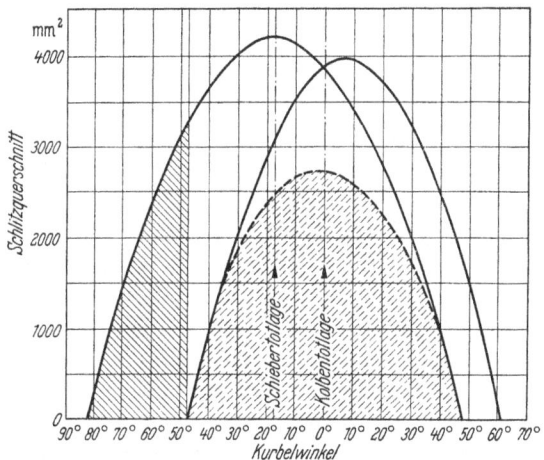

Bild 11.8. Der Zeitquerschnitt der Spül- und Auspuffschlitze zeigt das Voreilen des Auslasses und den Spülquerschnitt

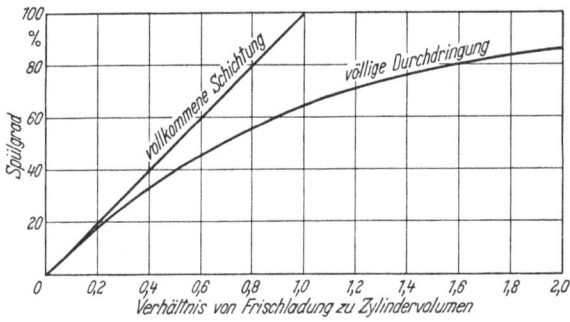

Bild 11.9. Spülwirkungsgrad bei vollkommener Schichtung (a) und völliger Mischung (b)

keine eigentliche Spülperiode gäbe, wie es der Fall wäre, wenn die Auslaßschlitze geschlossen würden, bevor der Einlaß öffnet, dann würde infolge der Abkühlung und Volumenverminderung der Abgase etwas Luft in den Zylinder auch ohne ein Gebläse gesaugt werden. Dies ist natürlich ein Grenzfall und kein praktisch vorkommender Fall; aber die Wirkung des Wärmeverlustes der Abgase an die Zylinderwand wird fühlbar sein, während der Wärmeaustausch zwischen den Abgasen und der Luft, obwohl er nicht die Dichte aller Komponenten beeinflußt, die Volumenanteile so ändert, daß die Volumenverminderung des Restgases ein entsprechendes Luftvolumen ansaugt.

Schwingungen in der Auspuffleitung, die verursacht sein können durch einfache Resonanz oder durch den Auspuff eines anderen Zylinders, der an die gemeinsame Auspuffleitung angeschlossen ist, können eine erhebliche vorteilhafte oder nachteilige Wirkung auf die Bewegung und Mischung der einströmenden Luft während des Spülens ausüben. Durch entsprechendes Abstimmen läßt sich in diesem Fall bei Motoren, die mit konstanter oder fast konstanter Drehzahl laufen, viel erreichen.

Auch die Bewegung der im Zylinder zurückbleibenden Abgase wird weitgehend die der einströmenden Luft beeinflussen. Es wurde früher gezeigt, daß für eine befriedigende Verbrennung in einem Dieselmotor eine geordnete und schnelle Bewegung der Luft, im allgemeinen in der Form der Luftdrehung, wesentlich ist. Diese Bewegung dauert während des Expansionshubes und während des Öffnens der Einlaßschlitze an, so daß die einströmende Luft auf diese Restbewegung trifft, wodurch ihre Bahn wahrscheinlich stark beeinflußt wird. So kann eine Änderung der Luftbewegung, welche die Verbrennung verbessern soll, den Spülwirkungsgrad verschlechtern oder umgekehrt. Es ist daher kaum verwunderlich, daß die Konstruktion eines guten Zweitakt-Dieselmotors noch weitgehend eine Sache des Schätzens und seine Entwicklung ein Ausprobieren ist.

Wenn die Einlaßschlitze noch eine kurze Zeit offen bleiben, nachdem die Auslaßschlitze geschlossen sind, dann bleibt die Luft, die während dieser Aufladephase in den Zylinder gefördert wird, im Zylinder zurück. Unter normalen Verhältnissen ist indessen die Menge, die in dieser Aufladephase eintreten kann, klein, weil die Zeit sehr kurz ist und der Druck im Zylinder während dieser Zeit wegen der Aufwärtsbewegung des Kolbens sehr schnell steigt und schon fast gleich dem Spülluftdruck ist. Wahrscheinlich kann eine merkliche Aufladung während dieser Zeit nur erreicht werden, wenn für jeden Zylinder eine Spülluftpumpe vorgesehen wird, die in bestimmter Phase zu ihrem Zylinder arbeitet.

Eine sinnreiche Form der Aufladung wurde von der Firma Crossley Bros. für Motoren mit einem Kolben und Querspülung entwickelt, nämlich das Aufladen durch Auspuffschwingungen. In diesem Fall hat eine gewisse Anzahl von Zylindern eine gemeinsame Auspuffleitung. Die Spülluft wird im Überschuß geliefert, und eine beträchtliche Menge kann durch die Auslaßschlitze strömen, um im letzten Augenblick wieder zurückgeworfen zu werden durch den plötzlichen Druckanstieg in der Auspuffleitung, der von dem Auspuff eines anderen Zylinders der Gruppe verursacht ist. Dadurch wurde ohne Aufwand an sonst nutz-

Gebläsebauarten

barer Energie und ohne zusätzlichen Werkstoffaufwand eine recht erhebliche Aufladung ermöglicht.

Spülwirkungsgrad. Es ist immer schwierig, den Spülwirkungsgrad eines Zweitaktmotors zu bestimmen, und beim Zweitakt-Dieselmotor fast unmöglich, weil zwei Größen unbekannt sind, nämlich:
1. das wirklich im Zylinder befindliche Luftgewicht und
2. der Anteil an dieser Luft, der vom Kraftstoff verbraucht wird.

Die zweite dieser Unbekannten kann indessen fast ganz ausgeschieden werden, indem man den Motor als Zündermotor betreibt und mit einer genau abgemessenen und vorher gemischten Ladung von Gas oder Brennstoffdampf und Luft spült. Ist die Ladung überreich an Kraftstoff, so wird sicher fast aller Sauerstoff im Zylinder verbraucht werden, und der mittlere indizierte Druck wird unter diesen Umständen wenigstens ein einigermaßen richtiges relatives, wenn nicht absolutes Maß für den Spülwirkungsgrad ergeben.

Versuche dieser Art, die der Verfasser durchgeführt hat, besagen, daß der Spülwirkungsgrad beträchtlich niedriger ist, als meist angenommen oder behauptet wird. Bei Motoren mit Querspülung liegt er oft unter dem, der sich bei Annahme einer vollständigen Mischung ergeben würde, und bei Motoren mit Gleichstromspülung nur wenig darüber, aber auf alle Fälle weit unter dem, der bei Annahme vollkommener Schichtung zu erwarten wäre. Es scheint auch, daß bei Motoren mit Gleichstromspülung der Spülwirkungsgrad durch ein großes Verhältnis Hub zu Bohrung nicht merklich besser wird. Dies zeigt wiederum, daß im allgemeinen viel mehr eine Mischung als eine Schichtung der Spülluft vorhanden ist.

So zeigten z. B. Versuche dieser Art, die an drei sonst gleichen Motoren mit Schiebersteuerung und Gleichstromspülung durchgeführt wurden, gleiche Spülwirkungsgrade in allen drei Fällen, obwohl die Motoren bei demselben Zylinderdurchmesser von 127 mm Hubverhältnisse von 0,9, 1,15 und 1,3 hatten. Das heißt, wenn sie als Zündermotoren betrieben wurden, gaben alle drei Motoren den gleichen mittleren indizierten Druck innerhalb $\pm 1,5\%$ bei derselben Drehzahl, wenn sie mit dem gleichen Anteil Luft bei derselben Temperatur und demselben Druck gespült wurden.

Gebläsebauarten. Die Luft zum Spülen und Aufladen von Zweitaktmotoren kann von Gebläsen verschiedener Bauarten geliefert werden oder von einzelnen Kolben, die zeitlich so gesteuert werden, daß sie jedem Zylinder dann Luft zuführen, wenn die Einlaßschlitze des Zylinders geöffnet sind.

Die Spülluft kann auch dadurch gefördert werden, daß man die Unterseite des Arbeitskolbens als Kompressor benutzt. Dies ist zwar das einfachste aller denkbaren Verfahren, aber das am wenigsten wirksame und das am wenigsten befriedigende. Das Volumen der verdrängten Luft ist nicht nur zu klein, sie wird auch zur unrichtigen Zeit verdichtet, und die Dichte der Luft wird durch die vom Arbeitskolben ausgehende Wärme verringert. Außerdem ist es sehr schwer zu verhindern, daß Öl aus dem Kurbelgehäuse zusammen mit der Luft in den Arbeitszylinder gelangt. Das Verfahren genügt für kleine, wenig belastete Zündermotoren, bei denen niedrige Herstellungskosten der Hauptgesichtspunkt sind. Obwohl es noch in beschränktem Ausmaß benutzt wird, kann es nicht ernstlich als ein befriedigendes Mittel für die Luftförderung bei Dieselmotoren betrachtet werden.

Die verschiedenen verfügbaren Gebläsebauarten sind:

1. Schleudergebläse, die mechanisch oder durch eine Abgasturbine angetrieben werden;
2. Roots-Gebläse;
3. rotierende Verdichter mit exzentrischen Schiebern;
4. Kolbenverdichter.

Der Kreiselverdichter. Die Bauart ist verlockend, wo es sich um große Leistungen handelt, denn sie ist klein, leicht und gedrängt, und überdies entspricht ihre Druck-Volumen-Kennlinie über dem Drehzahlbereich angenähert den Forderungen des Motors. Bei großen Ausführungen ist der adiabatische Wirkungsgrad ziemlich hoch, nämlich 70 bis 80%, und seine mechanische Reibung sehr niedrig. Die Haupteinwände gegen seine Anwendung sind:

a) Daß er mit sehr hoher Drehzahl laufen muß, um den erforderlichen Druck zu liefern. Dies erfordert für die Drehzahlsteigerung ein mindestens zweistufiges Getriebe, das geräuschvoll und teuer ist.

b) Sein Wirkungsgrad ist bei kleinen Ausführungen niedrig, und seine Kosten einschließlich des Getriebes sind verhältnismäßig sehr hoch. Wir können daher das Schleudergebläse für Motoren von weniger als 200 PS_e außer Betracht lassen.

Das Radial- oder Axialgebläse kann natürlich von einer Abgasturbine getrieben werden, denn im Abgas ist genug Energie vorhanden, um die erforderliche Leistung zu liefern und die Abgastemperatur eines Zweitaktmotors eignet sich gut für die Turbine. Diese Anordnung hat den Vorteil, daß kein Getriebe nötig ist, während die Arbeit des Ausschiebens und Füllens des Zylinders durch Ausnutzung der Energie erreicht wird, die andernfalls verlorenginge. Aber diese Bauart kann die Aufgabe nicht vollständig lösen, weil:

a) Die Abgasturbine erst in Betrieb kommt, wenn der Motor läuft. Daher muß zusätzlich ein zweites Gebläse zum Anfahren vorgesehen werden.

b) Bei schnell wechselnden Belastungen oder Drehzahlen wird das turbinenangetriebene Gebläse zeitlich immer etwas zurückbleiben.

Das Roots-Gebläse. Sein Vorteil besteht in der Verdrängerbauart mit sehr geringer, fast vernachlässigbarer mechanischer Reibung. Ein weiterer Vorteil ist, daß es mit ziemlich niedrigen Drehzahlen arbeitet und daher vom Motor durch ein einstufiges Getriebe oder in einigen Fällen auch durch Riemen angetrieben werden kann. Überdies ist es ziemlich billig herzustellen. Es hat auch den Vorteil, daß seine Innenteile nicht geschmiert zu werden brauchen, so daß das Gebläse ölfreie Luft liefert.

Die Nachteile dieser Bauart sind, daß sie keine innere Kompression liefert, daß der adiabatische Wirkungsgrad gering ist außer bei sehr niedrigen Drücken, während der gegen innere Leckverluste abdichtende Spalt einen ziemlich großen Querschnitt hat und dabei sehr kurz ist. Wo Drücke von etwa 0,15 bis 0,3 kg/cm² genügen, erfüllt das Gebläse seinen Zweck gut, aber die Verdichtungsarbeit und innere Leckverluste machen es für höhere Drücke ungeeignet. Es paßt daher am besten zu verhältnismäßig langsam laufenden Zweitaktmotoren.

Neuerdings wurde von LYSHOLM eine abgeänderte Bauart entwickelt, die mit innerer Verdichtung arbeitet und für die sehr hohe Wirkungsgrade angegeben werden. Wenn dies Gebläse zu einem annehmbaren Preis hergestellt werden kann, sollte es sich als eine sehr geeignete Bauart für schnellaufende Zweitakt- oder aufgeladene Viertaktmotoren erweisen.

Die Bauart mit exzentrischen Flügeln. Sehr viele Formen dieser Art sind entwickelt worden; im Vergleich zum ROOTS-Gebläse hat sie den Vorteil innerer Verdichtung und daher einen viel höheren Wirkungsgrad. Da sie eine Anzahl sich hin und her bewegender Schieber hat, ist ihre mechanische Reibung beträchtlich größer als beim ROOTS-Gebläse und der innere Leckverlust fast so groß wie bei diesem. Überdies verlangen die hin und her gehenden Schieber Innenschmierung. Dies ist wahrscheinlich die geeignetere Bauart für Drücke von 0,3 bis 0,6 kg/cm², d. h. für schnellaufende Zweitakt- und aufgeladene Viertaktmotoren.

Kolbengebläse. Diese Bauart hat den Vorteil innerer Verdichtung und den kleinstmöglichen Leckverlust, aber folgende Nachteile:

a) Die mechanische Reibung ist verhältnismäßig hoch, obwohl die bewegten Teile sehr leicht gemacht werden können.

b) Verglichen mit rotierenden Gebläsen baut es bei gleicher Leistung sperrig.

c) Der hin und her gehende Kolben erfordert Ausgleich der Massenkräfte.

d) Das Kolbengebläse braucht Ventile.

Diese Bauart ist weitverbreitet für langsamlaufende Zweitaktmotoren, bei denen sich ein unvollkommener Massenausgleich nicht fühlbar macht und wo selbsttätige Ventile genügen.

Sie hat von allen Bauarten den höchsten adiabatischen Wirkungsgrad und den kleinsten inneren Leckverlust besonders bei höheren Drücken, aber ihre Betriebsdrehzahl ist im allgemeinen infolge der Verwendung selbsttätiger Ventile beschränkt. Man kann natürlich auch eine Steuerung durch rotierende oder Kolbenschieber vorsehen, aber dies macht das Gebläse beträchtlich größer und komplizierter. Vielleicht läßt sich eine sinnreiche Einschieberbauart finden, bei welcher der Schieber zum Massenausgleich des Kolbens dient, während er die Ein- und Auslaßschlitze zuverlässig steuert. Wenn sich dies verwirklichen ließe, dann könnte es als sehr wirksame Gebläsebauart für schnellaufende Zweitakt- und aufgeladene Viertaktmotoren dienen.

Alle oben angeführten Bauarten sind unter dem Gesichtspunkt behandelt worden, daß sie einer ganzen Gruppe von Zylindern Luft liefern. Es bleibt die Möglichkeit, ein besonderes Kolbengebläse oder einen Verdränger für jeden Zylinder zu benutzen, der so gesteuert wird, daß sein Hauptförderhub zu der Zeit erfolgt, wenn die Einlaßschlitze des Arbeitszylinders offenstehen.

Dies Verfahren hat einige sehr praktische Vorteile, besonders wenn es bei kleinen Motoren angewendet wird oder wenn die Zylinderzahl klein ist:

a) Die Luftladung, die zu jedem Zylinder bei jedem Arbeitsspiel geliefert wird, kann genau und zuverlässig abgemessen werden und wird nicht durch Schwingungen in den Rohrleitungen usw. beeinflußt.

b) Das Luftvolumen, das zu Beginn der Spülung gefördert wird, wenn das Auftreten von Verlusten am wahrscheinlichsten ist, kann nicht größer sein als das Volumen, das der Pumpenkolben während dieser Phase des Arbeitsspiels verdrängt.

c) Die reine Verdichtungsarbeit beim Aufladen des Zylinders wird wesentlich verringert.

d) Wenn die Zahl der Arbeitskolben nicht für den Ausgleich der Massenkräfte hinreicht, kann das Gewicht der Verdrängerkolben zum Massenausgleich passend abgestimmt werden.

e) Bei verhältnismäßig kleinen Motoren sind die Gesamtkosten der Einzelgebläse geringer als die eines gemeinsamen Gebläses.

Bild 11.10 in der Tasche am Schluß des Buches zeigt den Querschnitt durch einen Versuchs-Zweitakt-Dieselmotor mit einem in richtiger Phase gesteuerten Kolbengebläse, das auch dem Massenausgleich dient.

Vergleich eines Zweitakt-Dieselmotors mit einem Viertaktladermotor. Das augenfällige Gegenstück zum Zweitakter ist der Viertaktladermotor, der ihm, jedenfalls in der Bauart mit Ventilen, sehr ähnlich ist. Man kann daher die Vor- und Nachteile der beiden vergleichen, wozu wir annehmen wollen, daß der Viertakter so weit aufgeladen wird, daß die Leistungen beider Motoren im ganzen Drehzahlbereich gleich

Vergleich eines Zweitakt-Dieselmotors mit einem Viertaktladermotor

sind, d. h., bei allen Drehzahlen soll der mittlere Druck des Viertakters doppelt so hoch wie der des Zweitakters sein.

Der Viertaktladermotor hat den wichtigen Vorteil, daß er für die gleiche Arbeitsleistung nur etwa 70% der Luftmenge des Zweitakters braucht und daher mit einem entsprechend kleineren Gebläse auskommt, aber dafür muß diese Luft zweimal gefördert werden, zuerst im Gebläse und dann in den Zylindern des Hauptmotors beim Ausschub- und Ladehub. Beim Zweitaktmotor wird der ganze Ladevorgang durchgeführt, während der Kolben durch den unteren Totpunkt geht. Daher wird nichts von der für das Gebläse aufgewandten Arbeit als am Kolben nutzbare Arbeit zurückgewonnen. Beim Viertaktmotor wird aufgeladen, während der Hauptkolben seinen Abwärtshub macht, und zumindest ein Teil der in das Gebläse gesteckten Arbeit wird durch Druckluftübertragung als nutzbare Arbeit am Hauptkolben zurückgewonnen. Wie groß der Anteil ist, hängt natürlich vom Wirkungsgrad des Gebläses und dem des Motors ab. Beide werden sich je nach den Betriebsverhältnissen ändern, aber bei einigermaßen günstigen Bedingungen werden etwa 40% der in das Gebläse gesteckten Arbeit an die Kurbelwelle des Motors zurückgegeben. Berücksichtigt man dies, so ist die entsprechende reine Verdichtungsarbeit beim Viertaktladermotor $70 - 0,4 \cdot 70 = 42\%$ der Arbeit beim Zweitaktmotor, wenn beide mit dem gleichen Ladedruck arbeiten. Dagegen muß beim Viertakt die größere mechanische Reibung wegen der zweimaligen Behandlung der Luft in Rechnung gestellt werden.

Beim Zweitakter, der während des Spülens dem Wesen nach einen offenen Durchflußquerschnitt darstellt, ist der zum Laden des Zylinders nötige Druck bei niedrigen Drehzahlen ganz gering, aber er steigt mit dem Quadrat der Drehzahl. Beim Viertakter, der ein bestimmtes, abgemessenes Volumen braucht, ist der Druck, den das Gebläse erzeugen muß, um das gleiche Luftgewicht je Arbeitsspiel zu liefern, für alle Drehzahlen konstant. Daher wird bei niedrigen Drehzahlen der Zweitakter wegen des viel geringeren Luftdruckes und der kleineren Reibungsverluste gewinnen, obwohl das zu fördernde Luftgewicht viel größer ist. Wenn bei hohen Drehzahlen die Ladedrücke gleich sind, dann ist der Viertakter wegen der viel kleineren Verdichtungsarbeit im Vorteil, und die beiden Kurven werden sich wieder schneiden, wie in Bild 11.1, aber an einer etwas anderen Stelle.

Wir können wiederum den Schluß ziehen, daß unter sonst gleichen Bedingungen die Gesamtleistung des Zweitakters besser sein sollte als die des Viertaktladermotors bei niedrigen Drehzahlen und hohen Belastungen, aber ihm unterlegen bei hohen Drehzahlen und kleinen Belastungen. Überdies kann der Viertaktladermotor bei geringen Belastungen ohne Aufladung laufen, während der Zweitakter seine Spülluftversorgung immer und unter allen Bedingungen braucht.

Zwölftes Kapitel
Konstruktive Einzelheiten, I.

Bei der Konstruktion eines jeden schnellaufenden Verbrennungsmotors ist auf eine steife Bauart immer in erster Linie zu achten, denn von ihr hängt nicht nur der ruhige Lauf, sondern auch die Lebensdauer der dem Verschleiß unterworfenen Teile ab.

Tatsächlich bedeutet dies, daß wir anstreben müssen, die Baulänge des Motors möglichst kurz zu halten, soweit es mit den Abmessungen der Lagerflächen für die Kurbelwelle und hinreichender Kühlung der Zylinder und Zylinderköpfe vereinbar ist.

Sodann hat man zu beachten, daß die Dauerfestigkeit der benutzten Werkstoffe ihre bei weitem wichtigste Eigenschaft ist.

Nach Ansicht des Verfassers ist es im allgemeinen am besten, die verschiedenen Einflüsse bei einem typischen, wenn auch nur angenommenen Beispiel zu prüfen und sie nicht voneinander getrennt zu behandeln. Aus den Erörterungen, die sich ergeben, wird sich zeigen, was für einen besonderen Anwendungsfall abzuändern sein würde.

Bei weitem die meisten schnellaufenden Verbrennungsmotoren werden für den Straßenverkehr benutzt, und, da dies die umfassendste und in mancher Hinsicht schwierigste Aufgabe ist, die sie zu leisten haben, wollen wir als Beispiel einen Motor für diesen Betrieb wählen.

Da der Dieselmotor mit seinen hohen Gasdrücken vom mechanischen Standpunkt das schwierigere Problem darstellt, ziehen wir ihn für die Betrachtung einem Benzinmotor vor.

Nehmen wir also an, daß wir einen Motor für einen großen Kraftwagen zu entwerfen haben. Die Bilder 12.1 und 12.2 zeigen Längs- und Querschnitte eines Versuchsmotors dieser Klasse, der für diese Motorbauart und Größe zur Hauptsache recht kennzeichnend ist.

Für den beabsichtigten Betrieb werden wir die folgenden Forderungen zu erfüllen suchen:

1. Eine Höchstleistung von $130 \, PS_e$.
2. Ein hohes Drehmoment bei niedrigen Motordrehzahlen, um gute Beschleunigung und gutes Durchziehen in Steigungen zu erhalten.
3. Der Motor muß so leicht und gedrängt sein, wie dies bei niedrigen Herstellungskosten möglich ist.
4. Er soll mindestens 5000 Stunden ohne größere Überholung laufen können.
5. Er muß möglichst geräuschlos sein und die Geräuschlosigkeit auch in der Zeit zwischen zwei Überholungen beibehalten.
6. Da er mit starker Konkurrenz zu rechnen hat, wird ein niedriger Kraftstoffverbrauch von größter Bedeutung sein.

7. Bei seiner Bestimmung wird der Motor mit den verschiedensten Drehzahlen zu arbeiten und dauernd mit extremen Schwankungen der Drehzahl oder des Drehmomentes zu rechnen haben. In einem Augenblick läuft er leer, im nächsten entwickelt er das volle Drehmoment bei niedriger Drehzahl, im nächsten bei Höchstdrehzahl usw., aber der Mittelwert, bezogen auf die Motorbetriebsstunden, wird etwa 30% des maximalen Drehmomentes bei 70% der Höchstdrehzahl betragen.

Der erste Punkt, den wir zu entscheiden haben, ist das Hubvolumen, das wir für eine Höchstleistung von 130 PS$_e$ bei sauberem Auspuff brauchen, und dies hängt wiederum ab von der Ansaugfähigkeit, die wir herstellen können, sowie von der Höchstdrehzahl, mit der wir mit Rücksicht auf Lebensdauer, Betriebssicherheit und einen einigermaßen hohen mechanischen Wirkungsgrad ungefährdet fahren können.

Ansaugfähigkeit. Bei einem Dieselmotor ist es sehr erwünscht, Taschen im Brennraum zu vermeiden, die der Brennstoffstrahl nicht erreichen kann oder deren Luftinhalt nicht rechtzeitig mit dem Kraftstoff in Berührung gebracht werden kann. Dies bedeutet praktisch, daß die Ventile hängend angeordnet sein und die Ventilteller möglichst innerhalb der Zylinderbohrung liegen müssen. Solange wir nur zwei Ventile je Zylinder benutzen, ist daher ihr Durchmesser durch die örtlichen Verhältnisse beschränkt. Um die Gefahr von Rissen im Zylinderkopf zwischen den beiden Ventilsitzen zu vermeiden, müssen die Ventile so weit auseinander liegen, daß das Kühlwasser frei zwischen ihnen durchtreten kann. Diese Überlegungen bedeuten praktisch, daß die Summe der Durchmesser beider Ventilteller nicht größer sein darf als 85% der Zylinderbohrung und die der Ventildurchlaßquerschnitte 73%, denn mit Rücksicht auf die Lebensdauer dürfen wir nicht zu schmale Ventilsitze benutzen.

Wenn wir direkte Einspritzung mit einer in der Mitte oder fast in der Mitte liegenden Düse wählen, so ist klar, daß der verfügbare Ventilquerschnitt weiter verringert wird, und in diesem Fall wäre es wohl ratsam, vier Ventile je Zylinder zu verwenden. Wir wollen indessen annehmen, daß wir in diesem Beispiel Wirbelkammern vorgesehen haben. In diesem Fall kann die Düse von den Ventilen weggerückt werden, und die Werte von 85 bzw. 73% der Zylinderbohrung beruhen auf dieser Annahme.

Es ist üblich und bequem, bei der Berechnung des Ventilquerschnittes den Innendurchmesser des ausgeführten Ventilsitzes zu benutzen. Man hat es indessen als zweckmäßig gefunden, den Einlaßkanal unmittelbar über dem Ventilteller nach Art eines Venturirohres auszubilden, so daß der engste Querschnitt kleiner als der Ventildurchlaßquerschnitt ist. Diese Formgebung unterstützt die Luftströmung und

184　12. Konstruktive Einzelheiten

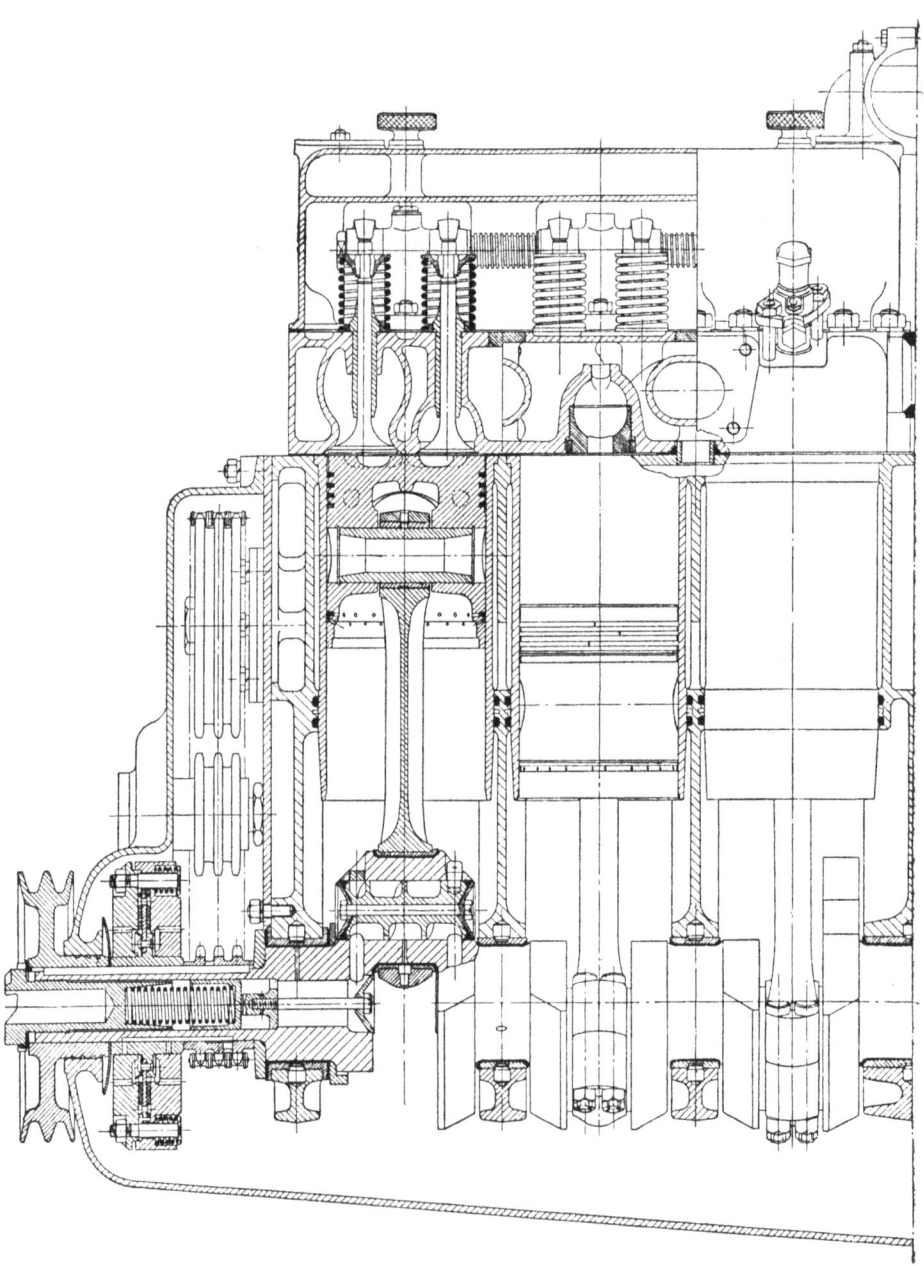

Ansaugfähigkeit

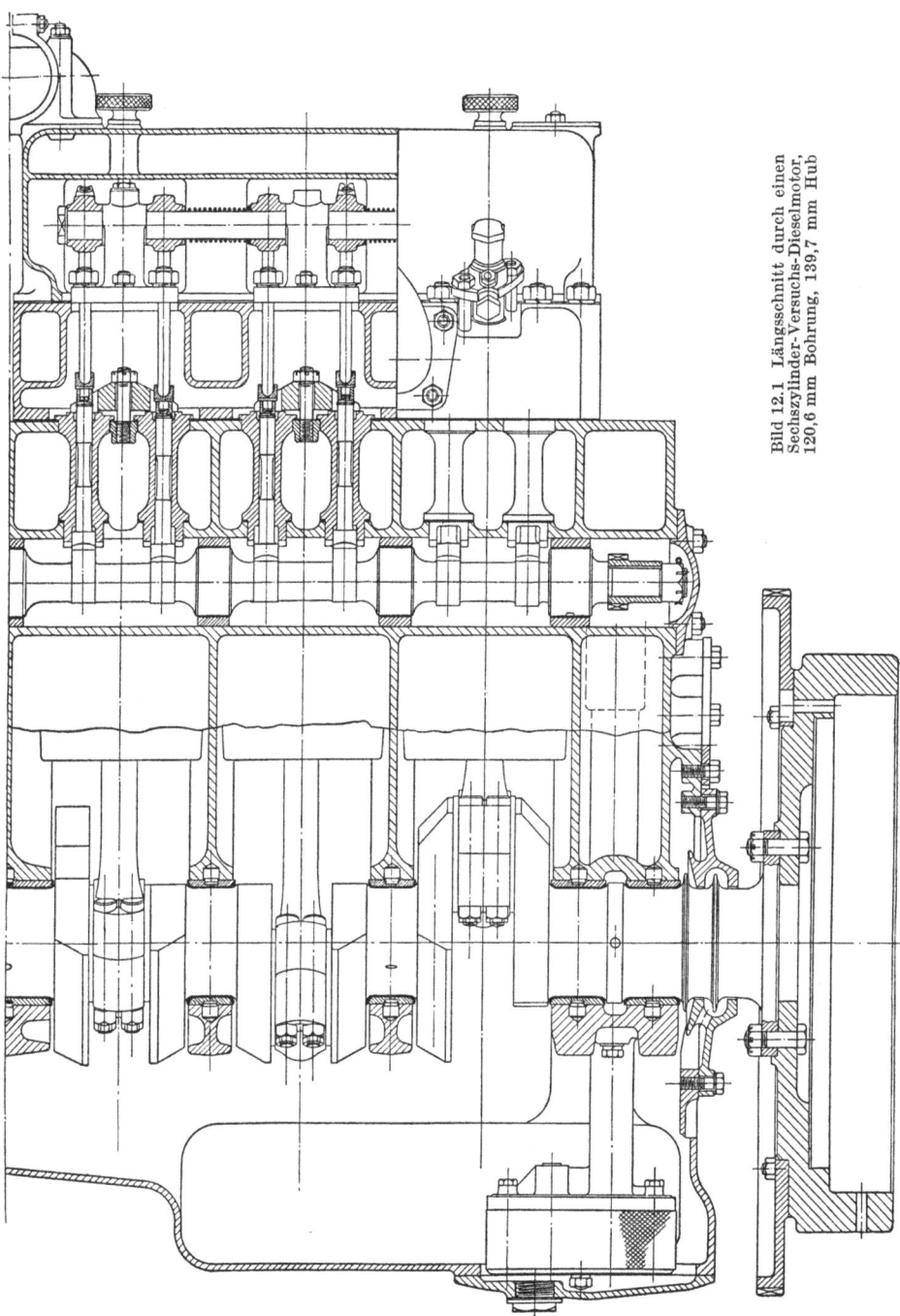

Bild 12.1 Längsschnitt durch einen Sechszylinder-Versuchs-Dieselmotor, 120,6 mm Bohrung, 139,7 mm Hub

12. Konstruktive Einzelheiten

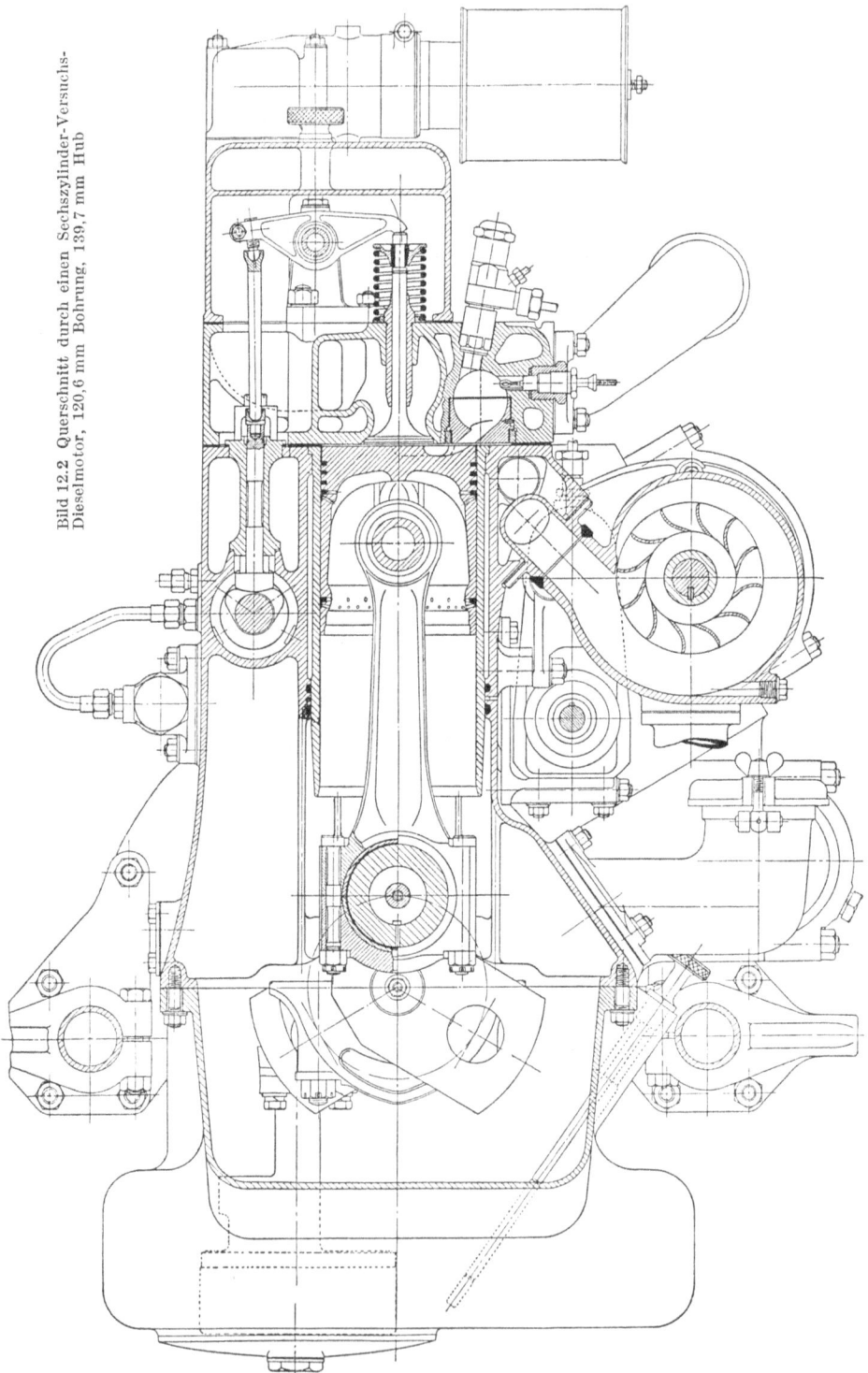

Bild 12.2 Querschnitt durch einen Sechszylinder-Versuchs-Dieselmotor, 120,6 mm Bohrung, 139,7 mm Hub

sichert die wirksame Ausnutzung des ganzen Ventilumfanges; zugleich vergrößert man dabei den Düsenkoeffizienten des Ventils wesentlich (s. Bild 12.3). Die Erfahrung hat gezeigt, daß der engste Kanaldurchmesser nur etwa 80 bis 85% des Innendurchmessers des Ventilsitzes zu betragen braucht, ohne daß die Luftströmung merklich beeinträchtigt wird. Der Gewinn durch die gleichmäßigere Verteilung der Strömung am Ventilumfang ist größer als die Beeinträchtigung durch die Einschnürung des Venturirohres.

Wenn wir indessen die Ansaugfähigkeit betrachten, so müssen wir den wirklichen Durchtrittsquerschnitt des Ventilsitzes berücksichtigen und nicht die Fläche irgendeines Venturikanals hinter dem Ventil, genau wie wir beim Benzinmotor die Ansaugfähigkeit auf den Ventilquerschnitt beziehen und nicht auf den Querschnitt des Vergasers. Bei diesem liegen allerdings beide Querschnitte weit voneinander entfernt, und man kann sie nicht verwechseln.

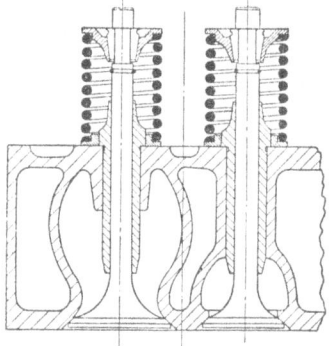

Bild 12.3. Einlaßventilkanal nach Art des Venturirohres

Ob wir nun direkte Einspritzung verwenden oder Wirbelkammern, als letzte Maßnahme könnten wir immer die Ventile über die Zylinderbohrung hinausragen lassen. Das ist vom Standpunkt der Verbrennung ungünstig, weil seitlich vom Kolben Lufttaschen entstehen, die nicht vom Kraftstoffstrahl erreicht werden können (s. Bild 12.4). Es ist noch ungünstiger vom mechanischen Gesichtspunkt aus, weil die Zylinderbohrung auf einer etwas größeren Höhe als der Ventilhub ausgeschnitten werden muß. Wo keine auswechselbare Laufbuchse oder wo eine sehr dicke nasse Laufbuchse verwendet wird, ist dies möglich, aber nicht einwandfrei. Wenn sehr dünne nasse oder trockne Laufbuchsen oder verchromte Bohrungen benutzt werden, wird das schon aus mechanischen Gründen praktisch unausführbar.

Wir sind natürlich nicht verpflichtet, beiden Ventilen den gleichen Durchmesser zu geben, denn die Abgase werden vom Kolben aus dem Zylinder gewaltsam herausgeschoben. Dabei ist auch die kinetische Energie der Gassäule behilflich, die durch das erste Ausströmen des Auspuffs unter Hochdruck entstand.

Beim Einlaßventil drückt nur die normale atmosphärische Spannung die Luft in den Zylinder, und wir können es uns nicht erlauben, den Lufteintritt mehr als unbedingt nötig einzuschnüren.

Wenn wir diese Überlegungen berücksichtigen, können wir den Querschnitt des Einlaßventils etwa 50% größer ausführen als den des Auslasses. Dann kommen wir zu der Folgerung, daß der Durchmesser des Einlaßventildurchlasses, der in erster Linie die Ansaugfähigkeit bestimmt, auf höchstens etwa 40% der Zylinderbohrung und seine Fläche auf 16% der Kolbenfläche beschränkt ist. Um den verfügbaren Durchlaß voll auszunutzen, sollte der Ventilhub mindestens 30% des Durchmessers und, wenn möglich, ein wenig größer sein. Obwohl bei einem Hub von 25% die Fläche am Umfang gleich dem Durchlaßquerschnitt ist, verbessert sich die Ausflußzahl weiter mit zunehmendem Hub. Überdies ist natürlich das Ventil nicht immer vollständig geöffnet.

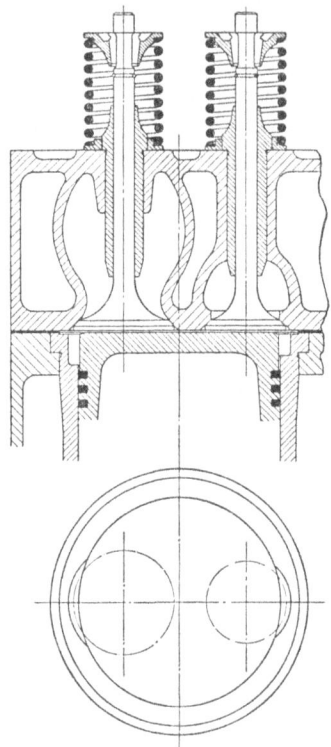

Bild 12.4. Schnitt durch den Zylinderkopf eines Dieselmotors mit Ventilen, die über die Zylinderbohrung hinausragen

Bei dem größten Ventildurchlaßquerschnitt, den wir vorsehen können, ohne über die Zylinderbohrung hinauszukommen, und bei einem Ventilhub, der groß genug ist, um diese Fläche voll auszunutzen, ist die mittlere Gasgeschwindigkeit im Einlaßventil 6,25 mal so groß wie die Kolbengeschwindigkeit. Mit normalen Ventilsteuerzeiten findet man die Beziehung zwischen mittlerer Gasgeschwindigkeit und Liefergrad in dem Diagramm, Bild 12.5, aus dem man erkennt, daß der Liefergrad bei einer mittleren Gasgeschwindigkeit von 36 bis 48 m/sek am höchsten ist, aber bei 64 m/sek ziemlich steil zu fallen beginnt. Dies sind etwas höhere Werte als in einem Benzinmotor, aber man hat zu bedenken, daß beim Benzinmotor die Erfordernisse der Verdampfung und Verteilung uns zwingen, die Gemischladung etwas vorzuwärmen und den Lufteintritt durch einen verhältnismäßig kleinen Mischraum im Vergaser und eine etwas enge Saugleitung weiter zu beschränken. Beim Dieselmotor brauchen wir kein Vorwärmen und keine Einschnürungen vor dem Einlaßventil.

Wir können den Verlauf der Kurven durch einen Kunstgriff etwas verbessern, indem wir die Öffnungsdauer des Einlasses ausdehnen, um einen hohen Liefergrad bei hohen Drehzahlen zu erhalten, aber nur auf Kosten des Liefergrades bei niedrigen Drehzahlen. Dies ist natürlich gerade das, was wir bei einem Schiffs- oder Flugmotor tun sollten. Im Straßenverkehr ist aber das Drehmoment bei niedriger

Drehzahl eine der wichtigsten Forderungen, daher können wir keine Leistung bei geringer Drehzahl verschenken.

Beim Zündermotor hat ein Abfallen des Liefergrades natürlich ein entsprechendes Abfallen des mittleren indizierten Druckes zur Folge, bis ein Punkt auf der Drehzahlkurve erreicht ist, wo die steigenden mechanischen Verluste zusammen mit dem fallenden Liefergrad die Höchstleistung begrenzen. Dies tritt im allgemeinen bei einer mittleren Gaseintrittsgeschwindigkeit von etwa 73 bis 79 m/sek ein, je nach der Höhe des mechanischen Wirkungsgrades.

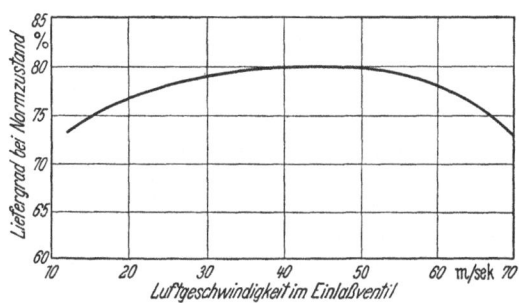

Bild 12.5. Liefergrad beim Normzustand von Druck und Temperatur in Abhängigkeit von der mittleren Gasgeschwindigkeit im Einlaßventil. Umgebungstemperatur 20 bis 22° C

Dagegen haben wir beim Benzinmotor wegen des größeren Volumens des Brennraumes viel mehr Spielraum und können die Ventile über die Zylinderbohrung hinausreichen lassen, oder wir können sie unter einem beliebigen Winkel gegen die Zylinderachse stellen, ohne den Wirkungsgrad der Verbrennung zu beeinträchtigen. Beim Dieselmotor kommt man viel früher an die praktische Grenze, weil:

1. die mechanischen Verluste im allgemeinen größer sind,
2. wir mit Rücksicht auf eine gute Verbrennung die Dichte der Luftladung nicht unter einen bestimmten Wert sinken lassen dürfen,
3. bei einem steil abfallenden Luftliefergrad ein Brennstoffüberschuß schwer zu vermeiden sein wird, da die Brennstoffpumpe von Natur zu einem mit der Drehzahl steigenden Liefergrad neigt.

Daher müssen wir soweit wie möglich die Liefergradkurve des Motors als Luftpumpe und die der Brennstoffpumpe zueinander passend wählen. Dies können wir bis zu einer Gasgeschwindigkeit von etwa 64 m/sek einigermaßen erreichen, aber dann gehen die Kurven weit auseinander.

Bild 12.6 zeigt für einen Dieselmotor das Verhältnis zweier typischen Liefergradkurven zueinander in Abhängigkeit von der mittleren Gasgeschwindigkeit im Einlaßventil. Indem wir das Einlaßventil früher oder später schließen, können wir die Luftkurve um einen Drehpunkt schwenken, der bei etwa 30 m/sek liegt, aber unser Spielraum ist recht beschränkt. Ändern wir bei der Brennstoffpumpe die Leistung oder die Belastung des Überströmventils, so können wir ihre Förderkurve in gleicher Weise schwenken, aber auch nur in geringem Maß.

11. Konstruktive Einzelheiten

Durch sorgfältiges Abstimmen der Dimensionen können wir einen einigermaßen passenden Zusammenhang zwischen der Höchstförderung von Kraftstoff und der Luft bis zu einem Wert zwischen 61 und 67 m/sek einhalten, aber dann gehen die Kurven weit auseinander, und jede weitere Drehzahlsteigerung hat einen Kraftstoffüberschuß zur Folge.

Um dies zu verhindern, müssen wir ein Verfahren der Regelung anwenden, welches selbsttätig die Kraftstoffförderung vermindert, sobald der Motor eine bestimmte Grenzdrehzahl erreicht. Ein derartiger Regler kann so entworfen werden, daß er entsprechend dem Abfall der Luftliefergradkurve allmählich eingreift oder daß er, wie es üblicher ist, bei der oberen Motorgrenzdrehzahl ziemlich plötzlich die Brennstoffzufuhr abschneidet. In den meisten Fällen ist die zweite Art der Regelung vorzuziehen, denn gewöhnlich lassen mechanische Schwierigkeiten, wie das Auftreten von Drehschwingungen, Schlagen der Ventile usw., höhere Motordrehzahlen unerwünscht erscheinen, während auf jeden Fall die mit zunehmender Drehzahl schnell ansteigenden mechanischen Verluste hemmend wirken.

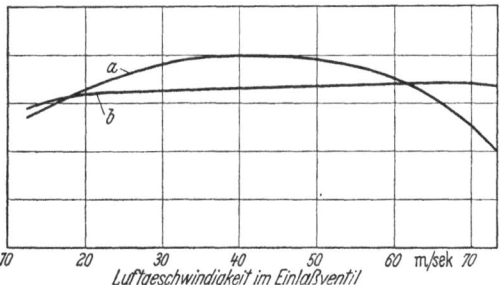

Bild 12.6. Relative Liefergradkurven des Motors als Luftpumpe (a) und der Brennstoffpumpe (b)

Wegen des steigenden Liefergrades der Einspritzpumpe besonders im unteren Bereich der Drehzahlen wird auf der anderen Seite der Leerlauf des Motors labil, d. h., bei irgendeiner gegebenen Einstellung der Brennstoffpumpe wird der Motor entweder stehenbleiben oder durchgehen wollen. Um dies zu verhindern, müssen wir einen zweiten Regler verwenden oder zumindest einen zweiten Satz Gewichte in demselben Regler, wenn wir uns auf einen Fliehkraftregler verlassen, um die Leerlaufdrehzahl zu regeln. Oder wir verwenden einen für veränderliche Drehzahl geeigneten Regler hydraulischer Bauart oder der Vakuumbauart; in diesem Fall steht der Motor im ganzen Drehzahlbereich unter der Kontrolle des Reglers.

Da wir somit bei dem betrachteten Motor praktisch auf eine mittlere Gasgeschwindigkeit im Einlaßventil von etwa 64 m/sek beschränkt sind und da das Verhältnis von Lufteintrittsgeschwindigkeit zu Kolbengeschwindigkeit nicht kleiner als 6,25 : 1 sein kann, ist unsere Kolbengeschwindigkeit auf 10 m/sek beschränkt.

Alle diese Werte beruhen auf der Annahme, daß wir gegossene Zylinderköpfe benutzen und hinreichende Kühlung um die Ventile und zwischen ihnen vorsehen. Sie beruhen ferner auf der Annahme, daß wir ein Verbrennungssystem benutzen, bei dem die Düse nicht zwischen den Ventilen oder nahe der Zylinderachse angeordnet ist. Wir könnten etwas weitergehen und etwas mehr Ansaugfähigkeit gewinnen, wenn wir den Zwischenraum zwischen den Ventilen etwas verringern, oder wir könnten ihn erheblich verringern, wenn wir die Kosten für einen aus Stahl hergestellten Zylinderkopf aufwenden wollen, aber im allgemeinen ist keiner dieser beiden Notbehelfe gerechtfertigt.

Daher gelangen wir zu unserer ersten Grenze, daß die Kolbengeschwindigkeit durch die Ansaugfähigkeit auf ungefähr 10 m/sek beschränkt ist. Bei dieser Kolbengeschwindigkeit und dem entsprechenden

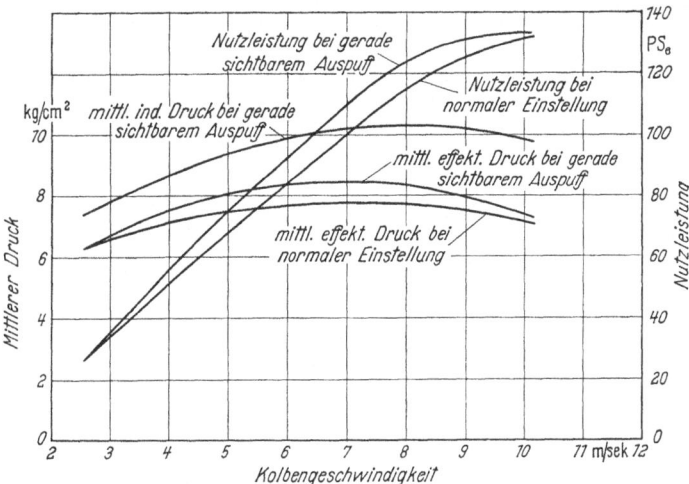

Bild 12.7. Typische Leistungskurven in Abhängigkeit von der Kolbengeschwindigkeit

Liefergrad sowie unter der Annahme eines durchschnittlichen mechanischen Wirkungsgrades bei voller Drehzahl und Vollast von 74% können wir einen mittleren effektiven Druck von mindestens 7 kg/cm² ohne rauchenden Auspuff mit genügender Sicherheit gegen eine geringfügige Verschlechterung einhalten.

Bei einem Motor mit dieser Ansaugfähigkeit und diesem mechanischen Wirkungsgrad dürfen wir eine Leistung in Abhängigkeit von der Kolbengeschwindigkeit erwarten, wie sie in Bild 12.7 gezeigt ist, an dem Punkt, wo der Auspuff gerade sichtbar zu werden beginnt. Um eine geringe Verschlechterung des Auspuffs in Rechnung zu stellen, sollten wir vorsichtshalber den mittleren effektiven Druck auf 7 kg/cm² bei einer Kolbengeschwindigkeit von 10 m/sek beschränken. Wegen der Schwierigkeit, im ganzen Drehzahlbereich die Luft- und Brennstoffcharakteristik zur Übereinstimmung zu bringen, wird es wahrscheinlich zweckmäßig sein, den höchsten mittleren effektiven Druck in irgendeinem Punkt des Drehzahlbereichs auf etwa 7,7 kg/cm² zu beschränken.

Um 130 PS_e bei dieser Kolbengeschwindigkeit zu entwickeln, brauchen wir somit eine Gesamtkolbenfläche von 558 cm² oder 93 cm² je Kolben eines Sechszylindermotors und daher einen Kolbendurchmesser von 109 mm.

Wenn wir die Kosten der komplizierteren Bauart mit mehreren Ventilen aufwenden wollen, können wir natürlich die Ansaugfähigkeit sehr wesentlich steigern und so die Grenze der Kolbengeschwindigkeit auf über 12,7 m/sek verschieben. Aber andere Einflüsse, die wir später betrachten wollen, lassen für diesen Zweck eine Kolbengeschwindigkeit weit über 10 m/sek nicht ratsam erscheinen, so daß die Verwendung mehrerer Ventile nicht zweckmäßig ist.

Wir haben somit als Ausgangspunkt festgelegt, daß wir die Ansaugfähigkeit, die zwei Ventile je Zylinder hergeben können, voll ausnutzen wollen, und werden die erstrebte Leistung mit sechs Zylindern von je 109 mm Durchmesser erreichen, ohne Rücksicht auf die Länge des Hubes.

Kolbenhub. Nachdem wir den Zylinderdurchmesser oder wenigstens den Mindestdurchmesser ermittelt haben, ist der nächste Schritt, den Kolbenhub zu bestimmen. Von dem Gesichtspunkt des indizierten thermischen Wirkungsgrades aus ist es gleichgültig, ob der Hub lang oder kurz ist. Aber vom Standpunkt des mechanischen Wirkungsgrades ist durch einen langen Hub viel zu gewinnen, da bei der gleichen Grenzkolbengeschwindigkeit der Motor mit langem Hub seine Leistung bei einer entsprechend geringeren Drehzahl und daher mit geringeren Verlusten entwickelt.

Da niedriger Kraftstoffverbrauch eines der ersten Ziele ist, folgt, daß wir diesen wesentlichen Gesichtspunkt besonders in Hinblick darauf berücksichtigen müssen, daß unsere mittlere Belastung verhältnismäßig sehr gering ist und daher die mechanischen Verluste erheblich ins Gewicht fallen. Andererseits ist zwangsläufig ein Motor mit langem Hub schwerer, größer und teurer als einer mit kurzem Hub. Auch das Rückdrehmoment des langsamer laufenden Motors ist entsprechend größer und kann bei der Befestigung des Motors Schwierigkeiten machen. Der zwingendste aller Gründe ist wohl der, daß wir uns auf einem Gebiet, wo der Wettbewerb so groß ist, den Luxus eines langhübigen Motors einfach nicht leisten können.

In der Tat ziehen die räumlichen Verhältnisse nach beiden Richtungen eine Grenze. Bei einem Sechszylindermotor sind die Massenkräfte und -momente zweiter Ordnung innerhalb des Motors ausgeglichen. Daher ist durch eine lange Pleuelstange außer einer leichten Verringerung der Querkräfte nichts zu gewinnen. Eine unnötig lange

Kolbenhub

Pleuelstange vergrößert nur die Höhe, das Gewicht und die Kosten des Motors. Wenn man alles dieses berücksichtigt, sieht man keinen Vorteil, bei einem Sechszylindermotor eine Pleuelstange zu verwenden, die länger ist als das 3,8fache des Kurbelradius. Mit einer Pleuelstange dieser Länge und einem langen Hub können wir dagegen sicher damit rechnen, daß die ganz ausgelenkte Pleuelstange gegen den Rand der Laufbuchse stößt. Wir könnten dem natürlich abhelfen, indem wir Schlitze in den unteren Teil der Laufbuchse schneiden, aber dies verhindert die Benutzung eines dringend nötigen Ölabstreifringes nahe dem unteren Kolbenrand. Bei einer Pleuelstange mit I-Querschnitt, bei den Schaftabmessungen, die beim Dieselmotor erforderlich sind, bei einer Pleuelstange von 3,8facher Länge des Kurbelradius und einem Kolben normaler Verhältnisse werden wir finden, daß wir keinen längeren Hub als 1,4 mal Zylinderbohrung benutzen können, ohne an den Zylinderrand zu stoßen. Benutzen wir eine runde Stange, dann können wir den Hub auf vielleicht 1,6 mal Bohrung vergrößern; aber dies gibt keine sehr zweckmäßige Form. Wenn wir andererseits den Hub kleiner als die Bohrung machen, stoßen wir auf die Schwierigkeit, daß der Kolbenrand am Hubende gegen die Ausgleichgewichte schlägt, und auf jeden Fall wird die Schmierung Störungen verursachen, weil das offene Zylinderende zu nahe an der Kurbelwelle liegt. Wenn wir nicht eine unnötig lange Pleuelstange benutzen wollen, sind wir auf ein Verhältnis Hub zu Bohrung von 1,0 : 1 bis etwa 1,4 : 1 beschränkt, und der Konstrukteur muß das beste Kompromiß innerhalb dieser Grenzen wählen.

Diese Betrachtungen gelten sämtlich für einen Sechszylindermotor. Ziehen wir einen Vierzylinder in Betracht, dann würde es wegen der Massenkräfte zweiter Ordnung. die sich nicht ausgleichen, sondern addieren, wünschenswert sein, längere Pleuelstangen zu verwenden. So würde ein größeres Verhältnis Hub zu Bohrung möglich.

Die Rücksichtnahme auf Gewicht, Rückdrehmomente und Anlagekosten würden sämtlich den Konstrukteur veranlassen, einen möglichst kurzen Hub zu wählen. Berücksichtigung des mechanischen Wirkungsgrades und damit des Kraftstoffverbrauchs fordert einen möglichst langen Hub. Nehmen wir in diesem Fall als Kompromiß ein Verhältnis Hub zu Bohrung von 1,28 : 1 an. Wenn wir die Konstruktion der Kurbelwelle betrachten, werden wir indessen finden, daß dies wegen der Spannungsspitzen in den Kurbelkröpfungen nahezu das ungünstigste Verhältnis ist, das wir wählen können. Um die Kurbelwelle zu entlasten, müßten wir uns recht weit von diesem Verhältnis entfernen. Wir erhalten einen Kolbenhub von $109 \cdot 1,28 = 140$ mm. Bei einer Kolbengeschwindigkeit von 10 m/sek entspricht dies einer Drehzahl bei Höchstleistung von ungefähr 2200 U/min.

12. Konstruktive Einzelheiten

Unter Berücksichtigung aller wichtigen Einflüsse haben wir uns für einen Motor von 109 mm Zylinderbohrung und 140 mm Kolbenhub als das wahrscheinlich beste Kompromiß entschieden. Wenn der Preis und das Mehrgewicht tragbar gewesen wären, hätten wir es vorgezogen, den Hub auf 152 oder auch 159 mm zu vergrößern, aber wir wollen annehmen, daß dies ein Luxus ist, den wir uns nicht leisten können.

Alle diese Argumente gelten für einen Dieselmotor, der für schwere Straßenfahrzeuge bestimmt ist. Bevor wir weitergehen, wollen wir betrachten, wieweit sie für andere Motorenarten gelten würden, etwa einen Benzinmotor für den gleichen Zweck oder für einen Schiffsmotor.

Beim Benzinmotor brauchen wir nicht mehr den Liefergrad des Zylinders als Luftpumpe mit dem der Brennstoffpumpe abzustimmen, daher können wir beim gleichen Ventilquerschnitt schneller fahren, denn den Höchstwert werden wir erst erreichen, wenn die steigenden mechanischen Verluste und der sinkende Liefergrad jedem weiteren Gewinn eine Grenze setzen. Dies tritt meist ein, wenn die mittlere Gasgeschwindigkeit in den Einlaßventilen etwa 79 m/sek ist, vorausgesetzt, daß Vergaser oder Saugleitung nicht eine besonders frühe Grenze vorschreiben. Beim Dieselmotor kann das Querschnittsverhältnis von Einlaß zu Auslaß 1,5 : 1 betragen, wenn wir aber beim Benzinmotor bis zu Gaseintrittsgeschwindigkeiten von 79 m/sek gehen, sollten wir das Querschnittsverhältnis auf 1,3 : 1 bis 1,4 : 1 verringern.

Bei dem gleichen Einlaßventilquerschnitt und nur wenig größerem Auslaßventilquerschnitt werden wir daher unsere Spitzenleistung mit einer Kolbengeschwindigkeit erhalten, die etwa 30% größer als beim Dieselmotor ist.

Wegen des verhältnismäßig großen Verdichtungsraumes können wir, wenn wir wollen, die Ventile über die Zylinderbohrung hinausragen lassen, ohne daß wir die Laufbuchse ausschneiden müssen, oder wir können die Ventile unter einem beliebigen Winkel zur Zylinderachse stellen und so wesentlich vergrößern. Tatsächlich können wir beim Benzinmotor mit hängenden Ventilen den ganzen erforderlichen Ventilquerschnitt erhalten, ohne zu mehr Ventilen unsere Zuflucht nehmen zu müssen. Aber wir begegnen der mechanischen Schwierigkeit, große Ventile mit hohem Hub bei hoher Geschwindigkeit betreiben zu müssen, und aus diesem Grund und weniger wegen der Ansaugfähigkeit wählen wir mehrere Ventile bei großen oder sehr schnell laufenden Benzinmotoren.

Es ist auch zu beachten, daß bei teilweise geöffneten Ventilen der freie Querschnitt durch die Mantelfläche am Umfang und nicht durch den Kreisquerschnitt des Ventils bestimmt wird. Offenbar haben zwei kleine Ventile einen längeren Umfang als ein großes Ventil mit gleichem

Kreisquerschnitt. Da die Ventile während ihrer Öffnungsdauer nicht immer voll geöffnet sind, ist dies eine sehr wichtige Überlegung, die man leicht übersieht.

Für den von uns angenommenen Betrieb besteht keine Ursache, mehr als zwei Ventile je Zylinder zu benutzen, denn wir könnten unsere Höchstleistung bei einer Kolbengeschwindigkeit von etwa 13,2 m/sek erreichen, auch ohne über die Zylinderbohrung hinauszukommen. Die Drehzahl entspräche bei einem Hub von 140 mm 2870 U/min. Wollten wir etwas größere Ventile benutzen, für die wir noch Platz hätten, so könnten wir leicht bis auf 3600 U/min kommen, wenn wir wollten. Nur falls wir die Höchstleistung bei Drehzahlen von 4000 oder darüber zu erreichen wünschten, wären mehrere Ventile bei einem Benzinmotor dieser Größe gerechtfertigt.

Wie wir in dem Kapitel „Mechanischer Wirkungsgrad" besprochen haben, sind die mechanischen Verluste in einem Benzinmotor viel kleiner als in einem Dieselmotor. Daher könnten wir es uns leisten, mit einer höheren Drehzahl zu fahren, aber bei diesem Betrieb nicht mit einer so hohen Drehzahl, daß mehr Ventile berechtigt oder notwendig würden.

Bei einem Schiffsmotor wird unter der Annahme, daß ein geeignetes Untersetzungsgetriebe benutzt wird, so daß Motor und Propeller mit den passendsten Drehzahlen laufen können, nie verlangt werden, daß mit hohen Drehzahlen und niedrigem Drehmoment oder mit sehr kleinen Drehzahlen und großem Moment gefahren wird. Aus dem zuerst genannten Grund ist der mechanische Wirkungsgrad nicht so wichtig, und aus dem zweiten brauchen wir uns nicht um unseren Liefergrad bei niedrigen Drehzahlen zu sorgen. So können wir unsere Ventile nur mit Rücksicht auf die hohen Drehzahlen einstellen und es uns leisten, die Öffnungsdauer des Einlaßventils zu verlängern.

Zylinderblock und Kurbelgehäuse. Sobald wir über die Zylinderabmessungen entschieden haben, ist der nächste Schritt, die geeignetste Motorbauart zu wählen. Unter dem Gesichtspunkt der Trägersteifigkeit und der Steifigkeit im allgemeinen würden wir es vorziehen, die Zylinder und das Kurbelgehäuse-Oberteil einteilig aus Grauguß herzustellen. Wenn wir dies tun, müssen wir aber wegen der Zugänglichkeit die Abmessungen des unteren Pleuellagers so beschränken, daß die Pleuelstange durch die Zylinderbohrung herausgezogen werden kann. Damit ist wiederum der Durchmesser des Kurbelzapfens beschränkt.

Bild 12.8 zeigt einen typischen unteren Pleuelstangenkopf mit vier Schrauben und von solchen Abmessungen, daß er gerade durch die Zylinderbohrung geht.

In Bild 12.9 ist eine andere Form gezeigt, bei welcher der Kopf unter einem Winkel geteilt ist. Sie erlaubt, daß ein größerer Kurbel-

12. Konstruktive Einzelheiten

zapfen benutzt wird, während die Pleuelstange noch durch die Zylinderbohrung geht.

Die andere Lösung, daß man Zylinderblock und Kurbelgehäuse trennt, macht uns von dieser Beschränkung frei und erlaubt uns, Aluminium für das Kurbelgehäuse-Oberteil zu benutzen und so etwas Gewicht zu sparen, obwohl bei einem kurzhubigen Motor die Ersparnis durch die Verwendung von Aluminium verhältnismäßig klein ist. Wenn die sechs Zylinder in einem Stück gegossen sind, kann man einwenden, daß der Zylinderblock ein schweres und unhandliches Stück wird, das schwer aufzusetzen ist, ohne die Kolbenringe zu beschädigen, wenn alle sechs Kolben gleichzeitig eingeführt werden müssen. Besonders gilt dies, falls die

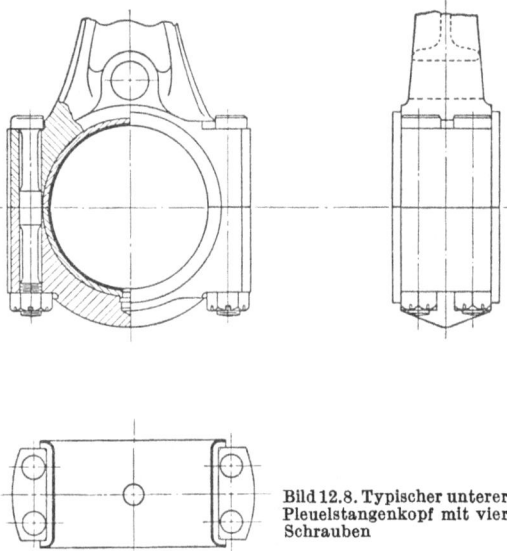

Bild 12.8. Typischer unterer Pleuelstangenkopf mit vier Schrauben

Kolben unten Ölabstreifringe haben. Wenn wir andererseits den Zylinderblock ein- oder zweimal unterteilen, dann verlieren wir viel von der Trägersteifigkeit, die wir brauchen, um dem großen Biegemoment der Massenkräfte eines Sechszylindermotors zu begegnen. Wir können natürlich die Trägersteifigkeit wiederherstellen, indem wir die Zylinderblöcke verschrauben; aber dies erfordert eine sehr genaue Bearbeitung, wenn die Verformung des Kurbelgehäuses vermieden werden soll, und gibt Anlaß zu anderen Einwänden. Das Verschrauben ist wahrscheinlich nur dann gerechtfertigt, wenn der ungeteilte Zylinderblock für die Bearbeitung auf den vorhandenen Werkzeugmaschinen zu groß ist.

Wenn wir uns entschließen, wie es für diese Motorgröße und diesen Zweck wohl richtig ist, Kurbelgehäuse-Oberteil und Zylinderblock aus einem Stück herzustellen, dann bleibt noch die Zylinderbauart zu wählen. Für einen so schwierigen Betrieb, für den eine sehr lange Lebensdauer verlangt wird, haben wir entweder auswechselbare Zylinderlaufbuchsen zu verwenden oder wir müssen die Zylinderbohrungen mit einem Werkstoff auskleiden, der gegen Verschleiß oder Korrosion widerstandsfähiger ist als Grauguß. Während die Zahl der möglichen

Bauarten sehr groß ist, beschränkt sich die Auswahl für den vorliegenden Zweck wahrscheinlich auf drei praktische Möglichkeiten:
1. die Anwendung auswechselbarer, nasser Laufbuchsen, Bild 12.10,
2. die Anwendung auswechselbarer Trockenbuchsen, Bild 12.11,
3. einen elektrolytisch aufgebrachten, porös verchromten Überzug. Jede hat ihre Vor- und Nachteile.
Die Vorteile, die für die nasse Zylinderlaufbuchse in Anspruch genommen werden, sind:
a) Sie kann leicht und ohne Sonderwerkzeuge oder Vorrichtungen ausgebaut und ausgewechselt werden. Sie eignet sich daher besonders für Motoren, die fern von einer gut ausgerüsteten Reparaturwerkstatt arbeiten müssen.

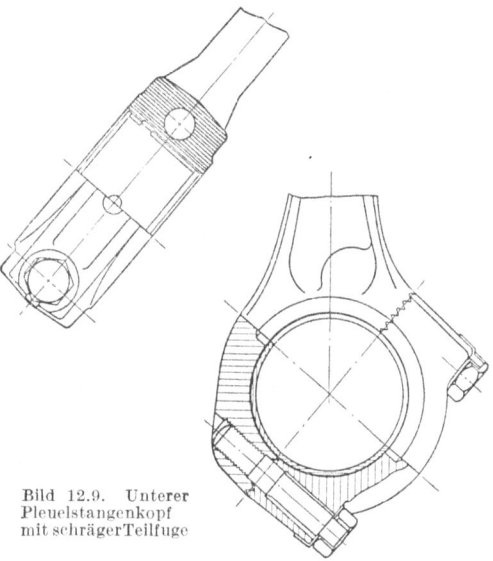

Bild 12.9. Unterer Pleuelstangenkopf mit schräger Teilfuge

b) Bei einer nassen Laufbuchse kann man einen schnellen Wasserumlauf um die Buchse vorsehen und so die Kolbentemperatur verringern, ein sehr wichtiger Gesichtspunkt besonders bei großen Motoren, die meist mit hoher Belastung arbeiten, der immer erwünscht ist.

c) Da die Buchse nur durch einen Flansch am oberen Ende gehalten wird, kann sie sich ohne Zwang frei ausdehnen.

Diese offenbaren Vorteile bedürfen indessen einer Einschränkung. Die nasse Zylinderlaufbuchse kann zwar gleichmäßig über den größten Teil ihrer Länge durch einen Wasserumlauf mit großer Geschwindigkeit gekühlt werden, aber die Notwendigkeit, einen ziemlich dicken Flansch und einen noch höheren Kragen im Gehäuse vorzusehen, um die großen Kräfte der Befestigungsschrauben des Zylinderkopfes aufzunehmen, stört die Kühlung des oberen Buchsenendes empfindlich. Obwohl der größte Teil der Buchse sich nach Belieben frei ausdehnen kann und durch eine Verformung des Zylinderblockes nicht beeinflußt wird, gilt dies nicht für das bei weitem wichtigere obere Ende. Dies Ende ist fest mit der oberen Gurtung des Zylinderblocks verspannt, so daß es jeder Verformung der Gurtung unterworfen ist, wie sie z. B. durch die Befestigungsschrauben des Zylinderkopfes und ihre Augen verursacht werden kann.

198   12. Konstruktive Einzelheiten

Nach Meinung des Verfassers spricht die leichte Auswechselbarkeit am meisten für die nasse Laufbuchse der üblichen Bauart.

Man hat viele Konstruktionen entwickelt, um die oben erwähnten Einwände zu überwinden. Eine Zeitlang war auf dem Kontinent eine Konstruktion mit einem Flansch nahe dem unteren Ende der Buchse sehr beliebt. Der Flansch legt sich gegen eine Platte unten im Zylinderblock. In diesem Fall kann die Wasserkühlung bis zur Dichtung am oberen Ende reichen, denn die obere Platte fehlt vollkommen (Bild 12.12). Der Haupteinwand gegen diese Bauart ist, daß die ganze wassergekühlte

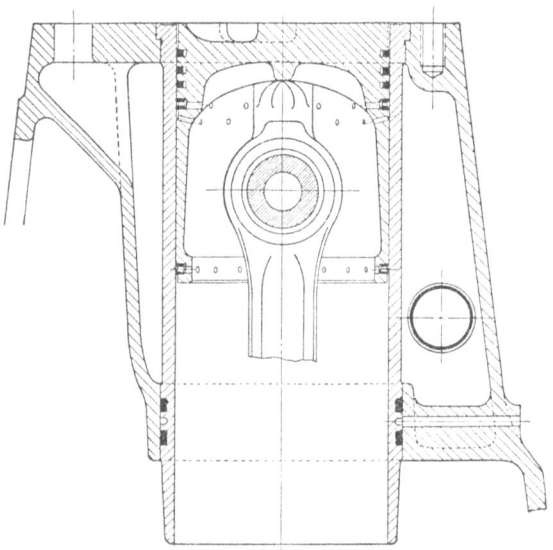

Bild 12.10. Bauart mit nasser Zylinderlaufbuchse

Länge der Buchse unter dem Druck der Schrauben des Zylinderkopfes steht. Um eine gute gasdichte Verbindung zu sichern, müssen diese Schrauben eine Kraft ausüben, die beträchtlich größer als die höchste Gaskraft ist. Wenn dieser Druck ungleichmäßig ist oder wenn die untere Platte nicht steif genug ist, besteht die Gefahr, daß die Buchse verformt wird, wobei sie sich nicht nur unrund zieht, sondern auch krumm wird. Da der Erfolg dieser Bauart von der Steifigkeit des Zylinderblocks und der Laufbuchse abhängt, eignet sie sich offenbar am besten für ganz kleine Motoren.

Bild 12.13 zeigt eine abgeänderte Form, bei welcher der Auflageflansch tief genug unter der oberen Dichtung liegt, um von jeder Verformung durch die Schrauben des Zylinderkopfes oder ihre Augen entlastet zu sein. Daher ist die auf Druck beanspruchte Länge der

Buchse sehr viel kleiner und damit auch die Gefahr der Verformung geringer. Nach Meinung des Verfassers empfiehlt sich dies sehr, da der Kopf der Laufbuchse ausgezeichnet gekühlt wird ohne die geringste Gefahr einer Verformung.

Wenn ein geteilter Zylinderblock verwendet wird, spricht viel dafür, Zylinder und Kopf aus einem Stück zu machen, besonders bei

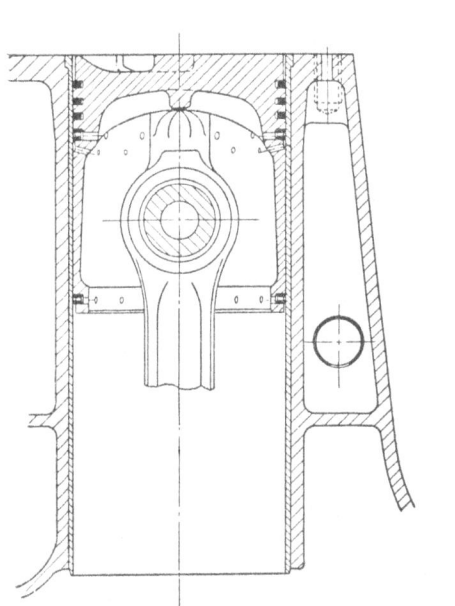

Bild 12.11. Bauart mit trockener Laufbuchse

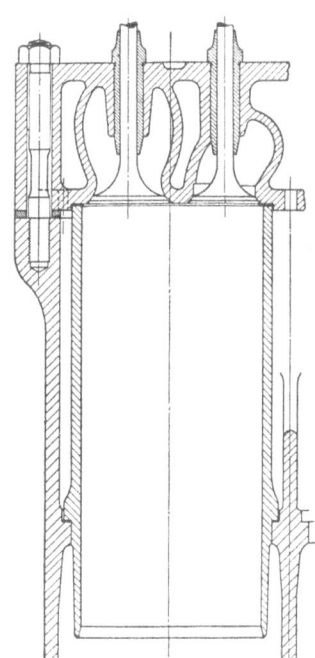

Bild 12.12. Nasse Zylinderlaufbuchse mit Auflage nahe dem unteren Ende

Dieselmotoren, bei denen die Ventile senkrecht im Kopf hängen müssen und innerhalb der Zylinderbohrung liegen sollten. Diese Bauart vermeidet von vornherein die großen Wanddicken an der Verbindung von Zylinder und Kopf, also an der Stelle des stärksten Wärmeflusses, und ebenso die Gefahr, daß die Zylinderbohrung durch die Schrauben des Zylinderkopfes verformt wird. Sie hat weiter den Vorteil, daß eine Zylinderkopfdichtung, häufig eine Quelle des Verdrusses, entbehrlich ist. Dagegen besteht natürlich der Einwand, daß die Ventile weniger zugänglich sind. Aber bei Dieselmotoren mit ihrer niedrigen Auslaßtemperatur sind die Ventile sehr selten die Ursache von Störungen. Wenn indessen Kopf und Zylinder einteilig ausgeführt werden, muß der Konstrukteur sorgfältig den Kraftfluß beachten und überlegen, ob die Kräfte vom Zylinderinnen- oder -außenmantel aufgenommen werden sollen; auf keinen Fall dürfen sie auf beide verteilt werden. Bild 12.14 zeigt eine andere Anordnung nasser Zylinderlaufbuchsen, die sich besonders, aber nicht ausschließlich, für Zylinder eignet, die mit dem Kopf aus einem Stück hergestellt sind. Hier wird die Laufbuchse von unten eingeführt und nach oben gegen eine Fläche im Zylinderkopf gepreßt. Zwar steht die Buchse unter Druck, aber es ist nur ein leichter Druck nötig, und er kann durch Verwendung recht kleiner Schrauben vermindert werden, während der Stopfbuchsring örtlich geschwächt oder geschlitzt werden kann, um ihm etwas Verformungsvermögen zu geben, damit man eine Verformung des unteren Buchsenendes sicher vermeidet. Diese Bauart wurde bisher nur versuchsweise in einem Dieselmotor erprobt. Ihre Vorteile sind, daß sie eine sehr hohe Kühlwassergeschwindigkeit bis zum oberen Ende der Buchse und gleichzeitig sehr geringe Zylinderabstände erlaubt, ein wichtiger Vorteil, besonders wenn keine Zwischenlager bei der Kurbelwelle benutzt werden.

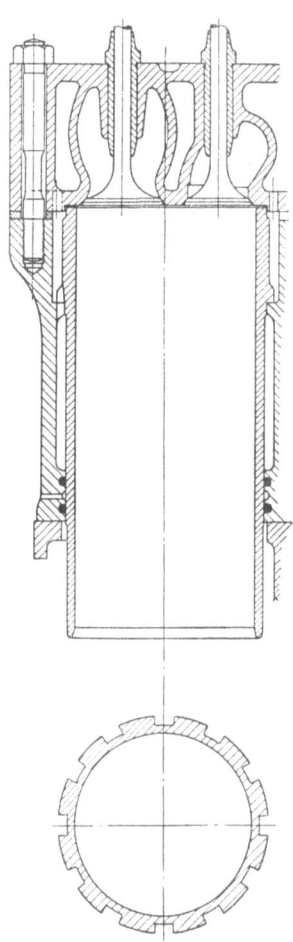

Bild 12.13. Nasse Zylinderlaufbuchse mit Abstützung unmittelbar unterhalb der Augen für die Zylinderkopfschrauben

Wenn Zylinderblock und Kurbelgehäuse aus einem Stück gefertigt und die Zylinderköpfe abnehmbar sind, läßt sich viel zugunsten der Trockenbuchsen sagen. Obgleich die Wandstärke zwischen dem Wasser und der Innenfläche der Buchse insgesamt größer ist und obgleich der Wärmefluß zwischen den beiden Teilen unterbrochen ist, erlaubt doch der Fortfall eines Flansches und einer Abstützung, wie sie bei der gebräuchlichen Form mit nasser Laufbuchse vorhanden sind, daß das Kühlwasser näher an den oberen Rand der Laufbuchse geführt wird. Dies macht mehr aus als die verschlechterte Wärmeleitung im übrigen Teil der Buchse. Aber man muß darauf achten, daß der Wasserumlauf am oberen Ende nicht zu sehr durch die Augen für die Stiftschrauben des Zylinderkopfes behindert wird, und vor allem natürlich, daß sich zwischen diesen Augen und dem Mantel keine Dampfsäcke bilden können. Ein anderer sehr wichtiger Vorteil ist, daß bei Trockenbuchsen keine Dichtungen gegen Gas oder Wasser zwischen dem Zylinder und seiner Laufbuchse nötig sind. Günstig ist auch die Versteifung des

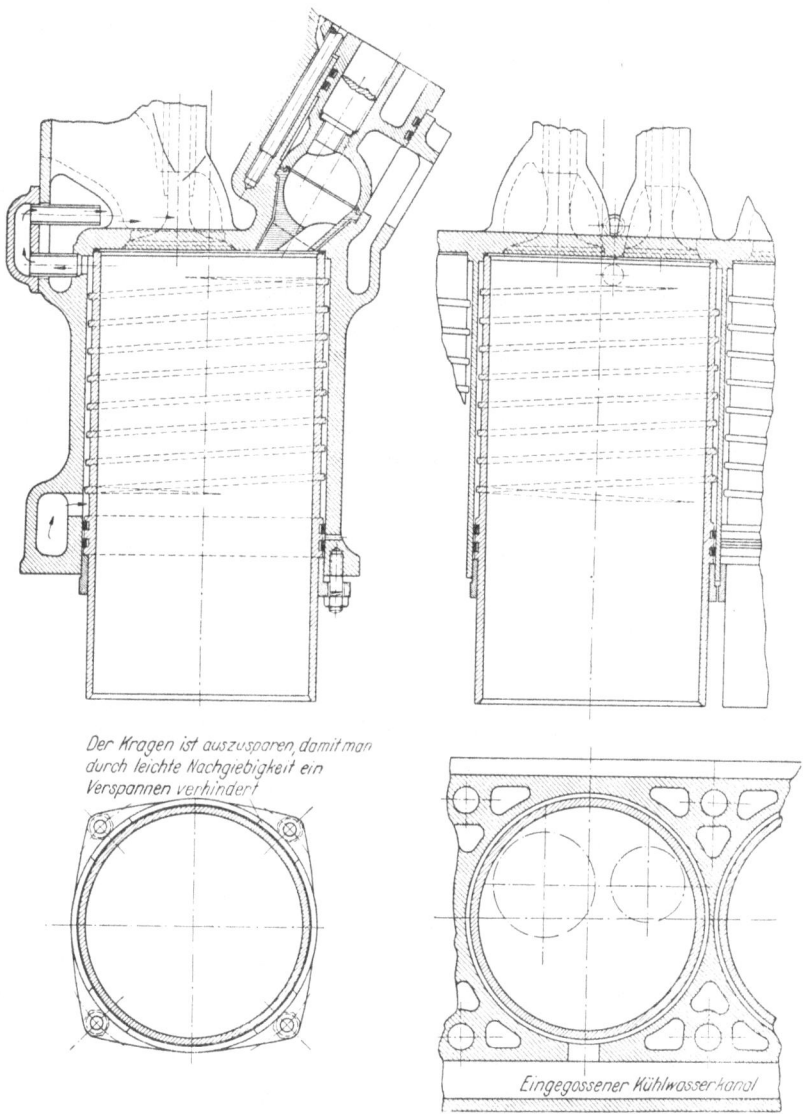

Bild 12.14. Nasse Zylinderlaufbuchse mit intensiver Wasserkühlung

Blocks durch die Zylindermäntel, welche die obere und untere Platte verbinden, obwohl dies natürlich bei der Bauart mit nassen Laufbuchsen durch innere Querwände auch erreicht werden kann. Der

Haupteinwand gegen die Trockenbuchse ist, daß sie in den Zylindermantel gepreßt oder geschrumpft werden muß und daher ohne Sondervorrichtungen schwierig auszuwechseln ist. Neuerdings werden verhältnismäßig lose sitzende Trockenbuchsen in einem bekannten Zweitakt- und in einem Viertaktmotor verwendet. Bei diesen ist der Wärmewiderstand beträchtlich größer und daher die Kolbentemperatur höher. Beim Zweitaktmotor werden die Kolben ohnehin ölgekühlt, so daß sie weit weniger abhängig von der Wärmeübertragung durch die Zylinderwand sind.

Man kann auch auf auswechselbare Laufbuchsen verzichten und sich auf die Wirksamkeit einer Schutzschicht verlassen, die gegen Korrosion und Abrieb widerstandsfähig ist. Von solchen Überzügen hat sich bisher nur Chrom als brauchbar erwiesen. Leider benetzt das Schmieröl nur schwer gleichmäßig eine sehr glatte und fein polierte Chromfläche, und normalerweise erzeugt das Chrom eine solche Oberfläche. Wenn dies der Fall ist, hat man mit Fressen des Kolbens zu rechnen. Dieser Übelstand kann durch zwei Verfahren überwunden werden:

1. durch einen sehr porösen Chromüberzug, der dem Schmieröl gute Haftfähigkeit verleiht, oder

2. dadurch, daß man den gewöhnlichen harten Chromüberzug nur auf einer sehr kurzen Länge dort aufträgt, wo im allgemeinen der Verschleiß auftritt, und den übrigen Teil der Bohrung in Grauguß ausführt.

Beide Verfahren scheinen ausgezeichnete Ergebnisse zu bringen, vorausgesetzt, daß der Überzug richtig hergestellt wird, aber der Erfolg hängt von dem Herstellungsverfahren ab. Wenn es richtig durchgeführt wird, gibt jedes der beiden Verfahren eine Lebensdauer, die drei- bis viermal so groß wie die irgendeines Eisenwerkstoffes und damit lang genug für die meisten praktischen Zwecke ist. Wenn der Verschleiß zu groß wird, kann zudem der Überzug entfernt und erneuert werden, wenn dies auch eine größere Arbeit bedeutet, die ein vollständiges Auseinanderbauen des Motors erfordert.

Betrachten wir nun, welche Folgen dies für den besonderen Fall des besprochenen Motors hat. Wir befinden uns auf dem Gebiet des starken Wettbewerbes, wo die Anschaffungskosten eine Lebensfrage sind; aber auch Gewicht, Größe und ruhiger Lauf sind von Wichtigkeit. Wir haben schon entschieden, daß wir den Luxus der Langhübigkeit zu vermeiden haben, und da unsere Abmessungen verhältnismäßig klein sind, so daß ein ungeteiltes Gußstück bequem bearbeitet werden kann, scheint nichts für den geteilten Zylinderblock zu sprechen. Wenn wir nicht eine ungewöhnliche Bauart, z. B. die in den Bildern 12.13 oder 12.14 gezeigten, zulassen wollen, bleibt uns nur die Wahl zwischen nassen und trocknen Zylinderlaufbuchsen, wobei nach Meinung des

Verfassers etwas mehr Gründe für die Trockenbuchsen sprechen, wenn wir bedenken, daß wir immer ohne jede Konstruktionsänderung die Laufbuchse fortlassen und statt dessen auf das Verchromen der Zylinderbohrungen zurückgreifen können.

Dreizehntes Kapitel
Konstruktive Einzelheiten, II.

Die nächste und wahrscheinlich wichtigste Entscheidung gilt der Konstruktion und dem Werkstoff der Kurbelwelle und ihrer Lager. Unter allen Umständen wollen wir die Länge des Motors und seiner Welle möglichst so kurz halten, wie es die Unterbringung ausreichender Lagerflächen erlaubt.

Betrachten wir zuerst die zur Auswahl stehenden Werkstoffe, denn von ihnen hängt unsere Konstruktion in erster Linie ab.

Die Kurbelwelle. Für die Kurbelwelle selbst können wir verwenden:

1. einen Nitrierstahl, dessen Oberfläche durch Nitrieren gehärtet ist,
2. einen kohlenstoffreichen oder legierten Stahl, dessen Oberfläche durch Brennhärtung oder Induktionshärtung behandelt ist,
3. wie unter 2. vergütet, aber nicht oberflächengehärtet,
4. Gußeisen.

Von ihnen ist zweifellos die Nitrierstahlwelle in jeder Hinsicht die beste, aber leider auch die teuerste, denn das Nitrieren nimmt viel Zeit in Anspruch, und da die Kurbelwelle sperrig ist, wird eine recht umfangreiche Anlage nötig.

Nitrieren ergibt nicht nur eine überragend harte Oberfläche, die ohne merklichen Verschleiß oder Riefenbildung in fast jedem gebräuchlichen Lagerwerkstoff läuft, sondern es hat auch den weiteren großen Vorteil, daß es die Dauerhaltbarkeit des Teiles um 20% steigert.

Die nächste Möglichkeit, Brenn- oder Induktionshärten der Welle, ist nach Meinung des Verfassers eine recht dürftige zweitbeste Möglichkeit. Die erreichte Oberflächenhärte genügt kaum für befriedigenden Lauf in Kupfer-Blei-Lagern, während die örtliche Wärmebehandlung leicht die Dauerhaltbarkeit, besonders in den Hohlkehlen, beträchtlich herabsetzen kann. Man kann die Dauerhaltbarkeit dadurch teilweise wiederherstellen, daß man die Oberfläche an den gefährdeteren Stellen verdichtet, z. B. durch Kaltrollen der Hohlkehlen, aber im besten Fall ist die Dauerhaltbarkeit der Haltbarkeit einer ungehärteten Welle unterlegen und der einer nitrierten Welle weit unterlegen. Das Härteverfahren hat indessen den Vorteil, daß es wenig Zeit beansprucht und billig ist.

Die Welle, die einfach aus vergütetem Kohlenstoff- oder legiertem, aber nicht oberflächengehärtetem Stahl hergestellt ist, eignet sich nur für verhältnismäßig weiche Lagerwerkstoffe, wie Weißmetall auf Zinn- oder Bleigrundlage. Wenn die Flächenpressung niedrig genug gehalten werden kann und wenn wirksame Ölkühlung vorgesehen ist, dann kann diese Welle durchaus befriedigend laufen, aber auch nur dann.

Die gußeiserne Welle, Bild 13.1, ist zumindest für Dieselmotoren eine Neuerung; wenn man aber ihre begrenzte Verwendungsmöglichkeit beachtet und sie bei der Konstruktion berücksichtigt, läßt sich viel zu ihren Gunsten sagen. In erster Linie ist sie im Vergleich zu einer oberflächengehärteten Welle billig. Sie hat den Vorteil, daß die Kurbelzapfen und Wellenzapfen hohl gegossen werden können, so daß man die Kosten für das Ausbohren spart, und ebenso kann jede Form von Gegengewichten angegossen werden. So wird ein einfaches Gußstück, was sonst ein kompliziertes und teures Preß- oder Schmiedestück aus Stahl geworden wäre. Außerdem gibt das Gußeisen eine fast ideale Lauffläche, die nahezu, wenn auch nicht ganz so gut wie bei Verwendung von Nitrierstahl ist. Die Hysteresis ist wenigstens bis zu mäßigen Spannungen viel höher als bei Stahl, und infolgedessen ist die innere Dämpfung so groß, daß die Drehschwingungen eine viel kleinere Amplitude haben, wenn das erregende Drehmoment gleich groß ist.

Dies sind alles gewichtige Gründe zugunsten von Gußeisen. Demgegenüber müssen wir berücksichtigen, daß seine Festigkeit kleiner als die der Kurbelwellenstähle ist und daß die Biegefestigkeit besonders niedrig ist. Außerdem muß große Sorgfalt beim Gießverfahren angewendet werden, damit nicht die Welle infolge ungleichmäßiger Abkühlung und Schrumpfung starke innere Spannungen behält. Wenn wir uns zu einer gußeisernen Welle entschließen, müssen wir daher etwas größere Durchmesser für die Kurbel- und Wellenzapfen, etwas stärkere Kurbelwangen und größere Ausrundungen der Hohlkehlen vorsehen und uns vergewissern, daß die Kurbelwelle durch hinreichende Lagerung zwischen allen Kurbeln gut unterstützt ist. Es könnte scheinen, als müßten alle Abmessungen in jeder Richtung vergrößert werden, was eine Vergrößerung der Gesamtlänge des Motors und der Gleitgeschwindigkeit zur Folge haben würde. Damit würden die Reibungsverluste steigen, und das wäre ein recht hoher Preis. Dank der ganz ausgezeichneten Gleiteigenschaften und geringen Abnutzung des Gußeisens können wir indessen mit Sicherheit einen ziemlich harten Lagerwerkstoff, wie Kufer-Blei oder Bleibronze, verwenden, der einer hohen Flächenpressung standhält, und so können wir es uns leisten, durchweg schmalere Lager zu benutzen, so daß wir die gleiche Gesamtlänge wie bei einer Stahlkurbelwelle erhalten. Wir müssen indessen bedenken, daß hochwertiges Gußeisen, wie es für Kurbelwellen benutzt wird, einen

Die Kurbelwelle 205

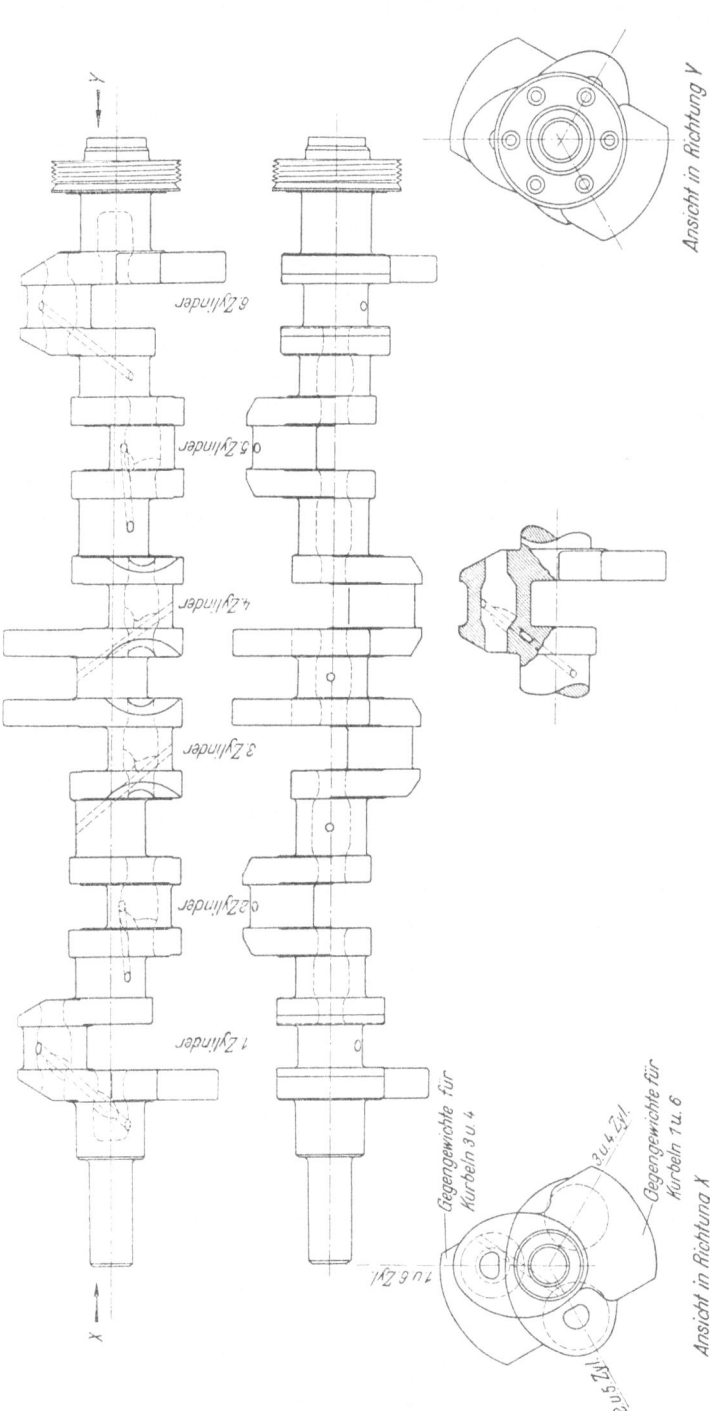

Bild 13.1. Siebenfach gelagerte gußeiserne Kurbelwelle

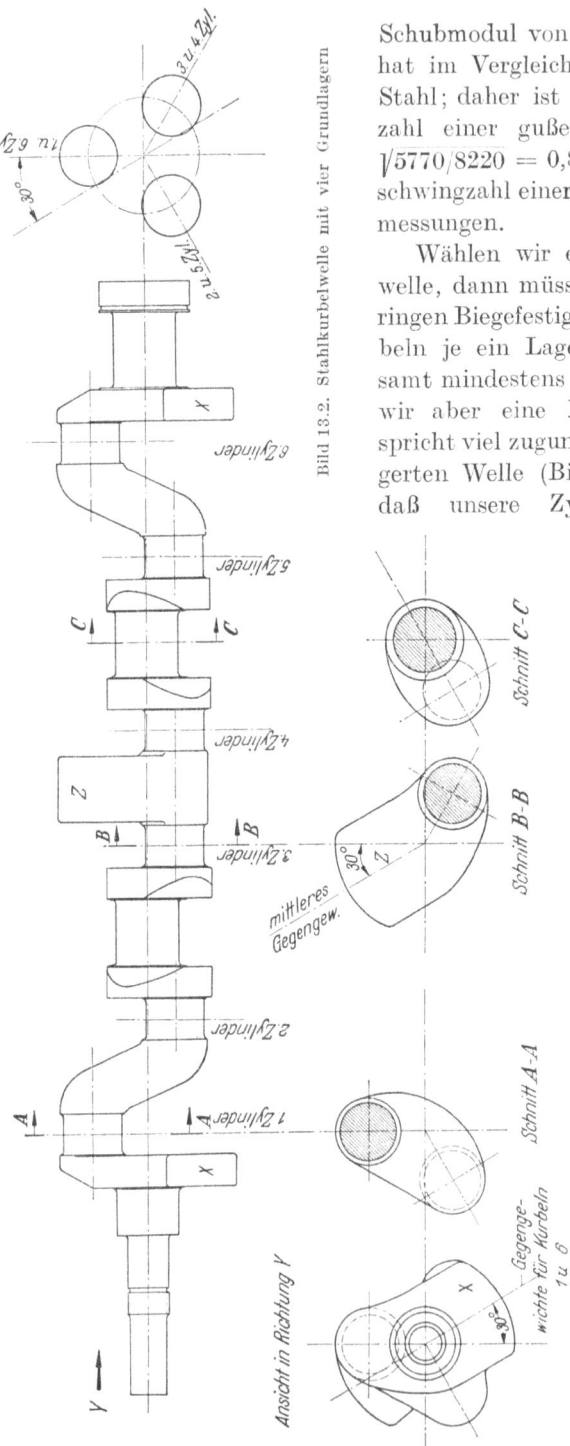

Bild 13.2. Stahlkurbelwelle mit vier Grundlagern

Schubmodul von nur etwa 5770 kg/mm² hat im Vergleich zu 8220 kg/mm² für Stahl; daher ist die Eigenschwingungszahl einer gußeisernen Welle nur das $\sqrt{5770/8220} = 0{,}84$-fache der Eigenschwingzahl einer Stahlwelle gleicher Abmessungen.

Wählen wir eine gußeiserne Kurbelwelle, dann müssen wir wegen ihrer geringen Biegefestigkeit zwischen allen Kurbeln je ein Lager vorsehen, d. h. insgesamt mindestens sieben Lager. Benutzen wir aber eine Nitrierstahlwelle, dann spricht viel zugunsten einer vierfach gelagerten Welle (Bild 13.2), vorausgesetzt, daß unsere Zylinderkonstruktion so ist, daß der Abstand zwischen zwei benachbarten Zylindern auf den Mindestwert herabgesetzt werden kann.

Für eine vierfach gelagerte Welle sprechen:

1. Die in einem Dieselmotor erforderlichen Lager mit großen Durchmessern verursachen starke Reibung; je weniger Reibung entsteht, um so besser ist es.

2. In jedem Sechszylindermotor ist das mittlere Kurbelwellenlager höchster Fliehkraftbelastung ausgesetzt; sie kann nur durch schwere Gegengewichte gemildert werden, welche die Dreheigenschwingungszahl der Welle herabsetzen. Daher ist es erwünscht, dies Lager ganz fortzulassen.

3. Bei einem Sechszylindermotor mit dicht zusammengerückten Zylindern ist es mit Rücksicht auf die Zylinderkopfkonstruktion vorzuziehen, die Zylinder in drei sich eng berührenden Paaren anzuordnen und die größten Abstände zwischen den Zylindern 2 und 3 sowie 4 und 5 vorzusehen und nicht zwischen den beiden mittleren Zylindern. So paßt die Vierlageranordnung am besten zu der Form des Zylinderkopfes.

4. Die vierfach gelagerte Kurbelwelle ist torsionssteifer und hat daher eine höhere Torsionskritische als die siebenfach gelagerte. Außerdem sind weniger Gegengewichte erforderlich, was die Torsionskritische weiter steigert.

Mit dem Erscheinen des schnellaufenden Dieselmotors wurde es üblich, nur siebenfach gelagerte Kurbelwellen bei einem Sechszylindermotor zu benutzen, und wenige Konstrukteure haben es gewagt, anders zu handeln; aber wer den Mut hatte, vierfach gelagerte Kurbelwellen anzuwenden, hat bis jetzt seinen Entschluß nicht zu bereuen gehabt.

Bisher haben wir die Frage der Drehschwingungen der Kurbelwelle nicht betrachtet. Dies Gebiet ist in zahlreichen Büchern und anderen Veröffentlichungen so vollkommen behandelt worden von Fachleuten, die das Problem eingehend studiert haben, daß der Verfasser es nur sehr kurz berühren will.

Die Kurbelwelle jedes Motors kann als Torsionsstab betrachtet werden, der mit dem einen Ende am Schwungrad befestigt ist, dessen Winkelgeschwindigkeit im wesentlichen konstant ist, während das andere Ende frei schwingen kann. Unter diesen Umständen ist sie einer Reihe von Torsionsimpulsen durch die Kolben ausgesetzt. Bei bestimmten kritischen Drehzahlen wird die Frequenz einer Harmonischen dieser Impulse mit einer Torsionseigenfrequenz der Welle übereinstimmen. Wenn dies eintritt, wird der normale Verdrehungsausschlag der Welle vervielfacht; er könnte eine Größe erreichen, daß die Welle brechen würde, wenn keine Dämpfung vorhanden wäre. Etwas wird der Ausschlag gedämpft durch die Hysteresis des Werkstoffes selbst und durch die Zähigkeit des Ölfilmes in den Lagern. Diese mehr oder weniger von Natur aus vorhandene Dämpfung genügt, um die Welle dann zu schützen, wenn die Torsionsimpulse nur selten mit der Eigenfrequenz zusammentreffen, aber sie genügt nicht bei den Hauptkritischen, wenn Impulse und Frequenz häufiger zusammentreffen. Die Untersuchung zeigt, daß bei einem Sechszylinder-Viertaktmotor mit spiegelbildlich symmetrischen Kurbelstellungen die Hauptimpulse durch den Gasdruck dreimal je Umdrehung auftreten. Einige dieser Impulse greifen natürlich nahe dem Schwungrad an, so daß die verdrehte Wellenlänge nur kurz ist, und andere nahe dem freien Ende, was den Vorgang etwas verwickelter macht. Außerdem ist das

Schwungrad nicht unendlich groß, und seine Winkelgeschwindigkeit ist nicht konstant, so daß der Knotenpunkt merklich vom Rad entfernt liegt. Alle diese Überlegungen machen den Zusammenhang noch verwickelter.

Die Eigenschwingungszahl einer teilweise durch Gegengewichte ausgeglichenen, siebenfach gelagerten Kurbelwelle mit den Abmessungen, die wir hier voraussetzen, wird in der Nähe von 12000 je Minute liegen. Die beiden Hauptkritischen wird man daher bei etwa 4000 und 2000 U/min zu suchen haben, aber bei einem Sechszylindermotor mit Kurbelstellungen unter 120° werden wir auch die Kritischen der Ordnungen 4,5, 7,5 und 9 bei etwa 2700, 1600 und 1350 U/min und einige Nebenkritische beachten müssen. Vor diesen Kritischen können wir uns durch Schwingungsdämpfer schützen, von denen es viele Arten gibt, die man etwa in drei Gruppen einteilen kann, den LANCHESTER-Dämpfer, Bild 13.3, den Gummidämpfer ähnlich Bild 13.4 und den Schwingungstilger mit Pendel, Bild 13.5. Der LANCHESTER-Dämpfer bestand in seiner ursprünglichen Form aus einem kleinen, losen Schwungrad, das auf dem freien Wellenende befestigt war und durch eine ölgefüllte Vielscheiben-Reibungskupplung angetrieben wurde. Später verließ man sich nicht mehr auf die Flüssigkeitsreibung, weil die Zähigkeit der Kohlenwasserstoff-Öle sich mit der Temperatur stark änderte und weil es praktisch schwierig war, Ölverluste zu verhindern. Daher wurde eine Kupplung mit trockner Reibung verwendet, die sich als praktischer und zuverlässiger erwies (Bild 13.6). In letzter Zeit ist indessen der Dämpfer mit flüssiger Reibung wieder aufgelebt, aber jetzt benutzt man die neuen Silicone, deren Zähigkeit sich nur wenig mit der Temperatur ändert (Bild 13.7).

Der Gummidämpfer, bei dem die kleine Schwungmasse mit der Welle durch ein einvulkanisiertes Weichgummiglied verbunden ist, wirkt zum Teil durch Verstimmen, denn sobald eine Drehschwingung auftritt, will die Schwungradmasse sich in Gegenphase bewegen und so der Vergrößerung der Amplitude entgegenwirken, während sich gleichzeitig die Federsteife des Gummis mit der Bewegungsamplitude und damit auch die Eigenschwingungszahl ändert. Ein großer Teil der Energie wird durch die große Hysteresis des Gummis absorbiert.

Die dritte Bauart, der Pendeldämpfer, besteht aus einem kleinen Pendel, das an den Kurbelwangen oder Gegengewichten des freien Wellenendes befestigt ist und auf eine bestimmte Schwingungszahl abgestimmt wird, die mit einer bestimmten Ordnung der kritischen Drehzahl zusammenfällt. Tritt eine Schwingung dieser Ordnung auf, so geht die Pendelmasse in die entgegengesetzte Phase und wirkt so dem erregenden Drehmoment entgegen.

Der LANCHESTER-Dämpfer und der Gummidämpfer wirken bei Schwingungen beliebiger Ordnung; da sie aber die absorbierte Energie

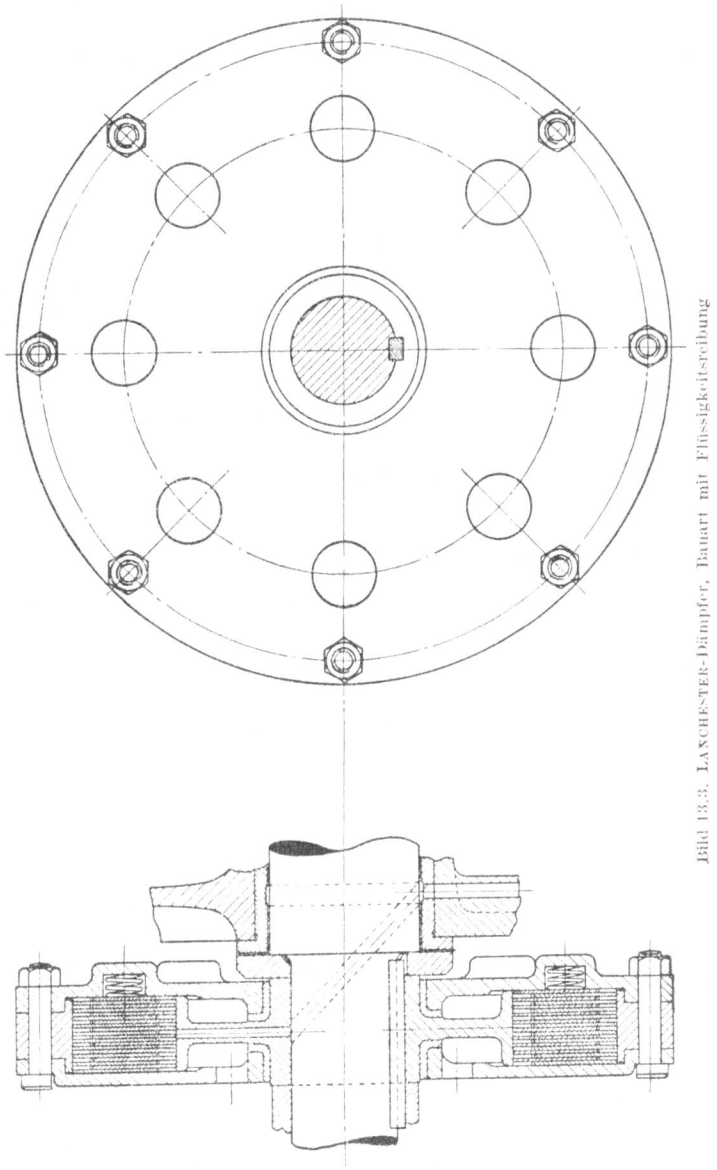

Bild 13:3. LANCHESTER-Dämpfer, Bauart mit Flüssigkeitsreibung

in Wärme umwandeln, werden sie die Beanspruchung bei einer Hauptkritischen nicht lange vertragen. Andererseits wird der Pendeldämpfer beliebig lange eine bestimmte kritische Drehzahl, auf die er abgestimmt

13. Konstruktive Einzelheiten

ist, unterdrücken, aber auf die anderen Ordnungen der Kritischen spricht er nicht an. Er ist daher nur wirksam, wenn der Drehzahlbereich des Motors so eng begrenzt ist, daß nur *eine* Hauptkritische darin auftritt, z. B. bei bestimmten Flugmotoren. Man kann den Gummidämpfer etwa als ein Mittelding zwischen dem LANCHESTER-Dämpfer und dem Pendeldämpfer betrachten, da er die Schwingungen dämpft und die Eigenschwingungszahl verändert.

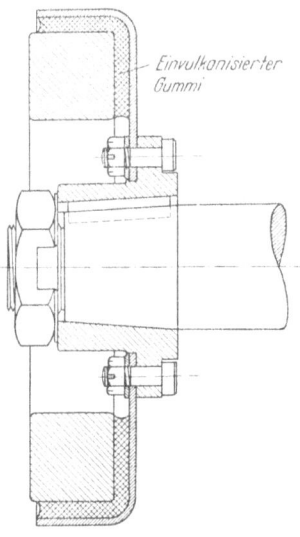

Bild 13.4. Dämpfer mit einvulkanisiertem Gummi

Bei einem Kraftwagenmotor, wie er hier vorliegt, ändert sich die Drehzahl von 400 bis 2200 oder mehr U/min, so daß sicherlich die Ordnungen 9 und $7^1/_2$ und wahrscheinlich auch die Ordnung 6 beachtet werden müssen. Es kann zuweilen auch, wenn der Motor bei Talfahrt auf Überdrehzahl kommt, die Ordnung $4^1/_2$ auftreten, wenn auch nicht bei vollem Drehmoment. Nach der Art des Betriebes wird andererseits längere Zeit mit irgendeiner Drehzahl gefahren werden müssen. Für einen solchen Betrieb ist der LANCHESTER-Dämpfer oder der Gummidämpfer offenbar am geeignetsten, denn er unterdrückt ohne Schwierigkeit die tiefliegen-

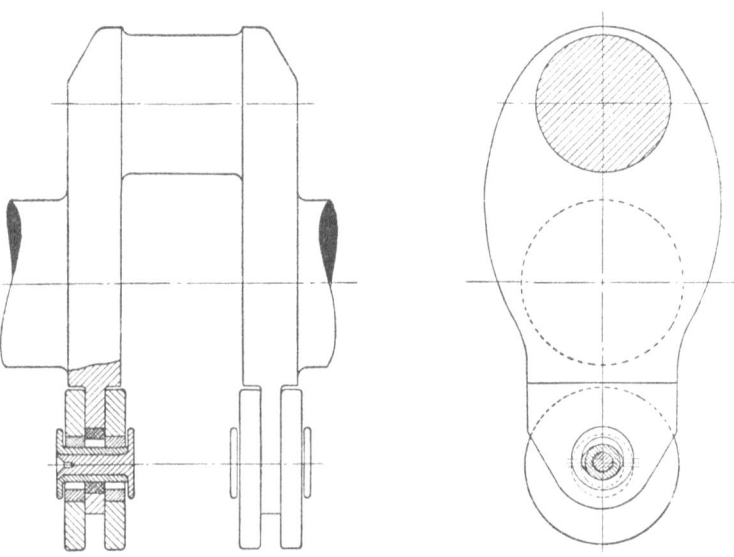

Bild 13.5. Pendelschwingungsdämpfer mit veränderlicher Eigenschwingungszahl

den Kritischen und für verhältnismäßig kurze Zeiträume auch die Kritischen der Ordnungen 6 und $4^1/_2$. Um die wirklich gefährliche Kritische 3. Ordnung brauchen wir uns nicht zu kümmern, denn sie wird weit oberhalb der Betriebsdrehzahlen liegen.

Eine der wichtigsten Entscheidungen, die der Konstrukteur bei einem Motor dieser Größe und Bauart zu fällen hat, ist, ob er seinen

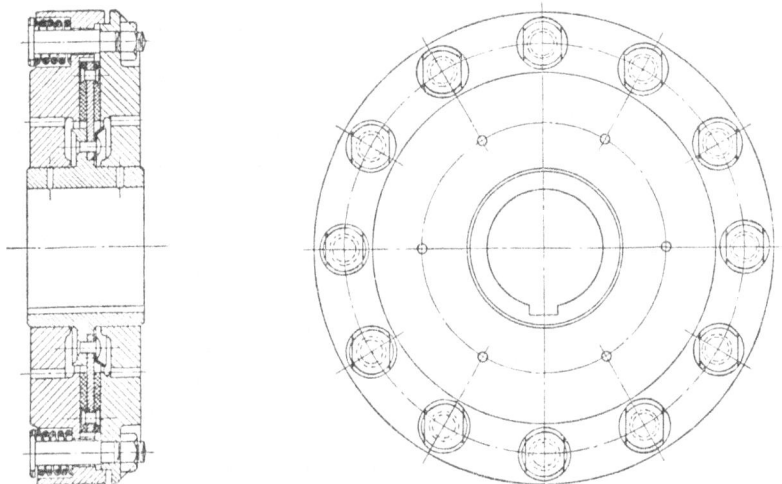

Bild 13.6. Abgeänderte Bauart des LANCHESTER-Dämpfers mit trockener Reibung

Motor durch die Kritische 6. Ordnung laufen lassen will. Wenn er dies nicht will und eine siebenfach gelagerte Kurbelwelle wählt, dann wird er genötigt sein, seine Motordrehzahl auf ungefähr 1800 U/min zu begrenzen, denn, um sicher zu gehen, muß er seine Vollastdrehzahl mindestens 10% unter der Kritischen halten. Wenn er andererseits die Kritische 6. Ordnung durchfahren will, dann muß er seinen Dämpfer, von der LANCHESTER- oder der Gummibauart, so entwerfen, daß er imstande ist, für ziemlich lange Zeiträume die zugeführte Energie aufzunehmen, ohne daß der Dämpfer eine gefährlich hohe Temperatur erreicht oder mechanischen Schaden nimmt.

In einer Hinsicht wenigstens ist der Motor für Straßenfahrzeuge ein einfaches Problem: dank der sehr weichen Federung der Übertragungsglieder, besonders der geringen Steifigkeit der Antriebs- und Hinterachswellen, brauchen wir für die Drehschwingungen der Kurbelwelle nicht zu berücksichtigen, was hinter dem Schwungrad geschieht. Ganz anders liegt der Fall, wenn der Motor mit einem elektrischen Generator direkt gekuppelt ist oder mit irgendeiner Maschine, deren umlaufende Teile ein großes Trägheitsmoment haben. In solchen

Fällen müssen wir das ganze System untersuchen, und es kann vorkommen, daß wir nicht nur die Eigenschwingung ersten Grades, sondern auch die des zweiten Grades zu berücksichtigen haben. Alle derartigen Fälle müssen indessen einzeln untersucht werden, und eine allgemeine Regel kann man nicht festlegen.

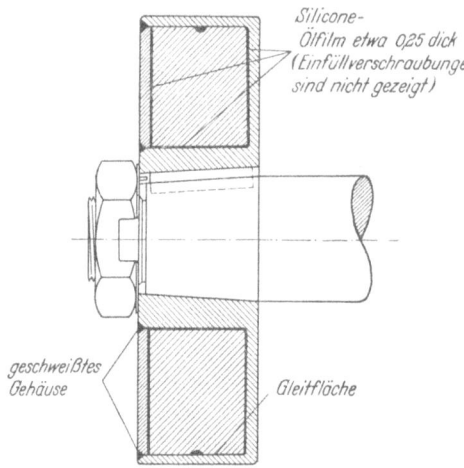

Bild 13.7. Moderner Dämpfer mit Flüssigkeitsreibung

Wenn wir statt der Kurbelwelle mit sieben Lagern eine Welle mit vier Lagern verwenden, dann wird unsere Eigenschwingungszahl höher liegen, denn wenn sonst alle Bedingungen gleich sind, hängt die Drehsteifigkeit einer Kurbelwelle von der gesamten Wellenlänge einschließlich der Kurbelwangen ab. Wir können uns die Kurbelwelle als einen gekrümmten Stab vorstellen, und die Drehsteifigkeit wird offenbar von der Länge des gerade gestreckten Stabes abhängen. Zweifellos ist die vierfach gelagerte Welle kürzer und damit steifer. Da ein Mittellager fehlt, können wir außerdem die Gegengewichte verkleinern und so die Eigenschwingungszahl weiter erhöhen.

Nach Meinung des Verfassers ließen sich die Konstrukteure in der letzten Zeit zu sehr von der Furcht vor Drehschwingungen leiten und hatten wenig Zutrauen zu der Wirkung der Schwingungsdämpfer, so daß es üblich geworden ist, übermäßig schwere Kurbelwellen mit großen Lagerdurchmessern und hohen Reibungsverlusten zu verwenden und gleichzeitig die gesteuerte Motordrehzahl auf einen Höchstwert zu begrenzen, der etwa 10% unterhalb der Kritischen 6. Ordnung liegt. Hätte man mehr Vertrauen gehabt und mehr Überlegung und Entwicklungarbeit auf die Dämpferkonstruktionen verwendet, besonders unter dem Gesichtspunkt der Wärmeabfuhr, so würde es sich wahrscheinlich als möglich herausstellen, mit beträchtlich höheren Drehzahlen betriebssicher zu fahren und zugleich die Kurbelwellendurchmesser zu verkleinern und damit die Lagerreibungsverluste zu vermindern, die mit dem Quadrat des Lagerdurchmessers steigen. So könnte man den mechanischen Wirkungsgrad wesentlich verbessern.

Wenn auch die bekannteste Form des Kurbelwellenbruches ein Torsionsdauerbruch ist, der entweder durch längeren Betrieb in der

Die Kurbelwelle

Nähe einer kritischen Drehzahl bei unzureichender Dämpfung oder durch häufiges Durchfahren kritischer Drehzahlen verursacht wird, so besteht doch geradezu eine Neigung, jeden Kurbelwellenbruch auf Drehschwingungen zurückzuführen. Biegungsbrüche sind indessen mindestens ebenso häufig; sie können durch Axialschwingungen der Kurbelwelle begünstigt werden, werden aber häufiger durch ausgelaufene oder übermäßig abgenutzte Grundlager oder durch zu schwache Kurbelwangen verursacht. Dies spricht natürlich gegen die vierfach gelagerte Welle, bei welcher der Lagerabstand wesentlich größer ist, aber dies kann zum Teil durch stärkere Kurbelwangen ausgeglichen werden, ohne die gesamte Wellenlänge zu vergrößern. Die vierfach gelagerte Welle schließt die Verwendung von Gußeisen aus, weil dies eine besonders geringe Biegefestigkeit hat, und wahrscheinlich auch die Verwendung von flammen- oder induktionsgehärtetem Stahl, dessen Dauerfestigkeit niedrig liegt, so daß nur die Wahl zwischen einer nitrierten oder einer ungehärteten Welle bleibt. Wegen des Lagerverschleißes eines Dieselmotors wird die ungehärtete Welle wohl auch abzulehnen sein. Wenn wir eine vierfach gelagerte Kurbelwelle wählen, sollte oder muß sie wahrscheinlich sogar aus Nitrierstahl sein.

Wir können die Biegespannung in der vier- oder siebenfach gelagerten Kurbelwelle verringern, wenn wir schmalere Lager benutzen, die durch die neuen und härteren Lagerwerkstoffe ermöglicht wurden. Damit können wir die Kurbelwangen verstärken und die Radien der Hohlkehlen vergrößern, ohne den Zylinderabstand zu vergrößern.

Während im allgemeinen die Rücksicht auf die Steifigkeit und nicht auf die Festigkeit bei der Konstruktion schnellaufender Motoren am wichtigsten ist, darf man nicht vergessen, daß es Ausnahmen von dieser Regel gibt, und zwar dann, wenn die Steifigkeit örtliche Spannungsspitzen verursacht. Die Kurbelwelle ist ein solcher Fall. Bei großen Durchmessern der Kurbel- und Wellenzapfen liegt eine hohe Spannungsspitze in der Kurbelwange zwischen den Zapfen, und von dieser Stelle gehen die Dauerbrüche meist aus. Bei sehr langem Kolbenhub ist die Länge der Kurbelwange meist so groß, daß sie etwas nachgeben kann, wodurch eine örtliche Spannungsspitze abgebaut wird; aber für die heute gebräuchlichen Kurbeln bei verhältnismäßig großen Durchmessern und kurzen Hüben gilt das nicht, und die bei weitem ungünstigste Bedingung ist erreicht, wenn die Umrisse des Kurbel- und des Wellenzapfens sich fast berühren. Dies ist leider gerade der Fall, den wir antreffen, wenn das Hubverhältnis etwa 1,3 : 1 ist, was unter anderen Gesichtspunkten als günstigstes Verhältnis erschien. Bei diesen Verhältnissen ist es zu empfehlen, der Kurbelwange die Form einer sehr breiten Ellipse zu geben, deren kleine Achse durch den Berührungspunkt von Kurbel- und Wellenzapfen geht. Das spricht vielleicht zu-

13. Konstruktive Einzelheiten

gunsten der vierfach gelagerten Kurbelwelle, denn bei nur der halben Anzahl der Kurbelwangen, welche hohen örtlichen Spannungsspitzen ausgesetzt sind, könnten wir es uns leisten, die Wangen bei gleicher Gesamtlänge sehr viel dicker zu machen.

Bei einem Dieselmotor mit Höchstdrücken von etwa 56 bis 63 kg/cm² werden wir finden, daß wir bei einer Stahlkurbelwelle einen Kurbelzapfendurchmesser von etwa 60% der Zylinderbohrung und einen Wellenzapfendurchmesser von etwa 66% brauchen. So werden die Umrisse der Zapfen sich gerade berühren, wenn das Hubverhältnis 1,26 : 1 ist, also fast das Verhältnis, das wir gewählt haben. Tatsächlich wird

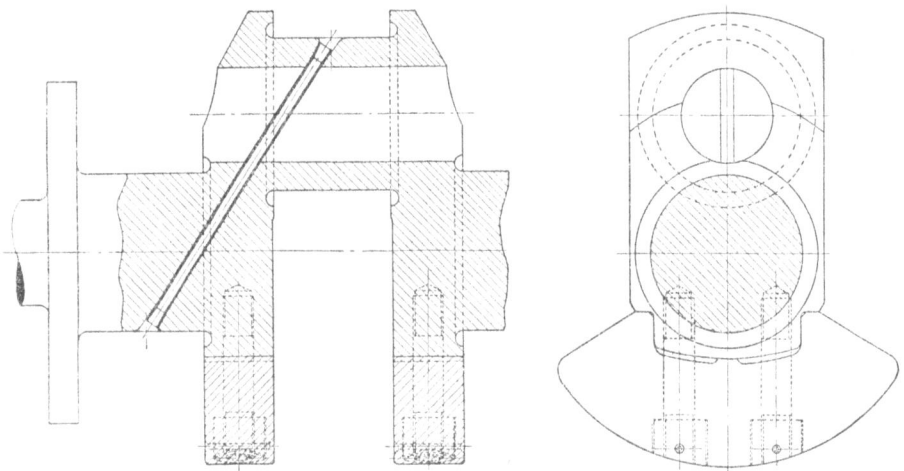

Bild 13.8. Kurbelwelle mit Hohlkehlen in den Kurbelwangen

die Spannungsspitze am höchsten, wenn das Verhältnis etwas größer ist, sagen wir etwa 1,35 : 1. Aber um die Spannungsspitze merklich zu verringern, müßten wir zu Grenzwerten übergehen, nämlich unter 1,1 : 1 oder über 1,5 : 1, die wir uns nicht leisten können. Wenn wir uns für ein Hubverhältnis von etwa 1,3 : 1 entscheiden, dann müssen wir besonders große Hohlkehlradien vorsehen, nämlich nicht weniger als 7 oder 8% des Wellendurchmessers, und zugleich dafür sorgen, daß die Hohlkehlen sanft in die Lagerflächen und Kurbelwangen übergehen.

Bei sehr großen Kurbelwellen, die ihre letzte Bearbeitung auf der Drehbank erhalten, ist es zweckmäßig, die Hohlkehlen in die Kurbelwangen einzudrehen (Bild 13.8); aber bei kleinen Wellen, die fertig geschliffen werden, ist dies Verfahren nicht zu empfehlen, da die Hohlkehle nicht zugleich mit dem Zapfen geschliffen werden kann und Dauerbrüche vorzugsweise von dem Übergang zwischen Zapfen und

Hohlkehle ausgehen, wenn die Oberfläche an dieser Stelle eine Kerbe hat.

Lager und Lagerwerkstoffe. Bei der Wahl der Konstruktion und des Werkstoffs der Kurbelwelle werden wir natürlich auch von dem Lagerwerkstoff beeinflußt, den wir anwenden wollen. Hier müssen wir zwei Punkte beachten:

1. die Lebensdauer der Tragschicht des Lagers bei hohen Stoßdrücken,
2. den Verschleiß der Kurbelwelle durch die hohe mittlere Belastung.

Wenn wir uns für eine Nitrierstahlwelle entscheiden, dann kann fast jeder einigermaßen harte Lagerwerkstoff benutzt werden, denn die nitrierte Oberfläche ist so hart, daß wir selten durch Fressen oder Riefenbildung Schwierigkeiten haben werden, und der normale Verschleiß wird nicht merklich sein. Das gleiche gilt für die gußeiserne Welle. Die meisten Gesichtspunkte sprechen indessen dafür, daß wir unsere Lager mit einem Weißmetall auf Zinn- oder Bleigrundlage ausgießen. Dies hat folgende Vorteile:

1. Wir können ohne Gefahr viel kleinere Spiele anwenden, denn das verhältnismäßig weiche und plastische Material paßt sich besser an und wird bei einer örtlichen metallischen Berührung an der betreffenden Stelle schmelzen und sich bei einer Temperatur umformen, die unter dem Siedepunkt des Schmiermittels liegt.

2. Es dient als Schwamm und nimmt jedes Körnchen auf, das vom Öl in das Lager gelangt. So ist die Gefahr des Scheuerns und der Riefenbildung in der Kurbelwelle durch größere Teilchen, die dem Filter entgingen, sehr verringert und ebenso die Gefahr gleichmäßiger Abnutzung durch winzige Körnchen, die kein Filter zurückhalten kann.

Gegen die Verwendung solcher Weißmetalle sprechen ihre wenig günstigen physikalischen Eigenschaften und ihre geringe Dauerfestigkeit; überdies fallen diese Werte sehr schnell mit steigender Temperatur ab. In einem Hochleistungsmotor hängt ihre erfolgreiche Anwendung von einer wirksamen Ölkühlung ab. Bei durchschnittlichen Schmierungs- und Temperaturverhältnissen kann eine dünne Tragschicht eines zinnreichen Weißmetalls gefahrlos eine höchste Spitzenbelastung von etwa 150 kg/cm^2 aushalten. Wenn diese Spitzenbelastung überschritten wird, werden sich mit der Zeit Ermüdungsrisse entwickeln und ausbreiten, bis sich Stücke der Tragschicht ablösen. Bei einer wirksamen Kühlung kann indessen die Belastung gefahrlos auf etwa 210 kg/cm^2 gesteigert werden, natürlich unter der Voraussetzung, daß die Belastung gleichmäßig über die Lagerlänge verteilt ist.

Bei Dieselmotoren kann der normale Höchstdruck in dem Zylinder 63 kg/cm^2 betragen. Wenn die Belastungsspitze der Lager auf 150 kg/cm^2

13. Konstruktive Einzelheiten

begrenzt wird, bedeutet dies, daß die projizierte Fläche des Kurbelzapfenlagers mindestens 40% der Kolbenfläche betragen müßte, und die der Wellenlager müßte dem entsprechen. Das erfordert eine größere Länge, als wir sie uns leisten können. Wenn wir wirksame Maßnahmen ergreifen, um das Öl oder die Lager oder beide zu kühlen, könnten wir diese Fläche auf etwa 30% verkleinern, was gerade noch tragbar wäre. Wenn wir an Stelle des Weißmetalls ein hartes Bleilagermetall verwenden, könnten wir eine höhere Spitzenbelastung bei der gleichen Temperatur zulassen, aber diese Lagerwerkstoffe neigen sehr zur Korrosion in heißem Öl, und wir werden noch immer die gleiche Sorgfalt aufwenden müssen, um die Temperatur zu senken, oder wir müssen mit Versagern durch Korrosion an Stelle des Versagens durch Dauerbruch rechnen.

Was die Reibung anbetrifft, so besteht dem Wesen nach zwischen den Werkstoffen kein Unterschied. Ihre Koeffizienten für trockene Reibung und selbst für Grenzschmierung mögen sehr verschieden sein, aber bei Vollschmierung, wie wir sie bei Kurbelwellenlagern haben, hängt die Reibung in erster Linie von der Zähigkeit des Öles und nur in zweiter von dem Belastungsdruck ab. Sie ist von dem Lagerwerkstoff praktisch unabhängig. Unter diesen Umständen wird der Reibungsverlust fast proportional der Lagerlänge sein, aber nahezu mit dem Quadrat des Durchmessers steigen. Um den Reibungsverlust möglichst gering zu halten, sollten wir daher lieber lange Lager mit kleinem Durchmesser und nicht schmale Lager mit großem Durchmesser bei der gleichen Gesamtfläche verwenden. Aber die Rücksichtnahme auf die Steifigkeit der Kurbelwelle und die Baulänge verbietet dies. Zudem wird es bei langen Lagern praktisch unmöglich, die Last gleichmäßig über die Länge zu verteilen.

Andererseits führen sehr schmale Lager, besonders wenn sie große Spiele brauchen, zu praktischen Schwierigkeiten mit der Schmierung und dem Ölverbrauch.

Berücksichtigt man all diese Einflüsse, so scheint es, daß für ein hoch belastetes Lager das günstigste Verhältnis erreicht wird, wenn die Länge etwa zwei Drittel des Durchmessers ist.

Wählen wir statt des verhältnismäßig weichen Weißmetalls einen der härteren Lagerwerkstoffe, die in den letzten Jahren entwickelt worden sind, wie Kupfer-Blei, Bleibronze, Cadmium-Silber-Legierungen od. dgl., so können wir es uns sofort leisten, die höchste Belastung zu verdoppeln, und doch unterhalb der Dauerbruchgrenze bleiben. Wären nur die Belastungsspitzen von Einfluß, so könnten wir alle Lagerflächen auf wenig mehr als die Hälfte verkleinern, aber wir müssen beachten, daß zwar die Spitzenlast die Lebensdauer des Lagerwerkstoffs, aber die mittlere Belastung die Abnutzung bestimmt.

Aus Bequemlichkeit nimmt man meist zur Bestimmung der Spitzenlast den höchsten Gasdruck im Zylinder und vernachlässigt, daß diese Kraft durch die Trägheitskräfte kleiner wird. Da ein Kraftwagenmotor dauernd imstande sein muß, mit größtem Drehmoment bei niedriger Drehzahl zu arbeiten, ist dies eine berechtigte Vernachlässigung, aber bei Schiffs-, stationären oder Flugmotoren, die das volle Drehmoment nur bei ziemlich hoher Drehzahl ausüben können, verringert die Trägheit der Kolben und Pleuelstangen beträchtlich die Spitzenbelastung, und dies sollte man berücksichtigen.

Bei weitem der größere Teil der mittleren Belastung während des Arbeitsspiels rührt von den Massenkräften der bewegten Teile her. Um die Belastung möglichst niedrig zu halten, müssen wir alles tun, um das Gewicht der hin und her gehenden und der umlaufenden Teile zu verkleinern. Für die Lager der Wellenzapfen können wir natürlich mindestens einen großen Teil der Fliehkraftbelastung durch passende Gegengewichte ausgleichen, aber wir erniedrigen dadurch die Eigenschwingungzahl der Welle.

Abnutzung. Bei normalen Betriebsbedingungen mit Flüssigkeitsreibung scheint die Abnutzung einer Welle in ihren Lagern in erster Linie durch kleine Fremdkörper verursacht zu werden, die vom Schmieröl in das Lager gelangen. Diese winzigen Körnchen, die zu klein sind, um von irgendeinem Filter abgefangen zu werden, werden in die Oberfläche des Lagerwerkstoffes eingebettet, können aber noch hinreichend weit herausragen, so daß sie stärker sind als der Ölfilm an der dünnsten Stelle und an der Welle schaben. In zweiter Linie tritt Abrieb ein, wenn infolge der geringen Dicke des Ölfilms die feinen Spitzen beider Teile des Lagers sich metallisch berühren. Aber bei sehr fein bearbeiteten Oberflächen und reichlicher Ölzufuhr ist es zweifelhaft, ob der Abrieb beträchtlich ist, vorausgesetzt, daß die Werkstoffe zueinander passen und nicht zum Zusammenschweißen neigen. Je höher die mittlere Belastung ist, um so dünner wird der Ölfilm auf der belasteten Lagerseite sein und um so stärker ist das Schaben. Je härter die Wellenoberfläche oder je weicher der Lagerwerkstoff ist, um so schneller werden die Teilchen in den Lagerwerkstoff gedrückt und damit unschädlich gemacht. Wenn sonst alle Bedingungen gleich sind, wird das Tempo des Verschleißes der Welle von dem Härteunterschied zwischen Welle und Lagerwerkstoff abhängen. Das Ideal ist offenbar, daß die Welle möglichst hart und der Lagerwerkstoff möglichst weich ist.

Wird eine weiche, nicht oberflächengehärtete Stahlwelle verwendet, so sind wir beinahe gezwungen, Weißmetall zu verwenden, wenigstens für Teile des Lagers, denn jeder andere Werkstoff ist zu hart und wird nicht nur zu übermäßigem Verschleiß, sondern auch zu Riefenbildung und Scheuern der Welle führen. Wird eine brenn- oder induktions-

13. Konstruktive Einzelheiten

gehärtete Welle benutzt, dann können wir einen Lagerwerkstoff anwenden, bei dem in einem feinen Kupferschwamm Blei eingebettet ist. Dabei ist vorausgesetzt, daß die Belastung nicht zu hoch ist, sonst gelangen wir an die Grenze, wo das Scheuern gefährlich wird. Bei Verwendung von Kupfer-Blei liefert das Kupfer die nötige Festigkeit, während das Blei als Lagerwerkstoff dient, aber natürlich ist es praktisch unmöglich, die beiden Aufgaben vollkommen zu trennen, und das Kupfer bildet einen beträchtlichen Teil der Lageroberfläche, obwohl es tatsächlich zu hart dafür ist, außer bei einer sehr harten Stahlwelle. Ein brauchbarer Ausgleich kann erreicht werden, wenn man ein solches Kupfer-Blei-Lager mit einer dünnen Schicht reinen Bleis überzieht, und dies kann wiederum gegen Korrosion durch eine noch dünnere Indiumschicht geschützt werden, die gut in das Blei zu diffundieren scheint. Außerdem erlaubt der niedrige Schmelzpunkt des Indiums örtliches Schmelzen, ohne den Ölfilm zu unterbrechen. So können wie beim Weißmetall kleine Spiele angewandt werden. Ein derart behandeltes Kupfer-Blei-Lager gibt befriedigende Ergebnisse bei einer flammengehärteten Welle und kann sogar bei einer ungehärteten Welle benutzt werden, wenn die größte Belastung nicht zu hoch ist.

Falls man eine ungehärtete oder unzureichend gehärtete Welle benutzt, kann man als Kompromiß ein zusammengesetztes Lager verwenden, dessen eine, den Belastungsstößen ausgesetzte Hälfte aus Kupfer-Blei besteht, während die andere mit Weißmetall ausgegossen ist. Diese dient dann als weicher Schwamm, um Fremdkörper aufzunehmen. Unabhängig von der Härte der Welle spricht viel für Tragschichten aus Blei und Indium, denn sie ermöglichen kleinere Spiele, und der Korrosionsschutz des Indiums gegen heißes Öl ist immer nützlich.

Wir wollen jetzt untersuchen, wieweit diese Überlegungen für den betrachteten Motor gelten. Wenn wir die Kosten einer nitrierten Welle in Kauf nehmen wollen, dann können wir ziemlich harte Lager wie Kupfer-Blei-Lager benutzen und können es uns bei einer siebenfach gelagerten Welle leisten, die Lagerflächen der Kurbelzapfen und mittleren Wellenzapfen zu verkleinern. Ist die Kurbel vollkommen durch Gegengewichte ausgeglichen, dann brauchen wir, wenigstens theoretisch, dieses Mittellager nicht breiter zu machen als die zwischenliegenden Lager; aber meist ist es unausführbar, genügend große Gegengewichte unterzubringen, um an jeder Stelle das umlaufende Gewicht vollständig auszugleichen, was mit Rücksicht auf die Drehschwingung auch nicht einmal erwünscht ist. Wenn wir eine siebenfach gelagerte Kurbelwelle verwenden, werden wir wahrscheinlich die Köpfe von je drei Zylindern zu einem Gußstück zusammenfassen. Dies bedeutet, daß wir den Abstand zwischen den beiden mittleren Zylindern zu vergrößern haben, so daß ein breiteres Mittellager leicht untergebracht werden kann. Die örtlichen Verhältnisse erlauben meist, daß die beiden Endlager etwas länger gemacht werden, ohne die Gesamtlänge des Motors merklich zu beeinflussen. Nun werden wir wahrscheinlich finden, daß bei der Welle der Abstand von Mitte Kurbel zu Mitte Kurbel tatsächlich geringer ist als der Mindestabstand der Zylindermitten. In diesem Fall können wir uns etwas mehr Freiheit in bezug auf stärkere Kurbelwangen und größere Hohlkehlradien erlauben.

Wählen wir statt einer Nitrierstahlwelle eine gußeiserne Kurbelwelle, so können wir noch ganz gefahrlos „harte" Lager benutzen und die Lagerlänge auf den gleichen Mindestwert herabsetzen. Wegen der geringeren Festigkeit müssen wir aber etwas größere Lagerdurchmesser und stärkere Kurbelwangen verwenden; diese können wir wahrscheinlich unterbringen, ohne die Zylinderabstände über den Mindestwert zu vergrößern, aber wir müssen die höheren Reibungsverluste wegen der größeren Zapfendurchmesser in Kauf nehmen.

Benutzen wir eine induktions- oder flammengehärtete Welle, so müssen wir wegen der Wellenabnützung breitere Lager verwenden, um die mittlere Belastung zu vermindern. In diesem Fall wird wahrscheinlich ein Kupfer-Blei-Lager das beste Kompromiß für die Lagerhälfte sein, die den Belastungsstoß aufnimmt, sei es mit oder ohne dünne Deckschicht aus Blei und Indium, während für die andere Lagerhälfte Weißmetall benutzt wird.

Wir haben zu beachten, daß die Dauerhaltbarkeit einer solchen Welle geringer ist als die einer ungehärteten und sehr viel geringer als die einer Nitrierstahlwelle. Zum Ausgleich brauchen wir etwas stärkere Wangen sowie größere Ausrundungen der Hohlkehlen und tatsächlich ungefähr die gleichen Verhältnisse wie bei einer gußeisernen Welle.

Benutzen wir eine Welle aus vergütetem, aber nicht oberflächengehärtetem Stahl, so müssen wir wegen der Abnutzung noch breitere Lager vorsehen, möglichst durchweg aus Weißmetall, und das Schmieröl sehr sorgfältig kühlen. Zwar werden heute in vielen Motoren Kupfer-Blei-Lager bei ungehärteten Wellen verwendet, aber in diesen Fällen sind die Lager so breit, daß die höchste Stoßbelastung nur ungefähr 210 kg/cm^2 beträgt, um eine übermäßige Wellenabnutzung zu verhüten. Diese Lager könnten bei einer ganz geringen Verbreiterung und sehr guter Ölkühlung wahrscheinlich aus dem angenehmeren Weißmetall hergestellt werden.

Betrachten wir schließlich die vierfach gelagerte Kurbelwelle unter dem Gesichtspunkt der Lager. Hier haben wir das Mittellager mit seiner hohen Belastung durch die Massenkräfte fortgelassen und damit auch das Hauptargument für Gegengewichte beseitigt, natürlich außer den Gegengewichten, die nötig sind, um die Welle selbst auszuwuchten.

Wenn wir die Anwendung einer vierfach gelagerten Kurbelwelle wagen, werden wir zweifellos die Zylinderköpfe und Ventilanschlüsse paarweise anordnen. Dies bedeutet, daß in jedem Fall für die Zwischenlager reichlich Platz verfügbar ist, während ihre mittlere Belastung durch Massenkräfte verhältnismäßig niedrig ist. Da wir jetzt Platz für ziemlich große Lagerflächen haben, können wir sogar auf die Verwendung von Weißmetall für die Lager der Wellenzapfen zurückkommen.

Außerdem haben wir durch den Fortfall von drei Lagern großen Durchmessers die gesamten Reibungsverluste im Motor beträchtlich verringert.

Demnach scheint es, daß gewichtigere Argumente zugunsten einer vierfach gelagerten Kurbelwelle für einen Sechszylindermotor sprechen. Bei Benzinmotoren ist dies seit langem allgemein üblich; aber die Konstrukteure hatten bei Dieselmotoren dagegen Bedenken wegen der hohen Biegemomente infolge der großen Lagerabstände bei viel höheren Gasdrücken nicht nur bei Vollast, sondern bei allen Belastungen. Diese Scheu ist vielleicht unbegründet, aber durchaus verständlich, denn wenn die Kurbelwelle versagt, bedeutet die Umstellung auf eine siebenfach gelagerte Kurbelwelle eine vollständige Neukonstruktion des Motors von Grund auf.

Nehmen wir an, daß wir alle Bedenken zurückstellen und uns für eine vierfach gelagerte Kurbelwelle aus Nitrierstahl entscheiden. Wenn wir wollen, können wir dann gewöhnlichen Weißmetallausguß wenigstens für die Grundlager benutzen, denn sowohl die Spitzenlast wie auch die mittlere Belastung ist für diesen Werkstoff wahrscheinlich nicht zu hoch.

Bisher haben wir nur die Grundlager betrachtet, denn von ihren Abmessungen und ihrer Zahl hängt die Konstruktion des Motors ab. Nunmehr haben wir die unteren Pleuellager, d. h. die Kurbelzapfenlager, zu betrachten. Hier wirkt die volle Stoßbelastung auf die obere Lagerhälfte und der größte Teil der Belastung durch Massenkräfte auf die untere Hälfte. Wir stehen vor der Schwierigkeit, die Last gleichmäßig über die Lagerfläche zu verteilen, denn wegen des umlaufenden Gewichtes müssen wir die Pleuelstange möglichst leicht halten und können uns kaum eine so steife Abstützung der Schalen wie bei den Grundlagern leisten. Daher müssen wir alles, was wir können, tun, um die Last über die Zapfenlänge zu verteilen und eine zu hohe Lastspitze unmittelbar unter dem Stangenschaft zu vermeiden. Da die obere Hälfte des Kurbelgehäuses und der Zylinderblock aus einem Stück hergestellt sind, müssen wir auch beachten, daß die größte Breite des unteren Stangenkopfes nur so groß sein darf, daß die Stange noch durch die Zylinderbohrung geht.

Bei einem Dieselmotor der betrachteten Größe und Verhältnisse und mit einer Welle aus Gußeisen oder flammengehärtetem Stahl dürfen wir den Kurbelzapfen nicht kleiner als etwa 60% des Zylinderdurchmessers machen, ihn aber auch nicht viel größer machen, wenn die Pleuelstange durch die Zylinderbohrung gehen soll. Bei einer Welle aus Nitrierstahl können wir ihn etwas kleiner machen, besonders wenn wir ihn knapp bemessen. Rechnen wir mit einer Spitzenbelastung von 350 kg/cm^2 bei einem höchsten Gasdruck von 63 kg/cm^2, was für jeden harten Lagerwerkstoff ganz ungefährlich ist, dann wird die Länge 30% des Kolbendurchmessers oder 33 mm bei dem betrachteten Motor. Diese Länge ist natürlich der zylindrische Teil des Kurbelzapfens ohne die Hohlkehlen, die zusammen weitere 11,5 mm brauchen, so daß der Abstand zwischen den Kurbelwangen 44,5 mm wird.

Bei einer sorgfältigen Konstruktion der Pleuelstange sollte es möglich sein, die Last gleichmäßig über ein Lager dieser Breite zu verteilen, vorausgesetzt, daß der Lagerdeckel steif genug ist und daß die Deckelschrauben hinreichend stramm eingepaßt sind, um jede Verformung des Deckels unter der Spitzenbelastung auszuschließen.

Um eine Lastkonzentration unmittelbar unter dem mittleren Steg des Stangenschaftes zu vermeiden, ist es nach der Erfahrung des Verfassers wertvoll, etwas elastisch zu konstruieren, indem man den mittleren Steg gerade über dem unteren Pleuelkopf mit einer Bohrung versieht (Bild 13.9).

Wenn die Pleuelstange durch die Zylinderbohrung gehen muß, ist es immer schwierig, einen ausreichend steifen unteren Stangenkopf mit einer angemessenen breiten Auflage zwischen Stange und Lagerdeckel zu erhalten. In solchen Fällen hat die verhältnismäßig neue Bauart der Lagerschalen aus Stahlblech dem Konstrukteur wertvolle Hilfe geleistet. Diese Schalen bestehen aus einem dünnen Stahlband, das auf der einen Seite mit dem geeigneten Lagerwerkstoff überzogen, dann auf Länge geschnitten und zur Form der Lagerschale rundgewalzt wird. Durch dies Verfahren ist es möglich, die Dicke der Stahlstütze sehr zu verringern. Da der Überzug in kontinuierlichem Arbeitsgang auf ein endloses Stahlband aufgebracht wird, hat das Verfahren weiter den Vorteil, daß man die Wärmebehandlung des Lagerwerkstoffs viel besser gleichmäßig regeln und bei nur geringen Sonderkosten auch Veredlungen vornehmen kann, wie dünne Oberflächenschichten aus Blei oder Indium oder beiden Stoffen. In diesen Lagern ist indessen die Steifigkeit der sehr dünnen Stahlunterlage sehr gering, und das Lager muß seine Form von dem Gehäuse erhalten, in das es eingepaßt ist. Daher ist es äußerst wichtig, daß dies Gehäuse genau bearbeitet wird.

Was den oberen Pleuelkopf anbelangt, so ist es ungewöhnlich, daß dies Lager in einem Viertaktmotor Schwierigkeiten macht, voraus-

13. Konstruktive Einzelheiten

gesetzt, daß der Kolbenbolzen und seine Unterstützung im Kolben steif genug sind. Die Erfahrung lehrt, daß für einen Dieselmotor der Kolbenbolzendurchmesser ungefähr 33% des Kolbendurchmessers und die Breite des Kolbenbolzenlagers ebenso groß sein sollte. Dies gibt eine Spitzenbelastung von etwa 560 kg/cm² , was praktisch zu befriedigen scheint, vorausgesetzt, daß der Kolbenbolzen wirklich hart ist. Die Belastung des Kolbenbolzens darf viel höher sein als im unteren Pleuellager, weil die Gleitgeschwindigkeit niedrig ist, und dies erlaubt wiederum die gefahrlose Anwendung eines viel härteren Lagerwerkstoffes, wie z. B. Phosphorbronze. In Zweitaktmotoren dagegen, bei denen die Lastrichtung nicht wechselt und der Ölfilm sich nicht neu bildet, macht dies Lager leicht viel Schwierigkeiten, so daß die meisten Hersteller kleiner schnelllaufender Zweitakt-Dieselmotoren ihre Zuflucht zu Nadellagern nehmen mußten (Bild 13.10). Es scheint indessen, daß in einem Zweitaktmotor ein einfaches Phosphorbronzelager bei mäßig hohem Druck sich gut verhalten kann, wenn die Oberfläche durch eine große Anzahl axialer Ölnuten unterbrochen ist, deren Abstand voneinander wesentlich kleiner als die Winkelbewegung der Pleuelstange ist (Bild 13.11).

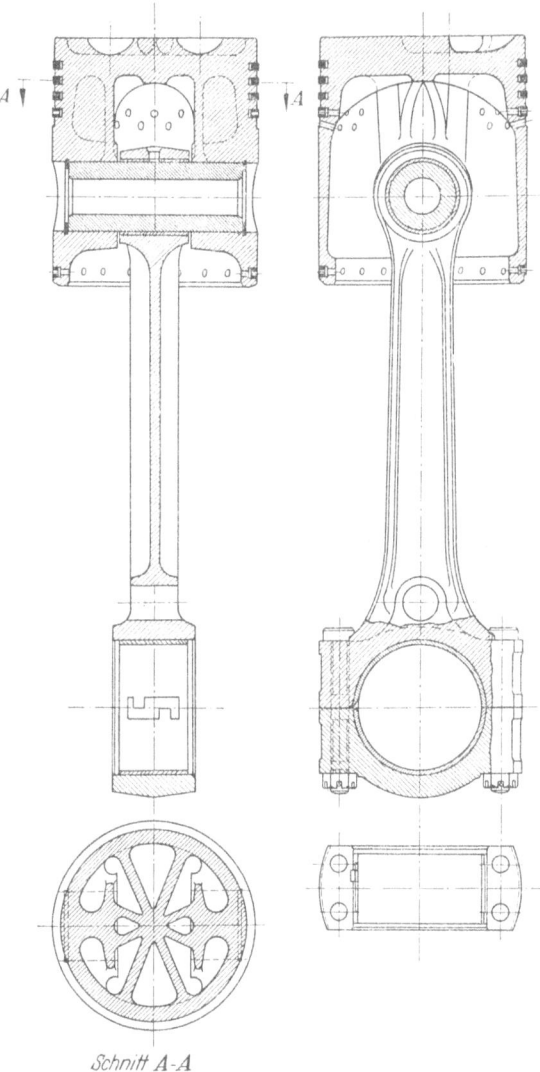

Schnitt A-A

Bild 13.9. Kolben mit Pleuelstange

Kolbenbolzen versagen im allgemeinen durch:
1. Biegung, wobei der Bolzen meist wie eine Mohrrübe durchbricht.
2. Splittern in der Längsrichtung wie ein zerbrochenes Bambusrohr.

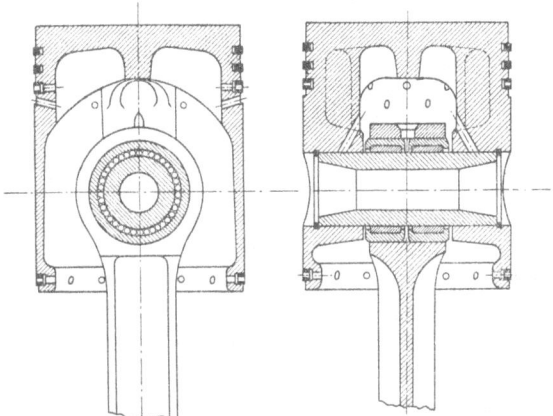

Bild 13.10. Kolbenbolzen mit Nadellagern für einen Zweitaktmotor

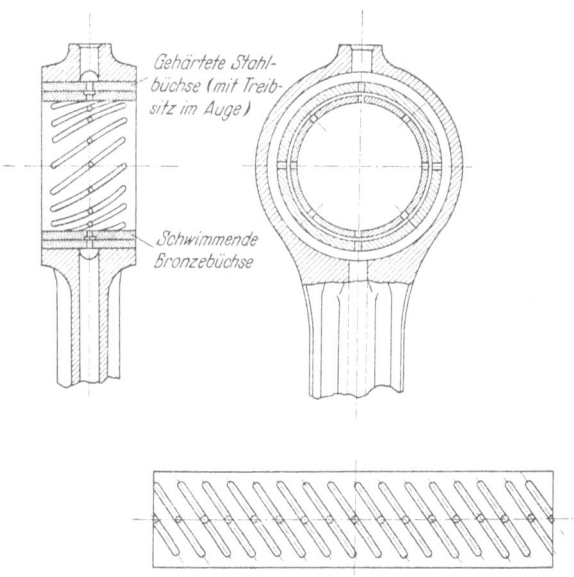

Bild 13.11. Kolbenbolzenlager mit schwimmender Buchse für einen Zweitaktmotor

Im ersten Fall sind Ursache und Gegenmittel klar. Im zweiten liegt die Neigung, in Längsrichtung zu splittern, daran, daß die Wand des hohlen Bolzens zu dünn ist, so daß sie unrund verformt wird. Untersuchungen solcher Versager werden meist einen Dauerbruch zeigen, der von einem Riß an der Innenseite des hohlen Bolzens ausging und sich in der Längsrichtung ausdehnte. Ein solcher Dauerbruch geht von einer ursprünglich vorhandenen rauhen Stelle oder von einer Schramme in der Bolzenbohrung aus. Das Gegenmittel besteht offenbar darin, daß dafür gesorgt wird, daß die Bohrung glatt poliert ist oder noch besser mittels Durchdrückens eines Dornes plastisch verformt wird.

Da der Kolbenbolzen einen wesentlichen Teil des hin und her gehenden Gewichtes ausmacht, werden wir ihn natürlich möglichst leicht halten und gehen in diesem Bemühen beim Ausbohren oft zu weit. Wir können mehr an Gewicht sparen, wenn wir ihn von beiden Enden ausbohren und in der Mitte eine unversehrte Scheidewand stehenlassen. Aber dies ist natürlich eine viel teurere Herstellung, macht das Polieren schwierig und das Durchdrücken eines Dornes unmöglich.

Der Zylinderkopf. Die Gesamtlänge unseres Motors wird bestimmt durch die Länge der Lager, die wir für die Kurbelwelle vorsehen müssen, oder durch die Abmessungen der Zylinderköpfe und des Zylinderblocks. Nutzen wir die heute verfügbaren härteren Lagerwerkstoffe voll aus, dann braucht die Kurbelwelle nicht mehr entscheidend zu sein, und die Baulänge wird dann durch die Zylinderköpfe bestimmt, die nunmehr zu betrachten sind.

Wir haben uns schon entschlossen, abnehmbare Zylinderköpfe zu verwenden, und haben nun zu wählen, wie wir sie unterteilen. Wir können ein einteiliges Gußstück ausführen, das alle sechs Köpfe enthält, oder wir können das Gußstück in zwei Blöcke zu je drei oder drei Blöcke zu je zwei Zylindern unterteilen. Die andere Möglichkeit, für jeden Zylinder einzelne Köpfe zu benutzen, ist zwar bei größeren Motoren vorzuziehen, muß aber in diesem Fall wegen der damit verbundenen größeren Baulänge ausgeschlossen werden.

Bei Benzinmotoren ist es üblich, alle sechs Zylinderköpfe zu einem Gußstück zu vereinigen, aber solche Motoren sind meist kleiner, arbeiten mit niedrigeren Drücken, und die Wärme ist gleichmäßiger verteilt. Bei einem Dieselmotor der hier betrachteten Größe wird ein einteiliges Gußstück nicht nur vom Standpunkt der Gießerei aus ein recht verwickelter Teil, sondern die über seine Länge ungleich verteilten Temperaturgefälle verursachen sehr gefährliche Wärmespannungen. Messungen in parallelen Reihen an der unteren Fläche des Zylinderkopfes durch Thermoelemente zeigen, daß die mittlere Temperatur des Werkstoffs in der Reihe der Ventile sehr viel höher ist als auf beiden Seiten dieser Reihe. Daher steht der mittlere Teil der Köpfe mit den Ventilsitzen im Betrieb wegen der Wärmedehnungen unter hohem Druck, und dies kann zu Verformungen der Ventilsitze oder zu Rissen in der verhältnismäßig schwachen Metallwand zwischen den Sitzen führen.

Der Zylinderkopf

Je mehr Köpfe zu einem einzigen Gußstück vereinigt sind, desto größer wird offenbar die gesamte Wärmespannung sein und damit die Gefahr einer Verformung des Ventilsitzes oder einer Rißbildung. Weitgehend können diese Wärmespannungen dadurch vermindert werden, daß man Schlitze zwischen den Zylindern in die untere Wand des Kopfes schneidet und so etwas Nachgiebigkeit herstellt (Bild 13.12).

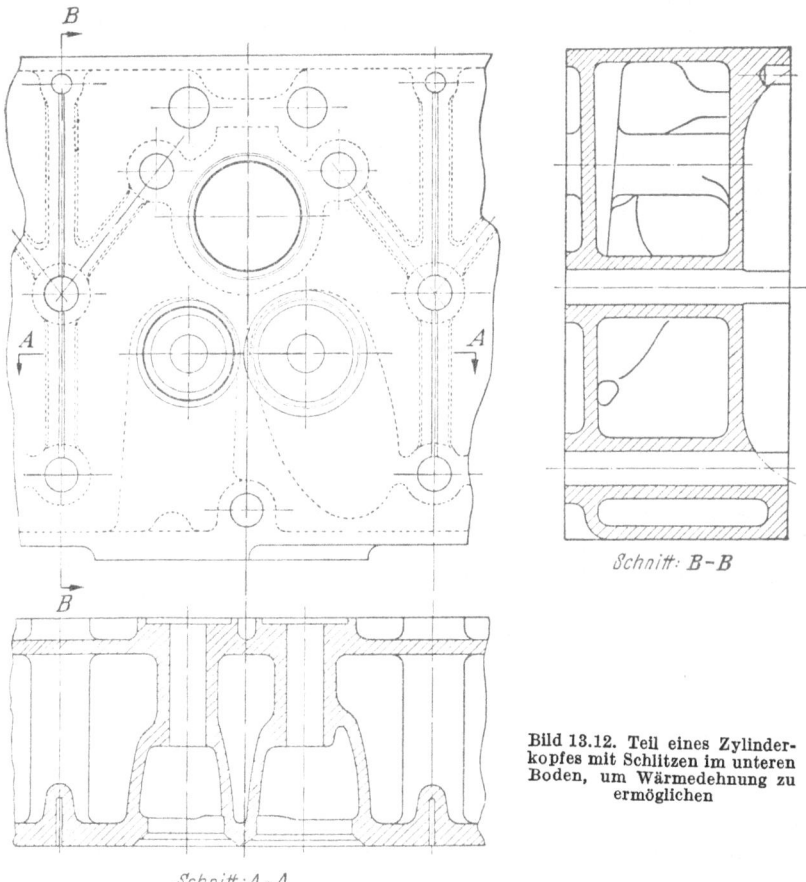

Bild 13.12. Teil eines Zylinderkopfes mit Schlitzen im unteren Boden, um Wärmedehnung zu ermöglichen

Nach der Erfahrung des Verfassers erwies sich dies als recht erfolgreich, um die Verformung der Ventilsitze und Rißbildungen zu vermeiden in einer Anzahl von Fällen, bei denen einteilige Köpfe für sechs Zylinder verlangt wurden. Das Verfahren ist brauchbar, wo mehrere Köpfe zu einem Gußstück vereinigt sind. Obwohl der einteilige Sechszylinderkopf durch solche Mittel so hergestellt werden kann, daß er befriedigend arbeitet, ist er wegen des hohen Prozentsatzes des Ausschusses in der

Gießerei und wegen der hohen Kosten eines Ersatzteiles bei einem Schaden kaum zu empfehlen. Verwerfen wir den einteiligen Kopf für alle sechs Zylinder, dann haben wir die Wahl zwischen dem zwei- und dem dreiteiligen Kopf, und hier hängt die Entscheidung wieder davon ab, ob wir eine vier- oder siebenfach gelagerte Kurbelwelle verwenden, denn die Unterteilung der Köpfe muß natürlich mit den Grundlagern übereinstimmen.

Vom rein mechanischen Gesichtspunkt aus ist die Konstruktion aller Einzelheiten eines abnehmbaren Zylinderkopfes wohl das schwierigste Problem.

Um eine gasdichte Verbindung sicherzustellen, muß man in erster Linie die Deckelschrauben möglichst gleichmäßig über den Umfang jedes Zylinders verteilen, und die Höhe des Kopfes muß große Steifigkeit gewährleisten, sonst wird der Kopf sich zwischen den Schrauben durchbiegen. Außerdem müssen wir nach Möglichkeit dafür sorgen, daß die Schraubenkräfte nicht die Zylinderbohrung oder die Laufbuchse verformen. Offenbar sollte man anstreben, viele kleine Deckelschrauben vorzusehen, die für diesen Zweck passen. Dabei ist zu beachten, daß die Gesamtkraft, die von den Schrauben ausgeübt wird, beträchtlich größer sein muß als die höchste Gaskraft, der sie ausgesetzt sein können. Praktisch liegt immer das Problem vor, daß große Querschnitte für die Ein- und Auslaßkanäle und reichliche Kühlung für die Einspritzdüse erforderlich sind, und wir können es uns daher einfach nicht leisten, den freien Durchtritt des Kühlmittels durch zu viele Augen für die Stiftschrauben zu verengen. In einem Motor der betrachteten Größe wird man es im allgemeinen möglich machen können, sechs Schrauben je Zylinder vorzusehen, obwohl es unter dem Gesichtspunkt einer gasdichten Verbindung ohne Verformung der Zylinderbohrung durch örtlich zu stark konzentrierte Kräfte besser wäre, mehr Schrauben auszuführen.

Im Anfang des Verbrennungsmotorenbaues glaubte man, daß hinreichende Kühlung des Zylinders und Zylinderkopfes schon dadurch erreicht werden könne, daß man sie durch einen Behälter mit mehr oder weniger ruhendem Wasser umgab. Aber bei den hohen Belastungen, mit denen die Motoren heute arbeiten, genügt dies nicht annähernd; es ist vielmehr wichtig, dafür zu sorgen, daß das Kühlmittel mit hoher Geschwindigkeit über alle Stellen fließt, an denen starker Wärmefluß auftritt, d. h. das obere Ende der Laufbuchse, den ganzen gasberührten Boden des Zylinderkopfes sowie durch den Raum zwischen den Ventilsitzen und Einspritzdüsen und den diese umgebenden Raum. Eine Strömung mit hoher Geschwindigkeit ist nicht nur erforderlich, damit Grenzschicht und Dampfblasen entfernt werden, sondern sie ist auch wichtig, um jede Ansammlung von Kesselstein oder anderen Ablagerungen

Der Zylinderkopf

fortzuspülen, die sich ansetzen und eine sehr wirksame Isolierschicht an jeder Stelle bilden können, an der das Kühlmittel in Ruhe ist. Der

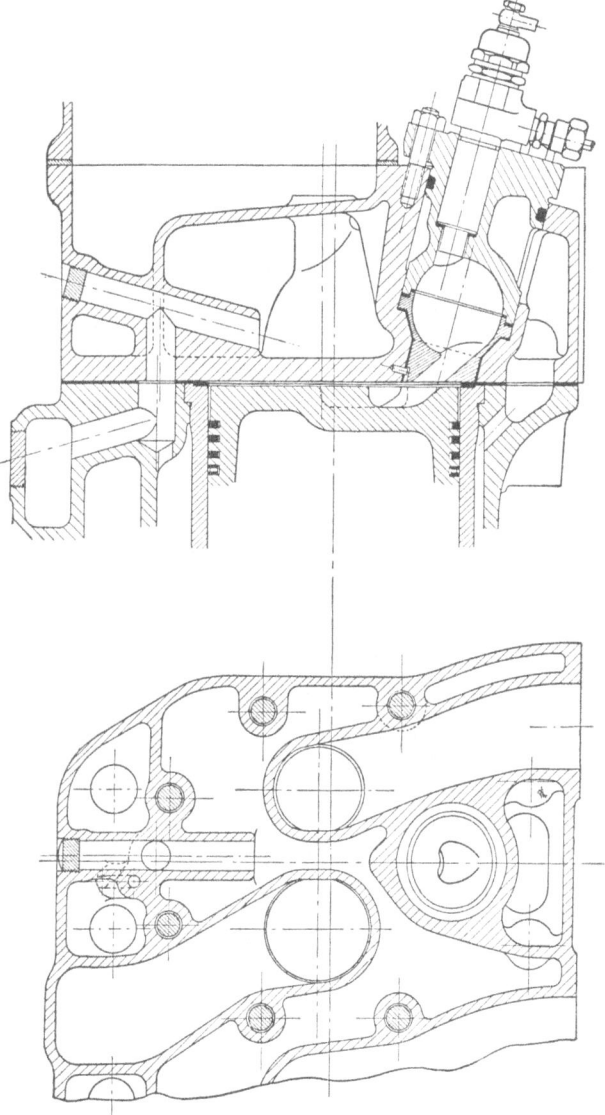

Bild 13.13. Zylinderkopf mit gelenktem Kühlwasserdurchlauf

Konstrukteur steht daher vor der schwierigen Aufgabe, eine hohe Geschwindigkeit der Kühlmittelströmung an allen jenen Stellen aufrechtzuerhalten, und zwar inmitten eines Gewirres von Augen für die Deckel-

228   13. Konstruktive Einzelheiten

schrauben, innenliegenden Kanälen usw. Er wird alle Mittel anwenden, die ihm zur Verfügung stehen, z. B. geeignete Leitwände und eingegossene oder nötigenfalls eingesetzte Rohre (Bild 13.13 und 13.14). Wir können aber im günstigsten Fall nur schätzen, welchen Weg das Kühl-

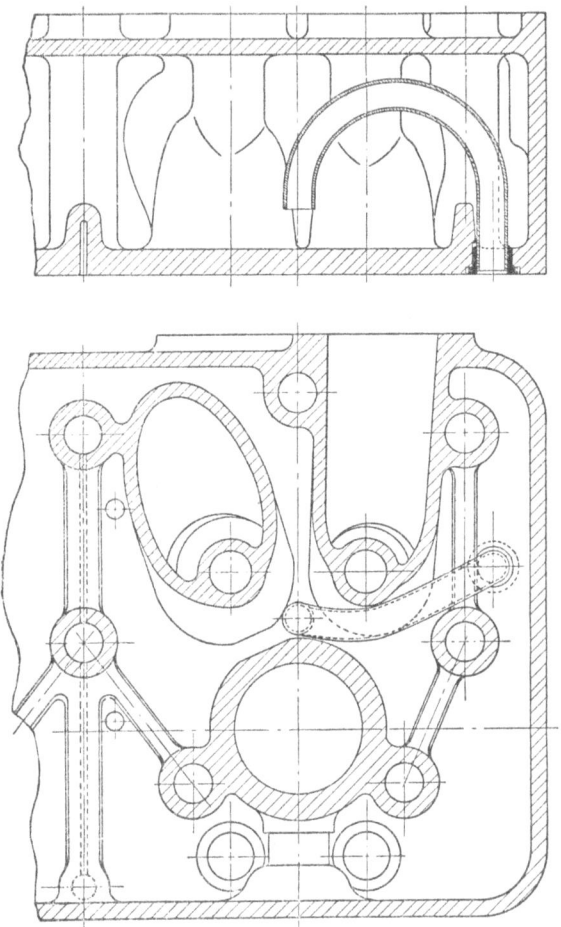

Bild 13.14. Zylinderkopf mit eingesetztem Rohr

mittel wirklich nehmen wird. Bei der Konstruktion eines neuen Zylinderkopfes ist es nach der Erfahrung des Verfassers stets empfehlenswert, an dem ersten Probegußstück die Richtung und die Geschwindigkeit der Strömung mit Hilfe von Pitotrohren an allen wichtigen Stellen genau zu untersuchen. Oft findet man einen mehr oder weniger stagnierenden Bereich an einer ganz unerwarteten und gefährlichen Stelle,

Der Zylinderkopf

was wahrscheinlich durch eine Wirbelablösung oder eine unvorhergesehene Gegenströmung verursacht wird.

Vom Standpunkt der Wärmeabfuhr scheint zunächst ein Aluminium-Zylinderkopf wegen seiner viel höheren Wärmeleitzahl vorteilhaft zu sein. Diese ist allerdings etwa dreimal so groß wie die des Gußeisens, aber auch die Wärmeausdehnung und die Verformungen infolge der Wärmeausdehnung sind entsprechend größer, so daß wir wieder verlieren, was wir gewonnen haben. Da der Elastizitätsmodul des Aluminiums kleiner ist als der des Gußeisens, wird der Aluminium-Zylinderkopf durch die Deckelschrauben stark verformt, wenn man nicht die Stützhülsen der Schrauben entsprechend stärker macht, was aber den Kühlmittelumlauf weiter behindert.

Die konstruktive Durcharbeitung eines abnehmbaren Zylinderkopfes stellt wohl das schwierigste Problem dar, aber auch die Konstruktion des oberen Teiles des Zylinderblocks erfordert sorgfältige Überlegung. Hier sind die wesentlichen Bedingungen:

1. Die Bohrung des Zylinders und die Laufbuchse dürfen nicht durch die Kräfte der Deckelschrauben verformt werden.
2. Der freie Kühlmittelfluß um das obere Ende der Zylinderbohrung oder der Laufbuchse darf nicht behindert werden.
3. Der Kühlmittelumlauf soll möglichst nahe an das obere Ende der Bohrung gelegt werden.

Diese Bedingungen sind keineswegs leicht in Einklang zu bringen mit den hochbelasteten Deckelschrauben, die in ziemlich großen und vielleicht ungleichen Abständen vom Zylindermantel dicht an die Zylinderbohrung gesetzt sind. Offenbar ist die Verformung um so geringer, je zahlreicher und kleiner die Schrauben sind.

Allgemein sind im Zylinderblock-Gußstück hohe Augen für diese Schrauben üblich. Diese Augen gehen in den eigentlichen Zylindermantel über, wenn nicht eine nasse Laufbuchse vorgesehen ist. Die andere Möglichkeit ist, die obere Gurtung des Zylinderblocks so dick zu machen, daß keine besonderen Augen nötig sind. Keine der beiden Möglichkeiten kann als ideal bezeichnet werden. Werden besondere Augen benutzt, so wird nicht nur der freie Kühlmittelfluß an einer sehr wichtigen Stelle behindert, sondern es besteht auch die Gefahr, daß sich zwischen zwei Augen infolge des unzulänglichen oder behinderten Abzuges ein Dampfkissen bildet. Ferner besteht die Gefahr, daß die Augen sich unter dem Druck oder den Wärmespannungen oder unter beiden Einflüssen gegen die Zylinderlaufbuchse schieben, sie verformen und senkrecht verlaufende Wellenlinien verursachen. Wird andererseits die obere Wand gleichmäßig so dick gemacht, daß sie die Gewindelöcher für die Stiftschrauben aufnimmt, ohne daß die Löcher in den Kühlwasserraum durchgebohrt werden, dann kann der Kühlmittelumlauf nicht nahe genug an das obere Ende der Zylinderbohrung herangeführt werden. Auch wird an einer Stelle des größten Wärmeflusses die Gesamtdicke der beiden Horizontalwände übermäßig groß. Von diesen beiden Übeln zieht der Verfasser die gleichmäßig dicke Wand ohne Augen vor, da die Zylinderbohrung weniger leicht verformt wird. Aus diesen Betrachtungen ergibt sich, daß viel dafür spricht, Zylinder und Köpfe einteilig herzustellen, wenn man nicht weniger gebräuchliche Konstruktionen anwenden will, wie sie im vorhergehenden Kapitel gezeigt wurden. Kolben und Kolbenringe können mit einem ziemlich starken Verschleiß oder sogar mit Unrundheit der Zylinderbohrung fertig werden, aber nicht mit einer in senkrechter Richtung wellenförmigen Lauffläche.

Alle diese Betrachtungen gelten in erster Linie für Dieselmotoren. Bei Benzinmotoren ist das Problem zwar das gleiche, aber doch wegen der niedrigeren Gasdrücke, der gleichmäßigeren Wärmeverteilung und des größeren Spielraumes in Lage und Abstand der Ventile, der Zündkerzen usw. erheblich weniger schwierig. Im Benzinmotor liegen die beiden Stellen des stärksten Wärmeflusses in der Nähe des Auslaßventilsitzes und der Zündkerze. Da diese ziemlich weit auseinander gesetzt und oberhalb der ebenen Wand angeordnet werden können, ist ihre Kühlung viel weniger schwierig.

Vierzehntes Kapitel

Kolben und Kolbenkühlung

In Verbrennungsmotoren aller Größen ist stets der Kolben der am meisten gefährdete Teil. Mit seinen Kolbenringen ist er auch der Teil, der am meisten Reibung verursacht.

In jedem schnellaufenden Viertaktmotor muß der Kolben möglichst leicht sein, denn seine Trägheitskräfte machen den Hauptteil der mittleren Kurbelzapfenbelastung und eine Komponente seiner Massenkräfte den Hauptteil des Normaldruckes auf die Zylinderwand aus.

Auch für den Massenausgleich ist die Kolbenträgheit die am meisten störende Kraft. Daher ist es in jeder Hinsicht wichtig, das Kolbengewicht möglichst niedrig zu halten.

Der Kolben muß auf seinem Boden den ganzen Gasdruck im Zylinder aufnehmen und ihn ohne merkliche Verformung auf den Kolbenbolzen übertragen.

Er muß auch einen sehr beträchtlichen Teil der Verbrennungswärme aufnehmen und abführen, so gut er es vermag.

Zusammen mit seinen Ringen muß er gegen die Verbrennungsgase dichten und zugleich verhindern, daß zuviel Schmieröl in den Brennraum gelangt.

Er hat in seinem sehr weiten Temperaturbereich zu arbeiten und kann, da seine Wärmekapazität nur klein ist, eine hohe Temperatur erreichen, während der Zylinder, in dem er sich bewegt, noch verhältnismäßig kalt ist.

Er nimmt Wärme auf seiner ganzen Bodenfläche auf, kann sie aber an die Zylinderwand nur auf seinem Umfang abgeben. Wenn er nicht ölgekühlt ist, muß er daher entweder aus einem Werkstoff hoher Wärmeleitzahl bestehen oder dick genug sein, um die Wärme zu übertragen, oder beides.

Die beiden Bedingungen kleinen Gewichtes und hoher Wärmeleitzahl werden am besten durch eine Aluminiumlegierung befriedigt, aber gegen diese Legierungen sprechen folgende Gründe:

1. Die Wärmeausdehnung ist fast dreimal so groß wie bei Gußeisen, daher ist ein großes Kolbenspiel erforderlich, das für den Grenzfall eines sehr heißen Kolbens in einem kalten Zylinder ausreicht.

2. Die Festigkeit, die selbst im besten Fall ziemlich niedrig ist, sinkt mit steigender Temperatur, und zwar geradezu katastrophal, wenn die Temperatur 400° C übersteigt.

3. Der Werkstoff ist ziemlich weich und wird daher leicht riefig und durch harte Koksrückstände verletzt, oder die Kolbenringnuten werden durch die Ringe ausgeschlagen.

Es scheint, daß außer der Verwendung von Aluminium für die Kolben schnellaufender hochbelasteter Motoren es praktisch nur noch die zweite Möglichkeit gibt, einen sehr dünnen gußeisernen Kolben zu verwenden, dessen Wärmeabfuhr von einer sicher wirkenden Ölkühlung abhängt. Viel spricht für den gußeisernen Kolben, aber die Lebensdauer eines solchen Kolbens hängt natürlich davon ab, daß der Kühlmittelumlauf nicht unterbrochen wird, denn bei dem kleinen Gewicht und der kleinen spezifischen Wärme des Kolbenbodens kann selbst eine ganz kurze Unterbrechung der Kühlung ein Überhitzen und Versagen durch Fressen oder Risse verursachen.

Reibung und Schmierung der Kolben werden in den Kapiteln IX und XV im Zusammenhang mit dem mechanischen Wirkungsgrad und dem Zylinderverschleiß besprochen.

Beherrschung und Verteilung der Temperatur. Betrachten wir nunmehr die Frage der zulässigen Temperaturen und der Temperaturverteilung bei einem Kolben aus einer Aluminiumlegierung.

Der Wärmefluß von den Verbrennungsgasen zum Kolben macht für Vollast bei einem Zündermotor etwa 8 bis 10% der Nutzleistung und bei einem Dieselmotor ungefähr 15 bis 20% der Nutzleistung aus.

Der höhere Wert beim Dieselmotor liegt zum Teil an der größeren Dichte und heftigeren Luftbewegung und zum Teil daran, daß bei den meisten Dieselbauarten der ganze Brennraum oder doch ein Teil im Kolbenboden liegt. In erster Annäherung können wir sagen, daß die Kolbentemperaturen in einem Zünder- und einem Dieselmotor gleich hoch sein werden, wenn jener eine doppelt so große Leistung entwickelt wie dieser, und daß es für die Kolbentemperaturen nichts ausmacht, ob die Leistung durch hohen mittleren Druck oder hohe Drehzahl erreicht wird.

Trotz dieses hohen Wärmezuflusses müssen wir es irgendwie fertigbringen, die Temperatur an jeder Stelle des Kolbenbodens unter etwa 400° C zu halten, wenn wir nicht den Boden der Gefahr von Rissen oder eines Bruches aussetzen wollen.

Während die Temperatur des Kolbenbodens in erster Linie durch die Werkstoffestigkeit begrenzt ist, gibt es andere Stellen im Kolben, wo die Temperatur auf einen viel niedrigeren Wert beschränkt werden muß, nämlich die Kolbenringnuten und die Augen, in die der Kolbenbolzen eingepaßt ist.

Bei normalen Kolbenringen mit parallelen Stirnflächen, bei Verwendung normaler Kohlenwasserstoff-Schmieröle und bei normalen Spielen in der Höhe brennen die Ringe leicht fest, wenn die Temperatur der obersten Ringnut längere Zeit über 200° C liegt; vielleicht kann man richtiger sagen, daß überhaupt keine Gefahr des Festbrennens besteht, solange diese Temperatur nicht überschritten wird, und allenfalls eine geringe Gefahr, wenn sie nur kurzzeitig überschritten wird. Steigt die Temperatur an dieser Stelle für längere Zeit auf über 220° C, dann wird der Ring früher oder später festsitzen. Übersteigt die Temperatur 230° C, dann wird der Ring in wenigen Stunden festsitzen. Auch bei Benutzung von Ringen mit planparallelen Seiten können wir das Eintreten des Festbrennens verzögern durch:

1. Benutzung eines reinigenden Öles,
2. ein anomal großes Spiel der Ringe in ihren Nuten.

So gibt man ihnen etwas Möglichkeit, sich in senkrechter Richtung zu bewegen und dadurch das teilweise oxydierte oder verkokte Öl abzustoßen, bevor es Zeit hat, hart zu werden und die Ringe festzusetzen. Wir können dies aber nur in recht beschränktem Maß tun, denn bei verhältnismäßig weichen Aluminiumkolben werden die Ringe, wenn sie von Anfang an zuviel Höhenspiel haben, mit der Zeit die Flanken der Nuten ausschlagen und so ein viel zu großes Höhenspiel herstellen oder die wichtige untere Dichtungsfläche der Nut zerstören.

Beide oben erwähnten Hilfsmittel dürfen nur als Linderungsmittel betrachtet werden; sie wirken nur, wenn die Temperatur der Ringnut nahe an der zulässigen Grenze liegt, was für die meisten Dieselmotoren im allgemeinen gilt.

Bei weitem das wirksamste Hilfsmittel, das bis jetzt gegen das Festbrennen der Ringe gefunden wurde, ist der von NAPIERS vor 25 Jahren entwickelte Trapezring mit kegeligen Flanken, der bei jedem Kippen des Kolbens das teilweise verkokte Öl herausdrückt (Bild 14.1). Diese Konstruktion erwies sich als die Rettung des Hochleistungs-Flugmotors, bei dem es völlig unmöglich war, die Temperatur der oberen Ringnut unter etwa 240 bis 250° C zu halten. Nach der Erfahrung des Verfassers scheint es, daß der Trapezring gestattet, die Temperatur an der Ringnut um 40 bis 50° zu steigern, ohne daß die Gefahr des Festbrennens eintritt.

Bild 14.1. Trapezförmiger Kolbenring

Abgesehen vom Festsitzen des Ringes muß die Temperatur an dieser Stelle auch deshalb niedrig gehalten werden, weil sich sonst harter Koks im Grund der Ringnut bildet und ansammelt, bis die Ringe scharf gegen die Zylinderwand gepreßt werden mit entsprechend hoher Reibung, starkem Verschleiß und der Gefahr starker Aufrauhung oder des Fressens. Dies Übel tritt viel häufiger bei Dieselmotoren als bei Benzinmotoren auf; es scheint in beiden Fällen von der Temperatur abzuhängen, aber es scheint beim Dieselmotor bei einer niedrigeren Temperatur aufzutreten, vielleicht weil beim Dieselmotor stets ein großer Sauerstoffüberschuß im Arbeitsmittel vorhanden ist.

Unter den meisten vorkommenden Betriebsbedingungen wird bei Ringen mit parallelen Flanken das Festsitzen eintreten, bevor der Nutengrund sich vollgesetzt hat. Wenn der Ring festgebrannt ist, kann er sich natürlich nicht mehr vollsetzen. Wenn man aber Trapezringe oder ein sehr großes Spiel in der Nut anwendet, wird sich die Nut vollsetzen, bevor der Ring festsitzt. Soweit der Verfasser ermitteln konnte, setzt sich verkoktes Öl im Nutengrund selten ab, wenn die Temperaturen unter etwa 230 bis 240° C bei Dieselmotoren und um etwa 10 bis 20° C mehr bei Benzinmotoren bleiben. Aber man kann hier nicht verallgemeinern, denn viel hängt von den örtlichen Bedingungen und der Beschaffenheit des Schmieröles ab.

Übersteigt die Temperatur der Ringnut etwa 250° C, so tritt außerdem meist starker Verschleiß oder Zerstören der Nutflächen ein, besonders wenn die Ringe von Anfang an großes Höhenspiel haben. Dieser Verschleiß wird durch das Hämmern des Ringes gegen die Flanken der Nut verursacht und durch das Erweichen des Werkstoffes bei höheren Temperaturen natürlich vergrößert.

Auf Grund einer sehr großen Anzahl von Temperaturmessungen unter ganz verschiedenen Betriebsbedingungen kann man aussagen, daß, solange die Temperatur der Ringnut auf 200° C gehalten werden kann, keine Schwierigkeiten durch Festbrennen der Ringe, Vollsetzen der Ringnut mit verkoktem Öl oder Ringnutverschleiß zu befürchten sind. Wird aber diese Temperatur für längere Zeiten erheblich überschritten, dann werden Gegenmittel, wie reinigende Öle, Trapezringe, gußeiserne Einsätze zur Führung der Ringe usw., erforderlich. Nutzt man diese Hilfsmittel voll aus, so kann die Grenztemperatur gefahrlos auf ungefähr 250° C gehoben werden, aber dies scheint die obere Grenze für einen Leichtmetallkolben zu sein. Für den gleichen Kolben entspricht ein Temperaturanstieg an der Ringnut von 200° C auf 250° C bei flüssigkeitsgekühlten Motoren einer Leistungssteigerung von ungefähr 80%.

Der dritte kritische Faktor ist die Temperatur der Augen der Kolbenbolzen. Die Erfahrung mit Hochleistungs-Diesel- und Zündermotoren hat gezeigt, daß, wenn die Temperatur der Augen nicht unter 260 bis 270° C gehalten wird, der Werkstoff unter dem Druck nachgibt und die Bohrung des Auges größer und oval wird, und zwar nicht durch Abnutzung, sondern eher durch gewaltsame Verformung. Aber in diesem Fall hängt natürlich viel von dem höchsten Druck ab; offenbar liegt die an dieser Stelle zulässige Temperatur um so höher, je niedriger der Druck ist.

Hier sieht sich der Konstrukteur einem Dilemma gegenüber. Aus Gründen der Festigkeit, Gewichtsersparnis und Steifigkeit möchte er natürlich die Kraft vom Kolbenboden zu den Bolzenaugen auf möglichst kurzem und direktem Wege übertragen, d. h. unmittelbar durch Rippen zwischen Kolbenboden und Oberseite der Augen. Wegen des Wärmeflusses möchte er den Weg so schwer zu passieren und so eng wie möglich machen. Wie gewöhnlich hat er das beste Kompromiß, das er finden kann, zu suchen. Wo es Platz und Gewicht erlauben, wird er einen möglichst großen Abstand zwischen Boden und Kolbenbolzen legen. Aber dies hat natürlich eine entsprechende Zunahme an Bauhöhe und Gewicht des Motors zur Folge, was bei einem Flugmotor ganz unzulässig ist.

Bei ungekühlten Aluminiumkolben normaler Konstruktion und Verhältnisse ergibt sich die Grenze meist aus der Temperatur der obersten Kolbenringnut. Eine zu hohe Temperatur in der Mitte des Bodens kann meist dadurch vermieden werden, daß man hinreichende Dicke des Werkstoffs vorsieht, um die Wärme radial abzuleiten; die Lage wird nur kritisch, wenn man nach einer möglichst leichten Konstruktion strebt. Übermäßig hohe Temperatur an den Kolbenbolzenaugen wird nur dann bedenklich, wenn die Betriebsverhältnisse sehr ungünstig sind, z. B. bei sehr hohen Gasdrücken, oder wenn mit Rücksicht auf Gewicht oder Platz wie bei Flugmotoren der Abstand vom Boden zum Kolbenbolzen möglichst kurz gehalten werden muß.

Im großen und ganzen zeigt die Erfahrung des Verfassers, daß im Durchmesserbereich von 75 bis 150 mm ein normal konstruierter Aluminiumkolben aus der geeignetsten verfügbaren Legierung mit normalen Ringen rechteckigen Querschnittes und normalen einfachen Schmierölen recht zufriedenstellend in einem Dieselmotor arbeitet, solange die Leistung nicht 20 bis 25 PS_e oder im Benzinmotor etwa 40 bis 50 PS_e je Kolben übersteigt. Werden diese Leistungen für längere Betriebszeiten überschritten, dann muß man zu Hilfsmitteln, wie Trapezringen, Ölkühlung usw., greifen. In großen und verhältnismäßig langsam laufenden Motoren sind beträchtlich höhere Leistungen mit ungekühlten Kolben zulässig, denn dann ist das hin und her gehende Gewicht weniger von Bedeutung, und die Wärme kann durch besonders reichliche Wandstärken abgeleitet werden.

Bei Hochleistungsflugmotoren für militärische Zwecke sind Leistungen von über 200 PS je Kolben erreicht worden, aber diese werden nur beim Starten oder im Kampf gebraucht, d. h. für verhältnismäßig kurze Betriebszeiten, denn diese Motoren müssen selten mit mehr als 40% der Volleistung laufen. Außerdem werden in solchen Motoren beim Betrieb mit Höchstleistung entweder sehr reiche Gemische oder Wassereinspritzung verwendet, und diese beiden Mittel, besonders das zuletzt genannte, vermindern den Wärmefluß zu den Kolben und Zylinderwänden erheblich. In solchen Fällen nimmt man seine Zuflucht zu den bekannten Hilfsmitteln, wie Trapezringen usw.; überdies sind solche Kolben gewöhnlich ölgekühlt, oder zumindest werden Ölstrahlen gegen die Augen der Kolbenbolzen verwendet.

Auch heute weiß man noch wenig von dem Wesen des Wärmeübergangs von den Kolben an die Zylinderwände. Auftragungen des Temperaturverlaufes zeigen übereinstimmend, daß der größte Teil der Wärme durch die Kolbenringe übertragen wird, denn bei weitem das steilste Temperaturgefälle findet man stets in der Ringzone, während das Gefälle längs des Kolbenschaftes verhältnismäßig sehr gering ist. Bild 14.2 zeigt typische Temperaturmessungen an einem ungekühlten Kolben, während Bild 14.3 eine ähnliche Messung an der Innenfläche (oder vielmehr 0,38 mm von der Innenfläche entfernt) der Laufbuchse beim Betrieb mit gleicher Drehzahl und Leistung, mit Kühlwasser von 70° C und einer Kühlwassergeschwindigkeit um die Laufbuchse von etwa 0,15 m/sek zeigt. Aus einem Vergleich dieser Diagramme erkennt man, daß der mittlere Temperaturunterschied zwischen dem Kolbenschaft und der Innenfläche der Laufbuchse verhältnismäßig gering ist, daher muß der Wärmeübergang an dieser Stelle klein sein, und der größte Teil der Wärme muß durch die Kolbenringe übertragen werden. Dies ist etwas überraschend, da die Wärme vom Kolben an die Ringe und von den Ringen an die Laufbuchsenwand durch zwei

14. Kolben und Kolbenkühlung

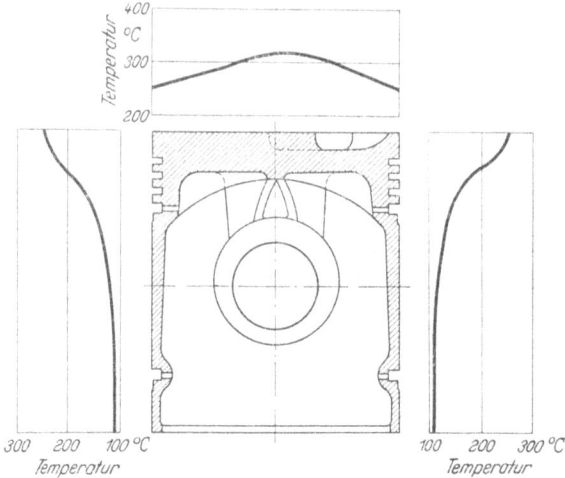

Bild 14.2. Typische Temperaturmessungen an einem ungekühlten Kolben
Versuchsbedingungen: Motor: 120 mm Bohrung, 140 mm Hub; Drehzahl: 2000/min; Wassermanteltemperatur 70° C; Schmieröltemperatur 60° C; mittlerer effektiver Druck: 7,9 kg/cm². 27,9 PS_e = 0,246 PS je cm² Kolbenfläche

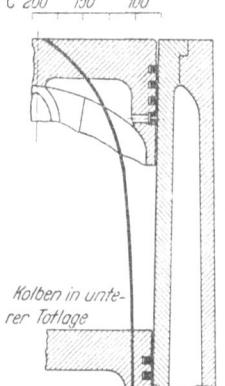

Bild 14.3. Typische Temperaturmessungen an der Innenseite der Laufbuchse
Versuchsbedingungen:
Motor: 120 mm Bohrung, 140 mm Hub; Drehzahl: 2000/min; Wassermanteltemperatur 70° C; Schmieröltemperatur 60° C; mittlerer effektiver Druck: 7,9 kg/cm². 27,9 PS_e = 0,246 PS je cm² Kolbenfläche

Ölfilme fließen muß; aber die Erfahrung zeigt, daß ein bewegter Ölfilm sehr wirksam die Wärme überträgt, wie man das auch bei schiebergesteuerten Motoren findet.

Verfahren zur Messung der Kolbentemperatur. Es hat lebhafte Meinungsverschiedenheit darüber gegeben, wie die Kolbentemperaturen am besten zu messen und aufzuzeichnen seien. Von den modernen Verfahren scheinen am beliebtesten zu sein:

1. Messungen der Brinellhärte des Werkstoffes, wobei die Änderung der Brinellhärte ein Maß für die höchste Temperatur ist, die an irgendeiner Stelle des Kolbens erreicht wurde.

2. Die Verwendung von temperaturempfindlichen Farben (Thermocolor), die bei verschiedenen Temperaturen in andere Farben umschlagen.

3. Die Verwendung von Kontaktthermoelementen, die in den Kolben eingebaut sind und im Totpunkt des Kolbens gefederte Anschläge berühren.

4. Die Verwendung von Schmelzpfropfen, die dicht unter der Oberfläche des Kolbens eingebettet sind.

Der Verfasser bevorzugt die beiden letzten Verfahren.

Der Brinellhärte-Versuch ist nach der Erfahrung des Verfassers wenig überzeugend und sehr unzuverlässig. Er beruht auf der Tatsache, daß die Brinellhärte einer Aluminiumlegierung sich bleibend ändert, wenn der betreffende Teil einer bestimmten Temperatur ausgesetzt wurde, und daß man aus der beobachteten Härteänderung auf die höchste erreichte Temperatur schließen kann. Dies wäre alles sehr schön, wenn die ursprüngliche Härte bekannt wäre, aber diese kann nur bestimmt werden, indem man den Kolben zerschneidet, und dann ist er natürlich nicht mehr brauchbar. Unter der Annahme, daß vor der Benutzung die Brinellhärte durchweg gleichmäßig ist, könnte dies Verfahren annehmbar sein. Aber eine solche Annahme ist nicht zu rechtfertigen, denn Versuche an einem zerschnittenen unbenutzten Kolben zeigen recht weite, von Anfang an vorhandene Schwankungen der Brinellhärte. Außerdem spielt der Einfluß der Zeit eine wichtige Rolle, die als weitere Unsicherheit hinzukommt. Auch ganz abgesehen von der Unzuverlässigkeit besteht gegen dies Verfahren der Einwand, daß jede Temperaturmessung die Zerstörung des Kolbens bedeutet.

Temperaturempfindliche Farben haben den Vorteil, daß sie sehr schnell, leicht und natürlich auch ohne Beschädigung des Kolbens angewandt werden können. Gegen sie bestehen indessen folgende Bedenken:

1. Sie geben im besten Fall eine nur rohe Schätzung der Oberflächentemperatur.

2. Sie sind empfindlich gegen die Dauer des Versuchs, und bei Vergleichsversuchen muß sorgfältig darauf geachtet werden, daß die Versuche gleich lange dauern.

Als ungefährer Hinweis auf die Größenordnung der Temperatur, die an irgendeiner bestimmten Stelle des Kolbens herrscht, sind sie sicher sehr nützlich und bequem, aber für genaue Temperaturmessungen muß man bei diesen Verfahren sehr sorgfältig vorgehen.

Die dritte Möglichkeit, nämlich das Kontaktthermoelement, hat natürlich den großen Vorteil, daß die Temperatur beobachtet werden kann, während der Motor in Betrieb ist, und daß die Wirkungen einer Änderung der Drehzahl oder des mittleren Druckes oder irgendeines anderen Einflusses beobachtet und aufgezeichnet werden können. Nachteilig ist bei diesem Verfahren, daß die Anzahl der Thermoelemente, die in einem Kolben eingebaut und mit den Kontaktanschlägen verbunden werden können, unvermeidlich sehr beschränkt ist; auch besteht immer einige Unsicherheit über die Zuverlässigkeit der Eichung. Die Thermoelemente können natürlich im ausgebauten Zustand genau geeicht werden; es ist aber stets eine unsichere Sache, wieweit die Eichung auch für den intermittierenden Betrieb gilt, bei dem die Kontakte zusätzlich vom Öl benetzt sind.

Die vierte Möglichkeit, nämlich die Verwendung einer Anzahl kleiner Schmelzpfropfen, die dicht unter der Metalloberfläche eingebettet sind, ist wahrscheinlich bei weitem die genaueste, wenn exakte Temperaturmessungen gemacht werden sollen. Da die Anzahl solcher Pfropfen nicht beschränkt ist, kann man stets die Temperaturschichtlinien über den ganzen Kolben oder irgendeinen Teil aufnehmen.

Die Anwendbarkeit dieses Verfahrens unterliegt jedoch einigen Einschränkungen:

1. Der Schmelzpunktbereich der verschiedenen Eutektika, die für Schmelzpfropfen anwendbar sind, ist ziemlich begrenzt, und es gibt größere Lücken in diesem Bereich. Dies macht indessen wenig aus, wenn eine hinreichende Anzahl eingebaut wird.

2. Das Verfahren ergibt nur die höchste Temperatur, die an irgendeiner Stelle des Kolbens erreicht wurde.

3. Nach jedem Versuch muß der Kolben ausgebaut und untersucht werden.

4. Wenn man nicht im voraus ungefähr weiß, welche Temperaturen an jeder Stelle zu erwarten sind, ist es unmöglich, von vornherein Pfropfen mit passenden Schmelzpunkten zu finden. Das lehrt jedoch bald die Erfahrung, oder man kann es bei außergewöhnlichen Verhältnissen durch einen Vorversuch mit temperaturabhängigen Farbanstrichen ungefähr ermitteln. Das im Versuchsfeld des Verfassers gebräuchliche Verfahren besteht darin, Gruppen von Schmelzpfropfen in einer Reihe quer über den Kolbenboden, an der belasteten und unbelasteten Seite hinunter und gelegentlich auch in den Kolbenbolzenaugen einzubetten, wobei jede Gruppe aus drei Pfropfen verschiedener Schmelzpunkte besteht, die sich möglichst um nicht mehr als 10 bis 15° C unterscheiden. Ist die Wahl gut getroffen, dann findet man, daß aus jeder Gruppe einer oder zwei Pfropfen ausgeschmolzen sind, während der dritte unbeschädigt ist. Ist keiner geschmolzen oder sind es alle drei aus einer Gruppe, so kann die Lücke in der Messung gewöhnlich durch das Verhalten benachbarter Gruppen überbrückt werden, aber mit einiger Erfahrung kann man gewöhnlich solche Lücken vermeiden. Wie bei allen derartigen Verfahren ist beträchtliche Erfahrung nötig, um sich die richtige Technik bei der Auswahl und Befestigung der Pfropfen anzueignen. Wenn man diese Technik erlangt hat, ist das Verfahren einfach, wenn auch etwas langwierig.

Wenn eine sehr gründliche Untersuchung verlangt wird, zieht der Verfasser es vor, gleichzeitig Schmelzpfropfen und Kontaktthermoelemente zu benutzen. Jene liefern eine Kontrolle der Temperaturmessung und dienen zugleich zur Eichung der Thermoelemente; diese zeigen die Wirkungen von Änderungen der Betriebsbedingungen.

Kolbenringe 239

Aus allen Untersuchungen dieser Art geht hervor, daß Ölkühlung selbst für ganz kleine Kolben wünschenswert ist. Stellt man durch Ölkühlung sicher, daß kein Teil des Kolbens jemals eine gefährliche Temperatur erreicht, so kann man den Kolben leichter und steifer machen, da die Konstruktion nicht durch Fragen der Erwärmung und der Wärmeübertragung beengt ist. Kann die Temperatur durchweg auf einen vernünftigen niedrigen Wert herabgedrückt werden, so kann man sich darauf verlassen, daß die Dauerfestigkeit höher ist, und kann leichtere Querschnitte anwenden.

Diese Schlußfolgerung führte vor etwa 10 Jahren zu einer Untersuchung über das Wesen der Ölströmung durch schnellbewegte Kolben, deren Ergebnis später behandelt werden soll.

Kolbenringe. Die Hauptaufgabe des Kolbenringes ist natürlich, den Kolben gegen Gasdurchtritt abzudichten. Mehr als ein Jahrhundert ist vergangen, seit der RAMSBOTTOM-Ring zuerst eingeführt wurde, und im wesentlichen ist er bis heute unverändert geblieben.

Es ist schon früher in diesem Buch nachdrücklich betont worden, daß ein solcher Ring nur wirken kann, wenn der Gasdruck hinter ihm dem Druck über ihm gleich oder fast gleich ist. Wenn diese Bedingung nicht erfüllt ist, wird der Ring nach innen zusammengedrückt, so daß er nicht mehr gegen das Gas abdichtet. Daher ist es wichtig, daß das Gas über dem Ring freien Zugang zur Rückseite des Ringes hat (Bild 14.4).

Ein Kolbenring dichtet gegen Gasdruck:
1. durch seine radiale Anlage gegen die Laufbuchsenwand,
2. durch seine Anlage gegen die untere Fläche der Ringnut.

Beides ist wichtig, aber die Bedeutung des zweiten Punktes wird zuweilen übersehen.

Solange rechteckige Ringe benutzt werden, ist es ziemlich einfach, eine wirklich gute Dichtfläche am Ring und auf der unteren Stirnfläche der Nut sicherzustellen. Aber bei Trapezringen ist dies nicht so leicht.

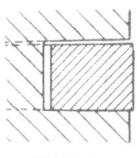
Bild 14.4.
Gaszutritt zur Rückseite des Ringes

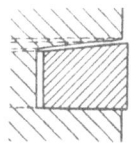
Bild 14.5.
Der Ring ist nur auf der Oberseite konisch

In erster Linie ist es nicht so leicht möglich, die Seitenflächen der Ringe zu läppen, und außerdem besteht immer die Gefahr, daß der Kegelwinkel des Ringes und der Nut nicht ganz gleich ist. In der Praxis fand man es am besten, den Kegel der unteren Ringauflage etwa 0,5°

kleiner zu machen als den des Ringes, um ein rasches Einpassen zu ermöglichen. Wegen dieser Schwierigkeit zieht der Verfasser, wenn möglich, Ringe vor, die nur auf der oberen Seite konisch sind (Bild 14.5). Solche Ringe sind nicht ganz, aber nahezu ebenso wirksam gegen das Festbrennen wie die Trapezringe, sie haben jedoch den Vorteil, daß die wichtige untere Dichtungsfläche eben ist.

Spannung der Ringe. Die ursprüngliche Spannung des Ringes ist nicht so wichtig, da der radiale Druck zum größten Teil vom Gasdruck ausgeübt wird. Sie wird indessen wichtig, wenn der Zylinder stärker abgenutzt ist, denn während der drucklosen Hübe brauchen wir die Ringspannung, damit die Ringe die Lauffläche hinreichend gut berühren und so das Öl abstreifen, auch wenn die Bohrung kegelig oder glockenförmig geworden ist. Neuerdings besteht die Tendenz, die Spannung von etwa 0,5 bis 0,55 auf 0,85 kg/cm² zu erhöhen, aber man kommt bald an eine obere Grenze, wo jede weitere Steigerung der radialen Ringstärke infolge der Überbeanspruchung des Werkstoffes eine bleibende Verformung ergibt, wenn der Ring übergestreift wird. Bei Ölabstreifringen kann der Druck stets dadurch beliebig gesteigert werden, daß man die radiale Auflagefläche vermindert.

Spiel in der Höhe. Man muß zu Anfang hinreichendes Höhenspiel vorsehen, um dem Gas freien Zutritt zur Rückseite des Ringes zu ermöglichen, und zugleich den Raum hinter dem Ring möglichst klein halten. Ist keine Zutrittsmöglichkeit vorgesehen, so wird der Ring nach innen zusammengedrückt und überhaupt nicht dichten. Ist andererseits zuviel Höhenspiel vorgesehen, dann wird der Ring zwischen den Flanken der Nut schlagen und in einem Aluminiumkolben die Oberfläche verschleißen oder zerhämmern, bis das Spiel übermäßig groß wird und die untere Auflage unter Umständen ausbricht. Bei gußeisernen Kolben oder wenn in einem Aluminiumkolben gußeiserne Einsätze benutzt werden, tritt diese Störung nicht auf, und man kann ohne Gefahr ein großes Höhenspiel vorsehen.

Was das Zusammendrücken der Ringe betrifft, so findet man im allgemeinen, daß alle anderen Kompressionsringe mitmachen, wenn der oberste Ring durchläßt. Der Grund könnte folgender sein: Wenn einmal der volle Druck über den ersten Ring hinaus ist, so werden die anderen, die während des Verdichtungshubes vor dem Druckanstieg geschützt waren, unversehens überrascht, bevor sich ein genügender Gasdruck hinter ihnen aufbauen konnte. Wenn der oberste Kolbenring festsitzt und damit unwirksam geworden ist, werden dementsprechend die restlichen Kompressionsringe das Durchblasen nicht wirksam verhindern. Aber in diesem Fall werden sie nicht vollständig versagen, wahrscheinlich weil der festsitzende oberste Ring noch hinreichend eng an der Zylinderwand liegt, so daß er einen sehr schnellen Druckanstieg über den anderen Ringen verhindert. In den Kreuzkopfkolben-Motoren, die der Verfasser für die Tanks während des Krieges 1914/18 entwarf, wurden Aluminiumkolben benutzt, aber zu jener Zeit hielt man es für wichtig, bei Aluminium das Höhenspiel der Ringe möglichst klein zu halten, so daß das Versagen von Ringen anfänglich einen beunruhigenden Umfang annahm. Bei diesen Motoren konnte die Unterseite der Kolben durch Schaulöcher in der Kreuzkopfkammer beobachtet werden. Wenn Kolbenringe versagten, konnte man Funkenregen und sogar Flammen um den Kolbenumfang sehen und gleichzeitig ein lautes Geräusch fast wie Bellen hören. Als provisorisches Hilfsmittel wurden Einschnitte in die obere Seite des Kolbenringes gefeilt; als dauernder Ausweg wurde das Höhenspiel des obersten Ringes um 0,075 bis 0,1 mm vergrößert. Beide Mittel erwiesen sich als voll wirksam, denn es ergaben sich weiter keine Schwierigkeiten. Nur als Versuch wurden bei einem Kolben Löcher durch die Rückwand der obersten Ringnut gebohrt, so daß der Druck hinter dem Ring abgebaut wurde. Der Erfolg war ein so heftiges Versagen des Ringes, daß in wenigen Sekunden der oberste Kolbenring in kleine Stücke zerbrochen war.

Flattern der Ringe. Bei einer bestimmten kritischen Drehzahl, meist einer sehr hohen Drehzahl, beobachtet man allgemein ein Versagen des Kolbenringes, verbunden mit einem heftigen Durchblasen. Diese Erscheinung hat man immer, wenn auch zu Unrecht, dem Flattern der Ringe zugeschrieben, d. h. einer radialen Schwingung des Ringes. Erst PAUL DYKES zeigte durch eine glänzende Versuchstechnik, daß die Ursache des Versagens ganz einfach erklärt werden konnte. Wenn der Kolben beim Verdichtungshub aufwärtsgeht, wird der Ring unter normalen Umständen zuerst durch die Trägheit und dann durch den Gasdruck gegen die untere Fläche der Nut gedrückt. So erlaubt das volle Spiel über dem Ring dem Gas den freien Zutritt zur Rückseite und den Druckanstieg, während die Unterseite abgedichtet ist. Bei einer kritischen Drehzahl übersteigt indessen die Massenkraft des Ringes die Reibung und den Gasdruck während der Verdichtung, so daß der Ring dann an der oberen Ringfläche der Nut anliegt, so jeden weiteren Gasstrom zur Nut absperrt und zugleich jeden etwa schon entstandenen Druckanstieg abbaut. Unter solchen Umständen muß der Ring versagen. Offenbar tritt dies bei einer sehr hohen Drehzahl ein, in den Versuchen von DYKES bei etwa 5500 U/min. Es ist auch klar, daß die Massenkraft des Ringes um so kleiner und damit die kritische Drehzahl, bei der er versagt, um so höher wird, je niedriger der Ring ist.

Höhe der Ringe. Über die günstigste Höhe der Kolbenringe gehen die Meinungen weit auseinander. Die Anhänger verhältnismäßig hoher Ringe ziehen den jedenfalls vernünftigen Schluß, daß bei einem höheren Ring die Wahrscheinlichkeit abnimmt, daß der Ölfilm herausgedrückt wird, wenn am Hubende Grenzschmierung eintritt. Daher wird die Laufbuchse weniger verschleißen. Je höher der Ring ist, um so größer ist andererseits seine Massenkraft und damit die Neigung, die Auflagefläche des Ringes am Kolben zu zerklopfen. Je höher der Ring ist, desto größer ist auch das Volumen des Hohlraumes hinter ihm, und damit dauert es entsprechend länger, bis der Druck ansteigt und den Kolbenring zum Abdichten zwingt. So werden hohe Ringe in stärkerem Maß und bei einer niedrigeren kritischen Drehzahl zum Versagen neigen. Gegen sehr schmale Ringe spricht, daß sie leicht zerbrechen und daß ihre Flanken schwieriger genau eben zu bearbeiten sind. Überdies spricht manches, wenn auch nicht ganz überzeugend, dafür, daß der sehr niedrige Ring tatsächlich einen größeren Verschleiß der Zylinderlaufbuchse verursacht.

Berücksichtigt man alle diese Beweise, so scheint es, daß die Ringhöhe von der Betriebsdrehzahl abhängen sollte; je höher die Drehzahl, um so niedriger der Ring.

Abstände der Ringe. Wenn die Flamme den obersten Ring berühren darf, wird sie die Ringtemperatur steigern und damit den Ring für die Wärmeübertragung unwirksam machen und gleichzeitig das Öl an seiner Seitenfläche zersetzen, so daß der Ring sich stark mit Ölkoks überzieht. Um dem vorzubeugen, brauchen wir einen ziemlich langen und engen Spalt oberhalb des Ringes. Wegen der hohen Wärmeausdehnung des Aluminiums und der hohen Temperatur des Kolbenbodens müssen wir dem Kolbenoberteil ein sehr reichliches Spiel geben, im allgemeinen 0,4 bis 0,6% des Zylinderdurchmessers, gemessen im kalten Zustand. Wenn der Motor längere Zeit bei einer verhältnismäßig geringen Belastung und daher mit einem großen Spiel im Oberteil läuft, wird sich Ölkoks am Oberteil absetzen, bis der größte Teil des Spieles ausgefüllt ist. Wird nun der Motor belastet und der Kolbendurchmesser vergrößert, so ist das ganze Spiel überbrückt, und die Koksschicht wird so hart gegen die Zylinderbohrung gedrückt, daß sie abgerieben werden muß oder ein Fressen des Kolbens verursacht. Ist der Abstand des Ringes vom Boden verhältnismäßig klein, dann wird der Ölkoks abgestreift, wobei er wahrscheinlich etwas Verschleiß des Oberteils verursacht, aber ohne daß größerer Schaden auftritt. Ist indessen der Abstand groß genug, dann kann die Koksschicht so festsitzen, daß der Kolben frißt. Daher gibt es für den Abstand des obersten Ringes vom Kolbenboden eine obere Grenze, die meist etwa 20% des Durchmessers ist. Nach der Erfahrung des Verfassers ist im allgemeinen das beste Kompromiß zwischen Festbrennen des Ringes einerseits und der Gefahr starken Verschleißes oder sogar des Fressens andererseits, daß der Abstand vom Ring zum Boden 12 bis 15% des Kolbendurchmessers ausmacht. Außer dem Verschleiß, der dadurch entsteht, daß die Koksschicht am Kolbenkopf scheuert, ist eine andere Ursache für den Verschleiß des Kolbenoberteils der Ansatz von Koks in der Zylinderbohrung unmittelbar über der Stelle, wo der oberste Kolbenring umkehrt. In diesem Zusammenhang hat der Verfasser experimentell gefunden, daß dem Verschleiß des Kolbenoberteils vorgebeugt werden kann, wenn man Boden und Oberteil des Kolbens mit einer harten, nicht porösen Chromschicht überzieht. Koks klebt an einer harten Chromschicht nicht so fest, und die Oberfläche ist zu hart, als daß sie durch den Koks beschädigt werden könnte. Es ist indessen noch nicht erwiesen, ob nicht mit der Zeit die Chromschicht sich vom Aluminium lösen und abblättern wird, was wohl schlimme Folgen haben würde.

Die Breite des Steges unterhalb des obersten Ringes muß so groß sein, daß der volle Gasdruck auf den Ring ohne meßbare Verformung aufgenommen werden kann, und sie muß ferner so groß sein, daß das Aluminium dem Hämmern durch die Auf- und Abbewegung des Ringes widersteht. Daher sollte der Abstand zwischen oberstem und zweitem Ring mindestens 3,5% des Durchmessers sein. Was den Abstand der unteren Kompressionsringe betrifft, so sind die

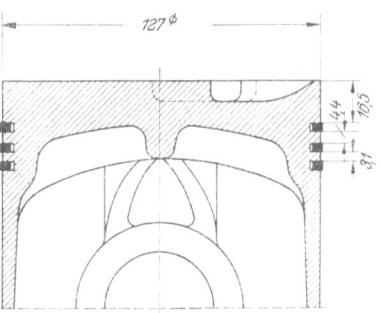

Bild. 14.6. Anordnung der Kolbenringe

Stege gewöhnlich einer nur kleinen Belastung und, da ihr Höhenspiel geringer sein kann, auch schwächerem Hämmern ausgesetzt. Die Stärke der Stege wird durch Herstellungsrücksichten bestimmt. Bild 14.6 zeigt maßstäblich die Verhältnisse, die nach der Erfahrung des Verfassers das beste Kompromiß für einen Hochleistungsdieselmotor darstellen.

Als bei Benzinmotoren die Höchstdrücke noch niedrig, die Drehzahlen mäßig und die Kolben verhältnismäßig sehr leicht waren, genügte eine kleine Ölmenge für die Schmierung und Kühlung der Kurbelwelle und der Kurbelzapfenlager. Als die Drücke und Drehzahlen stiegen, wurde es wegen der Kühlung nötig, eine sehr viel größere Ölmenge durch die Lager zu schicken. Dies erschwerte alsbald das Problem des Ölabstreifens durch die Kolben. Es schloß z. B. die Kolben der Bauart mit Gleitschuhen aus, deren Reibung beträchtlich niedriger als die der Kolben mit vollem Schaft war. Je kürzer der Hub des Motors und je kürzer die Pleuelstange, um so größer wurde außerdem der Anteil des Öls, der vom Kurbelzapfenlager abgeschleudert wurde und an die Zylinderwand gelangte. Die Frage der Ölabstreifung wurde noch weiter durch die größeren Spiele erschwert, die in den Wellen- und Kurbelzapfenlagern bei der Verwendung der härteren Lagerwerkstoffe, wie poröses Kupfer mit Blei, nötig wurden.

Um dieser Schwierigkeit zu entgehen, hat man viele Arten von Ölabstreifringen entwickelt. Bei allen ist das Grundprinzip gleich: Es wird ein hoher radialer Druck erzeugt, der das überschüssige Öl von der Zylinderbohrung abschaben soll, und außerdem hat der Ring selbst eine Nut und Schlitze oder Bohrungen, um dem Öl, das der ersten anliegenden Ringflanke entgangen ist, den Durchfluß zum Grund der Nut zu ermöglichen. Der Nutgrund selbst ist mit Bohrungen nach dem Innern versehen (Bild 14.7).

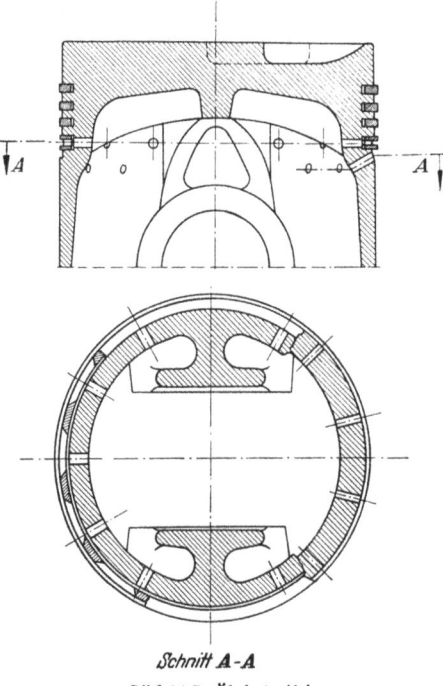

Bild 14.7. Ölabstreifring

Um jedes Pumpen des Öls durch die Auf- und Abbewegung des Ringes in seiner Nut zu verhindern, wird entweder das Höhenspiel sehr klein gehalten, oder auch der Ring wird geteilt und axial sowie radial gesprengt. Solche Ringe können sehr wirksam sein, aber sie verursachen eine ziemlich große zusätzliche Reibung. Das übliche Verfahren ist, einen solchen Ölabstreifring unmittelbar unter die Kompressionsringe zu setzen, aber in vielen Fällen hält man es für richtig, einen zweiten Ölabstreifring nahe dem unteren Rand des Kolbens vorzusehen.

Mit dem weiteren Ansteigen der Drücke und Drehzahlen wird die Frage des Ölabstreifens immer schwieriger, und nach Meinung des Verfassers ist es höchste Zeit, die Aufgaben des Kühlens und Schmierens der Kurbelwellenlager getrennt zu behandeln. Die nur für das Schmieren erforderliche Ölmenge ist sehr klein, die für das Kühlen der Lager nötige sehr groß, und diese wird ständig größer. Es scheint demnach, daß es am vernünftigsten wäre, die Kurbelwelle durch einen sehr großen Öldurchfluß von einem Ende zum anderen zu kühlen und nur einer verhältnismäßig kleinen Ölmenge den Zutritt zu den Lagern für deren Schmierung zu erlauben. Dadurch wird die Kurbelwelle selbst zur Hauptschmierölleitung, viele Rohrleitungen werden gespart, und vor allem braucht man nicht mehr Ölnuten in die Lagerausgüsse zu schneiden oder sie zu unterbrechen.

Kolbenkühlung. Mit dem schnellen Leistungsanstieg der Flugmotoren gegen Ende der dreißiger Jahre und ebenso dem der Hochleistungsdieselmotoren wurde der Bedarf nach einer unmittelbaren Kolbenkühlung dringend. Dies führte zu einer langen Versuchsreihe im Laboratorium des Verfassers, welche die Wege und Mittel des Kühlölumlaufs durch die Kolben schnellaufender Motoren klären sollte.

Bei den großen, nicht gekapselten, langsam laufenden Motoren vor 50 Jahren war es allgemein üblich, die Kolben durch Teleskop- oder Gelenkrohre mit Wasser zu kühlen. Als die gekapselten Motoren mit Druckölschmierung aufkamen, erschien die Verwendung von Wasser bedenklich wegen der Gefahr, daß Wasser in den Schmierölkreislauf kommen könnte, und daher nahm man Öl als Kühlmittel. Mit den steigenden Drehzahlen mußte der Druck des Kühlmittels erhöht werden, um die Trägheit der hin und her gehenden Flüssigkeitssäule zu überwinden. Eine praktische Grenze war erreicht, als der hierzu erforderliche Druck zu groß wurde und andere Wege gesucht werden mußten. Der erste Schritt bestand darin, daß man ein Rückschlagventil am unteren Ende des Teleskoprohres anbrachte, so daß nur dann Öl zum Kolben strömte, wenn die Trägheitskraft es zuließ. Dies erwies sich als einigermaßen befriedigend, wenn man davon absieht, daß bei hohen Drehzahlen das Rückschlagventil schwere Schläge auszuhalten hatte, was große Windkessel erforderlich machte.

Bei sehr gedrängt gebauten und besonders schnellaufenden Motoren sind wegen des Platzbedarfs und wegen anderer Gründe Teleskoprohre, welche die Verbindung mit dem Kolben herstellen, unausführbar. Dann wird die Pleuelstange das einzige Verbindungsglied, durch welches das Kühlmittel dem Kolben zugeführt werden kann. Der Rückweg kann entweder an der Pleuelstange entlang abwärts führen, oder man läßt das Öl frei in das Kurbelgehäuse auslaufen.

Zuerst versuchte man, das Öl in der Pleuelstange auf- und abwärts zu führen, um es schließlich durch den Deckel des unteren Pleuellagers ausströmen zu lassen. Dies ging zum Teil sehr gut, doch sprach dagegen, daß es recht schwierig war, ausreichende Leitungsquerschnitte für die Strömung nach beiden Richtungen in der Pleuelstange unterzubringen. Daher gab man das Verfahren, das Kühlöl in der Stange abwärts zu führen, auf und zog es vor, das Öl frei aus dem Kolben ablaufen zu lassen, nachdem man es gezwungen hatte, mit hoher Geschwindigkeit unter dem Kolbenboden und um die Rückseite der Kolbenringnuten zu strömen.

Es scheint, daß es keine oder nur wenig Schwierigkeiten macht, dies in einfacher Weise auszuführen, vorausgesetzt, daß die nötigen Vorsichtsmaßnahmen getroffen werden. Die Haupterfordernisse können wie folgt zusammengefaßt werden:

14. Kolben und Kolbenkühlung

1. Es ist natürlich unbedingt wichtig, daß genügend Öl in die Kurbelwelle gefördert wird, um den Bedarf der Lager und Kolben zu decken. Um dies sicherzustellen, ist es dringend erwünscht, das Öl in die Kurbelwelle an einem oder beiden Enden einzuführen und nicht durch Nuten in den Wellenzapfenlagern. Diese Anordnung hat den weiteren wichtigen Vorteil, daß Ölnuten in den schmalen Wellenzapfenlagern nicht mehr nötig sind und zugleich eine gründliche Entlüftung des Öls dadurch ermöglicht wird, daß alle Luft aus dem Innern der Welle in die Grundlager austreten kann. Bild 14.8 zeigt den Teilschnitt eines ölgekühlten Kurbel- und Wellenzapfens.

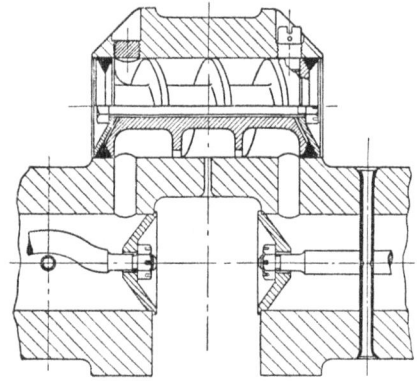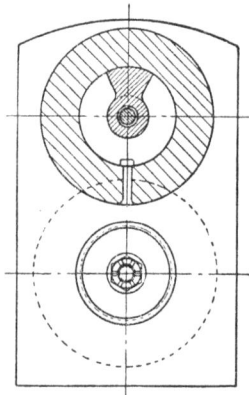

Bild 14.8. Ölgekühlte Kurbelwelle

2. Der durch die Massenkraft einer Ölsäule in der Pleuelstange erzeugte Öldruck übertrifft bei weitem den normalen Öldruck. Daher wird das Öl in die Kurbel oder in das Grundlager zurückströmen, wenn es nicht daran gehindert wird. Man kann dies durch ein Rückschlagventil am unteren Ende der Pleuelstange oder dadurch vermeiden, daß man den Kurbelzapfen selbst als rotierendes Ventil benutzt. Dies ist natürlich vorzuziehen, denn man vermeidet dadurch weitere empfindliche bewegte Teile.

3. Da das Öl des Kurbelzapfens dazu benutzt wird, um das Kurbelzapfenlager zu schmieren und den Kolben zu kühlen, ist es nötig, daß das eine nicht auf Kosten des anderen geschieht. Diese Gefahr läßt sich vermeiden, wenn man das Öl für die Kolbenkühlung der am geringsten belasteten Fläche des Lagers entnimmt.

4. Es ist erwünscht, soweit wie möglich jedes Eindringen von Luft in die Pleuelstange zu vermeiden, und zu diesem Zweck ist es wichtig, daß das Spiel zwischen dem oberen Pleuelstangenkopf und dem Kolben möglichst eng gemacht wird. Dies macht keine Schwierigkeit, aber es ist ein Punkt, der übersehen werden kann.

5. Die wesentlichen Flächen in einem Kolben, durch die oder um die das Kühlmittel strömen sollte, sind:
a) die Mitte des Bodens,
b) die Rückseite der Kolbenringnuten,
c) die Oberseite der Augen für den Kolbenbolzen.

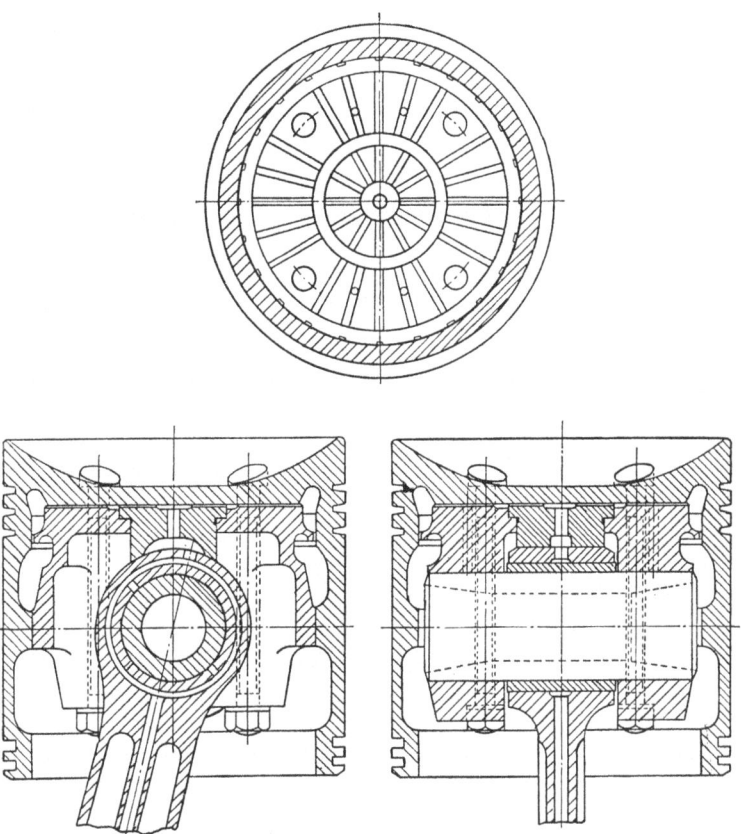

Bild 14.9. Mehrteiliger ölgekühlter Kolben für einen Hochleistungs-Zweitaktmotor

6. Dringend erforderlich ist eine solche Wärmeabfuhr von den drei oben erwähnten Stellen, daß ihre Temperatur unter den früher angegebenen Gefahrengrenzen liegt. Dies erfordert nicht die Abfuhr einer besonders großen Wärmemenge, und es scheint auch nicht vorteilhaft zu sein, die Kolbentemperatur noch tiefer zu senken.

Bild 14.9 zeigt im einzelnen die Kolbenform, die sich bisher als die beste für besonders hoch belastete Zweitakt-Dieselmotoren oder Motoren mit Benzineinspritzung erwiesen hat. Man erkennt, wie das Öl die Pleuelstange hinauf, um die Außenseite des Kolbenbolzenlagers herum

248   14. Kolben und Kolbenkühlung

und zu einer Austrittsbohrung oben in der Stange geführt wird. Eingepaßt zwischen den beiden Teilen des Kolbens ist ein Aufnehmer, dessen untere Fläche konzentrisch mit dem Kolbenbolzen bearbeitet ist und sich gegen den oberen Pleuelstangenkopf legt. Von dem Austritt oben aus der Stange strömt das Öl durch den Aufnehmer und sodann durch eine Reihe flacher radialer oder spiralförmiger Nuten in der ebenen Oberseite des inneren Kolbenteiles. Aus diesen Nuten tritt das Öl in einen Ringraum, der hinter den Kolbenringen zwischen den beiden Teilen gebildet wird. Das Ausströmen aus diesem Ringraum wird teilweise durch einen schmalen Vorsprung des Innenteils behindert, so daß ein Teil des Öles vorübergehend zurückgehalten wird. Nachdem es den eingeschnürten Querschnitt passiert hat, kann das Öl durch Schlitze in dem unteren eingepaßten Rand frei austreten.

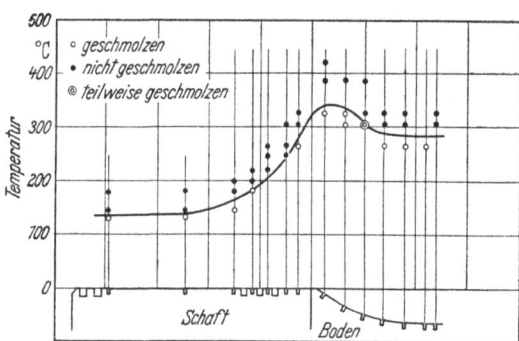

Bild 14.10. Kolbentemperatur eines Zweitaktmotors mit Benzineinspritzung, 123 mm Bohrung, 139,7 mm Hub
Motordrehzahl 2750/min
Mittlerer effektiver Druck 17,4 kg/cm²
Leistung 174 PS$_e$
Auslaßgegendruck 0,56 kg/cm²
Spüldruck 1,174 kg/cm²
Kraftstoff: Oktanzahl 100
Öl für Motor und Schieber: D.T.D. 109
Wassertemperatur: 70° C
Öltemperatur 70 bis 90° C
Lufttemperatur 73° C

Beobachtungen durch einen transparenten äußeren Teil aus Perspex zeigen, daß beim Betrieb mit normalen Drehzahlen der Ringraum etwa halb gefüllt ist und das Öl darin wie in einem Schüttelgefäß heftig bewegt wird und so die Kolbenwand unmittelbar hinter den Ringnuten gründlich scheuert. Die oberen Hälften der Augen für die Kolbenbolzen werden von dem Ölfluß durch Nuten über den Augen gekühlt. Zwei dieser Nuten sind angezapft, um Öl an die Kolbenbolzenlager zu führen.

Bild 14.10 zeigt Temperaturmessungen an einem derartigen Kolben von 123 mm Durchmesser bei der sehr hohen Leistung von 174 PS$_e$. Eine Ölmenge von etwa 182 Litern je Stunde erwies sich als ausreichend für Leistungen bis zu 203 PS$_e$ oder über 1,7 PS/cm² Kolbenfläche, wenn der Motor als hochaufgeladener Benzinmotor arbeitete, oder für Leistungen bis zu 111 PS$_e$ (der höchsten erreichten) als aufgeladener Dieselmotor.

Keine genauen Werte stehen zur Verfügung über die Wärmemenge, die das Öl beim Strömen durch den Kolben aufnahm. Diese ist schwierig zu bestimmen, solange das aus dem Kolben abströmende Öl nicht von dem übrigen Schmieröl getrennt werden kann, da aus verständlichen

Kolbenkühlung

Gründen der gleiche Kolben nicht ungefährdet bei hohen Belastungen ohne Ölumlauf benutzt werden kann.

Aus indirekten Beobachtungen scheint man indessen folgern zu können, daß die vom Kolben durch das Kühlöl abgeführte Wärmemenge beim Betrieb als Benzinmotor ungefähr 4% der Nutzleistung ausmacht und als Dieselmotor bei der gleichen Leistung etwa 8%.

Zu dem Zweck, die Frage der Ölkühlung der Kolben weiter zu erforschen, wurde ein nicht mehr gebrauchter Einzylindermotor mit einem Hub von 139,7 mm aufgestellt; der in dem Motor vorhandene Kolben wurde nur als Kreuzkopf verwendet. Ein zweiter Kolben, eine Kopie des ölgekühlten Kolbens, der benutzt werden sollte, wurde so auf einer Kolbenstange montiert, daß er über den oberen Rand des Zylinders herausragte. Eine Fangschale wurde über dem Zylinder, aber unter der tiefsten Stellung des oberen Versuchskolbens angebracht. Diese Fangschale diente dem Zweck, das Öl, das durch den Versuchskolben strömte, zu sammeln und zu verhindern, daß Öl oder Luft, die von dem Kreuzkopf verdrängt wurden, das Ergebnis fälschten. Um die Wirkung der Massenkraft der Ölsäule in der Kolbenstange aufzuheben, baute man ein Rückschlagventil unten in der Stange ein, d. h. an einer Stelle, wo das Öl normalerweise durch die Nuten in dem mehrteiligen Kolben strömen würde. Das Ganze wurde in eine Blechhaube mit Glasfenstern eingeschlossen, durch die der Vorgang beobachtet werden konnte. Der benutzte Versuchskolben war eine Kopie des in Bild 14.9 gezeigten Kolbens, bei welcher der Außenteil aus Perspex gemacht war, durch dessen durchsichtige Wände man die Ölströmung mit Hilfe eines Stroboskops deutlich sehen konnte.

Die ganze Anordnung wurde durch einen direkt gekuppelten Elektromotor angetrieben, der mit Drehzahlen bis zu 3000 U/min laufen konnte. Die Pleuelstange war so eingerichtet, daß das Schmieröl vom Kurbelzapfen durch sie nach oben gedrückt werden konnte:

1. nach einer zeitlich gesteuerten Zufuhr, die den Kurbelzapfen als umlaufendes Ventil benutzte,

2. mit einer ununterbrochenen Zufuhr; dabei wurde das Rückströmen durch ein Fußventil im Stangenschaft unmittelbar über dem Kurbelzapfenlager verhindert,

3. nach einer ununterbrochenen Zufuhr, die während des ganzen Arbeitsspiels zum Kolben offen war.

Von einer getrennt angetriebenen Pumpe wurde Schmieröl in die Kurbelwelle an deren einem Ende gefördert, und das Öl, das durch das Kurbelzapfenlager usw. abfloß, wurde von einer Pumpe abgesaugt, gemessen und in den Behälter zurückgeführt. Dagegen wurde das Öl, das durch den Versuchskolben strömte und in die Fangschale ablief, gesammelt und getrennt gemessen. Für die Versuchszwecke wurde ein

14. Kolben und Kolbenkühlung

dünnes Öl benutzt, dessen Zähigkeit der des normalen Motorenöls bei Betriebstemperatur entsprach.

Eine sehr große Anzahl von Versuchen wurde unter sehr verschiedenen Bedingungen durchgeführt; daraus ergaben sich viele nützliche Hinweise für die Konstruktion. Die wichtigsten Punkte können wie folgt zusammengefaßt werden:

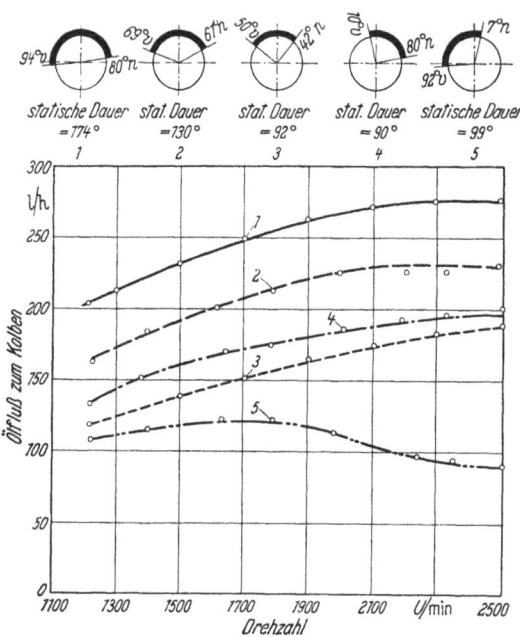

Bild 14.11. Einfluß der Öleintrittsdauer auf den Ölfluß zum Kolben des Motors E 18. Öldruck 4,9 kg/cm²

1. Wenn alle Versuchsbedingungen dem praktischen Betrieb entsprachen, fand man einen Ölstrom durch den Kolben von etwa 180 bis 230 Liter/h, eine Menge, die sich bei den verschiedenen Drehzahlen kaum änderte.

2. *Der Einfluß einer Änderung der Zeit des Öleintritts in die hohle Pleuelstange.* Für diese Versuche wurde eine Reihe Löcher durch die Kurbelzapfen-Lagerschale gebohrt, die mit dem Ölaustrittsloch im Kurbelzapfen korrespondierten. Waren alle Löcher offen, dann erstreckte sich die Ölförderung in die Stange über einen Kurbelwinkel von etwa 180°, d. h. von Mitte Aufwärtshub über den oberen Totpunkt bis Mitte Abwärtshub des Kolbens. Unter den gegebenen Bedingungen hatte eine Änderung der Zeitdauer durch Verschließen der Löcher die in Bild 14.11 gezeigte Wirkung.

Aus diesen Kurven geht hervor:

a) Die maximale Ölmenge erhält man bei einem Förderwinkel von etwa 180°.

b) Eine Verkleinerung des Winkels verringert die Menge etwa in dem erwarteten Maß, und dies scheint bei weitem der beste und zuverlässigste Weg zu sein, um die Ölmenge zu bestimmen, die durch den Kolben umlaufen soll.

c) Eine zum oberen Totpunkt unsymmetrisch liegende Förderzeit bringt keinen Vorteil.

Kolbenkühlung

3. Die Beobachtung des Kolbens zeigte einen beträchtlichen Zeitverzug zwischen der Überdeckung der Öffnungen im Kurbelzapfen und Lager und dem Fließen des Öls durch den Kolben. Bei 2500 U/min und einem Beginn der Förderung 90° vor dem oberen Totpunkt trat erst 30° vor O. T. Öl aus dem Kolben, aber es strömte weiter bis etwa 180° nach O. T. ab, d. h. der Verzug betrug etwa 60° bei Beginn und 90° am Ende. Wie zu erwarten stand, war der Beginn des Fließens bei jeder Umdrehung sehr scharf bestimmt, das Ende trat jedoch nur allmählich ein.

4. *Der Einfluß veränderter Spiele.*

a) Änderungen im Spiel des Kurbelzapfenlagers über den ausführbaren Bereich von 0,11 bis 0,17 mm hatten keinen meßbaren Einfluß auf die Ölmenge, die durch den Kolben strömte (Bild 14.12), obgleich die aus den Stirnseiten der Lager abströmende Menge natürlich beträchtlich anstieg.

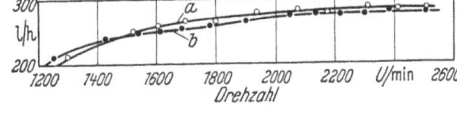

Bild 14.12. Ölströmung durch den Kolben bei verschiedenen Spielen. *a* 0,17 mm Spiel des Kurbelzapfenlagers, *b* 0,115 mm Spiel des Kurbelzapfenlagers. Öldruck 4,9 kg/cm²

b) Änderungen im Spiel des Kolbenbolzenlagers hatten eine merkbare Wirkung. Zwischen den äußersten ausführbaren Grenzen von 0,013 bis 0,114 mm nahm die Strömung durch den Kolben unter sonst gleichen Bedingungen von 273 auf 193 Liter/h ab.

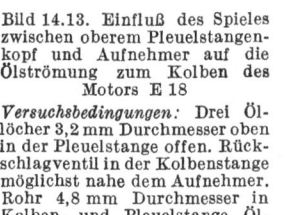

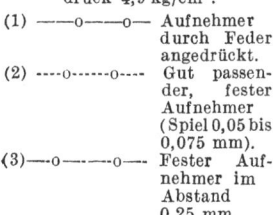

Bild 14.13. Einfluß des Spieles zwischen oberem Pleuelstangenkopf und Aufnehmer auf die Ölströmung zum Kolben des Motors E 18

Versuchsbedingungen: Drei Öllöcher 3,2 mm Durchmesser oben in der Pleuelstange offen. Rückschlagventil in der Kolbenstange möglichst nahe dem Aufnehmer. Rohr 4,8 mm Durchmesser in Kolben- und Pleuelstange. Öldruck 4,9 kg/cm².

(1) ——o——o—— Aufnehmer durch Feder angedrückt.
(2) ----o------o---- Gut passender, fester Aufnehmer (Spiel 0,05 bis 0,075 mm).
(3) —·—o—·—o—·— Fester Aufnehmer im Abstand 0,25 mm.

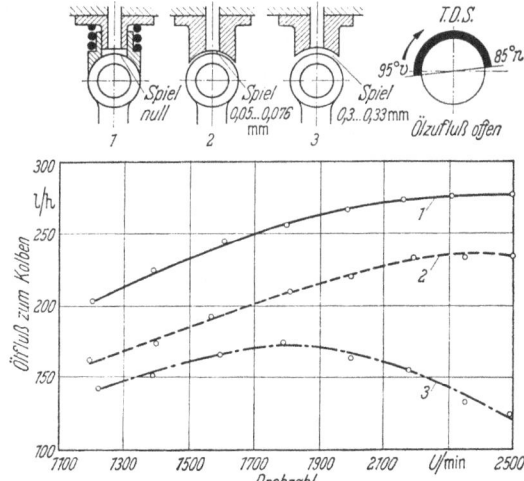

c) Änderungen im Spiel des Aufnehmers hatten ebenfalls einen sehr wichtigen Einfluß, wie Bild 14.13 zeigt. Um das Spiel Null herzustellen, war ein federbelasteter Schieber am Aufnehmer angebracht, der sich dauernd gegen den oberen Pleuelstangenkopf legte.

5. *Einfluß der Kolbenkühlung auf die Strömung durch das Kurbelzapfenlager.* Vergleichsversuche bei dem gleichen Öldruck, bei denen einmal der durch die Pleuelstange nach oben führende Kanal verschlossen und das andere Mal am Kurbelzapfenlager offen war, zeigten, daß durch die Ölströmung zum Kolben die auf den Stirnseiten abfließende Menge nur wenig verringert wurde, während die gesamte durch das Lager strömende Menge (einschließlich der zum Kolben) wesentlich vergrößert war. So profitiert auch das Kurbelzapfenlager beträchtlich durch die zusätzliche Ölkühlung (Bild 14.14).

6. *Einfluß des Öldruckes.* Der Druck in der Ölleitung zur Kurbelwelle wurde in dem weiten Bereich von 1,4 bis 4,9 kg/cm² mit den in Bild 14.15 gezeigten Ergebnissen geändert. Man beachte, daß die angegebenen Drücke sich auf den Eintritt in die Kurbelwelle beziehen; der Druckabfall in der Welle ist nicht berücksichtigt. Er wurde auf 0,28 bis 0,42 kg/cm² bei 2500 U/min geschätzt.

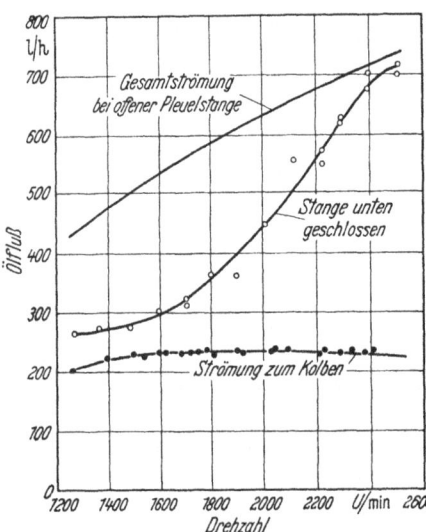

Bild 14.14. Gesamtölmenge bei offener oder unten verschlossener Pleuelstange

Versuchsbedingungen:
Ölzufluß geöffnet von 95° vor O.T. bis 85° nach O.T.
Aufnehmer durch Feder angedrückt.
Rohre 4,8 mm Durchmesser in Pleuel- und Kolbenstange.
Rückschlagventil unten in der Kolbenstange.
Gesamtspiel am oberen Pleuelstangenkopf 0,076 mm.
Spiel am Kurbelzapfen 0,114 bis 0,152 mm.
Öldruck 4,9 kg/cm².

7. *Querschnitt der Kanäle.* Frühere Erfahrungen beim Betrieb von Motoren mit ölgekühlten Kolben hatten gezeigt, daß für einen Umlauf durch den Kolben von etwa 182 Liter/h der Mindestquerschnitt des Kanals in der Stange ungefähr 16 bis 19 mm² betragen sollte (entsprechend einem Durchmesser von 4,6 mm). Bei einigen Versuchen wurden die Kanäle um den Kolbenbolzen und durch das obere Ende der Pleuelstange von 19 auf 6,5 mm² verkleinert; dies verringerte die Strömung durch den Kolben im Verhältnis von 10 zu 6,5 bei 2500 U/min.

8. Einige Versuche wurden gemacht, bei denen der Kanal in der Pleuelstange am oberen Stangenende verschlossen war, so daß der lange Kanal in der Stange als Sackgasse oder Speicher für das untere Lager offenblieb. Dadurch wurde die Menge, die durch das untere Lager strömte, beträchtlich vergrößert. Diese Beobachtung kann in manchen Fällen von praktischer Bedeutung sein, denn sie zeigt ein

einfaches und bequemes Mittel, die Strömung durch das untere Pleuelstangenlager zu vergrößern oder die Strömung durch mehrere Lager bei einer Welle mit vielen Kurbeln gleichmäßiger zu machen.

9. Einige Versuche wurden mit dauernder Förderung durch die Pleuelstange, d. h. ohne zeitliche Steuerung und ohne Rückschlag-

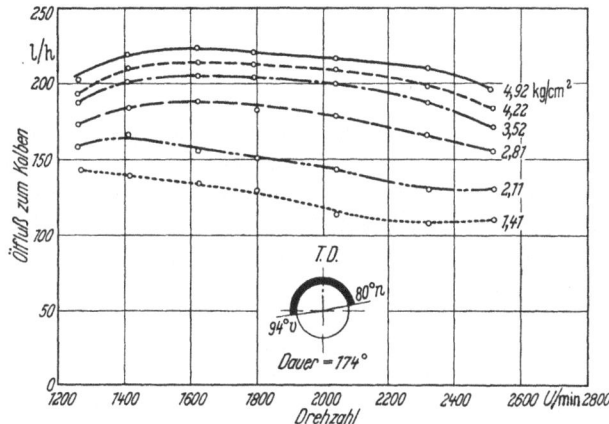

Bild 14.15. Ölströmung durch den Kolben in Abhängigkeit von der Drehzahl bei verschiedenen Öldrücken (Motor E 18)

Versuchsbedingungen:

Drei Öllöcher 3,2 mm Durchmesser oben in der Pleuelstange.
Rohre 4,8 mm Durchmesser in Pleuel- und Kolbenstange.

Aufnehmer durch Feder angedrückt.
Helles Spindelöl + 1% Ölsäure.
Öltemperatur 30° C.

ventil durchgeführt. Die Ergebnisse streuten etwas und waren nicht widerspruchsfrei, aber in allen Fällen nahm die Strömung durch den Kolben mit steigender Drehzahl sehr schnell ab.

10. Andere Versuche wurden mit kontinuierlicher Förderung, jedoch mit einem Rückschlagventil am unteren Ende der Pleuelstange angestellt. Auch diese Versuche streuten etwas, vermutlich infolge Flatterns des Rückschlagventils, aber im allgemeinen war die Strömung durch den Kolben etwas reichlicher als bei der über 180° gesteuerten Förderung.

Folgerungen. Aus diesen Versuchen und Erfahrungen wird man folgern dürfen:

1. Es besteht keine Schwierigkeit, eine wirksame Ölkühlung für Kolben in leichten, schnellaufenden Motoren vorzusehen, wenn man alle Einflüsse erkennt und berücksichtigt.

2. Den Kurbelzapfen selbst als umlaufendes Ventil zu benutzen scheint bei weitem das beste Verfahren für die Steuerung der Kühlölförderung zum Kolben zu sein.

254   14. Kolben und Kolbenkühlung

3. Die gesamte Wärmemenge, die durch das Kühlöl abzuführen ist, wird verhältnismäßig klein, da es kaum Vorteile bringt, den Kolben unter eine klar bestimmte, kritische Grenze abzukühlen.

4. Der Kolben kann gekühlt werden, ohne die Schmierung und Kühlung des unteren Pleuelstangenlagers zu beeinträchtigen und ohne den hochbelasteten Stellen Schmieröl wegzunehmen, d. h., das Öl

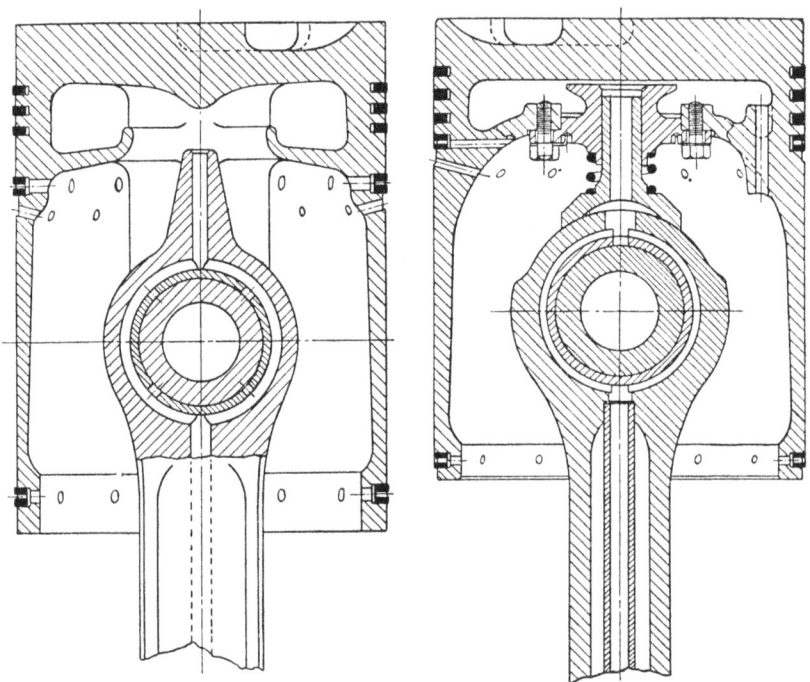

Bild 14.16. Cocktailshaker-Kolben   Bild 14.17. Ölgekühlter Kolben, dessen Aufnehmer durch eine Feder angedrückt wird

für die Kolbenkühlung hat schon seine Aufgabe der Schmierung und Kühlung des Kurbelzapfenlagers erfüllt.

5. Die Kolbenkühlung dieser Bauart hängt nicht von einer besonders genauen Einstellung ab, sie verlangt auch keine zusätzlichen bewegten Teile.

6. Die Regelung der Menge des durch den Kolben umlaufenden Öles kann ein für allemal durch die Zutrittsdauer am Kurbelzapfen bestimmt werden.

7. Greifen zwei Pleuelstangen an einem Kurbelzapfen an wie bei einem V-Motor, so ist die Regelung und Aufteilung auf die beiden Kolben verhältnismäßig einfach, wenn nur je eine Austrittsbohrung im Kurbelzapfen für jede Pleuelstange vorhanden ist. Bei zwei Pleuel-

stangen je Kurbelzapfen, mag nun die eine gabelförmig die andere umgreifen oder mögen beide nebeneinanderliegen, müssen zwei Ölaustrittsbohrungen vorhanden sein, eine für jede Pleuelstange und jede unter einem passenden Winkel gebohrt, damit jede die gewünschte Förderzeit erhält. Dies erfordert Umsicht, bietet aber keine Schwierigkeit.

8. Mit mehr als zwei Pleuelstangen je Kurbelzapfen wird die Frage natürlich verwickelter, und die Lösung muß von der Art der verwendeten Gelenke abhängen.

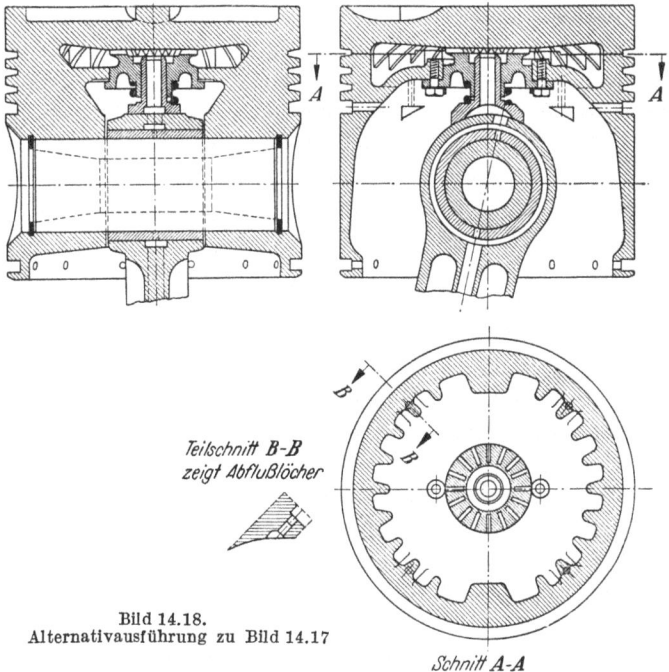

Bild 14.18.
Alternativausführung zu Bild 14.17

Der mehrteilige Kolben, der bei diesen Versuchen und in den früher erwähnten sehr hoch belasteten Zweitaktmotoren benutzt wurde, stellt natürlich einen außergewöhnlichen Fall dar. Sind die Betriebsbedingungen weniger schwer, dann wird ein einteiliger Kolben wie der in Bild 14.16 gezeigte, der als Patent-Cocktailshaker-Bauart bekanntgeworden ist, genügen. In diesem Fall werden auch die Rückseite der Ringnuten und die oberen Hälften der Kolbenbolzenaugen wirksam durch die Cocktailshaker-Wirkung gekühlt, und ein solcher Kolben scheint für Viertaktmotoren und selbst für hochaufgeladene Dieselmotoren recht brauchbar zu sein. Andere Bauarten ölgekühlter Kolben, die entwickelt wurden und mit Erfolg benutzt werden, zeigen die Bilder 14.17 und 14.18.

Fünfzehntes Kapitel
Zylinderabnutzung

Für die handelsübliche Verwendung von Verbrennungsmotoren ist, abgesehen von schiebergesteuerten Motoren, die Abnutzung der Zylinder- oder Laufbuchsenbohrung im allgemeinen ein bestimmender Faktor. Daher ist die Abnutzung der Gegenstand vieler Forschungsarbeiten gewesen, und es lohnt sich, diese Frage hier eingehender zu behandeln.

Im allgemeinen kann man sagen, daß unter sonst gleichen Bedingungen die Abnutzung je Stunde von der Drehzahl oder Kolbengeschwindigkeit ganz unabhängig zu sein scheint. Das heißt, der Metallverlust je Stunde ist der gleiche, ob der Motor schnell oder langsam läuft. Der Betrag an Abnutzung, den man noch zulassen kann, ist indessen dem Zylinderdurchmesser verhältnisgleich.

Betrachten wir zwei ähnliche Motoren, die unter ähnlichen Bedingungen in bezug auf Laufbuchsentemperatur, mittleren Druck usw. laufen. Der Zylinderdurchmesser des einen sei doppelt so groß wie der des anderen. Die Abnutzung in Bruchteilen eines Millimeters je Zeiteinheit wird für beide gleich sein, aber der größere Zylinder kann die doppelte Abnutzung vertragen und daher eine doppelt solange Lebensdauer haben. Andererseits wird es mindestens zweimal so lange dauern und mindestens zweimal soviel kosten, wenn die Laufbuchse ausgewechselt oder der größere Zylinder ausgebohrt werden muß.

Ursachen der Abnutzung. Die Ursache der Zylinderabnutzung ist zum Teil Korrosion, zum Teil Abschleifen, zum Teil Abrieb, und es ist stets etwas schwierig, den Anteil dieser Einflüsse abzuschätzen, denn die Produkte der Korrosion oder des Abriebs wirken ihrerseits wieder als Schleifmittel.

Bild 15.1. Ein kennzeichnendes, jedoch übertriebenes Beispiel für die Abnutzung der Zylinderbohrung

Unter normalen Verhältnissen findet man, daß die Abnutzung nur sehr örtlich beschränkt auftritt, und zwar als tiefe Nut dort, wo der oberste Kolbenring im oberen Totpunkt umkehrt (Bild 15.1). Der obere Rand dieser Nut ist meist scharf abgegrenzt, während der untere Rand allmählich verläuft. Ähnliches tritt meist am unteren Hubende auf, aber viel schwächer und weniger deutlich ausgeprägt. Zwischen diesen Grenzen und nahe der Mitte des Kolbenhubes ist die Abnutzung meist nur sehr gering, während sie unterhalb des von den Ringen bestrichenen Weges vernachlässigt werden kann. Es kann also der Schaft des Kolbens nicht die Abnutzung verursachen, und dies trifft gleichermaßen zu, ob der Kolbenwerkstoff Aluminiumlegierung oder Eisen ist.

Eine sorgfältige Messung der Tiefe der Abnutzung nahe dem oberen Ende der Lauffläche zeigt, daß die Tiefe sich über den Umfang in ganz zufälliger Weise ändert ohne Zusammenhang mit dem Normaldruck des Kolbens oder irgendeiner anderen geometrischen Beziehung. Sie tritt auch in den einzelnen Zylindern eines Vielzylindermotors an ganz verschiedenen Stellen auf.

Erfahrungsgemäß können wir verallgemeinernd sagen, daß keine wesentliche Leistungsabnahme zu bemerken ist, solange die Abnutzung, gemessen über ihren größten Durchmesser, nicht mehr als etwa 0,2% der Zylinderbohrung ausmacht, wenn die Abnutzung über den Umfang einigermaßen gleich tief ist. Erreicht die Abnutzung etwa 0,25%, so beeinträchtigt sie das Ölabstreifen; der Ölverbrauch beginnt zu steigen, und das Anfahren wird bei Dieselmotoren infolge der Undichtigkeit schwierig. Bei etwa 0,3% wird der Ölverbrauch übermäßig groß, und bei Zündermotoren verölen oft die Zündkerzen; Leckverlust und Undichtheit der Kolbenringe werden merklich, die Kolbentemperatur steigt und kann zum Festbrennen der Kolbenringe in ihren Nuten führen. Bei etwa 0,35 bis 0,4% wird die Leistungsverschlechterung sehr deutlich, der Ölverbrauch sehr groß, die Ringe lassen sehr durch, und es entsteht die Gefahr von Ringbrüchen, wenn die Ringe noch beweglich sind. Bei sehr großen langsamlaufenden Motoren, denen das Kolbenschmieröl zugemessen wird, da nicht durch Spritzöl geschmiert wird, ist das Ölabstreifen kein Problem, und eine etwas größere Abnutzung kann zugelassen werden; überdies ist der Leckquerschnitt im Vergleich zum Zylindervolumen kleiner. So wurden z. B. Fälle berichtet, wo große Schiffsdieselmotoren zufriedenstellend mit einer größten Abnutzungstiefe von 1% des Zylinderdurchmessers arbeiteten.

Um das Wesen der Zylinderabnutzung zu verstehen, müssen wir zuerst die Schmierverhältnisse während des Aufwärts- und Abwärtshubes des Kolbens in einem feststehenden Zylinder betrachten, im Gegensatz zu einem bewegten Schieber. Bei ihrer höchsten Geschwindigkeit werden die Ringe vollständig von Ölfilmen getragen, und es liegt der Zustand der reinen Flüssigkeitsreibung vor; wenn sie sich aber ihren Umkehrpunkten nähern und die Relativgeschwindigkeit gegen die Zylinderwand abnimmt, ändern sich die Verhältnisse, bis sie im Ruhepunkt der halbtrockenen Reibung entsprechen, d. h. die beiden Oberflächen werden nur durch einen Film getrennt, der kaum mehr als Moleküldicke hat, und wahrscheinlich berühren sich die vorspringenden Punkte beider Flächen metallisch. Bewegt sich der Kolben wieder, so kommen die Ringe abermals auf einen vollen Ölfilm usw.

Damit ein Kolbenring überhaupt wirkt, muß der radiale Gasdruck, der den Ring gegen die Zylinderwand drückt, nahezu gleich dem Druck über dem Ring sein. Wenn diese Bedingung nicht erfüllt ist, wird der Ring nach innen gedrückt und dichtet nicht mehr gegen das Gas ab. Bei dem obersten Kolbenring bedeutet dies, daß der Gasdruck hinter dem Ring und damit der Druck des Ringes gegen die Zylinderwand dicht dem Druck im Brennraum folgen muß. Indikatordiagramme, die im normalen Betrieb hinter den Zylinderkopfringen eines schiebergesteuerten Motors aufgenommen wurden, bestätigen, daß dies der Fall ist. Der Druck über dem zweiten Ring ist nur durch den Leckverlust am ersten Ring gegeben und daher sehr viel kleiner, meist wenig mehr als ein Zehntel. Bei den anderen Kompressionsringen ist der Druck entsprechend noch niedriger.

Nähert sich der Kolben dem Ende des Verdichtungshubes, so steigt der Druck hinter dem obersten Ring, während gleichzeitig die Schmierverhältnisse sich verschlechtern. Während der Kolben steht, steigt der Druck weiter an, bis er fast den Höchstwert erreicht. So wird der Ring nach außen gegen die Zylinderwand mit sehr hohem Druck gepreßt in einem Augenblick, wo er fast stillsteht und die Schmierung ganz unzureichend ist. Unter diesen Bedingungen tritt leicht eine örtliche metallische Berührung und ein leichtes Fressen ein. Beginnt der Kolben wieder seinen Abwärtshub, so wird der Ring, noch unter einem sehr hohen und zunehmenden Druck, weggeschoben und nimmt bei jedem Arbeitsspiel etwas Metall vom Ring selbst und der Laufbuchse mit. Unter normalen Umständen ist die so von beiden Oberflächen entfernte Metallmenge natürlich ganz winzig und erklärt wahrscheinlich nur einen sehr kleinen Teil der gesamten Abnutzung. Wenn aber der Gasdruck besonders hoch ist oder die Oberflächen schlecht zueinander passen, dann kann stärkeres Fressen eintreten; der Verlust an Metall kann dann beträchtlich sein, und der Ring wird rauh, d. h. die Oberfläche zerschrammt und die Kante scharf wie eine Rasierklinge, während Überbleibsel vom obersten Ring oder der Laufbuchse wahrscheinlich ähnliche Schrammen an den unteren Ringen und am Kolbenschaft verursachen. Ist der Kolben wieder voll in Bewegung, so gleitet der Ring auf dem Ölfilm, der ihn von der Wand trennt. Am unteren Hubende gelten wieder ähnliche Bedingungen, aber in viel geringerem Maß, da der Gasdruck hinter dem Ring jetzt sehr viel kleiner ist.

Zur Unterscheidung von anderen Einflüssen wollen wir diese Abnutzung „Abrieb" nennen. Wenn sie nicht zu stark wird und zum Aufrauhen des Ringes führt, hat sie keine große Bedeutung, aber sie muß berücksichtigt werden, da sie einen Einfluß auf die meist viel bedeutendere Abnutzung durch Korrosion hat.

Betrachten wir nochmals, was geschieht, wenn der Ring am Ende des Verdichtungshubes zur Ruhe kommt, aber diesmal unter dem Gesichtspunkt der Abnutzung durch Korrosion. Wegen des hohen Druckes hinter dem Ring wird der schützende Ölfilm so weit herausgedrückt, daß wahrscheinlich wirkliche metallische Berührung an den vorspringenden Stellen auftritt. Beginnt der Kolben seinen Abwärtshub, so läßt er einen schmalen Streifen Metall hinter sich, der entweder vollkommen frei liegt oder nur durch einen ganz unzulänglichen Ölüberzug geschützt ist. Die empfindliche Stelle, die so entsteht, wird sofort durch die Produkte unvollkommener Verbrennung angegriffen, wie Ameisensäure und andere organische Säuren. Ist ein größerer Anteil Schwefel im Kraftstoff vorhanden, dann ist Schwefelsäureanhydrid wahrscheinlich der bösartigste Angreifer. Hier müssen wir unterscheiden zwischen dem, was am oberen Hubende, und dem, was am unteren Hubende geschieht. Oben bleibt die empfindliche Stelle den Verbrennungsprodukten ausgesetzt, bis der Kolben am Ende des nächsten Hubes zurückkehrt, während sie am unteren Totpunkt den Verbrennungsprodukten nie ausgesetzt ist. Daher beschränkt sich die Abnutzung durch Korrosion auf das obere Ende. Bei dem nächsten Kolbenhub nach oben werden die Korrosionsprodukte vom Kolbenring abgeschabt und in einem Viertaktmotor von den nunmehr unbelasteten Ringen durch eine Ölschicht ersetzt. Diese Ölschicht schützt die Oberfläche während der beiden nächsten Hübe. Dann wiederholt sich der Vorgang bei jedem Arbeitsspiel.

Solange die Temperatur der den Angriffen ausgesetzten Fläche oberhalb des Taupunktes der angreifenden Stoffe liegt, bleibt der Schaden verhältnismäßig klein, aber unter den im Zylinder herrschenden Bedingungen liegt der Taupunkt einiger Produkte der unvollkommenen Verbrennung ziemlich hoch.

Der dritte Einfluß ist der Abschliff durch winzige Sandkörnchen, die mit der Luft oder dem Schmieröl oder zuweilen mit dem Kraftstoff selbst hineingelangten. Wie peinlich sorgfältig auch gefiltert wird, es ist ganz unmöglich, das Eindringen winziger Teilchen, die als Läppmittel dienen, ganz zu verhüten. Überdies ist erwiesen, daß manche Koksansätze aus dem Kraftstoff oder Schmieröl selbst hart genug sind, um als Läppmittel zu dienen. Das gleiche gilt wahrscheinlich für die Bruchstücke der Korrosionsprodukte, die der Kolbenring abschabte.

Weil diese verschiedenen Arten der Abnutzung sich gegenseitig beeinflussen, ist es schwierig, den einzelnen Anteil ihrer Bedeutung abzuschätzen. Starker Abrieb setzt z. B. eine größere Fläche der Korrosion aus, während starke Korrosion den Abschliff verstärkt usw.; gleichwohl können wir einige Hinweise erhalten. Man wird z. B. erwarten dürfen, daß Abrieb und Abschliff einen ungefähr gleich großen Metallverlust von Kolbenringen und Laufbuchse verursachen, wenn beide aus dem gleichen Werkstoff hergestellt sind, während die Korrosion offenbar nur die Laufbuchse beeinflußt, denn die Lauffläche der Ringe ist dieser Art Angriff nie ausgesetzt. Wenn wir starke Abnutzung der Laufbuchse, aber sehr wenig Ringabnutzung feststellen, können wir daraus folgern, daß die Abnutzung überwiegend durch Korrosion verursacht worden ist. Außerdem wissen wir, daß die Abnutzung des Zylinders stark ansteigt, wenn der Zylinder zu intensiv gekühlt wird, so daß die Laufbuchsentemperatur an der kritischen Stelle unter dem Taupunkt der angreifenden Stoffe liegt. Dies kann nur von der Korrosion herrühren, denn die Abnutzung durch Abrieb oder Abschliff ist um so geringer, je kühler der Zylinder und je zäher und damit dicker der Ölfilm wird. Weiter sollten wir erwarten, daß Korrosion und Abrieb örtlich beschränkt seien auf den schmalen Streifen ölfreier Oberfläche und sich nicht noch auf ein beträchtliches Stück darunter erstreckten. Dagegen müssen wir annehmen, daß der Abschliff sich mehr oder weniger über den ganzen Weg der Ringe erstreckt, obgleich er natürlich im oberen Teil seinen Höchstwert hat, wo die Drücke am höchsten sind und die Schmierung am schlechtesten ist. Außerdem würde das Überwiegen der Abnutzung durch Korrosion die Beobachtung erklären, daß die Abnutzung fast unabhängig von der Drehzahl ist, denn die verletzbare Oberfläche bleibt dem Korrosionsangriff für einen bestimmten Teil der gesamten Laufzeit ausgesetzt, ohne Rücksicht darauf, wieviel Hübe der Kolben in jener Zeit macht. Dies erklärt auch die höhere Abnutzung, die man gewöhnlich in Zweitaktmotoren findet, denn der Anteil der Zeit, während dessen die Fläche frei dem Angriff ausgesetzt wird, ist größer.

Einige Versuche, bei denen mit der Luft ein feiner Strahl Schleifmittel in den Zylinder eingeführt wurde, ergaben eine sehr hohe Abnutzung der Laufbuchse und Kolbenringe, aber diese Abnutzung war tatsächlich nicht nur über den ganzen Weg der Ringe verteilt, sondern auch unterhalb der Ringzone, was bewies, daß der Kolbenschaft gleichfalls beteiligt war, wie man das auch erwarten sollte.

Ganz allgemein können wir folgern, daß unter normalen Betriebsbedingungen die Korrosion bei weitem den größten Einfluß hat und daß nur unter ungewöhnlichen Bedingungen Abrieb oder Abschliff eine wichtige Rolle spielen, obgleich in gewissen Grenzfällen einer von ihnen oder beide schwere Störungen hervorrufen können.

Einfluß der Temperatur. Hat man diese Schlußfolgerungen gezogen, so ist nunmehr zu betrachten, was getan werden kann, um die Abnutzung durch Korrosion zu verhindern oder zu verringern. Wenig ist von jedem Bemühen zu erhoffen, die angreifende Wirkung der Produkte unvollkommener Verbrennung zu vermindern. Es ist im Gegenteil wahrscheinlich, daß die Wirkung bei zunehmendem Schwefelgehalt wenigstens bei den schwereren Kraftstoffen noch schlimmer werden wird.

Zunächst wissen wir, daß die Abnutzung durch Korrosion sehr schnell zunimmt, wenn die Temperatur der Innenfläche der Laufbuchse unter den Taupunkt der angreifenden Stoffe sinkt. So sollte es unser erstes Ziel sein, das obere Ende der Laufbuchse möglichst schnell nach dem Starten warm zu fahren und unter allen Betriebsbedingungen durch thermostatische Regelung oder sonstwie warm zu halten. Bei kleinen Zylindern von 100 bis 150 mm Bohrung mit Zylinderwänden oder Laufbuchsen, die etwa 8 bis 10 mm dick sind, liegt die Temperatur der Innenfläche des oberen Endes einer wirklich gut gekühlten Laufbuchse bei Vollast an der Stelle, wo der oberste Kolbenring umkehrt, meist etwa 60° C über der Temperatur der Kühlflüssigkeit. Damit soll nicht gesagt sein, daß das Temperaturgefälle in der Laufbuchse bei Vollast so steil sei, wie es dieser Wert andeuten könnte, weil zwischen der Außenseite der Laufbuchse und dem Kühlwasser noch ein weiterer Übergangswiderstand liegt. Um sicher über dem Taupunkt zu bleiben, muß die Temperatur der Innenfläche über 120° C an der Stelle betragen, wo der oberste Kolbenring stillsteht. Dies erfordert eine niedrigste Wassertemperatur von 60° C bei Vollast und eine etwas höhere bei Teillast. Praktisch bedeutet dies, daß man die Temperatur des Kühlmittels am Umfang der Laufbuchse nicht länger als unbedingt nötig unter 60° C sinken lassen sollte und daß sie nach jedem Anfahren möglichst schnell auf diesen Wert gebracht werden sollte.

In diesem Zusammenhang dürften einige Untersuchungen von Interesse sein, die im Laboratorium des Verfassers im Auftrag des Luftfahrtministeriums an einem Einzylinder-Viertakt-Benzinmotor durchgeführt wurden. Dabei wurde ein horizontal durch die Laufbuchsenwand geführtes Thermoelement, das für andere Zwecke entwickelt worden war, benutzt, um das Temperaturgefälle in der Laufbuchsenwand selbst zu messen, während gleichzeitig der Temperaturabfall von der Außenfläche der Buchse zum umgebenden Kühlwasser gemessen wurde. Um die Wassergeschwindigkeit an der Laufbuchse genau einstellen zu können, umgab man die normale nasse Laufbuchse mit einem Metallrohr, so daß ein Wasserraum von etwa 3,8 mm zwischen Rohr und Laufbuchse blieb.

Ein quadratischer Draht von etwa 3,8 mm Dicke wurde so um die Laufbuchse gewickelt und angelötet, daß er einen schraubenförmigen Kanal gleichmäßiger Steigung bildete. Das Kühlwasser wurde in den Mantel eingeführt und strömte aus diesem zwischen dem Rohr und der

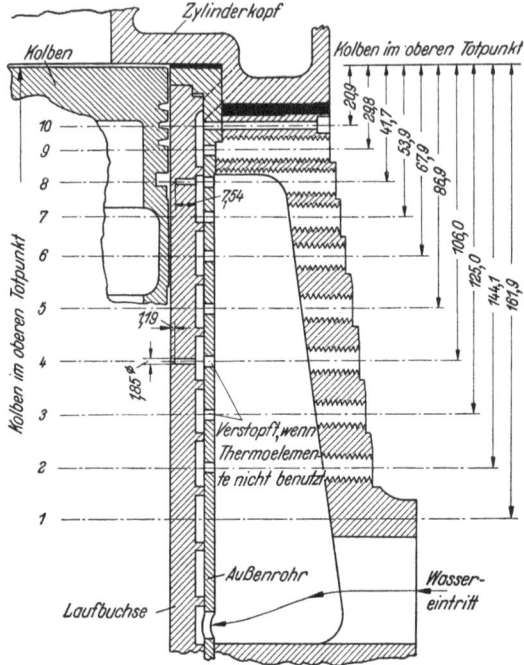

Bild 15.2. Anordnung der Thermoelemente auf der nicht durch den Normaldruck belasteten Seite am Motor E 19 mit 114,3 mm Bohrung und 139,7 mm Hub

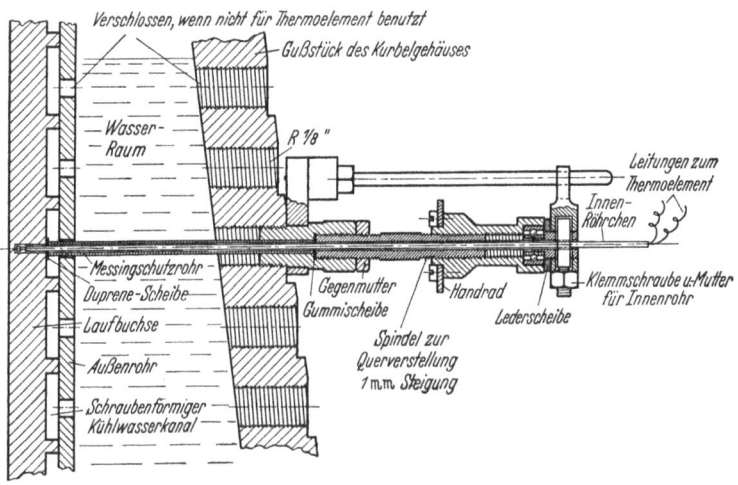

Bild 15.3. Thermoelement in Betriebsstellung mit Einstelleinrichtung (Stellung 4 auf der nicht durch den Normaldruck belasteten Seite, vgl. Bild 15.2)

Laufbuchse nach oben, geführt durch den schraubenförmigen Kanal zwischen beiden. Da der lichte Querschnitt der Schraubengänge und die strömende Wassermenge genau bestimmt werden konnten, kannte man die Strömungsgeschwindigkeit an jeder Stelle der Laufbuchsenoberfläche. Durch fest eingebaute Thermoelemente im Wasserkanal wurde die Wassertemperatur an jeder Stelle längs der Laufbuchse gemessen.

In die Wand der Laufbuchse war eine Anzahl kleiner Löcher von 1,6 mm Durchmesser und einer Tiefe bis 0,3 mm von der Innenfläche gebohrt. In diese wurde das Thermoelement der Reihe nach eingeführt.

Die Bilder 15.2 und 15.3 zeigen die allgemeine Anordnung. Für das Thermoelement waren acht Stellen auf der Laufbuchse vorgesehen, und zwar sowohl auf der Seite, auf welche der Normaldruck gerichtet ist, wie auch auf der entgegengesetzten Seite. Die Konstruktion des Zylinders machte es leider erforderlich, daß die höchste Stelle etwas unterhalb der Lage des obersten Kompressionsringes im oberen Totpunkt angeordnet werden mußte.

Sobald man die Versuchstechnik beherrschte, erwies sich das Verfahren als sehr zuverlässig, und wiederholte Versuche ergaben sehr gute Übereinstimmung. Eine sehr große Anzahl Ablesungen wurde bei verschiedenen Drehzahlen und mittleren effektiven Drücken bis zu 15,5 kg/cm^2 und mit Wassergeschwindigkeiten von 0,15 bis 2,9 m/sek aufgenommen.

Bild 15.4 zeigt Meßergebnisse, die als Isothermen für vier verschiedene Belastungen und Drehzahlen aufgetragen sind, bei einer Wassergeschwindigkeit von 0,34 m/sek. Die Ergebnisse zeigen das Temperaturgefälle in der Laufbuchse längs des Kolbenweges und gleichzeitig die Wassertemperatur nach Messungen mit dem querverschiebbaren Thermoelement an jeder Stelle.

Bild 15.5 zeigt die Ergebnisse ähnlicher Versuche bei den gleichen Drehzahlen und Belastungen, aber mit einer Wassergeschwindigkeit von 2,86 m/sek.

Durch diese und viele andere ähnliche Versuche wurde bestätigt, was man erwartet hatte, daß der Wärmefluß an die Laufbuchse eines Benzinmotors dem Luftverbrauch und der Wärmefluß beim Dieselmotor dem Kraftstoffverbrauch fast verhältnisgleich war. Dabei war es ohne Einfluß, ob die Leistung durch Aufladen oder durch Drehzahlsteigerung erreicht wurde.

Diese Versuche unterstrichen auch die Bedeutung hoher Kühlwassergeschwindigkeit an kritischen Stellen, wo der Wärmefluß stark ist, wie z. B. an einzelnen Stellen des Zylinderkopfes.

Auf der anderen Seite dürfen wir aber die Laufbuchsentemperatur nicht zu hoch ansteigen lassen, sonst haben wir mit Schwierigkeiten

15. Zylinderabnutzung

nicht nur durch übermäßige Abnutzung infolge von Abrieb und Abschliff zu rechnen, sondern auch durch zu hohe Kolbentemperaturen; denn wenn der Kolben nicht ölgekühlt ist, muß er den größten Teil seiner Wärme über die Zylinderwand übertragen.

Wir können die Abnutzung durch Korrosion bei jedem Anlassen dadurch verringern, daß wir etwas Schmieröl in den Zylinder spritzen,

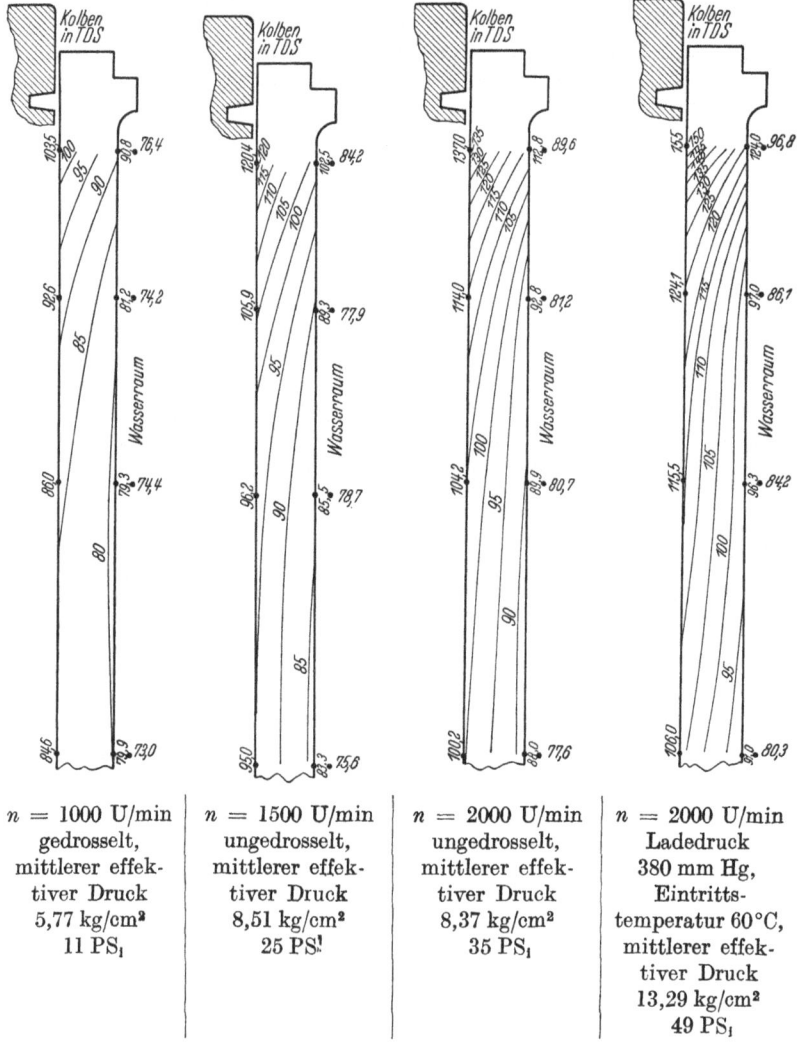

| $n = 1000$ U/min gedrosselt, mittlerer effektiver Druck 5,77 kg/cm² 11 PS$_i$ | $n = 1500$ U/min ungedrosselt, mittlerer effektiver Druck 8,51 kg/cm² 25 PS$_i$ | $n = 2000$ U/min ungedrosselt, mittlerer effektiver Druck 8,37 kg/cm² 35 PS$_i$ | $n = 2000$ U/min Ladedruck 380 mm Hg, Eintrittstemperatur 60°C, mittlerer effektiver Druck 13,29 kg/cm² 49 PS$_i$ |

Bild 15.4. Isothermen in der Zylinderlaufbuchse bei verschiedenen Versuchsbedingungen mit einer Wassergeschwindigkeit von 0,34 m/sek

Übersicht über die Versuche mit verschiebbaren Thermoelementen auf der nicht durch den Normaldruck belasteten Seite. Wärmeleitzahl der Zylinderlaufbuchse S 79 37,8 kcal/m h°.

Einfluß der Temperatur 265

um einen zusätzlichen Schutzfilm wenigstens für die ersten Arbeitsspiele zu schaffen. Da dies das Anfahren eines Dieselmotors aus dem kalten Zustand erleichtert, lohnt es sich auf jeden Fall.

Obwohl vergleichende Messungen des Zylinderverschleißes schwierig und mühsam sind und von einer sehr sorgfältigen Regelung der Temperatur und anderen Bedingungen abhängen, sind doch genügend Be-

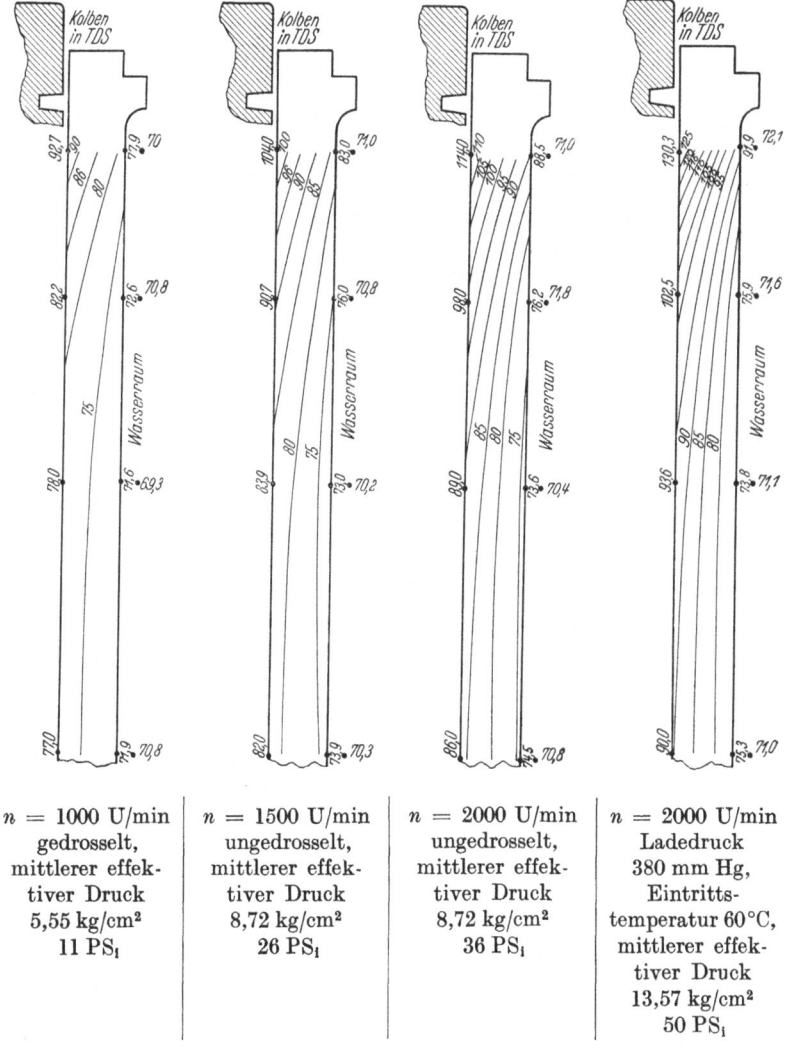

| $n = 1000$ U/min gedrosselt, mittlerer effektiver Druck 5,55 kg/cm² 11 PS$_i$ | $n = 1500$ U/min ungedrosselt, mittlerer effektiver Druck 8,72 kg/cm² 26 PS$_i$ | $n = 2000$ U/min ungedrosselt, mittlerer effektiver Druck 8,72 kg/cm² 36 PS$_i$ | $n = 2000$ U/min Ladedruck 380 mm Hg, Eintrittstemperatur 60 °C, mittlerer effektiver Druck 13,57 kg/cm² 50 PS$_i$ |

Bild 15.5. Isothermen in der Zylinderlaufbuchse bei verschiedenen Versuchsbedingungen mit einer Wassergeschwindigkeit von 2,86 m/sek

Übersicht über die Versuche mit verschiebbaren Thermoelementen auf der nicht durch den Normaldruck belasteten Seite. Wärmeleitzahl der Zylinderlaufbuchse S 79 37,8 kcal/m h °.

17a

weise dafür zusammengetragen worden, daß, um die geringste Abnutzung zu erzielen, die günstigste Temperatur an der Innenfläche der Laufbuchse ungefähr 140° C an der ungünstigsten, der kritischen Stelle beträgt. Oberhalb dieser Temperatur werden Abrieb und Abschliff bedenklich groß. Wenn wir auch die Temperatur der Laufbuchse ziemlich hoch halten möchten, so dürfen wir doch nicht die wirksame, gleichmäßige Kühlung außer acht lassen, wenn wir nicht mit anderen ernsten Schwierigkeiten rechnen wollen, wie Verziehen der Bohrung, festsitzenden Kolbenringen usw. Es kann nicht nachdrücklich genug betont werden, daß die Regelung der Laufbuchsentemperatur durch geeignete Regelung der Temperatur und der Strömung des Kühlmittels erreicht werden muß, aber nicht durch unvollkommene oder unsymmetrische Kühlung.

Einfluß des Werkstoffs und der Oberflächenbearbeitung. Außer von der Regelung der Temperatur hängt viel ab von:

1. der Wahl der Werkstoffe für die Laufbuchsen und Ringe,
2. der Art der Fertigbearbeitung.

Für die meisten handelsüblichen Zwecke zieht man gewöhnlich Gußeisen für die Zylinderlaufbuchse vor, weil es in der Tat mehrere sehr wichtige Vorteile hat. Nicht der kleinste Vorteil ist seine Porosität. In die Poren setzt sich Schmieröl, das freigegeben wird und heraussickert, sobald der Druck auf die Oberfläche nachläßt. So benetzt und schützt das Öl die Oberfläche, die sonst entblößt wäre. Je poröser das Gußeisen ist, um so besser ist es unter diesem Gesichtspunkt. Der alte Glaube, daß ein Gußeisen mit dichtem Korn für Zylinder oder Laufbuchsen erforderlich sei, ist nur schwer auszurotten; in Wirklichkeit ist dies die allerletzte Qualität, die wir gebrauchen können. Ein anderer großer Vorteil des Gußeisens ist seine verhältnismäßige Unempfindlichkeit gegen Abrieb, Aufrauhen oder Fressen. Der Verfasser veranschaulicht sich gern das Gußeisen als einen Metallschwamm, der unzählig viele Zellen freien Graphits enthält. Sobald ein merkliches Abreiben oder Scheuern eintritt, werden eine oder mehrere dieser Zellen freigelegt und geben Graphit ab, der als wirksames Schmiermittel dient.

Nach der Erfahrung des Verfassers scheint das beste Gußeisen für Zylinderlaufbuchsen ein phosphorreiches Eisen mit etwa 1,0% Phosphor zu sein. Wieweit die verhältnismäßige Unempfindlichkeit dieses Werkstoffs gegen Abnutzung an der Porosität liegt oder an dem Widerstand gegen Korrosion, ist ungewiß.

Die Erfahrungen mit austenitischen Gußeisensorten, die besonders korrosionsfest sein sollten, haben im großen ganzen dadurch enttäuscht, daß ihre tragende Oberfläche unbefriedigend zu sein scheint, so daß starker Verschleiß oder selbst Fressen des Kolbens auftritt.

Einfluß des Werkstoffs und der Oberflächenbearbeitung

Wenn das Gewicht ein Hauptgesichtspunkt wird wie bei Flugmotoren, sind wir gezwungen, Laufbuchsen aus Stahl zu benutzen, und hier treffen wir auf eine Anzahl Fragen wie die Oberflächenhärte und die Feinbearbeitung der Oberfläche.

Verwenden wir einen vergüteten, aber nicht oberflächengehärteten, unlegierten Kohlenstoffstahl mit einer normalen, glatten Oberfläche, so stehen wir vor der Schwierigkeit, daß:

1. die Oberflächenhärte nicht ausreicht, um dem Abschliff zu widerstehen oder zu den gußeisernen Kolbenringen zu passen, so daß starker Abrieb, Aufrauhung und sogar Fressen des Kolbens eintreten,

2. er wegen des Mangels an Poren keinen Schmierölvorrat unter seiner Oberfläche halten kann, um sich gegen Korrosion zu schützen, so daß der Verschleiß durch Abrieb und Korrosion groß wird.

Solange die höchsten Gasdrücke einigermaßen niedrig sind, d. h. unter etwa 42 bis 49 kg/cm^2 liegen, und das obere Ende der Laufbuchse gut gekühlt wird, ist der Abrieb nicht bedeutend, aber die Abnutzung durch Korrosion ist viel größer als bei einem normalen Gußeisen.

Einsatzhärtung oder noch besser Nitrieren schützen gegen Abrieb und Abschleifen, aber nicht gegen Korrosion. Dies ist indessen noch nicht alles; wenn eine harte, undurchdringliche Oberfläche sehr glatt bearbeitet oder fein poliert ist, wird das Öl sie nicht benetzen und sich nicht über sie ausbreiten, und trockne Flecke oder Streifen werden Fressen des Kolbens verursachen. Daher ist es üblich geworden, bei oberflächengehärteten Stahllaufbuchsen eine seidige, matte Oberfläche anzuwenden; d. h. die Bohrung wird nach dem Schleifen geätzt oder mit einem recht groben Schleifstein gehont, wodurch die Oberfläche in unzählige kleine Rinnen aufgebrochen wird, in denen sich das Öl halten kann, so daß man die Verhältnisse nachahmt, die wir bei einem porösen Gußeisen erhalten. Die so bearbeitete Bohrung erscheint stumpfmattgrau und widersteht allen drei Arten der Abnutzung. Die Meinung, daß eine sehr glatte, hochglanzpolierte Oberfläche wünschenswert sei, hat man seit langem aufgegeben. Heute wissen wir, daß man dergleichen bei Stahllaufbuchsen nicht anstreben soll. Bei gußeisernen Laufbuchsen, deren Oberfläche von Natur porös ist und das Öl daher zurückhält, ist die Art der Feinbearbeitung verhältnismäßig unwichtig.

Die Bedeutung der Oberflächenbearbeitung trat stark in den Vordergrund, als etwa 1930 das Verchromen befürwortet wurde. Wenn man die Bohrung in der üblichen Weise mit hartem, ganz undurchdringlichem Chrom überzog, so nahm sie sehr bald Hochglanz an; auf dieser sehr harten, polierten Oberfläche wollte sich aber das Öl nicht ausbreiten, und oft fraßen die Kolben. Dies führte zur Anwendung eines etwas porösen Niederschlages von verhältnismäßig weichem Chrom,

15. Zylinderabnutzung

der sich als viel befriedigender erwies, obwohl auch er zuweilen Hochglanz annahm. Als nächster Schritt wurde der Chromniederschlag nach dem Feinschleifen oder Honen zum Teil entfernt, indem man die Laufbuchse wieder in das Chrombad setzte, aber dabei die Stromrichtung umkehrte. Dadurch änderte man nicht merklich die Abmessungen, aber die Oberfläche wurde pockennarbig mit zahllosen kleinen, aber tiefen Grübchen, die dem Schmieröl als Haftmittel und Speicher dienten. Die so behandelte verchromte Oberfläche hat sich als bemerkenswert erfolgreich erwiesen, denn sie ist hart genug, um dem Abschliff zu widerstehen, und hinreichend gut durch das Öl gegen Korrosion und Abrieb geschützt. Wenn das Verfahren richtig durchgeführt wird, sollte ein in dieser Weise behandelter Zylinder oder eine Laufbuchse nur etwa ein Viertel der Abnutzung eines guten Gußeisens zeigen; sie wird in der Tat eine so lange Lebensdauer haben, daß auswechselbare Laufbuchsen unnötig werden. Ein derartiger Überzug ist natürlich sehr spröde und eignet sich daher nicht für sehr dünne Laufbuchsen, etwa für Flugmotoren, die sich etwas verformen. Es ist außerdem bewiesen, daß ein poröser Chrom-Zylinder oder eine -Laufbuchse besser etwas kühler gefahren wird als eine gußeiserne oder stählerne Laufbuchse, weil wahrscheinlich bei Verwendung von Chrom Abrieb oder Abschliff oder beide stärker zerstörend wirken als die Korrosion.

Während der lange Zeit zurückliegenden Versuche mit Einschieber-Steuerung, die in diesem Buch an anderer Stelle beschrieben sind, wurde beobachtet, daß die Abnutzung des Schiebers innen und außen bemerkenswert gering war. Vergleichversuche zwischen einem schiebergesteuerten und einem ventilgesteuerten Motor gleicher Abmessungen, bei denen der Schieber des einen und die Laufbuchse des anderen aus genau dem gleichen Gußeisen hergestellt waren, zeigten, daß die Abnutzung des Schiebers auf der Innenseite nur ein Zehntel der Abnutzung der feststehenden Laufbuchse betrug, während die Abnutzung auf der Außenseite zu vernachlässigen war. Es wurde auch beobachtet, daß die charakteristische Gestalt der abgenutzten Flächen ganz verschieden war, denn es gab keine scharf ausgeprägten Gruben, und die Abnutzung war über den ganzen Weg der Kolbenringe verteilt, obwohl sie natürlich am oberen Ende etwas größer als am unteren Ende war. Diese oft wiederholte und bestätigte Beobachtung führte zu der Theorie, daß es in erster Linie die Korrosion ist, welche die Abnutzung in ventilgesteuerten Motoren beeinflußt. Daß offenbar keine solche Abnutzung beim Schieber auftritt, ist wahrscheinlich dadurch zu erklären, daß immer eine Relativbewegung zwischen Kolbenringen und Schieber vorhanden ist. Daher tritt wohl immer reine Flüssigkeitsreibung während des ganzen Arbeitsspiels auf, und kein Teil der Bohrung bleibt ohne den Schutz eines Ölfilms, der hinreichend stark ist, um gegen Abnutzung durch Korrosion oder Abrieb zu schützen. In dem Einzelschieber mit zugleich drehender und hin und her gehender Bewegung hat jeder Punkt des Schiebers eine fast gleichmäßige Geschwindigkeit während des ganzen Arbeitsspieles. Diese Geschwindigkeit beträgt bei einem Viertaktmotor etwa 25% der mittleren Kolbengeschwindigkeit. So scheint bei allen normalen Betriebsdrehzahlen und Drücken stets eine hinreichend große Relativbewegung zwischen dem Schieber und dem Kolben und seinen Ringen vorhanden zu sein, um Flüssigkeitsreibung aufrechtzuerhalten. Diese alten Beobachtungen sind weitgehend bestätigt worden durch das Verhalten einer beträchtlichen Anzahl schnellaufender schiebergesteuerter Dieselmotoren, die 20 Jahre lang dauernd als Hilfsmotoren an Bord, in Pump- und Elektrizitätswerken in Betrieb waren. Alle diese Motoren sind mit gußeisernen Schiebern der gleichen Zusammensetzung ausgerüstet, wie sie gewöhnlich für Zylinderlaufbuchsen benutzt wird. Soweit der Verfasser feststellen konnte, wurde noch kein einziger Fall berichtet, daß ein Schieber wegen Abnutzung erneuert oder nachgeschliffen werden mußte, obgleich viele dieser Schieber über 60000 Stunden Laufzeit hinter sich haben und noch nicht so stark abgenutzt sind, daß der Schmierölverbrauch oder das leichte Anlassen ungünstig beeinflußt worden wären.

Sechzehntes Kapitel

Kolben-Flugmotoren

Der Verfasser beabsichtigt nicht, in diesem Buch die Gasturbine zu besprechen, denn dies Gebiet ist außerordentlich groß und überdies eines, das während der letzten Jahre gründlich, und zwar von vielen ersten Fachleuten behandelt worden ist. Es genüge zu sagen, daß die Gasturbine, ob ihre Energie nun benutzt wird, um eine Luftschraube zu treiben, oder einfach in einem Strahltriebwerk, den Kolbenmotor in fast allen Militärflugzeugen verdrängt hat und wahrscheinlich auch für einen großen Teil der Zivilluftfahrt in den nächsten Jahren verdrängen wird. Das ist wenigstens die gegenwärtige Meinung in England, wo die Entwicklung der Turbine für den Flugzeugantrieb schon sehr weit vorgeschritten ist und wo keine weitere Entwicklung von Hochleistungs-Kolbenmotoren außer als Hochdruckteil einer Verbund-Turbinenanlage geplant ist. In Amerika scheint der große Kolbenmotor noch beliebt zu sein, und man ist noch eifrig damit beschäftigt, einige neue Bauarten von Hochleistungs-Kolbenmotoren zu entwickeln.

Man erinnere sich, daß in England alle Forschungs- und Entwicklungsarbeiten an Flugmotoren während der letzten Jahre entweder im

Krieg selbst oder unter den Schatten der sich auftürmenden Kriegswolken durchgeführt worden sind, so daß stets die militärischen Forderungen im Vordergrund standen. Alle für Forschung und Entwicklung verfügbaren Gelder mußten für diese Seite des Problems angelegt werden.

Das Militär fordert die größtmögliche Leistung bei geringstem Gewicht und Volumen des Motors, während andere Überlegungen, wie wirtschaftlicher Kraftstoffverbrauch oder sogar Betriebssicherheit, die beide in der Zivilluftfahrt lebenswichtig sind, erst an zweiter Stelle stehen. Für den Kriegsflieger hängt die Sicherheit vor allem von seiner Fähigkeit ab, seinen Feind zu überwinden, und dem ist alles andere nachgeordnet. Wirtschaftlicher Kraftstoffverbrauch wird natürlich dort wichtig, wo sehr große Flugstrecken gefordert werden. Da aber das Erreichen der größtmöglichen Leistung einen hohen thermischen Wirkungsgrad bezogen auf den Luftverbrauch verlangt, ist es immer leicht, wenn auch auf Kosten der Höchstleistung, nötigenfalls den Wirkungsgrad auf den Kraftstoffverbrauch auszurichten.

Besonders vom militärischen Gesichtspunkt aus ist kleinstes Gewicht und Volumen des Motors anzustreben, und hier schlugen wir in England eine Politik ein, die sich von der aller anderen kriegführenden Nationen unterschied. Denn wir strebten immer nach sehr hohen Geschwindigkeiten und richteten unser Augenmerk in erster Linie auf ein kleines Volumen, besonders auf kleinen Stirnquerschnitt. Daher richteten wir unsere Anstrengungen auf die Entwicklung kleiner schnelllaufender Motoren mit sehr hohen Drücken, während alle anderen Länder ihr Augenmerk auf die verhältnismäßig große, langsamlaufende Bauart mit niedrigem Druck richteten. Wir gewannen dadurch nur wenig an Leistung je Gewichtseinheit, denn die kleinen Motoren mußten verhältnismäßig steifer sein, um den höheren Gasdrücken und Massenkräften zu widerstehen, aber wir gewannen viel an Verringerung des Stirnquerschnitts. Damit wählten wir den schwierigeren Weg, aber unsere Politik wurde voll gerechtfertigt während des Luftkampfes um Großbritannien und nachher. Im allgemeinen war der Raumbedarf britischer Motoren nur etwa 70% des Volumens anderer Motoren gleicher Bauart und Leistung, und der Stirnquerschnitt war sogar noch geringer. Dies wurde erreicht durch viel höhere mittlere effektive Drücke von ungefähr 24,6 bis 28,1 kg/cm^2 bei flüssigkeitsgekühlten Motorenbauarten für Kampfflugzeuge und 17,6 bis 19,7 kg/cm^2 bei luftgekühlten Motoren mit Kolbengeschwindigkeiten von 15 m/sek und mehr.

Der berühmte Motor Rolls-Royce „Merlin" (Bilder 16.1 und 16.2), der die meisten unserer Jäger und auch viele amerikanische und russische Flugzeuge antrieb, war vielleicht das hervorragendste Resultat dieser Überlegungen. Vor Kriegsende hatte dieser Motor, der 1932 bis 1933

Bild 16.1. Rolls-Royce „Merlin"

Bild 16.2. Rolls-Royce „Merlin"

entworfen wurde und nur 27 Liter Hubvolumen hatte, im Versuch eine Kampfleistung von nicht weniger als 2372 PS_e bei 3000 U/min erreicht, entsprechend einem mittleren indizierten Druck von 33,4 kg/cm^2, und eine Höchstleistung von 2656 PS_e oder fast 100 PS_e je Liter Hubvolumen.

Obwohl der moderne Kolben-Flugmotor in naher Zukunft durch die Turbine verdrängt werden dürfte, stellt er wahrscheinlich die vortrefflichste Ausführung dar, die je auf irgendeinem Gebiet des Maschinenbaus erreicht wurde, denn er ist das beste Beispiel dafür, was durch enge Zusammenarbeit des Naturwissenschaftlers mit dem praktischen Ingenieur vollendet werden kann, wenn sie in vollkommener Eintracht zusammenarbeiten.

In jedem erfolgreichen Beispiel findet man, daß der wirkliche Konstrukteur eines solchen Motors weder ein großer Naturwissenschaftler noch ein erfahrener Maschinenbauer ist, sondern ein Künstler mit dem Temperament und dem Anschauungsvermögen eines Künstlers, der dennoch bereit ist, jede Hilfe, die ihm der Naturwissenschaftler und der praktische Maschinenbauer geben können, zu werten und anzunehmen, und der imstande ist, die einander widersprechenden Forderungen zu einem vollkommenen Kunstwerk zu verschmelzen. Solche Männer sind selten, sie können in jedem Land fast an den Fingern einer Hand abgezählt werden. Zweifellos war der größte von ihnen der verstorbene Sir HENRY ROYCE.

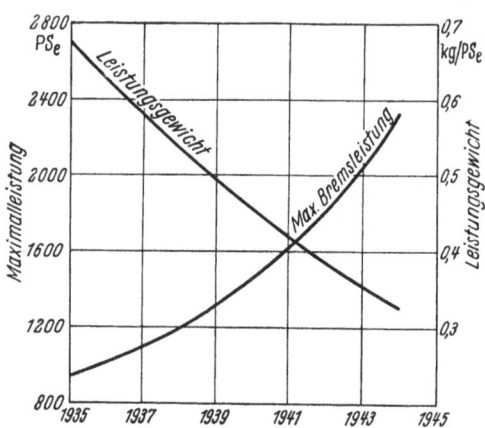

Bild 16.3. Anwachsen der Prüfstand-Höchstleistung des Motors Rolls-Royce „Merlin" in der Zeit von 1935 bis 1945

Nachdem einmal die Grundlage der Konstruktion herausgearbeitet ist, geht die spätere Entwicklung in Stufen vor sich, die nur möglich werden durch gründliche Erfahrung in den Methoden und durch genaueste Beachtung der Einzelheiten und Herstellungsverfahren. Aber sogar auf einem so schnell sich entwickelnden Gebiet wie der Luftfahrt überdauert eine gesunde Konstruktion, die sich einmal durchgesetzt hat, mit sehr wenigen in die Erscheinung tretenden Änderungen 15 Jahre oder mehr. Aber ihre Leistung wird während dieser Zeit im allgemeinen um das Zwei- bis Dreifache gesteigert, wenn bessere Kraftstoffe, Werkstoffe und Herstellungsverfahren zur Verfügung stehen. Als Beispiel zeigt Bild 16.3 die stetige Verbesserung der Höchstleistung des Motors Rolls-Royce „Merlin" seit 1935.

Es ist kaum möglich, irgendein Merkmal oder eine Entdeckung zu nennen, die allein für sich die Leistung des Flugmotors umwälzend geändert hätte. Die fortschreitenden Verbesserungen des Kraftstoffes mit dem Ziel, die Klopfneigung herabzusetzen, haben mehr als alles andere die hohe Leistung des modernen Motors ermöglicht. Seit man vor dem Krieg 1914 erkannt hatte, daß das Klopfen die erreichbare Leistung begrenzte, und zwar damals eine sehr niedrige Grenze zog, ist die Kraftstofforschung angestrengt vorwärtsgetrieben worden, und der Ingenieur hat jede Verbesserung voll ausgenutzt, um in erster Linie das Verdichtungsverhältnis zu steigern und damit den thermischen Wirkungsgrad und sodann den mittleren effektiven Druck durch Aufladen weiter zu vergrößern, nachdem das Verdichtungsverhältnis seine praktische Grenze erreicht hatte. Eine Erhöhung der Oktanzahl von 66 auf 100 ermöglicht fast eine Verdreifachung des mittleren effektiven Druckes, aber dabei werden die Höchstdrücke und der Wärmefluß mehr als verdoppelt. Während der letzten 30 Jahre war es ein scharfer Wettstreit zwischen dem Chemiker und dem Ingenieur; zuweilen war der Chemiker im Vorsprung, und der Ingenieur mußte sich sehr anstrengen, seine Konstruktion zu verstärken und die Kühlung seines Motors zu verbessern, um den besseren Kraftstoff voll ausnutzen zu können; zu anderen Zeiten war der Ingenieur in Führung. Es erwies sich als eine kluge Voraussicht, daß man vor mehr als 20 Jahren, entsprechend den Forschungsarbeiten am Dieselmotor, die Entwicklungsversuche an Flugmotoren mit besonders vorbereiteten Kraftstoffen durchzuführen empfahl, deren Oktanzahl wesentlich über der lag, die zu jener Zeit für den Betrieb zur Verfügung stand. So wurden die Motoren im voraus Drücken und Wärmeflüssen ausgesetzt, die mit den Beanspruchungen vergleichbar waren, mit denen die Motoren in nicht sehr ferner Zukunft zu tun haben würden. So wurden viele Schwächen und Unzulänglichkeiten, die sich sonst nicht gezeigt hätten, entdeckt und beseitigt, bevor die Großserienherstellung begonnen hatte. Vom Standpunkt der Festigkeit aus lag der Fortschritt darin, daß man schrittweise jedes schwache Glied verstärkte, wenn es unter der stetig zunehmenden Beanspruchung versagte. Eine Zeitlang waren die Auslaßventile der Engpaß, aber die Natriumkühlung und Stellit, Brightray oder ähnliche Werkstoffe für die Dichtflächen der Ventilteller und die Sitze beseitigten dieses Hemmnis. Dann kamen die Lager, als die Höhe der Belastung über die Tragfähigkeit der gewöhnlichen Weißmetallausgüsse hinausging und besondere Werkstoffe, wie Kupfer-Blei, Cadmium-Nickel oder Silber-Blei, die neue Verfahren erforderten, an die Stelle treten mußten. Aber immer ist der Kolben das schwächste Glied gewesen; hier hat die Einzelteilkonstruktion durch bessere Anordnung des Werkstoffs zwecks Verteilung der Spannungen und Abfuhr der

Wärme und durch Anwendung der Ölkühlung viel getan, die Verhältnisse zu bessern. Aber was den Kolben anbelangt, so war nach Meinung des Verfassers der weitaus größte Gewinn die Einführung des Trapezkolbenringes durch NAPIER vor 25 Jahren.

Hier konnten nur wenige der zahllosen Schritte zur Leistungsverbesserung eines vorhandenen Motors erwähnt werden. Man kann wohl mit Recht sagen, daß in 10 Jahren angespannter Entwicklung fast jeder einzelne beanspruchte Teil jedes in Betrieb gekommenen Flugmotors nicht einmal, sondern viele Male geändert worden ist. Dies mußte, besonders in der Kriegszeit, behutsam geschehen, um die Fabrikation möglichst wenig zu stören.

Luftkühlung gegen Flüssigkeitskühlung. Seit dem Tage, an dem das erste Flugzeug aufstieg, hat der Streit nicht aufgehört, ob die Luft- oder die Flüssigkeitskühlung vorzuziehen sei. Die Vertreter der Luftkühlung fragten eigentlich recht logisch: „Welchen Sinn hat es, als Vermittler eine Flüssigkeit einzuführen, die den Motor leichter verletzbar macht und Schwierigkeiten mit den Rohrleitungen verursacht, da die Verlustwärme schließlich doch auf jeden Fall von der Luft abgeführt werden muß?" Dagegen kann man anführen, daß nur die Verdampfungswärme einer Flüssigkeit befriedigend mit dem heftigen Wärmefluß in dem Zylinder eines Verbrennungsmotors fertig werden kann, da dieser Wärmefluß an bestimmten Stellen stark konzentriert ist. Man kann ferner anführen, daß der Kühlwiderstand übermäßig groß wird oder die Leistung beträchtlich niedriger als bei einem flüssigkeitsgekühlten Motor werden muß, wenn die Wärme von den heißen Stellen nur durch den Luftzug abgeführt wird. Wo sehr hohe Geschwindigkeiten verlangt werden, wird heute allgemein zugegeben, daß der flüssigkeitsgekühlte Motor mit seiner viel höheren Leistung und seinem niedrigeren Kühlerwiderstand vorzuziehen ist trotz der Bedenken gegen die Empfindlichkeit, die Rohrleitungen und das Einfrieren. Aber bei Maschinen mit mäßiger Geschwindigkeit, bei denen eine verhältnismäßig große Stirnfläche und Kühlerwiderstand zugelassen werden können, ist Luftkühlung vorzuziehen. In bezug auf das Gesamtgewicht je Leistungseinheit ist der Unterschied nicht groß; im allgemeinen ist das Gewicht je PS beim flüssigkeitsgekühlten Motor einschließlich Kühler und Kühlflüssigkeit niedriger.

Schieber. Im Gegensatz zu den anderen Kriegführenden haben wir in England den Steuerschieber für luft- und flüssigkeitsgekühlte Motoren gewählt. Als Beispiele für die Luftkühlung dienen die Bristol-Motoren „Hercules" (Bilder 16.4 und 16.5), „Centaurus" und andere, für die Flüssigkeitskühlung der Napier „Sabre" (Bilder 16.6 und 16.7) und später der Rolls-Royce „Eagle" (Bilder 16.8 und 16.9). Tatsächlich waren der Rolls-Royce „Merlin" und „Griffon" ungefähr die ein-

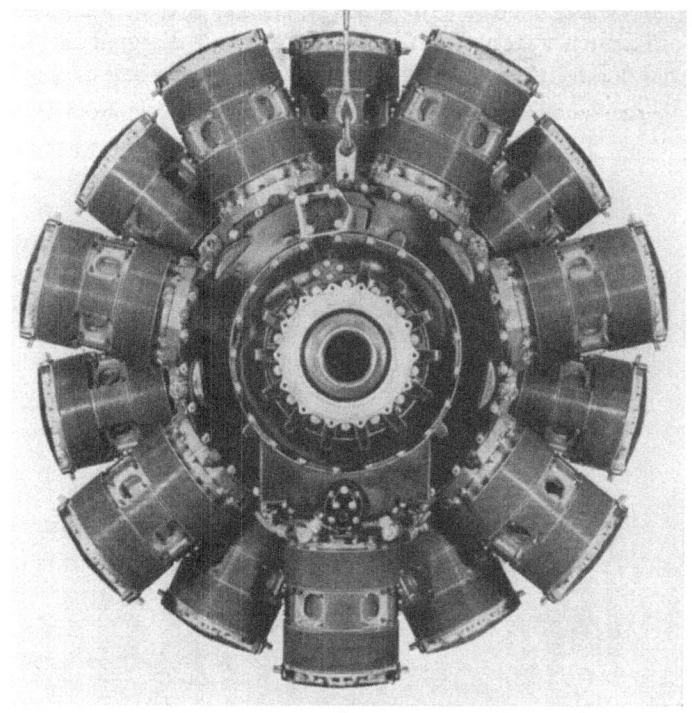

Bild 16.4. Bristol „Hercules"

Bild 16.5. Bristol „Hercules"

zigen Motoren mit Ventilen für Militärflugzeuge, die in England 1945 noch am Leben waren. Vor über 30 Jahren, als die gründliche Erforschung der Kraftstoffe und der Brennraumformen einsetzte, erkannte man, daß die Schiebersteuerung, die keine heißen Auslaßventile hatte,

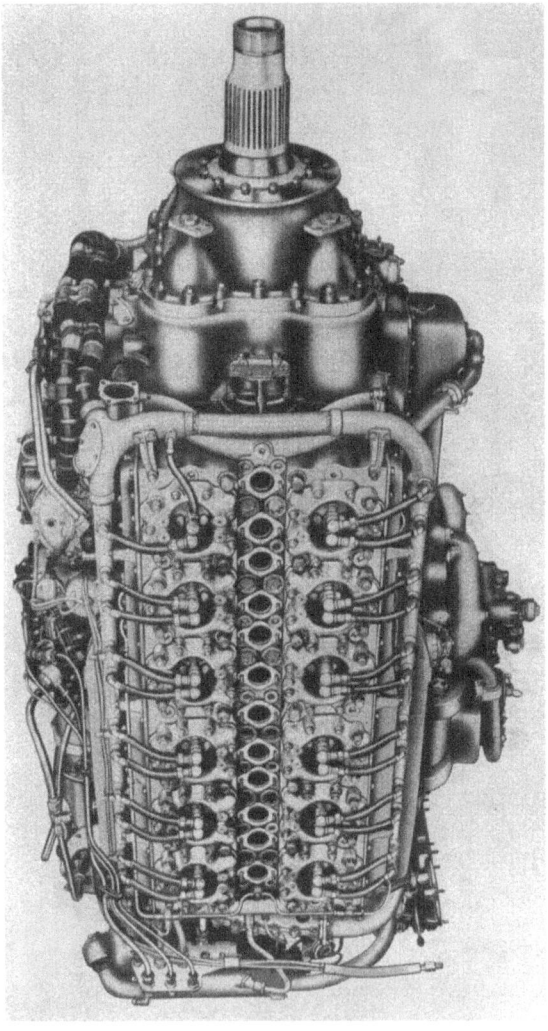

Bild 16.6. Napier „Sabre"

gegen die Wirkungen der Bleivergiftung unempfindlich war und eine gedrängte Brennraumform mit zentraler Anordnung der Zündkerze ergab, eine beträchtlich höhere Leistung ermöglichen würde, bevor Klopfen eintrat. Sie hatte auch den wichtigen Vorteil, daß der Stirnquerschnitt erheblich verringert werden konnte, da sich über dem Kolben weniger verwickelte Bauteile befanden. Eine eingehende Untersuchung der verschiedenen möglichen Schieberformen wurde durchgeführt, und der Einzelschieber mit gleichzeitig hin und her gehender und drehender Bewegung, wie er BURT und McCOLLUM vor fast 50 Jahren patentiert war, galt als der aussichtsreichste. Vorversuche zeigten, daß bei Kraftstoffen mit gleicher Oktanzahl ein Schiebermotor mit

Bild 16.7. Napier „Sabre"

einem um Eins höheren Verdichtungsverhältnis arbeiten konnte als ein sonst ähnlicher Ventilmotor, oder er konnte mit einer entsprechend höheren Aufladung betrieben werden. Er konnte auch, wenn nötig, einen viel höheren Bleigehalt vertragen. Damals lag die Oktanzahl der Kraftstoffe sehr niedrig, und Blei war fast das einzige Mittel, sie beträchtlich zu heben, so daß der erreichte Vorteil sehr wichtig war. Außerdem hat sich gezeigt, daß der Schieber eine Reihe von kleineren Vorteilen hat, die in den Kapiteln über die Schieberentwicklung besprochen werden.

Der erste vollkommen schiebergesteuerte Flugmotor, der in Betrieb kam, war der Bristol „Perseus", ein luftgekühlter Einsternmotor. Nach den üblichen Kinderkrankheiten gab er eine sehr gute Leistung, und ihm folgten eine Reihe von Doppelsternmotoren, der „Taurus", „Hercules" und „Centaurus". Der Verfasser hatte stets das Gefühl, daß der Schieber sich in einem flüssigkeitsgekühlten Motor als vorteilhafter erweisen würde wegen der Schwierigkeit, bei Luftkühlung die Wärme aus den tief eingezogenen Zylinderköpfen abzuführen. Die Bristol Aeroplane-Gesellschaft löste nach langen Versuchen diese schwierige Frage durch einen zweiteiligen Kopf mit kupfernen Kühlrippen (Bild 16.10).

Als nächste trat die Napier-Gesellschaft mit dem „Sabre" auf, einem flüssigkeitsgekühlten 24-Zylinder-Motor, der von Major F. B. HALFORD entworfen wurde, um den Vorteil des Schiebers in bezug auf äußerst gedrängte Bauart voll auszunutzen. Dieser Motor trieb die Flugzeuge „Typhoon", „Tempest" und „Fury", von denen die „Fury" eine Geschwindigkeit von über 772 km/h in 6100 m Höhe erreichte. Der Motor gab eine Start- und Kampfleistung von nicht weniger als 3090 PS_e bei 3850 U/min her und hat bewiesen, daß er dauernd 3650 PS leisten konnte.

Schließlich verdient der 3500 PS Rolls-Royce „Eagle" erwähnt zu werden, ein Motor im allgemeinen ähnlicher Konstruktion, aber von etwas größeren Abmessungen als der „Sabre".

Obwohl der schiebergesteuerte Flugmotor erst während des letzten Krieges in Großserien hergestellt wurde, sind doch während der Jahre 1939 bis 1945 über 200 000 000 PS an schiebergesteuerten Hochleistungsflugmotoren in Großbritannien gebaut worden.

Bild 16.8. Rolls-Royce „Eagle"

Zylinderanordnung. Für Flugmotoren großer Leistung konnten in den letzten 30 Jahren zwei Arten der Zylinderanordnung als Norm in der ganzen Welt angesehen werden, nämlich die radiale Zylinderanordnung luftgekühlter Motoren mit einem oder mehreren Sternen und für flüssigkeitsgekühlte Motoren der Zwölfzylinder-V-Motor entweder stehend oder hängend. Auf den ersten Blick scheint es, daß jener mit seiner sehr kurzen Kurbelwelle und gedrängten Kurbelkammer die leichtest mögliche Bauart ergeben sollte; in der Praxis hat er jedoch immer enttäuscht. Er bleibt der leichteste in kg je Einheit des Hubvolumens, aber nicht je PS, da die Beschränkungen, die aus der Luftkühlung und der konzentrierten Belastung der Kurbelzapfen entstehen, dazu gezwungen haben, diese Motoren mit niedrigeren Drücken zu betreiben.

Bild 16.9. Rolls-Royce „Eagle"

Die britische Politik der Konzentrierung auf hohe Drücke und hohe Drehzahlen begünstigte die Anwendung vieler kleiner Zylinder und war der Anstoß zur Entwicklung des sogenannten H-Motors, der in Wirklichkeit aus zwei übereinandergelegten, waagerecht angeordneten Zwölfzylindermotoren mit gemeinsamem Kurbelgehäuse besteht. Diese Anordnung mit der Verwendung von Schiebern ergibt eine bemerkenswert gedrängte und steife Bauart mit sehr kleinem Stirnquerschnitt, wofür die Motoren Napier „Sabre" und Rolls-Royce „Eagle" Beispiele sind. Bild 16.11 in der Tasche am Schluß des Buches zeigt einen Querschnitt des Motors „Sabre".

Dieselmotoren. Sehr bald nach dem Kriege 1914/18 veranlaßte das Luftfahrtministerium eine Untersuchung über die Möglichkeiten des

280 16. Kolben-Flugmotoren

Flugzeugantriebes durch den Dieselmotor, der Schweröl benutzte. Im Jahr 1921 hatte das britische Luftfahrtinstitut seinen größten Einzylinder-Versuchsflugmotor umgebaut, und es war gelungen, bei einer Kolbengeschwindigkeit von 12,2 m/sek eine Leistung zu erreichen, die mit der Leistung damaliger Flugmotoren gut vergleichbar war, und zwar mit einem Kraftstoffverbrauch, der ebenso niedrig oder niedriger war als der großer stationärer oder Schiffsdieselmotoren zu jener Zeit. Diese wirklich bemerkenswerte Ausführung ist nie so gewürdigt

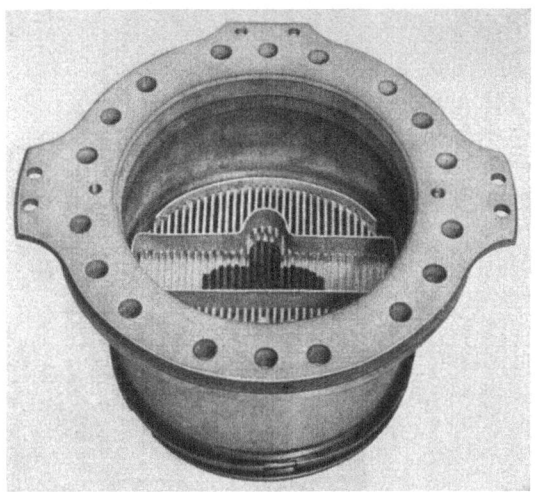

Bild 16.10. Zweiteiliger Zylinderkopf mit kupfernen Kühlrippen

und bekannt geworden, wie sie es verdiente, denn sie zeigte zum erstenmal, daß ein Dieselmotor auch leicht gebaut werden und mit sehr gutem Wirkungsgrad bei einer Kolbengeschwindigkeit arbeiten konnte, die alles weit übertraf, was bis dahin erreicht worden war.

Dieser Versuchsmotor begeisterte und ermutigte indessen andere, das gleiche Ziel zu verfolgen, und etwa 1928 war die Forschungs- und Entwicklungsarbeit so weit gediehen, daß mehrere Versuchsflugmotoren in voller Größe, und zwar luftgekühlte Radialmotoren und flüssigkeitsgekühlte V-Motoren mit Schieber- und Ventilsteuerungen konstruiert und gebaut werden konnten. Damals war die Leistung der Benzinmotoren durch die niedrige Oktanzahl des verfügbaren Kraftstoffes noch sehr begrenzt, und die Schweröl-Dieselmotoren schienen sogar im Leistungsgewicht gut wettbewerbsfähig zu sein und waren in bezug auf den Kraftstoffverbrauch natürlich weit günstiger. Aber zu der Zeit, als diese Motoren fertig waren und ihre Kinderkrankheiten hinter sich hatten, war die Oktanzahl des Benzins so sehr verbessert worden, und mit ihr die Leistung des Benzinmotors gestiegen, daß die Vorteile des Dieselverfahrens zurücktraten. Es folgte in den nächsten 5 Jahren ein scharfes Rennen, bei dem die Leistungssteigerungen des Dieselmotors mit denen des Benzinmotors und seines Kraftstoffes gerade ungefähr Schritt hielten.

Gegen Ende der dreißiger Jahre wurde indessen der wirkliche oder mögliche Anstieg der Oktanzahl des Benzins steiler, so daß die Leistung des Benzinmotors einen solchen Vorsprung gewann, daß der Dieselmotor kaum hoffen konnte, ihn einzuholen. Denn man hat zu beachten, daß der Dieselmotor, im Gegensatz zum Benzinmotor, wenig durch eine Verbesserung seines Kraftstoffes zu gewinnen hatte, da das Klopfen für ihn wegfällt. Weil man dies wußte und weil die Kriegsgefahr immer näher rückte, wurde die weitere Entwicklung des Dieselflugmotors aufgegeben oder doch als wenig wichtig zurückgestellt. Ebenso entwickelten sich die Ereignisse in anderen Ländern, besonders in Amerika, wo die Packard-Gesellschaft einen sehr guten luftgekühlten Sternmotor entwickelt hatte und in die Kleinserienfertigung gegangen war, und in Deutschland, wo Junkers viel für die Entwicklung und Serienherstellung des Zweitakt-Gegenkolbenmotors geleistet hatte.

Kraftstoffeinspritzung. Obwohl die am Viertakt-Dieselmotor begonnene Arbeit erfolglos geblieben ist, soweit sie den Flugzeugantrieb betraf, erwies sie sich auf anderen Gebieten als höchst wertvoll, denn sie regte die Entwicklung des leichten, schnellaufenden Dieselmotors für den Straßenverkehr und andere ähnliche Zwecke in starkem Maß an. Zugleich lenkten die höheren Gasdrücke die Aufmerksamkeit auf schwache Stellen der Konstruktion des Benzinflugmotors. So konnten die Schwächen zu einer Zeit beseitigt werden, als verbesserte Kraftstoffe die Benzinmotoren ebenso hohen und noch höheren Drücken unterwarfen. Außerdem wurde die Technik der Kraftstoffeinspritzung, von der der Erfolg des Dieselmotors abhängt, während der ersten Zeit der Entwicklung des schnellaufenden Dieselmotors ausgearbeitet und vervollkommnet und von den Deutschen bei ihren Benzinflugmotoren angewandt.

Auch hierbei herrschte lebhafte Meinungsverschiedenheit darüber, ob die Kraftstoffeinspritzung, bei welcher der Brennstoff jedem Zylinder einzeln zugemessen wird, oder der Vergaser vorzuziehen sei.

Die Kraftstoffeinspritzung hat bestimmte Vorteile, z. B. eine gleichmäßigere Verteilung des Kraftstoffes auf die einzelnen Zylinder und, was fast ebenso wichtig ist, eine richtige Bleizuteilung. So wird insgesamt ein niedrigerer Kraftstoffverbrauch erreicht und die Gefahr von Bleiablagerungen in einem oder mehreren Zylindern verringert. Da nur Luft vom Lader geliefert wird, hat die Einspritzung weiter den Vorteil, daß man durch große Überdeckung der Öffnungszeiten der

Ein- und Auslaßventile die Zylinder spülen und so die Leistung um etwa 10% steigern kann. Diesen Vorteilen steht gegenüber, daß die Verdampfung des Kraftstoffes im Lader die Leistung verbessert. Dies ist eine sehr wichtige Überlegung, wenn sehr hohe Aufladungen angewandt werden, wie es in England üblich ist. Außerdem wird es bei äußerer Gemischbildung möglich, nach Wunsch sehr reiche Mischungsverhältnisse anzuwenden und dadurch eine wesentliche Leistungssteigerung für das Starten und den Kampf zu gewinnen. Das liegt teilweise an der zusätzlichen inneren Kühlung und zum Teil daran, daß alle modernen Kraftstoffe mit hoher Oktanzahl sich in Hinblick auf das Klopfen am vorteilhaftesten verhalten, wenn sie sehr reich angewandt werden. Deshalb scheint die äußere Gemischbildung für Militärflugzeuge günstiger zu sein, wo die höchstmögliche Leistung verlangt wird, auch auf Kosten einer geringen Steigerung des Kraftstoffverbrauches; aber für die Zivilluftfahrt scheint die Kraftstoffeinspritzung vorteilhafter zu sein.

Kurzzeitige Leistungssteigerung. Besonders für militärische Zwecke ist es sehr erwünscht, daß man für kurze Zeiten die Motorleistung beim Starten oder im Kampf erhöhen kann. Am Boden und in verhältnismäßig geringen Höhen kann der Lader stets den Motor mit mehr Sauerstoff versorgen, als der Motor ungefährdet verbrauchen kann, ohne die Grenzen zu überschreiten, die ihm durch das Klopfen oder die Erwärmung gesetzt sind. Unter diesen Bedingungen kann eine vorübergehende Leistungssteigerung durch Einspritzen von Wasser oder eines Wasser-Methanol-Gemisches erzielt werden. In diesem Fall kühlt die hohe Verdampfungswärme der eingespritzten Flüssigkeit den Lader und die Motorzylinder von innen, während der erzeugte Dampf als sehr wirksames Gegenklopfmittel dient. Durch solche einfachen Mittel kann man die Leistung um etwa 20% erhöhen, ohne die Wärmebeanspruchungen oder die Höchstdrücke zu steigern.

Der Zusatz von Methanol bringt einige Vorteile, obwohl seine Verdampfungswärme niedriger ist als die des Wassers:

1. Methanol dient als Gefrierschutzmittel.

2. Sein Siedepunkt liegt viel niedriger als der des Wassers, daher wird es schneller und zu einem früheren Punkt des Arbeitsspieles verdampfen.

3. Es ist selbst ein Kraftstoff und reichert dadurch das Mischungsverhältnis an. Dieser Vorteil wird oft als wichtig bezeichnet, in Wirklichkeit stellt er nur eine Annehmlichkeit dar, denn zusätzlichen Kraftstoff kann man auch über den Vergaser oder die Einspritzpumpe geben.

Abgesehen von der Frage des Einfrierens sollte das Verhältnis von Methanol zu Wasser durch das Verdichtungsverhältnis des Laders und damit durch den Temperaturanstieg bestimmt werden. Ist der Temperaturanstieg gering, dann genügt er nicht, eine größere in den

Lader eingeführte Wassermenge zu verdampfen, denn ein Teil davon kann sogar noch bis in den Zylinder hinein flüssig bleiben, wo seine Verdampfungswärme nichts mehr nützt. In solchem Fall ist der Zusatz eines größeren Teiles Methanol, bis zu 50%, vorteilhaft. Ist andererseits der Temperaturanstieg im Lader so hoch, daß der überwiegende Teil des Wassers vor Eintritt in den Zylinder oder vor dem Schließen des Einlaßventils verdampft, dann bringt der Methanolzusatz wenig oder gar keinen Vorteil.

In großen Höhen, wo selbst bei voller Laderleistung der Motor noch an Sauerstoffmangel leidet, kann eine vorübergehende Leistungssteigerung nur dadurch erreicht werden, daß man Sauerstoff in irgendeiner Form zusetzt. Bei den ersten Versuchen wurde flüssiger Sauerstoff in den Lader eingespritzt; dies brachte das gewünschte Ergebnis und wurde bei Kampfhandlungen benutzt. Dagegen sprach, daß flüssiger Sauerstoff schwierig zu transportieren war. Wegen der erhöhten Verbrennungstemperatur und sehr gesteigerten Klopfneigung konnte man Sauerstoff ohne Gefahr nur in größeren Höhen benutzen, als der Rechnung zugrunde gelegt worden war; auch verursachte die Schwierigkeit des Einfrierens eine bedenkliche zeitliche Verzögerung beim Zuführen. Später wurde Stickoxydul an Stelle des flüssigen Sauerstoffs benutzt, denn es konnte als Flüssigkeit in leichten Zylindern, bei normalen Temperaturen und unter mäßigem Druck aufbewahrt und befördert werden. Man fand, daß Stickoxydul sehr große Vorteile hatte; nicht der kleinste war, daß es sich zur allgemeinen Überraschung als sehr wirksames Gegenklopfmittel erwies und eine Leistungssteigerung von mindestens 40% ohne Zunahme des Klopfens ermöglichte. So konnte es gefahrlos sogar unterhalb der Höhe benutzt werden, die man der Rechnung zugrunde gelegt hatte. Man fand, daß es möglich war, durch Anwendung von Stickoxydul in großen Höhen die Leistung um 40 bis 50% zu steigern bei einem Verbrauch von etwas weniger als 2,24 kg/min Stickoxydul für je 100 PS Leistungszunahme. Da eine so große Leistungssteigerung meist nur für Sekunden nötig war, nämlich um an den Feind heran- oder von ihm wegzukommen, so war dieser verhältnismäßig hohe Verbrauch kein größerer Nachteil.

Die große Leistungssteigerung durch das Stickoxydul wurde verursacht durch:

1. die Abgabe freien Sauerstoffs,
2. die große Wärmemenge, die durch die Dissoziation in Sauerstoff und Stickstoff frei wurde,
3. die hohe Verdampfungswärme der Flüssigkeit, welche im Lader vollständig verdampfte, so die Temperatur senkte, die Dichte der normalen Aufladung steigerte und somit die Zufuhr atmosphärischen Sauerstoffs erhöhte.

18a*

Die Abgasturbine. Die Frage der Abgasausnutzung durch Verbindung mit einer Niederdruckturbine hat man natürlich seit dem Kriege 1914/18 dauernd sorgfältig untersucht.

Der thermische Wirkungsgrad jedes Verbrennungsmotors hängt in erster Linie von dem Verhältnis der Expansion, nicht dem der Kompression ab, das wir herstellen können. Daher erscheint es nicht sinnvoll, die Verdichtung in zwei oder gar drei oder noch mehr Stufen durchzuführen und die Expansion in nur einer, und diese eine nur im gleichen Verhältnis wie die letzte Stufe der Verdichtung. Wenn die ersten Stufen der Verdichtung vorteilhaft in einem Turbogebläse axialer oder radialer Bauart durchgeführt werden können, warum sollten dann nicht die späteren Stufen der Entspannung in ähnlicher Weise in einer Gleich- oder Überdruckturbine ausgeführt werden können, so daß man wenigstens einen Teil der sehr großen potentiellen Wärmeenergie, die im Abgas verfügbar ist, in nutzbare Arbeit verwandelt? Ob die so gewonnene Leistung dazu verwendet wird, den Lader zu treiben, oder ob sie über ein Getriebe an die Kurbelwelle abgegeben wird, hat wenigstens auf die Schlußfolgerung im ganzen keinen Einfluß.

Leider eignet sich der Viertakt-Zündermotor im Gegensatz zum Dieselmotor für einen solchen Verbundbetrieb besonders schlecht, weil:

1. für eine wirksame Ausnutzung in einer Turbine die Abgastemperatur zu hoch und die strömende Menge zu klein ist,

2. für eine wirksame Ausnutzung in einer zweiten Stufe des Kolbenmotors der Abgasdruck zu niedrig und das Strömungsvolumen zu groß ist,

3. der Viertakt-Zündermotor durch die Steigerung des Abgasgegendruckes sehr ungünstig beeinflußt wird. Der Druckanstieg erzeugt Verlustarbeit während des ganzen Ausschubhubes, steigert allgemein die Temperaturen des Zylinders, des Auslaßventils und des Kolbens, was wir keinesfalls zulassen dürfen, und verstärkt erheblich die Neigung zur Frühzündung und zum Klopfen infolge des vergrößerten Gewichts der heißen Restgase, die im Verdichtungsraum zurückgeblieben sind.

In dem Viertakt-Zündermotor, der mit äußerer Gemischbildung arbeitet, ist es praktisch nicht ausführbar, mit einem Mischungsverhältnis zu arbeiten, das schwächer als ungefähr 16 : 1 ist. Bei einem solchen Mischungsverhältnis beträgt die Abgastemperatur nach der Entspannung auf den Druck vor der Turbine noch über 1000° C; sie kann in einem hoch aufgeladenen Motor noch beträchtlich höher sein, denn der Lader steigert die Temperatur zu Beginn des Arbeitsspieles, und zugleich werden die relativen Wärmeverluste während der Verbrennung und Entspannung wegen der größeren Dichte verkleinert, so daß die

Abgastemperatur weiter erhöht wird. Man hat noch keine Turbine gebaut, die mit so hohen Temperaturen betrieben werden könnte. In einem Viertaktmotor ist die Größe der gesamten Luftmasse durch das Zylindervolumen bestimmt. Da mit äußerer Gemischbildung gearbeitet wird, können wir die Abgastemperatur nicht durch einen Luftüberschuß herabsetzen. Wir müssen daher auf den sehr unwirtschaftlichen Notbehelf zurückgreifen, zwischen Motor und Turbine so viel Wärme abzuführen, daß die Temperatur für die Turbine erträglich wird. Wird bei Kraftstoffeinspritzung das Benzin jedem Zylinder einzeln zugemessen, dann dürfen wir die Abgastemperatur dadurch etwas senken, daß wir dem Auspuff etwas Luft zusetzen, vorausgesetzt, daß der Druck beim Eintritt in den Motor höher ist als der Druck im Auslaß. Dies kommt indessen nur in geringem Maß in Betracht; bei einem durch Drosseln geregelten Benzinmotor würden sich einige schwierige Regelprobleme ergeben, besonders wenn der Motor heruntergedrosselt wird.

Etwas kann man das Problem des Auspuffgegendruckes mildern und den Gesamtwirkungsgrad verbessern, wenn man die kinetische Energie jedes einzelnen Auspuffes ausnutzt. Aber um sie voll auszunutzen, müssen getrennte Auspuffleitungen von jedem Zylinder zur Turbine geführt werden. Einen Teilerfolg kann man erzielen, wenn man je drei Zylinder, die gleichen Zündabstand haben, zu einer Gruppe zusammenfaßt und von jeder Gruppe eine Auspuffleitung zur Turbine führt, aber bei Vielzylinder-Flugmotoren kommt dies wegen der vielen verwickelten und dazu rotwarmen Auspuffleitungen nicht in Frage. Trotz dieser Einwände werden Abgasturbinen bei Viertakt-Flugmotoren benutzt und sind stets benutzt worden, seit sie vom Royal Aircraft Establishment in England und von Rateau in Frankreich während des Krieges 1914/18 entwickelt wurden. Aber es kann als ein beredtes Zeugnis für die Schwierigkeiten gelten, daß die Turbinen während einer mehr als dreißigjährigen Entwicklung verhältnismäßig so geringe Fortschritte gemacht haben.

Bei Maschinen, die normal in sehr großen Höhen und daher in sehr kalter und dünner Luft fliegen sollen, scheinen gewichtige Gründe dafür zu sprechen, ein Gebläse, das von einer Abgasturbine angetrieben wird, in Reihe mit dem in der gewöhnlichen Weise mechanisch angetriebenen Lader zu benutzen. Denn unter diesen Bedingungen wird der Motor noch mit einer Leistung arbeiten, die unterhalb deren liegt, für die er entworfen wurde. Daher kann er einer Steigerung des Wärmeflusses und Auspuffgegendruckes standhalten, während die sehr niedrige Umgebungstemperatur für den Motor und die Turbine günstig sind.

Ob die Turbine direkt mit dem Lader gekuppelt wird oder ob sie über ein Getriebe auf die Motorkurbelwelle arbeitet, ist ziemlich belanglos. Die Hauptfrage ist, ob der Gesamtgewinn an Wirkungsgrad genügt, um das zusätzliche Gewicht, den Raum, die Komplikation und die Regelschwierigkeiten zu rechtfertigen, die eine Abgasturbine mit sich bringt. Nach Meinung des Verfassers ist sie nur bei verhältnismäßig langsamen Flugzeugen gerechtfertigt, die in großer Höhe fliegen, z. B. bei Langstreckenbombern oder einigen Arten von Aufklärungsflugzeugen. In den meisten anderen Fällen scheint die Ausnutzung der Auspuffenergie eines Viertakt-Benzinmotors durch einen einfachen Strahlantrieb mittels nach hinten gerichteter Auspuffdüsen vorteilhafter zu sein, denn dieser verlangt keine weiteren Einrichtungen und nutzt die Auslaßenergie bei einer sehr schnellen Maschine fast so gut aus wie eine Turbine. Man hat von Zeit zu Zeit einige sehr optimistische Werte veröffentlicht, die den großen Gewinn an Wirtschaftlichkeit zeigen sollen, den man von der Verbindung eines Viertakt-Benzinmotors mit einer Abgasturbine erwarten darf; aber solche Werte berücksichtigen offenbar nicht die schädlichen Wirkungen des Gegendruckes auf den Kolbenmotor.

Alle diese Argumente beziehen sich natürlich nur auf den Viertakt-Zündermotor, der heute der einzige in Flugzeugen benutzte Kolbenmotor ist. Da er aber keineswegs der allein mögliche Motor ist, kann es sich lohnen, den Fall für den Verbundbetrieb mit anderen Bauarten von Kolbenmotoren zu betrachten.

Während des zweiten Weltkrieges war die Entwicklung des Zweitakt-Schiebermotors mit Benzineinspritzung in vollem Gang; man war nach vielen tausend Stunden Entwicklungsarbeit am Einzylindermotor so weit gekommen, daß mehrere vollständige Zwölfzylinder-Flugmotoren gebaut worden waren, mit vielversprechenden Ergebnissen geprüft wurden und wahrscheinlich ihren Weg in die Fertigung und Verwendung gefunden hätten, wenn nicht die Gasturbine gekommen wäre.

Bei solchen Motoren, die eingehender in einem anderen Abschnitt behandelt werden, erweist sich der Verbundbetrieb mit einer Abgasturbine als erheblich vorteilhafter, denn:

a) Wegen des Luftüberschusses, der für wirksames Spülen erforderlich ist, wird das strömende Luftvolumen viel größer, als es dem Zylindervolumen entspricht, und zwar meist etwa 50% größer. Daher beträgt insgesamt das Verhältnis Luft zu Kraftstoff bei Vollast ungefähr 24:1 und die Abgastemperatur am Ende des Arbeitsspieles 700 bis 750° C. So ist bei irgendeiner gegebenen Leistung des Kolbenmotors die vom Zweitaktmotor zur Turbine strömende Abgasmenge 50% größer als beim Viertakt und hat eine Temperatur, die für die Turbine besser paßt. Überdies kann der Anteil überschüssiger Luft, welche die Zylinder durchspült hat, beliebig vergrößert werden, ohne das Arbeiten des Motors zu stören.

b) Da der ganze Auslaßvorgang stattfindet, während der Kolben durch den unteren Totpunkt geht, bringt der Auslaßgegendruck keine Verlustarbeit des Kolbens und er braucht auch nicht den Anteil des Restabgases zu beeinflussen. In der Tat besteht das normale Verfahren, einen Zweitaktmotor aufzuladen, darin, daß der Auslaßgegendruck mit oder ohne Turbine erhöht wird. Wegen der größeren strömenden Menge und des viel höheren Druckes, der am Turbineneintritt verwendbar ist, wird die Turbinenleistung sehr viel größer, als es für die Abgasturbine eines Viertakt-Benzinmotors gilt. Die Turbine hat keinerlei ungünstigen Einfluß auf das Arbeiten des Motors.

In der Anwendung auf den Viertakt-Dieselmotor ist die Abgasturbine im Schiffs-, stationären und Lokomotiv-Betrieb seit vielen Jahren fast allgemein gebräuchlich geworden.

Wegen des viel größeren Expansionsverhältnisses in den Motorzylindern und des stets verfügbaren Luftüberschusses liegt in diesem Fall die Abgastemperatur bei Vollast meist unter 700° C.

Obgleich bei jedem Viertaktmotor der Abgasgegendruck Verlustarbeit am Kolben bedeutet, ist der Dieselmotor im Gegensatz zum Benzinmotor nicht durch Frühzündung oder Klopfen gefährdet, und der Verdichtungsraum ist natürlich viel kleiner.

Die Erfahrung vieler Jahre mit Abgasturbinenantrieb der Lader von Dieselmotoren hat gezeigt, daß man mit Rücksicht auf die Lebensdauer die Abgastemperatur vor der Turbine unter 600° C halten soll. Um dies zu erreichen, wird zusätzlich etwas Luft dem Abgas zwecks Verdünnung beigemischt, entweder durch verlängertes Überdecken der Ein- und Auslaßöffnungszeiten mit Durchspülen des Zylinders oder durch direkten Kurzschluß zwischen dem Ein- und dem Auslaß.

Wenn der Verbundbetrieb für Flugmotoren angewendet werden soll, scheint die logische Folgerung zu sein, daß man den viel leichteren Turbinenteil zum ebenbürtigen oder überlegenen Partner ausbildet. Wenn wir uns hierfür entscheiden, dann kann der Kolbenmotor-Teil eine sehr einfache Form annehmen. Wir müssen einen beträchtlichen Luftüberschuß aufwenden, um die Temperatur auf einen für die Turbine zulässigen Wert herabzusetzen. Da wir auf jeden Fall einen Luftüberschuß haben müssen, können wir ebensogut das Dieselverfahren anwenden. Dadurch gewinnen wir den großen Vorteil, daß wir nicht mit Klopfen und Frühzündung zu rechnen brauchen, und den weiteren Vorteil, daß wir die Leistung über den ganzen Bereich nur durch die Kraftstoffzufuhr regeln können. Da wir einen Luftüberschuß auf jeden Fall brauchen, können wir auch einen Zweitaktmotor verwenden, und zwar einen sehr einfachen Zweitaktmotor, denn wir brauchen nicht allzusehr auf den Spülwirkungsgrad zu achten. In Wirklichkeit wird der Kolbenmotor damit zum Brennraum einer Gasturbine, aber zu einem aktiven, nicht zu einem passiven Brennraum. Die Motorgröße wird nur durch die Kraftstoffmenge bestimmt, die der Motor je Kubikzentimeter Zylindervolumen verarbeiten kann. Ob wir die Leistung von der Motor- oder Turbinenwelle oder von beiden zu je einem Teil abnehmen wollen, ist eine Frage der Zweckmäßigkeit. Wird die ganze Leistung des Kolbenmotors dazu verwendet, das Gebläse anzutreiben, und die ganze Nutzleistung von der Turbine geliefert, dann erhalten wir eine Anlage, die man mangels eines besseren Namens als Treibgaserzeuger bezeichnen kann. Man braucht aber nicht diesen Grenzfall zu erwägen, der sehr hohe Drücke im Kolbenmotor voraussetzt; günstiger scheint es, die Gebläseleistung zwischen Kolbenmotor und Turbine aufzuteilen und auch die Nutzleistung beiden zu entnehmen. Man kann dies leicht erreichen, wenn man z. B. entgegengesetzt umlaufende Luftschrauben benutzt. Eine solche Verbundanlage verspricht weit höhere Wirkungsgrade als die, welche man mit einer Turbine oder einem Kolbenmotor allein erreichen kann, und dies, ohne die Turbine unbequem hohen Temperaturen auszusetzen.

Siebzehntes Kapitel
Schiebermotoren

Der Schieber als Abwandlung der gebräuchlicheren Ventilsteuerung kam im ersten Jahrzehnt dieses Jahrhunderts auf. Damals arbeiteten die Ventilsteuerungen sehr geräuschvoll, und der Schieber stellte einen beträchtlichen Fortschritt in Richtung der Geräuschminderung dar.

Zuerst erschien der hin und her gehende Doppelschieber, der KNIGHT patentiert war und in England von der Daimler Co. entwickelt wurde. Ihm folgte eine Menge anderer Schieberkonstruktionen, von denen heute nur der BURT und MCCOLLUM patentierte übriggeblieben ist.

Im KNIGHT-Motor bewegten sich zwei gleichachsige Schieber hin und her; sie wurden von einer zweiten Kurbel- oder Exzenterwelle betätigt, die von der Hauptkurbelwelle mit der halben Drehzahl durch eine geräuscharme Kette angetrieben wurde.

Dieser Antrieb bewährte sich sehr gut, solange der Kunde sich mit einer relativ kleinen Leistung begnügte; er war vortrefflich für luxuriösere Personenwagen geeignet, bei denen Geräuschlosigkeit und Bequemlichkeit einer hohen Leistung vorgezogen wurden. Als man aber versuchte, den Doppelschiebermotor mit hoher Leistung zu betreiben, ergaben sich häufige Störungen, als der Ölfilm zwischen den beiden Schiebern sowie zwischen dem äußeren Schieber und der Zylinderbohrung teilweise versagte. Infolge der nur hin und her gehenden Bewegung breitete sich das Öl nicht in der Umfangsrichtung über die Schieberflächen aus; es wurden nur einzelne Streifen geschmiert, und an den nicht geschmierten Flächen traten Beschädigungen auf. Soweit wie möglich suchte man die Ausbreitung des Ölfilms durch eine große Zahl von Löchern und Nuten im äußeren Schieber zu verbessern. Dadurch wurde ein befriedigender Betrieb hergestellt, solange die Belastung gering war, aber bei hoher Belastung traten die Störungen wieder auf und konnten nur durch übermäßige Ölzufuhr zu den Schiebern abgewendet werden. Zwar wurde eine Anzahl einigermaßen erfolgreicher Rennwagen mit Doppelschiebermotoren zu Beginn des Jahrhunderts entwickelt, aber ihr Erfolg und ihre Existenz wurden nur durch eine Schmierung ermöglicht, die so reichlich war, daß sie normalerweise nicht zugelassen werden konnte.

Bei der BURT-MCCOLLUM-Bauart der ersten Argyll-Wagen wurde nur ein Einzelschieber mit gleichzeitig drehender und hin und her gehender Bewegung benutzt. Damit war die Schmierung völlig in Ordnung, denn es gab in der Tat keine idealere Bewegung für das Ausbreiten und Verteilen des Öles zwischen den reibenden Flächen. Die mit diesem Motor versehenen Argyll-Wagen hatten eine Zeitlang einen beachtlichen Erfolg, aber leider war die Firma aus Gründen, die nichts mit technischer Leistung zu tun hatten, nicht erfolgreich. Zu Beginn des Jahres 1914 brachte die Argyll-Gesellschaft einen Sechszylinder-Einschiebermotor als Mitbewerber bei den Flugmotorenprüfungen des Kriegsministeriums heraus. Der Motor hatte eine erstklassige Leistung, aber leider brach seine Kurbelwelle vor Beendigung der Versuche, und er wurde deshalb disqualifiziert.

Inzwischen hatten die Konstrukteure von Motoren mit Ventilsteuerung, angeregt durch den Wettbewerb mit den Schiebermotoren, Maßnahmen getroffen, ihre Ventilsteuerung geräuschloser zu machen, wobei sie so erfolgreich waren, daß 1914 der Schieber in dieser Hinsicht viel von seinem Vorsprung verloren hatte. Mit dem ständigen Leistungsanstieg der Benzinmotoren war außerdem die Schwäche des Doppelschiebers immer schärfer hervorgetreten, und der Einzelschieber war vom Unglück verfolgt.

Auf Grund einer Untersuchung über Kraftstoffe und Brennraumgestaltung, die der Verfasser während des Krieges 1914/18 und unmittelbar danach durchgeführt hatte, erhielt er einen starken Eindruck von der Verwendbarkeit des Einzelschiebers für hohe Leistungen und besonders für Hochleistungs-Flugmotoren. Zu jener Zeit lag die Oktanzahl der verfügbaren Kraftstoffe sehr niedrig, und das Klopfen beeinträchtigte in sehr starkem Maß Leistung und Wirkungsgrad der Benzinmotoren.

Dem Verfasser schien der Schieber vorteilhaft zu sein, weil:

17. Schiebermotoren

1. die Zündkerze in die Mitte eines runden Brennraumes gesetzt werden konnte; damit würde die Länge des Flammenweges wenig größer als der Kolbenradius, und zwar gleichmäßig in allen Richtungen, werden,

2. das Auslaßventil, das zu jenen Zeiten niedriger Verdichtungsverhältnisse und daher hoher Auslaßtemperaturen stets ein schwaches Glied war, ganz fortfallen konnte,

3. das Fehlen des hocherhitzten Auslaßventiltellers im Brennraum die Neigung zum Klopfen und zur Glühzündung beträchtlich verringern müßte,

4. starke anfängliche Wirbelung vorhanden sein müßte, da sich die Einlaßschlitze direkt in den Zylinder öffneten und vermutlich eine hohe Ausflußzahl hatten,

5. die Ansaugfähigkeit mindestens ebenso groß sein müßte wie bei jeder Ventilanordnung, die unterzubringen war,

6. der ganze Motor gedrängter und mit kleinerem Stirnquerschnitt als ein Motor mit hängenden Ventilen gebaut werden konnte.

Diese Gründe erschienen dem Luftfahrtministerium so einleuchtend, daß es die Firma des Verfassers zum Bau eines Einzylinder-Versuchsmotors ermutigte und diesen finanzierte. Der Motor hatte einen Einzelschieber der Bauart BURT-McCOLLUM.

Obwohl im allgemeinen das gute mechanische Verhalten und die Betriebssicherheit des Einzelschiebers bei Personenwagenmotoren seit langem erwiesen waren, hatte man die Befürchtung:

1. ob der Ölfilm, der den Schieber von der gekühlten Zylinderwand trennte, nicht die Wärmeabfuhr vom Kolben des hochbelasteten Motors behindern würde,

2. ob der Reibungsverlust beim Bewegen des Schiebers mit seiner sehr großen anliegenden Fläche nicht zu groß sein würde.

Diese beiden Befürchtungen erwiesen sich später als grundlos.

Vergleichsversuche an Motoren mit Schieber- und Ventilsteuerung. Nach gründlichen Vorüberlegungen am Reißbrett wurde ein derartiger Motor gebaut und im Laboratorium des Verfassers zu Beginn des Jahres 1922 erprobt. Dies war ein ziemlich großer und sehr robuster Motor mit 139,7 mm Bohrung und 177,8 mm Hub, der sein größtes Drehmoment bei 1300 U/min, also bei etwas mehr als der normalen Drehzahl damaliger Flugmotoren entwickeln sollte. Der 3,2 mm starke, gußeiserne Schieber wurde von einer Stirnkurbel mit halber Wellendrehzahl angetrieben, anfangs mittels eines im Exzenter verschiebbaren Bolzens und eines Gelenkbolzens, wie früher bei den Argyll-Motoren; aber dieser Antrieb wurde bald in ein Kugelgelenk geändert, das sich viel besser bewährte (Bild 17.1). Man sah die Möglichkeit vor, während des Betriebes die Phasenbeziehung zwischen Schieber und Kurbel-

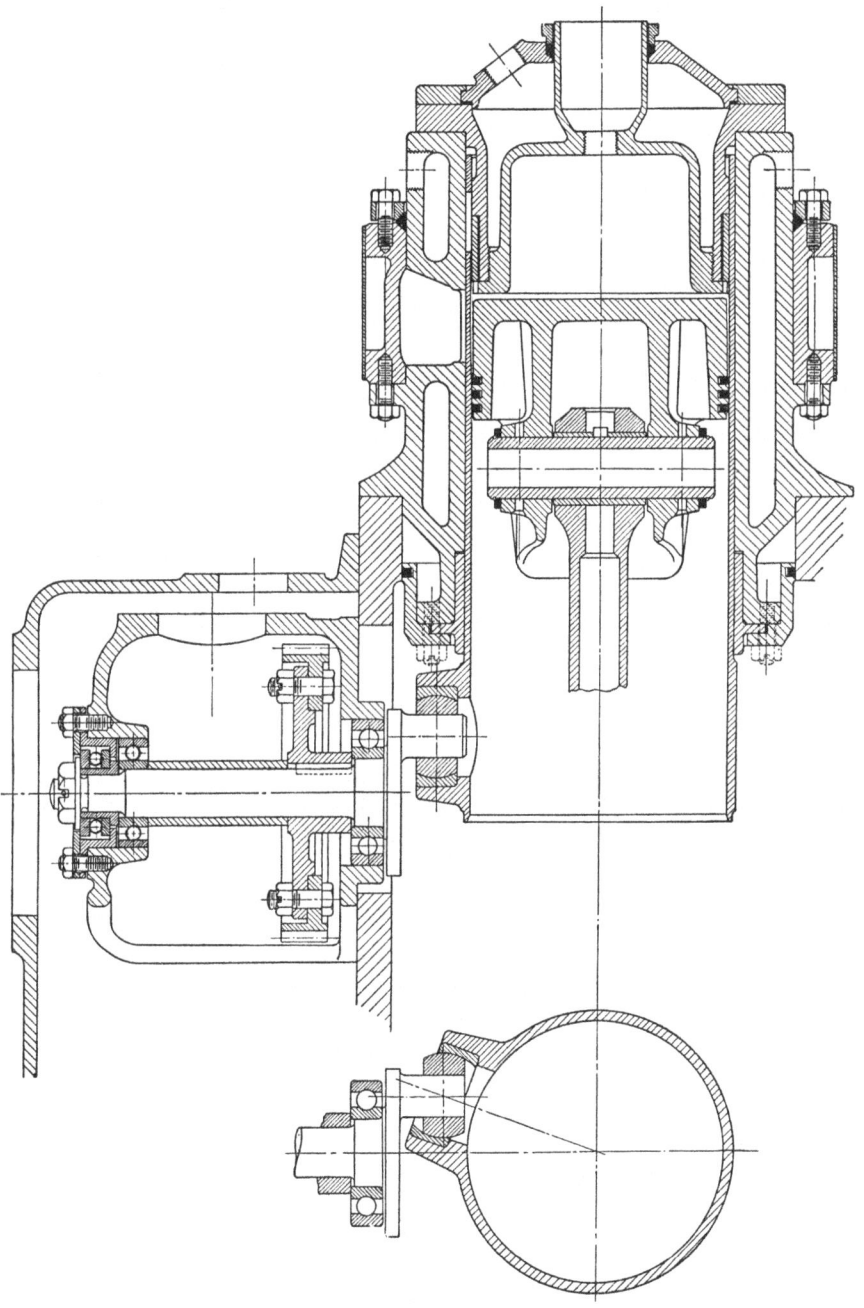

Bild 17.1. Versuchsmotor E 30 mit Einzelschieber, Bohrung 139,7 mm, Hub 177,8 mm

welle zu verändern, indem man bei dem schrägverzahnten Getriebe, das Kurbelwelle und Hilfswelle verband, ein Rad in Längsrichtung verschob.

Zur gleichen Zeit und zum Teil für Vergleichszwecke wurde ein Einzylindermotor gleicher Bohrung und gleichen Hubes mit vier hängenden Ventilen entworfen und gebaut. Er hatte eine Ventilsteuerung, die es erlaubte, unabhängig voneinander Phase und Dauer des Öffnens der Ein- und Auslaßventile zu verändern.

In dem Schiebermotor hatte der Zylinder drei Einlaß- und zwei Auslaßschlitze, während wie bei Argyll der Schieber nur vier Öffnungen hatte, von denen eine abwechselnd als Ein- oder Auslaßschlitz diente.

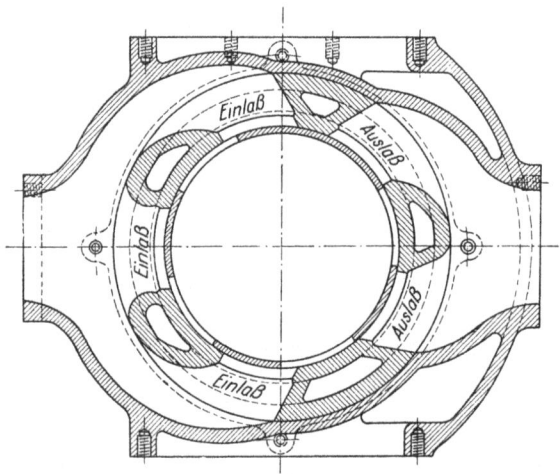

Bild 17.2. Schnitt durch die Schlitze des Motors E 30 Mark I

Bild 17.2 ist ein Querschnitt durch den Zylinder und den Schieber; es zeigt die Lage und Anordnung der Schlitze.

Der gesamte Querschnitt der Ein- und Auslaßschlitze war im wesentlichen gleich dem der Ventile des anderen Motors. Aber wegen des viel schnelleren Öffnens und Schließens der Schieberschlitze nahm man an, daß eine etwas kürzere Öffnungsdauer genügen würde, was sich als richtig erwies.

In dem Motor mit den vier hängenden Ventilen hatte der Brennraum die Form einer flachen Scheibe mit der Zündkerze in der Mitte. Der wassergekühlte Kopf des Schiebermotors war für Versuchszwecke zweiteilig ausgeführt, so daß man durch Auswechseln des Innenteiles Form und Größe des Brennraumes beliebig ändern konnte, ohne durch die Dichtungsringe des Kopfes behindert zu werden. Zuerst wurde ein Brennraum von der Form eines zylindrischen Topfes eingebaut, dessen Durchmesser etwa 70% des Zylinderdurchmessers war. Die obere Fläche des Kolbens war eben und hatte im oberen Totpunkt einen Abstand von 1,6 mm vom Kopf, so daß sich eine starke Verdrängerwirkung am Umfang einstellte. Damit wurde die wirksame Länge des Flammenweges durch das gleiche Mittel verkürzt wie einige Jahre vorher beim Wirbelkopf des Motors mit stehenden Ventilen.

Damals hielt man es für wünschenswert, wenn nicht gar für notwendig, mit Rücksicht auf die erstrebten hohen Leistungen den Schieber möglichst gegen die sehr heißen Gase während der Verbrennung abzuschirmen. Daher sah man vor, daß im oberen Totpunkt das Spiel zwischen Kolbenboden und Zylinderkopf so klein sein sollte, wie es die mechanischen Bedingungen erlaubten.

Beim Versuch ergaben beide Motoren mit demselben Verdichtungsverhältnis von 4,8 : 1 und den günstigsten Einstellungen der Steuerungs- und Zündzeiten bis auf 2 oder 3% den gleichen mittleren effektiven Druck, nämlich 8,4 bis 8,8 kg/cm² bei 1300 U/min, und im wesentlichen den gleichen geringsten Kraftstoffverbrauch. Da aber zur allgemeinen Überraschung die mechanischen Verluste des ventilgesteuerten Motors sich als höher erwiesen, war dessen indizierte Leistung ein wenig besser als die des anderen.

Folgende Unterschiede konnte man sogleich feststellen:

1. Beim gleichen Kraftstoff mit günstigster Zündzeiteinstellung und einem Mischungsverhältnis für Vollast lag der ventilgesteuerte Motor an der Klopfgrenze, während der Schiebermotor keine Spur von Klopfen zeigte, selbst wenn die Zündzeit vorverlegt wurde, bis das Drehmoment abfiel.

2. Beim ventilgesteuerten Motor betrug die günstigste Vorzündung 31° und der Druckanstieg etwa 1,76 kg/cm² je Grad. Beim Schiebermotor lag die günstigste Zündzeit nur 14° vor dem oberen Totpunkt, und der Druckanstieg betrug 3,16 kg/cm² je Grad. So schien jener eher unterhalb und dieser beträchtlich oberhalb der günstigsten Turbulenz zu arbeiten.

3. Obwohl damals die Technik der Messung von Kolbentemperaturen noch nicht entwickelt war, so zeigten doch die Besichtigung und die für Leichtmetallkolben als erforderlich gefundenen Spiele, daß der Kolben des Schiebermotors sicherlich nicht heißer war als der des ventilgesteuerten Motors bei gleicher Leistung.

4. Durch Versuche mit Fremdantrieb wurde festgestellt, daß der mechanische Wirkungsgrad des Schiebers merklich besser als der des Ventils war, eine gänzlich unerwartete Beobachtung.

5. Eine Besichtigung durch die offenen Auslaßschlitze des Schiebers zeigte, daß die Gase im Zylinder in schneller Drehung waren, denn

Funken von glühenden Teilchen abgelösten Kohlenstoffs konnte man als waagerechte Striche im Zylinder wahrnehmen.

6. Bei den höheren Drehzahlen bis zu 2000 U/min hielt der Schiebermotor das Drehmoment etwas besser als der Ventilmotor.

7. Während, wie erwartet, das Geräusch des Schiebers merklich geringer war, war jedoch die Verbrennung entschieden ungestümer, wie es auch nach dem sehr schnellen Druckanstieg zu erwarten war.

8. Eine Schmierung des Schiebers war vorgesehen, erwies sich aber als nicht nötig; nur das ungeregelte Spritzen von dem mit Drucköl geschmierten unteren Pleuelstangenkopf schien unentbehrlich. Dabei fand man, daß der Schieber stets gut und gleichmäßig auf der ganzen Fläche innen und außen geschmiert war, selbst wenn nach Vollastlauf plötzlich abgeschaltet wurde. Nur für das Kugelgelenk zum Antrieb des Schiebers war Druckölschmierung erforderlich.

9. Der Ölverbrauch beider Motoren war ziemlich niedrig, aber der des Schiebermotors ein wenig höher als der andere.

Der nächste Schritt bestand darin, daß man das Verdichtungsverhältnis des Schiebermotors bis an die Klopfgrenze steigerte, wobei die Brennraumform noch im wesentlichen unverändert blieb. Die Grenze wurde erreicht bei einem Verdichtungsverhältnis von 5,8:1, also gerade um Eins höher als beim Motor mit Ventilsteuerung. Bei dieser höheren Verdichtung fand man einen mittleren effektiven Druck von 9,6 kg/cm² bei 1300 U/min und einen Mindestverbrauch von 0,205 kg/PS$_e$h. Indessen war bei dieser Verdichtung die günstigste Vorzündung nur 11°, der Druckanstieg war auf fast 4,2 kg/cm² je Grad gestiegen, und der Lauf des Motors war unerträglich unruhig. Außerdem trat eine neue Störung auf, nämlich das Durchblasen der Kolbenringe. In dem ursprünglichen Kolben waren die Ringe an der üblichen Stelle angeordnet, der oberste Ring etwa 13 mm unterhalb des Bodens. In dieser Lage liefen sie am oberen Totpunkt über die Schlitze im Zylinderkörper, aber nicht über die im Schieber, die sich am oberen Totpunkt des Verdichtungshubes über die Dichtungsringe im Zylinderkopf nach oben geschoben hatten (Bild 17.3).

Es schien, daß unter den nunmehr höheren Gasdrücken zur Zeit der Verbrennung der Schieber sich so weit in die Öffnungen ausbeulte, daß die Ringe nicht mehr dichteten, oder daß vielleicht durch den sehr schnellen Druckanstieg die nicht abgestützten Felder in Schwingungen gerieten. Ein Versuch im Ruhezustand, bei dem ein Wasserdruck bis zu 56 kg/cm² auf die Innenseite des Schiebers wirkte, zeigte kein meßbares Ausbeulen in die Zylinderschlitze, aber das war nicht überzeugend, denn eine Reihe von örtlichen Beulen, die unter der Erkennungsgrenze gewöhnlicher Meßgeräte lag, hätte wohl genügt,

Vergleichsversuche an Motoren mit Schieber- und Ventilsteuerung

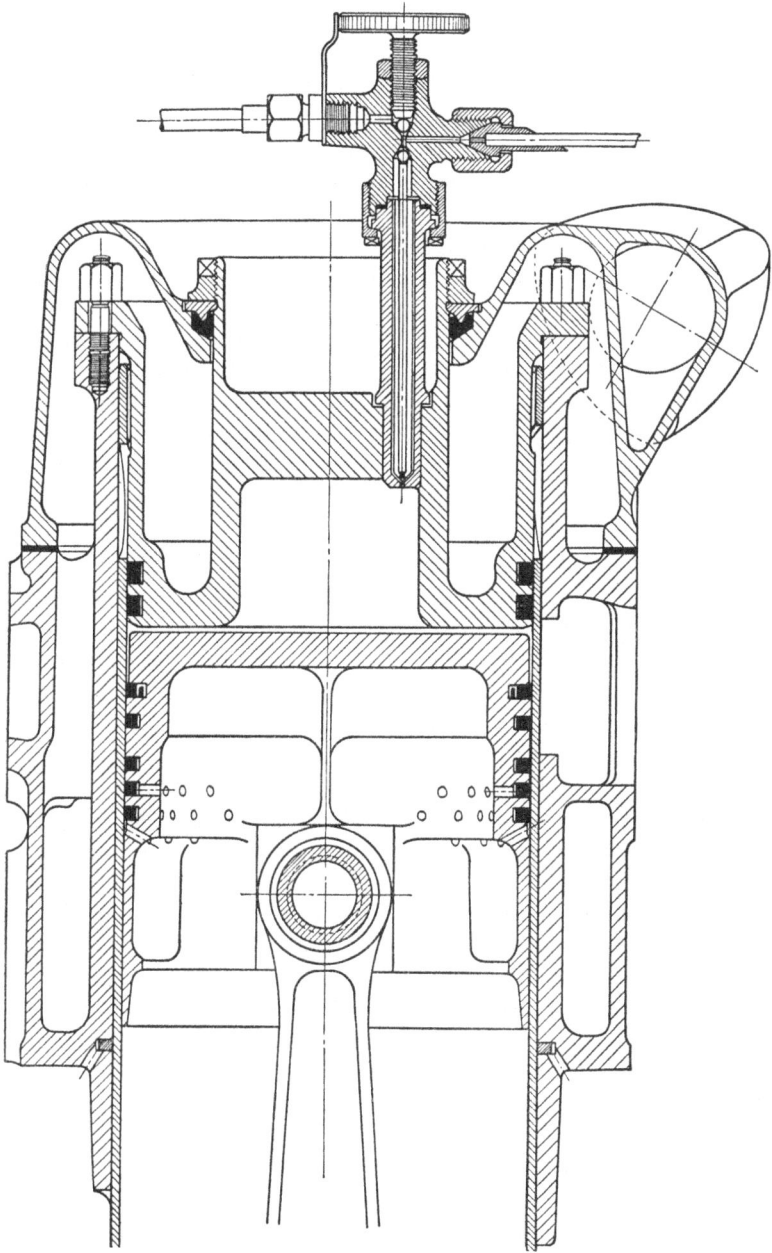

Bild 17.3. Dieselmotor mit Einzelschieber

um ein Zusammendrücken der Ringe und daher starkes Durchblasen zu verursachen.

Daher wurde ein neuer Kolben eingebaut, bei dem der oberste Ring so viel tiefer saß, daß im oberen Totpunkt der Ring noch gerade unterhalb der Zylinderöffnungen blieb. So wurde die Schwierigkeit vollständig überwunden, und es ergaben sich bei diesem Motor weiter keine Störungen durch Blasen an den Kolbenringen, aber später fand man, daß die sehr tiefe Lage des obersten Ringes nicht wünschenswert war.

Als nächsten Schritt suchte man die Steilheit des Druckanstieges, die weit über dem Bestwert lag und den Lauf unerträglich hart machte, zu verringern. Ein neuer Brennraum in der Form eines flachen Kegels mit der Zündkerze an der Spitze wurde eingebaut; diese Kammer hatte keine Fläche zwischen Kolbenboden und Zylinderkopf, aus der die Luft verdrängt wurde. Dies senkte sofort die Steilheit des Druckanstieges unter 2,8 kg/cm² je Grad bei einer günstigsten Zündzeit von 16° vor oberem Totpunkt, und der Lauf wurde annehmbar ruhig, aber die Klopfneigung war bei dem gleichen Verdichtungsverhältnis merklich gestiegen. Um dem zu begegnen, wurde das Verdichtungsverhältnis auf 5,6 : 1 verkleinert, aber gleichwohl wurde die Gesamtleistung etwas besser, denn was durch das Verkleinern der Verdichtung verlorenging, das wurde durch die Verminderung der Turbulenz gewonnen, weil die Luft nicht mehr aus dem Spalt verdrängt wurde.

Dieser Kopf hatte die Form eines ziemlich flachen Kegels. Man glaubte, durch Verkleinern des Kegelwinkels und damit der Fläche der Flammenfront während des ersten Teiles der Verbrennung könne man den ganzen Verbrennungsvorgang verlangsamen und vor allem die Steilheit des Druckanstieges beim Beginn vermindern. Demgemäß wurde ein geänderter Kopf hergestellt mit einem kleinen Kegelwinkel an der Spitze, der sich aber allmählich etwas erweiterte wie eine Trompete. Dies hatte zum Teil die gewünschte Wirkung: der mittlere Druckanstieg sank auf etwa 1,76 kg/cm² je Grad, die günstigste Vorzündung war jetzt über 30°, der Lauf äußerst ruhig, aber die Leistung allgemein beträchtlich gedrückt und die Klopfneigung gestiegen. Da das Ziel damals der Flugmotor war, war es offenbar nicht zulässig, um eines Luxus willen Leistung zu opfern. Aber für Personenwagen schien die schlanke, konische Brennkammer ideal, und sie ist später (1925) bei der Konstruktion des 25/70 PS Vauxhall-Schiebermotors angewendet worden.

Versuche von längerer Dauer hatten gezeigt, daß ein sehr breiter oberer Rand über dem obersten Kolbenring unerwünscht war. Während eines längeren Laufes mit geringer Belastung würde sich nämlich allmählich Koks auf diesen Rand absetzen, bis der Luftspalt praktisch geschlossen ist. Wollte man jetzt voll belasten, so würde sich der Kolben ausdehnen, sein oberer Rand sich im Schieber festsetzen und starkes

Vergleichsversuche an Motoren mit Schieber- und Ventilsteuerung 297

Schleifen und gegebenenfalls sogar Fressen verursachen. Bei einem verhältnismäßig schmalen Rand würde zwar das gleiche eintreten, die Ölkohle würde aber viel leichter und ohne Gefahr des Fressens abgerieben.

Daher entschied man sich, den Gedanken aufzugeben, den oberen Kolbenrand als Schutz für den Schieber zu benutzen, und man legte den Kolbenboden tiefer. Dies bedeutete in Wirklichkeit die Rückkehr zu einem Brennraum ähnlich dem des Motors mit Ventilen, nämlich einer mehr oder weniger flachen Scheibe, so daß man eine beträchtliche Fläche des Schiebers der Höchsttemperatur aussetzte. Diese Anordnung ergab eine bessere Leistung, als man erwartet hatte; der Lauf war ziemlich unruhig, der Druckanstieg betrug etwa 2,8 kg/cm² je Grad und die günstigste Vorzündung ungefähr 15°. Der Motor neigte nicht zum Klopfen, und man konnte wieder auf ein Verdichtungsverhältnis von 5,8:1 gehen. Es hatte keine nachteiligen Folgen, daß der Schieber im oberen Totpunkt der Flamme ausgesetzt war.

Schon sehr bald hatte man bemerkt, daß die ganze Gasmasse im Zylinder schnell rotierte, aber damals hatte man keine Erfahrung darüber, wie die Rotation auf die Ausbreitung der Verbrennung wirkte. Dies veranlaßte eine Untersuchung über die Ursachen, Wirkungen und Regelung der Luftdrehung. Was die Ursachen anbelangt, so wurden in dem Motor mit Einzelschieber die Einlaßschlitze durch Drehung des Schiebers geöffnet und durch seine Bewegung nach oben geschlossen. Zu Beginn des Öffnungsvorganges ist der Durchfluß nur auf einer Seite an der Kante des Schlitzes im Zylinder frei. Daher tritt die Luft schräg ein und veranlaßt die Ladung, sich in der Richtung zu drehen, die der Bewegungsrichtung des Schiebers entgegengesetzt ist (Bild 17.4).

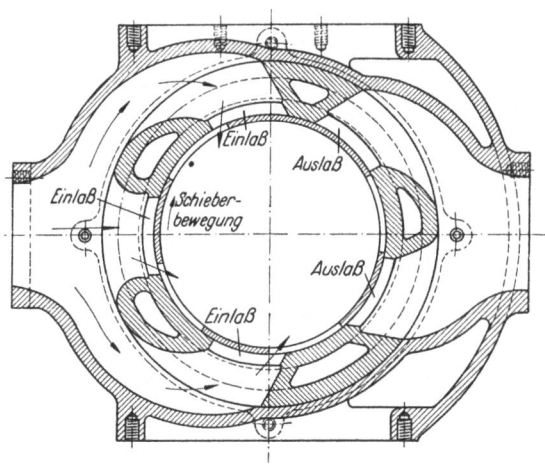

Bild 17.4. Schnitt durch die Schlitze des Motors E 30 Mark I und Richtung der Luftströmung

17. Schiebermotoren

Dieser mehr oder weniger tangentiale Eintritt erzeugt eine starke Luftdrehung. Mit zunehmender Öffnung wird diese Wirkung geringer, bis sie am Schluß der Öffnungsdauer ganz aufhört; dann ist die Eintrittsrichtung durch den Kanal bestimmt, der zum Schlitz führt.

Versuche an einem Schiebermodell mit eingeblasenem Luftstrom und Anemometer hatten die Ergebnisse, die in der mittleren, gestrichelten Kurve von Bild 17.5 gezeigt sind, während die beiden anderen Kurven die Wirkung eines Leitbleches im Kanal zeigen, das (a) die

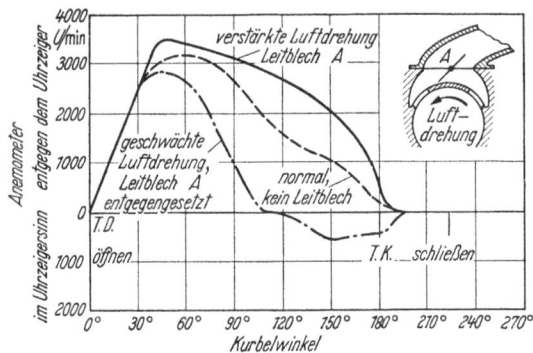

Bild 17.5. Messung der Luftdrehung an Zylinder Nr. 4 mit angebauter Leitung (S 55-4); Druck des eingeblasenen Luftstromes 25,4 mm Hg

Luftdrehung beim Eintritt verstärkt oder (b) ihr entgegenwirkt. Im zweiten Fall beobachtet man, daß der Drehsinn der Luft sich am Schluß der Öffnungsdauer tatsächlich umkehrt.

Sodann wurde ein Anemometer besonderer Bauart entwickelt, das man in den Brennraum einbauen konnte, um die mittlere Rotation der Luft zu messen, während der Motor mit voller Kompression fremdangetrieben wurde. Wenn auch das Anemometer natürlich nur einen mittleren Wert anzeigte, so wurde es doch zur Hauptsache durch die Luftbewegung zu einer Zeit beeinflußt, wo die Luftdichte am größten war, also am Ende des Verdichtungshubes. Die Beziehung zwischen Anemometer- und Kurbelwellendrehzahl wurde als „Luftdrehverhältnis" bezeichnet. Wenn also das Anemometer vier Umdrehungen, die Kurbelwelle eine Umdrehung machte, so war das Verhältnis Vier. Man konnte durch Einbau sehr kleiner Leitbleche in den Einströmkanal die Luftdrehung genau regeln und, wenn man wünschte, sogar umkehren. Mit Hilfe des Anemometers war es einfach, den Zusammenhang zwischen Luftdrehung und Leitblechrichtung zu bestimmen.

Dann wurden im ganzen Bereich der Luftdrehverhältnisse mit dem flachen oder linsenförmigen Brennraum Versuche gemacht. Man fand sogleich, daß das „natürliche" Drehverhältnis, das zwischen Vier und Fünf lag, viel zu hoch war und daß die besten Ergebnisse mit einem

Verhältnis von etwa 1,5 bis 2 erreicht wurden. Eine Verkleinerung des Drehverhältnisses von ungefähr 4,5 auf 2 hatte die Wirkung:
1. den mittleren effektiven Druck von 9,6 auf 10,3 kg/cm² zu steigern,
2. den kleinsten Kraftstoffverbrauch von 206 auf 199 g/PS$_e$ h zu senken,
3. die günstigste Vorzündung von 16° auf 21° bei sehr viel ruhigerem Lauf zu erhöhen,
4. den Gesamtwärmefluß zum Kühlwasser von 70 auf 64% der Nutzleistung zu senken.

Beim Drehverhältnis Null waren die Ergebnisse nicht ganz so gut, aber man hat zu beachten, daß die Anemometeranzeige „Drehverhältnis Null" bedeutet, daß zwei gleich große und entgegengesetzte Luftdrehungen sich aufheben. Dabei kann eine sehr starke Turbulenz bestehen (Bilder 17.6 bis 17.9). Später fand man, daß bei einem großen Drehverhältnis unverdampfte Benzintröpfchen leicht gegen die Schieberwand geschleudert werden konnten, die von dort ihren Weg in das Kurbelgehäuse fanden und so das Schmieröl verdünnten. Dies konnte natürlich besonders dann beobachtet

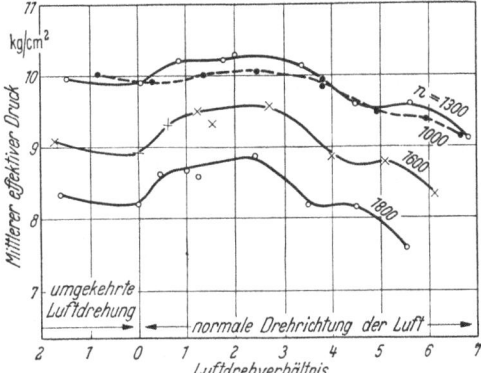

Bild 17.6. Beziehung zwischen Luftdrehverhältnis und Höchstleistung bei verschiedenen Drehzahlen
Verdichtungsverhältnis 5,88 : 1; Zündkerze in der Mitte; linsenförmige Brennkammer.
Verlust bei Fremdantrieb für alle Wirbelverhältnisse:
Drehzahl . . . . 1000 1300 1600 1800 U/min
Verlust an mittl. eff. Druck 0,91 1,12 1,34 1,48 kg/cm²

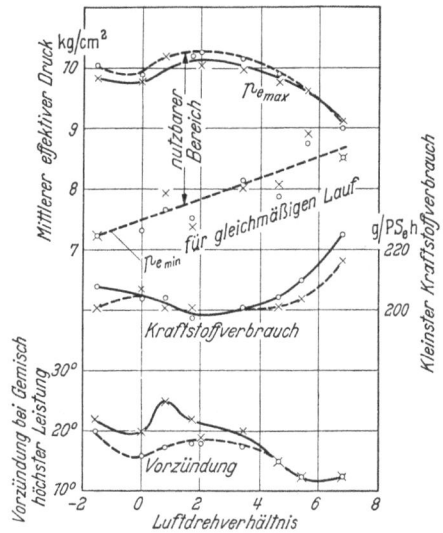

Bild 17.7. Einfluß der Luftdrehung auf den Kraftstoffverbrauch
Motordrehzahl 1300 U/min; Verdichtungsverhältnis 5,88 : 1; Reibung bei Fremdantrieb für alle Luftdrehverhältnisse 1,12 kg/cm² des mittleren effektiven Druckes.

×——× Zündkerze in der Mitte;
○----○ Zündkerze versetzt.

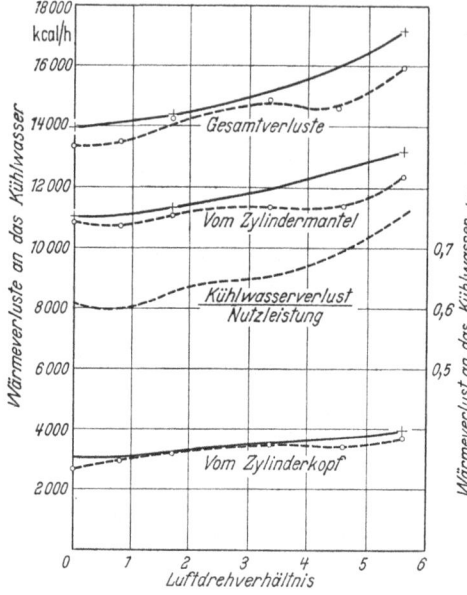

Bild 17.8.
Wärmeverluste bei konstantem Kraftstoffverbrauch 9,65 Liter/h für verschiedene Luftdrehverhältnisse Motordrehzahl 1300 U/min; Verdichtungsverhältnis 5,88 : 1; linsenförmiger Kopf.
Zündkerze Champion Nr. 8:

o----o Auf Mitte.
+——+ 36,5 mm versetzt.

werden, wenn Kraftstoffe mit verhältnismäßig geringer Flüchtigkeit benutzt wurden.

Die oben angegebenen Endergebnisse mit dem Versuchsmotor stellten eine Leistung dar, die jeder anderen Leistung ventilgesteuerter Motoren mit dem damals verwendeten Benzin niedriger Oktanzahl weit überlegen war. Wegen der Klopfneigung bei dem gleichen Kraftstoff konnte man die Leistung des entsprechenden ventilgesteuerten Motors nicht über einen mittleren effektiven Druck von 9 kg/cm² steigern. Dieser Wert stellt für die Zeit 1923/24 eine hohe Leistung dar.

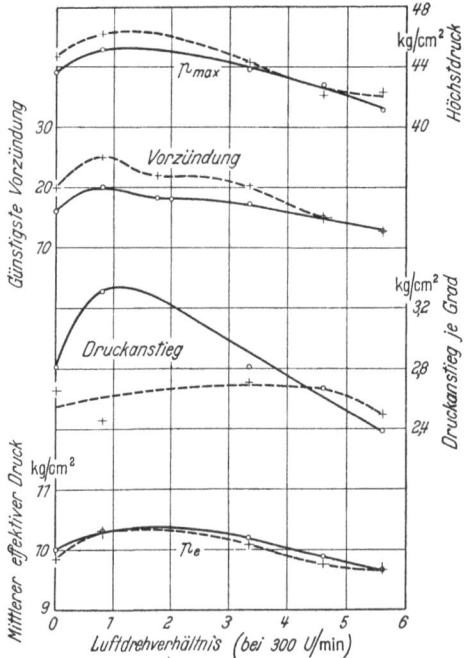

Bild 17.9.
Zusammenfassung der Höchstdrücke und Druckanstiege bei günstigster Vorzündung in Abhängigkeit vom Luftdrehverhältnis
Motordrehzahl 1300 U/min; Verdichtungsverhältnis 5,88 : 1; linsenförmiger Kopf; Mischungsverhältnis für Höchstleistung.
Zündkerze Champion Nr. 8:

o——o Auf Mitte.
+----+ 36,5 mm versetzt.

Dabei gab es überraschend wenig mechanische Schwierigkeiten. Abgesehen von der früher erwähnten Schwierigkeit mit dem Durchblasen der Kolbenringe gab es einige Störungen mit den Dichtungsringen im Zylinderkopf infolge Blasens und Festbrennens in ihren Nuten. Viele verschiedene Kombinationen und Ringformen wurden erprobt. Im großen ganzen wurden die besten Ergebnisse mit normalen Kolbenringen ohne Sicherungsstifte erzielt. Die Ringe wurden aber an ihren Stößen durch Hämmern oder Wärmebehandlung etwas nach innen gebogen, um ein Brechen zu vermeiden, wenn sie über die Schieberschlitze glitten. Mit dem Schieber selbst oder dem Schieberantrieb hatte man keinerlei Schwierigkeiten, nachdem das richtige Spiel gefunden war, nämlich ungefähr 0,0005 mm je mm Zylinderdurchmesser, und nachdem das Kugelgelenk mit Weißmetall und Druckschmierung verwendet wurde. Nichts deutete darauf hin, daß der Kolben zu heiß wurde. Im Gegenteil, es sprachen alle Anzeichen dafür, daß er kühler lief als der Kolben in dem entsprechenden Motor mit Ventilsteuerung.

Um den Schmierölverbrauch an der Außenseite des Schiebers zu vermindern, baute man später einen nach innen federnden Ölabstreifring nahe dem unteren Zylinderende ein. Dieser erwies sich als recht wirksam, und der Schieber blieb außen noch gut geschmiert.

Ein Rätsel war der hohe mechanische Wirkungsgrad des Motors, den die Versuche mit Fremdantrieb ergaben und der durch die abgegebene hohe Leistung bestätigt wurde. Denn trotz der verhältnismäßig schweren hin und her gehenden Teile betrug die Gesamttreibung beim Fremdantrieb nur 1,12 kg/cm² bei der Normaldrehzahl von 1300 U/min oder weniger als die irgendeines Einzylindermotors mit Ventilsteuerung, der jemals zuvor im Laboratorium des Verfassers untersucht worden war.

Es ist nicht anzunehmen, daß die Leistung zum Antrieb des Schiebers mit seiner sehr großen reibenden Oberfläche kleiner sein sollte als die fast vernachlässigbare Leistung, die zum Antrieb von Ventilen erforderlich ist. Wenn man den Schieber getrennt bei etwa der Betriebstemperatur ohne Kolben und ohne Belastung durch den Gasdruck antrieb, war sein Leistungsbedarf zwar überraschend niedrig, er entsprach nämlich einem mittleren effektiven Druck von nur etwa 0,14 kg/cm², aber er war immer noch beträchtlich größer als der des Ventilantriebes.

Allerdings bewegt sich jeder Punkt des Schiebers gegenüber dem Zylinder mit einer fast gleichmäßigen Winkelgeschwindigkeit, also unter idealen Bedingungen für reine Flüssigkeitsreibung, und diese Geschwindigkeit ist verhältnismäßig niedrig. Gleichwohl aber hätte man erwartet, daß die Zähigkeitsreibung allein bei den großen Flächen beträchtlich größer gewesen wäre.

Andererseits zeigte es sich deutlich, daß die Schieberreibung in bestimmten Phasen des Arbeitsspieles unter den vereinten Wirkungen der Dehnung durch den Gasdruck sowie der Reibung und Seitenkraft des Kolbens beträchtlich vergrößert wurde. Zum Beispiel zeigte die Untersuchung der Zähne der Antriebsräder für den Schieber eine merklich höhere Belastung über eine Dauer von ungefähr 120° Kurbelwinkel, die etwa den letzten 30° des Verdichtungs- und den ersten 90° des Expansionshubes entsprachen.

Eine einfache Rechnung ergab, daß die elastische Dehnung des dünnen Schiebers unter den höchsten Gasdrücken genügen müßte, um im Betrieb das Spiel Null werden zu lassen, und daß daher der Ölfilm während eines Teiles des Arbeitsspieles hoch belastet sein mußte. Die Prüfung der Antriebszähne zeigte ferner, daß die Belastungsrichtung sich umkehrte, wahrscheinlich zu den Zeitpunkten, wenn der Kolben den Schieber mitnahm. Diese Überlegungen ließen erwarten, daß die Schieberreibung im Betrieb ziemlich hoch sein würde.

Damals fand man kein einfaches Verfahren, um den Leistungsbedarf des Schiebers unter Betriebsbedingungen zu messen, und auch heute noch liegen keine Messungen vor, soweit der Verfasser unterrichtet ist. Versuche, das Höchstdrehmoment des Schieberantriebes durch Einschalten von Übertragungsteilen zu messen, welche beim höchsten Drehmoment brechen sollten, schlugen fehl, denn alle versagten früher oder später durch Dauerbruch.

Es ist immerhin denkbar, daß die Bewegung des Schiebers die Kolbenreibung verminderte. Man wußte schon damals, daß die Schmierung der Kolben und Kolbenringe in den gebräuchlichen feststehenden Zylindern oder Laufbuchsen an beiden Enden des Hubes der halbtrockenen Reibung entsprach. Dort hörte die Relativbewegung zwischen Kolben und Zylinder auf, und die Flüssigkeitsreibung wurde erst wiederhergestellt, wenn der Kolben einen Teil seines Hubes zurückgelegt hatte. Daher schien es möglich, daß die ständige Schieberbewegung die Flüssigkeitsreibung während des ganzen Arbeitsspieles ermöglichte, selbst wenn der Kolben in einem Totpunkt stand. Für diese Möglichkeit sprach auch die Beobachtung, daß in dem Schieber die rein örtliche Abnutzung fehlte, die man stets in den Laufbuchsen ventilgesteuerter Motoren an der Stelle findet, wo der oberste Kolbenring im oberen Totpunkt umkehrt.

Es war schwierig, eine Bestätigung oder eine Widerlegung dieser Theorie zu finden, denn man konnte keine einwandfreien Vergleichsversuche unter Bedingungen anstellen, die den wirklichen Betriebsbedingungen nahe kamen und bei denen der Schieber feststand bzw. in Betrieb war.

Spätere Versuche an vielen Motoren verschiedener Bauarten und

Größen mit Schieber- und mit Ventilsteuerungen zeigten zwar viele starke und ziemlich unerklärliche Schwankungen im mechanischen Wirkungsgrad beider Bauarten, ergaben aber im großen ganzen, daß die gesamten mechanischen Verluste des Schiebermotors in der Regel kleiner waren als die des Ventilmotors. Dies ist durch die vielen tausend Schieber-Flugmotoren bestätigt worden, die während des zweiten Weltkrieges in Betrieb waren.

Als später die Technik des Messens der Kolbentemperaturen mittels Schmelzpfropfen entwickelt worden war, bestätigten Versuche, daß die Kolbentemperatur in einem flüssigkeitsgekühlten Einschiebermotor tatsächlich etwas niedriger war als in einem ventilgesteuerten Motor gleicher Abmessungen und Leistung. Auf den ersten Blick erscheint dies sehr überraschend, da doch die Wärme vom Kolben durch den Schieber und einen Ölfilm an die gekühlte Zylinderwand strömen muß. Untersuchungen des Wärmeflusses mit querverschobenen Thermoelementen zeigten indessen:

1. daß der bewegte Ölfilm ein sehr wirksamer Wärmeleiter war, vorausgesetzt, daß im Betrieb das Spiel zwischen Schieber und Zylindermantel klein gehalten wurde;

2. daß die Bewegung des Schiebers sehr wirksam die Wärme von einer Stelle des Zylindermantels auf andere Stellen übertrug und so alle örtlichen Übertemperaturen beseitigte. Daher war das Temperaturgefälle längs des Zylindermantels sehr viel flacher als in einem Motor mit feststehender Laufbuchse und das Gefälle am Übergang zwischen Wand und Wasser infolgedessen beträchtlich geringer. Es schien demnach, daß die Verringerung des Temperaturgefälles durch die Zylinderwand und des Temperaturabfalles an der Grenze zwischen Wasser und Wand den Wärmewiderstand des Schiebers und Ölfilmes mehr als ausglich;

3. daß einige Anzeichen dafür bestanden, daß der Wärmeübergang vom Kolben an einen sich drehenden Schieber größer war als an eine feststehende Laufbuchse.

Sehr bald zeigte sich bei dieser Untersuchung, daß der Einzelschieber sich für einen Motor zur Untersuchung der Probleme des Dieselverfahrens hervorragend eignen würde, denn:

1. man hätte volle Bewegungsfreiheit hinsichtlich der Gestalt und des Volumens des Brennraumes, da man bei der Formgebung keine Rücksicht auf die Ventile zu nehmen brauchte;

2. man könnte mit dem Schieber die Luftbewegung im Zylinder in weiten Grenzen regeln, ein sehr wertvoller Aktivposten.

Daher wurde ein zweiter gleicher Motor für diesen Zweck gebaut, an welchem sehr verschiedene Brennraumformen und Verbrennungssysteme ausprobiert wurden, darunter auch Vorkammern und offene Brennräume verschiedener Gestalt.

Diese frühzeitigen Versuche führten zeitweise zur Entwicklung übermäßig hoher Drücke von etwa 84 bis 105 kg/cm², und in zwei Fällen versagten die dünnen gußeisernen Schieber. Einmal wurde ein Stück des Schiebers durch einen Schlitz im Zylinder herausgeblasen; in dem anderen Fall wurde der Schieber von der oberen Kante des einen Schlitzes bis nach oben gespalten.

Daher wurde das Gußeisen gegen Stahl ausgetauscht, und damit waren diese Schwierigkeiten beseitigt. Trotz der sehr hohen Gasdrücke wies nichts auf eine merkliche Schieberreibung hin, weder daß die Gesamtleistung abnahm noch daß der Antriebsmechanismus versagte. Beide Motoren erwiesen sich als mechanisch sehr betriebssicher und zeigten gute Übereinstimmung in ihrem Verhalten, auch hatten beide sehr bald eine hohe Leistung erreicht. Mit dem damals gebräuchlichen Kraftstoff, der eine Oktanzahl von etwa 60 hatte, ergab der Benzinmotor einen mittleren effektiven Druck von 10,3 kg/cm² bei einem Mindestverbrauch von 199 g/PS$_e$h. Dagegen kam der Dieselmotor bei der gleichen Drehzahl von 1300 U/min, der besten Brennraumform und dem günstigsten Luftdrehverhältnis auf einen mittleren effektiven Druck von 8,5 kg/cm² an der Rauchgrenze und auf einen Mindestverbrauch von 159 g/PS$_e$h. In späteren Ausführungen des Diesel-Schiebermotors mit mehreren Zylindern wurde ein Mindestverbrauch von nur 152 g/PS$_e$h erreicht. Dies ist, soweit dem Verfasser bekannt, bis heute nahezu ein Rekordwert.

Der Schiebermotor bei hohen Geschwindigkeiten und hoher Aufladung. Nachdem man sich überzeugt hatte, daß der Schiebermotor einer hohen Leistung fähig und offenbar frei von irgendwelchen wesentlichen mechanischen Mängeln war, sollte als nächstes untersucht werden:

1. sein Verhalten bis zu sehr hohen Geschwindigkeiten,
2. sein Verhalten bei hoher Aufladung.

Hierfür wurden zwei neue Motoren entworfen und gebaut, ein kleiner Motor mit 68,5 mm Bohrung und 90 mm Hub, der mit Drehzahlen bis zu 6000 U/min entsprechend einer Kolbengeschwindigkeit von 18 m/sek laufen sollte (Bilder 17.10 und 17.11 in der Tasche am Schluß des Buches), und ein größerer Motor sehr kräftiger Bauart mit 114,3 mm Bohrung und 139,7 mm Hub, der für Aufladedrücke bis zu 4 ata entworfen wurde.

Es ist hier nicht beabsichtigt, die Kinematik des Schiebers und die Anordnung seiner Schlitze ausführlich zu behandeln, denn dies wird jedem klar, wenn er sich am Reißbrett damit beschäftigt. Die senkrechte Schieberbewegung wird natürlich nur durch den Hub der Kurbel oder des Schwinghebels bestimmt, von dem der Schieber angetrieben wird. Die Drehbewegung wird beim Antrieb des Schiebers über

Der Schiebermotor bei hohen Geschwindigkeiten und hoher Aufladung   305

eine Kurbel durch den Abstand von Mitte Kugelgelenk bis Mitte Schieber bestimmt. Läge das Kugelgelenk genau auf dem Umfang des Schiebers, dann wäre die Bewegung jedes Punktes auf dem Schieber angenähert eine Kreisbewegung. Wird der Antriebspunkt weiter von

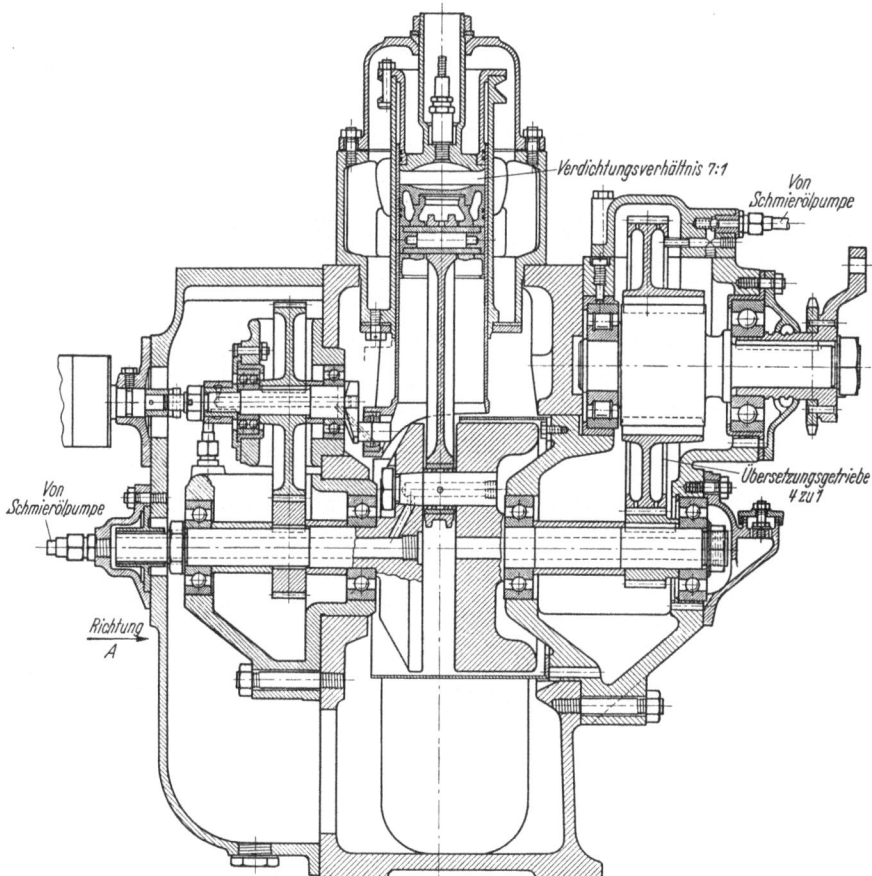

Bild 17.10. Längsschnitt durch den schnellaufenden Schiebermotor mit 68,5 mm Bohrung und 90 mm Hub

der Schiebermitte entfernt, dann bewegt sich jeder Schieberpunkt mehr auf einer elliptischen Bahn mit senkrechter größter Achse. Daher gibt es offenbar zwei Hauptveränderliche:
1. den senkrechten Hub, der die Höhe der Schlitze bestimmt,
2. die Drehung, durch welche die Breite und damit die Anzahl der Schlitze festgelegt ist.

So wird jedenfalls theoretisch die gesamte verfügbare Schlitzfläche nur durch die senkrechte Bewegung bestimmt, während der Verdre-

Ricardo, Verbrennungsmotor, 3. Aufl.   20

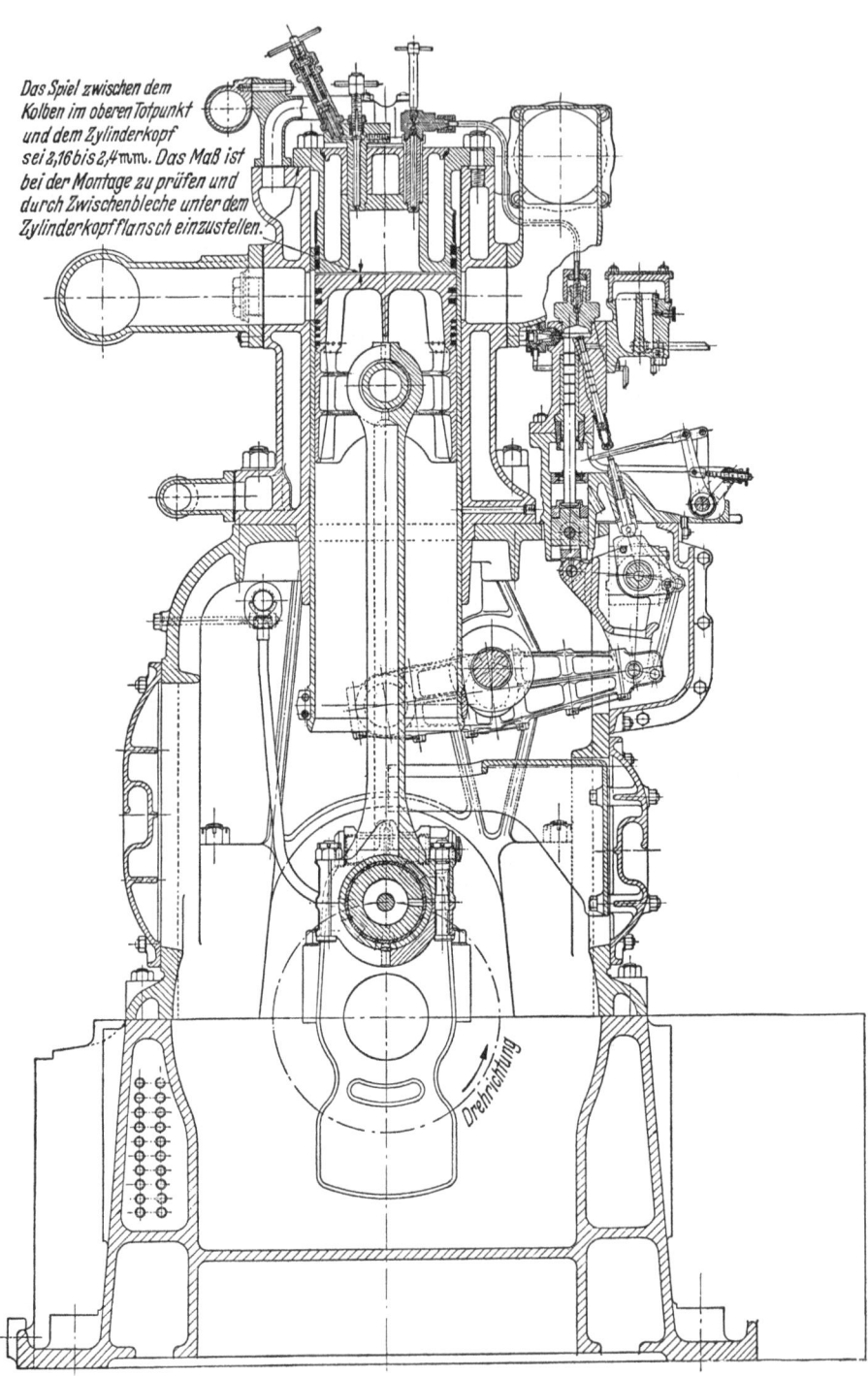

Bild 17.12a. Querschnitt durch einen schnellaufenden BROTHERHOOD-RICARDO-Dieselmotor mit 190,5 mm Bohrung und 304,8 mm Hub

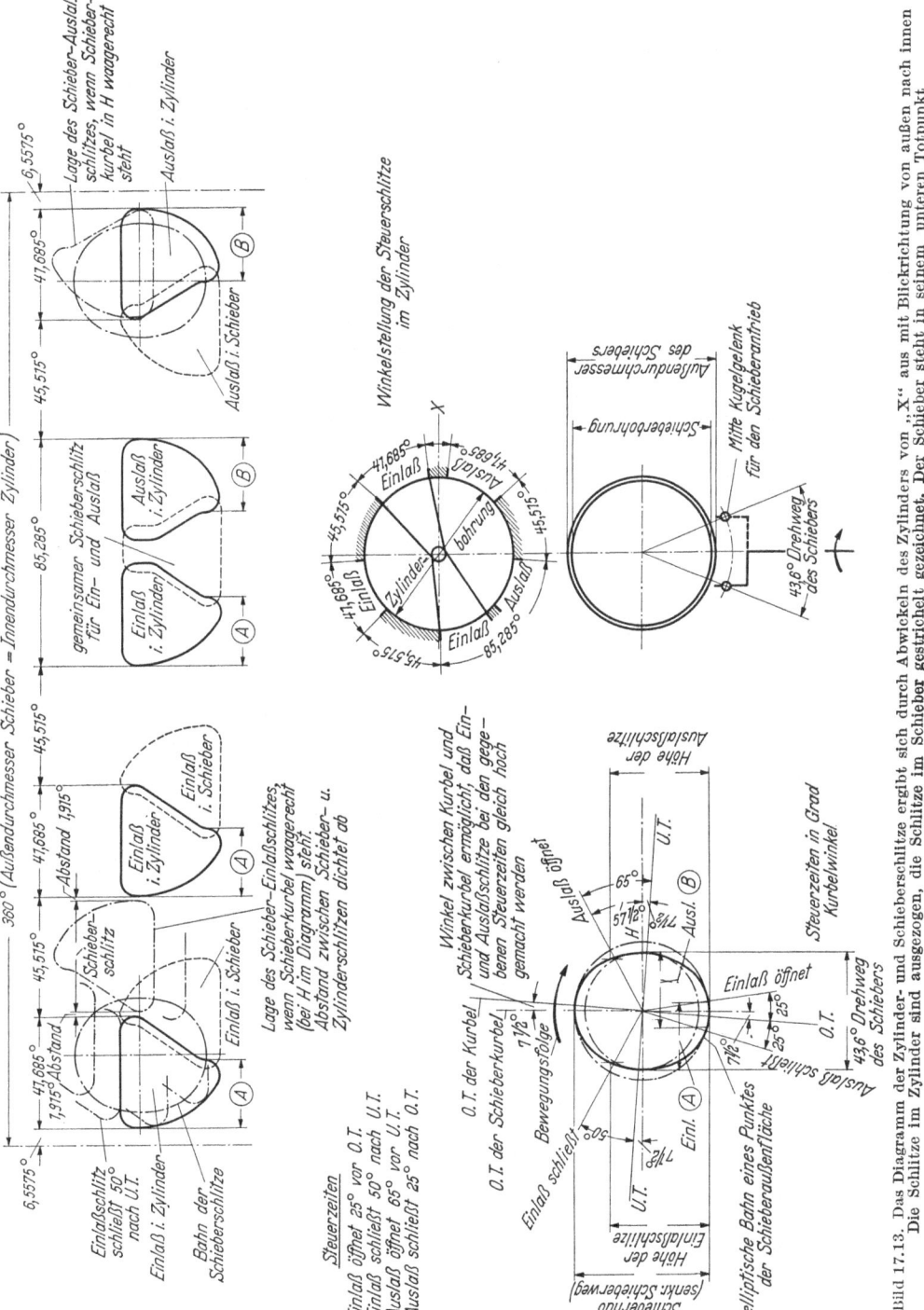

Bild 17.13. Das Diagramm der Zylinder- und Schieberschlitze ergibt sich durch Abwickeln des Zylinders von „X" aus mit Blickrichtung von außen nach innen. Die Schlitze im Zylinder sind ausgezogen, die Schlitze im Schieber gestrichelt gezeichnet. Der Schieber steht in seinem unteren Totpunkt

hungswinkel nicht die Gesamtfläche, sondern vielmehr die Anzahl der Schlitze ergibt. Wenn wir den Drehwinkel halb so groß machen, halbieren wir die Breite aller Schlitze, aber wir können doppelt so viele unterbringen. Praktisch ist es selbstverständlich unerwünscht, zu viele Schlitze zu haben. Andererseits darf die Breite irgendeines Schlitzes im Schieber nicht so groß sein, daß die Dichtungsringe im Zylinderkopf nicht ungefährdet über ihn hinweggleiten können. Außerdem darf die Fläche irgendeines Schlitzes nicht so groß sein, daß der Schieber sich über ihr ausbaucht oder im Grenzfall dabei bricht. Wo es sich wie bei Dieselmotoren um sehr hohe Drücke handelt, sind verhältnismäßig schmale Schlitze wegen der Abstützung des Schiebers erwünscht und daher ein Antrieb, der eine ziemlich schmale Ellipse ergibt, wie der Schwinghebel (Bild 17.12a und 17.12b in der Tasche am Schluß des Buches). In diesem Fall sind acht Schlitze ausgeführt, fünf für den Einlaß und drei für den Auslaß, aber in den meisten Fällen sind aus rein mechanischen Gründen drei Einlaß- und zwei Auslaßschlitze vorzuziehen, eine Kombination, die sich am besten für den einfachen Kurbelantrieb eignet. Es ist auch klar, daß man einzelne oder alle Schieberschlitze für Ein- und Auslaß benutzen kann, um so die gesamte wirksame Schlitzfläche fast zu verdoppeln, d. h. derselbe Schlitz im Schieber steuert abwechselnd einen Auslaß- und einen Einlaßschlitz im Zylinder. Wollte man indessen dies konsequent durchführen, so würden Ein- und Auslaßkanäle und -rohre rund um den Zylinder miteinander abwechseln, was höchstens in ganz ungewöhnlichen Konstruktionen, wie z. B. bei Einzylinder-Rennmotoren, ausführbar wäre. Praktisch ist es meist zweckentsprechend nur einen Schlitz abwechselnd für Ein- und Auslaß zu verwenden. Bild 17.13 zeigt als typisches Beispiel die Auslegung der Schlitze und das Öffnungsdiagramm für einen Zylinder und Schieber mit drei plus zwei Schlitzen.

Bei dem kleinen schnellaufenden Motor war das Hauptziel, das mechanische Verhalten des Schiebers bei sehr hohen Drehzahlen zu untersuchen. Daher wurde der Motor so entworfen, daß alle Schlitze abwechselnd den Ein- und Auslaß steuerten, um so das größtmögliche Ansaugvermögen zu erreichen. Bild 17.14 zeigt einen Querschnitt durch den Motor und Bild 17.15 den Plan der Schlitze mit der Gegenwirbelfläche in einem Einlaßkanal. Zuerst wurde ein Zylinder aus Grauguß mit einem Stahlschieber von nur 1,27 mm Stärke benutzt. Mit einem Verdichtungsverhältnis von 7,0 : 1 entwickelte dieser kleine Motor ohne Aufladung bei einer Drehzahl von 3300 U/min einen höchsten mittleren effektiven Druck von nicht weniger als 11,5 kg/cm^2, der bei 5000 U/min auf 9,8 kg/cm^2 fiel. Schwierigkeiten bereitete indessen das heftige Durchblasen der Kolbenringe; dies trat nur bei Drehzahlen über 5000 U/min auf, und zwar ganz plötzlich. Auf Grund der früheren

Der Schiebermotor bei hohen Geschwindigkeiten und hoher Aufladung 309

Erfahrungen mit dem größeren Motor wurde ein neuer Kolben eingebaut, dessen Ringe tiefer lagen; dies brachte indessen keine Besse-

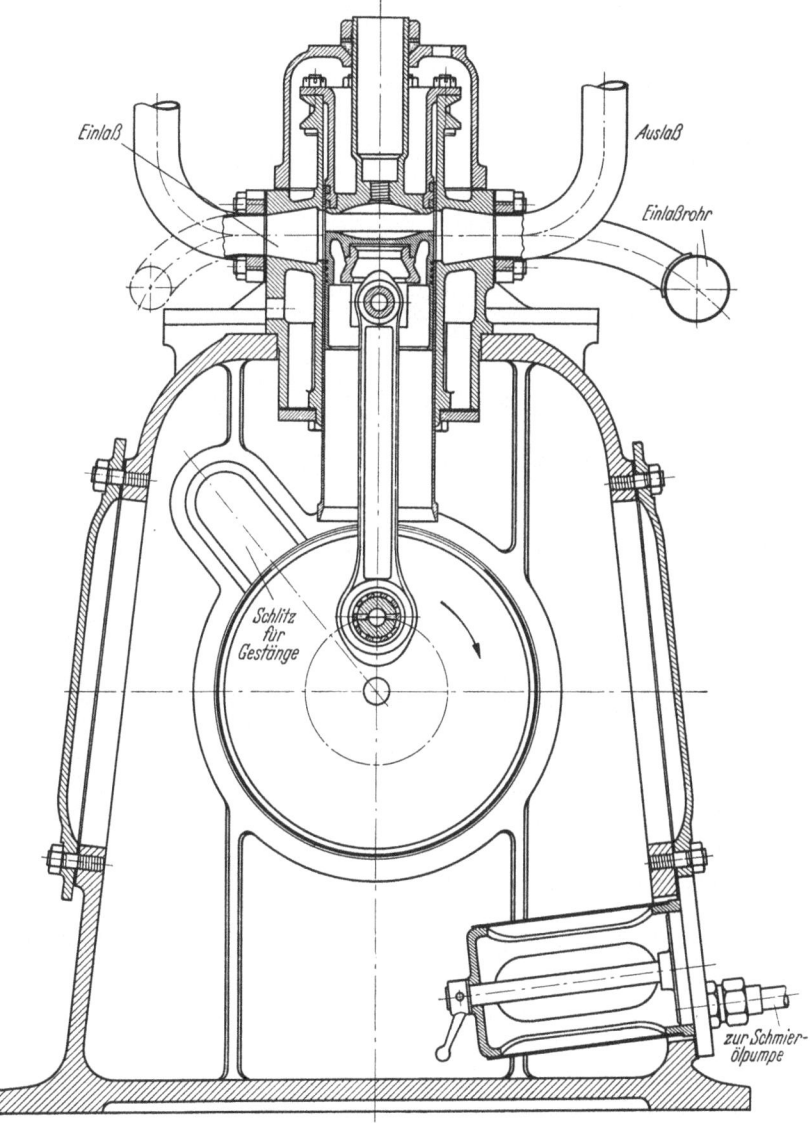

Bild 17.14. Querschnitt durch den schnellaufenden Schiebermotor mit 68,5 mm Bohrung und 90 mm Hub. Blick in Richtung des Pfeiles *A* in Bild 17.10

rung. Man führte die Störung auf das Flattern der Ringe zurück, d. h. auf eine radiale Schwingung der Ringe, obwohl dies kaum glaublich schien. Ringe verschiedener radialer Stärke wurden mit geringem oder gar keinem Erfolg ausprobiert. Durch Verändern der Höhe des obersten Ringes wurde indessen die kritische Drehzahl, bei der das Durchblasen eintrat, erhöht oder erniedrigt, und mit dem niedrigsten eingebauten Ring konnte man sie bis auf 6000 U/min bringen. Die wahre Ursache des Durchblasens ist im 14. Kapitel erklärt, aber sie wurde damals nicht erkannt. Da indessen 6000 U/min das Ziel gewesen waren und gerade mit einem sehr niedrigen obersten

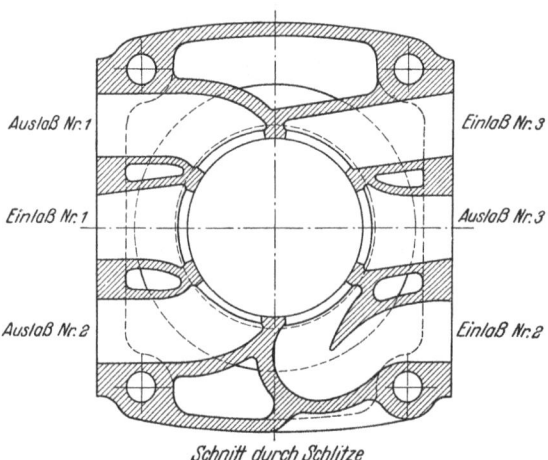

Bild 17.15. Horizontalschnitt durch den Zylinder des kleinen schnellaufenden Einschiebermotors
Ein Einlaßkanal ist mit Leitfläche zur Erzeugung einer Gegendrehbewegung versehen

Ring erreicht werden konnten, war man zufrieden, obwohl man sich noch unter dem Höchstwert der Leistungskurve befand.

Obgleich der mechanische Wirkungsgrad dieses kleinen Motors trotz eines Untersetzungsgetriebes zwischen der Kurbelwelle und der Dynamometerkupplung bemerkenswert hoch war, konnte doch der sehr hohe mittlere effektive Druck, der ohne Aufladen und ohne Spülen durch Überdeckung der Ein- und Auslaßschlitze erreicht worden war, nur durch eine Stoßwirkung in den Saugleitungen erklärt werden.

Bei allen Versuchen verursachte der Schieber selbst keinerlei Störung. Nunmehr wurde der Motor aufgeladen, wobei man einen hohen Benzolanteil benutzte, um Klopfen zu vermeiden. Dabei wurde eine Leistung von 111 PS_e/Liter erreicht bzw. ein mittlerer effektiver Druck von 16,7 kg/cm² bei einer Drehzahl von 6000 U/min. Nach längerem Lauf mit dieser hohen Leistung versagte die Antriebskugel mit Weißmetallausguß anscheinend mehr infolge der hohen Temperatur als durch Überlastung. Durch Vergrößern des Kühlölflusses zum Kugelgelenk konnte das Gelenk gerade noch vor dem Auslaufen bei dieser Belastung geschützt werden, aber es zeigte sich, daß bei diesen sehr hohen Leistungen die Temperatur der Gelenkbuchse zu nahe dem Schmelzpunkt oder mindestens dem plastischen Bereich gewöhnlichen Weißmetalls lag und daß ein Werkstoff mit höherem Schmelzpunkt gewählt werden müßte. Die Verwendung von Weißmetall war sehr verlockend, weil dies erlaubte, daß die Kugelhülse sogleich in ihrer Einbaustellung gegossen werden konnte, ein sehr einfaches und billiges Verfahren, das jede Bearbeitung vermied und für alle normalen Leistungen durchaus genügte. Aber es zeigte sich, daß für sehr hohe Leistungen eine Bronze- oder Aluminiumkugel erforderlich werden würde, die man auch später für alle Schieber-Flugmotoren angewendet hat.

Bei dem hochaufgeladenen Motor wurde wegen der zu erwartenden hohen Spitzendrücke ein ziemlich dicker Stahlschieber benutzt, und alle bewegten Teile wurden für einen Spitzendruck von 140 kg/cm^2 und eine normale Drehzahl von 1500 U/min entworfen.

Dieser sehr robuste Versuchsmotor wurde zuerst für mechanische Untersuchungen des Schiebers bis zu sehr hohen Ladedrücken von ungefähr 4 ata verwendet, bei denen ein mittlerer effektiver Druck von 38 kg/cm^2 bei einem Verdichtungsverhältnis von 4,3:1 mit einem Benzin-Benzol-Gemisch erreicht wurde.

Nach Abschluß mehrerer Dauerversuche mit mittleren effektiven Drücken von 21 bis 35 kg/cm^2, bei denen weder der Schieber noch sein Antrieb irgendwelche Schwierigkeiten machten, wurde dieser Motor, der sich als so betriebssicher und dauerhaft erwiesen hatte, für Forschungsarbeiten bestimmt, die sich über mehrere Jahre erstreckten und die Untersuchung allgemeiner Probleme der Aufladung eines Zündermotors zum Ziel hatten. Sie ergaben viele wertvolle Aufschlüsse über:

1. die Wirkung des Aufladens auf das Klopfen und die Beziehung zwischen dem mittleren indizierten Druck und der erforderlichen Oktanzahl des Kraftstoffes bei gegebenem Verdichtungsverhältnis,

2. die Wirkung des Aufladens auf die Verteilung der Wärme über die Zylinderwand, den Zylinderkopf usw.,

3. den Einfluß der Lufteintrittstemperatur auf den mittleren effektiven Druck und auf die Klopfneigung,

4. die Wirkung des Aufladens auf den Kraftstoffverbrauch, die Zündgrenzen und die Steilheit des Druckanstieges.

Die Schlußfolgerungen, die aus diesen und anderen sowie neueren Versuchen an Ladermotoren gezogen wurden, sind eingehender in den Kapiteln über „Aufladen" und „Aufteilung der Wärme" behandelt.

Einige Zeit darauf, während der Vorbereitung für das Schneider-Pokal-Rennen im Jahr 1931, wurde dieser Motor für die Prüfung von Zündkerzen verwendet, die bei diesem Rennen benutzt werden sollten.

Zu diesem Zweck wurde er lange und erfolgreich und durchweg mit einem mittleren effektiven Druck von 35 kg/cm² in Betrieb gehalten.

Während aller Versuche, die viele hundert Stunden dauerten, gaben weder der Schieber noch das ursprüngliche Weißmetall-Kugelgelenk des Schieberantriebes irgendwelchen Anlaß zu Störungen. Eine Anzahl verschiedener Bauarten von Dichtungsringen im Zylinderkopf wurde ausprobiert, aber das Ergebnis war wieder, daß der normale Kolbenring im großen ganzen die besten Ergebnisse brachte.

Zu dieser Zeit — etwa 1925 — hatte man genügend Belege für das gute Verhalten des Einzelschieber erhalten, um die Konstruktion eines

Bild 17.16. Sechszylinder-Vauxhall-Einschiebermotor

großen Versuchs-Flugmotors wagen zu können und Versuche an brauchbaren Musterzylindern für hochgezüchtete Flugmotorenbauarten zu beginnen. Ein Sechszylinder-Kraftwagen-Schiebermotor war für Vauxhall (Bild 17.16) entworfen und entwickelt worden. Ein Muster dieses Motors hatte man einem langen Dauerversuch unterworfen, der zwei aufeinanderfolgende pausenlose Läufe von 550 Stunden einschloß, was insgesamt ungefähr 80 000 km auf der Straße entsprach. Auch ein Muster-Einschieber-Dieselmotor war für Peter Brotherhood entwickelt worden. Man hatte so eine beträchtliche Erfahrung gesammelt, und zwar für einen Größenbereich von dem kleinen schnellaufenden Motor, der vorhin beschrieben worden ist, bis zu dem Brotherhood-Motor mit 190,5 mm Bohrung und 304,8 mm Hub (Bilder 17.17 und 17.18).

Es hatte sich gezeigt:

1. daß die vom Schiebermotor erreichbare Leistung besser war als die eines entsprechenden Motors mit Ventilsteuerung, besonders wegen des höheren Verdichtungsverhältnisses, das man anwenden konnte,

Der Schiebermotor bei hohen Geschwindigkeiten und hoher Aufladung 313

Bild 17.17. BROTHERHOOD-RICARDO-Sechszylindermotor

Bild 17.18. R 100-2-Motor mit Generator und Schalttafel im Kraftwerk

2. daß in mechanischer Hinsicht der Schieber betriebssicher war, denn man hatte ihn bei Drehzahlen und mittleren Drücken untersucht, die mehr als doppelt so hoch waren wie die damals in irgendeinem Flugmotor erreichten,

3. daß er gegen Bleiniederschläge unempfindlich war, die damals bei Ventilen viele Störungen verursachten,

4. daß wegen der bequem abnehmbaren Zylinderköpfe und des Fortfalls der Ventile die Instandhaltung einfacher sein würde.

Man hatte die Möglichkeit vorgesehen, auch aus Gründen der Gewichtsersparnis, den Schieber direkt in einem Aluminiumzylinder laufen zu lassen. Ein ganz aus Aluminium hergestellter Zylinder war in den kleinen schnellaufenden Motor eingebaut worden und hatte recht befriedigende Ergebnisse gebracht. Aber bei größeren Zylindern mußte man mit Schwierigkeiten rechnen wegen der sehr viel größeren Wärmeausdehnung des Aluminiums im Vergleich zu anderen Werkstoffen, die für die Schieber benutzt werden konnten. Es war natürlich wichtig, ein so großes Spiel zwischen Schieber und Zylinder vorzusehen, daß der Motor noch bei der niedrigsten Umgebungstemperatur angelassen werden konnte, was aber zur Folge haben konnte, daß das Spiel bei Betriebstemperaturen zu groß sein würde. Frühere Versuche hatten nämlich gezeigt, daß über einen bestimmten Grenzwert hinaus durch jede weitere Vergrößerung des Schieberspiels der Ölfilm zwischen Schieber und Zylinder nicht mehr die Wärme übertrug. Dieser Grenzwert schien ein absoluter, nicht ein relativer Wert zu sein. So waren die Versuche mit einem Aluminiumzylinder und einem Schieber aus Kohlenstoffstahl an dem kleinen Motor nicht ganz überzeugend, obwohl sie in einem kleinen Zylinder Erfolg hatten.

Einige Vorversuche an einem der 139,7 mm-Motoren, der einen Aluminiumzylinder und einen Graugußschieber mit normalem Spiel im kalten Zustand benutzte, hatten ungewöhnlich hohe Kolben- und Schiebertemperaturen und die damit zusammenhängenden Störungen gezeigt, wie klemmende Kolben- und Zylinderkopfringe, wenn der Motor im Betrieb mit hohen Kühlmitteltemperaturen und daher mit einem sehr großen Spiel arbeitete. Dagegen traten bei kaltem Kühlwasser keine solchen Störungen auf, und sie hatten sich auch nicht bei dem kleinen Motor mit dem ungefähr halb so großen Zylinderdurchmesser gezeigt. Wenn man das Spiel zwischen Schieber und Zylinder auf den Kleinstwert verringerte, der noch im kalten Zustand gute Beweglichkeit erlaubte, so fand man bei dem 139,7 mm-Zylinder, daß das Spiel bei einer Kühlmitteltemperatur von 100° C noch befriedigend war. Daraus wurde gefolgert, daß für flüssigkeitsgekühlte Zylinder bis zu 127 mm Durchmesser die Kombination einer gewöhnlichen Aluminiumlegierung mit einem Schieber aus Grauguß oder Kohlenstoffstahl gerade noch zulässig war, vorausgesetzt, daß enge Toleranzen für das Spiel eingehalten wurden. Günstig war, daß man die Abnutzung zwischen Schieber und Zylinder fast vernachlässigen konnte, so daß sich das ursprüngliche Spiel während der Lebensdauer des Motors kaum änderte. Gleichwohl blieb es ein dringendes Problem, ein Leichtmetall mit einer niedrigen Wärmeausdehnungszahl für den Zylinder und einen Werkstoff mit den erforderlichen physikalischen Eigenschaften sowie einer verhältnismäßig hohen Wärmeausdehnungszahl für den Schieber zu finden. Für jenen schienen die Silicium-Aluminium-Legierungen am meisten zu versprechen, für diesen erfüllten wohl nur austenitische Stähle oder Gußeisensorten die Bedingungen. Gegen die austenitischen Legierungen sprach, daß ihre Wärmeleitzahlen sehr niedrig sind, aber in Hinblick auf ihre geringe Wandstärke hoffte man, daß dies nicht zu nachteilig sein würde.

Luftgekühlte Schiebermotoren. Das Problem wurde dadurch noch dringender, daß man damals besonders dringend luftgekühlte Motoren für die Luftfahrt forderte, wobei zwangsläufig mit noch größeren Bereichen für die Betriebstemperaturen zu rechnen sein würde. Ein luftgekühlter Versuchszylinder mit 139,7 mm Bohrung wurde aus einer Silicium-Aluminium-Legierung hergestellt und mit einem Schieber aus austenitischem Stahl zusammengebaut. Während die Wärmeausdehnungen von gewöhnlichen Aluminiumlegierungen und Kohlenstoffstahl sich wie 2,6:1 verhalten, ergibt diese Zusammenstellung ein Verhältnis von etwa 1,3:1. Leider befriedigte der austenitische Stahl als Gleitfläche sehr wenig. Auf der Außenseite des Schiebers, also an der Wand der Zylinderbohrung, war sein Verhalten ziemlich befriedigend, aber er vertrug sich nicht mit den Kolbenringen, die stark abgenutzt wurden und einen scharfen Grat bekamen, während die Schieberbohrung und der Kolbenschaft bald starke Riefen aufwiesen.

Sodann versuchte man, die Oberfläche der Bohrung des Schiebers durch Walzen und Kugelstrahlen zu verbessern, um sie zu verfestigen, aber dies hatte ebensowenig Erfolg wie ein Versuch mit Verchromen. Damals war die Technik des porösen Verchromens noch unbekannt, während das Nitrieren noch in den Kinderschuhen steckte. Um schnell zu Ergebnissen bezüglich der Luftkühlung eines Schiebermotors zu gelangen, beschloß man, als vorübergehenden Notbehelf einen Schieber aus austenitischem Gußeisen zu verwenden, obwohl bekannt war, daß die physikalischen Eigenschaften des austenitischen Gußeisens damals sehr schlecht waren. Probeläufe mit diesem Werkstoff zeigten, daß er eine sehr befriedigende Gleitfläche gab, aber bei Vollast zersprang der Schieber der Länge nach, zum Glück ohne ernsten Schaden anzurichten. Dann wurde ein Schieber mit größerer Wandstärke eingebaut, und dieser erwies sich als sehr zufriedenstellend, wenn er auch für einen Flugmotor zu schwer war.

Im Jahr 1927 hatte sich die Oktanzahl des für Flugmotoren verfügbaren Kraftstoffes sehr beträchtlich verbessert, und man hielt es für unbedenklich, ein Verdichtungsverhältnis von 7,0 : 1 anzuwenden. Die besten Ergebnisse, die bei dem luftgekühlten Motor mit 139,7 mm Bohrung erreicht wurden, waren ein mittlerer effektiver Druck von 10 kg/cm^2 und ein Mindestverbrauch von 174 g/PS$_e$h, beide bei 1600 U/min. Der Kraftstoffverbrauch war damals fast eine Rekordzahl für einen Zündermotor, der mit Benzin betrieben wurde.

Daß der mittlere effektive Druck nicht höher war, lag in der Hauptsache an der höheren Temperatur und damit an dem niedrigeren Liefergrad des luftgekühlten Zylinders.

Wie erwartet, war die Kühlung des tief in den Zylinder hineinragenden Kopfes ein sehr schwieriges Problem, das auch heute noch für den luftgekühlten Schiebermotor besteht. Vor der Konstruktion und dem Einbau des luftgekühlten Zylinders war natürlich eine umfangreiche Forschungsarbeit geleistet worden, um die Wärmeverteilung in einem Schiebermotor mit Hilfe zahlreicher Thermoelemente zu bestimmen. Später hat man durch horizontal verschiebbare Thermoelemente die Temperaturgefälle erforscht und auch die vom Zylinderkopf und die vom Mantel an das Kühlwasser übertragene Wärme getrennt gemessen. Diese Versuche haben gezeigt:

1. daß der Wärmefluß zum Zylinderkopf gegenüber einem Motor mit Ventilsteuerung verhältnismäßig klein war, wie man auch erwarten sollte, da keine Ventile oder Auspuffkanäle im Kopf vorhanden waren. Er war vermutlich ebenso groß wie der Wärmefluß zum Kolben, denn der Kopf glich dem Kolben weitgehend, er hatte praktisch den gleichen Umriß und die gleiche freiliegende Oberfläche;

2. daß ein bewegter Schieber fast völlig wärmedurchlässig zu sein scheint, vorausgesetzt, daß der Ölfilm nur dünn ist;

3. wegen der erwiesenen Wärmedurchlässigkeit des Schiebers und seiner Fähigkeit, Wärme in senkrechter Richtung über den Zylinder zu verteilen, konnte ein großer, wenn nicht der größte Teil der Wärme vom Zylinderkopf über den Schieber auf den oberen Teil des Zylindermantels noch oberhalb des Brennraumes übertragen werden. Indem man den Zylinderkopf und den ihn unmittelbar umgebenden Teil des Zylindermantels, also den Teil oberhalb der Schlitze getrennt mit Wasser kühlte und den Kühlwasserfluß in diesen beiden Kreisläufen getrennt regelte, konnte man wenigstens angenähert den Wärmeübergang zwischen den beiden Teilen durch den Schieber hindurch berechnen.

4. Der Gesamtwärmefluß zum Kühlmittel war in einem Schiebermotor merklich geringer als in einem Motor mit Ventilen, da die Auslaßkanäle viel kürzer und weniger stark gekrümmt waren.

Alle diese Erwägungen waren für den luftgekühlten Zylinder ermutigend, aber obwohl offenbar ein großer Teil der Wärme vom Zylinderkopf auf das obere Ende des Zylindermantels übertragen und so durch eine einfache äußere Verrippung abgeführt werden konnte, blieb noch viel Wärme fortzuschaffen. Außerdem wurde das Problem, die Kühlluft dem tief versenkten Zylinderkopf zuzuleiten, noch dadurch erschwert, daß in einem Flugmotor zwei Zündkerzen je Zylinder untergebracht werden mußten.

Auf Grund dieser Betrachtungen hatte man den luftgekühlten Leichtmetallzylinder mit Kühlrippen von gleichmäßiger Höhe und Teilung über seine ganze Länge entworfen, während der Zylinderkopf selbst so gut verrippt war, wie es die Zündkerzen erlaubten. Man brachte passende Leitflächen an, um die Kühlluft bis zum Boden des Zylinderkopfes zu leiten. Im ganzen schien die Kühlung dieses ersten Zylinders recht befriedigend zu sein.

Etwa zu dieser Zeit begann die Bristol Aeroplane-Gesellschaft sich der Entwicklung des Schiebers eingehender anzunehmen, und da sie auf dem Gebiet der Luftkühlung und ihrer Probleme umfassende Erfahrungen besaß, wurde beschlossen, die weitere Entwicklung der luftgekühlten Bauart ihr zu übertragen. Inzwischen suchte man weiter mit tätiger Hilfe der Stahlhersteller nach einem geeigneten Schieberwerkstoff. Man fand, daß der austenitische Stahlschieber nitriert werden konnte, aber:

1. es war fast unmöglich, leichte Verformungen zu vermeiden, so daß man beim Fertigschleifen die sehr dünne gehärtete Oberfläche stellenweise durchbrach, was verheerende Folgen hatte;

2. die sehr glatte und harte Oberfläche verursachte Störungen der Schmierung, wie man sie auch bei ventilgesteuerten Motoren mit dem Hartverchromen erlebt hatte. Die Oberfläche wurde vom Öl nicht benetzt, so daß die Gefahr des Fressens der Kolben bestand.

Diese Schwierigkeiten wurden schließlich überwunden durch:

1. ein von der Bristol Aeroplane-Gesellschaft entwickeltes Verfahren, den Schieber nach dem Härten in die genaue Form zu drücken,

2. ein grobes Honen, um die sehr glatte Oberfläche aufzurauhen und einen seidigen Mattglanz zu erzeugen.

Als diese Schwierigkeiten überwunden waren, erwies sich der im Schleuderguß hergestellte, nitrierte, austenitische Stahlschieber als die beste Lösung; er ist bis heute die Norm für alle luftgekühlten Schiebermotoren geblieben. Der einzige Nachteil ist die schlechte Wärmeleitfähigkeit der austenitischen Stähle. Bei diesem Werkstoff

318   17. Schiebermotoren

und einer sorgfältigen Kontrolle der Herstellungstoleranzen erwies es sich als unnötig, eine Silicium-Aluminium-Legierung für den Zylinder zu benutzen.

Für die Kühlung des Zylinderkopfes entwickelte die Bristol-Aeroplane-Gesellschaft eine Bauart der Verrippung und Luftführung, die sich für Leistungen bis etwa 60 PS je Liter Hubvolumen als ausreichend gezeigt hat. Für höhere Leistungen hat die Firma einen mehrteiligen Kopf mit kupfernen Kühlrippen entwickelt (Bild 17.19), der sehr befriedigte.

Wenn auch die endgültige Konstruktion des luftgekühlten Zylinders der Bristol Aeroplane-Gesellschaft sich nur sehr wenig von der

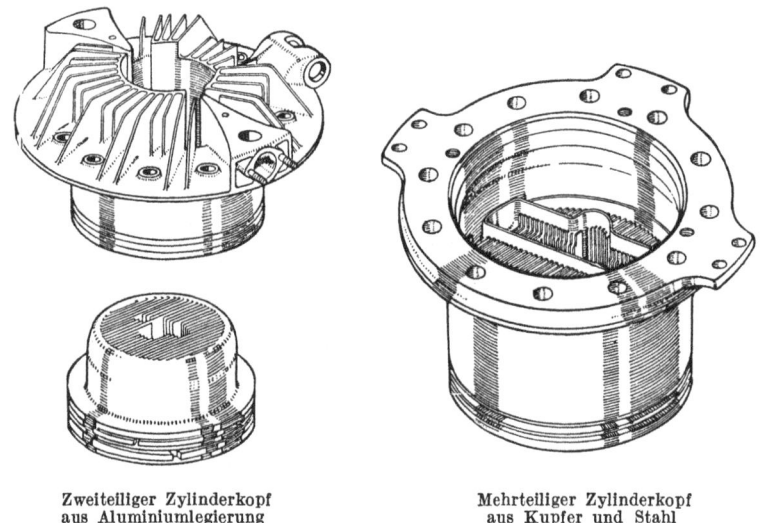

Zweiteiliger Zylinderkopf   Mehrteiliger Zylinderkopf
aus Aluminiumlegierung   aus Kupfer und Stahl
Bild 17.19

ersten Versuchsbauart, die im Laboratorium des Verfassers entwickelt wurde, zu unterscheiden scheint, so kann doch nur, wer über eigene Erfahrung verfügt, sich den gewaltigen Umfang der im einzelnen erforderlichen Entwicklungsarbeit vorstellen, die zwischen einem erfolgreichen Versuchszylinder und einem durchentwickelten Flugmotor liegt. Der Bristol Aeroplane-Gesellschaft gebührt für ihre Ausdauer und ihre großen Leistungen, dem Luftfahrtministerium für die finanzielle Unterstützung und Förderung in einer Zeit, als die von der Regierung zur Verfügung gestellten Mittel sehr beschränkt waren, die größte Anerkennung.

Flüssigkeitsgekühlte Schiebermotoren. Während der soeben beschriebenen Entwicklungsarbeiten wurde eine Anzahl anderer, flüssigkeitsgekühlter Einschieber-Versuchsmotoren verschiedener Bauart und

Flüssigkeitsgekühlte Schiebermotoren

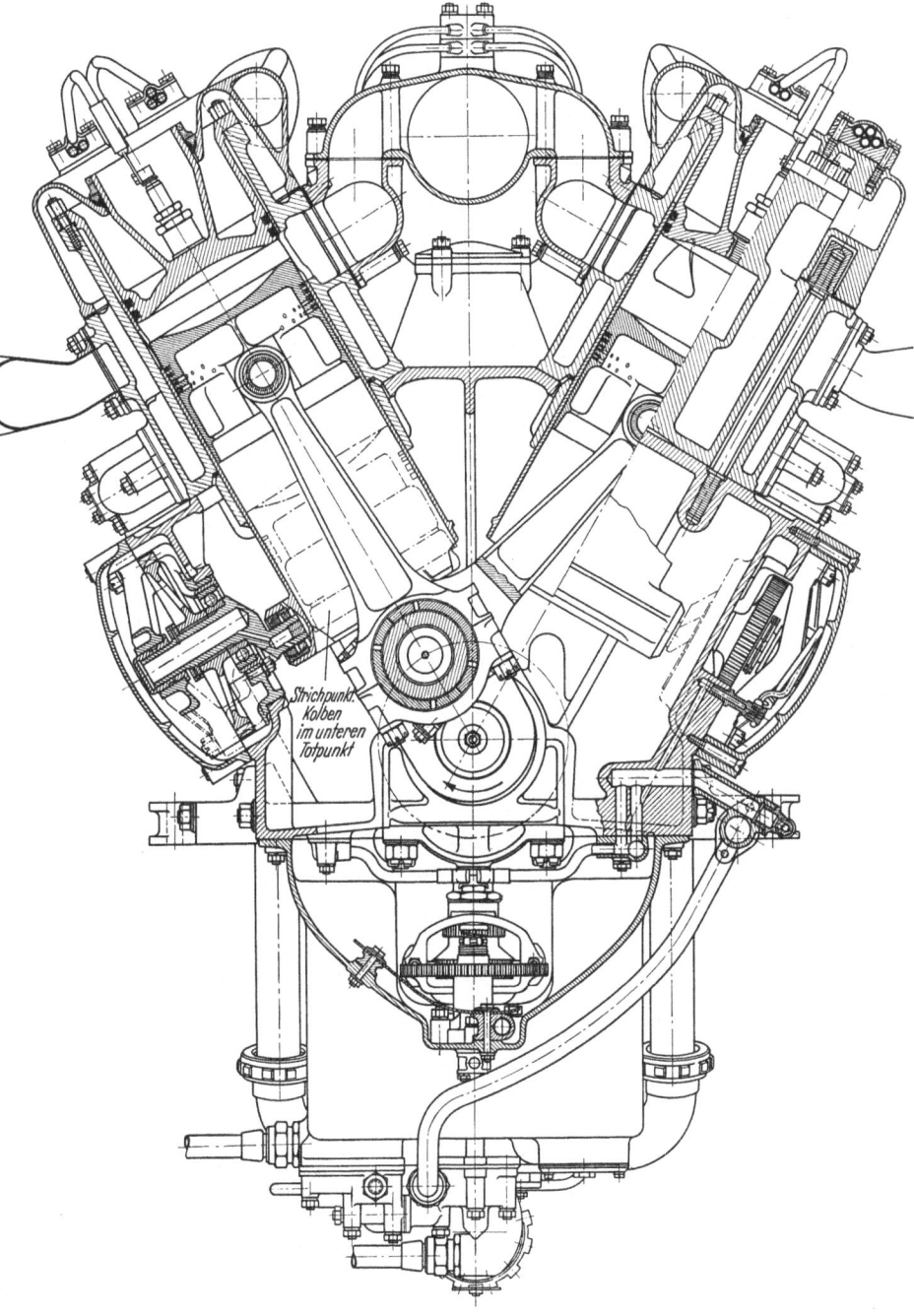

Bild 17.20. Querschnitt durch den Zwölfzylinder-V-Benzin-Flugmotor mit Schiebersteuerung, 120,6 mm Bohrung, 139,7 mm Hub. Blickrichtung von der Luftschraubenseite

17. Schiebermotoren

Bild 17.22. Zwölfzylinder-Versuchs-Benzin-Flugmotor mit Schiebersteuerung

Bild 17.23. Zwölfzylinder-Versuchs-Diesel-Flugmotor mit Schiebersteuerung

Größe entworfen und gebaut. Diese reichten von einem kleinen Sechszylinder-Benzin-Reihenmotor für die Vauxhall-Gesellschaft bis zu einem Einzylinder-Dieselmotor mit 304,8 mm Bohrung; sie gaben Gelegenheit, viele Erfahrungen zu sammeln. Dabei wurde den Dieselmotoren mehr Beachtung als den Benzinmotoren geschenkt, denn gegen Ende der zwanziger Jahre trat der schnellaufende Dieselmotor immer mehr in den Vordergrund, so daß er bei der verhältnismäßig niedrigen Oktanzahl des damals verwendeten Benzins dem Zündermotor für das Flugzeug fast den Rang ablief. Während der Jahre 1927 bis 1930 wurden zwei flüssigkeitsgekühlte Versuchs-Schieber-Flugmotoren entworfen, gebaut und im Versuchsfeld des Verfassers geprüft (Bilder 17.20, 17.21 in der Tasche am Schluß des Buches, 17.22 und 17.23). Es handelte sich um Zwölfzylinder-V-Motoren, deren Konstruktion auf den Rolls-Royce-Motor „Kestrel" zurückging und viele normale Teile des Motors verwendete, wie die Kurbelwelle, Pleuelstangen, Propelleruntersetzungsgetriebe und die meisten Hilfseinrichtungen. Bei diesen Motoren betrugen die Bohrung 120,6 mm, der Hub 139,7 mm und der Hubraum 19,2 Liter. Der eine Motor wurde als Dieselmotor mit einem Verdichtungsverhältnis von 15,5:1 gebaut, der andere als Benzinmotor mit einem Verdichtungsverhältnis von 7,0:1; im übrigen waren beide Motoren, abgesehen von den Kolben und Zylinderköpfen, gleich. Beim Versuch entwickelte der Dieselmotor eine Höchstleistung von 345 PS_e bei 2400 U/min; er hatte einen niedrigsten Kraftstoffverbrauch von 170 g/PS_eh bei 1800 U/min und ein Leergewicht von 327 kg. Besonders der Verbrauch enttäuschte einigermaßen, denn nach den Erfahrungen mit anderen, wenn auch größeren Schieber-Dieselmotoren hatte der Verfasser gehofft, daß die Ergebnisse um wenigstens 6 oder 7% besser sein würden. Der höchste Zylinderdruck von 58 kg/cm^2 war für die Weißmetall-Kurbelzapfenlager zu hoch; sie versagten in weniger als 50 Stunden infolge von Dauerbrüchen. Außerdem traten bei mehreren der gegabelten Pleuelstangen Risse im Pleuelfuß auf. Bild 17.24 zeigt ein typisches Indikatordiagramm eines Zylinders dieses Zwölfzylindermotors.

Man hatte beabsichtigt, als nächsten Schritt einen Lader an diesen Motor anzubauen, aber wegen der hohen Gasdrücke und der sich daraus ergebenden Störungen an Lagern und Pleuelstangen unterblieb dies. Beim Benzinmotor hatte man keine Schwierigkeiten mit Lagern oder Pleuelstangen; daher wurde ein Zentrifugallader angebaut. Mit ihm und einem Benzin der Oktanzahl 87, das damals (1929) gerade verfügbar wurde, entwickelte der Motor eine Höchstleistung von 710 PS_e bei 3000 U/min mit einem Mindestkraftstoffverbrauch von nur 183 g/PS_eh.

Obwohl die Dieselbauart eine bessere Leistung hätte erbringen sollen und zweifellos nach weiterer Entwicklung auch gebracht hätte, war der Benzinmotor doch so weit überlegen, daß es nicht für lohnend gehalten wurde, mehr Zeit auf die Dieselbauart zu verwenden. Denn der Versuch hatte gezeigt, daß man sogar bei Benzin der Oktanzahl 87 das Doppelte der Leistung des Dieselmotors mit weniger mechanischen Störungen erhalten konnte. Einige Jahre später wurde die Dieselbauart in einen Rennwagen eingebaut, mit dem Captain G. E. T. Eyston den Weltrekord für einen Dieselwagen mit 270 km/h aufstellte, den er noch hält.

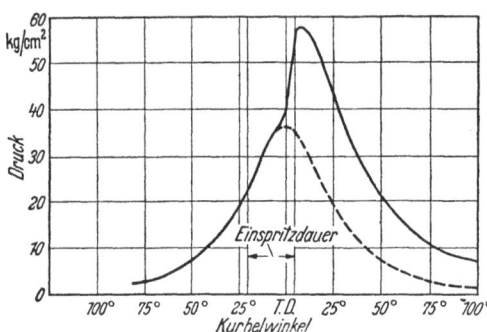

Bild 17.24. Typisches Indikatordiagramm des Zwölfzylinder Dieselmotors bei 2250 U/min

Achtzehntes Kapitel

Zweitakt-Schiebermotoren

Wenn der Verfasser in diesem Abschnitt eine Untersuchung beschreibt, die leider erfolglos blieb, so mag als Entschuldigung gelten, daß die dabei gewonnenen Werte und Erfahrungen für andere von Interesse und vielleicht von Nutzen sein können. Bevor die Gasturbine kam, waren die Entwicklungsarbeiten am Kolbenflugmotor für militärische Zwecke auf die Verkleinerung der Stirnfläche und des Leistungsgewichtes gerichtet, mit anderen Worten auf die Erzielung der größtmöglichen Leistung bei einem Motor von möglichst kleiner Stirnfläche, und in Hinblick darauf schenkte man den Möglichkeiten des Zweitaktmotors große Beachtung.

In dem Abschnitt, welcher die Zweitaktmotoren im allgemeinen behandelt, hat der Verfasser gezeigt, daß solche Motoren am vorteilhaftesten bei verhältnismäßig niedrigen Drehzahlen sind, da die für den Gaswechsel erforderliche Leistung des Gebläses mit der dritten Potenz der Drehzahl steigt. Aber wie bei allen derartigen Verallgemeinerungen hat man mehrere Einschränkungen zu machen, nämlich:

1. Wenn es gelingt, den Schlitzquerschnitt so groß auszuführen und die Steuerphasen so zu legen, daß die erforderliche Gebläseleistung absolut genommen klein ist, dann kann sie selbst bei hohen Drehzahlen verhältnismäßig klein sein, obwohl sie mit der dritten Potenz der Drehzahl steigt.

2. Wenn die Abgase in einer Turbine ausgenutzt werden können, dann kann ein Teil oder die ganze oder in einigen Fällen noch mehr als

die ganze Gebläseleistung aus der Restenergie im Auspuff zurückgewonnen werden.

Außerdem schadet dem Zweitaktmotor, im Gegensatz zum Viertaktmotor, die Erhöhung des Auslaßgegendruckes nicht, da sie weder Verlustarbeit am Kolben noch eine merkliche Steigerung des Wärmeflusses zur Zylinderwand oder zum Kolben hervorruft; diese gilt in der Tat als das normale Verfahren, einen Zweitaktmotor aufzuladen. Infolge der Verdünnung durch die überschüssige Spülluft wird außerdem die Abgastemperatur auf einen Betrag gesenkt, der für eine Turbine zulässig ist, und die Abgasmenge um etwa 50% gesteigert. Im Vergleich zum Viertaktmotor ist daher der Zweitaktmotor weit geeigneter, mit einer Abgasturbine zusammenzuarbeiten.

Obwohl der Zweitakter 50% mehr Luft braucht als ein Viertakter gleicher Leistung, so ist doch der Druck, mit dem die Luft zugeführt werden muß, beträchtlich niedriger als bei einem Viertakter, der für die gleiche Leistung aufgeladen wird. Da der bei Flugmotoren benutzte Schleuderverdichter sehr große Luftvolumina bequem fördern kann, aber für hohe Drücke ungeeignet ist, fällt dieser Vorteil ins Gewicht.

Alle diese Gründe sprachen eindringlich zugunsten des Zweitaktflugmotors und rechtfertigten eine gründliche Untersuchung über die Aussichten dieser Bauart.

Gegen Ende der zwanziger Jahre, als man mit der Forschung auf dem Gebiet des Zweitakt-Flugmotors begann, war die Leistung des Zündermotors durch die niedrige Oktanzahl des damals vorhandenen Benzins stark eingeengt, während der Dieselmotor mit seinem niedrigeren Kraftstoffverbrauch, dem Fortfall der elektrischen Zündung und der geringeren Brandgefahr bessere Aussichten zu bieten schien.

Auch das Regelproblem war zu beachten. Im Gegensatz zum Viertakter kann der Zweitakter natürlich nicht gedrosselt werden. Jede Verringerung der Luftzufuhr durch Drosseln bedeutet nur, daß im Zylinder entsprechend mehr Abgase zurückbleiben.

Beim Dieselmotor genügt es, die Kraftstoffzufuhr zu regeln, während man sich beim Zündermotor auf eine Schichtung verlassen müßte, um bei Teillasten wirtschaftlich zu fahren. In beiden Fällen müßte offenbar der Kraftstoff unmittelbar in den Zylinder eingespritzt werden, denn es verbot sich, mit vorher gebildetem Gemisch zu spülen.

Damals hatte man im Laboratorium des Verfassers beträchtliche Erfahrungen mit dem Schieber als Konstruktionsteil und dem Arbeitsverfahren des Dieselmotors gesammelt; ein Viertakt-Schieber-Dieselmotor mit hohem Wirkungsgrad war schon durchentwickelt worden. Daher wurde beschlossen, die Untersuchung an dem Hochleistungs-Zweitaktmotor als einem schiebergesteuerten Dieselmotor zu beginnen.

18. Zweitakt-Schiebermotoren

Man wünschte das Verbrennungssystem zu benutzen, das für die Viertaktbauart schon entwickelt worden war, und die vorhandenen Erfahrungen über das Verhalten der Schieber zu verwerten.

Beim Zweitakter bewegt sich der Schieber mit der Kurbelwellendrehzahl, daher kann er direkt von einem Exzenter auf der Kurbelwelle angetrieben werden. Außerdem ist im Zweitakter für die Steuerung der Schlitze nur eine hin und her gehende Bewegung des Schiebers nötig, wenn auch eine kleine Drehung für die Schmierung wichtig ist. Sie wurde durch einen schwingenden Hebel als Drehpunkt zwischen Exzenter und Kugelgelenk verwirklicht. So wurde die Schieberbahn zu einer Ellipse, deren große Achse senkrecht stand und gleich dem Exzenterhub war und deren kleine Achse durch Verschieben des Drehpunktes geändert werden konnte (Bild 18.1). Die Verteilung des Schmieröles und die Schmierung selbst waren praktisch befriedigend, wenn die Länge der kleinen Achse der Ellipse mindestens 20% der großen betrug.

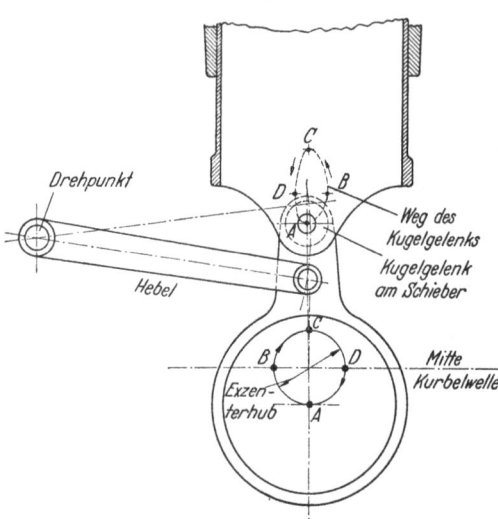

Bild 18.1. Diagramm des Schieberantriebs für den Zweitakt-Versuchsmotor

Der erste Versuchsmotor, der nach diesen Richtlinien gebaut wurde, hatte eine Bohrung von 139,7 mm und einen Hub von 177,8 mm. Diese Abmessungen wurden gewählt, damit er mit einem Viertakt-Schiebermotor verglichen werden konnte, der schon als Diesel- und Zündermotor vollständig geprüft worden war.

Bei der Zweitaktbauart wurde die Luft am ganzen Umfang durch einen Ring von Schlitzen am unteren Schieberende zugeführt, die vom Kolben nahe seinem unteren Totpunkt freigegeben wurden. Für den Auslaß war eine zweite Schlitzreihe nahe dem oberen Ende des Schiebers vorgesehen; diese Schlitze wurden durch den Zylinderkopf und seine Ringe gesteuert. Schieber und Kolben bewegten sich nahezu in gleicher Phase; die Voreilung des Schiebers konnte durch Verdrehen des Exzenters auf der Kurbelwelle verändert werden. So erhielt man eine Gleichstromspülung, bei welcher der Auslaß nur vom Schieber und der Einlaß vom Kolben gesteuert wurde, während die Phasenverschiebung zwischen dem Öffnen der Schlitzreihen durch Verstellen der Voreilung des Schiebers beliebig geändert werden konnte.

Die Untersuchung der Bewegungsverhältnisse hatte gezeigt, daß es am vorteilhaftesten war, wenn der Schieberhub 30% des Kolbenhubes ausmachte. Jeder längere Schieberhub ergab einen größeren Auslaßschlitzquerschnitt und einen kleineren Einlaß, und umgekehrt.

Bei der gebräuchlichen Bauart des Zweitaktmotors muß die wirksame Kolbenlänge etwas größer als der Hub sein, damit die Schlitze nicht nach dem Kurbelkasten öffnen. Da der Schieber sich nahezu in Phase mit dem Kolben bewegt, braucht beim Schiebermotor die wirksame Kolbenlänge nur gleich dem Kolbenhub abzüglich des Schieberhubes zu sein, also nur etwa 70% des Kolbenhubes zu betragen. Dies ist vom Standpunkt der Bewegungsverhältnisse wie auch von dem der gedrängten Bauart ein wichtiger Vorteil.

Zuerst wurden Zylinderkopf und Brennraum ebenso wie beim Viertakter ausgeführt, und die Luftdrehung wurde durch einen Satz verstellbarer Leitschaufeln im Einlaßgürtel geregelt, die den Schieber dicht umgaben. Die Druckluft zum Spülen des Zweitakters und zum Aufladen des Viertakters wurde von einer besonderen Anlage geliefert und mittels eines Alcock-Strömungsmessers gemessen.

Von Anfang an ergab der Motor eine recht gute Leistung; mit einer Spülluftmenge von 1,3 mal dem Hubvolumen beim Normzustand konnte ein mittlerer effektiver Druck von 7 kg/cm² erreicht werden, ohne daß der Auspuff rauchte, bei einem kleinsten Kraftstoffverbrauch von 165 g/PS$_e$h. Dies ist zu vergleichen mit 8,2 kg/cm² ohne Aufladung und einem kleinsten Kraftstoffverbrauch von 159 g/PS$_e$h für den Viertakter bei gleicher Drehzahl, dem gleichen Verdichtungsverhältnis und derselben Lufteintrittstemperatur.

Wie zu erwarten war, trat alsbald eine Anzahl mechanischer Störungen auf. Die wichtigsten waren:

1. Die Zylinderkopfringe brannten sehr schnell fest.
2. Die Kolbentemperatur war bei weitem zu hoch. Dies führte zu festsitzenden Kolbenringen usw.
3. Das Schmieröl an der Außenseite des Schiebers konnte nicht über die große Lücke in der Zylinderwand, die durch den Ring der Einlaßschlitze gebildet wurde, geführt werden.
4. Die Kolbenbolzenlager in Kolben und Pleuelstange nutzten sich sehr schnell ab.

Die erste Störung war bei weitem die schlimmste. Die Schwierigkeiten mit den Kolben und Kolbenbolzen wurden zuerst überwunden, indem man ein Kugelgelenk mit einem kugelförmigen Pleuelstangenkopf an Stelle der gebräuchlichen Kolbenbolzenverbindung verwendete und den Kolben durch einen Ölstrom kühlte, der in der Pleuel-

18. Zweitakt-Schiebermotoren

stange hinauf und hinunter und mit hoher Geschwindigkeit unmittelbar unter dem Kolbenboden hindurch floß (Bild 18.2).

Die Schwierigkeit, den Schieber auf seiner Außenseite zu schmieren, wurde durch einen kleinen Öler beseitigt, der Schmieröl in eine Ringnut im Zylindermantel oberhalb der Einlaßschlitze förderte. Es war

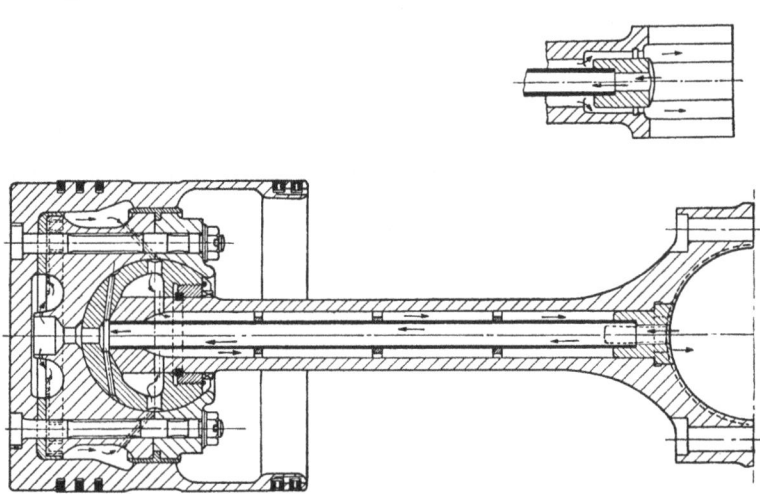

Bild 18.2. Kolben und Pleuelstange mit kugeliger Lagerung

etwas überraschend, zu sehen, daß nur eine ganz kleine Ölmenge erforderlich war, um den Schieber hinreichend zu schmieren. Das Hauptproblem boten indessen die Zylinderkopfringe, denn sie saßen bei Vollast nach nur wenigen Stunden fest. In einem Zweitakt-Schiebermotor sind die Zylinderkopfringe den gleichen Bedingungen unterworfen wie die Kolbenringe eines Zweitaktmotors mit Auslaßschlitzen, die vom Kolben gesteuert werden. Das heißt, sie sind der starken Verschleißwirkung der heißen, unter hohem Druck über die Kolbenkante oder die Kante des Zylinderkopfs strömenden Auspuffgase und der Ansammlung teilweise verkokten Öls ausgesetzt, das von den Kanten der Auslaßschlitze abgeschabt wird. Ihre Lage wird dadurch noch verschlechtert, daß sie nicht die Kippbewegung des Kolbens mitmachen, die sie beweglich halten könnte. Man hatte aber gehofft, daß diese Bedenken reichlich ausgeglichen werden würden durch die ausgezeichnete Kühlung, die man durch die sehr wirksame Umströmung der Rückseite der Ringnuten erzielen konnte. Aber die Erwartung, daß die Zylinderkopfringe im ganzen unter günstigeren Bedingungen arbeiten würden als die Kolbenringe eines gewöhnlichen Zweitaktmotors mit Schlitzauslaß, erfüllte sich nicht. Nach mehreren Jahren fruchtlosen Bemühens, während deren alle erdenklichen Arten von Ringen oder

Kombinationen von Ringen versucht worden sind, beschloß man, den kühnen Versuch zu machen, den versenkten Kopf und die Kopfringe überhaupt aufzugeben und den Auslaß durch den oberen Schieberrand zu steuern, wobei man das Abdichten gegen die Gase nur der genauen Passung des Schiebers überließ.

Zu diesem Zweck wurden ein neuer Zylinder, Zylinderkopf und Schieber gebaut. Die Dicke des Stahlschiebers betrug 3,2 mm; am oberen Ende, oberhalb der Kolbenbahn, war die Schieberbohrung vergrößert und kegelig bis auf Messerschneidendicke ausgezogen, um eine ringförmige Lippendichtung herzustellen. Die Absicht war, daß der Schieber sich unter dem Druck ausdehnen und einen gasdichten Abschluß bilden sollte. Dies erwies sich als überraschend erfolgreich, und es wurde zum erstenmal möglich, einen Dauerversuch von 50 Stunden bei Vollast ohne Leistungsabfall auszuführen, wobei die Besichtigung des Schiebers nach dem Versuch vollkommenes Tragen und Hochglanz über eine Länge von etwa 13 mm von der Schieberoberkante abwärts zeigte. Später fand man indessen, daß die dünne obere Kante viel zu empfindlich war und daß sie beim Zusammenbau von Schieber und Zylinder selbst bei größter Sorgfalt leicht beschädigt wurde. War sie einmal zackig oder verbogen, so dichtete sie nicht mehr und verbrannte. Andere Schieber mit schwächerer Abschrägung wurden mit Erfolg ausprobiert, bis man gelegentlich zur allgemeinen Überraschung fand, daß man die Wandstärke des Schieberrandes überhaupt nicht zu verjüngen brauchte und daß sogar eine ziemlich weite Toleranz in der Passung zwischen Schieber und Zylinder nur beim Anlassen nachteilig war. Aber auch dies bot keine größere Schwierigkeit, wenn man vor dem Anlassen etwas dickes Schmieröl in den Ringraum unmittelbar über dem Schieber spritzte.

Eine einfache Rechnung ergab, daß der Gasdruck allein den Schieber nicht hinreichend dehnen konnte, um das Spiel zu Null abnehmen zu lassen und Gasdichtheit zu sichern. Daher schien die erforderliche Aufweitung mehr durch Erwärmung als durch Druck erzeugt zu werden. Später zeigten Versuche mit Schmelzstreifen, die an die Schieberinnenseite oberhalb der Kolbenbahn angelötet waren, daß dies tatsächlich der Fall war. Denn bei jeder Zunahme des Spieles zwischen Schieber und Zylinder stieg die Temperatur am oberen Schieberende im gleichen Verhältnis. Die beobachtete Temperatur entsprach unter Berücksichtigung der bekannten Wärmeausdehnungszahl recht gut dem bekannten Spiel im kalten Zustand. Weitere Versuche offenbarten, daß das Spiel auf 0,2 bis 0,25 mm im Durchmesser vergrößert werden konnte, bevor der Schieber nicht mehr dichtete. Unter diesen Grenzbedingungen konnte man aber den Dieselmotor aus dem kalten Zustand nicht mehr anlassen. Im Grenzfall begann das durch übermäßig großes Spiel verursachte Versagen mit winzigen Rissen an der oberen Schieberkante, die zweifellos von zu hohen Wärmespannungen herrührten; die Risse führten zu Undichtigkeiten und zum Verbrennen der oberen Kante. Das obere Schieberende schien sich trichterfömig auszudehnen, bis das Spiel ausgeglichen war und der Wärmeübergang an die Zylinderwand die Temperatur konstant hielt. Da die Wärmeaufnahmefähigkeit des Schiebers sehr klein war und der Wärmefluß, besonders solange noch keine Abdichtung hergestellt war, sehr groß, wurde der Gleichgewichtszustand nach nur wenigen Arbeitsspielen erreicht. Es überraschte und ermutigte, daß das zulässige Spiel innerhalb der üblichen Herstellungstoleranzen und mäßiger Abnutzung lag. Der Verfasser hat die Entwicklung des Schiebers mit offenem oberem Ende hier so ausführlich behandelt, weil sie das Beispiel für einen sehr unsicheren Notbehelf darstellt, der nur in der Verzweiflung als letzter Ausweg versucht wurde und sich als Erfolg erwies, wenn auch nicht ganz so, wie man es sich zuerst gedacht hatte.

Außer dem Fortfall der Zylinderkopfringe und damit der Hauptstörungsquelle brachte das offene Schieberende folgende Vorteile:

1. Es ermöglichte eine beträchtliche Verringerung der Gesamthöhe von Zylinder und Kopf und damit der Stirnfläche eines Flugmotors.

2. Es erlaubte, daß der ganze Umfang des Schiebers für den Auslaßquerschnitt ausgenutzt wurde, im Gegensatz zu einem zulässigen Höchstwert von 80% beim Schieber mit Schlitzen.

3. Da der Schieber fast phasengleich mit dem Kolben arbeitete und sein offenes Ende unter dem vollen Gasdruck im Zylinder stand, bildete er in Wirklichkeit einen Ringkolben, der einen kleinen Beitrag zur Leistung lieferte. Die Ringfläche betrug etwa 10% der Kolbenfläche, und da der Schieberhub 30% des Kolbenhubes ausmachte, trug der Schieber 3% zur Motorleistung bei, die über den Exzenter auf die Kurbelwelle übertragen wurden, ein wenn auch nur kleiner, so doch nützlicher Beitrag.

Der erste Versuchsmotor hatte einen gußeisernen Zylinder und einen Schieber aus Kohlenstoffstahl; die Wärmeausdehnungszahl war für beide ungefähr gleich. Man wollte dann sehen, wie sich der Stahlschieber mit offenem Ende verhielte, wenn er direkt in einem Aluminiumzylinder arbeitete. Denn die großen Spiele, die man im ersten Motor als zulässig erkannt hatte, deuteten darauf hin, daß eine gute Abdichtung trotz der viel größeren Wärmeausdehnung des Aluminiums noch möglich sein könnte. Daher wurde ein neuer Motor entworfen und gebaut, der einen Kolbendurchmesser von 122,2 mm und einen Hub von 139,7 mm hatte, so daß er einem zweiten Viertakt-Schiebermotor entsprach, der damals für Flugzeuge entwickelt wurde (Bild 18.3

in der Tasche am Schluß des Buches). Beide Motoren wurden für Drehzahlen bis zu 2500 U/min entworfen. Die Kombination eines mit offenem Ende versehenen Schiebers aus Kohlenstoffstahl mit einem Aluminiumzylinder erwies sich im ganzen als zufriedenstellend. Wurde genügend Spiel vorgesehen, um freie Beweglichkeit bei $-15°$ C zu sichern, dann lag man bei einer Kühlmitteltemperatur von 100°C dicht an der Grenze. So blieb sehr wenig Spielraum für Herstellungstoleranzen und Abnutzung. Dabei nutzte sich das obere Ende der Schieber aus weichem Kohlenstoffstahl, die für die Versuche benutzt wurden, ziemlich schnell ab.

Diese Einschränkung wurde später wie bei luftgekühlten Viertakt-Schiebermotoren überwunden durch nitrierte Schieber aus austenitischem Stahl, dessen Wärmeausdehnungszahl ungefähr 50% größer war als die von Kohlenstoffstahl und dessen harte nitrierte Oberfläche fast immun gegen Abnutzung war. Um die Steuerphasen und den Hub des Schiebers schneller ändern zu können, wurde bei diesem Motor der Schieber wie beim Viertakter über eine Stirnkurbel und ein Getriebe betätigt. Dies eignete sich gut für einen reinen Versuchsmotor; da aber ungefähr 3% der Gesamtleistung von dem Schieber geliefert wurden, mußte man sehr kräftige Zahnräder vorsehen, und diese liefen geräuschvoll, wie zu erwarten war. Der kugelige Pleuelstangenkopf, der sich in dem langsamer laufenden größeren Motor als recht zufriedenstellend erwiesen hatte, war in der neuen Bauart nicht durchweg erfolgreich, denn mehrmals trat in dem Kugelgelenk stellenweise Fressen ein. Das Gelenk wurde daher gegen den gebräuchlichen Kolbenbolzen, jedoch mit einem Nadellager ausgetauscht. Gleichzeitig wurde der Ölumlauf durch den Kolben verbessert. Das Öl strömte nicht mehr in der Pleuelstange abwärts, sondern direkt aus dem unteren Kolbenende aus. Nach diesen Änderungen brachte der Motor sehr ermutigende Ergebnisse. Durch viele kleine Änderungen an den Schlitzen, den Verhältnissen des Brennraumes usw. wurde die Leistung gesteigert, bis schließlich ein mittlerer effektiver Druck von 8,7 kg/cm^2 ohne rauchenden Auspuff bei 2400 U/min erreicht wurde, wenn mit einem Spüldruck von 0,63 kg/cm^2, einem Spülluftaufwand von 1,3 mal Hubvolumen, bezogen auf Normzustand, und dem Auspuff gegen Atmosphärendruck gefahren wurde. Dies entspricht einer Kupplungsleistung von 47,7 PS je Liter Hubvolumen und stellt für einen Dieselmotor eine sehr befriedigende Leistung dar.

Bei einem Zweitaktmotor wird die Kraftstoffeinspritzpumpe mit der Kurbelwellendrehzahl angetrieben, und bei diesen hohen Drehzahlen ergaben sich Schwierigkeiten durch:

1. Druckwellen in der Brennstoffleitung. Sie wurden zunächst durch einen kleinen Windkessel auf der Saugseite der Pumpe behoben;

2. Dampfblasenbildung in dem Kraftstoffsystem durch die heftige Bewegung, welche entsteht, wenn am Ende der Förderung der Druckraum mit der Saugleitung verbunden wird. Dies wurde zunächst durch Trennen der Saug- und Druckräume behoben.

Später wurden beide Störungen durch einen ständigen Brennstoffumlauf durch die Einspritzpumpe unter geringem Druck und durch wirksame Entlüftung des Umlaufs beseitigt.

Während dieser Untersuchungen wurde die Spülluft von einer unabhängigen Anlage geliefert. Die Lufttemperatur wurde auf einer solchen Höhe gehalten, daß sie einem adiabatischen Wirkungsgrad des Gebläses von 75% entsprach. Es wurde kein Versuch unternommen, den Zylinder durch Erhöhen des Auslaßgegendruckes aufzuladen, obwohl dies als nächster Schritt nahegelegen hätte.

Neben den Versuchen am Motor wurden andere Versuche an einer Spülversuchseinrichtung durchgeführt, die einen Glaszylinder und einen feststehenden sowie später einen bewegten Kolben benutzte mit:

1. Holundermarkkügelchen und Seidenfäden, um die Bewegungsrichtung der Spülluft und die Wirkung der Luftdrehung zu beobachten,

2. Zuführung von Rauch und Aufzeichnen seiner Bewegung mit Hilfe von Zeitlupenaufnahmen,

3. Benutzung von CO_2 und Luft, um den Spülwirkungsgrad durch Analyse der Restgase zu bestimmen,

4. Anwendung von Freon und Luft an Stelle von CO_2, um den relativen Dichten der Restgase und des Spülmittels zu entsprechen.

Man erhielt einige recht nützliche Unterlagen, die aber auch zeigten, daß die sehr starke Luftdrehung, die man für die vollkommene Verbrennung in einem Dieselmotor mit Einlochdüse braucht, für das Spülen nachteilig war, weil die mit Drall einströmende Luft in Schraubenlinien an der Zylinderwand aufwärtsstieg und in der Mitte einen Kern von Restgasen unausgespült zurückließ. Je stärker die Luftdrehung war, um so schlechter schien der Spülwirkungsgrad zu sein.

Nunmehr richtete man seine Bemühungen auf die Entwicklung einer Brennraumform, die mit einer schwächeren Luftdrehung gut zusammenarbeiten würde. Die zunächst benutzte Form war ein zylindrischer Topf, wie er für den Viertakt-Schieber-Dieselmotor entwickelt worden war; sie ergab einen sehr hohen Wirkungsgrad, erforderte aber ein Luftdrehverhältnis von 9 bis 10:1. Schließlich gelangte man zu einer abgeänderten Form, der Wirbelbauart mit Lippen (Bild 18.4), die fast dieselbe Leistung bei einem niedrigeren, aber immer noch ziemlich hohen Luftdrehverhältnis von ungefähr 6 bis 7:1 lieferte. Dabei war die Ausnutzung der Luft fast ebenso gut wie bei der Topfform mit dem höheren Luftdrehverhältnis, aber der Wirkungsgrad der Verbrennung war etwas schlechter. Der Reingewinn durch den Übergang zu der Wirbelbauart mit Lippen betrug wegen des wirksameren Spülens 10% Leistungssteigerung, ging aber auf Kosten eines um etwa 3% höheren Kraftstoffverbrauches.

Das Ziel dieser Untersuchung war die Entwicklung eines Hochleistungs-Dieselflugmotors, aber der Fortschritt war nur langsam, das

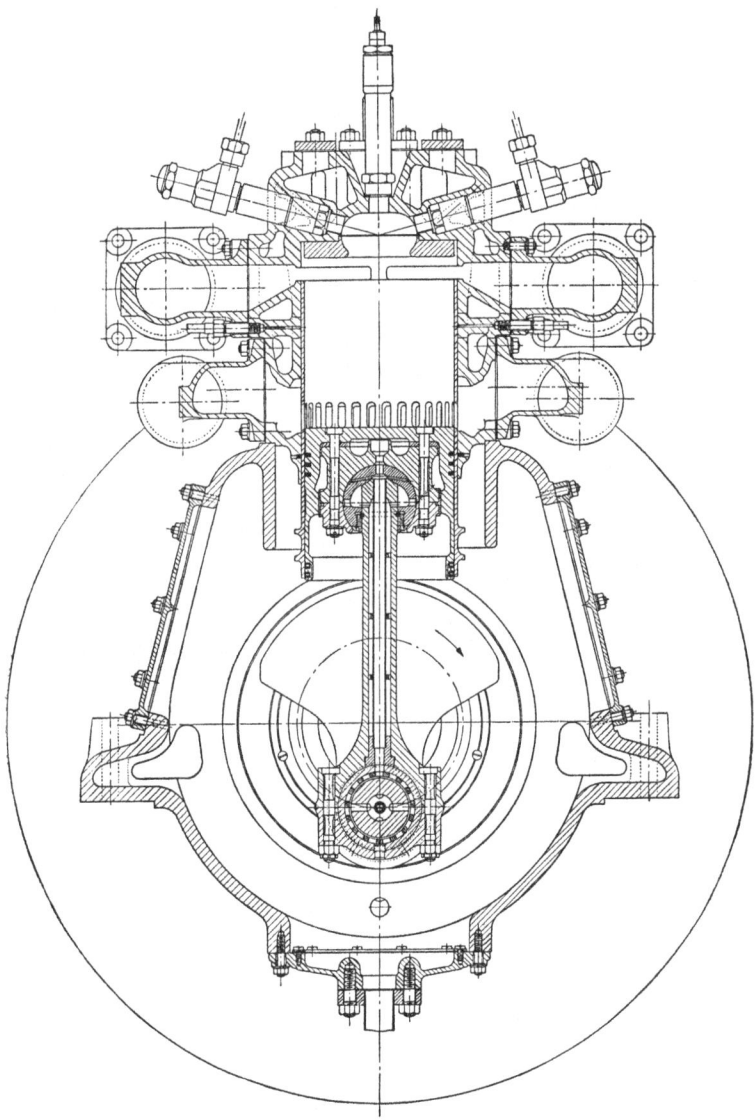

Bild 18.4. Schnellaufender Zweitakt-Dieselmotor wie Bild 18.3, aber mit offenem Schieberende und Wirbelbrennkammer mit Lippen

Benzin wurde besser, und um 1937 nahm die Kriegsgefahr schnell zu. Daher wurde beschlossen, die Forschungen am Dieselflugmotor, ob Zweitakter oder Viertakter, einzustellen, weil dies im besten Fall eine langwierige Entwicklung bedeutet hätte und weil es auf jeden Fall größerer Vorzüge des Dieselmotors, als vorauszusehen waren, bedurft hätte, um im Kriege die Versorgung mit zwei völlig verschiedenen Flugmotoren-Kraftstoffen zu rechtfertigen.

Man beschloß aber auch, die Erfahrungen auszunutzen, die man mit dem Zweitakt-Dieselmotor in maschinenbaulicher Hinsicht gewonnen hatte, und an seiner Stelle in verhältnismäßig kurzer Zeit einen Zweitaktbenzinmotor mit Kraftstoffeinspritzung und Funkenzündung zu entwickeln.

Damals nahm man an, daß Brennstoff mit der Oktanzahl 100 in hinreichender Menge verfügbar sein würde, um die Bedürfnisse der Militärluftfahrt zu befriedigen. Mit Hilfe dieses Kraftstoffes und allen Erfahrungen, die man bezüglich der Mechanik des Problems gewonnen hatte, schien es möglich, auch in verhältnismäßig kurzer Zeit einen Motor zu entwickeln, der bei gleicher Stirnfläche und gleichem Gewicht eine sehr viel höhere Leistung entwickeln würde, als man dies von einem ihm entsprechenden Viertaktmotor erhoffen konnte.

Gegenüber dem Dieselmotor durfte eine erheblich größere Leistung erwartet werden, weil:

1. nicht nur 75 bis 80, sondern 100% des Sauerstoffs im Zylinder ausgenutzt werden könnten,

2. bei Funkenzündung wenig oder gar keine Luftdrehung nötig sein würde, so daß mit einem höheren Spülwirkungsgrad und einer wesentlich kleineren Gebläseleistung gerechnet werden durfte,

3. bei Kraftstoff mit der Oktanzahl 100 es möglich sein sollte, mit einem hohen Verdichtungsverhältnis zu arbeiten und damit fast den gleichen thermischen Wirkungsgrad wie im Dieselmotor zu verwirklichen.

Man erkannte von Anfang an, daß drei Bauarten des Motors entwickelt werden könnten:

1. ein einfacher, sehr gedrängt gebauter Motor für sehr schnelle Flugzeuge, der gegen Atmosphärendruck auspuffte und dessen Auspuffenergie in direktem Strahlantrieb einigermaßen günstig ausgenutzt werden könnte,

2. eine Verbundbauart, bei der die Abgase mit höherem Gegendruck in eine Turbine geleitet würden, die mit der Motorkurbelwelle durch ein Getriebe verbunden sein müßte,

3. eine Bauart für erheblich höheren Druck, bei der ein großer Teil oder sogar die ganze Nutzleistung von der Turbine erzeugt würde und der Kolbenmotor in diesem Grenzfall nur als Treibgaserzeuger diente.

Für diesen Zweck, bei dem auf jeden Fall ein beträchtlicher Luftüberschuß nötig sein würde, müßte sich offenbar die Dieselbauart viel besser eignen.

Man beschloß, sich zugleich auf die beiden ersten Bauarten zu konzentrieren und die dritte unter den damaligen Umständen als einen Plan auf lange Sicht zu betrachten. Das erste Hauptproblem, das gelöst werden mußte, war offenbar die Frage der Regelung. Beim Dieselmotor bot diese keine Schwierigkeit, da die Motorleistung völlig durch die Brennstoffmenge, die je Arbeitsspiel eingespritzt wurde, geregelt werden konnte. Bei Funkenzündung dagegen mußte das Verhältnis von Kraftstoff zu Luft zwischen den Zündgrenzen gehalten werden.

In einem Zweitaktmotor ist der Zylinder stets gefüllt, und Drosseln der Luftzufuhr bewirkt nur, daß ein größerer Anteil Restgas zurückbleibt, was die Zündgrenzen noch stärker zusammenrückt. Daher mußten andere Wege zum Regeln der Leistung gefunden werden.

Zwei Entwürfe wurden zur Auswahl erprobt:
1. Einspritzung des Kraftstoffes gegen Ende der Verdichtung, kurz vor dem Funkenüberschlag, wie im Hesselmanmotor,
2. eine geschichtete Ladung, bei der die Mischung in der Nähe der Zündkerze sehr viel reicher ist als im Hauptteil des Brennraumes.

Der erste erwies sich als völlig unbefriedigend, weil es unmöglich war, ohne sehr starke Luftdrehung die Luft im Zylinder auszunutzen. Dieser Entwurf war den meisten Beschränkungen der Dieselbauart unterworfen, ohne ihre Vorteile zu haben.

Der zweite erwies sich als die wirksamere, aber in mancher Hinsicht schwierigere Lösung.

Langjährige Erfahrung mit Benzineinspritzung in Viertaktmotoren hatte dem Verfasser gezeigt, wie notwendig es ist, Brennstoff und Luft vor der Zündung gründlich zu mischen. Dies konnte im Viertaktmotor nur durch Einspritzen des Brennstoffes während des Saughubes des Motors erreicht werden, wenn die Luft noch mit hoher Geschwindigkeit einströmte. Auch dann mußte man noch, um die besten Ergebnisse zu erreichen, die Kraftstoffstrahlen gegen die Luft richten, die durch die Ventile einströmte.

In dem hier behandelten Zweitaktmotor war die Einspritzdüse senkrecht im Zylinderkopf angeordnet, und der aus einer Zapfendüse austretende Brennstoffstrahl hatte die Form eines Hohlkegels von solchem Spitzenwinkel, daß der Sprühschleier in dem Augenblick und in der Richtung auftrat, die man brauchte, um die durch die Einlaßschlitze des Schiebers einströmende Luft richtig zu treffen (Bild 18.5). Diese Anordnung ergab eine sehr gründliche Mischung und sicherte die restlose Ausnutzung des Sauerstoffs im Zylinder, aber sie bot keine Möglichkeit der Regelung über den normalen Bereich des Mischungs-

18. Zweitakt-Schiebermotoren

verhältnisses hinaus. Um diese Möglichkeit vorzusehen, brachte man im Zylinderkopf eine Vertiefung an, in welche die Zündkerzen gesetzt wurden. Die Vertiefung war vom Hauptbrennraum durch einen eingeschnürten Hals getrennt, der aber weit genug war, um den Hauptbrennstoffstrahl nicht zu behindern. In die Vertiefung wurde nach der

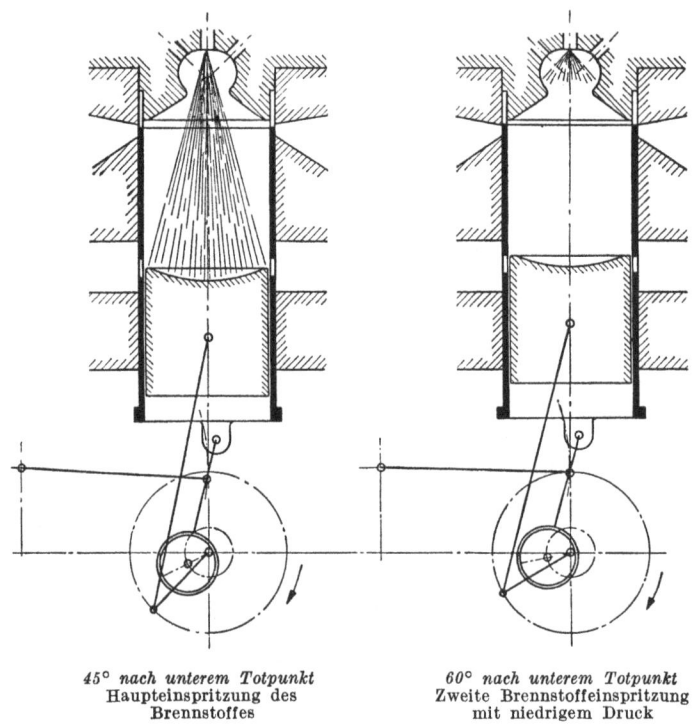

45° nach unterem Totpunkt
Haupteinspritzung des
Brennstoffes

60° nach unterem Totpunkt
Zweite Brennstoffeinspritzung
mit niedrigem Druck

Bild 18.5. Diagramm der beiden Einspritzungen

normalen Einspritzung zusätzlicher Brennstoff eingespritzt, um örtlich ein Gemisch zu schaffen, das für Kerzenzündung reich genug war, obgleich im größten Teil des Brennraumes das Gemisch für eine Zündung durch Funken viel zu arm war, aber nicht zu arm für eine Zündung durch eine aus der Vertiefung austretende Flamme.

Die zweite Einspritzung, die nötig war, um das Gemisch in der Vertiefung anzureichern, wurde sehr einfach zuwege gebracht. Im Dieselmotor ist man mit allen Mitteln bemüht, jedes Nachtropfen der Einspritzdüse am Schluß des normalen Einspritzvorganges zu vermeiden; zu diesem Zweck wird der in der Rohrleitung zwischen Düse und Pumpe stehenbleibende Druck möglichst schnell durch ein Überströmventil gesenkt, eine Kombination von Tellerventil und Kolbenschieber, dessen Verdrängung durch die Länge des Kolbenteiles bestimmt wird.

Bei den Einspritzversuchen an Dieselmotoren hatte man bemerkt, daß wenn man eine Zapfendüse benutzte und wenn die Verdrängerwirkung des Überströmventils ungenügend war, der Restdruck in der Rohrleitung mit dem Austritt eines groben Sprühregens unter geringem Druck abgebaut wurde. Dieser Regen trat unter einem viel größeren Kegelwinkel als üblich aus. Um eine zweite Einspritzung in die Vertiefung zu erhalten, war daher nur nötig, den Kolbenteil des normalen Ventiles zu verkleinern oder fortzulassen.

So konnte die Menge, die während der zweiten Einspritzung gefördert wurde, durch Ändern der Verdrängung des Kolbenteils des Ventils oder durch das Volumen und die Nachgiebigkeit der Rohrleitung oder durch beide Mittel geändert werden.

Wie man es erwartet hatte, kostete es viel Zeit, die geeignetsten Verhältnisse für die Vertiefung und für die Kraftstoffmenge der zweiten Einspritzung zu finden; nachdem man sie aber einmal gefunden hatte, war die Lösung, da es sich nur um das Problem von Raumverhältnissen handelte, auch in anderen Fällen brauchbar. Der Rauminhalt der Vertiefung ergab sich zu 20% des Verdichtungsraumes. Angestrebt wurde, daß bei Leerlauf die zweite Einspritzung den hierfür erforderlichen Kraftstoff in die Vertiefung fördern sollte, während bei Vollast die ganze Luft im Zylinder durch die erste Einspritzung mit Kraftstoff angereichert würde, ohne daß die Mischung in der Vertiefung für eine schnelle Zündung zu reich wäre. Wenn die ganze Luft mit Kraftstoff angereichert war, dann fiel das mittlere Mischungsverhältnis des ganzen Zylinders etwas größer als das theoretische Mischungsverhältnis aus. Bei Teillasten dagegen lag das mittlere Mischungsverhältnis weit unter dem theoretischen Wert und unter dem, der normal durch einen Funken gezündet werden konnte. So wurde wie im Dieselmotor nur durch die Kraftstoffzufuhr geregelt.

Wie bei den früheren Versuchen, in Viertaktmotoren eine geschichtete Ladung innerhalb einer Vertiefung zu benutzen, gelang dies nicht auf dem ganzen Bereich von Leerlauf bis Höchstleistung; es blieb ein Lastbereich, in welchem die Mischung im Hauptbrennraum zu schwach war, um zu zünden oder um wenigstens mit hinreichender Geschwindigkeit zu brennen, wenn die Flamme aus der Vertiefung herausschlug. Bei Leerlauf oder sehr kleinen Belastungen fand die Verbrennung nur in der Vertiefung statt. Von etwa 35 bis 40% des Vollastdrehmomentes an aufwärts lag die Verbrennung in der Vertiefung und im Hauptteil des Brennraumes; aber zwischen etwa 15 und 40% des vollen Drehmomentes blieb eine Lücke, in welcher die Zündungen unregelmäßig und unsicher waren. So lief der Motor im Leerlauf vollkommen regelmäßig und sehr wirtschaftlich und ebenso bei jeder Belastung von etwa 40% an aufwärts, aber dazwischen lag

18. Zweitakt-Schiebermotoren

ein Bereich unstabilen Laufs, in welchem die Zündung unregelmäßig war mit Neigung zum Aussetzen. Für Flugmotoren war dies nicht so wichtig, da sie selten oder nie längere Zeit in dem unstabilen Bereich zu laufen haben, aber für andere Anwendungszwecke könnten dadurch ernste Schwierigkeiten entstehen.

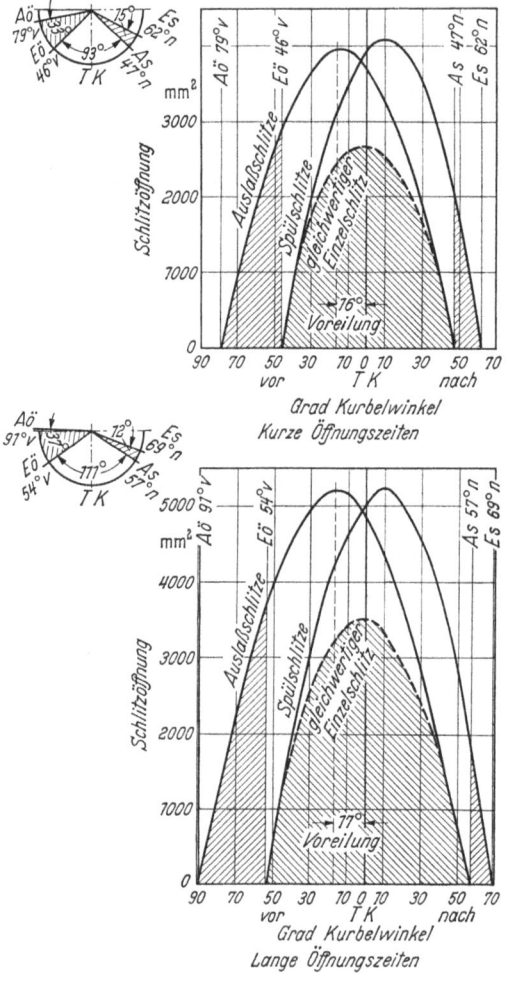

Bild 18.6. Diagramm der Zeitquerschnitte für kurze und längere Öffnungszeiten

Die Bemühungen wurden zuerst auf den einfachen Fall eines Motors für Jagdflugzeuge gerichtet; man schätzte, daß bei Geschwindigkeiten von 725 bis 800 km/h die Schubkraft durch die Reaktion des Abgasstrahles dem Rückgewinn von etwa zwei Dritteln der Verdichtungsleistung für die Spülluft entsprechen würde, während bei der aufgeladenen Bauart für lange Strecken und höhere Leistung der Rückgewinn aus der Turbine mehr ausmachen würde als die Leistung für das Spülen und Aufladen des Motors. In jenem Fall war daher das Ziel, einen möglichst hohen thermischen Wirkungsgrad des Kolbenmotors zu erhalten und gleichzeitig möglichst viel an Gebläsearbeit zu sparen. Im zweiten Fall durfte man reichliche Luftmengen verwenden, um mehr nutzbare Arbeit aus der Turbine zu bekommen. Im ersten Fall lohnte es sich außerdem, eine möglichst hohe Aufladung dadurch herzustellen, daß man den Auslaß früher als die Einlaßschlitze schloß; im zweiten Fall wünschte man einen recht großen Durchflußquerschnitt zu haben und die Aufladung durch Erhöhen des Auslaßgegendruckes zu erzielen. So waren in beiden Fällen verschiedene Schlitze und Steuerungszeiten der Schlitze erforderlich: im ersten Fall eine ziemlich kurze Öffnungszeit, um einen möglichst langen und wirksamen Expansionshub zu bekommen, im zweiten Fall eine längere Öffnungszeit, um den Durchflußquerschnitt zu vergrößern, selbst auf Kosten eines etwas kürzeren Expansionshubes. Bild 18.6 zeigt die Zeitquerschnitte, zu denen man für die beiden Betriebsbedingungen schließlich kam.

Der Einfluß verschiedener Zeitquerschnitte auf Luftströmung, Aufladung, Spülwirkungsgrad usw. war schon für den Dieselbetrieb, jedoch stets mit einem ziemlich hohen Luftdrehverhältnis, untersucht worden. Daher mußten diese Untersuchungen ohne Luftdrehung wiederholt werden. Ohne Luftdrehung wurde ein beträchtlich höherer Spülwirkungsgrad erreicht, so daß kaum etwas dadurch zu gewinnen war, daß man dem Zylinder mehr als das 1,2fache des Hubvolumens, bezogen auf Eintrittstemperatur und -druck, zuführte. Bild 18.7 zeigt die Beziehung zwischen Luftvolumen und mittlerem indiziertem Druck, wenn man den Querschnitt der Spülschlitze im Schieber änderte:

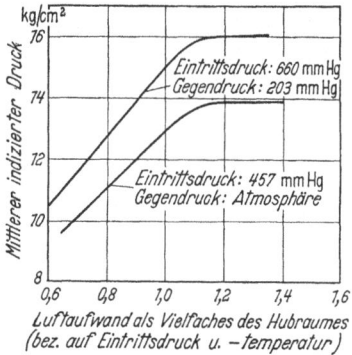

Bild 18.7. Beziehung zwischen Luftverbrauch und mittlerem indiziertem Druck mit und ohne Abgasgegendruck

a) bei einem Spüldruck von 0,63 kg/cm² und Auslaß in die Atmosphäre,

b) bei einem Spüldruck von 0,91 kg/cm² und einem Auslaßgegendruck von 0,28 atü.

Bild 18.8 zeigt den Einfluß verschiedener Schlitzöffnungszeiten und -flächen auf den mittleren effektiven Druck, den Luft- und den Kraftstoffverbrauch. In dieser Abbildung ist der Luftverbrauch auf den Normzustand, nicht auf Eintrittsdruck und -temperatur bezogen.

Bild 18.9 zeigt den Einfluß einer Änderung der Breite und damit der Fläche der Spülschlitze im Schieber bei unveränderter Höhe und damit Öffnungszeit auf den mittleren effektiven Druck, den Luft- und den Kraftstoffverbrauch.

Um die Wirkungen von Schwingungen in den Auslaß- oder Lufteintrittsleitungen auszuschließen und zugleich jede Stoßwirkung zu vermeiden, wurden große Blechbehälter, jeder mit dem 70fachen Zylindervolumen, dicht an den Lufteintrittsschlitzen angebaut und ebenso ein großer Auspuffbehälter dicht am Auslaß.

Für Dauerversuche wurde im allgemeinen eine normale Drehzahl von 2750 bis 2800 U/min gewählt, da bei höheren Drehzahlen die Vibra-

18. Zweitakt-Schiebermotoren

tionen des Einzylindermotors zu ständigen Schwierigkeiten mit der Versuchseinrichtung führten. Gegen Ende der Untersuchungen wurden die Motoren mit Massenausgleich für die erste und zweite Ordnung aus-

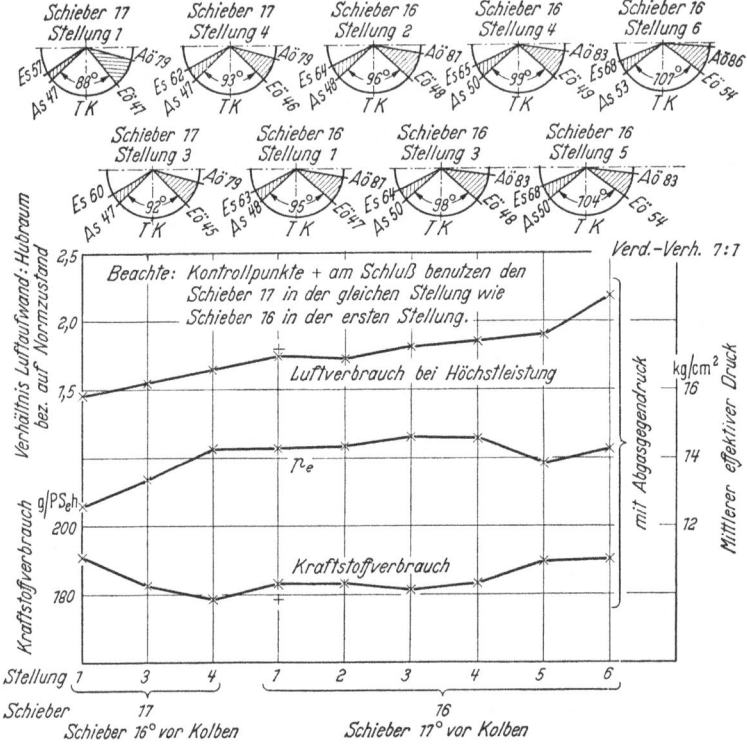

Bild 18.8. Einfluß verschiedener Schlitzöffnungszeiten auf Leistung, Kraftstoff- und Luftverbrauch

gerüstet, wodurch alle durch Erschütterungen verursachten Störungen vollständig behoben wurden. Die Versuche konnten damit bis zu viel höheren Drehzahlen ausgedehnt werden.

Die ersten brauchbaren Versuchsläufe wurden gegen Ende 1938 begonnen; dabei wurde eine neue, aber nur wenig geänderte Bauart des Dieselmotors mit engen Schlitzen, wie in Bild 18.6 gezeigt, und Auslaß gegen Atmosphärendruck benutzt. Nach umfangreichen Vorarbeiten wurde eine sehr gute Leistung erreicht. Die Vorarbeiten dienten dazu, Aufschluß über die Verhältnisse des Brennraumes sowie über Zeitpunkt und Geschwindigkeit der Brennstoffeinspritzung usw. zu erhalten. Bei Brennstoff mit der Oktanzahl 100 fand man als höchstzulässiges Verdichtungsverhältnis den Wert 8,4 : 1, bevor Klopfen eintrat. Bei diesem hohen Verhältnis wurde ein Brennstoffverbrauch von nur 168 g/PS$_e$h erreicht und über einen weiten Drehmomentbereich beibehalten, wie die Verbrauchskurve Bild 18.10 zeigt. Dies war fast gleich dem Bestwert des Dieselmotors bei einem Verdichtungsverhältnis von 16,0 : 1 und gleicher Temperatur und gleichem Druck der Spülluft, während der mittlere effektive Druck um etwa 3,5 kg/cm² größer war. Obwohl ein Verdichtungsverhältnis von 8,4 : 1 bei der Oktanzahl 100 möglich war, wurden die meisten der folgenden Versuchsfahrten mit einem Verhältnis 7,0 : 1 durchgeführt, um unter allen normalen Verhältnissen Klopfen zu vermeiden. Das Herabgehen von 8,4 : 1 auf 7,0 : 1 steigerte den Brennstoffverbrauch bei den kurzen Öffnungszeiten von 168 auf 180 g/PS$_e$h. Wie zu erwarten, mußte man fast den ganzen ersten Teil des Brennstoffs einspritzen, während die Luft durch die Einlaßschlitze strömte. Wurde die Einspritzung über das Schließen der Einlaßschlitze hinaus ausgedehnt, so machte sich die unvollkommene Mischung durch Abfallen des mittleren Druckes und Schwarzfärbung des Auspuffs be-

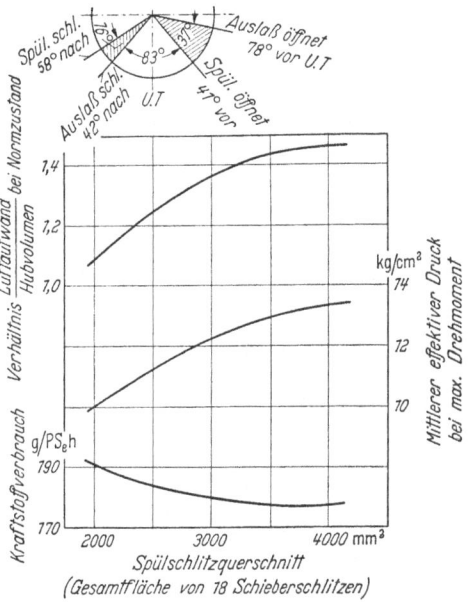

Bild 18.9. Einfluß einer Änderung des Spülschlitzquerschnitts nur durch Verbreitern der Schlitze

Versuchsbedingungen:

Motordrehzahl: 2750 U/min, Kraftstoff: Oktanzahl 100, Eintrittsdruck: 0,9 kg/cm², Spez. Gew. 0,71 bei 15° C, Auslaßgegendruck: 0,28 kg/cm², Öl: D.T.D. 109. Eintrittstemperatur: 55° C, Öl- und Wassereintrittstemperatur: 70° C.

Anmerkung: Schlitzquerschnitt verändert durch Verbreitern der Schieberschlitze

merkbar, selbst wenn das mittlere Mischungsverhältnis ganz arm war. Wenn andererseits die Einspritzung zu früh, d. h. schon während des Spülens, begann, so trat offensichtlich etwas Brennstoff durch die Auslaßschlitze aus. Um dies zu vermeiden, wurden eine ziemlich hohe Geschwindigkeit und kurze Dauer der Einspritzung angewandt und der Antrieb der normalen Diesel-Einspritzpumpe gewechselt, so daß man veränderlichen Beginn und gleichbleibendes Ende der Einspritzung erhielt. Aber auch damit gelangte bei Vollast wahrscheinlich ein kleiner Teil des Brennstoffes mit der Spülluft unverbrannt in die Auspuffleitung, doch bei Teillasten war der Verlust zu vernachlässigen, wie der hohe thermische Wirkungsgrad bewies. Bild 18.11 stellt den Einfluß einer Verschiebung des Endes der Haupteinspritzung auf den mittleren effektiven Druck und den Kraftstoffverbrauch bei einem Verdichtungsverhältnis von 7,0 : 1 dar. Nach einigen weiteren geringfügigen Änderungen wurde schließlich ein mittlerer effektiver Druck von 13,4 kg/cm² bei 2750 U/min mit kurzer Öffnungszeit und bei atmosphärischem Gegendruck erreicht. Dieser

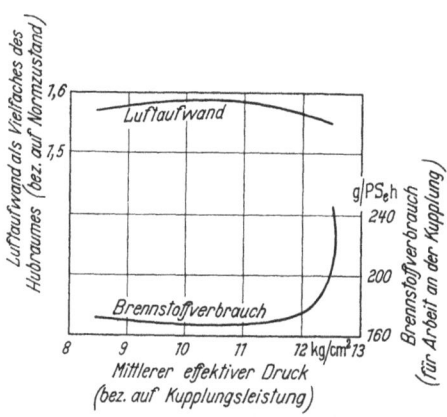

Bild 18.10. Brennstoff- und Luftverbrauchskurven bei kurzen Öffnungszeiten

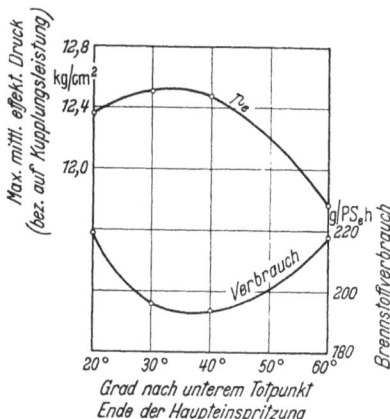

Bild 18.11. Einfluß der Einspritzzeit auf Leistung und Brennstoffverbrauch

mittlere effektive Druck konnte bis zu 3500 U/min bei dem gleichen spezifischen Luftverbrauch gehalten werden, solange der Spüldruck mit dem Quadrat der Drehzahl stieg. In den Jahren 1939/41 wurden mehrere Versuche von je 50 Stunden Dauer mit einem gleichbleibenden mittleren effektiven Druck von 12,7 kg/cm² und 2750 U/min ohne jede mechanische Störung oder Leistungsverminderung durchgeführt.

Während diese Versuche fortgesetzt wurden, baute man zwei weitere Einzylindermotoren:

1. E 65/2 — wie den ersten Motor, aber mit einigen kleineren Änderungen, welche die Erfahrung als zweckmäßig ergeben hatte (Bilder 18.12 in der Tasche am Ende des Buches und 18.13);

2. E 54 — einen etwas größeren Motor mit einer Zylinderbohrung von 129,5 mm und einem Hub von 165,1 mm, bei dem der Schieber von einem Exzenter auf der Kurbelwelle angetrieben wurde, wie bei der ursprünglichen Dieselausführung (Bilder 18.15 in der Tasche am Ende des Buches und 18.16).

Diese beiden neuen Motoren gaben bei der Prüfung unter den gleichen Bedingungen in bezug auf Drehzahl, Schlitze, Zeiten usw. fast genau die gleiche Leistung wie der vorhergehende Motor. Die vorhandenen kleinen Unterschiede lagen innerhalb der Versuchsgenauigkeit, obwohl der größere Versuchsmotor einen längeren Hub und ein wesentlich anderes Hubverhältnis hatte.

Diese Bestätigung, daß die Versuchsergebnisse des ersten Motors keine Einzeltreffer waren, sondern an anderen Motoren auch mit verschiedenen geometrischen Verhältnissen wiederholt werden konnten, gab die Zuversicht, daß Rolls-Royce die Konstruktion eines Zwölfzylinder-Flugmotors mit den größeren Zylinderabmessungen in Angriff nehmen konnte, der mit dem Motor Rolls-Royce „Merlin" austauschbar sein und auch dasselbe Gewicht wie dieser haben sollte.

Nunmehr wurden die Forschungsarbeiten auf die zweite Bauart abgestellt, bei der eine Turbine als zweite Expansionsstufe benutzt werden sollte.

Unter der Voraussetzung, daß ein hinreichender Gegendruck erhalten blieb, mußte nach der Berechnung die Leistung der Turbine den Leistungsbedarf des Kompressors übersteigen, so daß man keine Veranlassung mehr hatte, mit Luft zu sparen oder ein sehr hohes Verdichtungsverhältnis anzuwenden, denn jede Luftvergeudung oder überschüssige Abgasenergie konnte weitgehend in der Turbine zurückgewonnen werden. Für diese Versuche wurden daher Anordnungen zur Steigerung des Gegendruckes durch Drosseln der Abgase hinter der ersten großen Expansionskammer vorgesehen.

Weil man die Aufladung durch Steigerung des Gegendruckes herstellen wollte, war es nicht mehr nötig, die Einlaßschlitze so lange nach Schluß der Auslaßschlitze offenzuhalten. Das Hauptziel war jetzt, einen möglichst großen Durchströmquerschnitt und damit einen kleinen Druckabfall im Zylinder zu erhalten. Nach sehr vielen Versuchen mit verschiedenen Phasenverschiebungen zwischen Schieber und Kolben und verschiedenen Schlitzquerschnitten kam man schließlich zu der Steuerung, die den größeren Zeitquerschnitt gemäß Bild 18.6 ergab, als der im ganzen besten Lösung. Die Herabsetzung des Verdichtungsverhältnisses von 8,4 auf 7,0 und eine weitere Verkürzung des wirksamen Expansionshubes durch das frühere Öffnen des Auslasses steigerten den Kraftstoffverbrauch von einem Kleinstwert von 168 auf 188 g/PS$_e$h. Aber man nahm an, daß dieser Unterschied durch die bessere Ausnutzung der Abgasenergie in der Turbine gegenüber dem direkten Strahlantrieb ausgeglichen würde. Durch Erhöhen des Auslaßgegendruckes natürlich mit entsprechender Drucksteigerung der eintretenden Luft konnte man jede gewünschte Aufladung und schließlich mittlere effektive Drücke von 22,5 kg/cm² bei der Oktanzahl 100 und Wassereinspritzung erreichen.

Zunächst war festzustellen, welchen Einfluß die Steigerung des Abgasgegendruckes auf das allgemeine Verhalten des Motors hatte. Dazu wurden Versuche mit einem unveränderlichen Spülluftüberdruck von 1,05 kg/cm² bei 110° C gefahren, während der Abgasgegendruck von 0 auf 0,56 kg/cm² geändert wurde. Die Ergebnisse sind in

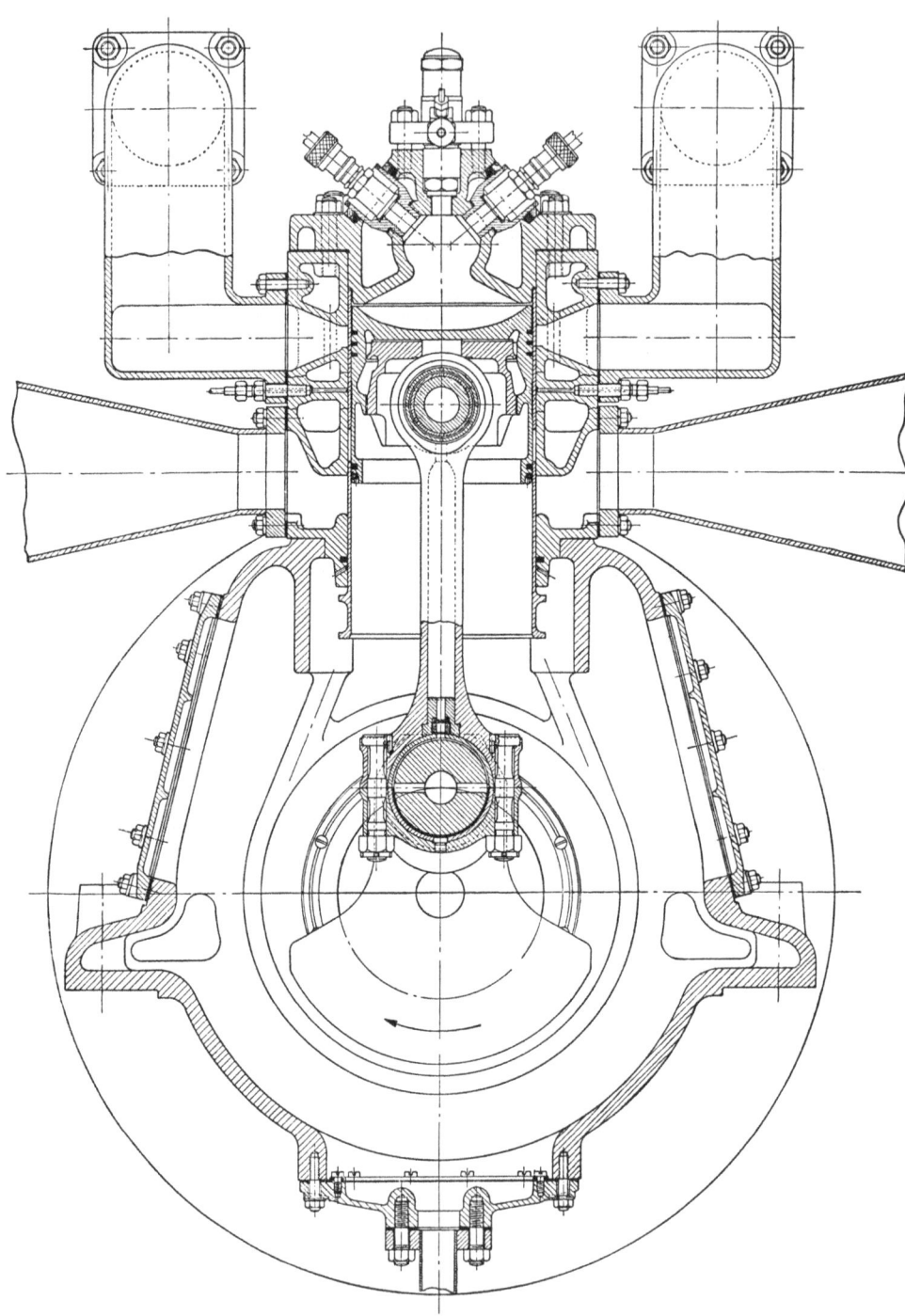

Bild 18.13. Querschnitt durch einen Einzylinder-Zweitakt-Hochleistungs-Benzinmotor mit 122,2 mm Bohrung und 139,7 mm Hub, Bauart E 65

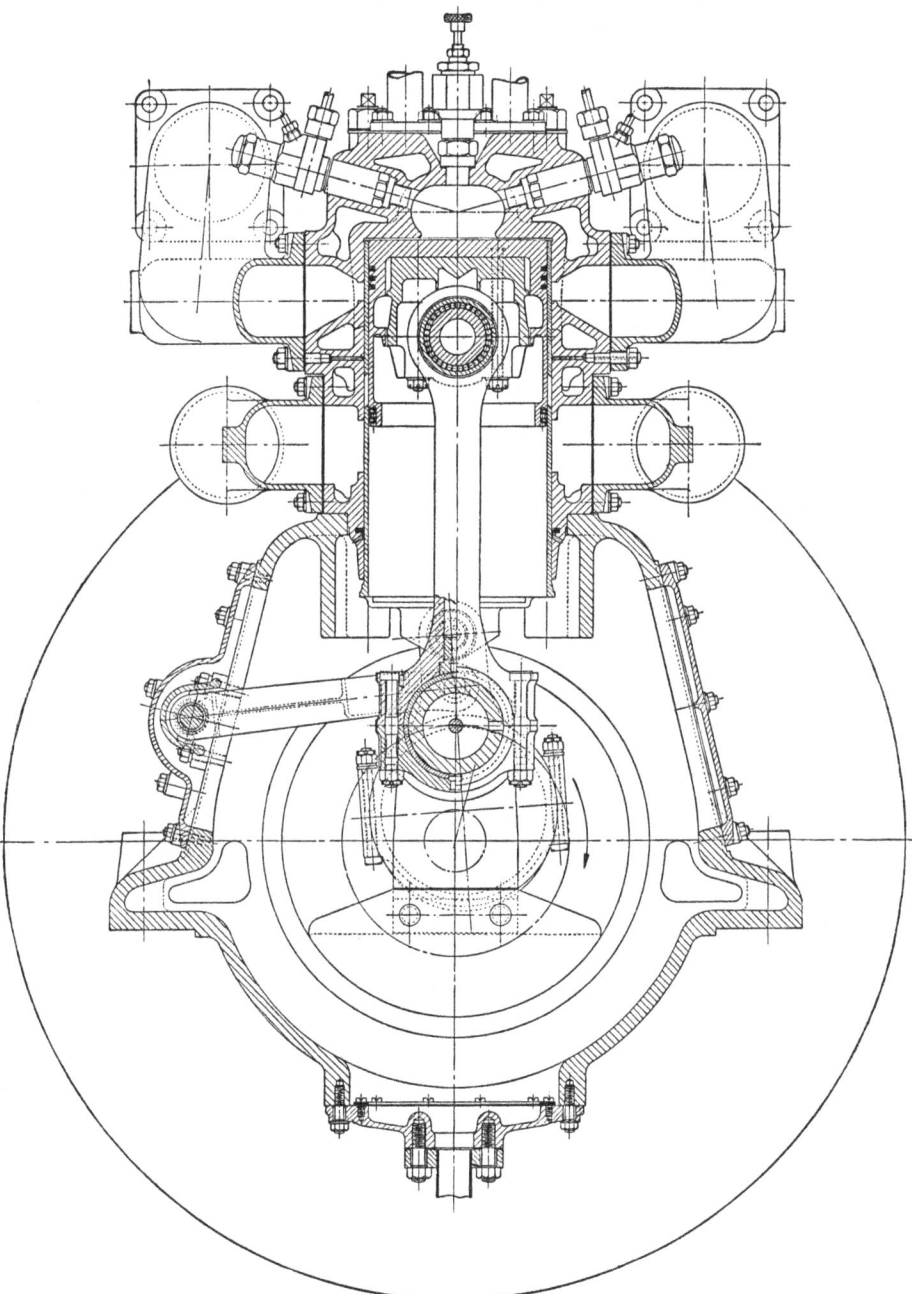

Bild 18.16. Querschnitt durch einen schnellaufenden Zweitakt-Dieselmotor mit 129,5 mm Bohrung und 165,1 mm Hub, Bauart E 54

Bild 18.14 gezeigt, dem man entnimmt, daß der mittlere effektive Druck im wesentlichen unverändert bei 14,6 kg/cm² blieb bis zu einem Auslaßgegendruck von 0,49 kg/cm², wobei noch ein Druckunterschied von 0,56 kg/cm² für das Spülen zur Verfügung stand. Über 0,49 kg/cm² Gegendruck nahm der mittlere effektive Druck wegen des Luftmangels ab. Wie bei einem Zweitaktmotor zu erwarten war, schien demnach der Abgasgegendruck keine nachteilige Wirkung auf das Arbeiten des Motors zu haben, solange der Druckunterschied zwischen Ein- und Auslaß für wirksames Spülen ausreichte. Ähnliche Versuche zeigten ferner, daß die Steigerung des Auslaßgegendruckes keine meßbare Wirkung auf den Wärmefluß zum Zylindermantel, die Klopfneigung oder den Kraftstoffverbrauch hatte. Dabei ist stets vorausgesetzt, daß ein hinreichender Druckunterschied für wirksames Spülen vorhanden war.

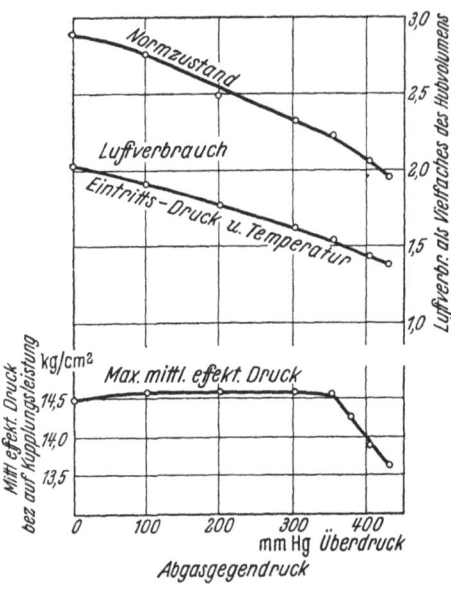

Bild 18.14. Einfluß der Änderung des Abgasgegendruckes auf Leistung und Luftverbrauch

Versuche zur Bestimmung des Wärmeflusses zum Zylindermantel zeigten, daß der Wärmefluß zum Kühlwasser nur 33,5% der Kupplungsleistung ausmachte, gegenüber 47% bei einem Viertakt-Schiebermotor gleicher Zylinderabmessungen, der bis zum gleichen mittleren effektiven Druck aufgeladen wurde. Aber man hat 4,8% der Kupplungsleistung hinzuzufügen, die durch Schmieröl und Kolbenkühlung abgeführt wurden. Die wirklichen Ergebnisse eines solchen Vergleichsversuches dürften von Interesse sein; sie sind in Tab. 1 wiedergegeben.

Leider wurden beide Versuche nicht bei genau der gleichen Drehzahl oder demselben Verdichtungsverhältnis gefahren, aber der Unterschied ist in jedem Fall so klein, daß sein Einfluß zu vernachlässigen ist. Man erkennt aus dem Vergleich, daß der Kühlverlust beim Zweitakter viel kleiner ist als beim Viertakter. Beide Versuche wurden ungefähr beim wirtschaftlichsten Mischungsverhältnis gefahren.

Eine lange Versuchsreihe wurde durchgeführt, um die Klopfneigung des Zweitaktmotors bei Kraftstoffen mit den Oktanzahlen 72,5, 87, 92,5 und 100 und bei Verdichtungsverhältnissen von 6 bis 7,0 : 1 zu

Tabelle 1

	Viertakt	Zweitakt
Verdichtungsverhältnis	7,3 : 1	7,1 : 1
Drehzahl	2500 U/min	2750 U/min
Ladedruck	0,49 kg/cm²	0,77 kg/cm²
		0,14 kg/cm² Gegendr.
Lufttemperatur	110° C	110° C
Mittlerer effektiver Druck	14,3 kg/cm²	14,3 kg/cm²
Brennstoffverbrauch bezogen auf Kupplungsleistung	192 g/PS$_e$h	188 g/PS$_e$h
Spülluft durch Hubvolumen bei Normzustand	1,25	2,2
Wärme an Kühlmittel (% der Kupplungsleistung)	47	33,5
Wärme an Öl (% der Kupplungsleistung	Nicht gemessen	4,8% einschließlich Kolbenkühlung

bestimmen. Die Ergebnisse dieser Versuche sind in Bild 18.17 gezeigt. Der mittlere effektive Druck wurde bei jedem Verdichtungsverhältnis durch Erhöhen der Aufladung und des Gegendruckes gesteigert, bis bei dem Mischungsverhältnis für Höchstleistung und der günstigsten Zündzeiteinstellung das Klopfen gerade hörbar wurde. Man sieht, daß bei einem Kraftstoff mit der Oktanzahl 100 und einem Verdichtungsverhältnis von 7,0 : 1 ein mittlerer effektiver Druck von über 16,9 kg/cm² erreicht wurde, bevor das Klopfen hörbar wurde.

Im Lauf dieser Versuche bemerkte man:
1. daß Schwankungen der Lufteintrittstemperatur zwischen 50 und 150° C zwar die Leistung, aber nur sehr wenig die Klopfneigung beeinflußten,
2. daß im Gegensatz zum Viertaktmotor ein Anreichern des Gemisches über 30% Kraftstoffüberschuß hinaus das Klopfen wenig oder gar nicht unterdrückte.

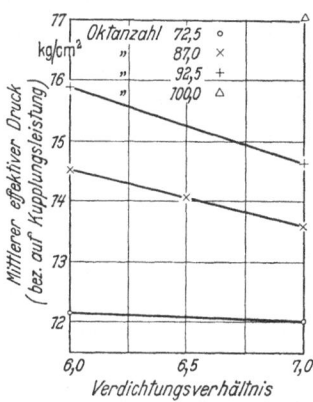

Bild 18.17. Einfluß der Oktanzahl des Kraftstoffs bei verschiedenen Verdichtungsverhältnissen

Zusammengefaßt zeigten die Versuche, daß bei wirtschaftlichen Mischungsverhältnissen das Klopfen bei ungefähr dem gleichen mittleren effektiven Druck im Zweitakt- wie im Viertaktmotor auftrat, mit anderen Worten, daß der Zweitakter doppelt soviel Leistung wie der Viertakter entwickeln könnte, wenn das Klopfen das einzige Hindernis wäre.

Neben diesen Messungen wurde eine Reihe von Dauerversuchen durchgeführt. Der schwerste war ein Versuch von 250 Stunden Dauer an einem Motor „E 65" mit 122,2 mm Bohrung und 139,7 mm Hub bei dauernd hoher Belastung. Die Versuchsverhältnisse waren:
Drehzahl 2750 U/min,
Spülluftdruck 1,07 kg/cm², Spülllufttemperatur 110° C,
Auslaßgegendruck 0,46 kg/cm²,
mittlerer effektiver Druck 14,1 kg/cm²,
Kupplungsleistung 144 PS_e oder 88 PS_e je Liter Hubvolumen.

Der Versuch wurde zum größten Teil in Schichten von je zehn Stunden hintereinander gefahren; es gab einige unfreiwillige Unterbrechungen wegen äußerer Rohrleitungsschäden infolge von Schwingungen, aber keine Störung durch Versagen des Motors selbst. Während der ganzen 250 Stunden bei dieser hohen Leistung traten am Motor keinerlei Störungen auf, und kein Teil mußte in Ordnung gebracht werden. Nach diesem Versuch wurde der Motor auseinandergenommen und besichtigt. Dabei fand man, daß alle arbeitenden Teile in ausgezeichnetem Zustand und alle Kolbenringe lose waren.

Diesem Versuch folgte eine besondere Typenprüfung durch das Luftfahrtministerium von 115 Stunden Dauer mit einer Startleistung an der Kupplung von 172 PS_e oder 105 PS_e je Liter Hubvolumen. Dieselben Triebwerkteile, die im 250 Stunden-Versuch gelaufen waren, wurden wieder verwendet. Auch dieser Versuch wurde ohne Störung oder Reparatur durchgeführt, und am Schluß war der Zustand der Teile noch ausgezeichnet. Der Schieber aus nitriertem, austenitischem Stahl mit matter, seidiger Oberfläche, wie in Bild 18.18 gezeigt, war während der ganzen 515 Stunden gelaufen. Die Abnutzung in der Schieberbohrung war unmerklich, während die größte Abnutzung an der oberen Dichtungskante 0,063 mm betrug. Auch der Kolben, der 375 Stunden Betriebszeit hatte, befand sich in ausgezeichnetem Zustand; die größte Abnutzung betrug nur 0,063 mm in der obersten Ringnut. Diese beiden Dauerversuche wurden mit einem Schmierölverbrauch von 1,7 bis 2,2 Liter/h gefahren, einem Wert, der sich im Hinblick auf die Abnutzung von Kolbenringen und Ringnuten bei diesen hohen Leistungen als der günstigste gezeigt hatte. Bei kleineren Belastungen konnte der Ölverbrauch unbedenklich auf etwa 1,1 Liter/h herabgesetzt werden. Man hatte niemals irgendwelche Schwierigkeiten mit der Ölabstreifung.

Insgesamt liefen die drei Einzylindermotoren in den Jahren 1938 bis 1945 6768 Stunden, einschließlich 2272 Stunden Dauerläufe bei Kupplungsleistungen von 76 bis 106 PS je Liter.

Besonders während der Kriegsjahre hatte man umfangreiche Vorsichtsmaßnahmen getroffen, um die Gefahr einer ernsten Störung zu vermeide, denn jeder größere Unfall hätte eine sehr lange Verzögerung verursacht, bevor Ersatzteile hergestellt werden konnten. Als man aber 1945 beschlossen hatte, keine Weiterentwicklung neuer Konstruktionen von Hochleistungs-Kolbenmotoren fortzuführen, war solche Vorsicht nicht mehr nötig, und man benutzte die Gelegenheit, einen der Motoren „E 65" mit 122,2 mm Bohrung und 139,7 mm Hub einem Höchstleistungsversuch zu unterwerfen. Um eine hohe Auflagung zu ermöglichen, wurde das Verdichtungsverhältnis dadurch unter 6,0 gesenkt, daß man einfach unter den Zylinderkopf Beilagen legte. Gleichzeitig wurde die Leistung der Brennstoffeinspritzpumpe bis an die äußerste Grenze des vorhandenen Pumpengehäuses gesteigert, indem man einen 11 mm-Kolben statt des normalen 10 mm-Kolbens einbaute.

Beim ersten Hochleistungslauf wurde mit normalem Kraftstoff von der Oktanzahl 100 eine höchste Kupplungsleistung von 271 PS bei 3500 U/min erreicht und 10 Minuten gehalten (ent-

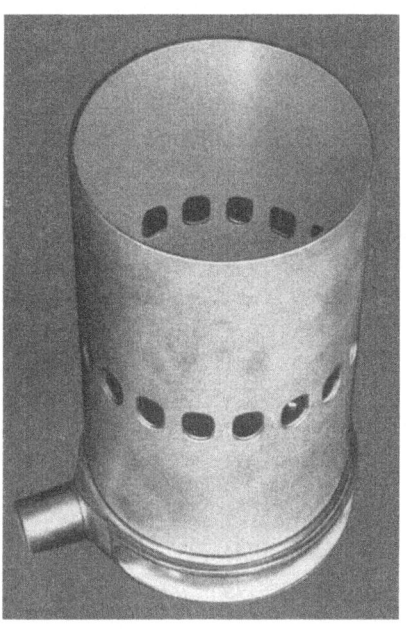

Bild 18.18.
Nitrierter Schieber mit matter Oberfläche

sprechend einem mittleren effektiven Druck von 21,2 kg/cm²) mit einem Lufteintrittsdruck von 2,35 kg/cm², einer Lufteintrittstemperatur von 57° C und einem Abgasgegendruck von 0,77 kg/cm², also einem Druckunterschied von 1,58 kg/cm². Während dieses Versuches trat ziemlich heftiges Klopfen auf; also war dies die Grenze für normalen Flugmotorenkraftstoff mit der Oktanzahl 100 und etwas herabgekühlter Luft.

Um das Klopfen zu vermeiden, wurde der nächste Versuch mit Wassereinspritzung gefahren. Dabei wurde eine Kupplungsleistung von 288 PS bei 3500 U/min erreicht und 20 Minuten konstant gehalten. Dies entsprach einem mittleren effektiven Druck von 22,6 kg/cm² bei einem Lufteintrittsdruck von 2,5 kg/cm² und einem Abgasgegendruck von 0,84 kg/cm². Während dieses Versuches war der Lauf bemerkenswert ruhig und gleichmäßig ohne jedes Klopfen; die Leistung blieb durchweg konstant, und nichts sprach dagegen, daß der Motor nicht viele Stunden mit dieser Leistung hätte fahren können. Beim Auseinanderbauen nach diesen Versuchen schienen alle Triebwerkteile in ausgezeichnetem Zustand zu sein, und der Motor wurde wieder zusammengebaut, ohne daß ein Teil ausgewechselt zu werden brauchte.

Sodann wurde die Drehzahl auf 3750 U/min gesteigert. Dabei erhielt man eine Kupplungsleistung von 312 PS (191 PS/Liter), entsprechend einem mittleren effektiven Druck von 22,8 kg/cm². Dabei war die Kraftstoffpumpe an der Grenze ihrer Leistungsfähigkeit. Auch bei diesem Versuch lief der Motor sehr ruhig und gleichmäßig. Da je Arbeitsspiel nicht mehr Kraftstoff eingespritzt werden konnte, wurde die Drehzahl auf 4000 U/min gesteigert. Jetzt wurde eine Kupplungsleistung von 328 PS (200 PS/Liter) erreicht, aber nach 8 Minuten fiel die Leistung etwas ab, und der Motor wurde abgestellt. Bei der Besichtigung fand man, daß der Kolben stellenweise gefressen hatte; wahrscheinlich war das Spiel für eine so hohe Belastung zu klein gewesen. Ein neuer Kolben mit größerem Spiel wurde eingebaut, und nach dem Einlaufen wurde der gleiche Versuch wiederholt, ohne daß die Leistung abfiel. Da die Einspritzpumpe nicht mehr Kraftstoff fördern konnte, beschloß man, die Kraftstoffzufuhr dadurch zu vermehren, daß man statt reinen Wassers ein Gemisch von 40% Wasser und 60% Methanol benutzte. Mit der Wasser-Methanol-Einspritzung in den Lufteintritt wurde eine Höchstleistung von 363 PS (222 PS/Liter oder 3,1 PS je cm² Kolbenfläche) bei 4000 U/min erreicht mit einem Lufteintrittsdruck von 3,02 kg/cm². Unter diesen Verhältnissen war indessen der Lauf ungleichmäßig und sehr hart, im Gegensatz zu dem Betrieb bei Benutzung von Wasser allein. Nach 5 Minuten fiel die Leistung ab, und nach dem Abstellen fand man, daß der obere Kolbenrand und die obere Schieberkante stellenweise 5 mm tief weggebrannt waren, während das obere Ende der Zylinderbohrung durch Reste der verbrannten oberen Schieberkante stark riefig geworden war. Damit endete das Programm. Es ist kaum ein Zweifel möglich, daß dies Versagen durch dauernde Glühzündungen verursacht wurde, die den rauhen, ungleichmäßigen Lauf und durch stark vermehrten Wärmefluß schließlich das Versagen herbeiführten.

So endete eine Forschungsarbeit, die 6 Jahre lang angestrengt durchgeführt wurde, davon die ersten 2 Jahre nur an einem einzelnen Motor, den Rest der Zeit an drei Motoren, obwohl zwei weitere am Ende der Zeit zur Verfügung standen. Beachtenswert war, daß alle Motoren nach einer Entwicklungszeit fast genau gleich gut in der Leistung waren, obgleich sie recht verschiedene Hubverhältnisse hatten. Bei dieser ganzen Forschungsarbeit fiel die außergewöhnliche Übereinstimmung der Leistungen auf, nicht nur bei jedem einzelnen Motor, sondern auch unter den verschiedenen Motoren. So konnte ein Versuchsprogramm, das mit einem Motor begonnen worden war, an einem anderen fortgesetzt werden mit der Gewißheit, daß er auf dieselben Änderungen nicht nur qualitativ, sondern auch quantitativ in gleicher Weise reagieren würde. Dieses kennzeichnende Merkmal erwies sich als großer Vorteil während des Krieges, zu einer Zeit, als eine ganz unbedeutende Änderung oder eine geringfügige Störung oft zur Folge hatte, daß ein Motor mehrere Wochen betriebsunfähig war wegen der beschränkten Bearbeitungsmöglichkeiten in des Verfassers Behelfslaboratorium und wegen der Schwierigkeit, Ersatzteile von Unterlieferanten zu erhalten.

Während der Kriegsjahre war eine Anzahl Muster der Zwölfzylinder-Flugmotoren mit und ohne Turbine gebaut worden. Sie hatten viele Prüfstandsversuche hinter sich und wären wahrscheinlich zur Verwendung gekommen, wenn nicht das Strahltriebwerk so hervorragend erfolgreich gewesen wäre, daß es (1943) die Leistung jedes Kolbenmotors für schnelle Flugzeuge mit kleinem Aktionsradius weit übertraf. So wurden die weiteren Arbeiten an Neukonstruktionen von Kolbenmotoren entweder als weniger wichtig zurückgestellt oder gänzlich aufgegeben. Beim Zweitaktmotor beschloß man indessen, an der dritten Bauart als Entwicklung auf lange Sicht weiter zu arbeiten, eine Entwicklung, bei der die Turbine der vorherrschende Teil wurde. Hierfür wurde der Motor „E 54" gewählt und für den Dieselbetrieb umgebaut.

Mechanische Probleme. Wie schon früher dargelegt, war man den meisten wichtigeren mechanischen Schwierigkeiten bei den früheren Arbeiten an den Dieselbauarten begegnet und hatte sie zu überwinden gelernt.

Obgleich die Motoren mit Benzineinspritzung Dauerversuche mit einer doppelt so großen Hubraumleistung wie beim Dieselmotor durchmachten, kamen kaum weitere mechanische Störungen vor.

Wie bei den Viertaktmotoren fand man, daß bei Funkenzündung die Kolbentemperaturen nicht höher waren als bei Dieselmotorenbetrieb mit etwa der halben Leistung. Gleichwohl verwendete man große Mühe auf die Kolbenkühlung, die indessen in einem anderen Kapitel besprochen worden ist.

Bei dem verhältnismäßig niedrigen Verdichtungsverhältnis und der hohen Drehzahl im Vergleich zur Dieselbauart genügte die Massenkraft des Kolbens, um die Belastungsrichtung im Kolbenbolzenlager während des Verdichtungshubes für kurze Zeit umzukehren. Obwohl die entgegengesetzt gerichtete Kraft nur klein und von kurzer Dauer war, genügte sie, um alle Schwierigkeiten mit diesem Teil restlos zu beseitigen, und man konnte auf die übliche Konstruktion des einfachen, schwimmenden Kolbenbolzens wie bei einem Viertaktmotor zurückgreifen. Nur wenn die Motoren hochaufgeladen und mit ziemlich niedriger Drehzahl liefen, traten Störungen ein. Bei hinreichender Kolbenkühlung und trapezförmigen Kolbenringen hatte man keine Störungen durch festsitzende Ringe oder durch Ölkohle verstopfte Ringnuten, aber bei Leistungen erheblich über 100 PS je Liter war die Ringnutabnutzung ziemlich groß.

Mit wenigen Ausnahmen wurden bei allen Versuchen Schieber aus einfachem Stahlguß mit 0,55% C verwendet, die direkt in Zylindern aus Silizium-Aluminium-Legierung liefen. Sie wurden benutzt, weil:

1. sie sehr leicht und schnell aus Schleuder-Stahlgußstücken hergestellt werden konnten,

2. sie so weich waren, daß man leicht die Schlitze ausfeilen und so die Schlitzquerschnitte ändern konnte,

3. es während des Krieges wegen des großen Bedarfes an Schiebern für die Bristol-Motoren fast unmöglich war, nitrierte Schieber für die Zweitaktversuche zu beschaffen. Die wenigen, die man bekommen konnte, wurden für Dauerversuche bei sehr hohen Leistungen zurückbehalten.

Die Schieber aus weichem Kohlenstoffstahl nutzten sich ziemlich schnell an der oberen Dichtungskante und in der Bohrung in der Gegend der Lufteintrittsschlitze ab. Solange indessen der mittlere effektive Druck nicht über etwa 13,4 kg/cm^2 stieg, konnte man sich darauf verlassen, daß sie ungefähr 600 bis 700 Stunden hielten, bevor die übermäßige Abnutzung der oberen Dichtungskante zur Undichtheit und zum Verschmoren führte. Bei mittleren effektiven Drücken erheblich über 14,1 kg/cm^2 war ihre Lebensdauer viel kürzer, indem bei den höheren Drücken die weiche Bohrung zum Aufrauhen der Kolbenringe führte. Dann mußte man auf nitrierte Schieber aus austenitischem Stahl mit matter Oberfläche zurückgehen, die für luftgekühlte Viertakt-Schiebermotoren entwickelt worden waren. Diese Schieber zeigten praktisch keine meßbare Abnutzung in der Bohrung und nur sehr geringe Abnutzung an der oberen Kante nach vielen hundert Betriebsstunden bei mittleren effektiven Drücken von etwa 14,1 bis 17,6 kg/cm^2.

Mit dem offenen Schieberende hatte man keine Schwierigkeiten, bis bei den Schiebern aus weichem Kohlenstoffstahl die Abnutzung am oberen Ende so groß wurde, daß die Abdichtung versagte. Bis zu diesem klar bestimmten Punkt schien die Abdichtung außer beim Anlassen des kalten Motors vollkommen zu sein. Wenn der Schieber versagte, dann lag dies daran, daß die obere Kante etwa 8 mm tief und wenigstens 25 mm breit wegbrannte; zuweilen, aber nicht immer, wurde dabei die Zylinderbohrung stark riefig. Wenn man den Schieber rechtzeitig untersuchte, konnte man sehen, daß sich an der oberen Kante winzige Risse bildeten; sie waren ein Zeichen, daß der Schieber in kurzer Zeit versagen würde. Die Erfahrung lehrte bald, daß kein Versagen zu befürchten war, solange die Abnutzung am oberen Ende einen bestimmten Grenzwert nicht überschritt.

Mit den nitrierten Schiebern kam das Verschmoren oder Versagen der oberen Abdichtungskante nie vor außer bei dem letzten, oben geschilderten Versuch, der bis zum Zusammenbruch durchgeführt wurde. Die Abnutzung war sehr gering; aber selbst wenn merkliche Abnutzung aufgetreten wäre, hätte die größere Wärmeausdehnung des austenitischen Stahles zweifellos ein viel größeres Spiel im kalten Zustand ermöglicht, bevor man an die Gefahrengrenze gelangte.

Keine Schwierigkeit machte die Regelung des Schmierölverbrauches; wurde er aber unter 0,011 Liter/PS_e gehalten, dann nutzten sich die Kolbenringnuten stark ab.

Einen erheblichen Teil der Entwicklungsarbeiten auf dem Gebiet der Zylinderkonstruktion hatte man schon zu Anfang geleistet; was sich für den Dieselbetrieb als zweckmäßig erwiesen hatte, eignete sich gleich gut für die Benzineinspritzung. Die beiden Hauptprobleme waren:

1. Wie hatte man einen Leichtmetallzylinder zu konstruieren, der frei von Verformungen durch Erwärmung oder aus anderen Gründen war, obwohl der Zylindermantel an zwei Stellen seiner Länge durch die Ein- und Auslaßschlitze aufgeschnitten war?

2. Wie sollte man eine gleichmäßige, schnelle Strömung des Kühlmittels um den Zylindermantel oberhalb und unterhalb der Auslaßschlitze sichern und zugleich genügend große Warzen für die Schrauben zum Befestigen des Zylinderkopfes und die Anker unterbringen?

Viele verschiedene Zylinderbauarten wurden ausgeführt und geprüft, bei denen stets die Kühlmittelströmung mit Pitotrohren, die durch den Zylindermantel eingeführt waren, gemessen wurde. Sobald erst einmal eine Zylinderkonstruktion entwickelt war, die einigermaßen rund und gerade blieb, hatte man weiter sehr wenig Schwierigkeiten. Man fand keine meßbare Abnutzung der Zylinderbohrung an irgendeiner Stelle, aber das äußerste obere Ende des Mantels zog sich oft ein wenig zusammen, und es war nicht ungewöhnlich, daß die Bohrung am oberen Ende sich nach ein paar Stunden angestrengten Laufes im Durchmesser um 0,05 mm verkleinert hatte. Die wenigen Ausfälle von Zylindern, die zu Anfang auftraten, waren entweder durch Ermüdungsrisse verursacht, die von einer der vielen Warzen der Stiftschrauben ausgingen, oder durch die Beschädigungen, die ein verschmorter oberer Schieberrand verursacht hatte. Mit verbesserter Einzelteilkonstruktion und nitrierten Schiebern traten weiter keine Störungen an den Zylindern auf.

Es war sehr zweifelhaft, ob es gelingen würde, eine Zündkerze zu finden, die den hohen Belastungen standhielt. Natürlich wurden die besten Kerzen verwendet, und in der Tat hatte man sehr wenig Schwierigkeiten mit den Kerzen oder überhaupt mit der Zündeinrichtung.

Auch die Brennstoffeinspritzung verursachte trotz der sehr hohen Drehzahl, mit der sie betrieben wurde, sehr wenig Schwierigkeiten. Zuerst wurden zwei Brennstoffpumpen benutzt, die mit halber Motordrehzahl liefen, so daß jede Pumpe bei jedem zweiten Arbeitsspiel einspritzte. Diese Vorsicht erwies sich indessen als unnötig, und später wurde stets nur eine einzige, mit Kurbelwellendrehzahl angetriebene Pumpe verwendet.

Da bei Benzin die Einspritzdauer beträchtlich größer war als beim Dieselbetrieb, konnte man einen Exzenter an Stelle eines Nockens anwenden. Diese Bauart in Verbindung mit einer stärkeren Feder am Pumpenkolben und der Ausbau der Stößeleinstellung ermöglichte einen recht zufriedenstellenden Betrieb der Pumpe mit Drehzahlen bis zu 4000 U/min.

Ferner wurde zu Beginn der Versuche mit der Benzineinspritzung dem Kraftstoff 1% Schmieröl zugesetzt, eine Vorsichtsmaßnahme mit Rücksicht auf die Schmierung des Pumpenstempels. Auch dies erwies sich als unnötig, und der größte Teil der Versuche wurde ohne Zugabe von Schmieröl durchgeführt. Man schmierte nur das Nockengehäuse der Pumpe von der Hauptölleitung des Motors aus.

Normale Einlochzapfendüsen wurden genau wie bei den Dieselmotoren benutzt.

Außer einer kurzen Periode mit Schwierigkeiten am Kurbelzapfenlager des einen Motors „E 65", deren Ursache nie geklärt worden ist, traten keinerlei Störungen an den Lagern irgendeines der Motoren auf. Eine Anzahl verschiedener harter Lagerwerkstoffe wurde für die obere, belastete Hälfte des Kurbelzapfenlagers benutzt, während die untere Hälfte aus weichem Weißmetall bestand. Zwei von den drei Motoren hatten brenngehärtete Kurbelwellen, der größere „E 54" eine nitrierte Welle. Alle verhielten sich gut, aber die brenngehärteten Wellen zeigten, wie zu erwarten war, etwas Abnutzung, während die Abnutzung der nitrierten Welle kaum meßbar war.

Während eines Teiles der gesamten Versuchsdauer lief ein aufgeladener Viertakt-Schiebermotor mit den gleichen Zylinderabmessungen wie die Motoren „E 65" zum Zweck des Vergleiches mit den Zweitaktmotoren. Er hatte im wesentlichen die gleiche Welle und die gleichen Lagerabmessungen, und es war bemerkenswert, daß sich die Lager des Viertaktmotors viel stärker ausschlugen als die der Zweitaktmotoren, obwohl diese die doppelte Leistung entwickelten. Bei der gleichen Verdichtung und demselben mittleren effektiven Druck sowie bei günstigster Zündzeiteinstellung in beiden Fällen waren die höchsten Gasdrücke in den Zwei- und Viertaktmotoren fast genau gleich, nämlich 70,3 kg/cm² bei einem mittleren effektiven Druck von 14,1 kg/cm² und einem Verdichtungsverhältnis von 7 : 1.

Wie zu erwarten, war der mechanische Wirkungsgrad der Zweitaktmotoren (ausschließlich der Gebläseleistung) sehr hoch. Die normale Reibung bei Fremdantrieb mit 2750 U/min entsprach ungefähr 1,48 kg/cm² und damit einem mechanischen Wirkungsgrad des Motors allein von 90% bei einem normalen mittleren effektiven Druck von 14,1 kg/cm².

Schlußfolgerungen. Die in diesem Kapitel geschilderte Forschungs- und Entwicklungsarbeit war ganz auf die Entwicklung eines sehr kompakten und leichten Kolbenflugmotors gerichtet. Leider ist es schwierig, einen anderen Verwendungszweck für diesen Motor zu finden, wenigstens für die Ausführung mit Benzineinspritzung. Dank seiner enorm hohen Hubraumleistung könnte der Motor in Rennwagen Verwendung finden, aber bei diesem Anwendungsgebiet dürfte der unstabile Lauf zwischen 15 und 40% des höchsten Drehmomentes wahrscheinlich ein schwerer Nachteil sein. Als Dieselmotor könnte er auch auf anderen Gebieten verwendet werden, aber ein gut Teil weiterer Entwicklungsarbeit wird nötig sein, bevor er als wirtschaftlich verwertbar bezeichnet werden kann. Noch harren folgende Probleme der Lösung:

1. Die nitrierten Schieber haben wahrscheinlich eine Lebensdauer zwischen 2000 und 4000 Stunden, bevor die Abnutzung des oberen Schieberendes sie unbrauchbar macht. Dies ist lang genug für Militärflugzeuge, aber nicht annähernd lang genug für gewöhnliche wirtschaftliche Zwecke. Man wird noch Mittel finden müssen, um die Abnutzung jener Teile zu vermindern.

2. Obwohl das offene Schieberende unter allen Betriebsbedingungen vollkommen abzudichten scheint, sichert es nicht die vollkommene Dichtung beim Anlassen des kalten Motors. Andere Mittel, wie die Einspritzung von etwas dickflüssigem Öl, müssen angewandt werden, um den Motor in der Dieselbauart aus dem kalten Zustand anzulassen. Dies ist ein recht unbequemer Nachteil.

Wenn diese Mängel beseitigt werden können, dürfte es noch Anwendungsgebiete für die Dieselbauart geben.

Neunzehntes Kapitel

Motoren für Forschungszwecke

In diesem Abschnitt wünscht der Verfasser seine persönlichen Erfahrungen bei der Konstruktion und Entwicklung von Sondermotoren für Forschungsarbeiten zu besprechen, besonders an Motoren für die Untersuchung von Kraftstoffen und Verbrennungsproblemen. Er möchte einige Grundlagen für die Konstruktion solcher Motoren und die Mängel, die sich später in der Praxis ergaben, eingehend behandeln, wobei er hofft, daß seine Erfahrungen anderen nützlich sein möchten.

Obwohl solche Motoren von ganz besonderer Bauart sein müssen, gelten die meisten mechanischen und sonstigen Probleme, die bei ihnen auftreten, auch für alle anderen Verbrennungsmotoren. Um wirklich nützliche Werkzeuge für die Forschung zu sein, müssen nämlich solche Motoren hervorragend leistungsfähig sein; sie müssen vor allem mechanisch höchst zuverlässig und betriebssicher sein.

Bei allen Versuchsmotoren und wohl besonders bei solchen, die für die Untersuchung von Kraftstoffen oder der Verbrennung bestimmt sind, können ganz kleine Änderungen der Leistung von großer Bedeutung sein, Änderungen, die man bei den vielfachen Launen einer gewöhnlichen Maschine im Betrieb gar nicht beachtet. Außerdem ist es natürlich wichtig, daß die Leistung ständig nachgeprüft wird, denn nichts ist für eine Untersuchung verheerender, als wenn der Nullpunkt nicht festliegt. Um solche Beständigkeit sicherzustellen, müssen alle möglichen Veränderlichen weitestgehend verringert werden. Von diesen Veränderlichen ist die innere Reibung im allgemeinen die größte und am wenigsten berechenbare.

Die Erfahrung des Verfassers mit Forschungsarbeiten begann 1904. Damals assistierte er als Student in Cambridge dem verstorbenen Professor BERTRAM HOPKINSON bei seinen Forschungsarbeiten am Verbrennungsmotor im Maschinenlaboratorium der Universität Cambridge. Für diese Arbeit standen drei Motoren zur Verfügung, ein Einzylinder-Gasmotor von 40 PS, ein Vierzylinder-Daimler-Benzinmotor von 16 PS und ein selbstgebauter Zweizylinder-Zweitakt-Benzinmotor von etwa 12 PS, außerdem mehrere Bomben verschiedener Form und Größe, aber sehr wenige Instrumente irgendwelcher Art. HOPKINSON interessierte sich damals für die Untersuchung von Verbrennungsproblemen, besonders in bezug auf schnellaufende Motoren. Dafür brauchte er die Entwicklung eines Indikators, der sich für hohe Drehzahlen eignete.

Mit außergewöhnlichem Scharfsinn und gesundem praktischem Können entwarf und entwickelte HOPKINSON sehr schnell einen bemerkenswert brauchbaren optischen Indikator, mit dem er die Steilheit des Druckanstieges und andere Änderungen während des Verbrennungsvorganges mit weit größerer Genauigkeit und bei viel höheren Drehzahlen, als es bis dahin möglich gewesen war, beobachten und aufzeichnen konnte. Unter anderem konnte er — im Gegensatz zur damaligen Meinung — zeigen, daß das Klopfen im Benzinmotor etwas ganz anderes war als die Frühzündung; diese ergab die gleiche Steilheit des Druckanstieges wie die normale Funkenzündung, während beim

Klopfen der Benzinmotor einen normalen Druckanstieg zeigte, bis die Verbrennung fast beendet war; dann folgte ein sehr schroffer Anstieg ganz am Ende, so heftig und plötzlich, daß der Spiegel seines Indikators häufig zerbrach. Dies schrieb er mit dem ihm eigenen Scharfsinn einer Explosionswelle zu. Da er eine ähnliche Wirkung in dem Gasmotor nicht hervorrufen konnte und ebensowenig im Benzinmotor, wenn er diesen mit Gas betrieb, so folgerte er, daß dies Klopfen oder diese Detonation, wie er es nannte, ein Merkmal des Kraftstoffes sei. Damit endeten damals diese Arbeiten, denn nach 1907 wandte HOPKINSON seine Aufmerksamkeit anderen Forschungsgebieten zu.

Auf den Verfasser machte diese Beobachtung einen tiefen Eindruck, um so mehr, weil der von ihm bevorzugte Zweitaktmotor bedenklich zum Klopfen neigte. Nachdem er Cambridge 1907 verlassen hatte, beschloß der Verfasser, dies Problem während seiner Freizeit in seiner eigenen Werkstatt weiter zu verfolgen. Mit Hilfe eines der von HOPKINSON angegebenen Indikatoren konnte er an diesem Motor den Beginn des Klopfens, seine Entwicklungsstufen und schließlich seine Ausartung zur Frühzündung erforschen. Lief der Motor mit Benzol, dann trat kein Klopfen ein, aber die Neigung zu Frühzündungen war größer als beim Benzin. Wenn er mit Leuchtpetroleum lief, dann klopfte er unerträglich stark, aber Frühzündungen traten kaum auf. Alles dies bestätigte HOPKINSONS Vermutung, daß Klopfen in erster Linie vom Kraftstoff abhinge. Als Ergebnis dieser und vieler anderer ähnlicher Beobachtungen überzeugte sich der Verfasser, daß vor allem das Klopfen die Leistung des Benzinmotors bestimmte und daß es von großem Nutzen sein würde, das Klopfen eingehend zu untersuchen.

Aber zwei große Schwierigkeiten standen im Wege:

1. Der einzige Motor, der dem Verfasser zur Verfügung stand, war ein Zweitaktmotor, den er in den Werkstätten in Cambridge gebaut hatte und der viel zu unzuverlässig und unregelmäßig in seinen Leistungen war, um als Motor für Forschungszwecke zu dienen. Er zeigte recht gut den ungefähren Ablauf, aber er war als Präzisionsinstrument offenbar nicht zu gebrauchen.

2. Außer Professor HOPKINSON schien sich damals (1908/10) niemand sehr für das Problem zu interessieren und keiner wollte etwas davon wissen, daß das Klopfen im Benzinmotor etwas anderes wäre als Frühzündung durch heiße Stellen im Brennraum. Daß verbesserte Kühlung die Klopfneigung verringerte, schien allerdings diese Behauptung etwas zu stützen.

Obwohl der Verfasser bei seiner Arbeit von keiner Seite unterstützt oder ermutigt wurde, ging er an den Entwurf und die Ausführung eines Einzylinder-Viertaktmotors. Er baute ihn zum Teil für diese

Forschungsarbeit, aber auch zu dem Zweck, die Wirkung des Aufladens mittels einer geschichteten Luftladung zu untersuchen, die als Nachladung durch Schlitze zugeführt wurde. Die Schlitze gab der Kolben am Ende seines Hubes frei. Damals war der Verfasser stark an Flugmotoren interessiert und glaubte, daß die Leistung, die der Motor in Höhe des Meeresspiegels hatte, bis zu ziemlich großen Höhen allein durch vermehrte Zufuhr von Ladeluft gehalten werden könne. Dabei sollte ein nicht kompensierter Vergaser benutzt werden, der selbsttätig die Hauptladung anreichern sollte, wenn die Dichte abnahm. Der Bau dieses Motors dauerte lange und wurde erst gegen Ende 1913 fertig. Der Motor hatte einen Kolben mit Kreuzkopf, wie er später, 1916, in den Motoren für Tanks benutzt wurde, und einen Brennraum mit L-förmigem Kopf. Das mechanisch gesteuerte Einlaßventil saß direkt über dem Auslaß, die Zündkerze in der Ventiltasche, ein flacher tellerförmiger Brennraum erstreckte sich über die ganze Kolbenfläche. Die Unterseite des Kreuzkopfkolbens wurde benutzt, um Luft nachzuladen, die durch Schlitze dem Zylinder zugeführt wurde. Diese Schlitze, die der Kolben am Hubende freilegte, konnten nach Belieben durch einen von Hand betätigten Schieber, der die Schlitze in einer Verlängerung des Zylindermantels umgab, geöffnet oder geschlossen werden. Die Leistung wurde von einem Pendeldynamo aufgenommen, der aus einem gewöhnlichen Gleichstrom-Nebenschlußgenerator bestand, den man auf Drehzapfen in Kugellagern montiert hatte und durch einen veränderlichen Widerstand im Erregerkreis einstellte. Mit einem Verdichtungsverhältnis von 4,6:1, jedoch ohne Auflading, klopfte der Motor bei den meisten damals erhältlichen Benzinsorten heftig, wenn die Drosselklappe voll geöffnet war. Aber mit Benzol lief er ohne Klopfen, selbst bei voller Auflading. Damals bestand das Verfahren zur Abschätzung der Klopffestigkeit verschiedener Kraftstoffe darin, daß man die Drosselklappe allmählich öffnete und feststellte, bei welchem mittleren effektiven Druck das Klopfen zuerst hörbar wurde. Konnte die Drosselklappe voll geöffnet werden, ohne daß Klopfen eintrat, dann wurden die Schlitze im Zylindermantel geöffnet und die Aufladung allmählich gesteigert, bis der Motor klopfte. So wurde die Klopfneigung des Kraftstoffs nach dem mittleren effektiven Druck geschätzt, bei welchem das Klopfen zuerst hörbar wurde. Die obere Grenze des mittleren effektiven Druckes mit voller Aufladung war in diesem Fall ungefähr 10,5 kg/cm^2. Diese Einrichtung und dies Verfahren eigneten sich gut für eine rohe Schätzung und zeigten, daß von den Hauptbestandteilen des Benzins die Paraffinreihe am meisten zum Klopfen neigte, die Aromaten am wenigsten, während die Naphthene etwa in der Mitte zwischen beiden zu liegen schienen. Bei den Steinkohlenteerderivaten war weder beim Benzol noch beim Toluol oder

Xylol das geringste Klopfen zu hören, aber in Mischungen mit Benzin schien das Toluol sich am besten von den dreien zu verhalten.

Damals war es indessen ohne wirksame Unterstützung durch die Lieferanten äußerst schwierig, reine Proben zu bekommen oder auch nur einige Sicherheit hinsichtlich der Zusammensetzung oder der Gleichmäßigkeit der Proben zu erhalten. Der Verfasser war aber in der glücklichen Lage, daß er mit einem organischen Chemiker befreundet war, der ihm durch die Untersuchung mancher Proben hilfreich zur Hand ging und ihm andere Proben beschaffte.

Zu Anfang des Krieges 1914/18 kam der Verfasser mit Sir ROBERT WALEY COHEN von der Asiatic Petroleum Co. zusammen, der sich sehr für die Ergebnisse des Verfassers interessierte und die Lieferung von Benzinproben der verschiedenen Ölfelder der Shell-Gruppe, die alle in der beschriebenen Weise geprüft wurden, veranlaßte. Damals zeigte es sich indessen, daß der Apparat und das Verfahren etwas unzulänglich waren, denn weder die zuerst angewandte Methode noch die Gleichmäßigkeit im Verhalten des Motors waren ausreichend, um kleine, aber gleichwohl wichtige Unterschiede zwischen den Kraftstoffen von den einzelnen Ölfeldern festzustellen. In Zahlen ausgedrückt entsprach die Genauigkeit der Messung bestenfalls einer Schwankung der Oktanzahl um ± 3.

Dies veranlaßte eine Untersuchung über die Ursachen der mangelhaften Übereinstimmung. Diese waren:

1. Änderungen des mechanischen Wirkungsgrades, die zum Teil, aber nicht ausschließlich auf mangelhafte Regelung der Öltemperatur zurückzuführen waren;

2. Änderungen der Ladelufttemperatur, die nicht geregelt werden konnte;

3. nicht hinreichend genaue Regelung des Mischungsverhältnisses bzw. der Zündung;

4. Undichtigkeit infolge geringer Verformung des Zylindermantels, des Auslaßventils und des Ventilsitzes;

5. Empfindlichkeit gegen Ölkoksablagerungen, die dadurch ververschlimmert wurden, daß Schmieröl durch die Aufladeschlitze trat;

6. Glühzündung an überhitzten Stellen der Zündkerze oder des Auslaßventils.

Von diesen Veränderlichen waren unregelmäßige Schwankungen des mechanischen Wirkungsgrades am unangenehmsten und am schwierigsten festzustellen, denn bei offensichtlich gleichen Temperaturen und anderen Bedingungen änderten sich die Gesamttreibungsverluste, die man bei Fremdantrieb maß, von einem Tag zum anderen um 0,15 oder 0,2 kg/cm^2 im mittleren effektiven Druck, und zwar ohne ersichtlichen Grund.

Um die feineren Abstufungen in den Unterschieden zwischen den Benzinsorten aus dem einen oder anderen Ölfeld abzuschätzen, erwies sich das Meßverfahren als nicht empfindlich genug, denn kleine Differenzen im mittleren Druck, bei welchem das Klopfen eintrat, entsprachen beträchtlichen Unterschieden in der Klopfneigung des Kraftstoffes. Sir ROBERT ließ sich indessen nicht entmutigen, denn die Versuche, für die er sich persönlich sehr interessierte, hatten ihn überzeugt, daß die Leistung von Zündermotoren durch den Beginn des Klopfens begrenzt werde und daß das Klopfen weitgehend vom Kraftstoff abhinge, was sich damals weder die Kraftstofflieferanten noch die Hersteller und die Benutzer von Benzinmotoren klargemacht hatten. Auf Grund dieser Beobachtungen beauftragte er den Verfasser sogleich nach dem Ende des ersten Weltkrieges, in großem Maßstab eine umfassende Untersuchung über die Einflüsse, welche die Eignung verschiedener Kraftstoffe für Zündermotoren bestimmten, zu unternehmen. Offenbar war die Klopfneigung der wichtigste dieser Einflüsse, aber natürlich nicht der einzige. Für diesen Zweck gab er ihm freie Hand, eine Versuchseinrichtung, wie er sie für nötig hielt, zu entwerfen und zu bauen.

Bisher war die Forschung allein vom Verfasser in seiner kleinen eigenen Werkstatt durchgeführt worden, mit selbstgebautem Motor und entsprechenden Versuchseinrichtungen sowie unter starker Behinderung durch Mangel an Hilfsmitteln und an Geld. Mit der finanziellen Unterstützung und technischen Hilfe der Shell-Organisation sowie den Erleichterungen, die in dem neuen Laboratorium des Verfassers in Shoreham-on-Sea verfügbar waren, gewann die Forschung sofort ein ganz anderes Aussehen.

Die Erfahrung mit dem ersten aufgeladenen Motor hatte den Verfasser überzeugt, daß:

1. das Verfahren, die Klopfneigung durch den mittleren effektiven Druck zu bezeichnen, bei dem das Klopfen in einem gedrosselten oder aufgeladenen Motor eintrat, nicht zweckmäßig war. Es war auch nicht überzeugend, weil man damals das Aufladen noch nicht als praktisch ausführbar erkannt hatte;

2. jeder Motor, der für derartige Untersuchungen benutzt werden sollte, viel gleichmäßiger arbeiten müßte, als es dieser selbstgebaute Motor vermochte;

3. da Leistung und Wirkungsgrad eines Verbrennungsmotors von dem Verdichtungsverhältnis abhängen, es sinnvoller sein würde und der Wirklichkeit besser entspräche, wenn die Klopfneigung des Kraftstoffes durch das höchste Verdichtungsverhältnis gemessen würde, mit dem der Kraftstoff noch benutzt werden konnte. Dies hätte weiter den Vorteil, daß die Messung nicht von der Bestimmung des mittleren

effektiven Druckes abhängen und daher nicht annähernd so sehr durch Schwankungen des mechanischen Wirkungsgrades beeinflußt würde.

Man erkannte natürlich, daß das höchste nutzbare Verdichtungsverhältnis kein absolutes Maß sein könnte, da in jedem Fall viel von der Größe, Drehzahl und Bauart des Motors abhängen würde; aber ein geeigneter Maßstab ließe sich angeben, indem man das höchste nutzbare Verdichtungsverhältnis ausdrückte als den gleichwertigen Raumanteil eines klopffesten Kraftstoffes, wie Toluol, in einem sehr klopffreudigen Bezugskraftstoff. Bei den Messungen wurde zu jedem untersuchten Kraftstoff ein Benzin-Toluol-Gemisch mit dem gleichen höchsten nutzbaren Verdichtungsverhältnis gesucht. Erst viel später wurde als internationaler Maßstab vereinbart, das höchste nutzbare Verdichtungsverhältnis eines Kraftstoffes als den Raumanteil Isooktan in n-Heptan auszudrücken. So bedeutet z. B. die Oktanzahl 60, daß die Kraftstoffprobe in bezug auf ihre Klopfneigung gleichwertig ist einem Gemisch aus 60 Vol.-% Isooktan und 40% n-Heptan.

Nach eingehender Überlegung wurde beschlossen, einen besonderen Prüfmotor zu entwerfen und bauen zu lassen, bei dem das Verdichtungsverhältnis über einen weiten Bereich geändert werden konnte, während der Motor ungedrosselt lief, wodurch man die Möglichkeit erhielt, das Verdichtungsverhältnis zu ändern, ohne die Temperatur oder die mechanischen Bedingungen gleichzeitig zu ändern, und das Streuen der Versuchsergebnisse nach Möglichkeit zu vermeiden. Man war sich auch darüber klar, daß der Motor in bezug auf Leistung und thermischen Wirkungsgrad den besten Motoren jener Zeit mindestens gleichwertig sein müsse, wenn er der Wirklichkeit entsprechen und überzeugend wirken sollte. Zu diesem Zweck wurde alles getan, um möglichst hohe thermische Wirkungsgrade und Liefergrade zu erreichen, jede innere Reibung unbedingt auf den Mindestwert zu senken und, was an Reibung blieb, möglichst unempfindlich gegen Schwankungen der Öltemperatur zu machen.

Man beschloß, einen ziemlich großen Zylinder von etwa 2 Liter Hubvolumen zu verwenden:

1. um mit der Flugmotorenpraxis in Übereinstimmung zu bleiben, weil die Beschränkung durch das Klopfen am schärfsten bei Flugmotoren empfunden wurde;

2. weil man glaubte, daß, je größer der Zylinder sei, er um so unempfindlicher gegen kleinere Schwankungen sein werde.

Einen langen Hub hielt man für ratsam:

1. damit auch bei dem höchsten Verdichtungsverhältnis der Brennraum nicht zu flach würde und das Verhältnis Hubvolumen : Kolbenfläche bei einer Änderung der Verdichtung sich möglichst wenig ändern sollte;

2. um den Schmierölverbrauch möglichst niedrig zu halten. Der Anteil des Öles, der gegen die Zylinderwand gespritzt wird, müßte um so kleiner werden, je kleiner die Bohrung des Zylinders und je größer sein Abstand vom Kurbelzapfen wäre. Damals hatte man nämlich noch keine voll befriedigenden Ölabstreifringe entwickelt. Offenbar müßte die Zuführung einer größeren Schmierölmenge in den Brennraum das Versuchsergebnis hoffnungslos fälschen.

3. Man wollte mit einer hohen Kolbengeschwindigkeit fahren oder wenigstens fahren können, und zwar möglichst hoch über der damals üblichen Geschwindigkeit. Mit Rücksicht auf den mechanischen Wirkungsgrad und die Gefahr von Schwingungen war aber eine zu hohe Drehzahl unerwünscht.

Aus diesen Gründen wurden eine Zylinderbohrung von 114,3 mm und ein Hub von 203,2 mm gewählt.

Um die inneren Reibungsverluste auf einen Mindestwert herabzusetzen, verwendete man möglichst leichte hin und her gehende und umlaufende Massen, d. h. einen sehr leichten Aluminiumkolben mit Gleitschuhen und eine dünne rohrförmige Pleuelstange mit ungeteiltem unterem Kopf.

Soweit wie möglich wurden Kugellager an Stelle von Gleitlagern eingebaut, um die Reibung herabzusetzen, in der Hauptsache aber, weil ihre Reibungszahl weniger empfindlich gegen Änderungen der Öltemperatur oder gegen mögliche Fehler in der Ausrichtung infolge der Kurbelwellendurchbiegung bei Belastung ist.

Weiter sprach für die Kugellager, daß nur das untere Pleuelstangenlager mit Drucköl geschmiert zu werden brauchte. So wurde die Ölmenge, die im Kurbelgehäuse umherspritzte, verringert und das Ölabstreifen erleichtert.

Damit ein ungeteiltes unteres Pleuelstangenlager verwendet werden konnte, wurde die Kurbelwelle aus mehreren Teilen mit einem lösbaren, einsatzgehärteten Kurbelzapfen zusammengebaut. Das untere Pleuelstangenlager selbst bestand aus einer dünnen, vielfach durchlochten, schwimmenden Phosphorbronzebuchse, die zwischen dem gehärteten Kurbelzapfen und einer gehärteten, in den Stangenkopf eingepreßten Stahlbuchse lief.

Um soweit wie möglich jede Verformung des Zylinders zu vermeiden, wurde er mit seinem Wassermantel kreisrund und über die ganze Länge des Kolbenweges symmetrisch ausgeführt.

Das Kühlwasser wurde mit hoher Geschwindigkeit besonders um die Augen der Zündkerzen und um die Auslaßventilsitze geführt, so daß für eine wirksame Kühlung an den Zündkerzen und im Zylinderkopf gesorgt war.

Um die Temperatur des Zylindermantels stets auf möglichst gleicher Höhe und damit die Zähigkeit des Öles auf der Lauffläche gleichmäßig zu halten, trennte man den Wassermantel unterhalb der Warzen für die Zündkerzen durch eine Scheidewand ab, die nur einige kleine Dampfdurchlaßlöcher erhielt. So stagnierte das Wasser auf der Länge des Mantels, wodurch es sehr schnell den Siedepunkt erreichte, auf dem es blieb. Dadurch blieb auch die Temperatur des Zylindermantels konstant und war im wesentlichen von der Kühlwassertemperatur unabhängig.

Die Teilfuge zwischen Zylinderkopf und Mantel war geschliffen und dichtete Metall auf Metall ohne zusätzliche Dichtung. Dies sollte:

1. jeden Wärmewiderstand vermeiden,
2. verhindern, daß die Eichung des Motors dadurch gestört würde, daß eine Änderung der Stärke der benutzten Dichtung das Verdichtungsverhältnis änderte.

Diese Teilfuge hat nie die geringsten Störungen verursacht, bedurfte nie des Nachschleifens, wie oft auch der Kopf abgenommen wurde, und war stets dicht.

Um die Auslaßventile möglichst kühl zu halten, zog man vor, drei kleine Ventile statt eines oder zweier größerer zu benutzen. Dagegen wurden zwei große Einlaßventile vorgesehen, um eine reichliche Ansaugleistung zu haben. Man hoffte, sehr genaue Messungen des Kraftstoff- und Luftverbrauchs erhalten zu können, daher hielt man es für wichtig, jede Überdeckung der Ventilöffnungszeiten zu vermeiden. Diese Überdeckung könnte der Anlaß sein, daß Kraftstoff oder Luft zum Auslaß durchströmte oder das Abgas in den Zylinder oder in die Saugleitung zurückströmte. Zwecks gründlicher Entleerung des Zylinders mußten die Auslaßventile bis etwa 10° nach oberem Totpunkt offengehalten werden. Dies bedeutete ein sehr spätes Öffnen der Einlaßventile. Dies hat den Liefergrad nicht merklich beeinträchtigt, aber es ergab:

1. einen ziemlich großen Unterdruck zu Beginn des Saughubes und daher eine Steigerung der Gaswechselarbeit;
2. es machte den Lufteintritt äußerst geräuschvoll.

Später fand man, daß eine Überdeckung von 10 bis 12° Kurbelwinkel den Kraftstoff- oder Luftverbrauch nicht merklich beeinflußte.

Vier Zündkerzen waren symmetrisch am Umfang des Brennraumes vorgesehen. Um gleichzeitiges Zünden zu sichern, verwendete man vier getrennte Zündspulen, deren Niederspannungskreise sämtlich von einem einzigen Unterbrecher betätigt wurden. Es brachte aber keinen Vorteil, mehr als zwei Kerzen zugleich zu benutzen. Dadurch wurden zwei Bohrungen am Zylinder für den Indikator oder andere Anschlüsse frei.

Die Veränderlichkeit der Verdichtung wurde durch Heben oder Senken des ganzen Zylinders relativ zur Kurbelwelle hergestellt. Zu diesem Zweck wurde die Außenfläche des Zylindermantels genau zylindrisch geschliffen und in einem starren Gestell geführt, das mit dem Kurbelgehäuse verbunden war. In dem Gestell konnte sich der Zylinder

Bild 19.1. Oberer Teil des Motors mit Meßschraube zur Bestimmung des Verdichtungsverhältnisses

frei nach oben und unten verschieben, wenn man eine Klemmverbindung löste. Auf das untere Mantelende war steilgängiges Gewinde geschnitten, dieses war im Eingriff mit einer Ringmutter, die zwischen dem Gestell und dem Kurbelgehäuse angeordnet war. Die Mutter ihrerseits konnte mittels eines Kegelradgetriebes und eines Handrades gedreht werden. Zuerst zweifelte man, ob es möglich sein würde, den Zylinder während des ungedrosselten Laufes zu heben oder zu senken. Praktisch ergab sich aber keine Schwierigkeit, und es war auch kein besonderer Kraftaufwand nötig. Als größter Verstellbereich war für das Verdichtungsverhältnis 3,7 bis 8,0 : 1 vorgesehen, denn man glaubte auf Grund früherer Erfahrungen, daß alle Erdölkraftstoffe weit unterhalb des größeren Grenzwertes klopfen würden. Die Triebwerkteile des Motors, Kolben, Pleuelstange, Lager usw., wurden für Dauerbetrieb bei einem Höchstdruck von 49 kg/cm², entsprechend einem Verdichtungsverhältnis von ungefähr 6,5 : 1, entworfen. Man glaubte, daß dieser Wert höchstens einmal bei einem kurzen Versuch mit irgend einem ungewöhnlichen Kraftstoff überschritten würde.

Um das Verdichtungsverhältnis zu messen, brachte man eine Meßschraube an, wie Bild 19.1 zeigt. Für Kraftstoffverbrauchsmessungen waren zwei doppelte Büretten mit einem Dreiwegehahn vorhanden. Die eine enthielt den normalen Bezugskraftstoff, die andere die zu untersuchende Probe. Jede Bürette faßte genügend Kraftstoff für 1 bis 4 Minuten bei Vollast (Bild 19.2).

Außer einem Tachometer war ein magnetisch angetriebener Umdrehungszähler mit dem freien Ende der Nockenwelle verbunden, der genau die Zahl der Umdrehungen während jeder Verbrauchsmessung aufzeichnete.

Für Messungen des Luftverbrauchs war ein kleiner ausgeglichener Gasbehälter vorhanden, der genügend Luft für 1,5 Minuten Fahrt bei Vollast enthielt; auch er war mit dem Umdrehungszähler verbunden.

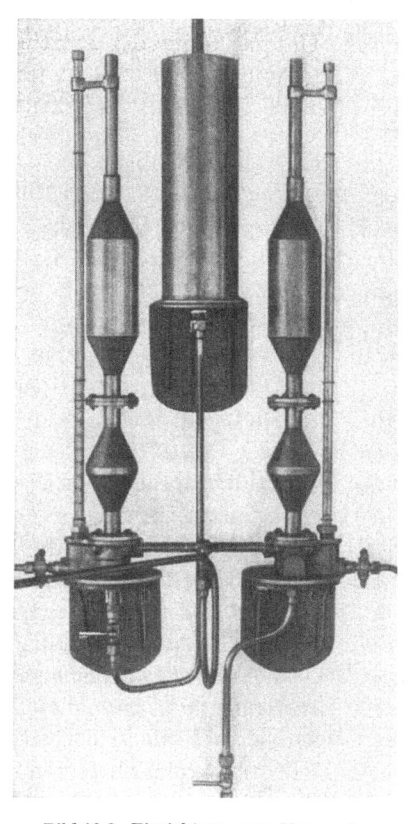

Bild 19.2. Einrichtung zum Messen des Kraftstoffverbrauchs

Ein normaler Flugzeugvergaser Claudel-Hobson wurde benutzt, der nur insofern abgeändert war, daß man den Strahlquerschnitt durch ein feines Ventil mit kegliger Nadel regelte. Dadurch konnte das Mischungsverhältnis über den ganzen Bereich geändert werden. Ein elektrisch beheizter Lufterhitzer mit Feineinstellung war auf der Eintrittsseite des Vergasers angebracht, so daß die zugeführte Wärme, die in Watt gemessen wurde, sehr genau eingestellt werden konnte. Die Abgase wurden durch ein kurzes biegsames Rohr zu einem großen Sammelbehälter geführt. Die Gesamtanordnung der Versuchsanlage zeigt Bild 19.3.

Der erste Motor, der die Bezeichnung „E 35" trug, wurde zugleich mit dem neuen Laboratorium des Verfassers in Shoreham-on-Sea im Frühjahr 1919 fertiggestellt. Das schaffte nicht nur weitgehende Erleichterungen, sondern es standen auch alle Hilfsmittel und die technische Unterstützung der Asiatic Petroleum Co. zur Verfügung, deren Chemiker und Wissenschaftler uns bereitwillig unterstützten; zu ihnen gesellten sich Sir HENRY TIZARD und Sir DAVID PYE als beratende Physiker. So begann die Forschung unter den günstigsten Voraussetzungen, welche fachliche Tüchtigkeit, Einrichtungen und Geld bieten konnten. Die Bilder 19.4 und 19.5 zeigen Schnitte des Motors „E 35".

Es kostete eine beträchtliche Zeit, um den Motor und die Versuchseinrichtungen zu prüfen und die besten Meßverfahren und Meßbedingungen kennenzulernen. Beim ersten Anfahren fand man, daß der Motor sein größtes Drehmoment bei 1800 U/min, entsprechend einer Kolbengeschwindigkeit von 12,2 m/sek, entwickelte. Bei dieser Drehzahl traten aber starke Vibrationen auf, das Geräusch war übermäßig laut. Die Drehzahl 1500 U/min schien am vorteilhaftesten zu sein, aber bei dieser Drehzahl stieg das Drehmoment noch an, was eine genaue Drehzahleinstellung stark erschwerte. Daher wurde eine neue Nockenwelle angefertigt und eingebaut, durch die das Schließen der Einlaßventile vorverlegt wurde. Damit wurde der Scheitel der Drehmomentkurve von 1800 auf ungefähr 1350 U/min verschoben. So lief bei 1500 U/min der Motor mit schwach fallendem Drehmoment, was einen viel gleichförmigeren Lauf und eine stabile Drehzahlkennlinie gab. In mechanischer Hinsicht war der Gang des Motors von Anfang an vollkommen, und man hatte keinerlei Schwierigkeiten, nachdem man ziemlich bald das richtige Spiel für den Kolben usw. gefunden hatte. Es bedurfte einer längeren Zeit, um die elektrischen und sonstigen Meßgeräte einzustellen und vor allem, um die erforderliche Übung zu erwerben sowie die Genauigkeit und Wiederholbarkeit kennenzulernen, mit denen man rechnen durfte.

Was die Meßgenauigkeit anbelangt, so konnte man den mittleren effektiven Druck einwandfrei mit einer Genauigkeit von $\pm 0{,}15\%$, den Kraftstoffverbrauch mit $\pm 0{,}25\%$ und den Luftverbrauch bei sorgfältiger Temperaturregelung mit einer Toleranz von $\pm 0{,}5\%$ messen. Die ungewollte Streuung der Leistung des Motors ergab sich als sehr klein, denn man konnte ihn innerhalb eines Tages jederzeit während des Betriebes auf $\pm 0{,}25\%$ genau nachregeln. Die gesamten Reibungs- und Gaswechselverluste schwankten beim Fremdantrieb nach jedem Versuch nie um mehr als $0{,}02\ \text{kg/cm}^2$ und waren, wie man gehofft hatte, fast unabhängig von den Schmieröl- oder Wassertemperaturen.

Das höchste nutzbare Verdichtungsverhältnis konnte mit großer Genauigkeit bestimmt werden, denn nach einiger Übung konnte ein

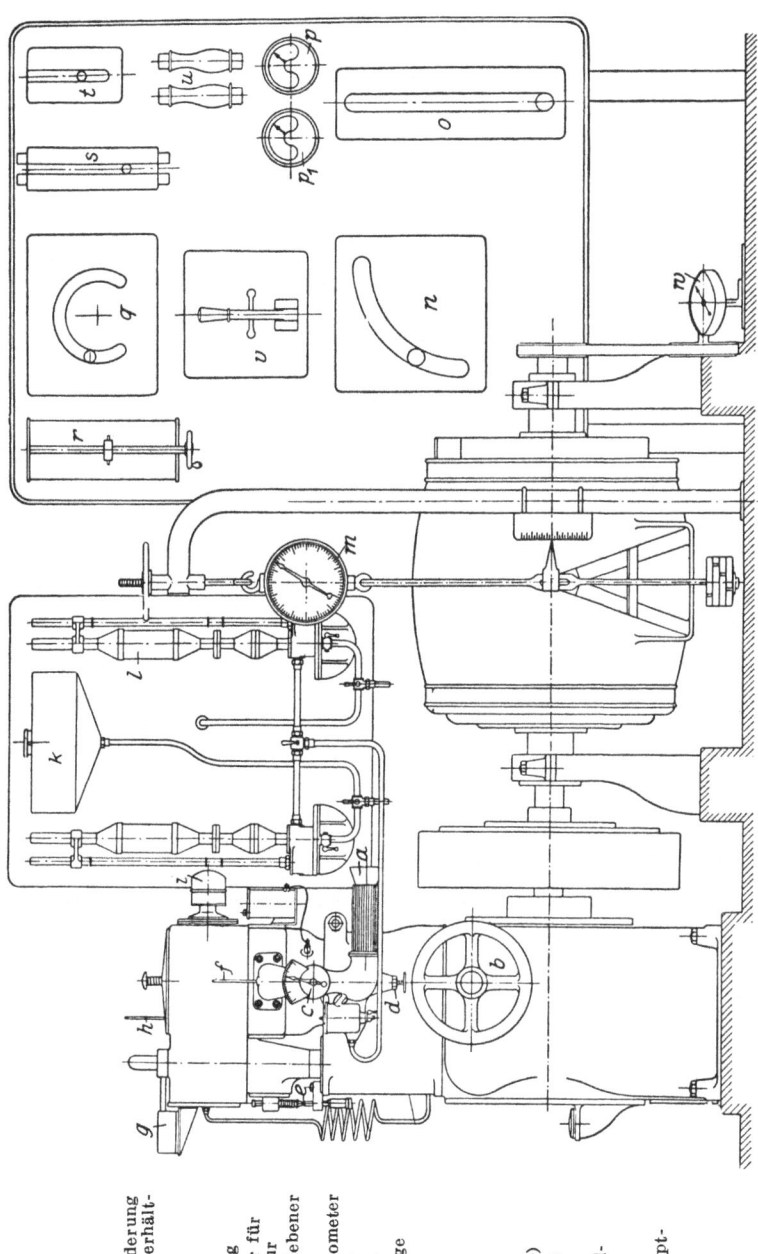

Bild 19.3.
Versuchseinrichtung

- *a* Elektrischer Luftvorwärmer
- *b* Handrad zur Veränderung des Verdichtungsverhältnisses
- *c* Drossel
- *d* Einstellbare Düse
- *e* Mikrometerablesung
- *f* Einlaßthermometer für Gemischtemperatur
- *g* Magnetisch angetriebener Umdrehungszähler
- *h* Wasserauslaßthermometer
- *i* Zündpunktstellung
- *k* Brennstoffbehälter
- *l* Brennstoffmeßanlage
- *m* Waage
- *n* Anlasser
- *o* Umschalter
- *p* Amperemeter
- p_1 Voltmeter
- *q* Feldregelung (grob)
- *r* Feldregelung (fein)
- *s* Wärmeregler
- *t* Dynamometer-Feldschalter
- *u* Sicherungen
- *v* Dynamometer-Hauptschalter
- *w* Tachometer

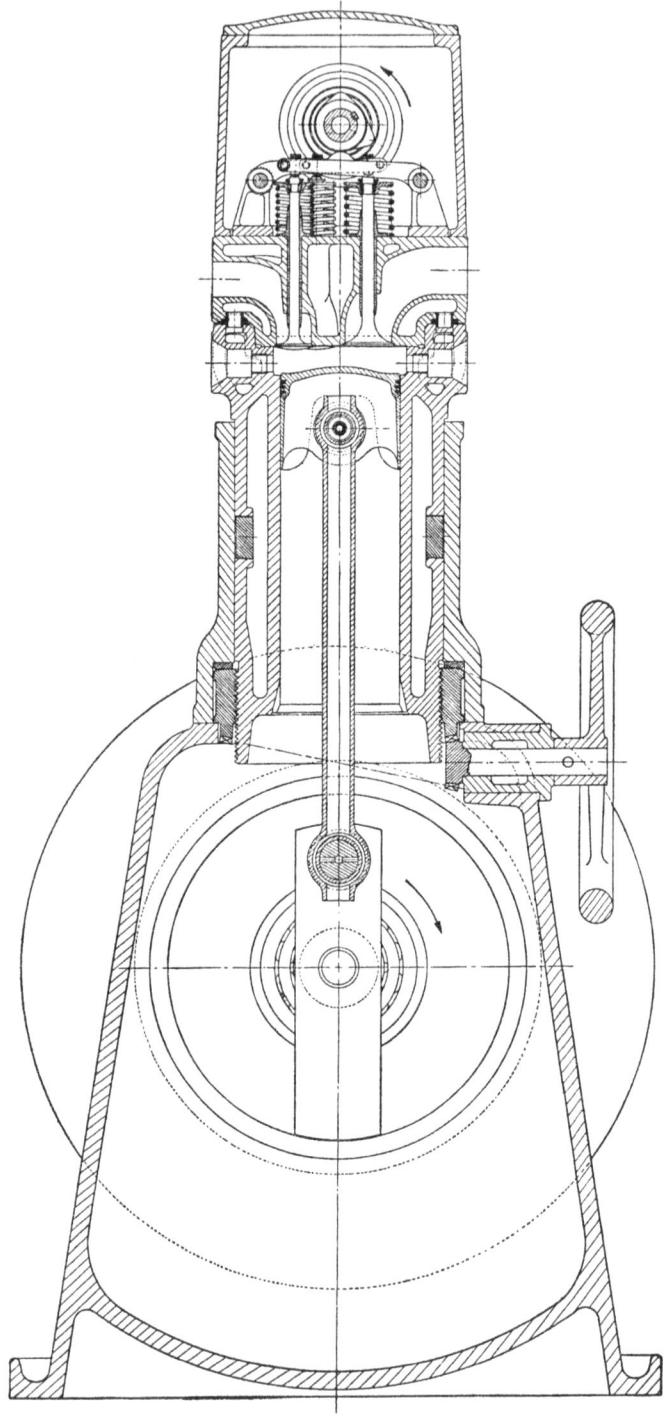

Bild 19.4. Querschnitt durch den Motor E 35 mit veränderlicher Verdichtung

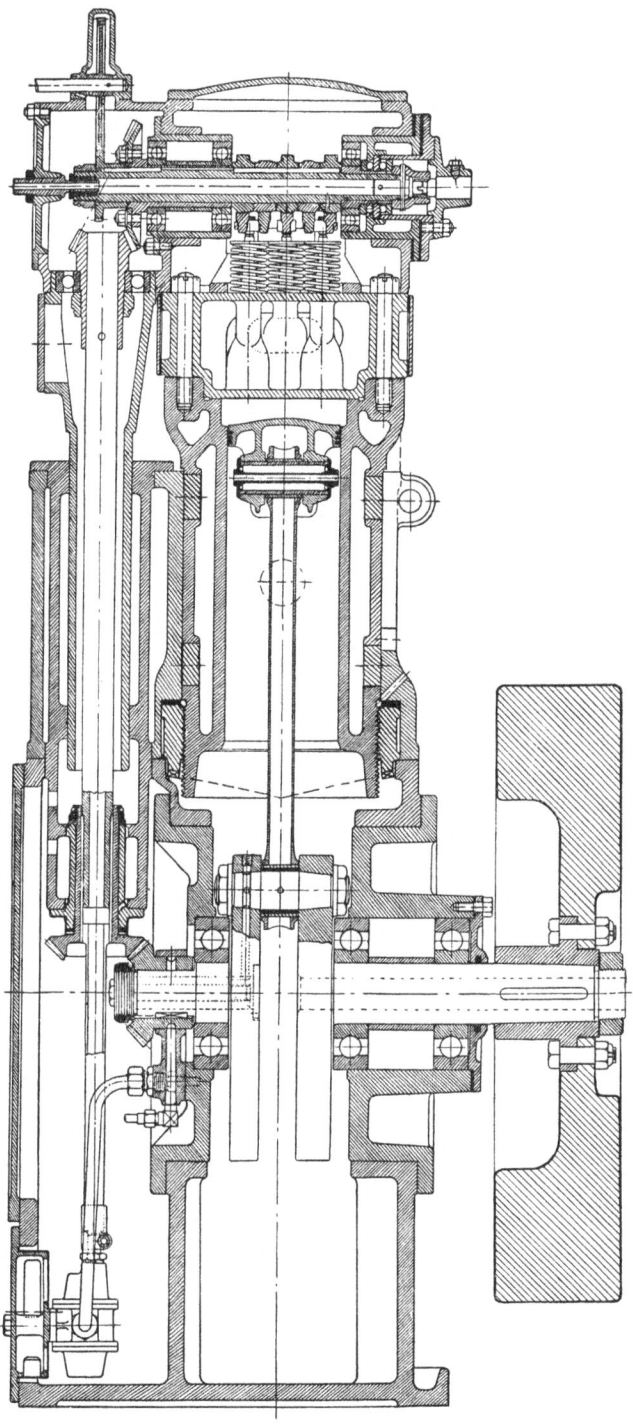

Bild 19.5. Längsschnitt durch den Motor E 35 mit veränderlicher Verdichtung

Beobachter mit Sicherheit auf ein Zwanzigstel genau im Bereich von 4 bis 6,0 : 1 das Verdichtungsverhältnis feststellen, bei dem ein Klopfen zuerst hörbar wurde. Dies entspricht ungefähr einer halben Einheit der Skala der Oktanzahlen. Versuche mehrerer ungeübter Beobachter ergaben sämtlich Verdichtungsverhältnisse, die auf weniger als eine Dezimale übereinstimmten. So konnte das höchste nutzbare Verdichtungsverhältnis oder die Oktanzahl eines Kraftstoffs mit einer Genauigkeit bestimmt werden, die seither nicht verbessert worden ist.

Bei den Eichversuchen mit einem klopffesten Benzin, ohne Beheizung des Vergasers, entwickelte der Motor bei 1500 U/min und einem Verdichtungsverhältnis von 5,0 : 1 einen mittleren effektiven Druck von 9 kg/cm², während die gesamten Reibungs- und Gaswechselverluste beim Fremdantrieb mit dieser Drehzahl zu 1,28 kg/cm² festgestellt wurden. Dies entsprach einem mittleren indizierten Druck von 10,28 kg/cm² und einem mechanischen Wirkungsgrad von 87,5% bei einer Kolbengeschwindigkeit von 10,2 m/sek. Zugleich wurde der indizierte thermische Wirkungsgrad bei dem wirtschaftlichsten Mischungsverhältnis zu 32,5% festgestellt oder 68,5% des Wirkungsgrades des Luft-Kreisprozesses bei einem Verdichtungsverhältnis von 5,0 : 1. Man stellte indessen fest, daß beim Prüfen von Kraftstoffen von ziemlich geringer Flüchtigkeit Verluste durch Niederschlag von flüssigem Kraftstoff an der Zylinderwand eintraten. Um sich dagegen zu schützen, mußte man beim Lufteintritt eine beträchtliche Wärmemenge zuführen. Nach vielem Probieren wurde beschlossen, für alle Kraftstoffe die Wärmezufuhr mit 16,38 ITkcal je min einheitlich zu wählen. Dies verminderte den Liefergrad und damit den mittleren indizierten Druck von 10,28 auf 9,25 kg/cm² und den indizierten thermischen Wirkungsgrad von 32,5 auf 31,8%.

Während der Motor und die Versuchseinrichtungen geeicht wurden, stellte die Asiatic Petroleum Co. Kraftstoffproben zusammen und analysierte sie. Gleichzeitig beschaffte sie als Vergleichskraftstoff geringer Klopffestigkeit etwa 5 Tonnen eines leichten Benzins auf Paraffinbasis, aus welchem die Aromaten durch Sulfonieren entfernt waren, und außerdem eine große Menge ziemlich reinen Toluols zum Beimischen.

Der Verfasser beabsichtigt nicht, in diesem Abschnitt die Forschungsarbeiten im einzelnen zu behandeln, die in den Jahren 1919 bis 1923 intensiv durchgeführt wurden und über welche in der Fachpresse ziemlich ausführlich berichtet worden ist, sondern nur das mechanische Verhalten des Motors zu besprechen. Während der ersten 3 Jahre seit Beginn der Arbeiten lief der Motor bei Versuchen in jeder Woche durchschnittlich ungefähr 25 Stunden. Während mindestens 95% dieser Zeit lief er mit ganz geöffneter Drosselklappe bei 1500 U/min mit Verdichtungsverhältnissen zwischen 4,0 : 1 und 6,0 : 1, denn sehr wenige der untersuchten Kraftstoffe hatten ein noch höheres nutzbares Verdichtungsverhältnis, und von diesen wenigen waren mehrere wenn auch nicht durch das Klopfen, so doch durch Frühzündung in ihrer Verwendbarkeit beschränkt.

Im ganzen machte der Motor bemerkenswert wenig Schwierigkeiten; nie wurde in den mehr als 3 Jahren intensiver Tätigkeit die Forschungarbeit länger als etwa 1 Tag unterbrochen, um Störungen zu beseitigen oder den Motor zu überholen.

Trotz des sehr niedrigen Schmierölverbrauches von ungefähr 0,3% des Kraftstoffs war die Ölkoksbildung am Kopf und am Kolben beachtlich. Dadurch wurde das wirkliche Verdichtungsverhältnis und zugleich die Klopfneigung bei einem niedrigeren Verhältnis etwas vergrößert. Solange diese Änderungen nur allmählich eintraten, machten sie wenig aus, weil ein täglicher Kontrollversuch mit dem Vergleichskraftstoff einen Berichtigungsbeiwert lieferte, der im allgemeinen nach 100 bis 150 Stunden einer Änderung des Verdichtungsverhältnisses um 0,25 entsprach. Nach dieser Zeit begannen indessen die Werte des höchsten nutzbaren Verdichtungsverhältnisses zu streuen, wahrscheinlich infolge Abbrechens von Ölkoksteilen; man mußte dann ausbauen und den Zylinderkopf sowie den Kolbenboden reinigen. Gleichzeitig wurden die Ventile ausgebaut, gereinigt und leicht eingeschliffen. Es wurde während der Zeit intensiver Forschung zur regelrechten Gewohnheit, diese Arbeiten alle 4 bis 6 Wochen zu verrichten. Trotz reichlicher Kühlung bildeten sich nach ungefähr 6 Monaten intensiver Benutzung kleine Risse im Zylinderkopf zwischen den Auslaßventilsitzen, die aber in ihrem Anfangsstadium die Leistung nicht im geringsten zu beeinflussen schienen. Trotzdem wurde ein neuer Kopf vorbereitet und bei der nächsten größeren Überholung aufgesetzt. Auch dieser bekam nach ungefähr der gleichen Zeitdauer an denselben Stellen Risse. Nunmehr wurde ein Kopf aus einer Marinesonderbronze hergestellt. Alsbald nach seinem Einbau merkte man, daß das höchste nutzbare Verdichtungsverhältnis bei allen Kraftstoffen ungefähr 0,1 höher lag. Es nahm aber etwas schneller ab als bei den gußeisernen Köpfen. Das höhere Verdichtungsverhältnis wurde, ob mit Recht oder Unrecht, den kühleren Auslaßventilen wegen der besseren Wärmeleitung der Bronzesitze zugeschrieben, die schnellere Abnahme dem Umstand, daß der Bronzekopf zwar keine Risse bekam, aber sich etwas krümmte und so die Ventilsitze verbog. Mittlerweile hatten Versuche, bei denen ein oder zwei Auslaßventile verwendet wurden, gezeigt, daß die Motorleistung mit nur zwei Auslaßventilen gleich der mit drei Ventilen war, bis zu Drehzahlen über 1500 U/min. Daher wurde eine neue Konstruktion des Zylinderkopfes vorbereitet mit zwei möglichst weit auseinander liegenden Auslaßventilen und zwei Einlaßventilen. Diese Bauart war in Grauguß völlig befriedigend, und man hatte weiter keine Störungen durch Risse.

Beachtenswert war der äußerst geringe Verschleiß der Zylinderbohrung. Nach den Erfahrungen, die man heute besitzt, braucht dies nicht zu überraschen, denn:

1. die normale Betriebstemperatur des oberen Endes der Zylinderbohrung hatte stets ungefähr den für geringste Abnutzung durch Korrosion oder Abrieb günstigsten Wert;

2. in normalen Motoren tritt die Abnutzung fast nur an der Stelle auf, wo der oberste Kolbenring im oberen Totpunkt umkehrt. In einem Motor mit veränderlicher Verdichtung liegt dieser Punkt nicht mehr fest, sondern kann über einen Bereich von fast 25 mm wandern.

Der untere Pleuelstangenkopf mit der schwimmenden Buchse verhielt sich durchweg recht befriedigend und schien bei Nachprüfungen trotz der sehr hohen Flächenbelastung stets in ausgezeichnetem Zustand zu sein.

Der Kolben lief immer gut; nur zwei Stellen am Boden waren durch das ständige Klopfen angefressen. Er wurde in Abständen von ungefähr 300 bis 400 Stunden ausgebaut und nachgesehen. Dabei wurden die Ringnuten gereinigt. Erneuert wurde der Kolben erst, wenn entweder die Anfressungen durch das Klopfen sehr stark geworden waren oder wenn das Höhenspiel der Ringe zu groß wurde.

Bei Beachtung der Tatsache, daß der Motor meist entweder klopfte oder an der Klopfgrenze lief, erscheint es ziemlich überraschend, daß festsitzende Kolbenringe fast unbekannt waren.

Etwa 1923, nachdem der Motor insgesamt 4000 bis 5000 Stunden gelaufen war, hatte die Asiatic Petroleum Co. in ihren Laboratorien eine Anzahl Versuchskraftstoffe hoher Oktanzahl vorbereitet; damit konnten Versuche bei höheren Verdichtungsverhältnissen durchgeführt werden. Der Umfang verschob sich von dem ursprünglichen Bereich 4 bis 6,0:1 nach 6,0:1 bis 7,5:1, und dadurch stiegen die Höchstdrücke von 35 bis 49 kg/cm^2 auf 49 bis 63 kg/cm^2.

Obgleich bei den Eichversuchen und bei einigen Kraftstoffprüfungen die höchsten Verdichtungen bis zur Grenze von 8,0:1 untersucht worden waren, hatte man noch keine Dauerversuche bei diesen Verhältnissen durchgeführt. Die Dauerbeanspruchung durch die höheren Drücke begann sich auf folgende Weise bemerkbar zu machen:

1. Im Kolbenboden entstanden Risse.

2. Die Augen des Kolbenbolzens dehnten sich und rissen schließlich auf.

3. Im Kolbenbolzen entwickelten sich Ermüdungslängsrisse.

4. Die dünne hohle Pleuelstange begann sich in senkrechter Richtung zu spalten.

5. Die Durchbiegung der Kurbelwelle war so groß, daß das Kugellager auf der Seite des Steuerungsantriebes dadurch litt.

Alle diese Anzeichen konnten aber so rechtzeitig entdeckt werden, daß ernste Versager nicht eintraten.

So erkannte man, daß die wichtigsten arbeitenden Teile verstärkt und nachgeprüft werden mußten. Daher wurden folgende Änderungen getroffen:

1. Der Boden des Kolbens und die Kolbenbolzenaugen mit ihren Tragrippen wurden so weit verstärkt, daß das Kolbengewicht um etwa 20% zunahm.

2. Durchmesser und Wandstärke des Kolbenbolzens wurden vergrößert,

3. desgleichen Durchmesser und Wandstärke der Pleuelstange.

4. Die Kurbelwangen wurden sehr beträchtlich verstärkt.

5. Die Kurbelwelle wurde am Getriebeende verlängert und außen ein weiteres Kugellager eingebaut.

Nach diesen Änderungen traten weiter keine Störungen auf, aber die Vergrößerung des Gewichtes der hin und her gehenden Teile und das zusätzliche Kurbelwellenlager vergrößerten die mechanischen Verluste bei einem Verdichtungsverhältnis 5:1 von 1,28 auf 1,48 kg/cm². Dieser Wert konnte indessen später durch früheres Öffnen der Einlaßventile auf weniger als 1,4 kg/cm² gesenkt werden. Das frühere Öffnen verminderte die Gaswechselarbeit und das Einströmgeräusch.

Bald nach 1920 wurden an den Verfasser sehr viele Ersuchen um Überlassung ähnlicher Motoren gerichtet, und etwa ein Dutzend Kopien des „E 35" wurde gebaut, im Laboratorium des Verfassers geprüft und zur Verwendung in Erdölraffinerien, Laboratorien, Regierungsinstituten, Universitäten usw. geliefert. Einige davon sind noch heute in Betrieb.

Der Motor „E 35" erfüllte seinen Zweck zu Beginn der Kraftstoffforschung vortrefflich, aber später gab er Anlaß zu folgenden Beanstandungen:

1. Er war zu groß und verbrauchte zuviel Kraftstoff; dies fiel besonders dann ins Gewicht, wenn kostspielige chemische Stoffe oder kleine Probemengen für Laboratorien geprüft werden sollten.

2. Das höchste Verdichtungsverhältnis von 8,0:1 genügte nicht mehr.

3. Der Motor lief entschieden zu laut. Dieser Einwand galt besonders bei der Benutzung des Motors in Universitäten oder für Unterrichtszwecke. Die Hauptgeräuschquellen waren:

    a) Schlagen des Kolbens,

    b) der Ventilantrieb,

    c) der Kegelradantrieb der Nockenwelle (Spiralkegelräder waren damals noch nicht erhältlich),

d) der unruhige Lauf der Kugellager.

Die Forderung nach Kraftstoff- und besonders nach Klopffestigkeits-Prüfmotoren wurde so allgemein und dringend, daß etwa 1927 H. L. HORNING von der Waukesha Co., U.S.A., mit dem der Verfasser eng zusammenarbeitete, sich entschloß, einen kleinen Motor mit veränderlicher Verdichtung zu entwickeln und auf den Markt zu bringen. Der Motor entsprach den gleichen allgemeinen Richtlinien wie der „E 35"; da er aber nur für Klopffestigkeitsprüfungen bestimmt war und nicht für Forschungen allgemeiner Art, versuchte man nicht, eine hohe Leistung zu erreichen. Auch waren für diesen Zweck der mechanische Wirkungsgrad und die Gleichmäßigkeit des Betriebes nicht von Bedeutung. So konnte dem guten Betriebsverhalten mehr Aufmerksamkeit gewidmet werden. Dieser kleine Motor wurde später als „C.F.R."-Motor bekannt und allgemein als Normeinrichtung für die Klopffestigkeitsprüfung von Kraftstoffen übernommen. Die Waukesha Motor Co. mit ihren sehr großen Fabrikationseinrichtungen konnte damit leicht den in allen Teilen der Welt entstehenden großen Bedarf nach Prüfmotoren befriedigen.

Um dem Wunsch nach einem kleinen Motor mit veränderlicher Verdichtung in erster Linie für Unterrichtszwecke in Universitäten und technischen Fachschulen, aber auch für Forschungen allgemein nachzukommen, wurde ein kleiner Schiebermotor, bekannt als „E 5", entworfen und im Laboratorium des Verfassers entwickelt (Bild 19.6 und 19.7). Der Schieber wurde teils wegen seiner mechanischen Zuverlässigkeit, teils auch wegen seines geräuschlosen Arbeitens gewählt. Bei diesem Motor wurde die Veränderlichkeit der Verdichtung durch einen zweiten kleineren Kolben erreicht, der die eine, zentral angeordnete Zündkerze trug und von Hand im Zylinderkopf verschoben wurde. Der Hilfskolben konnte durch Hinauf- und Hinunterschrauben gehoben oder gesenkt werden. Die Gasdichtheit wurde durch Kolbenringe und eine Stopfbuchse sichergestellt. Diese Einrichtung ermöglichte Verdichtungsverhältnisse von 5 bis 12:1. Der Motor wurde von Anfang an für Dauerbetrieb mit Höchstdrücken bis zu 84 kg/cm^2 entworfen.

Um die mechanische Gleichförmigkeit des Laufs zu erreichen, wurden wieder Kugellager verwendet, wobei man die beim „E 35" erworbenen Erfahrungen benutzte. Einige Zugeständnisse wurden zum Zweck der Geräuschverminderung gemacht. Dieser kleine Motor mit 69,8 mm Bohrung und 82,5 mm Hub hat im ganzen sehr gut gearbeitet und lief bemerkenswert ruhig. Nachdem man einen wirksamen Schalldämpfer in der Saugleitung zum Vergaser angebracht hatte, war praktisch nur noch ein leises, von den Kugellagern herrührendes Geräusch zu hören. Man hatte gehofft, daß man bei fast vollständigem Vermeiden aller Geräusche den Beginn des Klopfens noch genauer würde bestimmen können, aber dies erfüllte sich nicht, denn das Klopfgeräusch wurde wahrscheinlich infolge der Konstruktion des Zylinderkopfes gedämpft und wurde undeutlich. Bei dem verhältnismäßig lauten

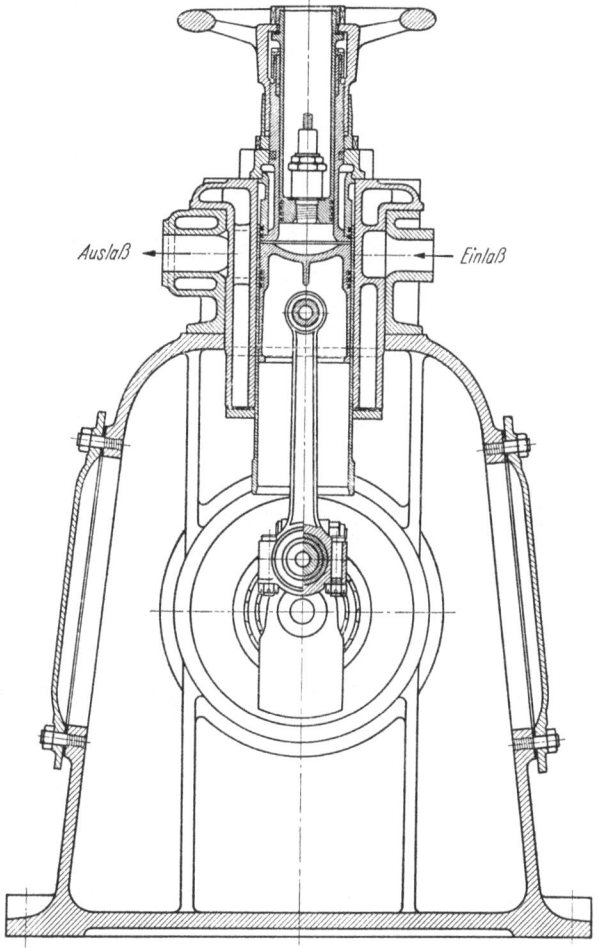

Bild 19.6. Querschnitt durch den Einschieber-Prüfmotor E 5/1

Motor „E 35" konnte ein geübter Beobachter den Beginn des Klopfens mit Sicherheit innerhalb einer Änderung des Verdichtungsverhältnisses um ein Zwanzigstel bestimmen. Bei dem sehr geräuschlosen Motor „E 5" brauchte derselbe Beobachter bei einer Änderung des Verhältnisses eine Toleranz von nicht weniger als einem Sechstel. So enttäuschte diese Maschine als Prüfmotor der Klopffestigkeit etwas,

19. Motoren für Forschungszwecke

obgleich dies nicht ihr Hauptzweck war. Für Unterrichtszwecke war der Motor ein Erfolg, denn er hatte den großen Vorzug, daß der Vortragende einer Gruppe von Studenten das Verhalten des Motors er-

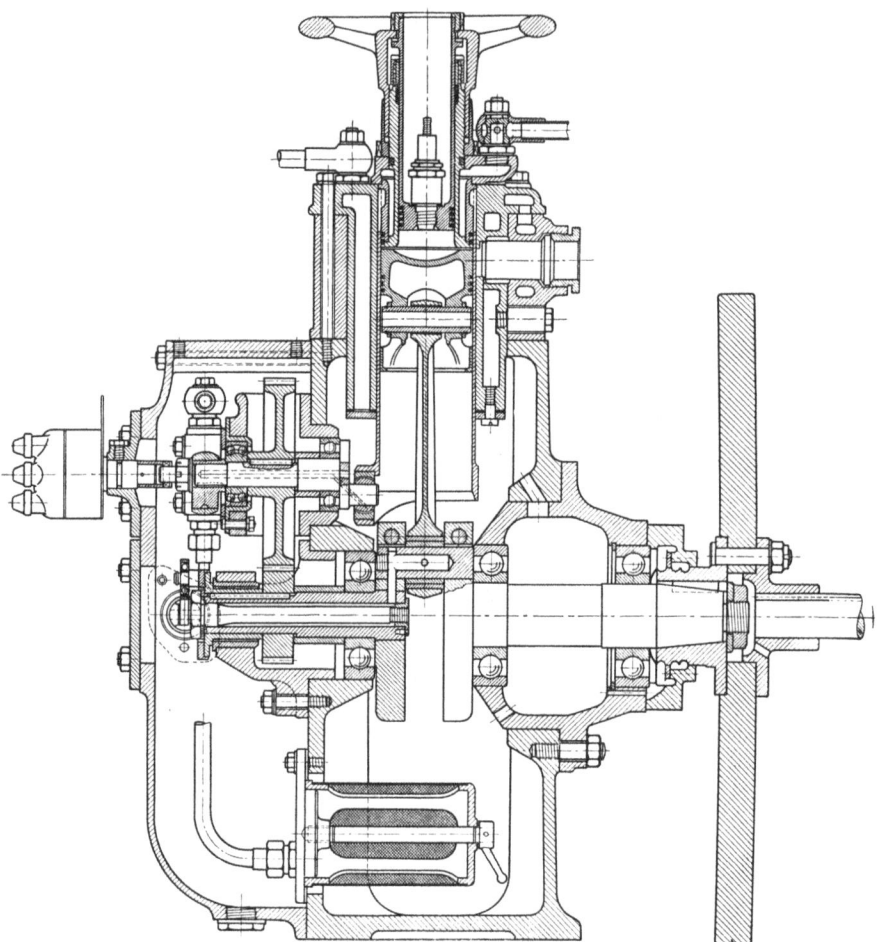

Bild 19.7. Längsschnitt durch den Einschieber-Prüfmotor E 5/1

läutern konnte, ohne laut sprechen zu müssen. Für Forschungen im allgemeinen waren die mechanische Zuverlässigkeit und der gleichmäßige Betrieb wertvoll, aber der Motor hatte zwei ziemlich schwerwiegende Nachteile:

1. Wegen des Schiebers war der Zylinder nur durch den Kopf zugänglich, und dieser war bei dem kleinen Motor vollständig durch die Vorrichtung zum Ändern der Verdichtung und durch die Zünd-

kerze besetzt. Daher wurde es unmöglich, Indikatordiagramme aufzunehmen oder die Drücke im Zylinder zu messen.

2. Außerdem war es wegen der kleinen Abmessungen fast unmöglich, die Warze der Zündkerze mit Wasser zu kühlen. So traten Glühzündungen durch überhitzte Zündkerzenelektroden besonders bei den höheren Verdichtungsverhältnissen ziemlich häufig auf.

Trotz dieser Mängel wurden an mehreren Universitäten einige sehr brauchbare und wertvolle Forschungsarbeiten mit diesen kleinen Motoren „E 5" durchgeführt.

Einige Jahre später wurde noch ein anderer Motor mit veränderlicher Verdichtung, der als „E 6" bekanntgeworden ist, entworfen und entwickelt. Dieser Motor stellte etwa eine Kleinausgabe des ursprünglichen „E 35" dar, d. h. es war ein Motor mit Ventilsteuerung, 76,2 mm Bohrung und 111,1 mm Hub, obenliegender Nockenwelle, aber nur zwei Ventilen (Bild 19.8 und 19.9). Das Verdichtungsverhältnis konnte zwischen 4,5 und 20:1 geändert werden. Der Motor wurde durchweg für einen höchsten Betriebsdruck von 127 kg/cm² entworfen. Außer in der Größe unterschied er sich von dem „E 35" noch in mancher anderen Hinsicht: schrägverzahnte Kegelräder trieben die Nockenwelle, und die Ventilbeschleunigungen waren etwas kleiner. Diese beiden Merkmale machten den Ventilantrieb praktisch geräuschlos. Zur Geräuschverminderung wurde eine einteilig geschmiedete Kurbelwelle mit Gleitlagern verwendet. Die Schmieröltemperatur regelte man durch einen Eintaucherhitzer im Kurbelgehäuse und einen getrennt angeordneten Ölkühler. Dies ermöglichte eine rasche Temperatursteigerung beim Anfahren; mit Hilfe des Ölkühlers wurde die Temperatur sodann konstant gehalten.

Statt durch den Kühlmantel mit ruhendem Wasser wurde die Temperatur der Zylinderlaufbuchse durch Verdampfungskühlung auf gleicher Höhe gehalten. So blieb das gesamte Kühlwasser auf Siedetemperatur, und der Dampf wurde in einem getrennt aufgestellten Kondensator niedergeschlagen. Dies hatte den Vorteil, daß eine gleichbleibende Temperatur schnell erreicht und gehalten werden konnte, ohne die Gefahr, daß sich Kesselstein in dem ruhenden Wasser absetzte. Der Brennraum war durch zwei Verschraubungen für die Zündkerzen an einanderenden gegenüberliegenden Seiten des Zylinders zugänglich. Weitere unbenutzte Verschraubungen waren im Gußstück des Kopfes für etwa erforderlich werdende andere Anschlüsse vorgesehen. In der Regel wird nur eine einzige Zündkerze benutzt, und die andere vorhandene Öffnung bleibt für einen Indikator oder einen anderen Anschluß verfügbar.

Bei genauer Regelung der Öl- und Wassertemperatur, dem äußerst steifen Kurbelgehäuse und der starren Kurbelwelle war die Lager-

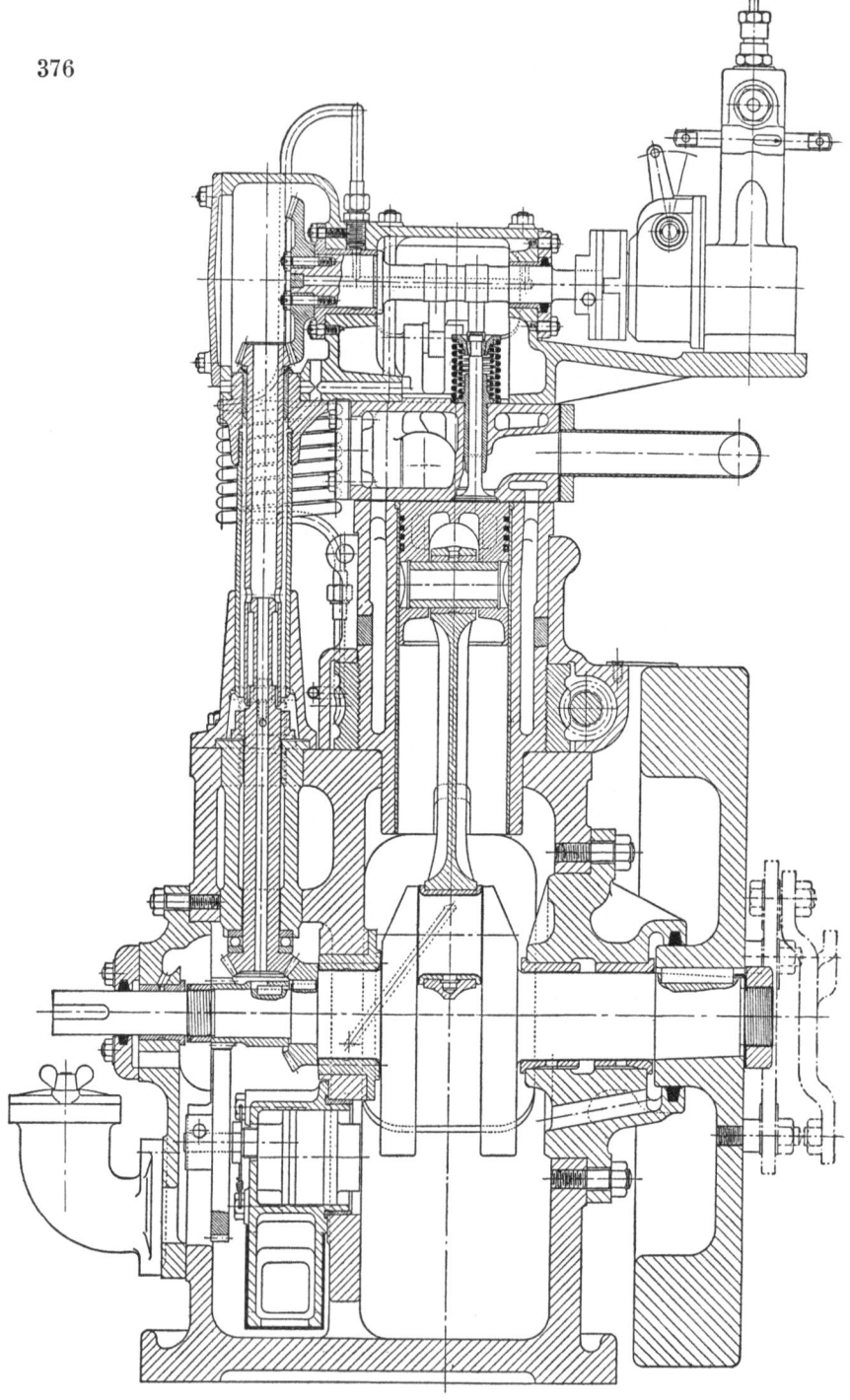

Bild 19.8. Längsschnitt durch den Prüfmotor E 6 mit veränderlicher Verdichtung Dieselbauart. 76,2 mm Bohrung und 111,1 mm Hub

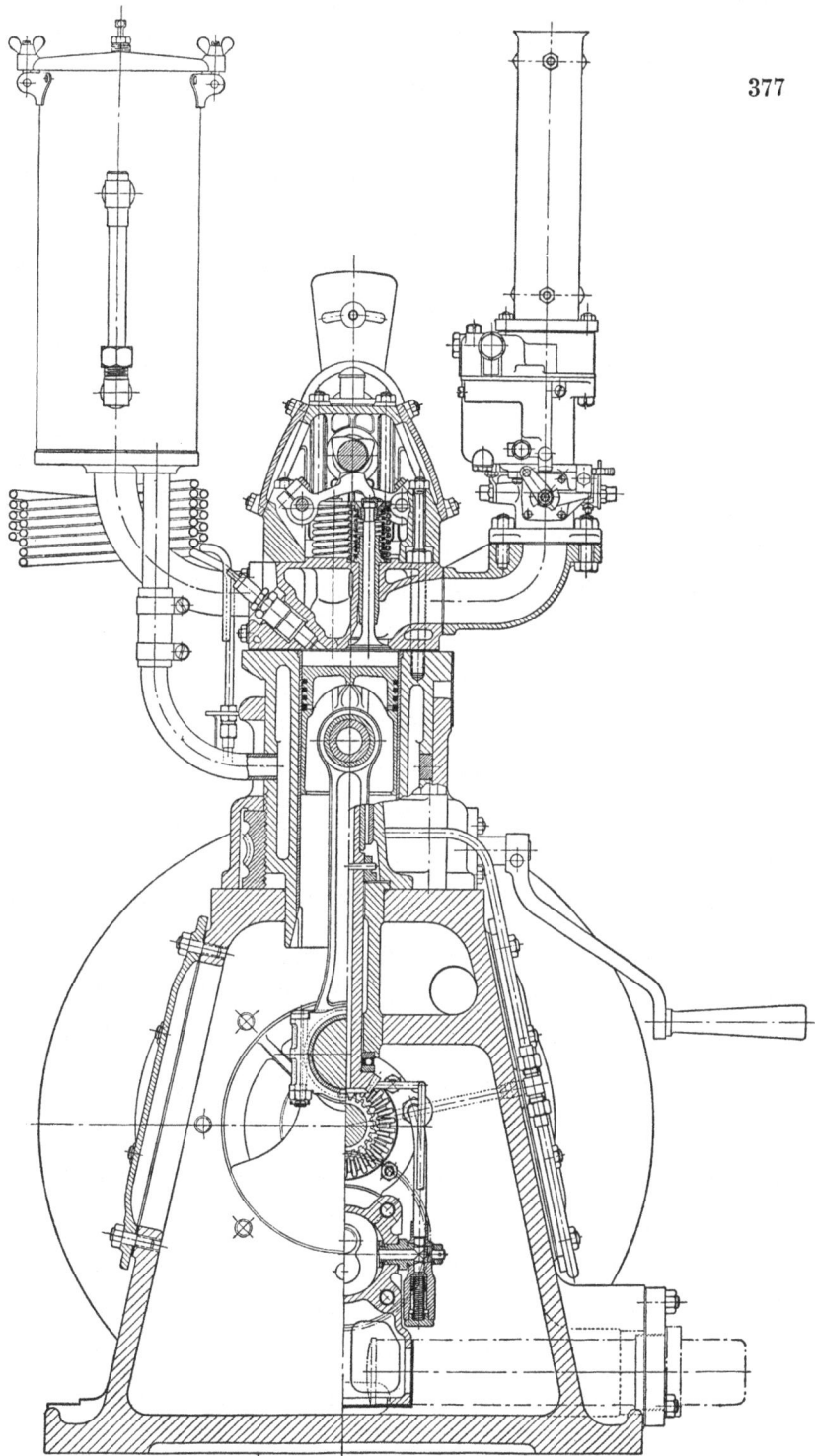

Bild 19.9. Querschnitt durch den Prüfmotor E 6 mit veränderlicher Verdichtung Benzinbauart. 76,2 mm Bohrung und 111,1 mm Hub

reibung zwar hoch, konnte aber einigermaßen konstant gehalten werden. Die Streuung der Motorleistung betrug weniger als 1%. Wie man es bei so großen Lagerflächen und den schweren Triebwerkteilen erwartete, die man für Höchstdrücke von ungefähr 127 kg/cm² brauchte, waren die mechanischen Verluste verhältnismäßig hoch. Die Gesamtreibung

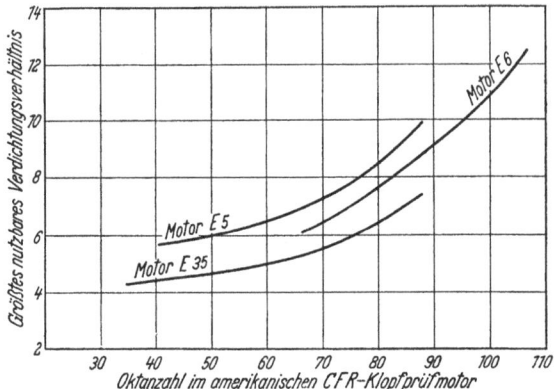

Bild 19.10. Höchstes nutzbares Verdichtungsverhältnis in Abhängigkeit von den Oktanzahlen

bei Fremdantrieb und einem Verdichtungsverhältnis von 5,0 : 1 betrug, bezogen auf den mittleren effektiven Druck, 1,93 kg/cm² bei 1500 U/min und stieg fast geradlinig auf 3,09 kg/cm² bei 3000 U/min. Zieht man den Vergleich bei gleicher Drehzahl, so ist die Reibung bei Fremdantrieb nicht sehr viel größer als die des ursprünglichen „E 35" bei demselben Verdichtungsverhältnis. Legt man dem Vergleich aber dieselbe Kolbengeschwindigkeit von 10,2 m/sek zugrunde, so betrugen die Verluste bei Fremdantrieb 1,28 und 2,88 kg/cm², waren also sehr verschieden.

Der mittlere indizierte Druck ist beim „E 6" nur ganz unwesentlich niedriger als beim „E 35" bei gleichem Verdichtungsverhältnis. Der Unterschied ist so klein, daß er durch den Unterschied des anteilmäßigen Wärmeverlustes an die Zylinderwand erklärt werden kann. Vergleicht man aber bei demselben Kraftstoff und dem höchsten nutzbaren Verdichtungsverhältnis dieses Kraftstoffes, dann ist der indizierte Druck beim „E 6" beträchtlich besser als beim „E 35" und der effektive Druck nur sehr wenig kleiner. Bild 19.10 zeigt den Einfluß von Kraftstoffen verschiedener Oktanzahlen bei den drei Motoren mit veränderlicher Verdichtung, wenn alle unter genau den gleichen Bedingungen in bezug auf Mischungsverhältnis, Temperatur usw. untersucht wurden. Jeder Motor lief etwas oberhalb der Drehzahl, bei der er sein höchstes Drehmoment hergab.

Vergleicht man die Motoren „E 35" und „E 6", die grundsätzlich einander ähnlich sind, so rührt der Unterschied im höchsten nutzbaren Verdichtungsverhältnis fast nur von dem Größeneinfluß her. Vergleicht man „E 5" und „E 6", die sehr verschieden in der Konstruktion, aber angenähert von gleicher Größe sind, so ist der Unterschied auf die Verwendung eines Schiebers an Stelle von Ventilen zurückzuführen. Der Unterschied ist wahrscheinlich nur deshalb nicht noch größer, weil der die Änderung der Verdichtung herstellende Kolben nicht gekühlt war. Im allgemeinen war das höchste nutzbare Verdichtungsverhältnis eines Schiebermotors um eine Einheit größer als bei einem Motor gleicher Abmessungen mit hängenden Ventilen. Obwohl die höchsten nutzbaren Verdichtungsverhältnisse der drei Motoren sich sehr unterscheiden, wie zu erwarten ist, so reagieren doch alle drei genau in derselben Weise auf Änderungen der Oktanzahl der Kraftstoffe.

Der „E 6" hat sich als sehr nützlicher kleiner Motor für Forschungen jeder Art erwiesen, und eine beträchtliche Anzahl ist in Universitäten usw. aufgestellt. Als Klopfprüfmotor arbeitete er viel genauer als der „E 5" und fast ebenso genau wie der „E 35", denn ein geübter Beobachter kann das höchste nutzbare Verdichtungsverhältnis selbst bei Verdichtungen von 12:1 mit einem kleineren Fehler als 0,1 treffsicher bestimmen.

Zu Beginn der Kraftstofforschung hatte man viel Schwierigkeiten durch Glühzündungen, und zwar fast stets infolge von Überhitzung der Zündkerzenelektroden. Wegen dieser Glühzündungen konnte man das höchste nutzbare Verdichtungsverhältnis reiner Proben vieler Kraftstoffe, wie z. B. der Aromaten, Alkohole und bestimmter synthetischer Kraftstoffe, nicht feststellen.

Gegen Ende der dreißiger Jahre wurden wichtige Verbesserungen bei besonderen Zündkerzen erzielt, die für Hochleistungs-Flugmotoren bestimmt waren. Mit solchen Kerzen konnte man Glühzündungen an den Kerzen fast vollständig vermeiden, wenn die Warzen, in welche die Kerzen geschraubt waren, gut gekühlt wurden.

Kurz vor dem zweiten Weltkrieg und während des Krieges wurde eifrig die Herstellung besonderer Kraftstoffe mit sehr hoher Oktanzahl betrieben, und aus technischen Gründen wurde es sehr wichtig, das äußerst zulässige nutzbare Verdichtungsverhältnis gewisser Kraftstoffe genau zu bestimmen, und zwar von solchen Kraftstoffen, bei denen bis dahin Glühzündungen eingetreten waren, bevor ihr Klopfpunkt erreicht worden war. Mit verbesserten Zündkerzen erwies sich der Motor „E 6" bis zu einer bestimmten Grenze als sehr erfolgreich, und in vielen Fällen konnten Verdichtungsverhältnisse von 16,0:1 ohne Glühzündung erreicht werden. Indessen genügte selbst dies nicht ganz, denn es blieben noch mehrere Kraftstoffe übrig, deren höchstes nutzbares Verdichtungsverhältnis nicht erreicht werden konnte. Man glaubte in diesen Fällen, daß die Glühzündung bei den sehr hohen Verdichtungsverhältnissen vielleicht von dem Auslaßventil bei der allgemein hohen Oberflächentemperatur im Zylinder ausging.

Um diese Schwierigkeit zu beseitigen, wurde eine geänderte Bauart des „E 6" als reiner Kraftstoffprüfmotor hergestellt. Bei diesem Motor (Bild 19.11 in der Tasche am Schluß des Buches und 19.12) wurde folgendes geändert:

1. Eine getrennte, nasse Zylinderlaufbuchse wurde eingebaut. Dabei strömte das Kühlwasser mit sehr hoher Geschwindigkeit durch einen schraubenförmigen Kanal zwischen der Laufbuchse und dem Mantel bis hinauf zur Unterseite des Zylinderkopfes.

2. Das Auslaßventil wurde durch einen Ölstrom mit hoher Geschwindigkeit bis dicht an den Ventilteller gekühlt.

3. Der Kolben wurde durch einen Ölstrahl gekühlt, der aus dem oberen Pleuelstangenkopf gegen den Kolbenboden gerichtet wurde.

4. Der Kühlwasserumlauf im Zylinderkopf wurde verstärkt und durch innenliegende Rohre an die heißen Stellen gelenkt.

Außerdem wurden wie früher eine gebaute Kurbelwelle, eine schwimmende Buchse als Kurbellager sowie Kugel- bzw. Rollenlager benutzt.

Mit dieser Sonderbauart und kaltem Kühlwasser im Zylindermantel konnte man das höchste nutzbare Verdichtungsverhältnis für fast jeden Kraftstoff außer Schwefelkohlenstoff erreichen, und sogar diesen Brennstoff konnte man zu 80% in Benzin gelöst benutzen. Es war zum erstenmal möglich, das höchste nutzbare Verdichtungsverhältnis von Benzol, Toluol und mehreren anderen synthetischen Erzeugnissen zu bestimmen, die bei Verdichtungsverhältnissen von 17 oder 18:1 klopften, während reines Isooktan bei 10,7 : 1 klopft.

Später fand man, daß nach Ausführung weiterer Verbesserungen der Zündkerzen die normale Form des „E 6" genügte und daß intensive Kühlung des Auslaßventils und des Kolbens unnötig war. Mit anderen Worten, es zeigte sich, daß in diesem kleinen Motor die Glühzündung, wenn sie auftrat, nur von der Zündkerze ausging und daß nur eine sorgfältige Auswahl der Kerze und ihre Kühlung nötig waren.

Um dem Wunsch der Universitäten nach einem Dieselmotor für Unterrichtszwecke entgegenzukommen, wurde ein anderer Zylinderkopf entworfen. Er enthielt eine Kompressions-Wirbelkammer der Bauart „Comet Mark II", bei der ein möglichst großer Teil der Luft in die Wirbelkammer verdrängt wurde.

Da der Motor für Höchstdrücke bis zu 127 kg/cm² entworfen worden war und das höchste vorgesehene Verdichtungsverhältnis für einen Dieselmotor vollkommen ausreichte, erforderte der Umbau auf Dieselbetrieb nur das Auswechseln des Zylinderkopfes und den Einbau einer Brennstoffeinspritzpumpe, die vom Ende der Nockenwelle an Stelle des Magnetzünders angetrieben wurde.

So konnte der Motor als Dieselmotor laufen, allerdings nicht mit besonders gutem Wirkungsgrad, denn:

1. Damit der gleiche Kolben mit flachem Boden benutzt werden konnte, war die weniger gute Brennraumform „Comet Mark II" vorgesehen. Der Verfasser hätte die Form „Comet Mark III" vorgezogen, aber dies hätte ein Auswechseln des Kolbens zur Folge gehabt, was unerwünscht war.

2. Um die Berührung des Kolbens mit den Ventiltellern bei der vorgesehenen kleinen Überdeckung der Öffnungszeiten zu vermeiden, mußte man ein größeres Spiel zwischen Kolben und Ventiltellern im oberen Totpunkt zulassen. Daher ist der Anteil der nicht ausnutzbaren Luft größer als bei einem Motor, der von vornherein als Diesel entworfen ist. Infolgedessen ist die Ausnutzung der Luft und damit die Leistung nicht ganz befriedigend.

3. Die obenliegende Nockenwelle bedeutet einen schweren Nachteil, denn sie läßt wenig Wahl in der Anordnung der Brennstoffdüse.

4. Ein Verändern der Verdichtung durch Heben oder Senken des Zylinders hat für Forschungsarbeiten an Dieselmotoren wenig Wert, da jede Änderung der Form oder der Verhältnisse des Brennraumes einen weitgehenden Einfluß auf die Leistung des Dieselmotors hat.

Trotz dieser Nachteile ergibt die Dieselausführung des „E 6" eine erträgliche Leistung und eignet sich recht gut für Unterrichtszwecke. Aber es bleibt zu beachten, daß der Motor ausschließlich als hochwertiger Forschungsmotor für Zünderbetrieb entworfen wurde und daß sein Umbau auf Dieselbetrieb im besten Fall nur ein Kompromiß ist. Für eine exakte Erforschung der Probleme des Dieselmotors ist eine ganz andere Motorkonstruktion erforderlich, wie sie in Bild 19.13 und 19.14 in der Tasche am Ende des Buches gezeigt ist.

Aus den Erfahrungen seines Lebens, die der Verfasser in der Konstruktion, dem Bau und dem Betrieb von Motoren für Forschungszwecke gesammelt hat, kann er folgende Nutzanwendungen ziehen:

1. Die Untersuchung fast eines jeden Problems des Verbrennungsmotors nimmt stets viel längere Zeit in Anspruch und erstreckt sich über viel weitere Gebiete, als man zu Anfang angenommen hatte, denn es kommt kaum vor, daß es für das jeweils untersuchte Problem nur eine einzige Lösung gibt.

2. Bevor man irgendwelche nützliche Ergebnisse erwarten darf, muß man viel Zeit aufwenden, um die Meßtechnik und die richtige Behandlung des Versuchsmotors sowie der ganzen zugehörigen Einrichtung zu erlernen. Dies dauert oft länger als die Forschungsarbeit selbst.

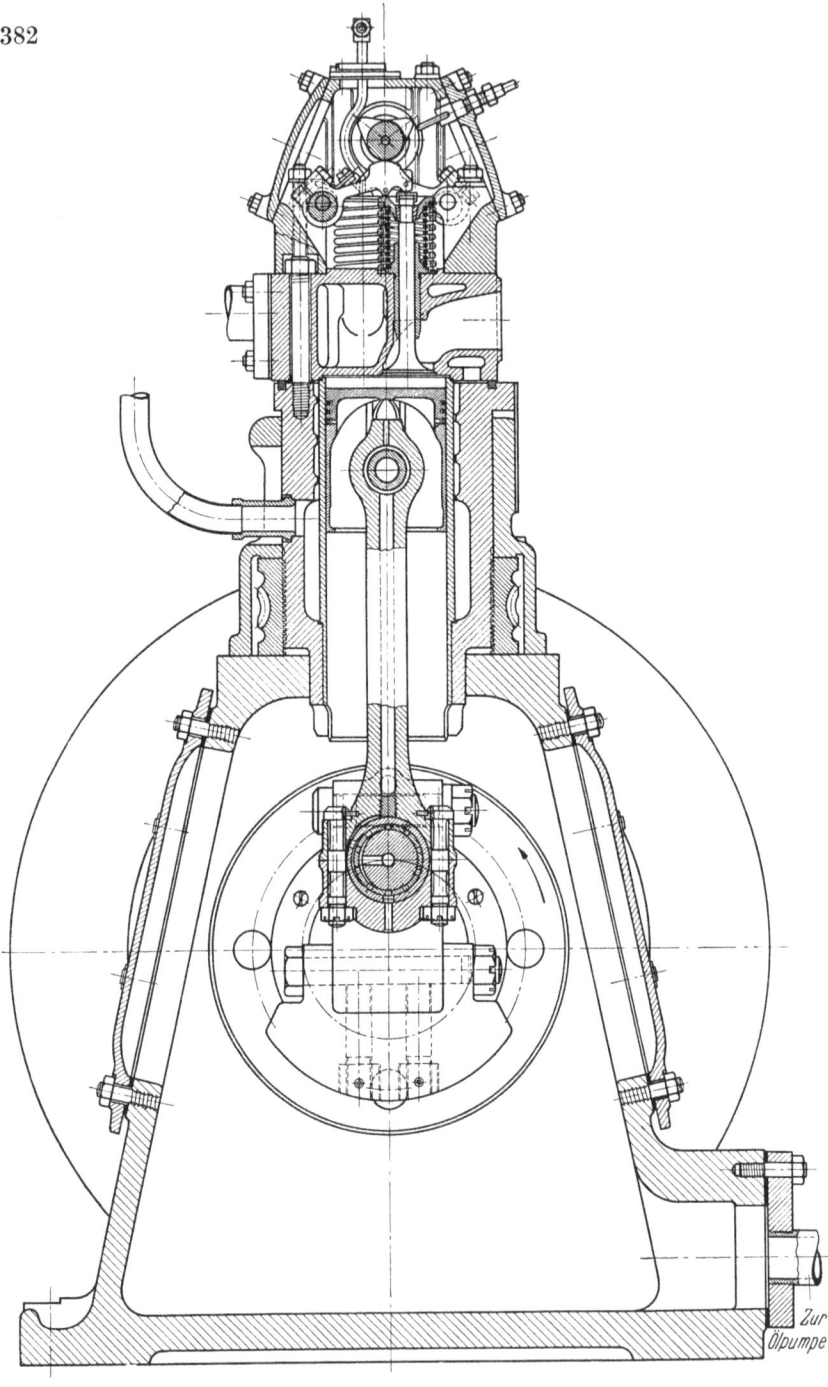

Bild 19.12. Querschnitt durch den Einzylindermotor mit 76,2 mm Bohrung und 111,1 mm Hub, Bauart E 6 Mark II

Es verdrießt, wenn man bemerkt, daß der Versuchsmotor abgenutzt ist, bevor die eigentliche Forschung begonnen hat.

3. Nach der Erfahrung des Verfassers lohnt es sich nie, einen im Handel erhältlichen oder vorhandenen Motor für Forschungsarbeiten zu benutzen. Die Versuchung, dies zu tun, ist natürlich groß, weil man Zeit und Kosten spart, aber fast immer findet man, daß der Motor ungeeignet ist. Entweder ist er nicht hinreichend kräftig gebaut, um den hohen Drücken, welche die Untersuchung erfordert, standzuhalten, oder er ist in seinem Aufbau nicht anpassungsfähig genug, um die Umbauten zu ermöglichen, welche die Forschung erfordert, oder aber er kann sich als nicht hinreichend betriebssicher und gleichmäßig arbeitend erweisen unter den Bedingungen, welche die Forschung verlangt, obwohl er betriebssicher ist, wenn er nur für seinen ursprünglichen Zweck und mit seiner Nennleistung benutzt wird. Mehrfach hat die Firma des Verfassers einen vorhandenen Motor gekauft, um schnell einen anscheinend einfachen Versuch durchzuführen. Aber in fast jedem Fall hat sie dies bedauert, denn die Untersuchung nahm mehr Zeit in Anspruch, kostete mehr und war weniger ergiebig, als es der Fall gewesen wäre, wenn man einen Motor eigens für den Zweck gebaut hätte.

4. Wenn man einen Motor für eine Forschungsarbeit entwirft, ist es sehr wichtig, sogleich zu Anfang zu entscheiden, welches die Veränderliche sein soll, die man zu untersuchen wünscht, und den Motor ganz und gar für die Erforschung dieser Veränderlichen, und zwar nur dieser Veränderlichen, zu entwerfen. Man ist immer in großer Versuchung, einen Motor so vielseitig verwendbar wie möglich machen zu wollen. Dies erfordert immer Kompromisse, und bei der Forschung soll man Kompromisse vermeiden. Es ist leicht, einen Motor mit vielen Änderungsmöglichkeiten zu entwerfen, aber in der Praxis findet man, daß man bei mehreren Veränderlichen keinen festen Ausgangspunkt hat, und die Unveränderlichkeit des Ausgangspunktes ist bei Forschungen von größter Wichtigkeit.

5. Damit die Forschung fruchtbar wird, muß der Motor betriebssicher sein, nicht nur in dem Sinn, daß er lange Zeit läuft, sondern auch, daß seine Leistung sich innerhalb einer längeren Zeit nicht merklich ändert, so daß man sich immer darauf verlassen kann, daß er unter bestimmten Bedingungen die gleiche Leistung abgibt. Mit anderen Worten, der Motor darf seinen Nullpunkt nicht ändern. Dies erfordert, daß die Konstruktion, die Werkstattarbeit und der Werkstoff von höchster Güte sein müssen. Nichts kann für einen Forschungsmotor zu gut sein, denn jedes anfängliche Zugeständnis in bezug auf Zeit oder Kosten wird durch große Verzögerungen und endlose Zeitvergeudungen teuer zu stehen kommen, weil sich der Nullpunkt verschoben hat.

6. Wenn die Forschungsergebnisse überzeugend sein sollen, müssen sie absolut genommen gute Ergebnisse sein. Die erreichten Leistungswerte müssen im Vergleich zu den besten vorher erreichten Ergebnissen günstig liegen. Es wirkt selten überzeugend, wenn man argumentiert, daß die Leistung, die man unter der Bedingung A erhalten hat, 3% besser ist als die Leistung unter der Bedingung B, falls die Leistungen A und B weit unter den besten bekannten Werten liegen. Dies mag man als in das Gebiet der Psychologie gehörig verweisen; es ist aber gleichwohl von großer Wichtigkeit. Man ist geneigt, mit Mißtrauen jeden größeren „Berichtigungsbeiwert", z. B. für besonders große mechanische Reibung, zu betrachten, und zwar mit Recht, denn wir wissen aus Erfahrung, daß die mechanische Reibung die unbestimmteste, veränderlichste aller unserer „Konstanten" ist. Wird sie groß genug, dann können ihre Schwankungen genügen, um den Unterschied zwischen A und B zum Verschwinden zu bringen.

7. Wenn die Vergeudung von Zeit und Mühe vermieden werden soll, dann müssen alle Triebwerkteile des Motors gut zugänglich und leicht auszubauen sein. Dies gilt besonders dann, wenn der Motor für die Erforschung mechanischer Probleme benutzt werden soll. Es ist z. B. wichtig, daß große Besichtigungsöffnungen im Kurbelgehäuse vorgesehen werden, damit das Kurbelzapfenlager besichtigt, befühlt und ausgebaut werden kann. Auch der Kolben muß zur Besichtigung und Reinigung gut zugänglich sein, und das gleiche gilt für fast alle anderen Triebwerkteile.

8. Anfangs pflegte der Verfasser am Kurbelgehäuse, Zylinder oder Zylinderkopf eine Anzahl unbearbeiteter Warzen und Auflageflächen vorzusehen, um Versuchseinrichtungen, die später gebraucht oder nicht gebraucht werden konnten, anschließen zu können. Dies war aber nicht zweckmäßig, denn trotz aller Voraussicht saßen die Warzen oder Auflageflächen nie genau an der richtigen Stelle. Eine bessere Lösung war es, als man die Wände des Kurbelgehäuses überall so dick ausführte, daß man Arbeitsflächen anbringen und Stiftschrauben einziehen konnte, wo sich die Notwendigkeit ergab.

Die Forschungsarbeit am Verbrennungsmotor stellt im besten Fall einen langen und kostspieligen Weg dar, der wenig Abkürzungen gestattet. Zeit und Geld dürfen nicht am Motor eingespart werden, sondern nur durch gesunde Einsicht, die man auf Grund früherer Erfahrungen gewonnen hat, und durch verständige Auswertung der Ergebnisse jedes einzelnen Versuchsabschnitts.

Sachverzeichnis

Abgasturbine 144, 178, 284—288, 332, 336, 341.
Abweichungen vom theoretischen Arbeitsverfahren 53.
ACRO-Luftspeicher 93.
Aldehyd 28, 103.
Alkohol 35, 36.
Anlassen 94—96, 100, 104—106, 109, 110, 112—122.
—, günstigste Drehzahl beim 113.
—, Benutzung von Ätherdampf 116, 117.
Ansaugfähigkeit 183, 187, 188.
— des Zweitaktmotors 168, 171.
Arbeitsprozesse 43—46, 54, 55.
Argyle Co. 289—292.
Asiatic Petroleum Co. 357, 364, 368, 370.
Äther zum Anlassen 116, 117.
Äthylalkohol siehe Alkohol.
Äthylnitrit 27.
Aufladung 36, 58, 141—164.
— bei Dieselmotoren 151—164.
— bei Zündermotoren 145—151.
—, Einfluß auf das Anlassen 120, 121.
—, Einfluß auf den mechanischen Wirkungsgrad 138—141.
—, Flugmotoren 150, 151.
— und Lufttemperatur 144—151.
— und Wassereinspritzung 149—151, 282.
—, Zwischenkühlung 147—152.

Benzineinspritzung 332—349.
Blei 27, 43.
Bleitetraäthyl 25, 28, 29, 31, 33.
Brenngeschwindigkeit 7.
— und Luftdrehung 89.
— und Tröpfchengröße 21, 22.
— und Verbrennungstemperatur 6—8.
— und Verdichtungsverhältnis 10.

Brennraum für direkte Einspritzung 95—100, 107, 111.
— — — —, Anlaßverhalten 114.
—, Konstruktion beim Dieselmotor 81, 82, 85—112.
—, — beim Schiebermotor 290—297.
—, — beim Zündermotor 75—84.
—, Luftspeicher 93, 94.
—, Wirbelbauart mit Lippen 330, 331.
—, Wirbelkammer der Whirlpool-Bauart 102, 109—111.
Bristol Aeroplane Co. 317, 318.
— Motoren 274, 275, 277, 278.
BROTHERHOOD, PETER 306, 313.
BURT und McCOLLUM-Schieber 277, 289, 290.

Cetanzahl 22, 118.
— und Anlassen 120.
C.F.R.-Motor 372.
Claudel-Hobson-Vergaser 363.
COHEN, Sir ROBERT WALEY 357, 358.
Comet-Brennraum 95, 101, 102, 106 bis 110, 380, 381.
— —, Anlassen 119—121.
— —, Temperaturgefälle im 114.
— Mark III, Motor 106—108.
— — —, —, aufgeladen 152, 154.
CROSSLEY Bros. 176.

Daimler Co. 288.
Dieselklopfen 111.
Dissoziation 46, 50—52, 66, 68.
Drehschwingung 207—213.
Drosseln, Einfluß auf Verluste 132 bis 134.
Druckanstieg, günstigster 11, 79, 294.
— und Luftdrehverhältnis 300.
— und Wirkungsgrad 11.
Druckverhältnis und mechanischer Wirkungsgrad 55, 139—141.
DYKES, PAUL 241.

E 5, Motor mit veränderlicher Verdichtung 372—375, 378.
E 6, Motor mit veränderlicher Verdichtung 28, 39—43, 375—381.
E 30, Schiebermotor 290—300.
E 35, Motor mit veränderlicher Verdichtung 364, 366—371, 373, 375, 378, 379.
E 54, Schiebermotor 340, 349, 352.
E 65, Schiebermotor, 340, 346—348, 352.
Einspritzdruck 100.
Einspritzdüsenbohrung 99, 100.
Einspritzdüse, Stellung 98, 103, 109, 114.
Einspritzgeschwindigkeit 120.
Einspritzmenge 119.
Einspritzpumpe 329, 330, 352.
Einspritzung bei Zündermotoren 32, 33, 281, 282, 332.
Einspritzzeit 32.
Entzündung an Oberflächen 16.
EYSTON, Captain G. E. T. 322.

Flüchtigkeit 22, 57, 60, 150.
Flugmotoren 269—288, 318—322, 341, 349.
—, Aufladen 150, 151.
—, Diesel- 279—281.
—, Kühlung 274.
—, Zweitakt- 341, 349.
—, Zylinderanordnung 278.
Flüssigkeitsgekühlte Schiebermotoren 318—322.
Forschungszwecke, Motoren für 353 bis 384.
Fremdantrieb, Verluste bei 123—127.
—, Fehlmessung der Verluste durch 128—132, 140.
Fressen 242, 266—268.
Frostschutz 150, 282.
Frühzündung 16, 37—43.
— und Höchstdruck 38.
— und Klopfen 41, 42, 354, 355, 379, 380.
— und Kraftstoff 42, 43.
— und Mischungsverhältnis 41.
— und Wärmefluß 38.

Gasgeschwindigkeit und Liefergrad 188—190.
Gaswechselarbeit 125—127, 130—133, 138.

Gaswechselarbeit bei Aufladung 140.
Gebläse 177—180. Siehe auch Lader.
Gegenklopfmittel 25, 27—29, 34, 43.
—, Einfluß auf Aldehyde 28.
—, Einfluß auf Peroxyde 28.
Gemischanreicherung an der Zündkerze 13, 32, 333—335.
Glühzünder 39—41.

HALFORD, Major F. B. 278.
Heizwert 60—63.
— bezogen auf den Luftverbrauch 48.
— des Gemisches 63.
HESSELMAN 32, 333.
Höchstdruck und Luftdrehverhältnis 300.
HOPKINSON, Professor BERTRAM 37, 354, 355.
HORNING, H. L. 372.

Indikatordiagramm 123—126, 131, 132, 321.
—, Anfahrversuch bei Dieselmotoren 121, 122.
— bei Aufladung 139.
Ionisationsstrecke zur Bestimmung der Frühzündung 6, 37—41.

JUNKERS 281.

Klopfen 25—37, 47, 354, 355.
— bei Verdünnung durch träge Gase 10.
— bei Zufuhr von Sauerstoff 10.
— bei Zusatz von Wasser 34—37, 148 bis 151.
— im Schiebermotor 276, 345.
—s, Verringerung des 30—33.
— und Aufladung 36, 144, 151.
— und Brennraumgestaltung 75—84.
— und Frühzündung 41, 42, 354, 355, 379, 380.
— und Kraftstoff 26, 27, 145, 146.
— und Lage der Zündkerze 32, 78, 79.
— und Lage des Auslaßventils 32.
— und Verdichtungsverhältnis 10, 47, 54, 78.
— und Wärmeübergang 26, 27, 38.
Klopffestigkeit verschiedener Kraftstoffe 42.
Knight-Schiebermotor 288.
Kolben, Temperaturmessung 236—239.
—, Temperaturverteilung 231—236, 248.

Kolbenbolzen 222—224.
Kolbengeschwindigkeit 81, 82, 99.
— in Flugmotoren 270.
— und Ansaugvermögen 81, 82, 99, 167, 168, 190—192.
Kolbenhub 192—195.
Kolbenkonstruktion 230—255.
Kolbenkühlung 245—255, 325, 326.
Kolbenreibung 127—141.
Kolbenringe 127, 128, 231—233, 239 bis 244.
Kraftstoff-Einspritzung in Zündermotoren 32, 33, 332—349.
— —, Zeitpunkt 33.
— für Kleindieselmotoren 117.
—, Heizwert 62—64.
—, Tröpfchengröße 21, 22, 100.
— und Glühzündung 38, 42, 43.
— und Klopfen 26, 27.
— und Wirkungsgrad 63.
—, Verbrauch 293, 294, 304, 321.
—, — in Zweitakt-Schiebermotoren 337—345.
—, — und Luftdrehverhältnis 299.
—, Verbrauchsmessung 363.
—, Verdampfungswärme 56—62.
—, — und Zündverzug 22.
—, Vergleich 29—31, 42, 43, 48—52, 57, 58.
Kurbelwelle 203—214, 244—246.
Kurbelwellenlager und Abnutzung 215 bis 220.
Kurbelzapfen 221.

Lader 151.
Lager, Kolbenbolzen 222, 223.
—, Kurbelwellen- 215—220.
—, unteres Pleuelstangen- 195—197, 220, 221.
Lanchester-Dämpfer 208—211.
Lanova-Brennraum 93.
Laufbuchse 196—203.
Liefergrad der Brennstoffpumpe 189, 190.
— und Gasgeschwindigkeit 188—190.
— und Mischungsverhältnis 58.
— und Verdampfungswärme 61.
— und Verdichtungsverhältnis 143.
— und Vorwärmung 23.
Liefergrad und Wassereinspritzung 34, 35.
Luftdichte 141, 145, 151, 152.

Luftdrehung 19, 20, 24, 32, 83—111, 113.
—, beim Eintritt erzeugte 85—91, 94 bis 98.
— in Schiebermotoren 297—300, 330.
—, Messung 86—88, 103, 298—300.
Luft-Kreisprozeß 45, 46, 53, 54.
Luftkühlung 315—318.
Luftspeicher 93, 94.

Mechanischer Wirkungsgrad 55, 56, 122 bis 141.
— —, Einfluß der Aufladung 138 bis 141.
— —, Einfluß des Verdichtungsverhältnisses 134—138.
— —, Vergleich von Zünder- und Dieselmotoren 130—134, 138—141.
Mechanische Verluste. Siehe Reibungsverluste.
Methanol 150, 151, 282, 283, 348.
Mischungsverhältnis und Abweichungen in den Arbeitsprozessen 12, 13.
— und Frühzündung 41, 146.
— und Klopfen 31, 34, 146—148, 345.
— und Liefergrad 59.
— und mittlerer Druck 59, 148, 149.
— und thermischer Wirkungsgrad 59, 63.
— und Verbrennungsgeschwindigkeit 8—10.
— und Verbrennungstemperatur 7 bis 10, 41.
— und Verdünnung 34, 35.
— und Volumenänderung bei der Verbrennung 53.
— und Wärmeverlust 53.
Mischungsverhältnisses, Grenzen des 53—55, 80.
Mittlerer Druck 123—127, 131—134.
— — in Dieselmotoren 106—110.
— — in Flugmotoren 270.
— — in Schiebermotoren 293, 304, 308, 310, 311.
— — und Luftdrehverhältnis 299.
— — und Luftverbrauch 337.
— — und Mischungsverhältnis 148, 149.
— — und Oktanzahl 147, 148.
Morseversuch 123, 124, 131.

Napier-Kolbenringe 233.
— „Sabre" 274, 276—279.

Nitrierte Laufbuchsen 267.
— Schieber 346, 347, 350, 351, 353.
Oktanzahl 30, 31, 33, 34, 36, 79, 139, 359.
— und Aufladung 146—151.
— und höchstes nutzbares Verdichtungsverhältnis 378.
— und mittlerer Druck 147—149, 273, 344—347.
Packard Co. 281.
PINTAUX-Düse 104, 105, 115, 120.
PYE, Sir DAVID 364.

Reibungsverluste 55, 56, 125—141.
Rolls-Royce „Merlin" 270—272.
— — —, Versuche an ähnlichem Motor wie 74, 75.
— —, andere Motoren 274, 278, 279, 321, 341.
Rover-Brennraum 82, 83.
Schieber 32, 83—87.
— für Zweitaktmotor 169, 171.
— mit offenem oberem Ende 327—329, 350, 353.
— und Klopfen 32.
Schieberabnutzung und Schmierung 268, 269, 302, 303, 325, 326, 346, 350, 351.
Schieber-Flugmotoren 274—278.
Schiebermotoren 288—322.
—, aufgeladene 304—312.
—, Brennraum für 111, 112.
—, Vergleich mit ventilgesteuerten Motoren 290—304.
Schieberschlitze 304—308, 336—339, 341.
Schirmventil 32, 90, 91.
Schmierung der Kurbelwellenlager 244, 246.
— der Kurbelzapfenlager 252.
— der Schieber 268, 269, 346. Siehe Schieberabnutzung.
— der Zylinderwand 257—260.
Schwefelkohlenstoff 27.
Schwingungen 337.
Schwingungsdämpfer 208—212.
Selbstzündung 37, 39.
Selbstzündungstemperatur 17—19.
— und Klopfen 27.
Shell-Gruppe 357, 358.
Sicherheit 56.

Spezifische Wärme, Änderung 46, 47, 49—52, 58, 68—70.
Spülen 172—177, 329, 330, 336, 337, 339, 341.
Steuerpunkte 170—172.
Stickoxydul 27, 283.
Stroboskopische Beobachtungen 6.
Temperatur eines wärmeisolierten Teils 101—103.
— zu Beginn der Verdichtung 57.
—, Messung der Kolben- 236—239.
—, Messung der Laufbuchsen- 261 bis 265.
Temperaturverlauf im Brennraum 114.
— im Kolben 231—236, 248.
— in der Laufbuchse 261—265.
Thallium 27, 33.
Thermischer Wirkungsgrad 43—55.
— — und Mischungsverhältnis 59—63
TIZARD, Sir HENRY 364.

Vauxhall-Schiebermotor 312, 321.
Ventilabmessungen 183, 187, 188, 194, 195.
veränderlicher Verdichtung, Motoren 11, 30, 34, 143, 147—149.
— —, — E 5 372—375, 378.
— —, — E 6 28, 39—43, 375—381.
— —, — E 35 364, 366—371, 373, 375, 378, 379.
— —, — E 54 340, 349, 352.
— —, — E 65 340, 346—348, 352.
— —, —, Verluste in 135, 136.
Verbrennung im Dieselmotor 16—24.
— im Zündermotor 6—16.
Verbrennungstemperatur 47—49.
— und Brenngeschwindigkeit 8.
— und Mischungsverhältnis 7—10.
— und Wirkungsgrad 46, 47.
Verchromen von Zylindern 197, 202, 267, 268, 317.
Verdampfungswärme 56—63, 146.
Verdichtungsverhältnis, höchstes nutzbares 30, 31, 35, 42, 43, 145, 146, 359—380.
—, — — und Oktanzahl 378.
— in Dieselmotoren 23, 24.
— in Zündermotoren 7, 11, 34, 36, 55, 56, 83.
— und Anlassen 118, 120.
— und Klopfen 338—345.
— und mechanischer Wirkungsgrad 134—137.

Sachverzeichnis

Verdichtungsverhältnis und Verbrennungsgeschwindigkeit 10, 11.
— und Verhältnis von Spitzendruck zu mittlerem Druck 143.
— und Wärmeverlust 53.
Verdünnung 33, 34.
— und Verdichtungsverhältnis 47.
Vergaser, Äther- zum Anlassen von Dieselmotoren 116.
—, Doppel- für Benzin und Wasser-Alkohol-Gemisch 35.
Verhältnis Luft zu Brennstoff 49, 58, 64.
Viertakt- und Zweitaktmotoren, Vergleich 138, 164—168, 180, 181, 344, 345.
Volumenänderung 46, 47, 53, 63, 64.
Vorkammer 92, 93.

Wärmefluß durch Schieber 303, 344.
Wärmeverluste als mittlerer Druck angegeben 126.
— an das Kühlwasser 67—69.
— bei Aufladung 144—146.
— bei Teillast 70, 71.
— bei Wasserstoff als Kraftstoff 75.
— durch Konvektion, Strahlung und Leitung 52, 65, 68, 94, 95.
—, Einfluß der Zylindergröße 71.
— in Dieselmotoren 68—70, 94, 95.
— in Zündermotoren 66—68.
— mit Drosseln und Aufladen 73.
— und Brennraumform 79.
— und Luftdrehverhältnis 299, 300.
— und Lufteintrittstemperatur 74.
— und Mischungsverhältnis 72, 73.
— und Verdichtungsverhältnis 74.
— während der Expansion 66, 69.
— während der Verbrennung 66, 69.
— während des Ausschiebens 67—69.
Wasser als Gegenklopfmittel 34—37, 282, 347.
— und Glühzündung 43.
Wassereinspritzung, mittlerer Druck bei 148—150.
Wasserzugabe zum Brennstoff 59.
Waukesha Co. 372.
Whirlpool-Brennraum 102, 103, 109 bis 111.
Wiederverbindung 7.
Willans-Linie 124, 125, 131.
Wirbelkammer 91, 92, 95, 97, 98, 100 bis 103, 106—111.

Wirbelkopf 36, 76.
Wirbelung bei Schiebern 83, 84, 290, 293—296.
— in Dieselmotoren 19, 20, 93, 98.
—, übermäßige 12.
— und Entzündung an Oberflächen 16.
— und Klopfen 26, 32, 37.
— und Verbrennungsgeschwindigkeit 6—12.
— und Wärmeverlust 52.
Wirkungsgrad 43—56. Siehe auch mechanischer Wirkungsgrad.
— Gewinn durch Vermeiden von Verlusten 68, 69.

Zähigkeit des Schmieröls 55, 127—129 133.
Zeit zum Erreichen des Höchstdruckes 8, 9.
Zündbereich 7—12, 145.
Zündkerzen und Glühzündung 38—41.
Zündverzug bei Aufladung 145, 151, 155.
— im Dieselmotor 18—24, 98, 102 bis 104, 110, 111.
— und Abweichungen in den Arbeitsprozessen 12.
— und Flüchtigkeit 60.
Zündzeit 13—15, 33, 154—156, 293, 294.
— und Luftdrehverhältnis 299.
— und Verbrennungsgeschwindigkeit 8—11.
Zurückschlagen der Flamme 9.
Zweitaktmotoren 164—181.
—, Gleichstromspülung 169—173.
—, Querspülung 169—171.
—, Vergleich mit Viertaktmotoren 138, 164—168, 180, 181, 344, 345.
Zweitakt-Schiebermotoren 322—353.
— —, Dieselverfahren 323—332.
— — mit Benzineinspritzung 332 bis 353.
Zwischenkühlung 144, 145, 149, 150.
Zylinderabnutzung 256—269.
—, Einfluß der Temperatur 260—266.
—, Einfluß des Werkstoffs 266—269.
Zylinderblock und Kurbelgehäuse 195 bis 203.
Zylinderkopf-Konstruktion 224—230.
— — für luftgekühlte Motoren 317, 318.

SPRINGER-VERLAG / BERLIN / GÖTTINGEN / HEIDELBERG

Bau- und Betrieb von Dieselmaschinen. Ein Lehrbuch für Studierende. Von **Friedrich Sass**, Dr.-Ing., o. Professor an der Technischen Universität Berlin-Charlottenburg. Zweite Auflage von „Kompressorlose Dieselmaschinen".

Erster Band: **Grundlagen und Maschinenelemente.** Mit 376 Abbildungen. VII, 382 Seiten. 4°. 1948.   DM 51.60; gebunden DM 54.—

Zweiter Band: **Die Maschine und ihr Betrieb.** (In Vorbereitung.)

Erfahrungen mit Schiffsdieselmotoren. Von Dipl.-Ing. **Hans Krug**, München-Pasing. Mit 229 Abbildungen. V, 184 Seiten. Gr.-4°. 1954.
Ganzleinen DM 30.—

Bau und Berechnung der Verbrennungskraftmaschinen. Von **Otto Kraemer**, Professor an der Technischen Hochschule Karlsruhe. Dritte, neubearbeitete Auflage. Mit 207 Abbildungen. IV, 198 Seiten. 8°. 1948.
DM 9.—

Technische Dynamik. Von Dr. **C. B. Biezeno**, Professor an der Technischen Hochschule Delft, und Dr. Dr.-Ing. **R. Grammel**, Professor an der Technischen Hochschule Stuttgart. Zweite, erweiterte Auflage in zwei Bänden. (Jeder Band ist einzeln käuflich.)

I. Band: **Grundlagen und einzelne Maschinenteile.** Mit 413 Abbildungen und 2 Anhängen. XII, 699 Seiten. Gr.-8°. 1953.   Ganzleinen DM 66.—

II. Band: **Dampfturbinen und Brennkraftmaschinen.** Mit 315 Abbildungen und 3 Anhängen. VIII, 452 Seiten. Gr.-8°. 1953.   Ganzleinen DM 44.—

Kräfte in den Triebwerken schnellaufender Kolbenkraftmaschinen, ihr Gleichgang und Massenausgleich. Von Dr.-Ing. **G. H. Neugebauer**, Maschinenfabrik Augsburg-Nürnberg A. G., Werk Nürnberg. (Konstruktionsbücher. Hrsg. von K. Kollmann, Band 2.) Zweite, verbesserte Auflage. Mit 104 Abbildungen. V, 127 Seiten. Gr.-8°. 1952.   DM 12.60

Die Drehschwingungen in Kolbenmaschinen. Von Dr.-Ing. **Kurt Haug**, Lindau/Bodensee. (Konstruktionsbücher. Hrsg. von K. Kollmann, Band 8/9.) Mit 134 Abbildungen. V, 201 Seiten. Gr.-8°. 1952.   DM 24.—

Praktische Mathematik für Ingenieure und Physiker. Von Dr.-Ing. **R. Zurmühl**, Darmstadt. Mit 114 Abbildungen. XI, 481 Seiten. Gr.-8°. 1953.
Ganzleinen DM 28.50

Zu beziehen durch jede Buchhandlung

SPRINGER-VERLAG IN WIEN I

Die Verbrennungskraftmaschine. Herausgegeben von Prof. Dr. **Hans List,** Graz. Erscheint in 16 Bänden, die in sich abgeschlossen und einzeln käuflich sind.

Bisher sind erschienen:

Band I, Teil 1: **Die Betriebsstoffe für Verbrennungskraftmaschinen.** Von Dr. **A. Philippovich,** Privatdozent an der Technischen Hochschule, Wien. Mit Vorwort und Einführung zum Gesamtwerk von Prof. Dr. **Hans List,** Graz. Zweite, neubearbeitete und erweiterte Auflage. Mit 86 Textabbildungen. XX, 206 Seiten. 4°. 1949. Steif geheftet DM 30.—

Band IV: **Der Ladungswechsel der Verbrennungskraftmaschine.**

Teil 1: **Grundlagen. Die rechnerische Behandlung der instationären Strömungsvorgänge am Motor.** Von Prof. Dr. **Hans List,** Graz, und Dr. **Gaston Reyl,** Graz. Mit 156 Abbildungen im Text, 2 Tafeln und 4 Tabellen. XI, 239 Seiten. 4°. 1949. Steif geheftet DM 48.—

Teil 2: **Der Zweitakt.** Von Prof. Dr. **Hans List,** Graz. Mit 384 Abbildungen im Text. X, 370 Seiten. 4°. 1950. Steif geheftet DM 69.—

Teil 3: **Der Viertakt. Ausnützung der Abgasenergie für den Ladungswechsel.** Von Prof. Dr. **Hans List,** Graz. Mit 172 Abbildungen im Text. VIII, 175 Seiten. 4°. 1952. Steif geheftet DM 36.—

Band V: **Die Gasmaschine.** Zweite, neubearbeitete und erweiterte Auflage. Von Dr.-Ing. **Max Leiker,** Oberingenieur der Klöckner-Humboldt-Deutz A.G., Köln-Deutz. Mit 358 Textabbildungen. IX. 260 Seiten. 4°. 1953. Steif geheftet DM 48.—

Band VIII, Teil 2: **Die Dynamik der Verbrennungskraftmaschine.** Von Dr.-Ing. **Hans Schrön,** München. Zweite, verbesserte Auflage. Mit 187 Abbildungen im Text. VIII, 201 Seiten. 4°. 1947. Steif geheftet DM 35.30

Band IX: **Die Steuerung der Verbrennungskraftmaschinen.** Von Dr. techn. Ing. **Anton Pischinger,** Professor an der Technischen Hochschule Graz. Mit 269 Textabbildungen. VII, 239 Seiten. 4°. 1948. Steif geheftet DM 45.—

Band X: **Das Triebwerk schnellaufender Verbrennungskraftmaschinen.** Von Dipl.-Ing. **Hans Kremser,** Oberingenieur, Graz. Zweite, neubearbeitete Auflage. Mit 187 Textabbildungen. IX, 166 Seiten. 4°. 1949.
Steif geheftet DM 30.—

Band XII: **Ortsfeste und Schiffsdieselmotoren.** Von Dipl.-Ing. **Fritz Mayr,** Oberingenieur der Maschinenfabrik Augsburg-Nürnberg A.G., Werk Augsburg. Zweite, unveränderte Auflage. Mit 318 Textabbildungen. VIII, 330 Seiten. 4°. 1948. Steif geheftet DM 62.60

Band XIV: **Verschleiß, Betriebszahlen und Wirtschaftlichkeit von Verbrennungskraftmaschinen.** Von Dr.-Ing. **Carl Englisch,** Göteborg. Zweite, erweiterte Auflage. Mit 393 Textabbildungen. X, 288 Seiten. 4°. 1952.
Steif geheftet DM 52.—

Verbrennungsmotoren-Lehrbilder. Aus H. List: „Die Verbrennungskraftmaschine" gesammelt von **Ludwig Richter,** Wien. Mit 153 Textabbildungen. IV, 120 Seiten. 4°. 1948. Steif geheftet DM 10.—

Zu beziehen durch jede Buchhandlung

721/14/54. — III/18/203

Additional material from *Der schnellaufende Verbrennungsmotor*,
ISBN 978-3-662-11455-1, is available at http://extras.springer.com

The manufacturer's authorised representative in the EU is Springer Nature Customer Service Centre GmbH, Europaplatz 3, 69115 Heidelberg, Germany. If you have any concerns regarding our products, please contact ProductSafety@springernature.com

Printed and bound by CPI Group (UK) Ltd, Croydon, CR0 4YY

23/03/2026

02076676-0006